先进制造实用技术
系列丛书

机械加工特色操作及实用案例

孟祥志◎主编

孟祥志国家级技能大师及劳模工作室创新成果和经验分享

机械工业出版社
CHINA MACHINE PRESS

本书围绕车削加工特色操作法、专用夹具、专用量具、检测等制造方面的经验常识，各种车削加工案例，数控刀具经典解决方案，疑难零件加工案例和产品失效分析等多方面内容进行阐述。本书大量的特色操作法及实用案例是技能大师孟祥志的绝招绝技及工作室核心成员多年工作宝贵实践经验的结晶，对技术交流和成果推广有很好的推动作用。

本书内容丰富，简明实用，既有理论深度，又有实践经验，理论与实践结合紧密，可供从事金属切削、毛坯冲制、挤压铸造及失效分析的高级技能人员、工程技术人员参考和大专院校师生学习，也可为技术人员和中高级技能人员继续教育培训提高之用。

图书在版编目（CIP）数据

机械加工特色操作及实用案例：孟祥志国家级技能大师及劳模工作室创新成果和经验分享/孟祥志主编.—北京：机械工业出版社，2020.6

（先进制造实用技术系列丛书）

ISBN 978-7-111-65712-5

Ⅰ.①机… Ⅱ.①孟… Ⅲ.①金属切削 Ⅳ.①TG506

中国版本图书馆 CIP 数据核字（2020）第 089720 号

机械工业出版社（北京市百万庄大街 22 号　邮政编码　100037）
策划编辑：王建宏　责任编辑：王建宏　责任校对：谢　景
版式设计：高长刚　封面设计：高长刚
北京联兴盛业印刷股份有限公司印刷
2020 年 6 月第 1 版·第 1 次印刷
185mm×260mm·19.5 印张·487 千字
0001—2000 册
标准书号：ISBN 978-7-111-65712-5
定价：78.00 元

电话服务	网络服务
客服电话：010-88361066	机　工　官　网：www.cmpbook.com
010-88379833	机　工　官　博：weibo.com/cmp1952
010-68326294	金　　书　　网：www.golden-book.com
封底无防伪标均为盗版	机工教育服务网：www.cmpedu.com

编 委 会

序

党的十九大报告明确提出，要建设知识型、技能型、创新型劳动者大军，弘扬劳模精神和工匠精神，营造劳动光荣的社会风尚和精益求精的敬业风气。报告精神点燃了亿万职工在新时代奋斗的豪情，激励着各行各业劳动者向着实现中国梦的美好前景进发。

劳模（工匠）工作室是新时代职工群众的伟大创造，是工人阶级无穷智慧、创造活力的具体体现，劳模（工匠）工作室是由较强技术能力、业务能力、创新能力和管理能力的劳模、工匠人才领衔，以技术创新、管理创新、服务创新和制度创新为主要内容，以解决工作现场难题、推动所在单位创新发展为目标的群众性创新活动团体。该团体的成立有利于提升职工技能素质，为职工学习交流、攻坚克难构筑平台，夯实大众创业、万众创新的群众基础；有利于提高职工创新能力，促进优秀创新成果转化应用，增强企业自主创新能力和核心竞争力，实施创新驱动发展战略。

中华全国总工会始终把提高劳动者素质作为一项重要任务，在职工中开展“当好主人翁，建功新时代”主题劳动和技能竞赛，动员广大职工用劳动筑梦，以实干圆梦，做新时代的见证者、开创者、建设者。全国各级工会注重加强职工技能开发，实施群众性经济技术创新工程，坚持从行业和企业实际出发，广泛开展岗位练兵、技术比赛、技术革新、技术协作等活动，不断提高职工的技术技能和操作水平，涌现出一大批掌握高超技能的能工巧匠。他们以自己的勤劳与智慧，在推动企业技术进步，促进产品更新换代和升级中发挥了积极的作用。

机械工业出版社出版的《机械加工特色操作及实用案例　孟祥志国家级技能大师及劳模工作室创新成果和经验分享》由全国劳动模范孟祥志及工作室核心成员精心编写，将工作实践与理论相结合，围绕特色操作法、专用夹具、刀具、量具和产品失效分析等内容编写，实用性、针对性强，对从事机械制造业的技能、工艺人员有重要的学习借鉴意义。这本书的出版非常及时，也为我们劳模创新工作室和技能大师工作室开了好头，把实践经验总结提炼出来，并传承下去。相信这本书一定会受到越来越多的职工的喜爱。

中华全国总工会副主席

高凤林

2019 年 8 月

前　言

生产实践中，很多宝贵的经验是从书本上学习不到的，本书的经验和案例是高技能人才和工艺技术人员在生产实践中遇到问题时，几十年工作经验的积累和智慧结晶的一种释放。机械制造业是技术密集型的行业，历来高度重视技术工人的素质。十九大报告明确提出，加快建设制造强国，加快发展先进制造业，需要一支具有过硬技能本领和工艺技术知识的人才队伍。同时，高素质的技术人才既要有扎实的理论知识，又要有丰富的实践经验。为使广大技能人才和工艺技术人员在能力的提升过程中少走弯路，我们编写了本书。本书的主要内容都是实践中解决问题的宝贵经验积累，对于从事机械制造业的技能、工艺人员有重要的学习借鉴意义。

本书汇集了孟祥志及孟祥志国家级技能大师及劳模工作室核心成员工作中积累的宝贵经验，涵盖了车削加工特色操作法，专用夹具的结构设计、工作原理及使用案例，专用量具设计原理、检测方法及使用方面和量具制造方面的经验常识，以及针对不同材料零件车削加工中的先进加工刀具的几何参数和加工参数优选、数控刀具使用经典解决方案等内容，并且包括了工作室成员在解决实际生产问题时总结的实用案例和产品失效分析中的宝贵经验。

编　者

2019 年 8 月

目　录

序 …… Ⅳ
前　言 …… Ⅴ

第一章　车削操作法

一、深孔零件中心管的加工操作法 …… 1
二、平面深槽零件的加工操作法 …… 3
三、高精度薄壁铝筒件的加工操作法 …… 5
四、薄壁管类淬硬零件止口和螺纹的加工操作法 …… 10
五、八翼型材高效去翼的加工操作法 …… 15
六、支架类零件的加工操作法 …… 19
七、小直径精密深孔零件的加工操作法 …… 22
八、钨合金微小零件的高效加工操作法 …… 24
九、紫铜零件的高效加工操作法 …… 25
十、冲制毛坯罐体类零件内孔的高效加工操作法 …… 27
十一、圆弧类铝合金零件的批量加工操作法 …… 28
十二、偏心零件的加工操作法 …… 29
十三、专用于小孔零件内孔夹紧加工外形的操作法 …… 30
十四、超薄杯形件的加工操作法 …… 31
十五、圆弧曲面加工球体的操作法 …… 32
十六、车削薄板内外径的操作法 …… 33
十七、汽轮机零件喷嘴的加工操作法 …… 35
十八、细长杆类零件的车削加工操作法 …… 38
十九、薄板类零件的倒角及钻孔加工操作法 …… 40
二十、偏心多倒角深孔零件的加工操作法 …… 41
二十一、偏心深孔的加工操作法 …… 42
二十二、改变钻头切削刃形状形成的扩孔操作法 …… 44
二十三、钻孔定深浅的操作法 …… 45
二十四、冲头的精车操作法 …… 45
二十五、组合滑块的操作法 …… 47
二十六、三瓣模具的车削操作法 …… 48
二十七、大直径薄壳类零件的加工操作法 …… 50
二十八、正四面体三棱锥镂空件的车削加工操作法 …… 52
二十九、正六面体镂空嵌套件的车削操作法 …… 54
三十、球体镂空嵌套正十二面体的车削操作法 …… 57
三十一、正十二面体镂空嵌套的车削操作法 …… 59

第二章　机床夹具设计与实例

第一节　概述 …… 61
一、机床夹具的分类 …… 61
二、机床夹具的组成 …… 62
三、机床夹具在机械加工中的作用 …… 63
第二节　定位装置设计 …… 64
一、定位及基准 …… 64

二、零件在夹具中定位的任务 …………… 65
三、零件定位类型及定位基准 …………… 66
第三节　定心夹紧机构……………………… 67
一、定心夹紧机构的工作原理 …………… 68
二、定心夹紧机构的特点 ………………… 68
三、定心夹紧机构的基本类型 …………… 68
四、弹性夹头的设计与计算 ……………… 69
第四节　各类机床夹具设计特点 ………… 71
一、车床夹具 ……………………………… 71
二、铣床夹具 ……………………………… 74
第五节　夹具设计步骤……………………… 76
一、机床夹具设计要求 …………………… 76
二、零件的夹紧及工装的夹紧结构设计 … 76
三、工装夹具的经济精度及常用配合 …… 77
四、工装夹具总图的绘制 ………………… 79
五、工装夹具设计的规范化程序 ………… 80
六、机床夹具设计的内容及步骤 ………… 80
第六节　夹具设计应用实例 ……………… 82
一、心轴类车床夹具 ……………………… 82
二、铣床夹具 ……………………………… 89
三、模具类 ………………………………… 92

第三章　刀具选用与实例

第一节　刀具材料及其合理选用 ………… 94
一、刀具材料应具备的基本性能及分类 … 94
二、高速钢 ………………………………… 95
三、硬质合金 ……………………………… 98
四、陶瓷材料 ……………………………… 107
五、超硬刀具材料 ………………………… 110
第二节　刀具切削部分几何参数的
　　　选择 ………………………………… 113
一、前角及前面形状的选择 ……………… 113
二、后角及后面形状的选择 ……………… 116
三、主偏角、副偏角及刀尖形状的
　　选择 ………………………………… 118
四、斜角切削及刃倾角的选择 …………… 119
五、切削刃形状 …………………………… 121
第三节　车刀 ……………………………… 123
一、焊接车刀 ……………………………… 123
二、可转位车刀 …………………………… 125
三、车刀断屑槽形的选择 ………………… 131
第四节　车刀案例 ………………………… 135
一、焊接车刀案例 ………………………… 135
二、典型数控车刀应用案例 ……………… 143
第五节　不锈钢材料的车削 ……………… 150
一、不锈钢的分类及性能 ………………… 150
二、不锈钢切削的特点 …………………… 150
三、不锈钢切削条件的确定 ……………… 151
四、切削不锈钢材料的几种典型刀具 …… 155
第六节　特色刀具示例 …………………… 159
一、深孔圆柱体刀杆 ……………………… 159
二、深孔圆锥体刀杆 ……………………… 160
三、直纹滚花刀杆 ………………………… 160
四、端面封口、滚轮旋压刀具 …………… 161
五、切纸管和塑料管刀具 ………………… 161
六、非金属管件专用快速倒角去毛刺
　　刀具 ………………………………… 162

第四章　专用量具的设计制造、使用及保养

第一节　专用量具概述 …………………… 163
第二节　专用量具分类及代号…………… 164
一、专用量具的分类 ……………………… 164
二、专用量具代号 ………………………… 164
第三节　专用量具的设计原则…………… 165
第四节　量规技术条件 …………………… 167

一、光面量规极限偏差 …………………… 167
二、技术要求 …………………………… 169
三、验收规则 …………………………… 171
四、光滑极限量规计算示例 …………… 171
五、高度、深度量规 …………………… 172
六、高度、深度量规计算示例 ………… 173
七、高度量规技术要求 ………………… 176
第五节　典型零件量具结构 …………… 178
一、多翼铝型材零件量具 ……………… 178
二、管件检测 …………………………… 182
三、产品尾管专用量具 ………………… 186
第六节　专用量具使用方法及保养 … 189
一、专用量具使用前的准备 …………… 189
二、专用量具使用时应注意事项 ……… 190
三、专用量具使用后的保养 …………… 190
第七节　专用量具制造工艺 …………… 190

第五章　失效分析案例

第一节　材料各向异性类 ……………… 194
一、案例 1：流线不顺导致铝合金罐底沿流线剪切开裂 …………………… 194
二、案例 2：壳体开裂 ………………… 195
第二节　原材料缺陷类 ………………… 196
一、案例 3：铝件断裂 ………………… 196
二、案例 4：管壳开裂 ………………… 198
三、案例 5：头螺开裂 ………………… 200
四、案例 6：矩壳开裂 ………………… 201
五、案例 7：铝件开裂 ………………… 202
六、案例 8：尾管开裂 ………………… 203
七、案例 9：筒体毛坯开裂 …………… 205
八、案例 10：主连杆锻件锻造开裂……… 206
九、案例 11：823 钢钢坯横向断裂 ……… 207
十、案例 12：船尾内表面裂纹分析……… 208
十一、案例 13：船尾外表面黑斑………… 209
十二、案例 14：某筒体底部裂口………… 210
十三、案例 15：9260 钢低倍试片裂纹 … 211
十四、案例 16：底凹船尾裂纹…………… 211
十五、案例 17：弹簧破断………………… 212
十六、案例 18：某筒体体部裂纹………… 213
十七、案例 19：某罩口部裂口…………… 214
十八、案例 20：某筒底部裂纹…………… 215
第三节　铸造缺陷类 …………………… 215
一、案例 21：挤压铸造毛坯心部组织缺陷 ………………………………… 215
二、案例 22：罐体内腔缺陷……………… 217
三、案例 23：筒体热处理后表面起泡…… 218
四、案例 24：筒体机加工后表面孔洞缺陷 ………………………………… 219
五、案例 25：筒体内部孔洞缺陷………… 221
六、案例 26：筒体内表面裂纹缺陷……… 221
第四节　锻造缺陷类 …………………… 222
一、案例 27：筒体毛坯开裂……………… 222
二、案例 28：铝合金头螺冲制毛坯口部偏斜、壁厚差超差………… 224
三、案例 29：头螺毛坯充形不饱满及折叠 ………………………………… 224
四、案例 30：罐体冲制毛坯内腔裂纹…… 226
五、案例 31：头螺冲制毛坯内腔缺陷…… 227
六、案例 32：罐体冲制毛坯外表面裂纹 ………………………………… 227
七、案例 33：某筒体外表面纵向裂纹…… 228
八、案例 34：铜壳内膛裂口……………… 229
九、案例 35：某筒体弧形部裂纹………… 230
十、案例 36：头螺裂纹…………………… 230
十一、案例 37：某筒底部压底裂纹……… 231
十二、案例 38：某筒造型圈缺陷………… 232
第五节　焊接缺陷类 …………………… 233
一、案例 39：筒体铜带熔敷焊焊接裂纹 ………………………………… 233
二、案例 40：熔敷焊焊接铜带缺陷……… 234
三、案例 41：Cu/Fe 堆焊筒体开裂 ……… 234
第六节　结构设计缺陷类 ……………… 235
一、案例 42：铝件开裂…………………… 235
二、案例 43：伞具失效原因分析………… 236

第七节 工艺方法类 …… 237
一、案例44：星体散星及燃烧时间不足 …… 237
二、案例45：制退器被损伤的原因分析 …… 237
三、案例46：管体开裂 …… 239
四、案例47：罐体毛坯开裂 …… 240
五、案例48：头螺内腔缺陷 …… 241
六、案例49：尾翼开裂 …… 242
七、案例50：头螺毛坯内腔折叠 …… 243
八、案例51：塑料壳开裂 …… 244
九、案例52：某筒体内膛横向裂口失效 …… 244
十、案例53：船尾底部转角裂口 …… 245
十一、案例54：某筒体内壁横向裂口 …… 246
十二、案例55：某筒体内膛与筒底异形凸起 …… 247
十三、案例56：某筒体内膛椭圆形缺陷 …… 248
十四、案例57：风帽裂纹 …… 249
第八节 其他 …… 250
一、案例58：冲头断裂 …… 250
二、案例59：凹模破损 …… 251
三、案例60：罐壳开裂 …… 252
四、案例61：头螺毛坯小端内孔折叠 …… 252
五、案例62：防潮塞开裂 …… 253
六、案例63：筒体底凹根部裂纹 …… 254
七、案例64：筒体强度断裂 …… 255
八、案例65：钢瓶封底缺陷 …… 256
九、案例66：某筒体开裂 …… 257

第六章 工艺应用研究案例

第一节 某型号铝合金毛坯冲制工艺应用研究 …… 258
一、现状 …… 258
二、提高新型号铝部件冲制毛坯材料利用率的途径 …… 259
三、可行性分析 …… 259
四、工艺参数及设备能力测试试验 …… 260
五、方案选择 …… 261
六、验证试验 …… 261
七、经济效益核算 …… 265
八、结论 …… 266
第二节 高强铝合金零件等温挤压成形技术工艺应用研究 …… 266
一、现状 …… 266
二、可行性论证 …… 266
三、关键技术和解决途径 …… 266
四、应用效果 …… 267
五、结论 …… 268
第三节 模具定量精确成形技术在挤压铸造生产中的工艺应用研究 …… 268
一、问题的提出 …… 268
二、问题的成因分析 …… 269
三、解决办法 …… 269
四、验证试验 …… 270
五、结论 …… 272
第四节 铝合金空心锥体精密成形应用技术 …… 272
一、问题的提出及研究目的和意义 …… 272
二、导致原工艺出现偏口和壁厚差大的原因分析 …… 274
三、解决问题的具体办法 …… 275
四、可行性分析 …… 275
五、管料缩口、模锻成形工艺原理、技术特点和难点 …… 275
六、工艺验证过程中遇到的重点问题、原因分析及解决办法 …… 276
七、效果 …… 285
八、结论 …… 285
九、铝管缩口、模锻成形工艺的先进性 …… 286
第五节 空心圆锥形铝合金锻件精密成形工艺应用 …… 286
一、改进前的生产状况 …… 286

二、改进目标 …………………………… 287
三、锥体锻件毛坯内腔缺陷及材料利用率低的原因分析 …………………… 287
四、解决办法 …………………………… 288
五、可行性分析 ………………………… 288
六、新工艺的技术难点及解决办法 ……… 289
七、新工艺实施效果 …………………… 290
八、结论 ………………………………… 290
第六节　使用CAE技术解决夹具中薄壁件夹瓦开裂现象………… 290
一、设计阶段 …………………………… 291
二、使用阶段 …………………………… 291
三、采用CAE技术进行有限元分析 …… 292
四、结论 ………………………………… 293
第七节　一种凸凹组合冲模的分解加工案例 ……………………… 293
一、凹模的制造 ………………………… 293
二、凸模的制造 ………………………… 296
第八节　一种回转体零件壁厚差及几何公差检测装置设计案例 … 298
一、检测装置结构 ……………………… 298
二、检测装置的特点 …………………… 299
三、具体实施方式 ……………………… 299

参考文献

后记

第一章
车削操作法

本章涉及31个车削加工特色操作法，内容包括了车削加工中的深孔类、薄壁类、异形类等疑难零件的加工操作工艺步骤和解决方案，是国家级技能大师孟祥志在近三十年机加工生产过程中，结合实际工作总结提炼出来的宝贵实践经验，是技能大师绝招绝技的一次集中展示。

一、深孔零件中心管的加工操作法

技术领域：本操作法具体涉及一种深孔零件中心管的加工方法。设计浮动镗刀，通过对减振刀杆、辅助装置的设计创新，完成了深孔加工。

背景技术：该加工方法应用于精度较高的深孔零件的批量车削加工制造领域。

操作法内容：某油田钻井设备的中心管是深孔零件，零件内径有3种规格：$\phi55^{+0.06}_{0}$mm × 1200mm、$\phi57^{+0.06}_{0}$mm × 1200mm 和 $\phi59^{+0.06}_{0}$mm × 1200mm，而且深孔中有空刀、15°过渡倒角等。通过设计制作浮动减振刀杆和合理的刀块结构尺寸及角度，并对加工工序进行合理编排，可加工出合格产品。

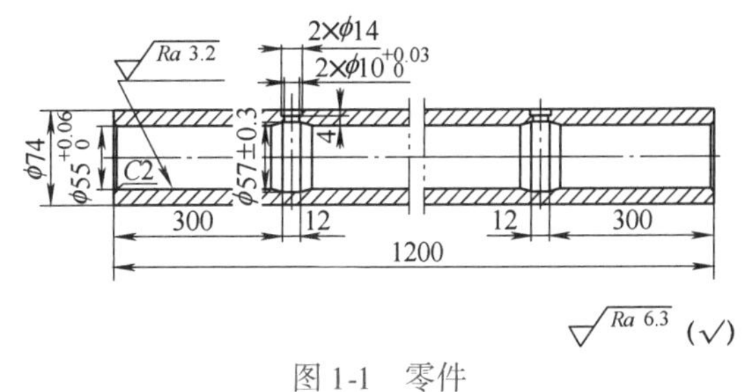

图1-1　零件

以规格为 $\phi55^{+0.06}_{0}$mm × 1200mm 的零件为例如图1-1所示。对应刀杆的结构尺寸如图1-2所示，刀块的尺寸如图1-3所示。

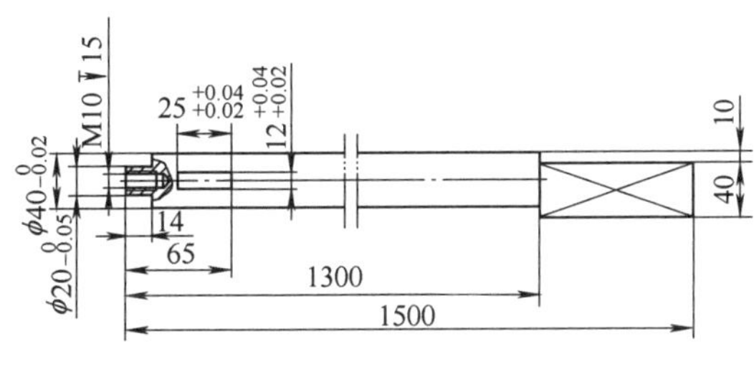

图1-2　刀杆结构

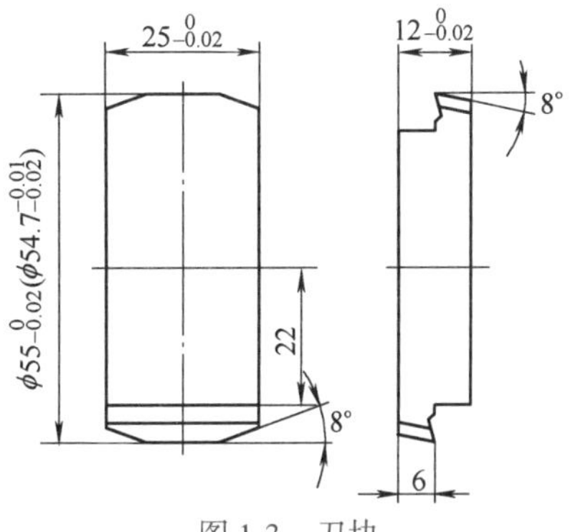

图1-3　刀块

零件加工示意如图 1-4 所示。其中，电木减振垫的尺寸如图 1-5 所示。可拆卸密封端盖的结构如图 1-6 所示。

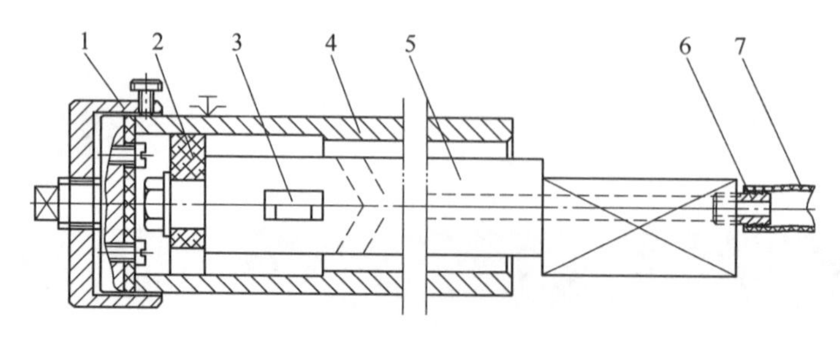

图 1-4　加工示意

1—可拆卸密封端盖　2—电木减振垫　3—刀块　4—工件　5—刀杆　6—管接头　7—橡胶软管

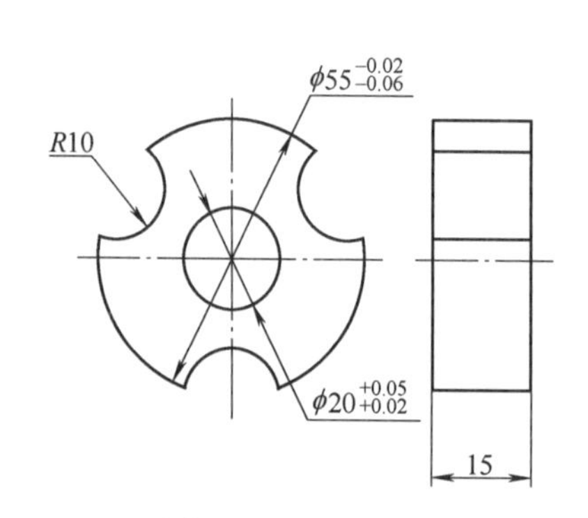

图 1-5　电木减振垫

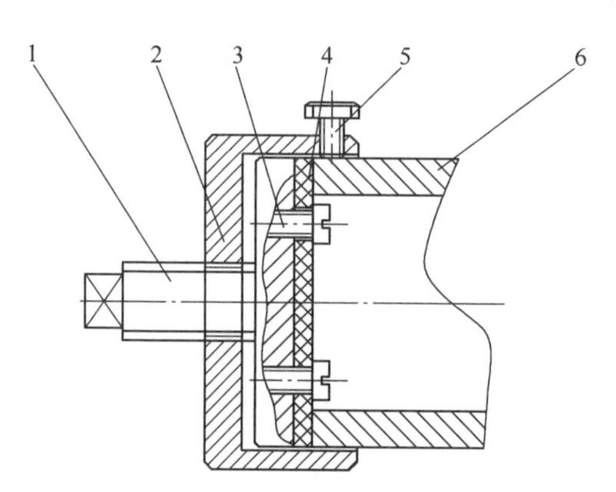

图 1-6　可拆卸密封端盖

1—顶心　2—密封盖体　3—螺钉

4—密封橡胶垫　5—顶紧螺钉　6—工件

在加工前，用百分表找正刀杆（$\phi40\,_{-0.02}^{0}$mm）的上素线和侧素线，并同时用游标高度卡尺检测刀杆，使刀杆中心线与主轴旋转中心等高。

由于电木减振垫的支承，增加了刀杆的刚性，消除了由于刀块切削刃较长而产生的切削振动。

加工时，首先对工件进行粗加工，内孔（钻孔或扩孔）留余量 1mm。

然后粗车内孔，一端用自定心卡盘装夹，另一端用中心架支承，车孔至 $\phi54.7\,_{0}^{+0.06}$mm，控制深度 80mm，卸下工件，使 ϕ54.7mm 处面对卡盘端，把工件中心管套在刀杆上，然后在刀杆上安装减振垫和刀块（$\phi54.7\,_{-0.02}^{-0.01}$mm），并在中心管上安装可拆卸密封端盖；移动刀杆，带动工件，把工件放在自定心卡盘内并夹紧，将另一端用中心架支承，调整转速 63r/min，进给量 0.4mm/r，调整冷却泵流量至最大，反向走刀，进行车削。电木减振垫设计为三等分凹槽形状，既起到了支承作用，又使切屑在大流量切削液的作用下顺利排出。

接下来精车内孔，加工工艺方法和粗车内孔类似，先采用内孔车刀车孔至 $\phi55\,_{0}^{+0.06}$mm，作为刀块的引导孔（刀块尺寸为 $\phi55\,_{-0.02}^{0}$mm），控制孔深 80mm。切削用量参数：工件转速选用 40r/min，进给量 0.4mm/r。

深孔加工的工艺特点：

（1）通过采用反向走刀车削深孔和电木减振垫的作用，较好地解决了深孔加工刀杆刚性不足的问题，保证了孔的尺寸公差和表面质量。

（2）可拆卸密封端盖的使用，使切屑在大流量切削液的作用下从中心架支承的孔端排出，较好地解决了冷却和排屑问题，解决了切屑进入自定心卡盘爪内，研坏卡盘的难题，同时也减少了切削液的流失和对环境的污染。

二、平面深槽零件的加工操作法

技术领域：本操作法具体涉及一种平面深槽零件主阀的车削加工方法。设计车平面深槽加工的专用切槽刀，通过对刀具结构形状的设计创新和工艺过程的合理编排，完成了平面深槽零件的加工。

背景技术：该加工方法应用于平面深槽类零件的批量车削加工制造领域。

1. 零件结构和技术要求

零件结构如图 1-7 所示，零件材料为 2Cr13，粗车后需进行调质处理，硬度为 269 ~ 292HB，零件内孔尺寸 ϕ42mm 公差 0.03mm，外径尺寸 ϕ235mm 公差 0.03mm，内孔 90°锥面表面粗糙度值 Ra = 0.4μm，外圆 120°锥面表面粗糙度值 Ra = 0.4μm，技术要求规定该锥

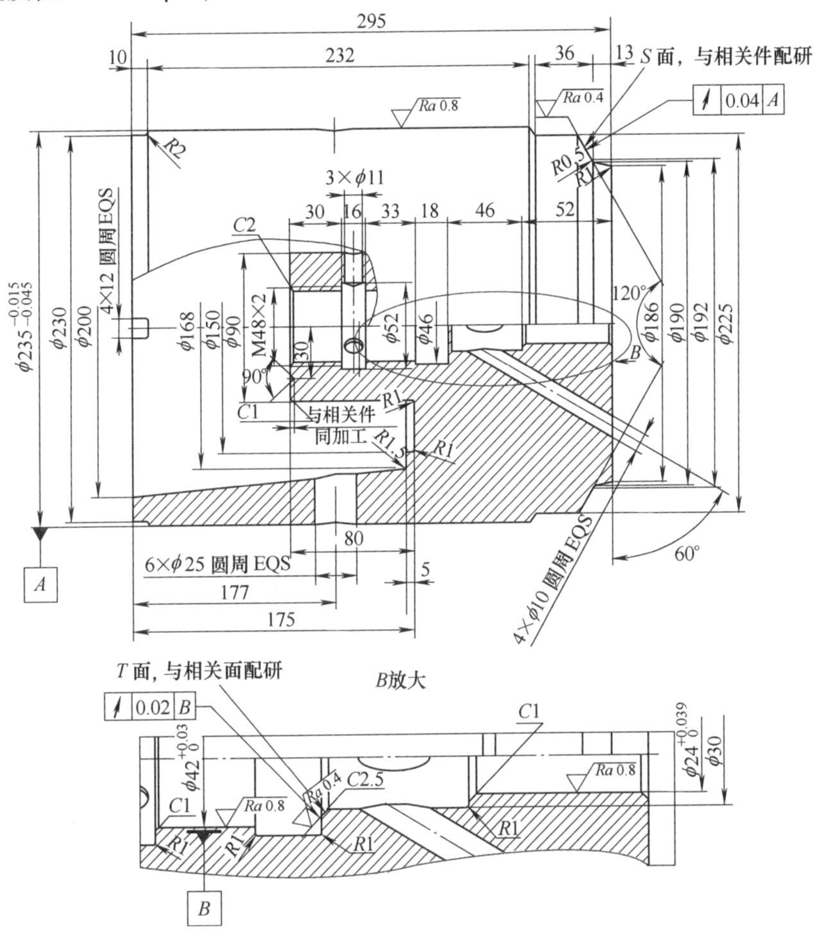

图 1-7　某零件主阀

面局部热处理硬度 48～52HRC，并与相关件配研。

2. 加工工艺性分析

该零件加工有以下技术难点：

（1）平面槽端面距零件左端面 175mm 深，距尺寸 ϕ90mm 端面 80mm，深槽处空间较小，切削量大，排屑困难。

（2）不锈钢切削加工性能较差，主要表现在：①塑性高，使加工过程中加工硬化严重，切削抗力增大。②切削温度高使刀具容易磨损。③容易粘刀和生成积屑瘤。④切屑不易卷曲和折断。

3. 技术措施

针对以上加工难点采取了以下技术措施：

（1）设计制作针对车平面深槽加工的专用切槽刀。车削平面槽时，切槽刀的一个刀尖相当于车孔，为了避免车刀与工件圆弧面发生干涉，刀尖处刀的副后面，按照平面槽圆弧的直径大小制作成了圆弧形，并保证一定的后角。平面切槽刀的另一个刀尖相当于车削外圆，车削平面深槽加工时，刀尖很长，刚性差，易引起振动，为了增加刀具强度，将相当于车削外圆刀尖的副后面也制作成圆弧面，并保证有一定后角。

切槽刀由夹持部分、圆弧面刀体、硬质合金刀头等三部分焊接组成：①夹持部分由 45 钢制成。②双圆弧面刀体，由外径 ϕ140mm，内孔 ϕ128mm 的 30CrMnSi 钢管通过卧铣加工成条状制成，为增加刀体强度，热处理淬火硬度 38～42HRC。③硬质合金刀头选用 YG8N、YW1、YW2，刀片型号 C304。

切槽刀几何参数及切削特点：①带状切屑有一种很强的见缝就钻的性能，切屑极易缠绕在刀具和工件上，造成排屑困难，易损坏刀具，将其副偏角控制在 1°以内，采用分层进给切槽的方法使排屑条件改善，刀具使用寿命延长 3 倍，生产效率也可提高 1 倍。②大前角配以负倒棱，刀尖采用 R1mm 圆角，使切削力减小，切削刃加强，刀具寿命提高，切槽刀结构如图 1-8 所示。

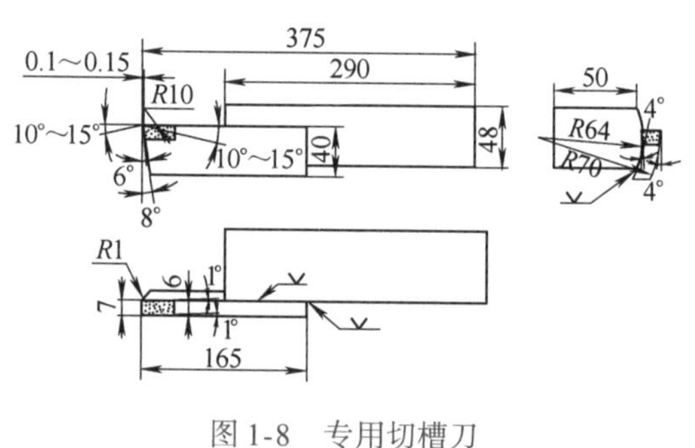

图 1-8　专用切槽刀

（2）设计制作圆夹紧内孔刀夹具，解决车削 M48×2 内螺纹，$\phi 42^{+0.03}_{0}$mm 和 ϕ30mm 内孔，以及内孔空刀的加工问题，结构如图 1-9 所示。

图 1-9　圆夹紧内孔刀夹具

（3）设计制作刀台式内孔刀夹具，解决了大端直径 ϕ200mm，小端直径 ϕ168mm 的锥度加工问题，结构如图 1-10 所示。

图 1-10　刀台式内孔刀夹具

4. 工艺方案

加工所采取的工艺方案为：①粗车，粗车外圆直径 ϕ239mm 控制长度 298mm，内孔直径 ϕ143mm 深 90mm。②调质，280～320HBW。③半精车，内孔 $\phi42^{+0.03}_{0}$mm、$\phi24^{+0.039}_{0}$mm、Ra = 0.4μm 的 T 面留余量 0.4～0.5mm，外圆 $\phi235^{-0.015}_{-0.045}$mm，$Ra$ = 0.4μm 的 S 面留余量 0.6～0.7mm，大端直径 ϕ200mm，小端直径 ϕ168mm 的锥度留数控精车量 2～3mm。④数控车，控制大端直径 ϕ200mm，小端直径 ϕ168mm 的锥度。⑤划线。⑥立铣，4×12 圆周分布。⑦钳，6×ϕ25mm 圆周均布，3×ϕ11mm，4×ϕ10mm 圆周均布。⑧表面淬火，硬度 45～48HRC（内孔有公差处，Ra = 0.4μm 的锥面 T 面，外圆 Ra = 0.4μm 的锥面 S 面）。⑨外磨，$\phi235^{-0.015}_{-0.045}$mm。⑩内磨，$\phi42^{+0.03}_{0}$mm，$\phi24^{+0.039}_{0}$mm，保证位置公差。⑪数控车单动卡盘找正，保证工件位置公差，加工内孔 Ra = 0.4μm 的锥面 T 面（YT726 内孔焊接刀具），采用立方氮化硼刀具车削外圆 Ra = 0.4μm 的锥面 S 面，并采用金刚石研磨膏，研抛 Ra = 0.4μm。

三、高精度薄壁铝筒件的加工操作法

技术领域：本操作法具体涉及一种铝筒件（见图 1-11）加工方法，尤其是一种精密薄壁铝筒件的加工方法。

背景技术：目前，精密薄壁铝筒件加工一般都采用普通车床或数控机床，采用通用夹具和专用夹具用径向夹紧的方法装夹，在切削力、内应力、夹紧力、切削热的共同作用下极易产生变形，达不到零件尺寸、形状精度要求。

本操作法提供一种铝筒件加工方法，解决精密薄壁铝筒件加工过程中产生变形的问题。

技术方案为：该铝筒件加工具体包括以下步骤：

（1）下料或成形铝筒件毛坯。本零

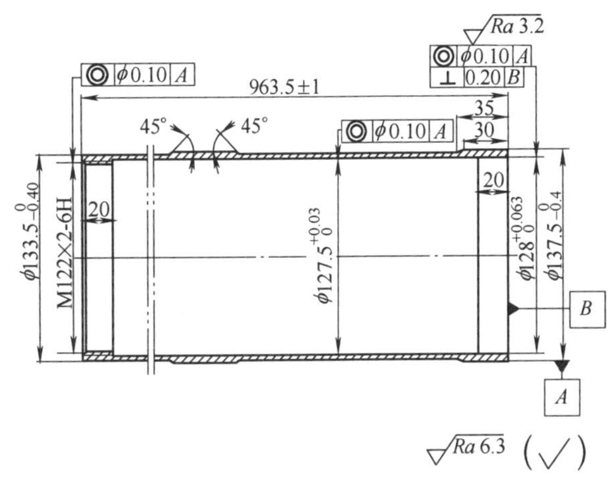

图 1-11　薄壁铝筒件

件采用管料加工。若零件结构不宜采用管料加工，为了避免材料浪费，对于不需要承受高过载、综合力学性能无特殊要求的零件，可采用铸造成形毛坯；若零件需承受一定高过载、综合力学性能有相应要求，则在能够节约成本的前提下可考虑采用模锻成形毛坯，但需根据产品设计要求提出相应的毛坯制作技术要求。

（2）粗车铝筒件外径及工件全长。先将铝筒件毛坯标准规格铝管放入全长胀瓦夹具上，用前、后顶尖双顶，在车床上粗加工外径及工件全长。粗加工采用卧式车床，由于原材料为薄壁管料，可采用一种全长胀瓦夹具放入工件中，如图1-12所示。胀瓦为高强度弹簧钢65Mn，热处理后硬度可达50～55HRC，胀瓦外表面在热处理后再在磨床上精加工，表面粗糙度值 Ra 可达0.8μm，保证磨削后的尺寸和铝筒件内孔有0.2～0.3mm间隙。粗加工选用的刀片为可转位刀片TCMT160404-PR，刀具刀尖圆弧为 $R0.4$mm。粗加工的加工余量在直径方向上为3～4mm，端面为3～4mm。切削参数为：切削速度 v_c = 180～250m/min，进给量 f = 0.2～0.3mm/r，背吃刀量 a_p = 1.5～2mm。

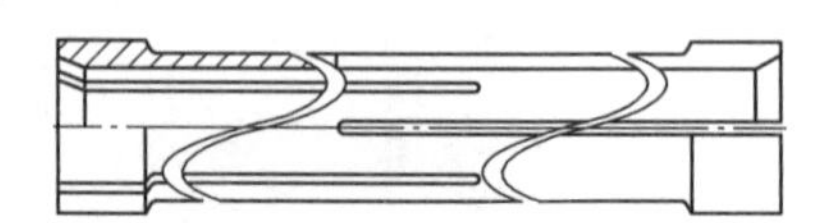

图1-12 粗车铝筒件外径及全长胀瓦夹具结构示意

（3）粗车铝筒件内孔。将粗、精车铝筒件内孔夹具的工装夹具体放入粗、精车铝筒件内孔夹具内，在车床上使用粗、精车铝筒件内孔夹具，夹紧粗车铝筒件内孔夹具的方式，粗车铝筒件内孔。粗、精车铝筒件内孔夹具包括法兰盘1、定位套2、夹具体3、螺钉4、拉销5、滑芯6、定位块7、锥套8和夹瓦9，法兰盘1、定位套2、夹具体3依次固定连接为一体，滑芯6位于定位套2的中心孔内，定位套2前端与定位块7螺纹连接，夹具体3前端内孔固定有锥套8，夹瓦9设置在锥套内，其后端通过拉销5与滑芯6固定连接，拉销能在定位套的限位孔内前后移动，夹瓦9的外锥面与锥套8的内锥面相匹配（见图1-13）。

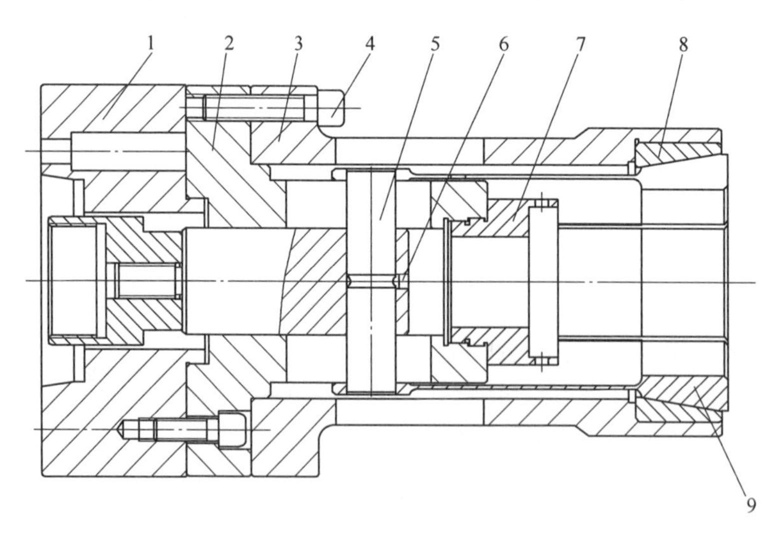

图1-13 装夹粗、精车铝筒件内孔夹具结构示意

1—法兰盘 2—定位套 3—夹具体 4—螺钉 5—拉销 6—滑芯 7—定位块 8—锥套 9—夹瓦

粗车铝筒件内孔工序采用卧式车床，由于工件为薄壁管料，采用正常方式夹紧会造成工件变形，尺寸超差，同轴度无法保证，故采用了一种粗车铝筒件内孔夹具，如图1-14所示，

在机床上使用装夹粗、精车铝筒件内孔夹具，夹紧粗车铝筒件内孔夹具体方式进行加工。粗车铝筒件内孔夹具体采用高级优质碳素工具钢T8A，淬火后硬度可达55HRC。粗车铝筒件内孔夹具体壁厚达到18mm，能够保证其强度要求。粗车铝筒件内孔夹具经粗车、淬火、精车、磨削等多道工序反复加工，其圆跳动小于0.02mm，内外同轴度小于0.02mm，表面粗糙度值 $Ra=0.8\mu m$，能够保证反复装夹拆卸后的精度，满足生产加工要求，具体实施结构示意如图1-15所示。

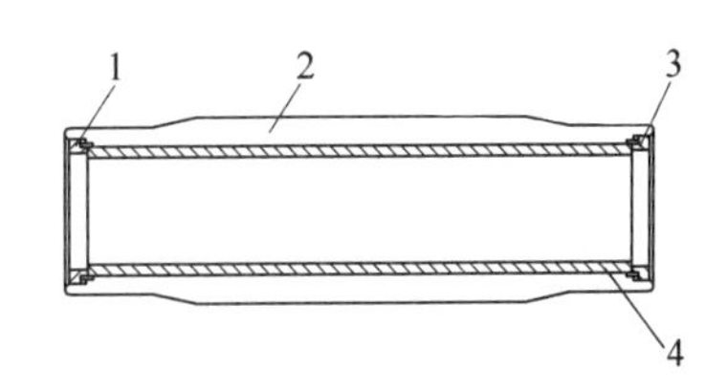

图1-14 粗车铝筒件内孔夹具结构示意

1—粗车筒体左端盖 2—粗车内孔夹具体 3—粗车筒体右端盖 4—工件

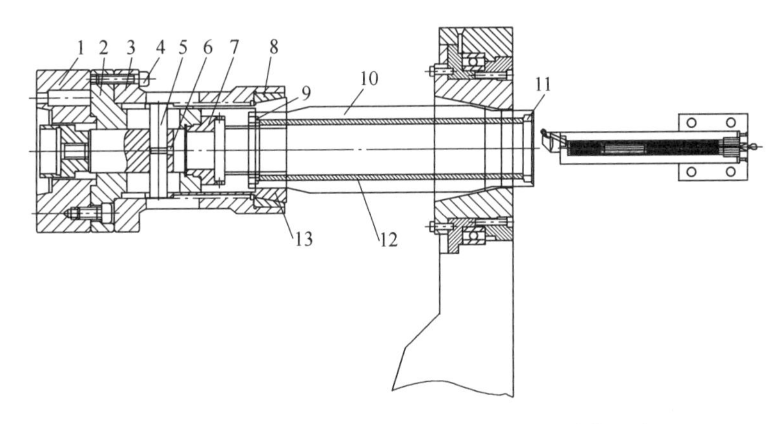

图1-15 粗、精车铝筒件内孔的具体实施结构示意

1—法兰盘 2—定位套 3—夹具体 4—螺钉 5—拉销 6—滑芯 7—定位块 8—锥套 9—左端盖 10—夹具体 11—右端盖 12—工件 13—夹瓦

夹瓦为外锥面结构，与锥套的内锥面相匹配，在夹具体上安装了防止拉销脱出的丝堵。夹瓦前端沿圆周均布多个缝隙，便于夹瓦发生弹性变形夹紧工件。机床主轴油缸带动滑芯在定位套中滑动，主轴油缸通过带动滑芯拉动拉销连同夹瓦的斜面在夹具体内与锥套的斜面相互滑动，径向运动夹紧工件。

工件放入粗车铝筒件内孔夹具体中，两端通过端盖轴向压紧后，整体放入装夹粗、精车铝筒件内孔夹具夹瓦的内孔中被夹紧。该工序的加工余量在直径方向上为2~3mm，内孔增加端面为1~2mm。切削参数为：切削速度 $v_c=180\sim250m/min$，进给量 $f=0.2\sim0.3mm/r$，背吃刀量 $a_p=1.5\sim2mm$。

（4）稳定性处理。稳定性处理一般为冷热循环或冷热冲击时效。稳定性处理工艺过程及参数一般为：先进行冷却，温度为-100℃，保温2h；空冷回温至室温后保持大于3h，再进行热时效，温度为185~195℃，保温2~3h；炉冷至80℃后可空冷。应根据零部件结构及技术要求，确定稳定性处理的循环次数、工序位置及加工参数。

（5）精车外形工序。采用精车铝筒件弹性气囊夹具（见图1-16），将工件装在夹具体的定位台和定位挡环的定位面上，实现对工件定位。通过对设置在夹具体上的气囊4充气，把工件撑紧，然后精车铝筒件外形。

在稳定性处理后进行精车外形工序加工，由于该工序为精车工序，加工完成的尺寸为成品尺寸，固定基准，应选用精度较高、状态稳定、冷却充分的设备完成加工。夹具设计时应考虑提高定位尺寸精度要求。加工过程中应保证零件基准定位尺寸的加工一致性，确保精加工时零件与夹具定位部分达到最佳配合状态。因此，专门设计了精车铝筒件弹性气囊夹具。

为解决大批量较高精度有色金属薄壁工件的夹紧变形问题，本操作法提供一种精车铝筒件弹性气囊夹具，具体实施结构示意如图 1-17 所示。

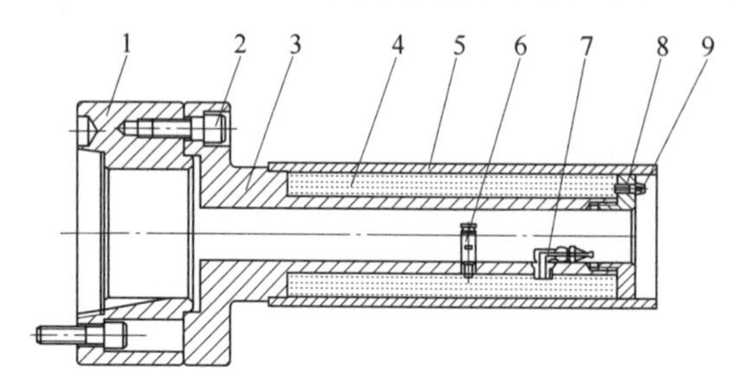

图 1-16　精车铝筒件弹性气囊夹具结构示意

1—法兰盘　2—螺钉　3—夹具体　4—气囊　5—工件
6—安全阀　7—快速放气阀　8—定位挡环　9—快速管接头

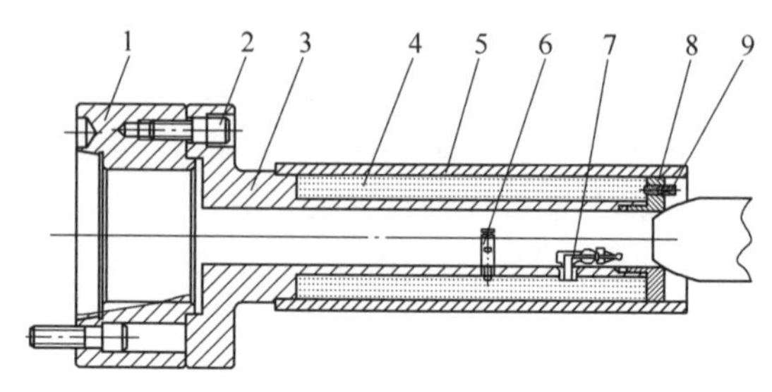

图 1-17　精车铝筒件外径及全长具体实施结构示意

1—法兰盘　2—螺钉　3—夹具体　4—气囊　5—工件
6—安全阀　7—快速放气阀　8—定位挡环　9—快换管接头

夹具体 3 通过螺钉 2 固定在机床法兰盘 1 上，把气囊 4 套在夹具体 3 上，气囊 4 的各个连接管接头放入夹具体相应的定位孔中，把定位挡环 8 安装在夹具体 3 上对气囊进行限位，安全阀 6、快速放气阀 7 安装在夹具体 3 上相应的定位孔中并和气囊的相对应管接头相连，带单向阀的快换管接头 9 从定位挡环 8 的定位孔中穿过并和气囊 4 管接头相连，检查各接头并进行气密性测试。气囊在未充气的状态下，将工件 5 装在夹具体 3 的定位台和定位挡环 8 的定位面上，实现对薄壁工件的定位。通过带单向阀的快换管接头 9 对气囊 4 进行充气，通过安全阀设定气囊 4 的空气压力，当充气压力大于安全阀的调定压力时，安全阀开始工作，气囊充气结束，在气囊的弹性力作用下，把工件撑紧，实现对工件 5 的夹紧，开始加工。检测工件 5，调整气囊压力，工件加工结束后拉动快速放气阀 7 手柄，对气囊 4 进行放气，达到图样要求后，卸下工件 5，加工完毕。

充气气囊本身具有弹性，气囊撑紧力均匀地作用在薄壁铝筒件上。气囊弹性力的大小可以用安全阀设定，气囊撑紧力的大小根据薄壁铝筒件的壁厚和强度情况进行调节。该夹具装置装卸工件方便，能够保证精密薄壁铝筒件的加工精度要求。加工余量在直径方向上为 0.5 ~ 1mm，外径端面加工余量为 0.2 ~ 0.5mm。切削参数为：切削速度 v_c = 300 ~ 380m/min，进给量 f = 0.05 ~ 0.1mm/r，背吃刀量 a_p = 0.05 ~ 0.15mm。

（6）精车内孔工序。采用基准外圆定位、轴向螺纹压紧方式将工件装入精车铝筒件内孔夹具内，然后通过粗、精车铝筒件内孔夹具的夹瓦 9（见图 1-13）夹紧精车铝筒件内孔夹具的一端，另一端使用整体式中心架的套圈 3（见图 1-18）靠紧在精车铝筒件内孔夹具主体 2（见图 1-19）的外锥面上，完成装夹。调用减振刀具对铝筒件进行精车内孔加工，加工余量在直径方向上为 0.5 ~ 1mm，切削参数为：切削速度 v_c = 300 ~ 380m/min，进给量 f = 0.05 ~ 0.1mm/r，背吃刀量 a_p = 0.05 ~ 0.15mm。

由于该工序为精车工序宜选用精度高、状态稳定、冷却充分的数控机床或车削中心设备完成精加工。每班开始对零件加工之前，需对设备进行预热，使设备空转 0.5h 以上，达到设备最佳稳定状态后再开始加工。根据零件加工的精度要求，在加工前应检查设备主轴的径向跳动和轴向窜动情况，满足加工。

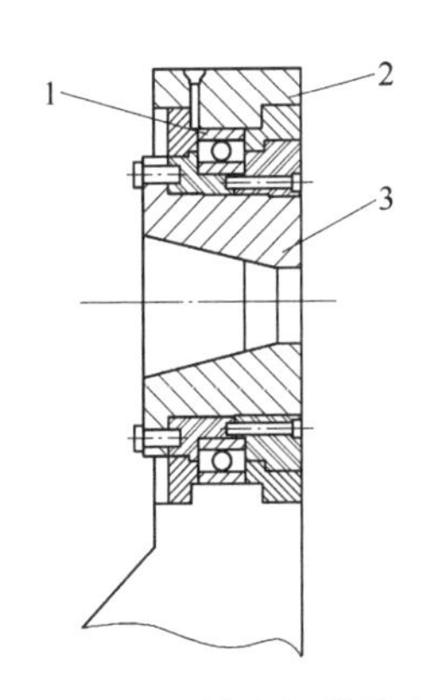

图 1-18 支承粗、精车铝筒件内孔夹具的整体式中心架结构示意

1—轴承 2—基座 3—套圈

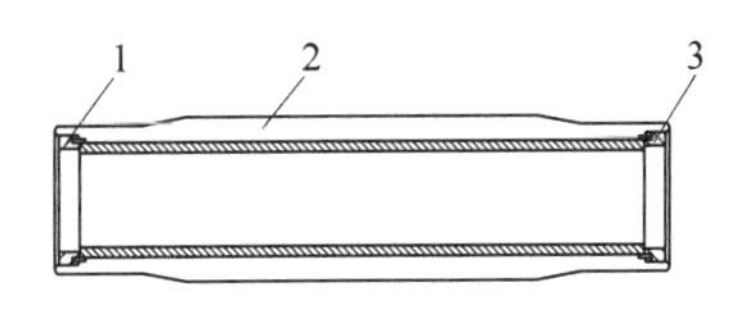

图 1-19 精车铝筒件内孔夹具结构示意

1—左端盖 2—主体 3—右端盖

设计精车铝筒件内孔夹具专用工装保证加工质量。工装设计应考虑定位可靠，夹紧方式应避免零件受力变形，采用基准外圆定位、轴向螺纹压紧的方式。夹具定位部分与零件基准外圆为间隙配合，间隙的大小，应满足位置公差要求。

加工过程中工件的装夹应保证工件和夹具的定位、压紧面的平面度、平行度状态良好，各面应清理干净，保证不夹屑，夹具各组成部分定位应保证工件几何公差要求，压紧状态根据切削力的大小适当调整，工件装夹不能过紧，避免加工后产生夹紧力变形。

粗、精车铝筒件内孔夹具的夹瓦 13（见图 1-15）夹紧精车铝筒件内孔夹具的一端，另一端使用支承粗精车铝筒件内孔夹具的整体式中心架套圈 3（见图 1-18）靠紧在精车铝筒件内孔夹具主体 2（见图 1-19）的锥面中，完成装夹，调用减振刀具对精密薄壁铝筒件进行精车内孔加工。

如图 1-18 所示，整体式中心架包括轴承 1、基座 2 和套圈 3，套圈通过轴承与基座内孔转动连接，套圈内孔带有内锥面，与精车铝筒件内孔夹具主体 2（见图 1-19）的锥面相配合。

图 1-20 为粗车铝筒件外径及全长具体实施结构示意。

如图 1-21 所示，减振刀具包括机头 1、刀具体 2、滚珠 3、挡板 4、碟簧 5、开口刀座 6、调整螺钉 7。

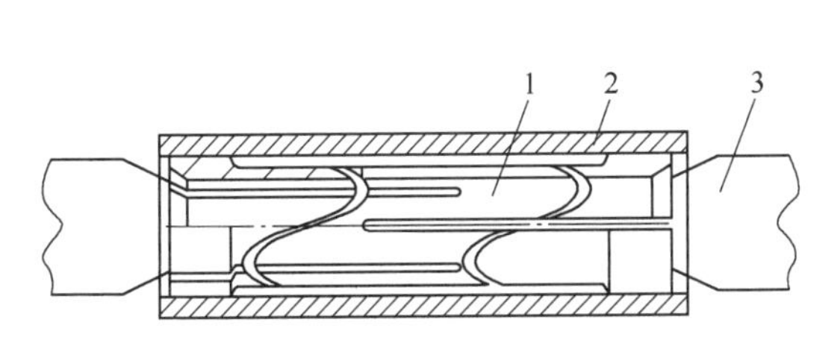

图 1-20 粗车铝筒件外径及全长具体实施结构示意

1—全长胀瓦夹具 2—工件 3—回转顶尖

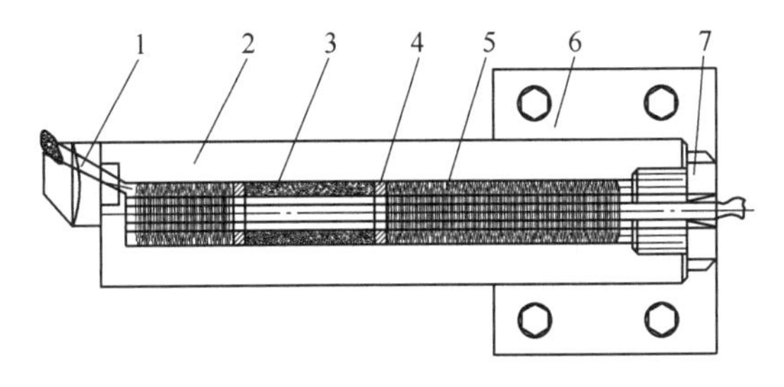

图 1-21 减振刀具装置结构示意

1—机头 2—刀具体 3—滚珠 4—挡板 5—碟簧 6—开口刀座 7—调整螺钉

减振刀具中的刀具体2材料采用高速钢W18Cr4V，淬火硬度达58～62HRC，刀具体采用中空管，中空管的结构在切削过程中具有较好的抗弯抗扭变形能力，壁厚20mm。刀具体外圆淬火后进行磨削，公差控制在0.03mm以内；内孔在淬火前进行深孔铰削，尺寸公差控制在0.05mm以内，刀具体的内孔中装有用于消除振动和抵抗变形能力的碟簧5与消除各种频率振动的滚珠3，其间用挡板4分隔开来；调整螺钉7安装在刀具体一端，用于调整碟簧的长短与弹性力大小以适应不同材质与切削力大小的工件。刀具体整体固定在开口刀座6上用以固定在数控机床的刀台上。机头1通过锯齿形V形槽与刀具体另一端紧密配合，用螺钉压紧，紧密固定。刀具体内装有冷却管，高压切削液通过冷却孔浇注到切削刀具刀尖处，对刀具和工件进行冷却。碟簧与滚珠交错排列。

精加工一般选用刀具刀尖圆弧$R0.2$mm。重点部位的加工刀具应合理安排，采取多刀阶梯式切削，粗、精加工分开，即最后一次走刀的刀具应与前面工步使用的刀具分开使用，以保证最终加工质量。

加工余量在直径方向上为0.5～1mm，内孔端面为0.2～0.5mm，切削参数为：切削速度v_c=300～380m/min，进给量f=0.05～0.1mm/r，背吃刀量a_p=0.05～0.15mm。

（7）完工检验。一般尺寸的检测应尽可能采用通用量具。对于高精度、关键尺寸的检测可采用专用量具，如三坐标测量仪、气动量仪或比较仪等。

对于精度要求较高的几何公差检测，为客观反映零件加工实际状态，允许进行机内测量，即在原加工设备上使用加工时所用工装装夹零件进行打表验收。

有益效果：本操作法保证了精密薄壁铝筒件加工精度，在不同加工阶段，通过采用各种夹具，实现了精密薄壁铝筒件的定位夹紧，解决了对产品生产中精密薄壁铝筒件在夹紧力作用下产生的变形问题。可以加工3～6mm壁厚的铝筒件，尺寸公差在0.05mm以内，形状和位置公差也能保证在0.05mm以内。本操作法适用于各种精密薄壁铝筒件加工，定位精度高、操作简单、装卸工件方便，夹紧力可均匀作用在装夹工件上，夹紧力可根据不同情况进行调整。适用各种薄壁铝筒件的定位和夹紧，加工范围广、适用性强。

四、薄壁管类淬硬零件止口和螺纹的加工操作法

技术领域：本操作法具体涉及一种薄壁管壳类淬硬件（见图1-22）的加工方法。

背景技术：目前，我单位薄壁管壳类淬硬件使用35CrMnSiA钢管类材料，粗加工后进行淬火处理，抗拉强度大于1100MPa。在使用数控车床批量生产过程中所使用的夹具装置，采用开槽胀瓦式开口夹瓦夹紧装置，对薄壁管壳淬硬件进行夹紧。在加工过程中，为了方便工件在夹具上的装卸，夹瓦的内径尺寸和所装夹工件的外径尺寸同胀瓦的外径尺寸与所装夹的内径尺寸存在着一定间隙。由于液压类气动夹紧装置的夹紧力较大，夹具的夹瓦和工件接触面积小，夹紧力没有均

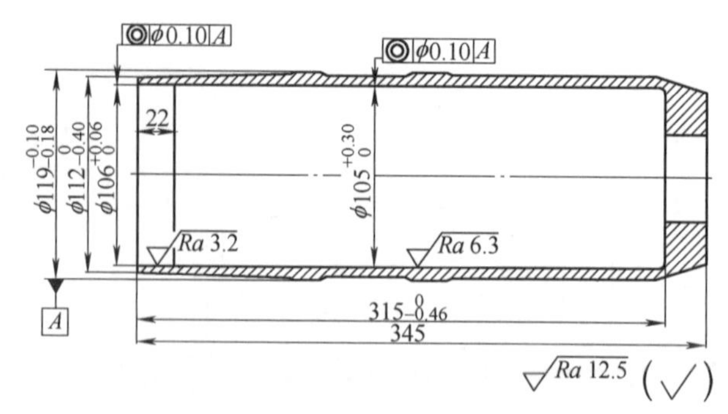

图1-22　薄壁管壳类淬硬件

匀地作用在工件表面上，产生变形，使生产中薄壁管壳淬硬件产品的关键尺寸，在加工后经常处在上、下极限尺寸或出现超差问题，还导致加工精度不高，质量不稳定，废品率较高。

操作法内容：本操作法的目的是提供一种薄壁管壳类淬硬件的加工方法，不仅解决质量不稳定、废品率较高的问题，还解决薄壁管壳类淬硬件加工中出现的夹紧变形问题。

技术方案：一种薄壁管壳类淬硬件的加工方法具体包括以下步骤：

（1）下料或成形毛坯。本零件采用厚壁管料35CrMnSiA加工，若零件结构不宜采用厚壁管料加工，为避免材料浪费，对于零件不需要承受高过载，可采用薄壁管料收口工艺，管料头部外径局部成形，内径缩孔，满足毛坯尺寸要求；若零件需承受一定高过载，其综合力学性能有相应要求，则在能够节约成本的前提下可考虑采用模锻成形毛坯，但须根据产品设计要求提出相应的毛坯制作技术要求。

（2）卧式车床粗加工薄壁管壳类零件。粗加工内外形，外形按成品尺寸留余量2.5mm，内孔按成品尺寸留余量3mm，工件全长留余量4mm。切削参数为：切削速度 $v_c=130\sim200$m/min，进给量 $f=0.3\sim0.4$mm/r，背吃刀量 $a_p=3\sim5$mm。使用冷却液充分冷却。

（3）淬火。淬火温度880℃，保温1～1.5h，油冷20～80℃ 8min，回火460～500℃，保温1.5～2h，抗拉强度1 100～1 200MPa。

（4）粗车内径。使用数控机床的液压卡盘上的扇形卡爪，在机床上进行自车，使得卡爪的弧形与工件外圆完全吻合，保证装夹后卡爪的扇形面与工件完全接触。内孔按成品尺寸留余量2mm，切削参数为：切削速度 $v_c=130\sim150$m/min，进给量 $f=0.3\sim0.4$mm/r，背吃刀量 $a_p=3\sim5$mm。

（5）粗车外形。粗加工采用数控机床，由于原材料为薄壁管料，采用两层包裹式夹具，最外层弹性夹瓦为高强度弹簧钢65Mn，热处理后硬度可达50～55HRC，夹瓦外表面热处理后再在磨床上精加工，表面粗糙度值 Ra 可达0.8μm，保证磨削后的尺寸完美契合工件内孔。刀具刀尖圆弧为 R0.4mm。粗加工的加工余量在直径方向上为1.5～2mm，端面为2～3mm。切削参数为：切削速度 $v_c=130\sim150$m/min，进给量 $f=0.2\sim0.3$mm/r，背吃刀量 $a_p=1.5\sim2$mm。

如图1-23所示，两层包裹式夹具包括第一法兰盘1、螺钉2、第一夹具体3、螺钉4、胀瓦5、胀块6、第一拉心7、胀圈8和第一挡板9。

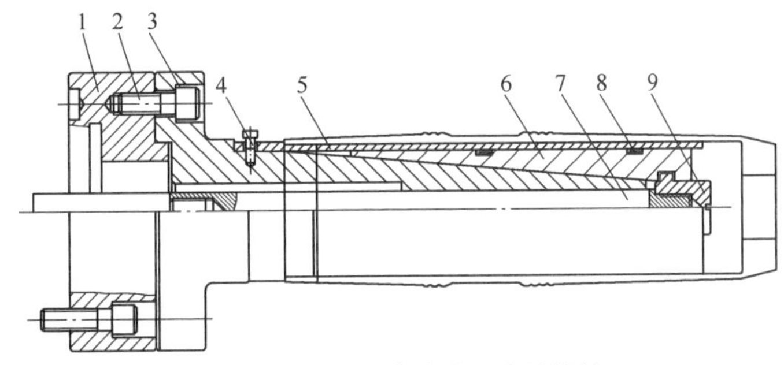

图1-23 两层包裹式夹具实施结构

1—第一法兰盘 2—螺钉 3—第一夹具体 4—螺钉 5—胀瓦 6—胀块 7—第一拉心 8—胀圈 9—第一挡板

第一法兰盘1后端与机床主轴相连接，前端通过螺钉2连接第一夹具体3，夹具体从后向前为直径渐小的圆锥面，第一拉心7设置在夹具体内通过机床主轴带动其前后运动。在第一夹具体 3 外装有胀块 6，胀块内表面与夹具体外圆锥面相匹配，胀块外表面为圆柱面，胀块 6 前端通过第一挡板 9 与第一拉心 7 固定连接，在胀块 6 上固定 2 个胀圈 8，在胀圈 8 上套有胀瓦 5，胀瓦 5 通过螺钉 4 连接在第一夹具体 3 上。

将工件套在胀瓦 5 上，靠紧定位，第一拉心 7 带动第一挡板 9 拉动胀块 6 向主轴方向运动，同时通过滑动使胀瓦 5 胀紧，夹紧工件。

采用该夹具加工精度可达 0.07～0.10mm，适用于工件壁厚为 7～9mm 的大批量工件的外形半精加工工序或精度要求不高的工件的最终外形加工工序。

（6）半精车外径。如图 1-24 所示，半精车外径采用数控机床，使用碟簧夹具，通过第二拉心 4 的轴向拉力，使碟簧 5 产生受力变形后，使碟簧的外径产生 0.3～0.5mm 稳定、可靠的弹性圆周变形均匀地作用在工件内腔的表面上，夹紧工件。工件的变形小，且为弹性变形。切削参数为：切削速度 v_c = 130～150m/min，进给量 f = 0.15～0.2mm/r，背吃刀量 a_p = 0.5～1mm。

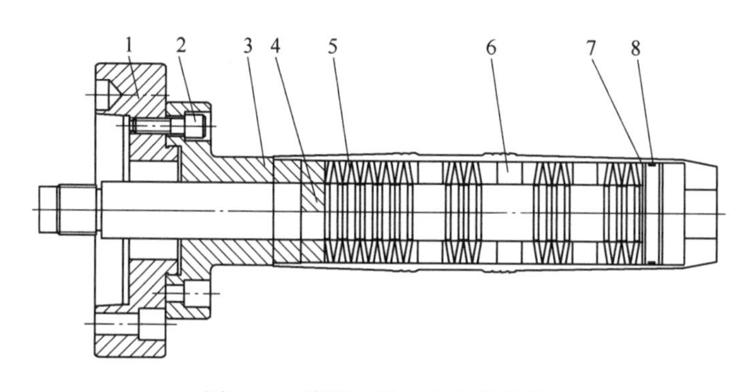

图 1-24 碟簧夹紧夹具实施结构

1—第二法兰盘 2—螺钉 3—第二夹具体 4—第二拉心 5—碟簧 6—保护套 7—第二挡板 8—密封圈

碟簧夹具包括第二法兰盘 1、螺钉 2、第二夹具体 3、第二拉心 4、碟簧 5、保护套 6、第二挡板 7 和密封圈 8。

第二法兰盘 1 的一端与机床主轴相连接，另一端通过螺钉 2 连接了第二夹具体 3，在第二夹具体中通过滑动配合安装了第二拉心 4，第二拉心一端与主轴油缸相连，另一端连接了第二挡板 7，在第二挡板上面安装了密封圈 8，碟簧 5 与保护套 6 交替穿插在拉心上，位于第二夹具体另一端与第二挡板之间。保护套保护了第二夹具体与第二拉心，同时可以调整碟簧的夹紧位置，夹紧宽度，保护薄壁筒形件内腔的受力面积与接触点位置。碟簧的厚度和开口数量及尺寸，根据在夹具中的位置，通过试验进行调整。碟簧为多点圆周接触。将薄壁筒形件套在夹具上，开口端靠紧夹具体的定位面，油缸带动拉心使碟簧夹紧工件，完成装夹，开始加工。加工完成后取下工件即可。

该夹具加工精度可达 0.05～0.07mm，适用壁厚大于 6mm 的大批量工件的外形精加工工序，或是高精度工件外形的半精加工。

（7）时效。人工时效 200℃，保温 24h。

（8）精车外形。精车外径使用数控机床或车削中心，采用弹性气囊夹具，充气气囊本身具有弹性，气囊撑紧力均匀地作用在薄壁工件上，气囊弹性力的大小可以用安全阀设定，气囊撑紧力的大小根据薄壁工件的壁厚和强度，以及切削力的大小情况进行调节，切削参数为：切削速度 $v_c=150\sim180\text{m/min}$，进给量 $f=0.1\sim0.15\text{mm/r}$，背吃刀量 $a_p=0.1\sim0.2\text{mm}$。

如图1-25所示，弹性气囊夹具包括第三法兰盘1、螺钉2、第三夹具体3、气囊4、安全阀6、快速放气阀7、定位挡环8、带单向阀的快换管接头9。

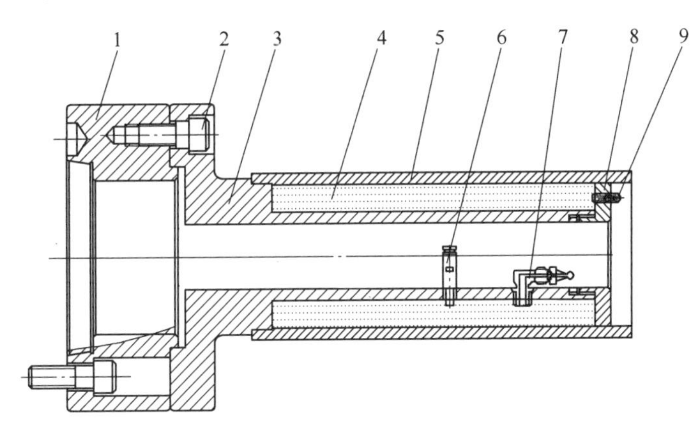

图1-25 弹性气囊夹具实施结构

1—第三法兰盘 2—螺钉 3—第三夹具体 4—气囊 5—工件 6—安全阀 7—快速放气阀 8—定位挡环 9—快换管接头

第三夹具体3通过螺钉2固定在机床上第三法兰盘1上，把气囊4装在第三夹具体3上，气囊的各个连接管接头放入夹具体相应的定位孔中，把定位挡环8安装在第三夹具体上，安全阀6、快速换气阀7安装在第三夹具体上相应的定位孔中并和气囊的相对应管接头相连，带单向阀的快换管接头9从定位挡环的定位孔中穿过并和气囊管接头相连，检查各接头进行气密性测试，将工件5装在第三夹具体的定位台和定位挡环的定位面上，实现对薄壁工件的定位，通过带单向阀的快换管接头对气囊进行充气，通过安全阀设定气囊的空气压力，充气结束后在气囊的弹性力作用下把工件撑紧，实现对工件的夹紧，加工钢管类薄壁工件。检测工件，调整气囊压力，工件加工结束后拉动快速放气阀手柄，对气囊进行放气，达到图样要求后，卸下工件，检测合格后，开始批量加工。

该夹具加工精度可达0.02mm以内，适用于壁厚2~5mm钢管类的大批量高精度工件的外形精加工工序。

（9）精车内径。把精车外形后的工件放入半开式夹具中，夹具的内孔直径与工件外圆直径基本一致，锁紧螺钉锥面和压盖的斜面相互接触，旋紧螺钉，压紧工件，旋紧力的大小不要过紧，根据薄壁工件的壁厚和强度及切削力的大小情况进行调节，对内孔进行精加工。切削参数为：切削速度 $v_c=150\sim180\text{m/min}$，进给量 $f=0.1\sim0.15\text{mm/r}$，背吃刀量 $a_p=0.1\sim0.2\text{mm}$。

如图1-26所示，半开式夹具包括第四法兰盘1、螺钉2、第四夹具体3、定位器4、转轴5、压盖6、锁紧轴7、弹簧8。

第四法兰盘1后端通过螺钉2固定在机床上，前端与第四夹具体3固定在一起，第四夹具体3前部开有一定长度的半圆弧槽，压盖外形与该半圆弧槽匹配并安装在工具内，与夹具体形成一体夹紧筒类工件的内孔，压盖固定端通过转轴5与夹具体转动连接，活动端通过锁

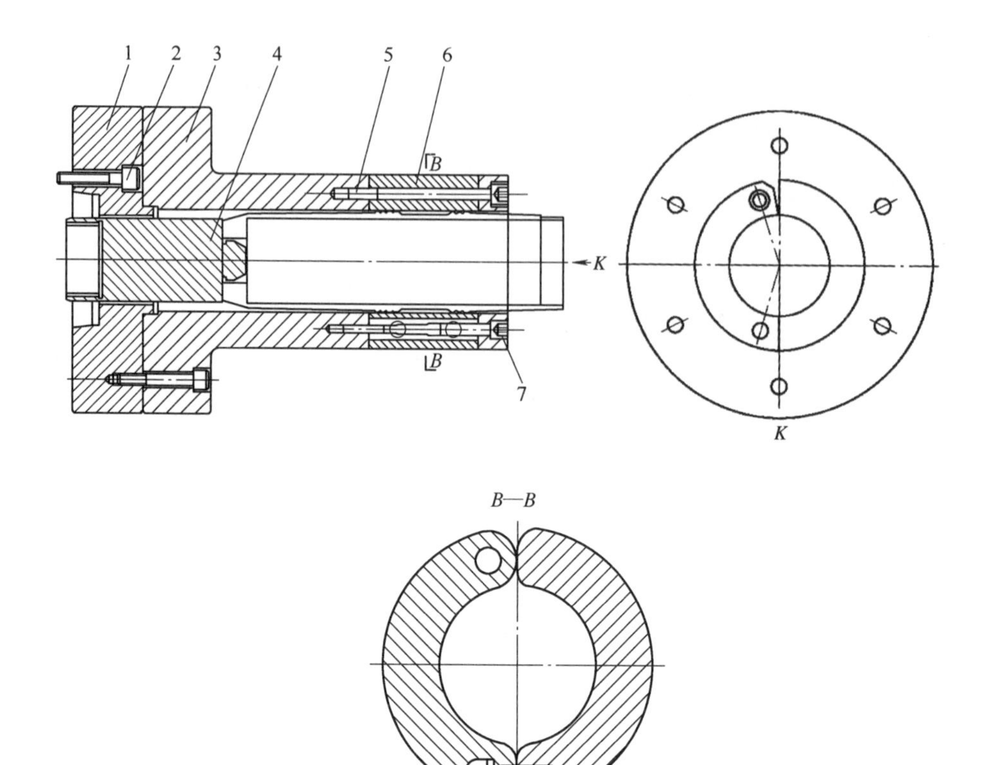

图 1-26 半开式夹具实施结构

1—第四法兰盘 2—螺钉 3—第四夹具体 4—定位器 5—转轴 6—压盖 7—锁紧轴 8—弹簧

紧轴 7 与夹具体锁紧，固定端和活动端均与中心轴线平行，压盖 6 通过转轴 5 固定在夹具体 4 上，转轴相对于压盖的转轴孔和第四夹具体的定位孔间隙控制在 0.05mm 以内，使压盖能够通过转轴在第四夹具体上做自如开合旋转动作，锁紧轴中部设有带锥度的圆锥面，与压盖上的锁紧孔斜面一致。通过旋紧锁紧轴，锁紧轴的小锥度圆锥面向内移动和压盖的锁紧孔小锥度斜面接触，压紧压盖，达到压紧淬火薄壁筒类工件的功能。在压盖活动端面与夹具体相接处端面间设有弹簧，松开锁紧轴后可以弹开压盖，定位器 4 一端与机床主轴连接，另一端穿过法兰盘，位于夹具体后部的中心孔内，用于定位圆筒形工件。

图 1-27 为压盖各角度视图。

使用前将整套夹具装配后固定在使用机床上，第四夹具体和压盖前后端面加一薄垫片，使夹具体和压盖之间有一定缝隙，旋转锁紧轴，在使用机床上进行整体加工。夹具夹紧工件的定位孔，加工到所装夹的淬火薄壁筒类工件外径公差的最大极限尺寸，达到夹具装夹工件的定位精度和装夹接触面积。松开锁紧轴，在弹簧的作用下，弹开压盖完成薄壁筒类工件的装卸。旋紧锁紧轴的力的大小根据加工淬火薄壁筒类形件的切削力大小，进行适当调节。

加工精度及几何公差可达 0.01 ~ 0.03mm，适用于壁厚 5 ~ 7mm 的大批量、高精度工件的内孔精加工工序。

采用工作状态下修磨定位夹紧面两层包裹式夹具定位夹紧方法，胀紧力直接作用在夹紧的工件上，被夹紧的薄壁淬硬件容易产生变形。在设计夹具时，采用胀瓦的定位夹紧面上，

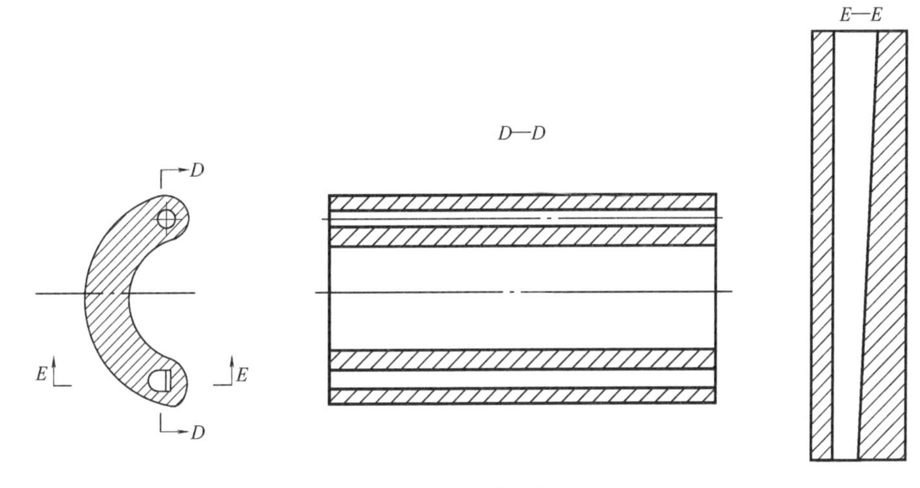

图 1-27　压盖剖视图

包裹了用于吸收部分胀紧力，使得夹紧力更均匀地作用在加工工件定位夹紧面的第二层夹套内，在使用两层包裹式夹具前施加外力调整拉心，使夹具胀瓦产生变形，作用在第二层夹套上，并产生变形达到工作状态，在工作状态下，对第二层夹套定位夹紧面进行修磨，加工到所胀紧工件内孔略小尺寸，在外力消除后，第二层胀套产生变形，胀套直径缩小，在使用过程中所加工的工件可方便地装夹到胀瓦上，在加工过程中采用工作状态下修磨定位夹紧面的两层包裹式夹具，第二层夹套胀紧后的尺寸和所装夹的工件尺寸基本一致，接触面积大，第二层夹套吸收部分夹紧力，使夹紧力均匀作用在装夹工件上，变形较小，可以保证产品的加工质量。

因为碟簧是均匀开口的，在液压类气动夹紧力的作用下，使碟簧产生的较小弹性变形均匀作用在装夹工件表面上，实现工件定位和夹紧。工件产生的变形小，定位精度高。

对于精度高、精加工余量小、工件壁厚小于 4mm 强度高的薄壁零件，采用弹性气囊夹具。气囊本身具有弹性，所产生的夹紧力均匀地作用在夹紧工件的圆周表面或轴向端面上，所产生的夹紧力小于工件的变形力，夹紧力应大于切削力。

薄壁零件公差小，内孔止口加工中故采用半开式夹具，相对于液压和气动夹具装置，该机械类半开式夹具的夹紧力相对较小，并且可根据切削力大小进行调整。半开式夹具的夹紧定位内孔尺寸，在夹紧的状态下，整体加工到装夹工件的最大极限尺寸。在装夹工件时，装夹面积大，夹紧力均匀作用在所夹紧的工件上，夹紧所产生的变形小，满足了较高精度薄壁淬硬件内孔加工的要求。

有益效果：本操作法采用的加工工艺保证了加工精度。在不同加工阶段，通过采用各种夹具，实现了薄壁淬硬件的定位夹紧，并解决了薄壁淬硬件在夹紧力作用下产生的变形问题。

五、八翼型材高效去翼的加工操作法

技术领域：本操作法具体涉及一种八翼铝型材去翼片方法。

背景技术：目前，八翼铝型材（见图 1-28）零件机械加工采用以下两种去掉工件局部翼片（见图1-29）的加工方法：

（1）用车床采用外圆车刀加工方式去翼片。八翼型材毛坯直径 ϕ124mm，车削直径 ϕ42mm，有82mm的加工余量，每刀去除余量10mm，8次进给后车削到直径 ϕ44mm，而且是断续切削，噪声大。

（2）用铣削方式去翼。因为是八翼型材，每个翼片铣一刀需要8次进给才能去除工件所需去掉的翼片局部。进给次数多，加工效率低。

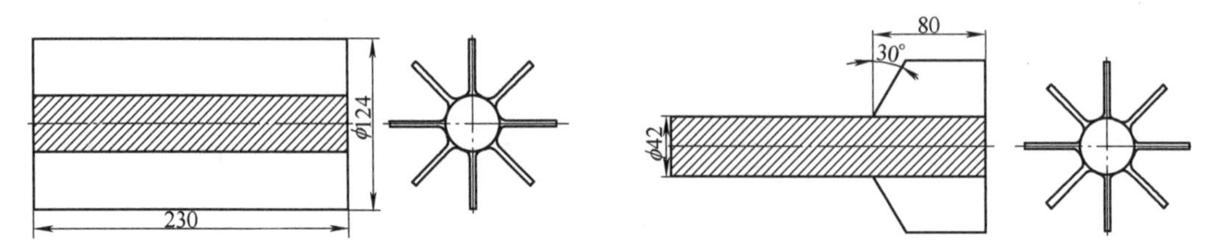

图1-28 八翼铝型材结构示意　　图1-29 去除翼片后的八翼铝型材零件示意

操作法内容：本操作法的目的是提供一种八翼铝型材去翼片方法，去除工件局部翼片的方法，解决八翼铝型材工件去翼片工序加工余量大、进给次数多、加工效率低的问题。

本操作法的技术方案具体包括以下步骤：

（1）通过八翼铝型材装夹装置将工件夹紧，使用数控车床加工。将工件17放入八翼铝型材装夹装置的夹套11中，在工件17与定位块8接触定位后使机床油缸带动滑芯6在定位套内滑动同时拉动拉销4带动夹瓦10的斜面与锥套9滑动夹紧夹套11，夹套11夹紧工件17，实现装夹，如图1-30所示。

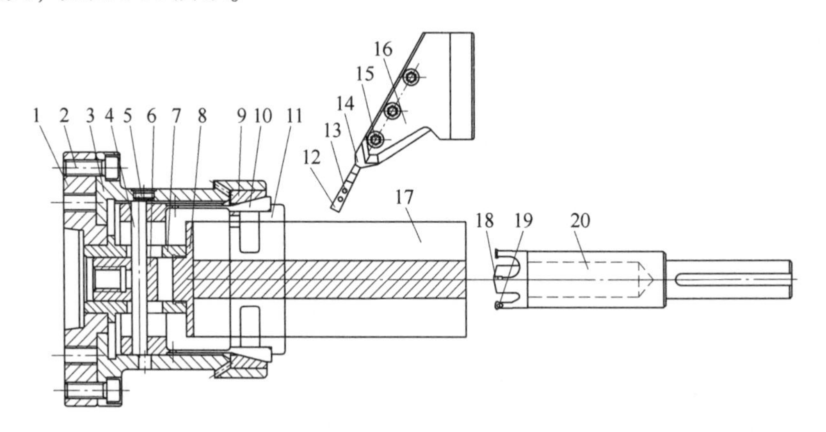

图1-30 本操作法具体实施结构示意

1—法兰盘 2—螺钉 3—夹具体 4—拉销 5—丝堵 6—滑芯 7—定位套 8—定位块 9—锥套 10—夹瓦 11—夹套 12—硬质合金夹固刀片 13—紧固螺钉 14—切斜槽专用刀体 15—拧紧螺钉 16—切斜槽刀夹 17—工件 18—刀片 19—螺钉 20—刀具体

八翼铝型材装夹装置包括法兰盘1、螺钉2、夹具体3、拉销4、丝堵5、滑芯6、定位套7、定位块8、锥套9、夹瓦10、夹套11（见图1-31）。

法兰盘1后端与机床主轴端连接，前端通过螺钉2与夹具体3的后端固定连接，夹具体3前端内孔安装了锥套9。定位套7后端固定在法兰盘1的中心孔内，前端通过螺纹固定有

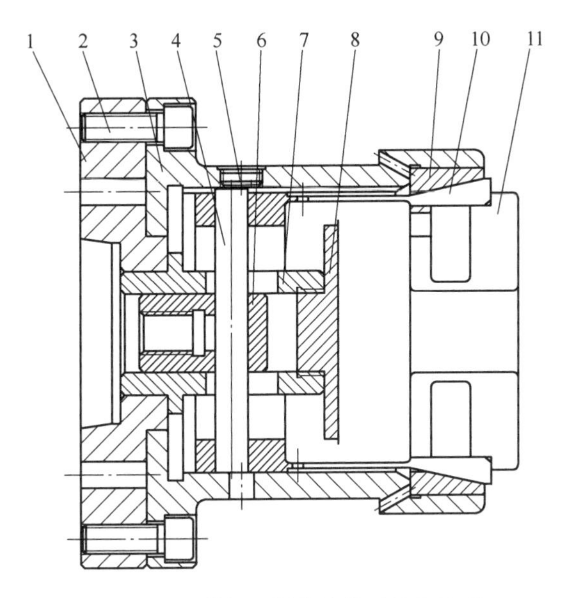

图 1-31 八翼铝型材装夹装置结构示意

1—法兰盘 2—螺钉 3—夹具体 4—拉销 5—丝堵 6—滑心 7—定位套 8—定位块 9—锥套 10—夹瓦 11—夹套

定位块 8，定位块 8 可根据工件尺寸进行更换，用于定位工件轴向尺寸。

夹瓦 10 设置在夹具体 3 与定位套 7 之间，夹瓦 10 后部外斜面在锥套 9 的内斜面相配合滑动，滑芯 6 位于定位套 7 中，在定位套 7 中滑动，其后端与机床主轴油缸连接。

拉销 4 穿过夹具体后，将夹瓦 10、滑芯 6 连为一体，定位套 7 上设有限位孔，便于拉销 4 在限位孔内前后滑动，为防止拉销 4 脱出，在夹具体上固定有丝堵 5。

夹套 11（具体见图 1-32）设置在夹瓦 10 内，通过前端凸台进行限位；夹套由前后两个法兰盘同轴连接而成，前法兰盘上设有 8 个通槽，分别用于容纳 8 个翼片，前法兰盘后部圆周上设有凸台，用于与夹瓦配合限位，开通槽使前法兰盘具有弹性，后法兰盘上设有对应的 8 个凹槽，底部的垂直向凹槽为通槽，其余几个凹槽均未断开，从而满足夹套刚性要求；且前后法兰盘根部与八翼铝型材的根部相匹配。

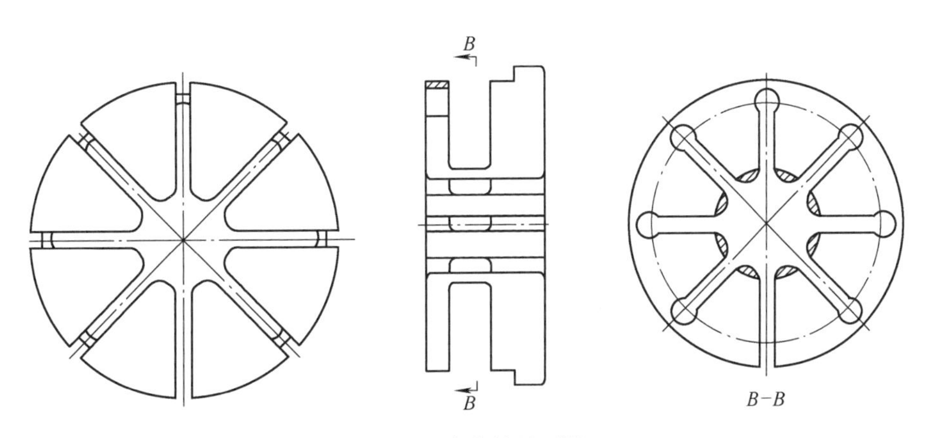

图 1-32 夹套的平面图

主轴油缸通过带动滑芯6拉动拉销4连同夹瓦10的斜面在夹具体内与锥套9的斜面相互滑动，径向运动带动夹套11夹紧工件。

(2) 定工件全长。调用车削端面刀具，对毛坯工件的一个端面进行加工，全长留有余量2～3mm，切削参数为：切削速度 $v_c=150\sim180\text{m/min}$，进给量 $f=0.2\sim0.3\text{mm/r}$，背吃刀量 $a_p=1.5\sim2\text{mm}$。

(3) 将八翼铝型材斜进去翼切槽刀具装夹在数控车床的刀架上进行切斜槽加工。调用八翼铝型材斜进去翼切槽刀具，在数控车床上完成对工件17的翼片进行30°锥角的加工，去翼切槽刀具进给至翼片根部完成斜进加工。为防止刀具在深槽内与工件发生碰撞，退出刀具时采用G01直线差补退回换刀位置，将工件卸下。切削参数为：切削速度 $v_c=150\sim180\text{m/min}$，进给量 $f=0.1\sim0.15\text{mm/r}$。

图1-33为八翼铝型材斜进去翼切槽刀具结构示意。八翼铝型材斜进去翼切槽刀具包括硬质合金夹固刀片1、紧固螺钉2、切斜槽专用刀体3、拧紧螺钉4和切斜槽刀夹5。

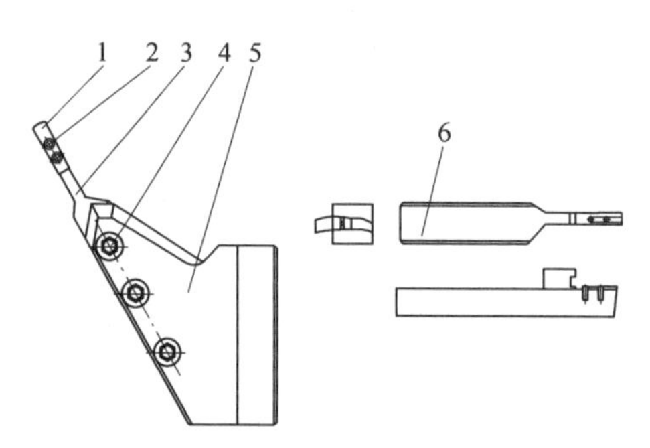

图1-33　八翼铝型材斜进去翼切槽刀具结构示意

1—硬质合金夹固刀片　2—紧固螺钉　3、6—切斜槽专用刀体　4—拧紧螺钉　5—切斜槽刀夹

切斜槽专用刀体通过拧紧螺钉4固定在切斜槽刀夹5上，硬质合金夹固刀片1通过紧固螺钉2与切斜槽专用刀体3固定连接。

切斜槽专用刀体副后刀面为弧形，防止斜切过程中与工件发生干涉，切斜槽专用刀体装入切斜槽刀夹5的30°定位凹槽中，定位面紧密接触，并调整刀体的伸出长度，实现准确定位。该工序减少了精加工工序的加工余量，使生产效率提高3倍。

(4) 再次装夹。将工件旋转180°后再次放入夹具内，夹紧工件。

(5) 定全长。调用车削端面刀具，对毛坯工件的另一个端面进行加工，全长加工至成品图样公差范围内。切削参数为：切削速度 $v_c=150\sim180\text{m/min}$，进给量 $f=0.2\sim0.3\text{mm/r}$，背吃刀量 $a_p=1.5\sim2\text{mm}$。

(6) 采用数控机床调取套筒刀具，使套筒刀具中心同机床旋转中心重合进行端面深槽加工。如图1-34所示，套筒刀具包括刀片1和刀具体3，四个刀片相互成90°角均匀分布安装在刀具体的圆周上，刀具体为套筒形结构。

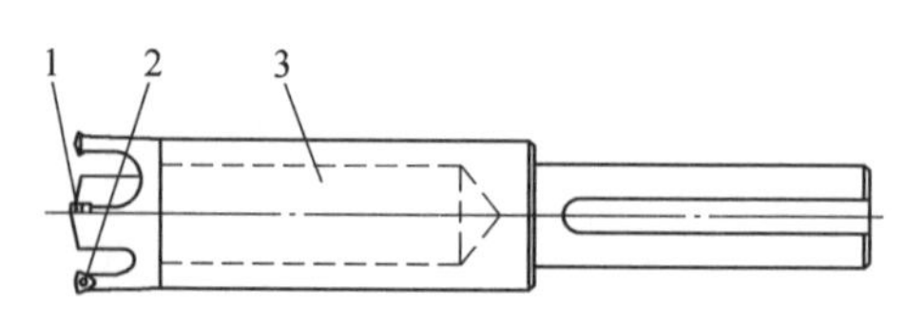

图1-34　八翼铝型材去翼套筒刀具示意

1—刀片　2—螺钉　3—刀具体

八翼铝型材去翼加工容屑空间大，套筒刀具可连续进给140mm，一次进给完成80mm加工余量的翼片去翼工作。

加工至距斜进刀具切削的翼片根部5～7mm，退出套筒刀具，卸下工件，用铝棒敲打去除加工位置翼片。切削参数：切削速度 $v_c=150\sim180\text{m/min}$，进给量 $f=0.1\sim0.15\text{mm/r}$。

有益效果：本操作法应用于八翼铝型材加工零件去除局部翼片的加工，能够通过八翼铝型材装夹装置实现准确的定位和夹紧。斜进去翼切槽刀具，一次进给，在完成去除翼片和保留翼片分割的同时完成了零件翼片 30°锥角的加工成形。八翼铝型材去翼套筒刀具一次进给，可去除铝型材工件 80mm 多余翼片的加工余量，可在八翼铝型材零件的批量生产中推广应用，加工效率高。

六、支架类零件的加工操作法

技术领域：本操作法具体涉及一种支架类零件车台阶孔的加工方法，设计专用夹具和组合刀具，在车床中快速车削，并在同行业企业具有很好的应用推广前景。

背景技术：异形零件弓形体其形状复杂、不规则，在使用车床加工时装夹困难，不利于大批量生产。该零件的孔位均要求垂直于弧面的法向方位，同时还要保证各个孔之间的相对位置，钻削过程中装夹定位困难，且要一次加工完成保证位置精度。

本操作法的目的是提供一种弓形体零件（见图 1-35、图 1-36）的加工方法，解决弓形体零件无法实现一次装夹完成不同角度多孔位钻削的问题。

本操作法的技术方案为一种弓形体零件的加工方法，具体包括以下步骤：

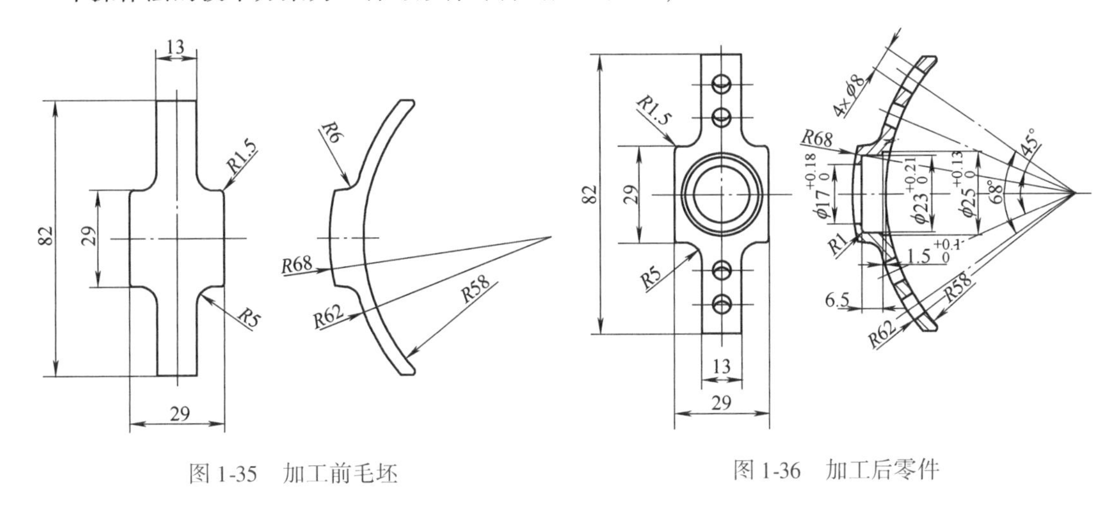

图 1-35　加工前毛坯

图 1-36　加工后零件

（1）模锻：采用中频感应加热。精锻毛坯使其外形成形。该零件为中部设有凸台的弓形件。

（2）校形：将工件放在定位胎具中，利用校正锤敲击工件翘曲变形位置的背面，校正工件。

（3）钻大孔：将车削定位夹紧装置（见图 1-37）装夹在卡盘上，找正夹具，将工件放入车削定位夹紧装置，利用钻头加工弓形件中心 ϕ16mm 的大孔，再利用镗孔刀扩孔至 ϕ17mm。

车削定位夹紧装置包括夹具体 1、圆柱销 2、压盖 3、锁紧块 5、螺钉 6。压盖一端通过圆柱销与夹具体顶端的一侧转动连接，压盖另一端通过锁紧块和螺钉固定在夹具体上。夹具体中心设有用于弓形体加工的通孔，夹具体顶端中心还设有限位槽，用于与工件的凸台相配合，且工件的弧形部位与夹具体顶部的弧形部位完全吻合。车削时松开螺钉，旋转锁紧块，张开压盖，将工件放入到快速车削定位夹紧装置的夹具体当中，工件安装的方向与压盖相垂直，使得工件的弧形与夹具体内的弧形部位完全吻合，闭合压盖使压盖压紧工件，旋转锁紧块使得锁紧块旋入压盖的凹槽中，拧紧螺钉完成装夹。

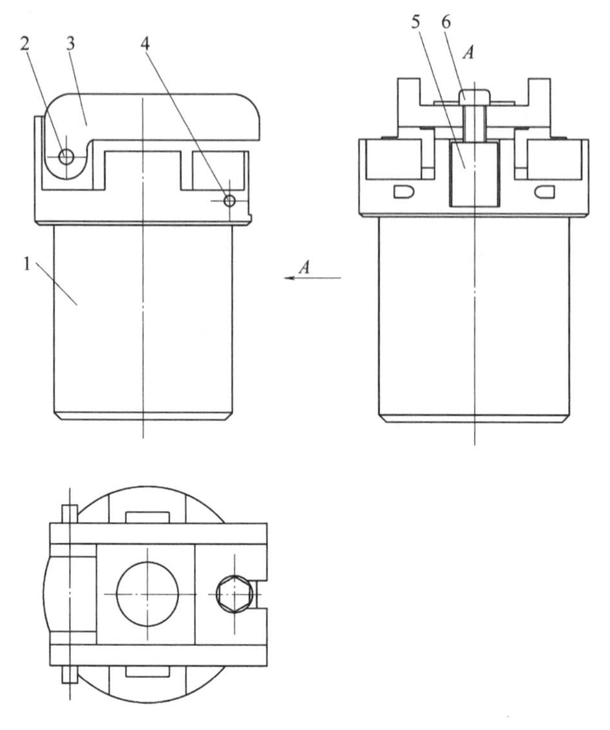

图 1-37　车削定位夹紧装置

1—夹具体　2、4—圆柱销　3—压盖　5—锁紧块　6—螺钉

如图 1-38 所示，将夹具体（见图 1-39）安装在车床的卡盘上开始加工。

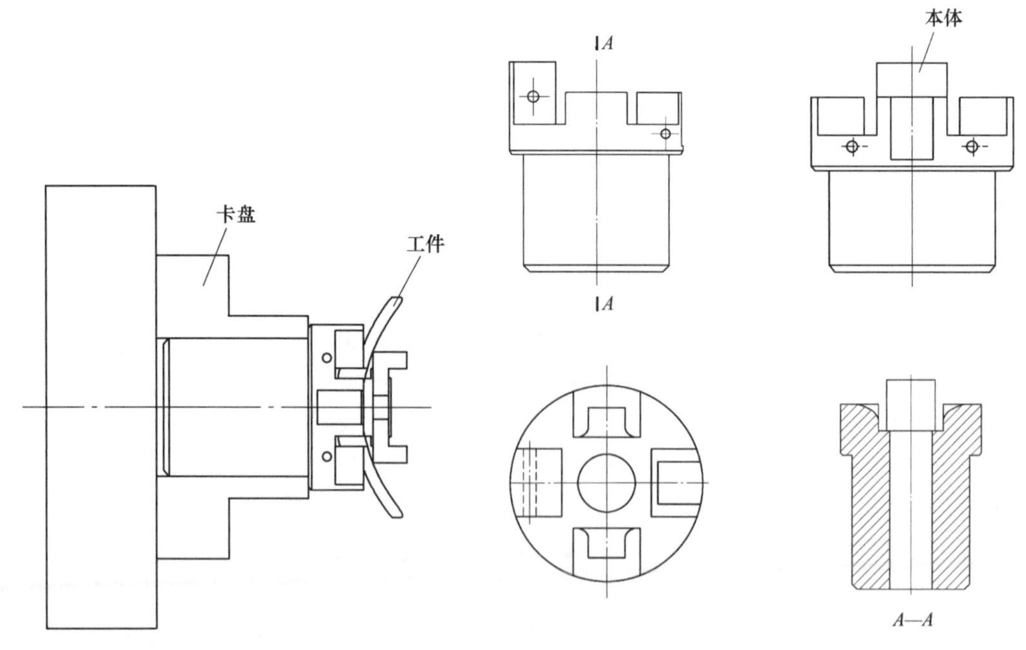

图 1-38　车削定位夹紧装置装夹零件加工示意

图 1-39　夹具体

(4) 车台阶孔：利用镗孔刀车工件中心的台阶孔。

(5) 钻小孔：将可旋转变角夹紧装置固定在钻床工作台上，将工件装夹在可旋转变角夹紧装置中，装夹牢固可靠，调整可旋转变角夹紧装置角度，钻工件两侧的小孔，钻孔结束利用钳工锉去除毛刺。

如图1-40所示，可旋转变角夹紧装置包括底座1、支架2、定位转轴3、螺钉4、17、固定块5、7、螺母6、蝶形螺母8、锁紧转轴9、圆柱螺旋压缩弹簧10、吊环螺钉A型11、弹簧套12、定位轴13、旋转转轴14、全螺纹六角头螺钉15、钢珠16、圆柱销18、20、钻套19。

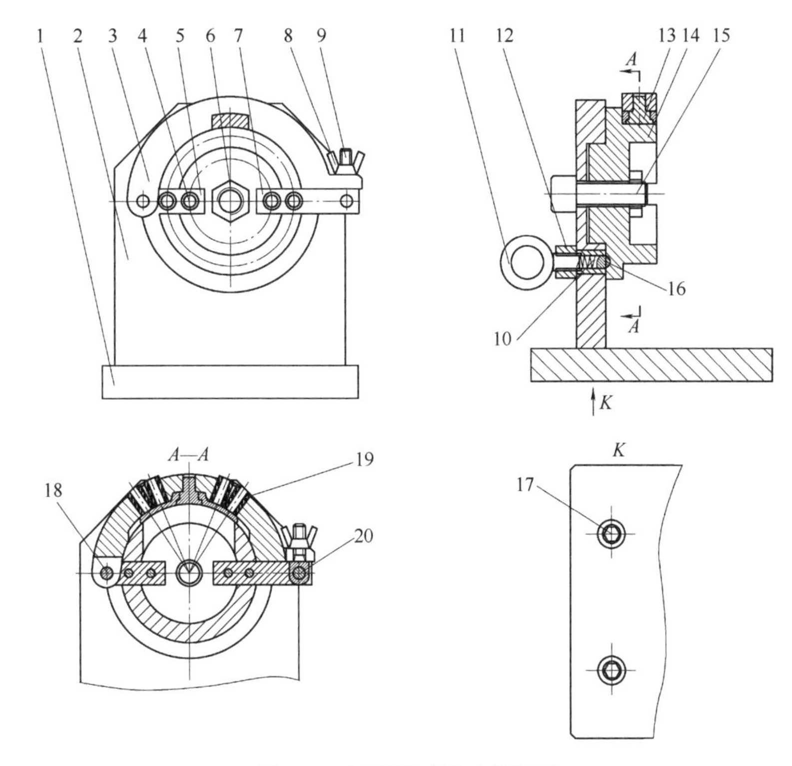

图1-40 可旋转变角夹紧装置

1—底座 2—支架 3—定位转轴 4、17—螺钉 5、7—固定块 6—螺母 8—蝶形螺母 9—锁紧转轴 10—圆柱螺旋压缩弹簧 11—吊环螺钉A型 12—弹簧套 13—定位轴 14—旋转转轴 15—全螺纹六角头螺钉 16—钢珠 18、20—圆柱销 19—钻套

底座固定在使用设备上支承整个结构，在底座上通过螺钉连接了支架。旋转转轴中心孔通过全螺纹六角头螺钉和螺母安装在支架上，能够相对支架转动，旋转转轴左、右两侧分别通过螺钉对称安装有用于定位的固定块5和固定块7。

定位转轴一端通过一个圆柱销与固定块5转动连接；固定块7端部固定有圆柱销，锁紧转轴竖直穿过定位转轴另一端和圆柱销，上面装有蝶形螺母用于锁紧定位转轴；在支架的下部装有弹簧套，弹簧套中装有圆柱螺旋压缩弹簧和钢珠，另一端使用吊环螺钉A型拧紧，使得钢珠压入旋转转轴一端的限位槽中，定位转轴为弧形结构台阶轴，设置在工件的中心台阶孔内，用于定位。定位台阶孔分别用于与定位轴端部的台阶和工件的凸台相配合定位，定位转轴的弧形面与工件的外弧形面相贴合，在定位转轴上对称装有四个钻套，加工时定位轴用于定位工件。

加工时将定位轴装入工件的内孔当中进行定位，然后将工件装入定位转轴的定位台阶孔当中，使得工件与定位转轴的定位台阶孔完全吻合，旋转定位转轴至旋转转轴上扣紧，转动锁紧转轴至定位转轴另一端的开槽中，拧紧蝶形螺母锁紧工件，旋转旋转转轴，使得钢珠能够进入到旋转转轴的限位槽中，完成定位。工件的 4 个孔位由旋转转轴上的限位槽定位，当钢珠进入限位槽中拧紧吊环螺钉 A 型锁紧装置。当钢珠在旋转转轴的限位槽中时，工件的位置即为加工的孔位，加工完 1 个孔位后松开吊环螺钉 A 型转动旋转转轴，使钢珠进入到下一个限位槽当中；再次拧紧吊环螺钉 A 型后再加工，直至 4 个孔位全部完成加工。松开蝶形螺母，转动锁紧转轴，张开定位转轴，取下工件，完成加工。

（6）清整：利用钳工锉修整工件表面磕碰和毛刺，形成加工好的零件。

以上所述仅是本操作法的优选实施方式，应当指出，对于本技术领域的技术人员来说，在不脱离本操作法技术原理的前提下，还可以做出若干改进和变形。

有益效果：本操作法能够快速装夹定位弓形体零件，一次装夹完成不同角度多孔位，保证各孔之间相对位置精度良好；设计了专用夹紧装置，能快速装夹定位加工内孔；钻孔工序采用钻床，设计了多孔位一次装夹加工的可旋转变角夹紧装置，能完成多孔位的变角加工。

七、小直径精密深孔零件的加工操作法

技术领域：本操作法具体涉及一种小直径精密深孔零件加工方法，设计专用深孔加工刀具，以满足深孔加工的尺寸公差和表面质量。

适用特点：该加工方法应用于尺寸和形状精度要求较高的、深孔类零件的批量加工。

操作法内容：如图 1-41 所示，我单位在加工某活塞套筒零件时，遇到高精度深孔加工难题。该零件内孔尺寸为 $\phi18.6^{+0.05}_{0}$mm，表面粗糙度值 $Ra=0.8\mu m$，零件长度 750mm，为典型深孔加工类零件。

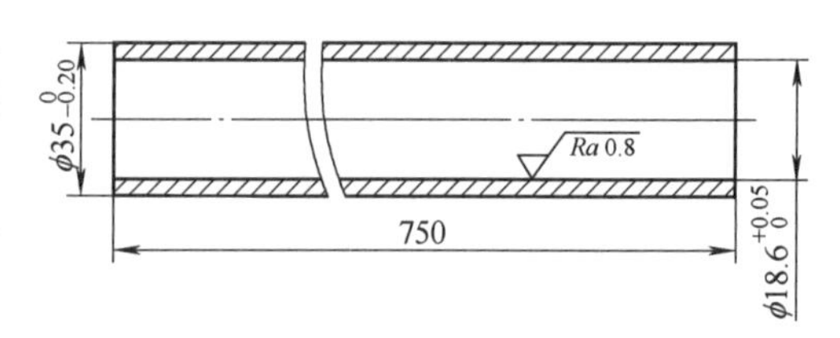

图 1-41 套筒零件

经研究，采用卧式车床，设计、制作硬质合金铰刀、防切削液飞溅防护罩、拉铰装置、硬质合金冷挤压挤光刀、切削液回收等装置，完成该深孔零件的加工。

技术原理：

（1）深孔加工采用高速拉铰的加工方式，刀杆受拉力，不易产生弯曲变形，切削过程平稳。

（2）铰刀杆采用 45 钢管制作，高压切削液直接浇注到切削刃，使切屑从主轴孔中随切削液排出，进入到切削液回收箱内，并注入机床油盘中，冷却排屑效果好。

（3）受结构和容屑空间要求的限制，硬质合金铰刀由刀体、硬质合金刀片和导向套组成。硬质合金铰刀采用三刃结构形式，刀片采用 YT15，刀体材料 45 钢，刀片和刀体采用铜焊，焊后要进行去应力退火处理，由外磨、工具磨，采用金刚石砂轮磨削制造。导向套采用夹布胶木，并与导杆采用过渡配合，起到减振和导向作用。铰刀焊接硬质合金的工作部分由校准部分和切削部分组成。

切削部分：主偏角为 12° ~15°，前用取 0°，后角 6° ~8°，为了改善刃口强度，切削部分的后面留有 0.05 ~0.1mm 的刃带，刀体上的后角 30° ~40°。

校准部分：①切削刃前角采用0°，后角8°～10°。为保证铰刀直径尺寸精度，校准部分后面留有0.15～0.3mm的刃带。②刀体上的第二重后角取45°，保证刀具强度的同时尽量增大容屑空间，同时，保证铰刀直径尺寸精度及各齿较小的径向圆跳动误差。校准部分一般磨削成倒锥形，其倒锥量为（0.003～0.005mm）/100mm，减轻校准部分与孔壁的摩擦，减小切削力。校准部分的切削刃有3°的负值刃倾角，控制切屑流出方向，在高压切削液的浇注下解决深孔加工排削难题。高速拉铰加工 ϕ18.6mm时，转速600～700r/min，进给量0.2～0.3mm/r，背吃刀量 a_p =0.1～0.2mm，根据加工情况切削用量可适当调整。

调整机床，在主轴静止状态，匀速反向走刀，利用硬质合金冷挤压挤光刀，对工件内孔进行挤光处理，表面粗糙度值达到 Ra =0.8μm。

创新点一：车床高速拉铰孔刀具装置，如图1-42、图1-43所示。

图1-42　刀具装置1

图1-43　刀具装置2

创新点二：高速拉铰刀具及硬质合金冷挤压挤光刀，如图1-44、图1-45所示。

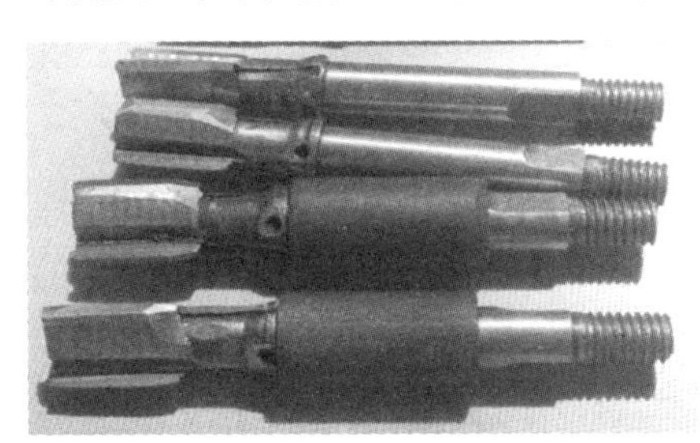

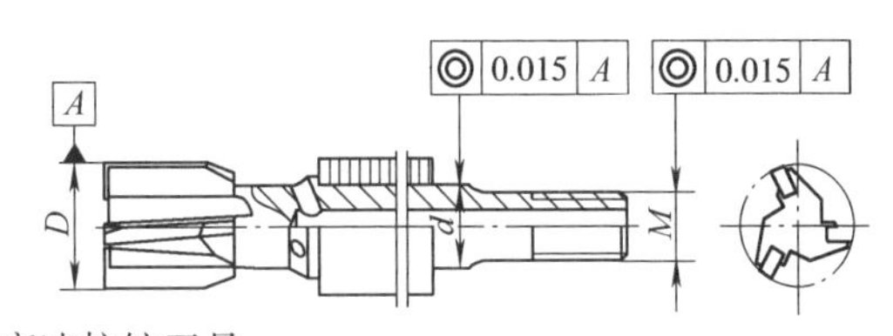

图1-44　高速拉铰刀具

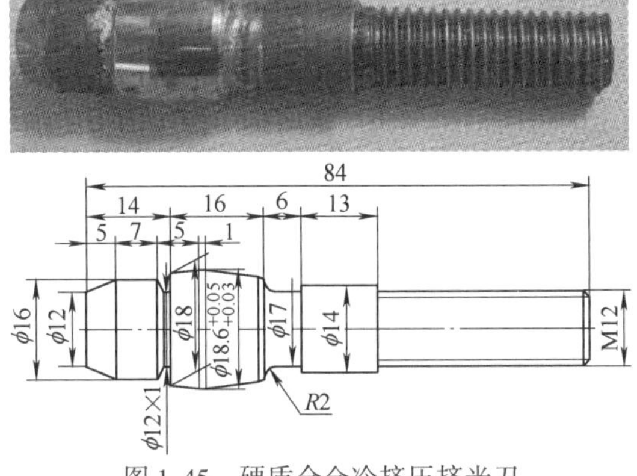

图1-45　硬质合金冷挤压挤光刀

创新点3：车床夹具切削液防溅装置，如图1-46所示。

图1-46 夹具装置

八、钨合金微小零件的高效加工操作法

技术领域：本操作法具体涉及一种钨合金微小零件高效加工方法，设计、制造专用刀具，以满足钨合金微小零件的批量加工。

操作法内容：如图1-47所示，钨合金保险销、离心销零件的批量生产成为科研生产的关键。通过技能攻关，解决了钨合金微小零件的批量加工难题。

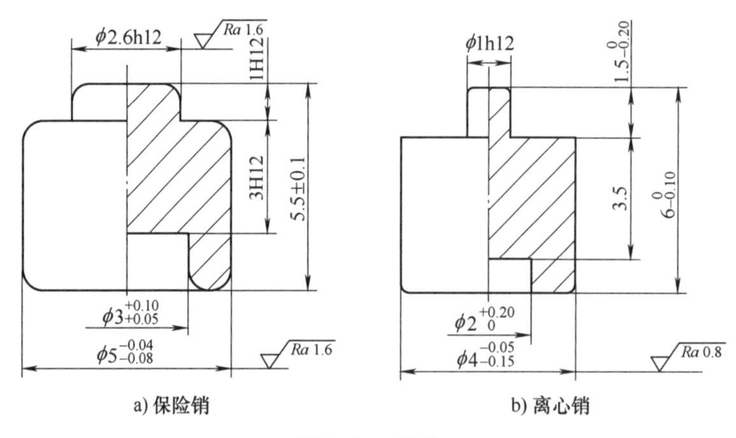

图1-47 零件

钨合金密度大，抗拉强度大于980MPa，硬度大于40HRC，热导率小，切屑成颗粒状，加工时刀具切削刃会产生很高的热应力，刀具磨损快。针对钨合金材料的切削性能，选用适合切削钨合金材质的刀具材料，设计制作了集外圆、切断及钻孔等刀具为一身的组合刀具，实现了刀具的多功能性，具有创新性，加工质量稳定、效率高、成本低，有较大的经济效益。

技术原理：

(1) 切削钨合金刀具的选用：钨合金是用粉末冶金烧结而成，由90%以上的钨和10%以下的软金属（如Ni，Cu，Co，Mg等）作粘结相组成的合金，其密度大，故又称高密度合金。钨合金的强度高、切削力大，研究表明，在以背吃刀量 $a_p=0.2$mm，进给量 $f=0.3$mm/

r，切削主轴转速 v_c =90m/min 的条件下加工时，其生产的切削力 F_1 =900N，背向力（径向力）F_p =450N，进给力（轴向力）F_f =600N，这样的切削力，在刀具刃口上将产生很高的能力密度，致使在切削刃和与之接触的工件材料上产生极高的热应力，故刀具磨损很快。

（2）充分发挥经济型数控车床加工微小零件精度较高的优势，在批量加工中，加工效率高。

特色点一：设计专用特色刀具，此刀具集外圆、切断和钻孔等刀具为一身，如图 1-48 所示，实现了刀具的多功能性，减少了刀具转位，保证了加工的连续性，提高了生产效率。

图 1-48　刀体

特色点二：革新和刃磨了专用硬质合金钻头，采用 ϕ2mm 和 ϕ3mm 硬质合金中心钻改制的平底钻头或将 ϕ6mm 硬质合金钻头前端改制成直径为 ϕ2mm、ϕ3mm，长度大于孔深 1～2mm，加工钨合金零件专用平底钻头，使难加工材料钨合金零件的小平底孔，一次钻削成形。革新后的钻头角度刃磨合理，钻头强度好，解决了钻头易折断的问题，加工质量稳定，加工效率高。

特色点三：通过切削试验，优选出采用山特维克可乐满 DCMT11T302-MF1125 外圆刀片和硬质合金涂层可转位数控切刀刀片，实现高速加工。加工时，切削用量选用主轴转速 900r/min，进给量 0. 15mm/r，背吃刀量 0. 5mm。

特色点四：设计专用装夹小直径工件的专用夹爪或专用气动夹具，完成工件的调头装夹加工，并保证各直径同轴度。

九、紫铜零件的高效加工操作法

技术领域：本操作法具体涉及一种紫铜零件高效加工方法，设计、制造专用刀具，以满足紫铜微小零件的批量加工。

特点技术：本操作法在不引进全功能数控的前提下，拓展经济型数控的加工能力，探索出微小有色金属零件加工的最佳手段。在黑色金属、非金属等微小精密不易装夹零件加工中有很高的推广实用价值。

操作法内容：紫铜微小零件如图 1-49 所示。该零件尺寸多、精度高（尺寸有公差要求，最小公差0.03mm），长度尺寸形成封闭尺寸链。为完成该零件加工，设计制作了多功能可调刀排夹具，该刀排夹具同时装夹多把刀具，减少了刀具转位，保证了生产的连续性，使工件一次加工成形，极大地提高了生产效率，且该刀排夹具设计了微调装置，控制刀具伸出长度的准确性，确保了刀具定位精度，保证加工质量。

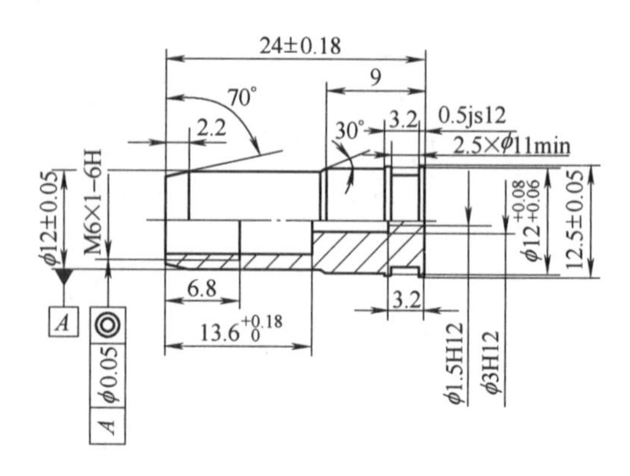

图1-49　紫铜微小零件

特色点：根据现有经济型数控车床前置刀架特点，设计制作的多功能可调刀排夹具（1号刀夹，装夹5把刀具），如图1-50所示。刀具夹具体是以平磨规方的平面为基准面，在坐标镗床上加工装夹刀具的定位孔，根据刀杆直径确定刀具定位孔的孔径尺寸保证多刀加工时，刀具和工件不发生干涉。出于编程考虑，各定位孔中心距均为整数，确定孔中心距 $15^{+0.015}_{0}$mm，各孔平行度0.02mm，孔直线度0.02mm，装夹刀具的定位孔与相配合钻头或刀杆间隙为0.01～0.03mm，以保证定位精度。小直径定位孔在坐标镗上镗削加工时，由于孔径小，小直径定位孔中心距尺寸精度和定位孔平行度不容易保证，采取镗削成较大孔径，然后用开口套定位夹紧的方法，使装夹稳定可靠，增加刀具刚性。

在内径加工中，利用数控车床，重复定位精度高，选用通用刀具优化刀具角度，用中心钻钻定心孔，钻 $\phi4.8$mm×13孔，$\phi4.7$mm钻头平底到13.5mm；用 $\phi3$mm中心钻钻 $\phi3$H12定心孔，$\phi3$mm钻头小孔平底，深度为20.8mm，$\phi1.5$mm孔和工件全长24mm由卧式车床调头装夹完成，在数控车床上用2号可调刀排夹具（见图1-51）加工完成，镗 $\phi5.1$mm小孔，控制孔深 $13.6^{+0.18}_{0}$mm，车M6×1－6H。

图1-50　1号可调刀排夹具

图1-51　2号可调刀排夹具

可调刀排夹具体制作工艺：下料→立铣规方→平磨规方→划线→坐标镗（保证孔距尺寸)→钳工（调整和夹紧螺纹)。

为了提高加工效率和减少手工刃磨刀具，需要重复对刀，增加辅助时间的问题，在大批量生产中，需要采用专用数控刀具厂家的微小刀具，完成各孔径尺寸的钻削和镗削，以及螺纹加工。多功能可调刀排夹具，可一次装夹完成单件，或使用程序嵌套完成多件加工。根据微小零件的尺寸结构，可使用多种刀具组合结构，如钻孔与镗孔刀具组合，镗孔刀具与外圆刀具组合等，构成不同的多功能可调刀排，在微小零件数控车加工中值得推广应用。

十、冲制毛坯罐体类零件内孔的高效加工操作法

技术领域：本操作法应用于冲制毛坯盲孔罐体类零件，如图 1-52 所示。内孔直径、孔底圆弧和盲孔底端面，一次走刀加工完成的方法。

背景技术：目前，冲制罐体类零件的盲孔粗加工一般都采用普通车床粗车内孔直径，然后平孔底的深度，再用成形 R 刀加工孔底的过渡圆弧方法。采用工序分散原则，需要经常转换分道车削加工和变换工位，需要多台机床和多名人员，加工效率低。

操作法内容：本操作法针对上述加工不足，提供一种毛坯冲制罐体类内孔一次走刀加工成形方法，采用六角车床，设计了专用夹具（见图 1-53）和内孔加工专用成形刀具，可一次走刀加工完成内孔的直径尺寸、过渡圆弧和盲孔底面的加工工作，加工效率高。

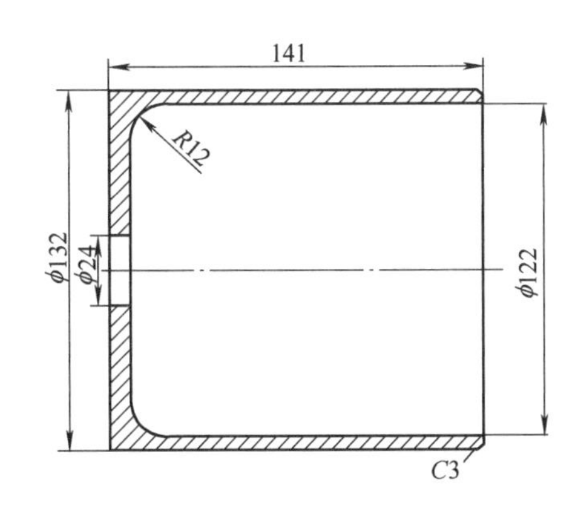

图 1-52　罐体内孔结构示意

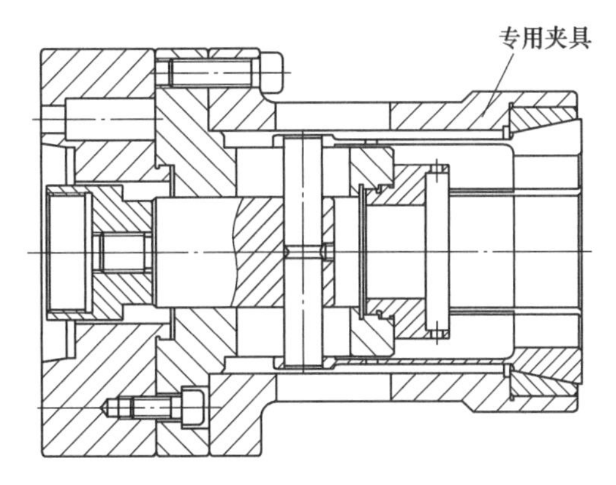

图 1-53　专用夹具结构示意

本操作法提供一种冲制毛坯零件罐体内孔加工方法，包括罐体类零件专用夹具 1、专用内孔成形刀具 3，罐体类零件专用夹具固定在转塔车床的主轴法兰盘上，用气缸拉动拉心实现对已粗加工罐体类零件的固定夹紧。专用内孔成形刀具刀柄固定在转塔车床六角刀架的刀座内，内孔成形刀具由刀具体、六块刀片和紧固螺钉组成（具体实施结构见图 1-54）。其中圆弧刀片对称布置，为保证切削平稳，与圆弧刀片相错 90°设计导向块，直径略小于圆弧刀片，起到导向防振作用，平底的四块刀块固定在导向块端面上，交错对称布置，减小切削力，切削平稳，调整车床进行走刀，一次进给，专用内孔成形刀具（见图 1-55）完成了罐体类零件内孔、孔底圆弧、孔底端面的加工工作，刀具寿命长，冲制毛坯罐体类零件的加工方法加工效率高，在生产中具有推广与应用价值。

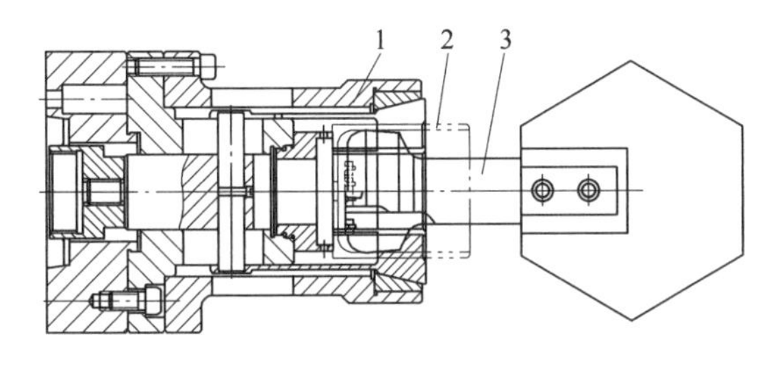

图 1-54　具体实施结构示意

1—专用夹具　2—罐体　3—专用内孔成形刀具

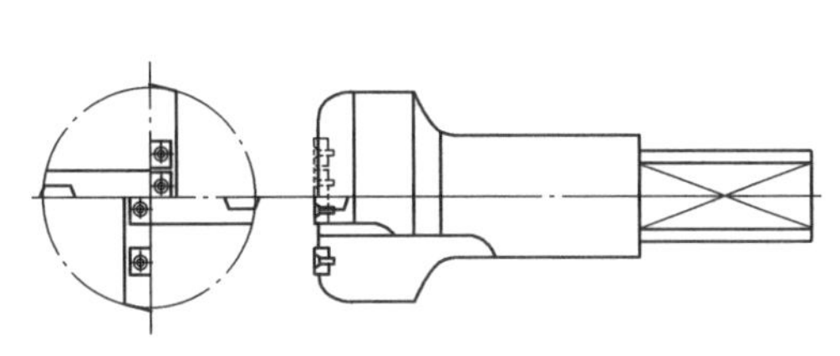

图 1-55　专用内孔成形刀具结构示意

十一、圆弧类铝合金零件的批量加工操作法

技术领域：本操作法具体涉及一种数控车床圆弧形零件车螺纹和车内径加工方法。设计专用夹紧装置，解决圆弧面无法装夹定位的问题，实现圆弧类铝合金零件的内腔和螺纹批量加工。

操作法内容：在圆弧类铝合金零件（见图1-56）的批量加工过程时，需要加工内腔和尾端螺纹，生产过程中，为解决该圆弧形件不能直接在机床上夹紧的问题，需根据结构设计具体的夹具。工件夹紧力大，会使工件加工后产生变形，夹紧力小会使工件在车削过程中松动产生危险。

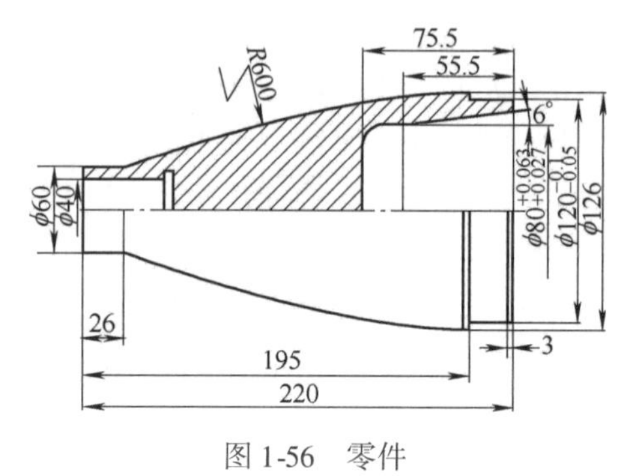

图1-56　零件

针对圆弧类零件内腔和尾部螺纹加工，设计了一种避开圆弧面的装夹、定位装置，夹紧方式简单便捷，能够满足异形的结构装夹，保证加工质量，经济性好，加工效率高。

如图1-57、图1-58所示，通过法兰盘13与机床主轴端连接，另一端通过螺钉10使夹具体11与法兰盘13连接，在夹具体11内装有导套9，通过螺钉12连接，导套内装有拉心7，拉心一端留有螺纹与主轴气缸连接，主轴气缸拉动拉心，拉心带动拉销8并带动夹瓦3向锥套2滑动收紧，实现工件夹紧。螺钉6控制拉销安装位置。工件定位盘5通过螺钉4安装在导套前端，使用时，工件端放置于定位盘内定位，工件另一端通过夹瓦夹紧夹紧套1夹紧工件，实现两端扶正工件，保证加工产品要求。

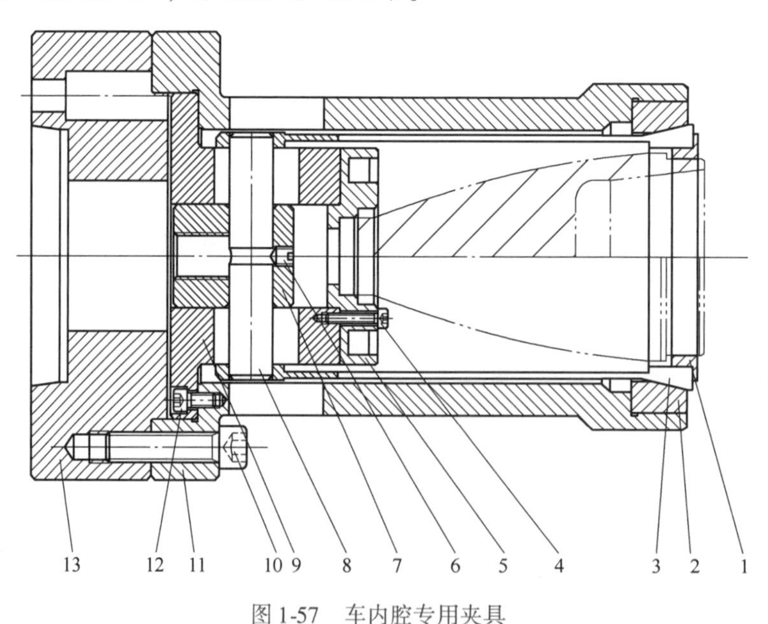

图1-57　车内腔专用夹具

1—夹紧套　2—锥套　3—夹瓦　4、6、10、12—螺钉　5—工件定位盘　7—拉心　8—拉销　9—导套　11—夹具体　13—法兰盘

特色点一：该夹具属于多功能快换夹具，只需要在工件定位盘5上设置适合不同尺寸的定位面并更换相应的夹紧套1便可以实现多工序的装夹定位，一套夹具便可应用于该工件或

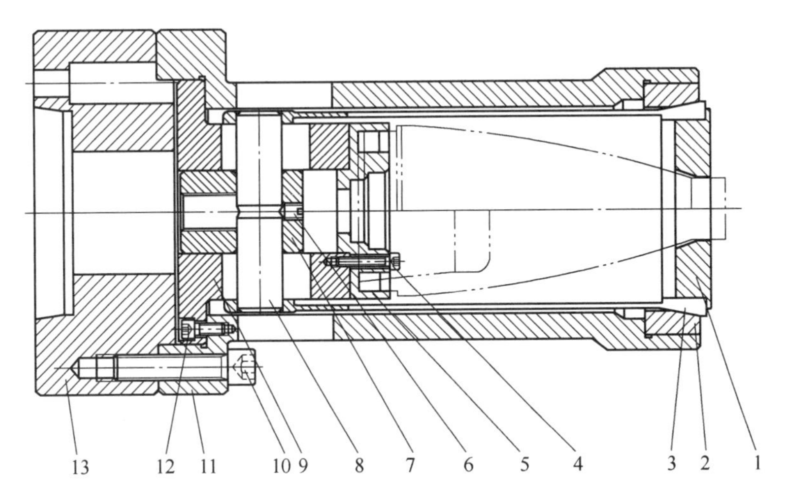

图 1-58 车螺纹专用夹具

1—夹紧套 2—锥套 3—夹瓦 4、6、10、12—螺钉 5—工件定位盘
7—拉心 8—拉销 9—导套 11—夹具体 13—法兰盘

类似工件的多工序加工，节省工装。

特色点二：针对较长的异形曲面工件难装夹的特点，该夹具设计了工件定位盘5和夹紧套1，扶正工件近端，装夹工件远端，实现加工基准的转换，保证工件的两端内外径的同轴度，解决了较长的异形曲面工件不好装夹、几何公差难保证的难题。

特色点三：对不同装夹部位设计了专用的夹紧套，在夹紧套上设计了多个不开通槽和一个开口槽，保证受力均匀，并通过调整气缸压力保证夹紧套弹性变形时夹紧力适当。

本操作法是一种针对外部无装夹位置的异形件的加工，便于制造与维护，工件采用两端扶正，使用标准体检验跳动可达 0.04mm，定位准确可靠，可根据工件大小、长度进行调整，使用范围广。

十二、偏心零件的加工操作法

技术领域：本操作法具体涉及一种偏心零件的加工方法。通过设计专用夹紧装置，解决偏心零件装夹、找正困难的问题，实现偏心零件的批量加工。

操作法内容：加工某偏心零件，如图 1-59 所示，需要在长方体上加工偏心轴和螺纹。生产过程中，需要在单动卡盘上进行重复找正，增加了劳动强度，加工效率低。为完成该零件的批量加工，结合零件特点，制作了专用偏心夹具，将偏心夹具装夹在车床卡盘上，打表找正，然后将工件装夹在夹具中，用螺钉压紧固定，完成偏心轴和螺纹的加工。

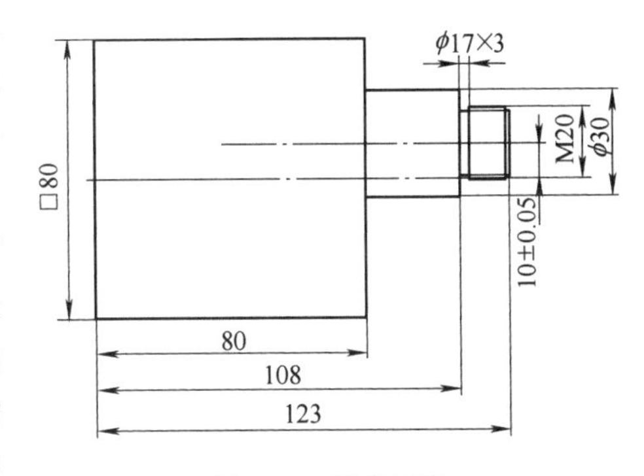

图 1-59 零件示意

针对偏心零件结构特点，设计在夹具上加工偏心方槽，实现零件的偏心轴中心与车床中心重合，然后用螺钉压紧零件。加工过程中，装夹、定位方便、准确、快捷。夹紧方式简单

便捷，能够满足偏心零件装夹，保证加工质量，经济性好，加工效率高。

夹具结构如图1-60所示，该夹具制作过程为：先加工出圆柱形夹具体，在其一端面加工一偏心内方孔，然后在夹具体上钻两个螺纹孔，安装两个螺钉用于紧固偏心零件。该夹具特点是：实现了卧式车床上用自定心卡盘自动找正零件中心，零件加工时不用打表找正，可以满足批量生产要求。

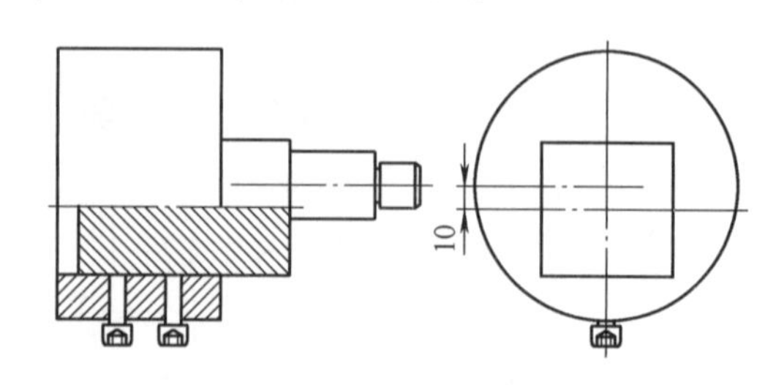

图1-60　夹具结构示意

偏心距10mm可以根据零件结构调整，零件偏心尺寸是多少，夹具的偏心距随之调整。另外，偏心距大于一定范围后，应考虑零件旋转时的配重问题，对夹具进行调整，设计安装一定配重块在夹具体上，实现夹具体在机床稳定旋转的目的。

零件加工时，加工设备选择卧式车床即可，首先将该夹具安装在使用机床的自定心卡盘中，然后将所要加工的零件放置于该夹具的定位孔中，用两个螺钉将零件锁紧，启动车床，进行加工。使用该夹具在保障工件技术要求的同时，降低了对操作着的技能要求，提高了生产效率，夹具结构设计简单，操作方便，值得在行业内推广应用，适用于各类偏心类、结构规整、简单的零件。

十三、专用于小孔零件内孔夹紧加工外形的操作法

技术领域：本操作法具体涉及一种能够精确定位夹紧小孔零件内孔，加工外形的装置的加工方法。设计专用夹紧装置，解决小孔类零件外形加工难题。

背景技术：本操作法具体涉及一种专用夹紧小孔零件内孔的装置，去除工件外形余量的方法。

操作法内容：目前，在机械加工领域小孔零件加工的装夹方法不够理想，如图1-61所示，采用卡盘爪夹紧精度不能保证，可调整性差，互换性差，需要根据零件结构设计焊接软爪，且卡盘爪撑紧内孔时，定位精度低。每次加工前需要在机床上进行自车，降低了使用寿命与结构强度，对于某些小孔零件卡盘爪无法进入孔内，导致这种装夹方式不可使用。

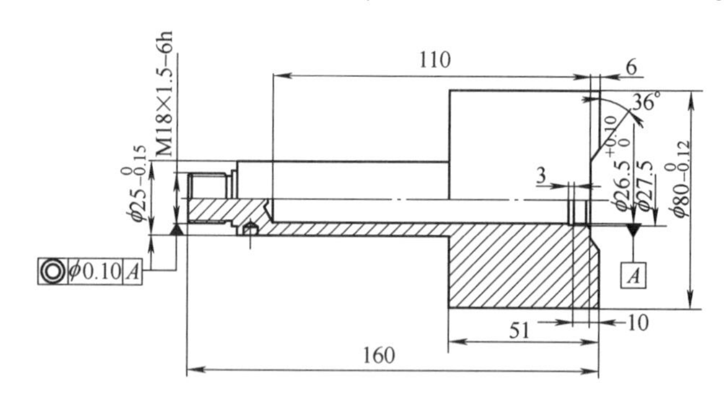

图1-61　零件示意

本操作法的目的是设计一种专用于小孔零件内孔夹紧加工外形的装置，胀夹内孔，加工零件外形。针对上述不足，提供一种能够精确定位，夹紧小孔零件内孔，加工外形的装置。保证了装夹精度高、装夹稳固牢靠、装夹方式简单便捷、简单更换零部件就可以适应不同尺寸内孔大小的零件，互换性好，经济性好，加工效率高。

特色点：一种专用小孔零件内孔夹紧加工外形的装置（见图1-62），通过法兰盘3一端与机床主轴端连接，另一端通过螺钉1连接夹具体5，在夹具体内装有与之滑动配合的拉心6，拉心外面装有胀瓦7，通过主轴油缸拉动接套2带动拉心在夹具体内向主轴端滑动，滑

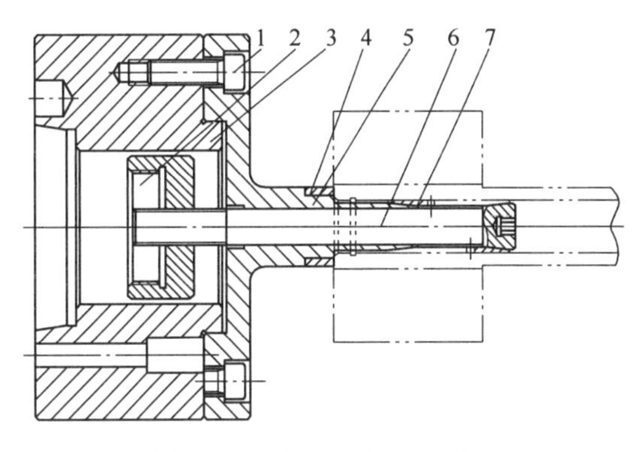

图 1-62 专用内孔夹紧装置
1—螺钉 2—接套 3—法兰盘 4—定位块
5—夹具体 6—拉心 7—胀瓦

动过程中拉心的斜面与胀瓦斜面滑动，带动胀瓦主轴端斜面在夹具体斜面上滑动，使得拉心的轴向运动转化为胀瓦的径向夹紧运动。针对需要夹紧不同长度的零件，可更换定位块 4，达到夹紧不同长度的目的。

该操作法是一种专用于小孔零件内孔夹紧加工外形的装置，适用于多种类的非标准零件的内孔夹紧后的外形加工。结构简单，便于制造与维护，由于夹紧部位圆周面积大，故加工精度高，使用标准体检验径向圆跳动可达 0.08mm。定位准确可靠，可根据工件大小、长度进行调整，适用范围广。针对不同直径的零件可更换胀瓦，达到不同直径零件夹紧的目的，相对于卡盘而言更加便捷，只需更换胀瓦即可。在生产不同种类的零件时非常方便，且互换性好，方便维护，具有良好的经济适用性。

具体实施方式：本操作法提供一种小孔零件内孔夹紧加工外形装置。实施中，以 ϕ26.5mm 内孔零件为例，夹紧内孔加工外形工序。使用数控机床进行加工，首先根据需要夹紧的长度来安装定位块，然后将工件内孔装入胀瓦当中，使工件靠紧定位，数控机床的油缸拉动接套带动拉心在夹具体内向机床主轴方向滑动，同时依靠拉心的斜面滑动使得胀瓦胀开夹紧工件。

十四、超薄杯形件的加工操作法

技术领域：此项操作法用于某杯形超薄零件加工。具体涉及加工该零件的工艺路线、夹具设计、刀具选择等技术。

背景技术：该加工方法适用于高精度薄壁杯形零件的加工，在同行业的机械加工中具有先进水平。

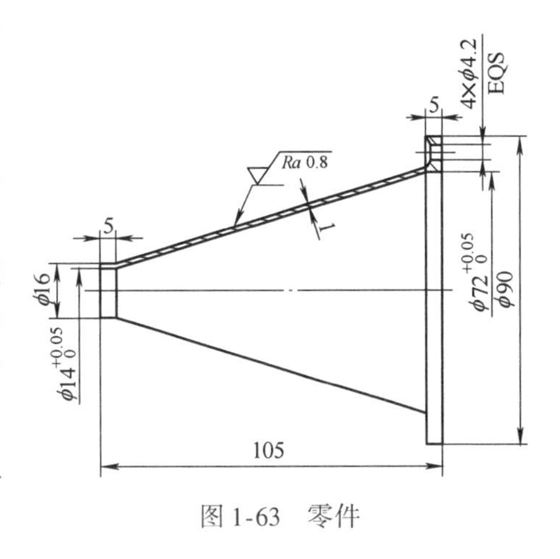

图 1-63 零件

操作法内容：某超薄杯形件为超薄 1Cr18Ni9Ti 不锈钢零件，零件结构如图 1-63 所示。该零件结构类似于漏斗，大端孔径 $\phi72^{+0.05}_{0}$ mm，小端直径为 $\phi14^{+0.05}_{0}$mm，壁厚 1mm，中间是 16° 锥度过渡连接，是典型的薄壁杯形零件。该杯形件壁厚薄，表面粗糙度值要求 $Ra=0.8\mu m$。该材料机械加工性能差，有以下几个原因：

（1）在温度达到 700℃时，仍不能降低其力学性能，所以切屑不易被切离，切削力大，刀具易磨损。

（2）塑性和韧性高，虽然抗拉强度和硬度都不高，但综合性能很好，其伸长率达到 40%，是 20Cr、40Cr 钢的 4 ~5 倍，切屑不易被切离，切削变形所消耗的能量增多，大部分能量转化为热能，使切削温度升高。导热率低，散热差，大部分热量被刀具吸收，致使刀具的温度升高，加剧刀具磨损。

（3）在高温度和强压力下，刀具产生积屑瘤，使加工条件变差，影响了加工效率、加工成本、加工精度及表面质量。

特色点：零件内孔直径 ϕ72mm，壁厚只有 1mm，由于零件壁厚薄，加工该零件变形大。基于这些因素，在内孔和外形精加工时，采用与工件内孔、外形形状一致，间隙 0.01 ~ 0.03mm 的仿形夹具如图 1-64、图 1-65 所示，利用工件上的 4 × ϕ4.2mm 均布孔，用螺钉轴向压紧工件，选用锋利刀具，充分冷却，合理的切削用量，保证工件加工达到图样的技术要求。

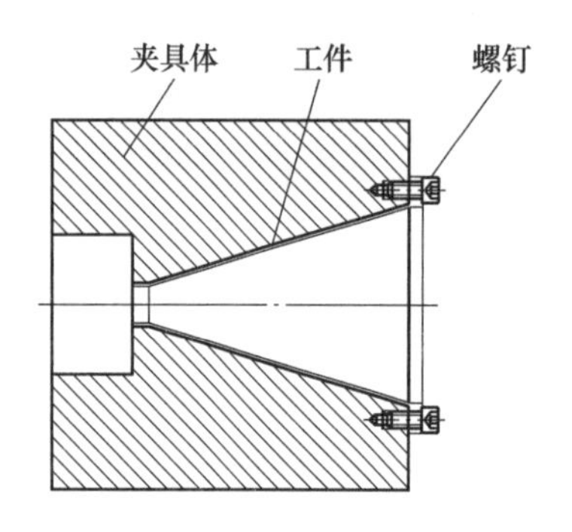

图 1-64　车内形装夹结构示意

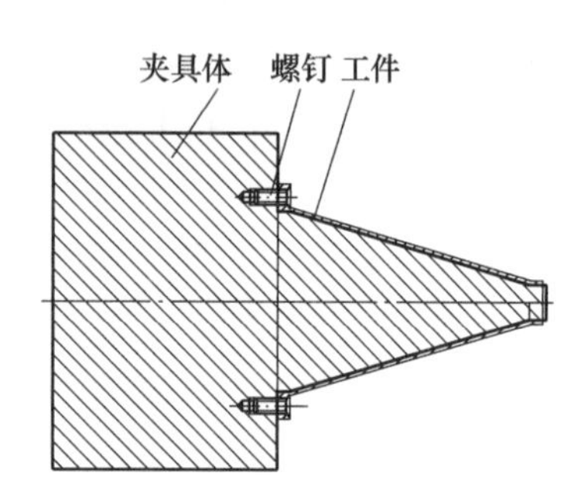

图 1-65　车外形装夹结构示意

该工艺路线的特点为：改变传统的夹紧方式，用轴向顶紧方式代替径向夹紧方式，消除径向夹紧力，减少因夹紧力、切削力、切削热引起的工件变形。

（1）卧式车床：车平端面，车外圆 ϕ94mm，长 106mm。

（2）卧式车床：调头，车总长 105mm，钻通孔 ϕ12.5mm，根据锥度尺寸，钻台阶孔，并用成形锥度钻头扩孔。

（3）数控粗车内孔：内径留余量 2mm，保证加工各件尺寸一致。

（4）数控粗车外形：外径留余量 2mm，保证加工各件尺寸一致，控制台阶尺寸 5mm。

（5）钳工：钻，3 × ϕ4.2mm 均布。

（6）数控精车内形（见图 1-64）：保证各部尺寸。

（7）数控精车外形（见图 1-65）：保证各部尺寸。夹具体与零件内形可以有 0.01 ~ 0.03mm 间隙。

十五、圆弧曲面加工球体的操作法

技术领域：此项操作法应用于一种圆弧曲面加工球体。具体涉及加工该零件的工艺路线、夹具设计等。

操作法内容：某圆弧曲面加工球体零件结构如图 1-66 所示，该零件内圆弧为 R100mm，外圆弧为 R110mm，球体直径为 $S\phi$40mm，零件长度为 160mm，宽度为 60mm。

特色点一：将该零件的加工方式由铣削变为车削，用车床完成该零件加工，提高生产效率。

特色点二：如图 1-67 所示，精车后的 1 件坯料可以铣削出 6 件成品，提高了材料利用率。

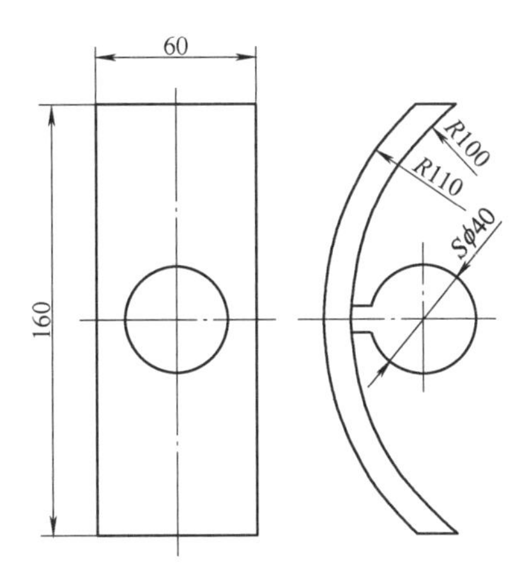

图 1-66　零件示意

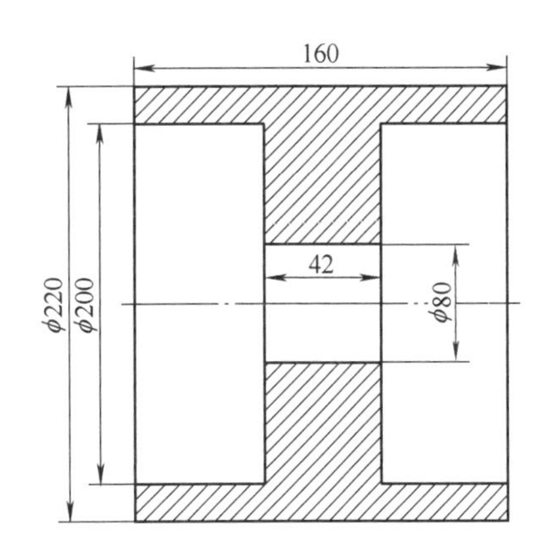

图 1-67　精车零件

简明工艺路线为：

（1）下料：选用 ϕ230mm 的棒料，下料长度为 165mm。

（2）粗车：全长、外径、内径留余量 2～3mm。

（3）精车：精车各部到所示尺寸，如图 1-67 所示。

（4）铣条料：铣宽度为 62mm 的条料，精铣保证宽度尺寸 60mm。

（5）立铣：对称去掉球体 $S\phi$40mm 加工余量，单面留余量 1mm。

（6）车 $S\phi$40mm 球体：制作专用夹具，在夹具体上用线切割加工宽度 60mm 的 R110mm 弧面，实现对工件的准确定位。

加工时，将夹具 ϕ200mm 的圆柱面安装于车床自定心卡盘内，然后将工件以弧面 R110mm 为定位基准，安装于夹具内，定位销定位可靠，保证工件对中，并使工件两侧在同一平面内，用压板压紧工件，车削完成 $S\phi$40 球体各部，安装示意如图 1-68 所示。

（7）铣：铣 R100mm 和 $S\phi$40mm 空刀衔接处多余材料。

（8）钳工：修整 R100mm 和 $S\phi$40mm 空刀衔接处。

该操作法简单实用，用较为常见的车削加工方法代替传统的铣削加工方法。用普通车刀代替球头铣刀完成 R100mm、R110mm 弧面加工。提高了材料利用率，缩短了粗加工时间。所使用的夹具、刀具结构简单，制作方便。零件安装定位准确，确保了所加工零件的尺寸精度和位置精度要求，降低了操作人员的劳动强度，提高了生产效率。

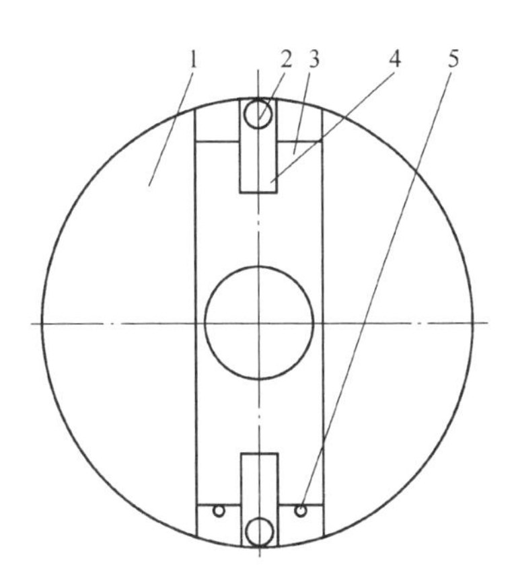

图 1-68　专用夹具

1—夹具体　2—螺母　3—工件
4—压板　5—定位销

十六、车削薄板内外径的操作法

技术领域：此项操作法应用于薄板类零件的内孔、外径加工。具体涉及加工该零件的工艺路线设计、夹具设计等。

操作法内容：某薄板类零件在加工时遇到装夹难题，零件结构如图 1-69 所示。零件厚度 δ =

0.5～4mm，外径为 $\phi200_{-0.20}^{0}$ mm，内径为 $\phi120_{0}^{+0.20}$ mm，表面粗糙度值要求 $Ra=1.6\mu m$。

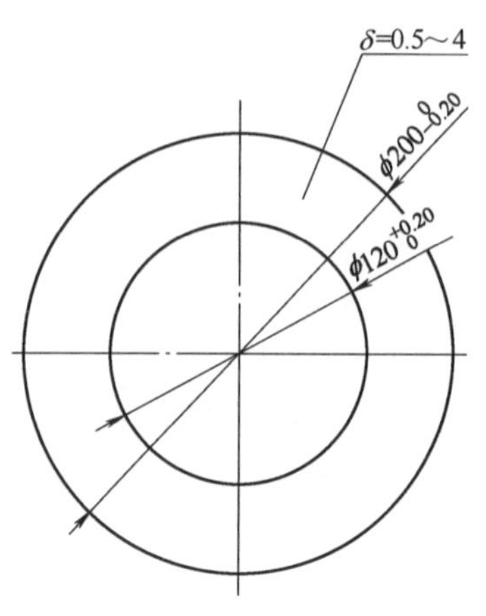

图 1-69　零件示意

工艺分析：

（1）因零件薄、刚性差和加工时受切削力、切削热和内应力的影响，为保证薄板的各项技术要求，车削时采用专用夹具进行装夹。

（2）工艺路线的合理布局。合理的工艺路线是加工薄板零件的关键，因为该板两端平面的精度要求不高，因此，选择厚0.5～4mm的板材作为原材料进行加工。

（3）正确选择车刀的几何角度和车削方法。

工艺路线：

（1）下方料：用剪板机切割成210mm×210mm方料。

（2）车外径：用两顶的装夹方式加工外径，如图1-70所示。在工装上制出方形通槽，防止工件加工时转动和工件定位方便。为保证工件在工装内定位，在方形槽内安装两个定位销，将工件装入工装通槽内，一端靠紧定位销，用平顶尖将工件顶紧，先用尖刀，采用加工端面槽的加工方法，将薄板正方形边缘去掉，外圆留余量，旋转刀架，采用端面直槽刀车削外径，控制尺寸 $\phi200_{-0.20}^{0}$ mm。调转工件，将工件装入中心为直径 $\phi200$mm 与通槽类似工装内，用平顶尖顶紧后，去除薄板工件的飞边、毛刺。

（3）车内径：用压板压紧的方式将工件固定在如图1-71所示的工装内，在工装上加工直径 $\phi200$mm 内径，深度不超过工件厚度，用压板将工件压紧，车内腔尺寸 $\phi120_{0}^{+0.20}$ mm。0.5mm薄板加工时，为防止工件变形，可以在工件与压板之间放置一块辅助圆形压板，增强工件强度。

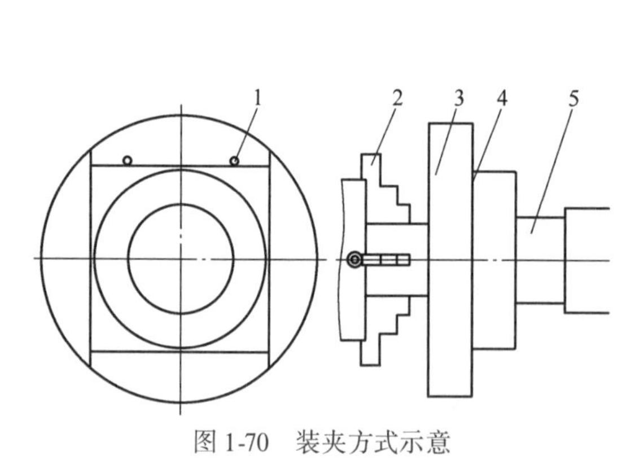

图 1-70　装夹方式示意

1—定位销　2—卡盘　3—工装　4—工件　5—顶紧装置

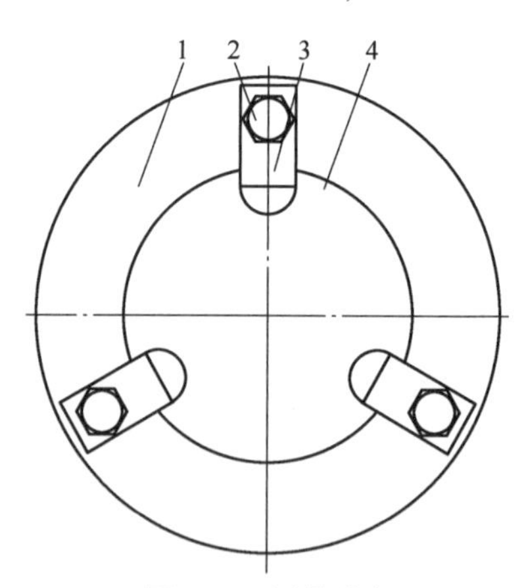

图 1-71　压紧示意

1—工装　2—螺钉　3—压板　4—工件

特色点一：外径加工时所用的平顶尖外圆比工件的外圆小2～3mm，增大压紧面积，防止工件变形。

特色点二：将铣床所用压板压紧结构应用于车床夹具中，工件定位可靠，装夹方便。

特色点三：车外径时，0.5mm厚的板料可以将一组薄板叠起来，同时完成外径加工，车内径时，用圆形厚压板压紧单件或多件0.5mm薄板，防止工件变形。

十七、汽轮机零件喷嘴的加工操作法

技术领域：此项操作法应用于回转轴套类件上倾斜孔零件的加工。具体涉及加工该零件的工艺路线设计、夹具设计及刀具设计等。

背景技术：该加工方法适用于不规则零件的车削加工，在同行业的机械加工中可以推广应用。

零件结构如图 1-72 所示，零件产品如图 1-73 所示，材料为铬锆铜，内孔公差尺寸相对于外圆同轴度 0.05mm 和零件喷嘴轴线倾斜 40°的螺纹 M12 × 1.5-6g 与 90° ± 5″锥面同轴度 0.02mm，需要工艺保证，一次装夹完成。90°锥面和相配合件测压器配研，接触面积大于 90%，13 × ϕ5mm 均布孔与零件端面垂直度 0.15mm。

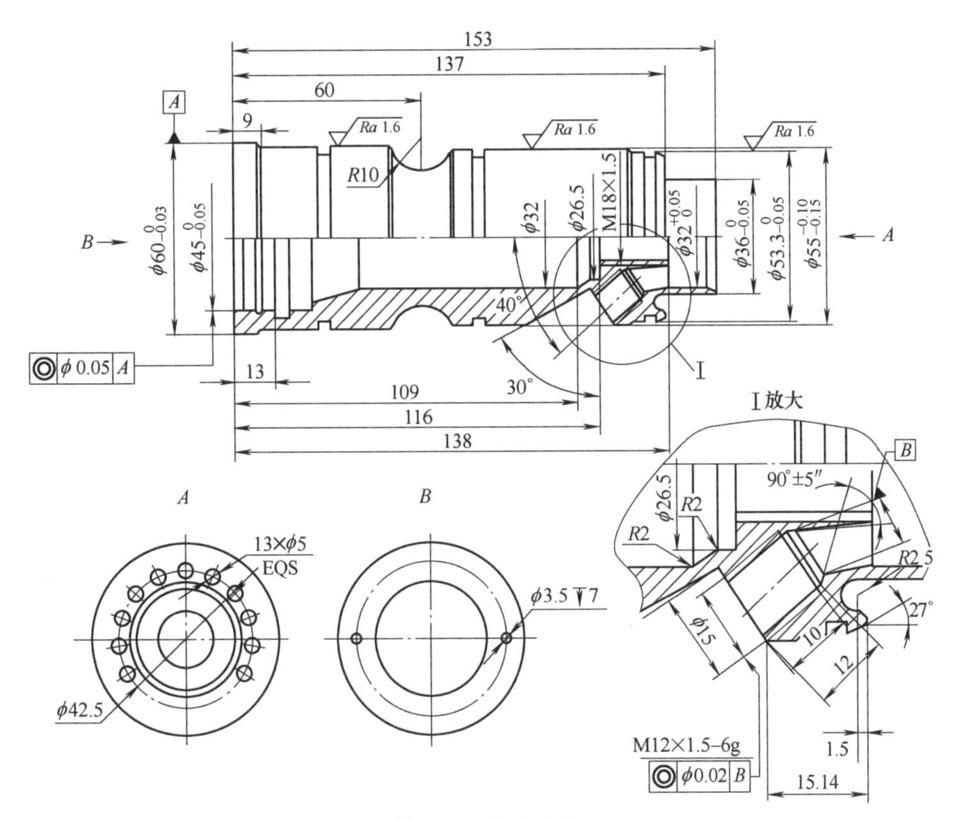

图 1-72　零件示意

图 1-73　零件产品

加工工艺性分析：

（1）零件较复杂，加工时，要认真分析零件的加工要求，合理编制各工序的加工顺序，应选择精度较高、装夹稳定可靠的表面。同时，为减小外形 $R10$mm 圆弧槽对加工 13 × ϕ5mm 各孔的影响，以及外形各径的阶台对零件定位、夹紧和找正的不利影响，外形尺寸加工为 ϕ60mm 作为内孔各尺寸、13 × ϕ5mm 各孔与零件轴线倾斜 40°角的 M12 × 1.5-6g、90°锥面的加工基准。

（2）为了方便 M12 × 1.5-6g 和 90° ± 5″锥面倾斜孔加工，需要设计 40°倾斜孔加工专用车床夹具。

（3）为保证各 R 槽尺寸的准确，采用成形刀具，并用线切割样板检测。

针对加工工艺性分析，采取了以下技术措施：

（1）设计制作了 M12 × 1.5-6g 和 90° ± 5″锥面的倾斜孔车床夹具，保证了 40°倾斜孔各尺寸的准确加工。夹具倾斜孔尺寸为 $\phi60^{+0.08}_{+0.04}$mm 与零件 $\phi60^{\ 0}_{-0.03}$mm 尺寸相配合，保证了定位精度，零件放入夹具中，用螺钉拉紧，并采用螺柱压紧的夹紧方式，用螺母紧固，保证了夹紧牢固可靠。倾斜孔车床专用夹具如图 1-74 所示。装夹工件结构如图 1-75 所示。

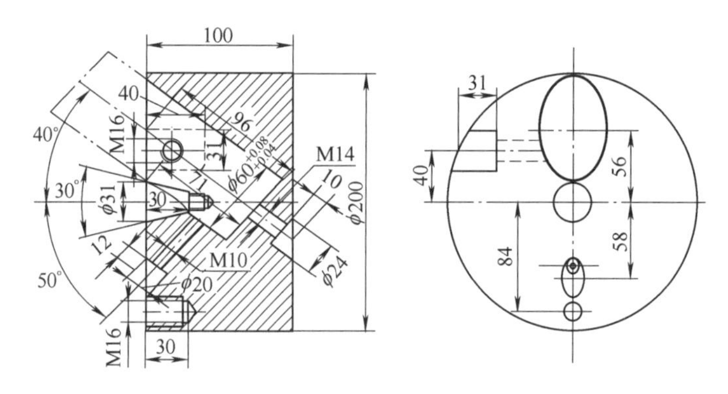

图 1-74　专用夹具

图 1-75　装夹工件结构

（2）为便于 M12 × 1.5-6g，90°锥孔的加工，设计制作了专用刀具，如图 1-76 所示。

（3）为便于零件外形加工，设计了简易胎具，方便零件的外形尺寸加工。外形加工的胎具如图 1-77 所示。

图 1-76 专用刀具

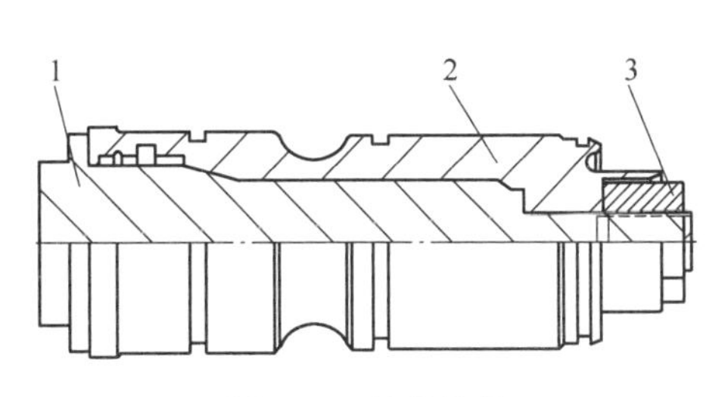

图 1-77 简易胎具

1—心轴 2—工件 3—螺堵

(4) 工艺方案：①车削 1：粗车内孔外圆各尺寸，外径按 $\phi 60_{-0.03}^{0}$ mm 控制，与车倾斜孔车床夹具内孔配合，保证定位精度。长度尺寸 153mm 和 137mm 加工完成，保证端面垂直度。内孔按 ϕ30mm、ϕ16mm 控制，留数控车精加工余量。②划线：各孔位置，十字线与侧面相连，准确清晰。③数控铣：找正，13 × ϕ5mm 导引孔，保证位置公差。数控铣工件装夹如图 1-78 所示。数控铣加工程序如图 1-79 所示。④镗孔：所有孔。⑤车削 2：将工件装夹在夹具上加工 M12 × 1.5-6g，90°锥面倾斜孔，并用测压器配研 90° 锥面。⑥数控车 1：内孔各尺寸到位，ϕ32mm 按 $\phi 32_{+0.02}^{+0.05}$ mm 加工。⑦数控车 2：穿胎加工外形各尺寸。

图1-78 数控铣工件装夹

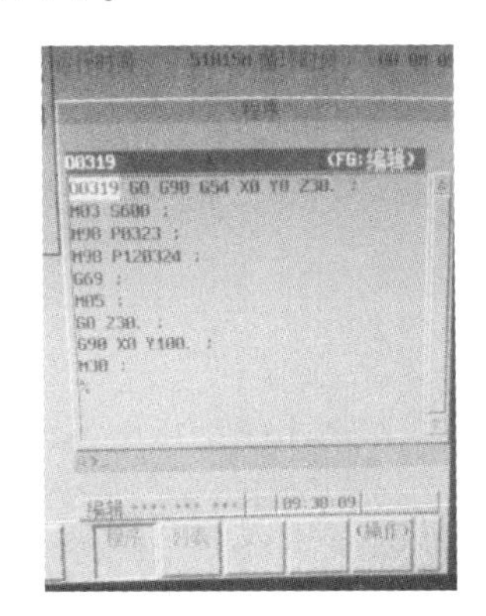

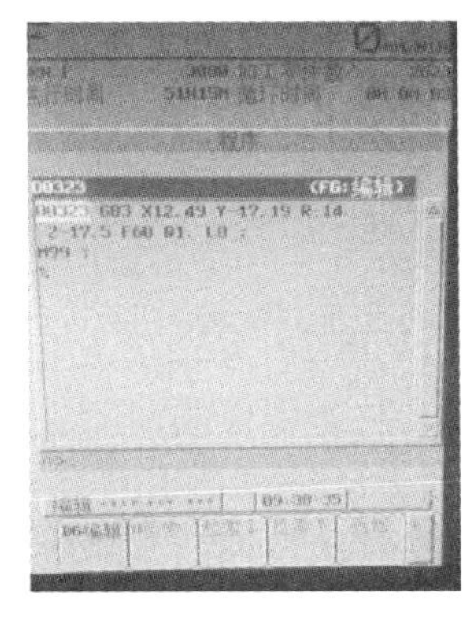

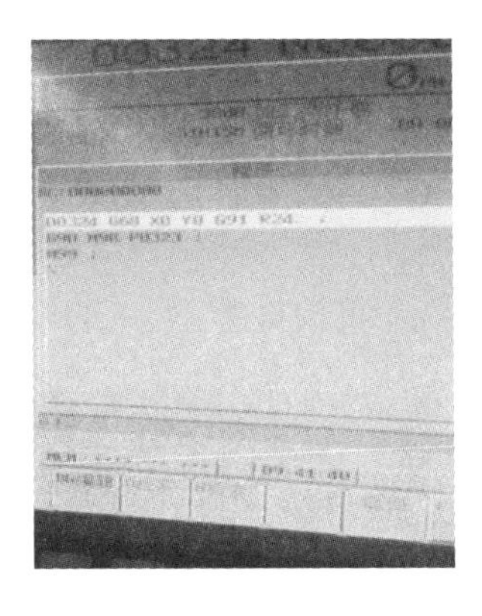

图 1-79 数控铣加工程序

(5) 数控程序

工件左端内孔，数控车 1 程序如下：

```
T01 01 M3 S300;
G99 G0 X36 Z2;
G1 Z-32;
G0 Z1;
```

```
X39.5;
G1 Z-25;
X32 Z-40;
Z-109 F0.25;
…
```

穿胎加工外形各尺寸，数控车 2 程序如下：

```
T01 01 M3 S400;
G99 G0 X61 Z140;
X55;
G1 Z126.5 F0.3;
X56;
Z60;
X58;
Z9;
X60;
Z-1;
G0 Z10;
X67;
G3 X67 Z50 R10;
G0 Z70;
X63;
G3 X63 Z50 R10;
G0 Z140;
X50.4
G1 Z137 F0.25;
X53.3 W-2.5;
Z126.5;
U0.1 Z60;
…
```

十八、细长杆类零件的车削加工操作法

技术领域：此项操作法应用于细长杆类零件的加工。具体涉及加工该零件的夹具设计和刀具设计等。

背景技术：该加工方法适用于细长杆类零件的车削加工，在同行业的机械加工中可以推广应用。

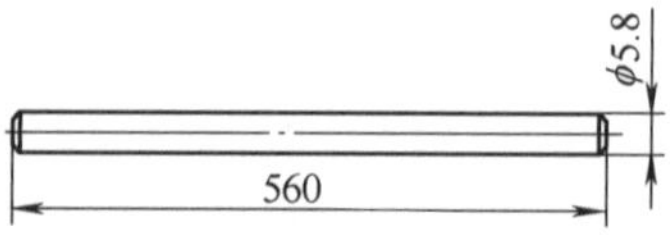

操作法内容：零件如图 1-80 所示，材质为 W18Cr4V，直径只有 ϕ5.8mm，长度为 560mm，该零件长径比接近 100 倍，为典型的细长杆类零件。由于批量小，而且没有专用设备及专用夹辅具，只能用卧式车床加工。

图 1-80　零件

生产时，采用零件一端用自定心卡盘夹紧，另一端用螺纹回转顶尖拉制的加工方式，走刀方向为从机床主轴向尾座即反向走刀，用自定心卡盘跟刀架辅助支承，在车削中跟刀架随

着刀具纵向进给，能很好地起到支承作用。零件加工示意如图 1-81 所示。用此法加工的细长杆类工件，能解决加工过程中由于切削热而产生的线膨胀变形和径向切削力带来的弯曲变形，反向走刀可以使工件受一个与切削力方向一致的轴向拉力，使工件不被甩弯。

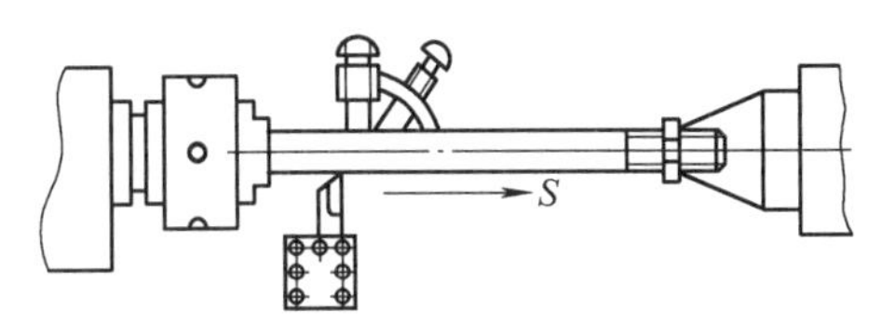

图 1-81 零件加工示意

特色点一：车削时，用螺纹回转顶尖拉紧工件并反向走刀，通过粗、精车工序，不断消除工件的加工变形因素。

加工前，先将 ϕ10mm 圆钢料一端加工 M10 螺纹，然后将毛坯用螺母背紧在螺纹回转顶尖上，另一端用卡盘夹紧，并使尾座向右拉紧，再在每一次走刀前在靠卡盘一端车出跟刀架支承爪架口位置，这一段直径要与跟刀架的架子爪互研，保证架子爪与工件接触部分等于工件直径的弧面，和工件接触良好，然后按粗、精车的次序加工。在整个加工过程中，如图 1-82 所示，通过旋紧活动套，将螺纹回转顶尖固定在尾座芯中，旋转尾座手轮，使尾座上的螺纹回转顶尖始终处于拉紧状态。

特色点二：车削细长轴时所用的自定心卡盘跟刀架（见图 1-83），在车削中跟刀架随着刀具纵向进给，能很好地起到支承作用。

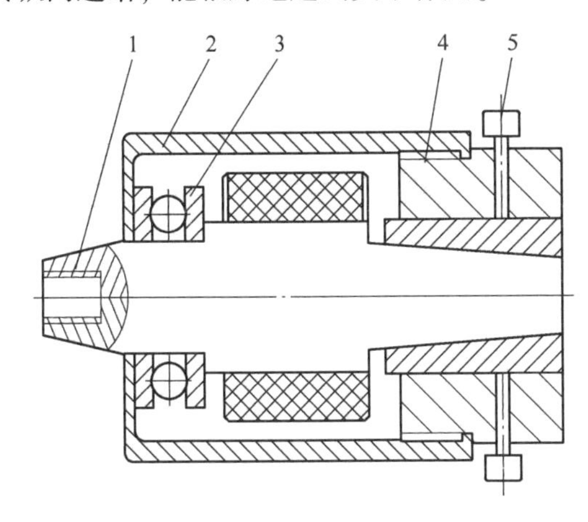

图 1-82 回转拉紧式螺纹顶尖装置

1—回转顶尖 2—活动套 3—推力球轴承 4—固定套 5—螺钉

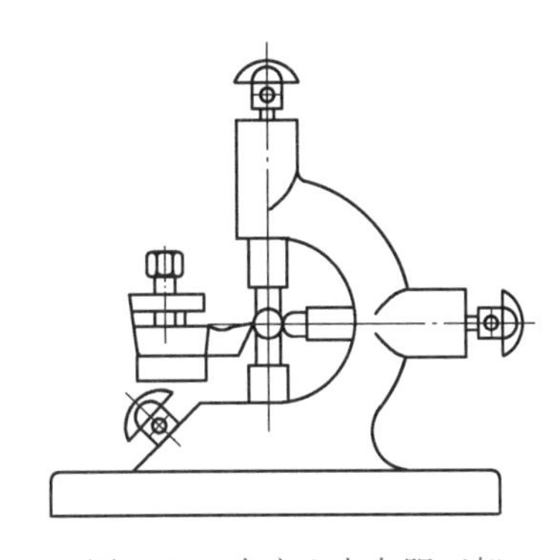
图 1-83 自定心卡盘跟刀架

特色点三：为防止螺纹回转顶尖松动，设计如图 1-86 所示的回转拉紧式螺纹顶尖装置。

特色点四：刀具材料选用 YW1 硬质合金刀片，刀具如图 1-84 所示。

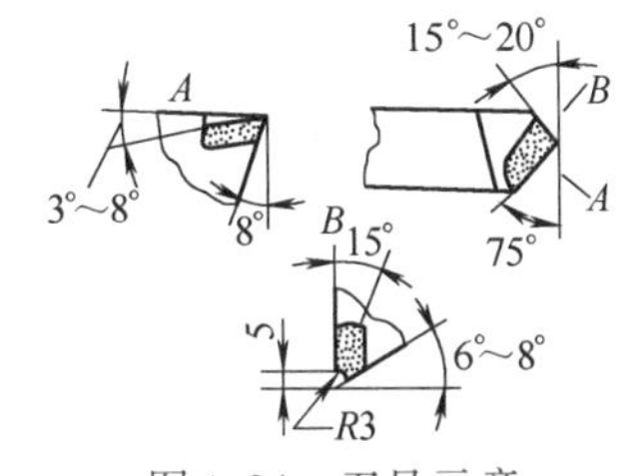

图 1-84 刀具示意

主偏角 75°～90°，使其在切削过程中产生一定径向力，这个力不宜过大，以便将工件推紧在跟刀架的爪上，可避免出现加工细长轴时出现的各种缺陷。刀具前角要大，使刀刃保持锋利，切削轻快，减小径向力，刃倾角采用 +3°，使切屑背离工件已加工表面。

细长杆加工时还应注意：①切削前，必须把架子爪研好，架子爪上的弧面直径不能小于加工零件每次走刀时的直径，调整架子爪时，三个爪的力量均匀，不能过大，并使圆弧面与工件形成同心圆。②粗车时，刀尖应高于工件中心 0.1mm 左右，精车时，刀尖应与工件中心一致。③切削液选择乳化液即可，浇注应连续，以降低切削热。④调整好所用机床各部分间隙。⑤机床转速 250 ~ 400r/min，进给量 0.1 ~ 0.15mm/r。

十九、薄板类零件的倒角及钻孔加工操作法

技术领域：此项操作法应用于薄板类零件的加工。具体涉及加工该零件的夹具设计和工艺设计等。

操作法内容：薄板类零件，如图 1-85 所示，材料厚度为 t，45 钢，在机床上的装夹问题一直以来都是困扰难题。目前，大多数企业在薄板类零件加工时，利用自定心卡盘夹紧，需要操作人员重复开车、停车装夹工件，生产效率低。

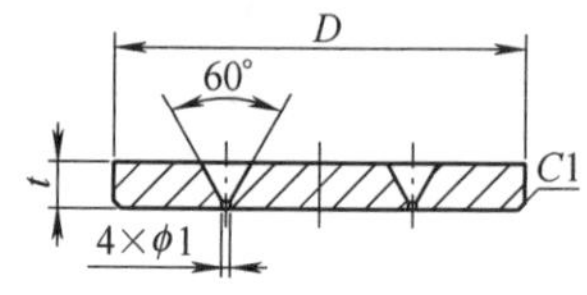

图 1-85　零件

主要工艺过程：下条料（剪切机）→落料（冲压机）→倒角（车床）→引孔（台钻）→钻 60°孔（台钻）→钻 ϕ1mm 孔（台钻）→检验。

特色点一：条料和落料，下条料采用龙门剪板机（DLB－12/3050）剪切条料。落料使用250t 闭式单点压力机冲制，模具结构为导柱导套式冲裁模（见图 1-86）。该套模具有导向装置，模具精度高，能保证冲制的产品质量。模具结构简单、更换方便，通用性较好，根据不同产品尺寸更换凸凹模和退料板即可。

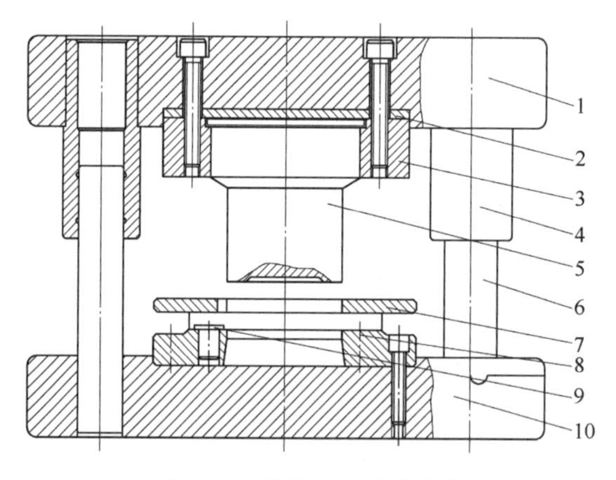

图 1-86　导柱导套式冲裁模

1—上模板　2—垫板　3—凸模座　4—导套　5—凸模　6—导柱　7—退料板　8—凹模　9—定位销　10—下模板

特色点二：倒角使用的设备为卧式车床，专用夹具（见图 1-87）与主轴采用螺纹止口配合。安装完夹具后，挡板要固定好，不得转动。夹具安装完毕后，用检验体检验夹具的径向圆跳动和轴向圆跳动，调到图样规定范围内才能开始生产。

整套夹具的工作过程：装工件推入夹瓦，右手顶住工件靠紧定位面，同时左手将手柄 4 向上推，带动紧固圈 5 旋转，推力轴承 8 推动夹瓦座 6 轴向移动，利用夹瓦座 6 和夹瓦 7 的15°配合斜面，夹紧工件。车制倒角，加工完毕，左手将手柄向下拉，夹瓦松开后工件自然脱落。

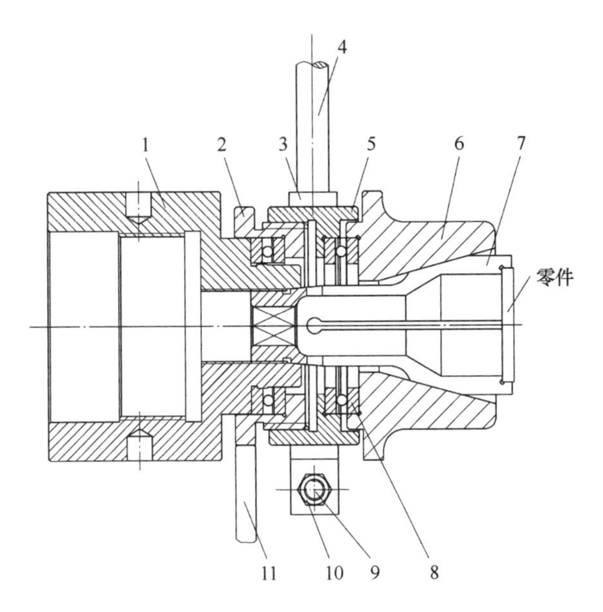

图1-87 倒角夹具

1—法兰盘 2—紧固圈座 3—固定圈 4—手柄 5—紧固圈 6—夹瓦座 7—夹瓦 8—推力轴承 9—螺钉 10—螺母 11—挡板

该套夹具的应用范围比较广泛，如各种饼料零件加工、壳体类零件加工等；具有上下料方便、定位可靠、加工效率高等特点；还具有一定的通用性，不同尺寸的零件只需更换夹瓦和夹瓦座即可，夹具更换方便。

特色点三：引孔，钻模结构如图1-88所示。

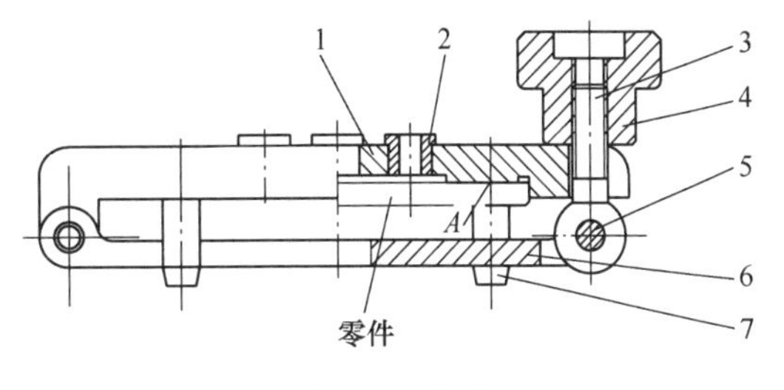

图1-88 钻模

1—模板 2—钻套 3—螺钉 4—螺母 5—圆柱销 6—压板 7—支承钉

引孔使用的设备是台钻，钻模夹具用于板料的引孔工序。该钻模夹具工作过程：将螺母4松开，带动螺钉3沿圆柱销5转动，打开夹具，将工件放入模板1并靠紧定位面A，然后用压板6压紧零件，再沿圆柱销反向旋转螺钉，拧紧螺母，即可通过钻套2引孔。该夹具的特点是，能够保证孔的位置精度，适合批量产品的生产使用，生产效率高，尺寸稳定。

二十、偏心多倒角深孔零件的加工操作法

技术领域：此项操作法应用于偏心深孔类零件且中心有定位孔的零件加工。具体涉及加工该零件的工艺路线、夹具设计等加工方案。

为某油田加工的配水体，其结构如图1-89所示。配水体结构中有偏心深孔$\phi 20^{+0.04}_{0}$mm，孔深206mm，且孔内有多处空刀、多处45°倒角，偏心距为（37±0.05）mm，偏心孔对中心基准轴线的位置度公差为0.04mm。

特色点一：设计专用偏心夹具。

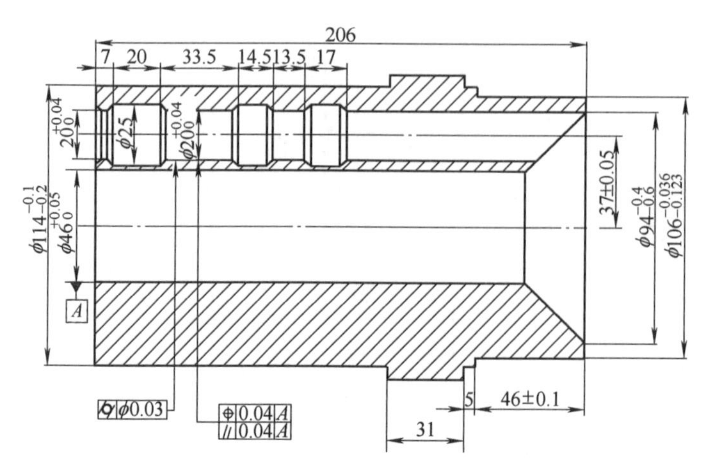

图 1-89　配水体

车削偏心的方法很多，通过对零件的分析，需要满足批量生产的要求，决定采用偏心夹具，如图 1-90 所示，夹具在设计和制造过程中，车床法兰盘过渡配合的定位孔及端面，经磨削而成，而偏心孔经过精密镗床镗削，偏心夹具经过强度计算，强度满足要求，加工精度满足设计精度要求，制造精度可以满足零件精度要求。

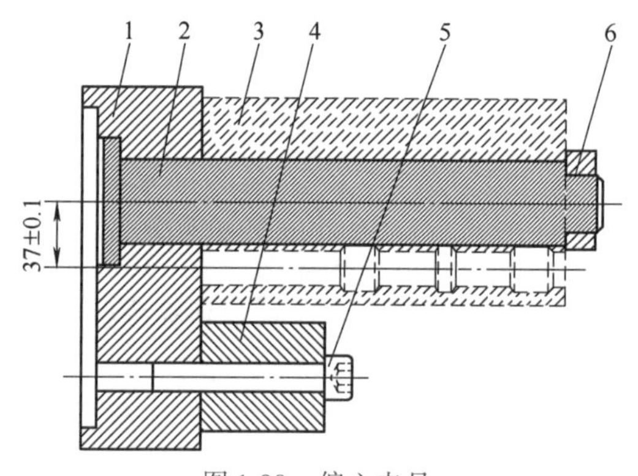

图 1-90　偏心夹具

1—夹具体　2—偏心定位轴　3—零件
4—配重体　5—螺钉　6—压板

特色点二：偏心孔对基准孔位置度公差的保证。

偏心孔与基准孔平行度的保证，这就要求在加工 $\phi20^{+0.04}_{0}$mm 偏心孔时，必须经过镗孔以消除钻孔所引起的平行度误差。

特色点三：$\phi20^{+0.04}_{0}$mm × 206mm 尺寸公差及形状公差（圆柱度）的保证。

在大批量深孔加工过程中，因为 $\phi20^{+0.04}_{0}$mm 孔的表面粗糙度值 $Ra=1.6\mu m$，且孔径较小，所以决定采用铰刀。在铰削过程中，由于是深孔加工，刀具刚性差，排屑困难，导致表面粗糙度值低，发现了留量不均问题。当铰削余量大时，铰孔后表面粗糙度值很难保证，而且加剧了铰刀磨损；当铰孔余量小时，有局部加工不起来现象，表面粗糙度很难保证。为了把精铰孔的加工余量控制在 0.1～0.15mm，又能保证表面粗糙度值 $Ra=1.6\mu m$，采用粗镗内孔，保证孔的直线度，用 $\phi20$mm 废旧铰刀经外圆磨及工具磨，加工成直径为 $\phi19.6^{\ 0}_{-0.02}$mm、$\phi19.85^{\ 0}_{-0.02}$mm 的铰刀，进行粗铰、半精铰。在粗铰和半精铰时，用万能磨将 6 刃或 8 刃铰刀的切削刃间隔去掉一半，增加容屑空间。最后用直径为 $\phi20^{+0.005}_{0}$mm 的八刃铰刀精铰，使 $\phi20^{+0.04}_{0}$mm × 206mm 尺寸公差及形状公差满足产品要求。

二十一、偏心深孔的加工操作法

技术领域：此项操作法应用于偏心深孔类零件的零件加工。具体涉及加工该零件的工艺路线、夹具设计等加工方案。

在某产品加工中，其中有一种主体，如图1-91所示，在主体上有一偏心深孔 $\phi 20^{+0.10}_{0}$mm × 600mm，表面粗糙度值 $Ra=1.6\mu m$，偏心距为（35±0.1）mm。给加工带来很大难度，如何保证深孔尺寸及表面粗糙度要求，通过技术革新，加工出合格产品。

特色点一：如何保证 $\phi 20^{+0.10}_{0}$mm × 600mm 偏心深孔的尺寸及表面粗糙度要求，成为加工此零件的关键所在，首先设计了偏心胎具，如图1-92所示。

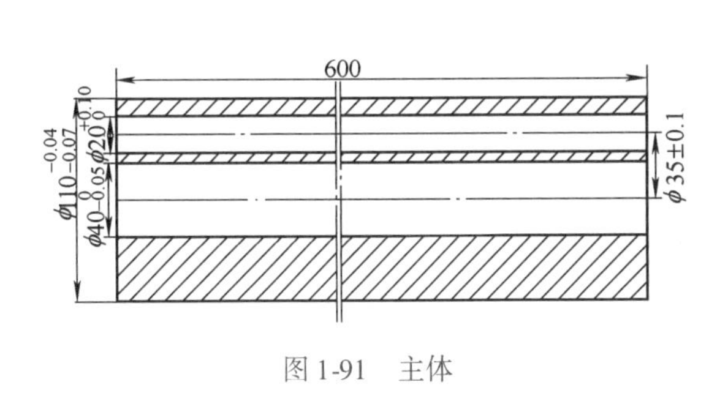

图1-91　主体

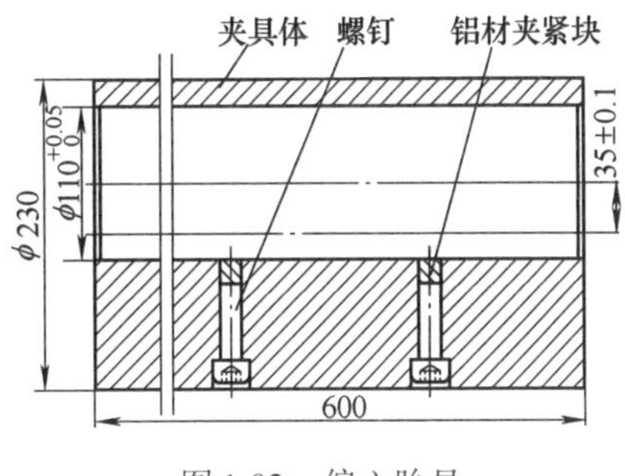

图1-92　偏心胎具

此胎具为整体式，不存在偏心力矩问题，因此在生产时，不需配重，胎具外径 φ230mm 经磨削而成，偏心孔 $\phi 110^{+0.05}_{0}$mm 经精密镗削而成，以保证偏心距及偏心孔与 φ230 外径的平行度。加工 $\phi 20^{+0.10}_{0}$mm × 600mm 偏心深孔的加工步骤为：

（1）将工件加工成 $\phi 110^{+0.05}_{0}$mm × 600mm。

（2）将工件放入图1-92所示偏心胎具中，用2×M16螺钉顶紧。螺钉前端装有铝制顶紧头，防止压伤工件，将偏心胎具一端夹持在CW6163车床的单动卡盘上，找正后，另一端用尼龙支承爪中心架支承。

（3）用 φ19mm 钻头钻孔，钻孔前用 φ6mm 中心钻打引正孔，偏心孔在整体式胎具的中心，因次，可两端分别钻孔，每端钻孔 φ19mm × 300mm。

（4）为保证深孔的尺寸公差和表面粗糙度，粗铰孔时采用刃数较少的铰刀，粗铰孔1、孔2时，采用自制三刃负倾角大容屑槽铰刀；半精铰、精铰孔时，用四刃接杆铰刀，在各道拉铰孔前，需车削引导孔，保证孔的几何公差。铰刀尺寸见表1-1。铰刀结构如图1-93所示。铰刀接杆后如图1-94所示。

表1-1　铰刀尺寸

序号	工序名称	铰刀尺寸/mm
1	粗铰孔1	$\phi 19.4^{+0.05}_{0}$
2	粗铰孔2	$\phi 19.65^{+0.05}_{0}$
3	半精铰孔	$\phi 19.85^{+0.05}_{0}$
4	精铰孔	$\phi 20^{+0.04}_{+0.02}$

图1-93　铰刀

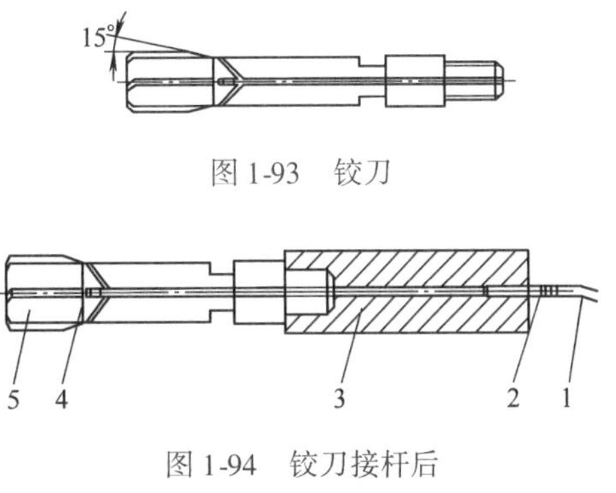

图1-94　铰刀接杆后

1—软管　2—接头　3—铰刀接杆　4—通水孔　5—铰刀

特色点二：在生产过程中，采用从主轴向尾座方向走刀，拉铰车削，由于走刀方向的改变，细长铰刀杆的受力状态由正向走刀的压力变为反向走刀的拉力，消除了刀杆受压力产生的弯曲变形的不良因素，又因良好的冷却及排屑，加工出符合图样要求的产品。工作示意如图 1-95 所示。

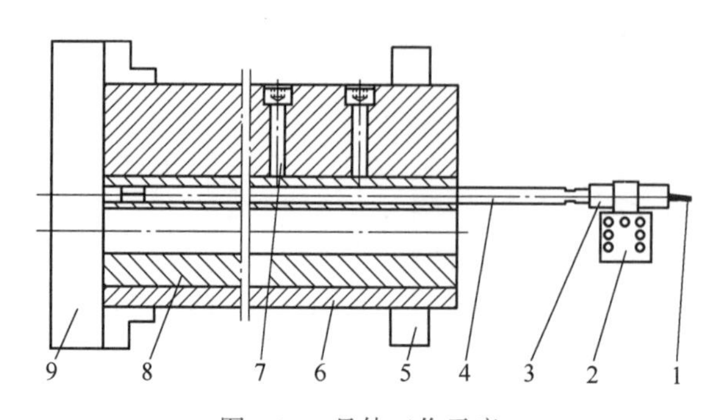

图 1-95　具体工作示意

1—冷却软管　2—车床刀台　3—铰刀接杆　4—铰刀　5—中心架支承爪
6—整体式偏心胎具　7—紧定螺钉　8—偏心工件　9—卡盘

二十二、改变钻头切削刃形状形成的扩孔操作法

（1）外缘定心，内凹圆弧形扩孔钻头。技术领域：此项特色操作法应用于砂型铸造空芯类零件深孔扩孔加工。具体涉及麻花钻头切削刃形状的革新。

在加工某砂型铸造空芯零件时，因其为砂型铸造件，且零件较长为 680mm，孔径为 ϕ48mm，如图 1-96 所示。加工该零件的内孔 ϕ48mm 时，使用传统钻头钻孔时，经常出现钻头摆动现象，钻头磨损、崩刃现象严重。

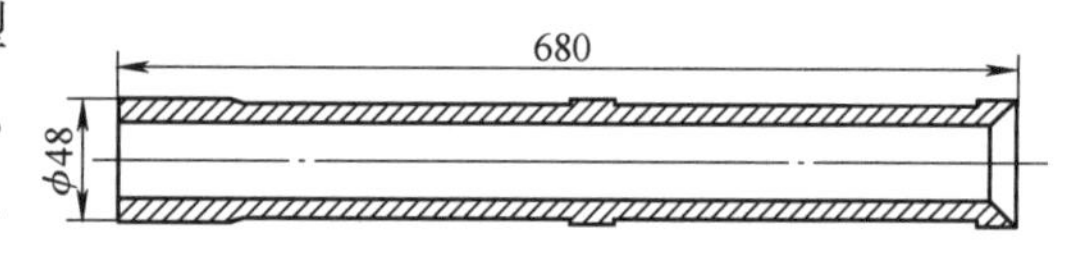

图 1-96　零件示意

钻头在车削过程中有着广泛应用，通过钻头切削刃形状的改进，在生产应用中有着很好的效果。为此，结合生产情况，对钻头刃形及角度等进行了改进，以外缘定心，内凹圆弧形进行切削的扩孔钻头。

在加工过程中，发现铸件有不同程度的错箱问题，导致铸造内腔和外形不同轴，使用顶角为 118°的普通麻花钻扩孔时，由于切屑余量不均匀，使钻头在扩孔过程中摆动幅度大，扩孔困难，扩孔后孔径尺寸大，同轴度不满足要求。为解决这个问题，决定改变钻头的切削刃形状，采用外缘定心内凹刃钻头扩孔，钻头结构如图 1-97 所示。

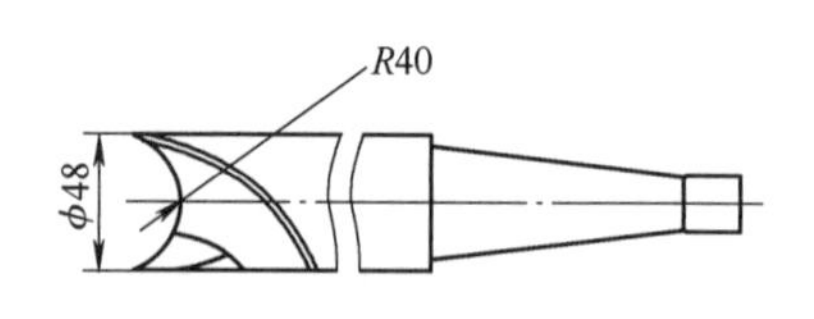

图 1-97　内凹刃扩孔钻头

用该钻头扩孔，先车削一段和扩孔钻头直径一致的导引孔，以钻头的外圆棱边定心，这个扩孔过程，与采用以横刃定心钻头扩孔相比较，摆动现象明显减小，生产效率得到提高，扩孔质量也得到保证。

（2）深孔前排屑扩孔钻。加工表面粗糙度值 Ra = 6.3μm 深孔钢件，用深孔前排屑扩孔钻（见图 1-98），车削工艺优先采用钻孔和扩孔相结合的加工方案，通过刃磨，形成钻头外缘棱边处负值刃倾角和圆弧形卷屑槽，在自动走刀扩孔时，达到了前排屑的要求，使切屑形成两条螺旋形长屑，从主轴孔前端排出，防止划伤已加工表面，一次走刀完成扩孔，减少了普通角度钻头重复退刀，清除切屑，保证了表面粗糙度。

图 1-98　深孔前排屑扩孔钻

二十三、钻孔定深浅的操作法

技术领域：此项操作法适用于使用标准钻头在卧式车床上钻孔，钻孔深度尺寸精度要求较高的零件加工。

回转体零件上钻孔是车工最常见的操作，在生产中，为精确控制钻孔深度，我们研究制作了一种使用标准钻头在卧式车床上钻孔定深的装置，如图 1-99 所示。

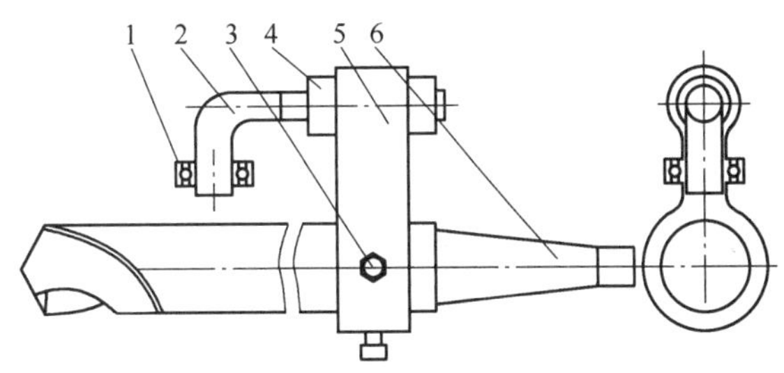

图 1-99　定深装置示意

1—轴承　2—连杆　3—紧定螺钉　4—固定螺母　5—支承圈　6—钻头

使用该装置时，将支承圈套入钻头，调整好位置后，用紧定螺钉将支承圈固定在钻头上，然后将装好轴承的连杆装入支承圈内，调整钻孔深度，用两个固定螺母固定连杆位置。

这种装置的特点是：①轴承与连杆过盈配合，当零件的钻孔深度达到尺寸要求时，轴承旋转，达到准确定位孔深的目的。②根据孔的深浅，调整紧定螺钉或固定螺母位置，可以快速调整钻孔深度。③适用于使用标准钻头在卧式车床上对零件钻孔的批量生产。

二十四、冲头的精车操作法

技术领域：此项操作法适用于冲孔冲头类零件加工。

冲孔冲头是毛坯热冲的常用模具，零件材质为 4Cr5MoSiV1，热处理硬度为 44～48HRC。零件结构如图 1-100 所示。零件止口尺寸公差 0.03mm，头部倒圆角 R10mm，各径的同轴度均为 0.05mm。根据多年的加工经验，总结出以下简单实用的加工及检测方法。

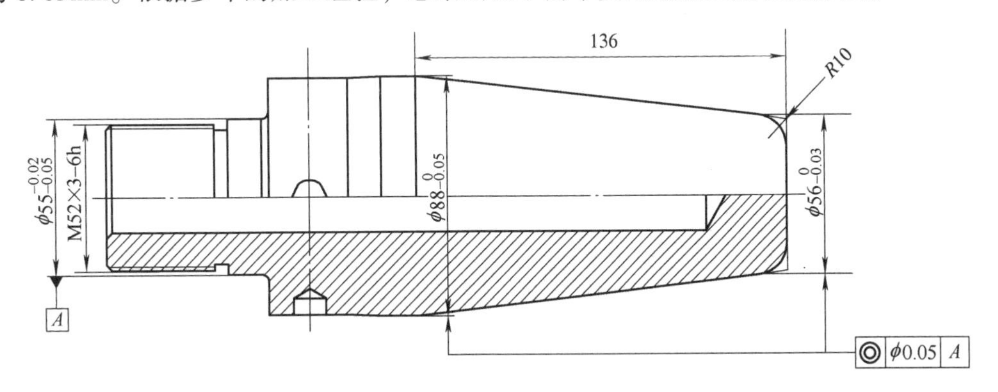

图 1-100　零件示意

精加工螺纹时，将螺纹与止口一次装夹制出，保证螺纹与止口的位置公差，止口加工示意如图 1-101 所示。

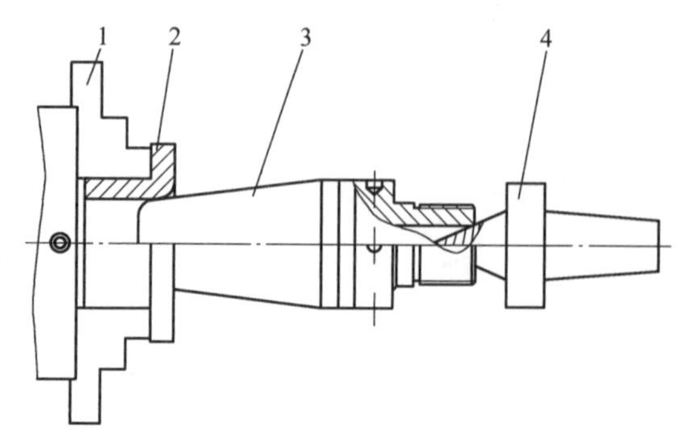

图 1-101　止口加工示意

1—卡盘　2—胎具　3—工件　4—顶尖

采用如图 1-102 所示的精车外锥形夹具及尾顶测量装置，实现冲头外形的加工与测量。

夹具设计时应考虑冲头实际使用情况，使用该冲头时以螺纹和止口为安装基准，冲头的外锥形实际参与工作。因此，设计夹具时，螺纹夹套（见图 1-103）在机床上自车，夹套的止口和冲头的止口间隙控制在 0.03～0.05mm，加工时，将冲头旋进夹套，利用冲头上的扳子孔将冲头旋紧，进行冲头的外锥及圆弧精加工，在加工过程中使用尾顶测量装置不断校正尺寸，确定吃刀余量，保证外锥面尺寸符合图样要求。

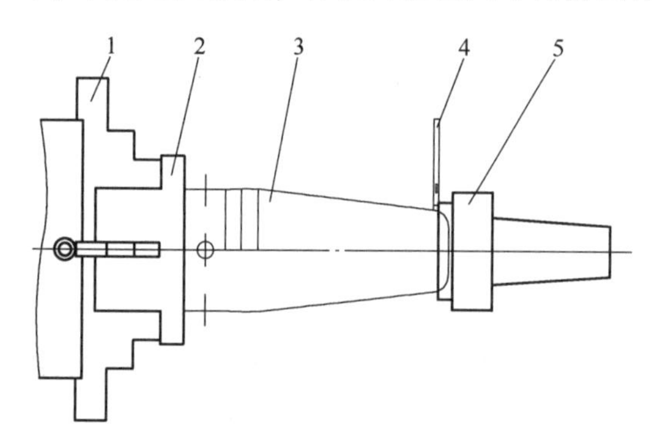

图 1-102　锥形加工示意

1—卡盘爪　2—螺纹夹套　3—工件　4—卡尺　5—尾顶测量装置

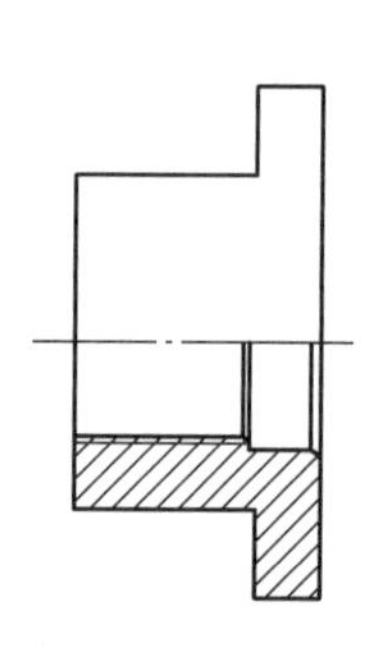

图 1-103　螺纹夹套

测量尺寸时，制作距离端面 10mm 处直径测量装置，如图 1-104 所示，测量装置的圆弧面应与冲头头部 $R10$mm 有一定间隙，保证冲头端面与测量装置内底平面接触，测量尺寸数值与通过理论计算距离冲头底面 10mm 处的锥体的直径尺寸对比，确定冲头锥体小端尖点处的尺寸是否合格。也可采用类似测量方法用外径百分尺进行测量。

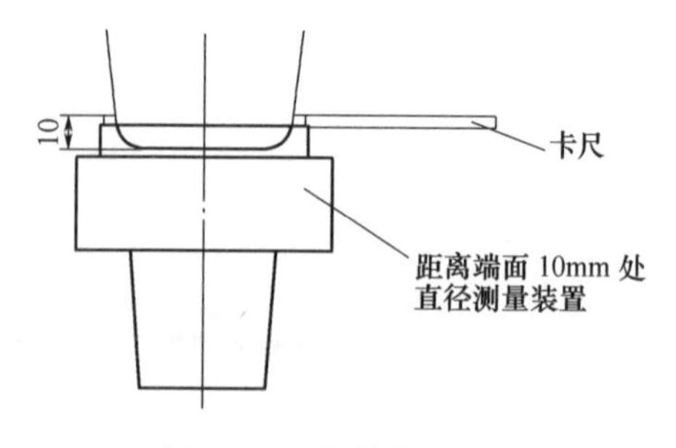

图 1-104　测量装置示意

二十五、组合滑块的操作法

技术领域：此项操作法适用于组合滑块类零件加工。

组合滑块由4件推料滑块和2件压料滑块组成，两侧为压料滑块，多件滑块组合使用，可实现多个工件一次夹紧，同时对多个工件进行铣削加工。该滑块材料为T10A，热处理硬度为46~50HRC。推料滑块如图1-105所示，压料滑块如图1-106所示。

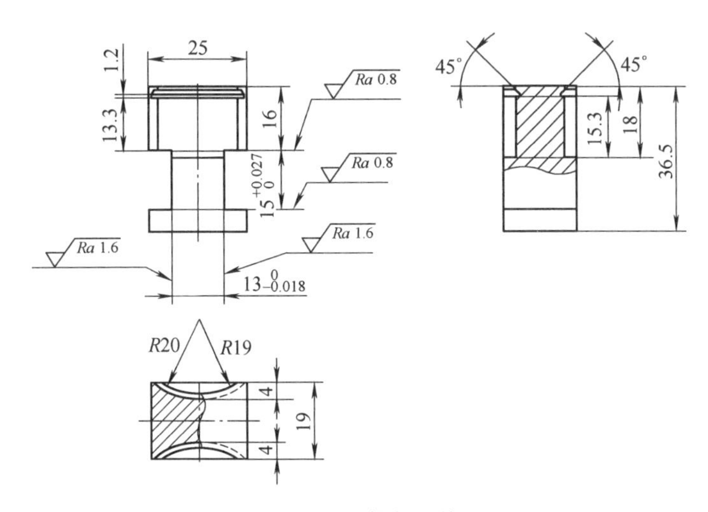

图1-105　推料滑块

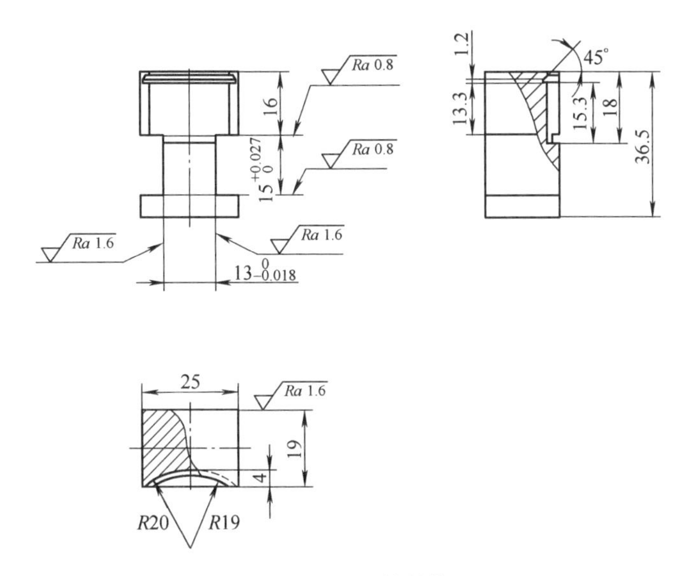

图1-106　压料滑块

加工工艺如下：车（6件一体下料，按图样计算直径为滑块斜边长度）→立铣（铣方，截面尺寸留调质量3~5mm，长度留调质量3mm）→球化退火（加热温度830℃，保温1h后随炉冷却，炉温降至500℃之后出炉空冷，破除工件内网状碳化物，消除工件内应力）→立铣（截面尺寸留磨量，长度加工好）→平磨（规方，截面尺寸加工好）→划线（各孔位及槽线划好）→立铣（粗铣两侧通槽，留磨量）→镗（坐标镗床按两侧面25mm宽，找正孔位，保证两侧对称）→车（采用专用夹具装夹组合滑块条料，夹具定位槽相对轴线对称，定位槽宽度与组合滑块条料配合间隙控制在0.03～0.05mm，如图1-107所示，工件在找正过程中，卡盘旋转，采用顶尖扶正法对工件进行初步找正，如图1-108所示，顶丝轻轻压紧，撤开顶尖，并用磁力表对镗削加工的ϕ38mm孔（即R19mm）进行精细找正，找正之后旋紧顶丝，使工件准确夹紧定位。采用线切割根据定位槽槽形尺寸切制而成的样板磨削成形刀具，如图1-109所示。采用专用成形刀具加工ϕ40mm环形槽（即R20mm）（用沟槽数显卡尺对工件ϕ40mm环形槽进行测量，保证尺寸一致性，控制深度18mm，同时形成尺寸15.3mm。当一个环形槽加工完成以后，松开顶丝，移动工件，按上述加工方法依次加工5个环形槽，保证各孔一致性）→淬火、回火（加热温度800℃，保温30min，水冷，回火温度350℃，保温60min）→万能磨（按照25mm两侧面找正，对称磨削两侧通槽，控制槽宽尺寸15mm，保证尺寸13mm及两槽相对各孔轴线对称）→线切割（按零件图依次顺序切制压料滑块和推料滑块，控制尺寸19mm和4mm，保证19mm两面平行）。

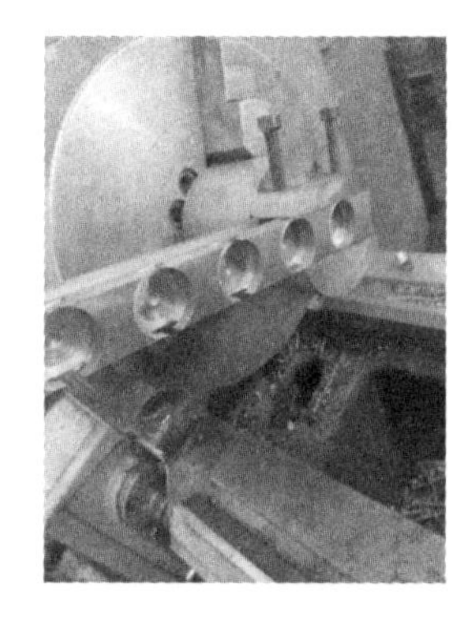
图1-107　装夹示意

图1-108　顶尖扶正示意

图1-109　成形刀

二十六、三瓣模具的车削操作法

三瓣模具（见图1-110）是由模套（见图1-111）、三瓣模（见图1-112）及底盘（见图1-113）组合而成，其中底盘和三瓣模的30°锥面配合，120°等分的三瓣模外锥面与模套的内锥面紧密配合，底盘的30°锥面与三瓣模的30°锥面配研后接触面积均大于70%。

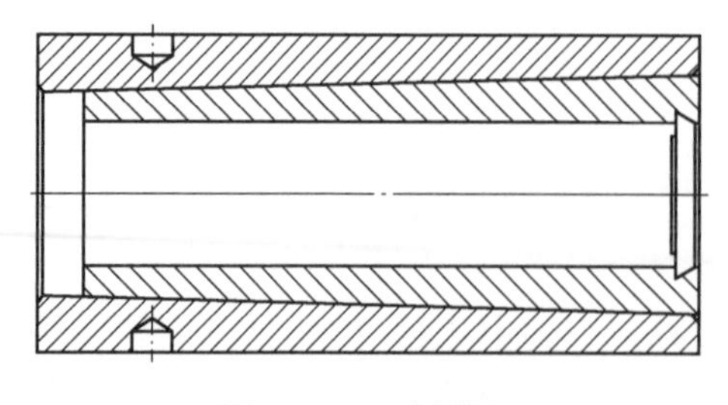
图1-110　三瓣模具

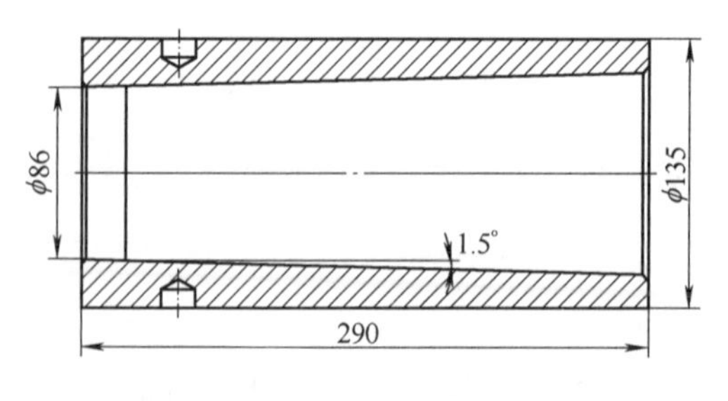

图1-111　模套

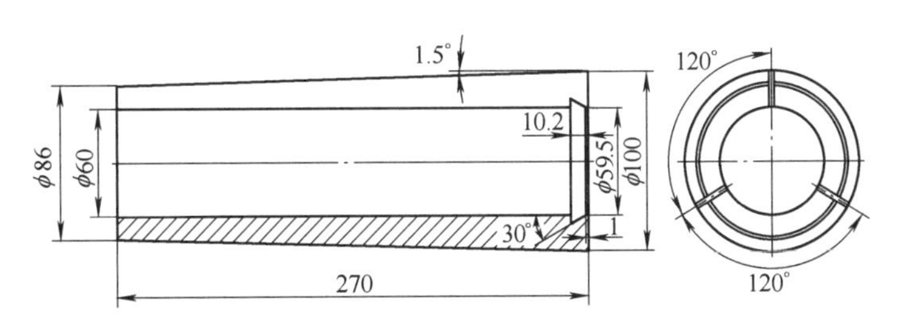

图 1-112　三瓣模

三瓣模的加工工艺路线：下料→车（内外径留精车量）→划线→钳工（打标记，相邻两面打相同数字）→线切割（按线切割和标记切开）→钳工（研磨线切割加工表面粗糙度值 $Ra=0.8\mu m$ 接合面平直）→钳工（三瓣模相邻面分别倒 3 处点焊用坡口 4×45°）→焊（用胎具固定三瓣模进行点焊）→车（内外径留磨量 1mm）→外磨（外锥加工好，并使用模套 1 配研锥面，接触面积大于 70%，三瓣模的大端面高出模套 0.3～0.5mm）→钳工（打开点焊处，并重新打标记）→内磨（将三瓣模放入模套内，使三瓣模和模套紧密配合，三瓣模的端面尽量敲平）→车（去除三瓣模大端面高出模套的 0.3～0.5mm 余量，保证两端面在同一平面内，并按图 1-114 尺寸加工 30°锥面）。

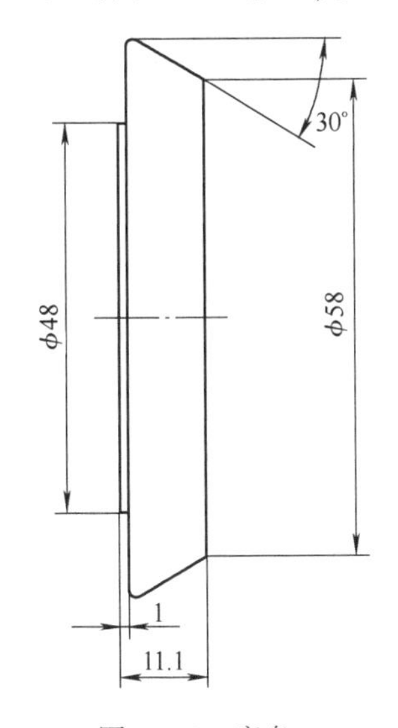

图 1-113　底盘

图 1-114　加工 30°锥面示意

模套的加工路线：下料→车（留调质量）→调质→车（内外径留磨量，长度留量 0.5～1mm）→划线→钳工→淬火、回火（37～42HRC）→清洗→内磨（内径，内锥）→车（将模套、三瓣模、底座三件合装之后，底面加工平整）。

底座加工路线：下料（全长按图加长 15mm）→车（上端面留假顶尖孔，下端面留中心孔）→淬火、回火（58～62HRC）→清洗→车（选用 YT726 焊接刀具或立方氮化硼夹固刀具，装夹采用端面平胎和用回转顶尖顶持假顶尖孔双顶的方式，车削 30°锥面，如图 1-115 所示。在配研车削过程中，将三瓣模放在平台上，用三瓣模的 30°锥面和底座的 30°锥面逐步配研车削，如图 1-116 所示，车削底盘 30°锥面时，在微量间隙配研车削调整过程中，用塞尺检测三瓣模的贴合间隙，当三瓣模处于紧密贴合状态时，底盘的 30°锥面和三瓣模的 30°锥面也处于紧密配合状态。采用带有30°锥面的专用夹爪装夹底座，如图1-117所示，车削台阶外径及端面并去除假顶尖孔，台阶端面留磨量0.1～0.15mm）→平磨（台阶端面见平，控制长度尺寸)→车（将模套、三瓣模、底盘合装后，将合装后的底面加工平整，如图1-118所示）。

图1-115 加工底盘30°锥面示意

图1-116 三瓣模和底盘配研初始状态

图1-117 专用夹爪

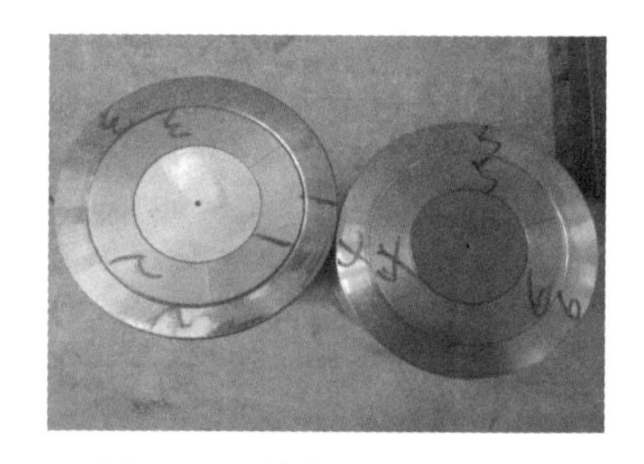
图1-118 三瓣模和底盘配研后状态

二十七、大直径薄壳类零件的加工操作法

现有一大直径不锈钢薄壁零件，材料为1Cr18Ni9Ti不锈钢，大端直径$\phi160^{+0.125}_{0}$mm，壁厚为$0.5^{0}_{-0.05}$mm，小端直径为$\phi65^{+0.1}_{0}$mm，壁厚0.8mm，中间是50°锥度过渡连接，壁厚与直径之间的比值达到1∶300，是典型的大直径薄壁壳体零件。零件尺寸如图1-119所示。该零件壁厚薄，内形为曲面，传统加工方式装夹难度大，变形较大，无法保证尺寸公差要求。现进行工艺技术革新，设计专用装夹胎具，合理安排工艺路线，解决零件变形大、装夹难的问题。

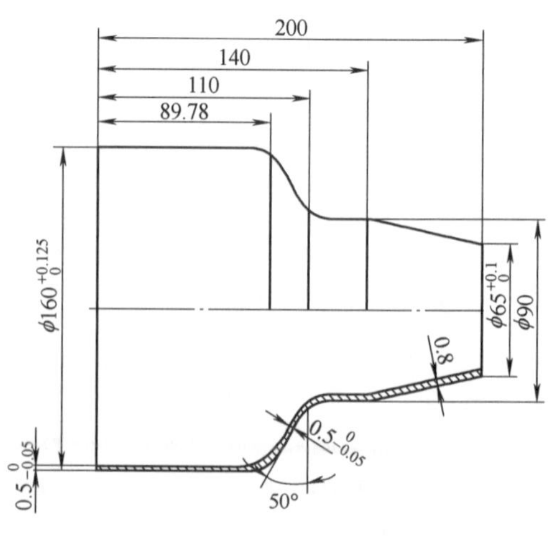

图1-119 零件结构简图

加工工艺为：下料（全长增长20mm，用于工艺直台）→车（装夹工件大端，平小端端面，

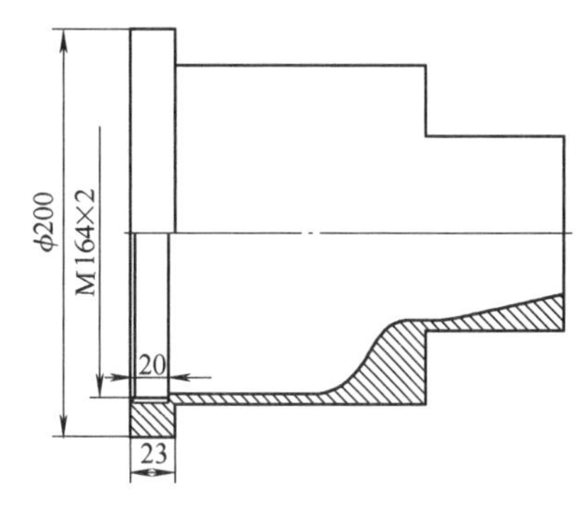

图 1-120 粗车工件简图

粗车外径，按直台加工，钻通孔，外径按成品尺寸留量5mm)→定全长（调头装夹小端外径，大外径留量1mm，车大端面，粗定全长，留20mm工艺直台)→钳（钻扳手孔)→数控车1（装夹小端外径，按大外径及端面找正，由数控车完成内腔半精加工，留量2mm，并留增长工艺台阶，在工艺台阶内车内螺纹，如图1-120所示)→数控车2（将螺纹胎具装夹在数控车床的卡盘上，打表找正胎具，胎具结构如图1-121所示，将螺纹胎具的左旋螺母预紧，将工件预紧在螺纹胎具上，与左旋螺母紧密贴合，采用顶尖支承工件小端，按图1-122加工，工件加工完毕后，旋松左旋螺母，卸下工件)→数控车3（将精车内形胎具装夹在数控车床的卡盘上，找正胎具，胎具结构如图1-123所示，将工件旋入胎具中，并采用扳手旋紧工件，保证工件装夹可靠，精车工件内形，保证各尺寸)→数控车4（将仿形胎具装夹在数控车床的卡盘上，找正胎具，胎具结构如图1-124所示，将工件预紧在仿形胎具上，然后将仿形胎具的左旋螺纹压圈预紧，工件与左旋螺纹压圈紧密贴合，保证工件装夹可靠，防止工件在加工过程中因切削力过大发生变形，精车工件外形，保证各尺寸)→线切割（旋开左旋螺纹压圈，旋下工件，将螺纹胎具压紧在V形铁上，找正螺纹胎具，将工件预紧在螺纹胎具上，去掉夹头，保证工件全长)。

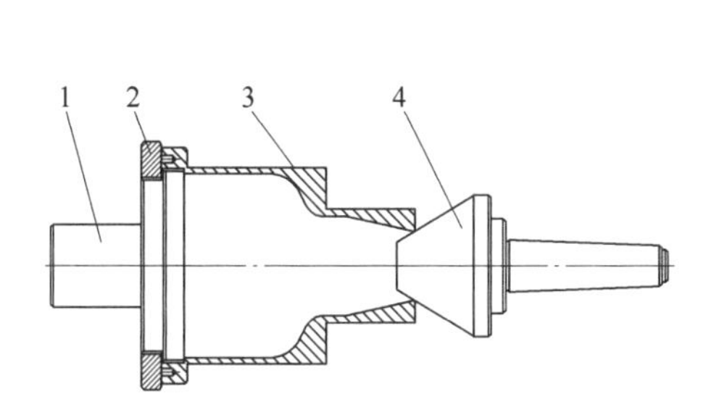

图 1-121 半精加工外形结构示意图

1—胎具 2—左旋螺母 3—工件 4—回转顶尖

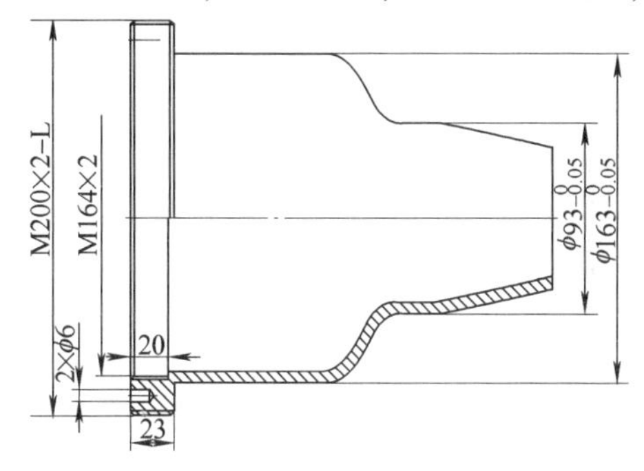

图 1-122 半精加工外形零件图

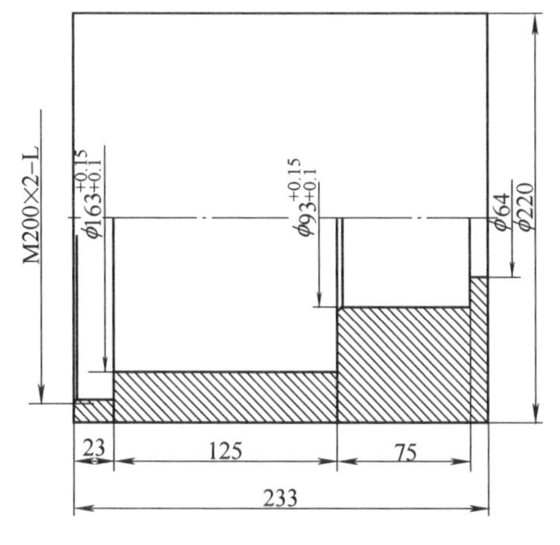

图 1-123 精车内形胎具

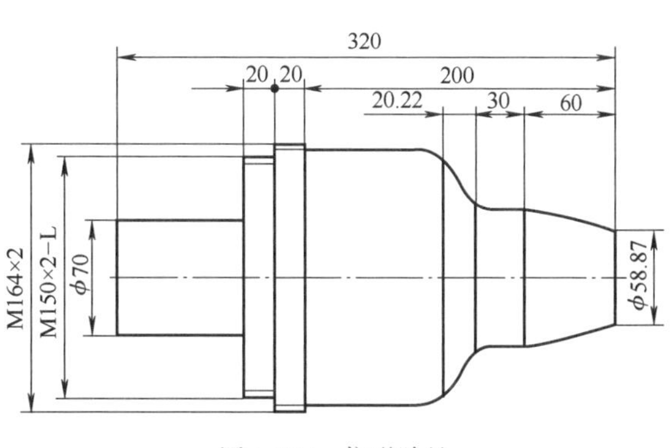

图 1-124 仿形胎具

各道工序加工中，要充分浇注切削液，保持刀具锋利，减小切削力，降低切削热，适当减少切削用量，防止切削用量过大产生变形。加工仿形胎具时，应采用零件内形与其配研，接触面积达到90%以上方可使用。

此加工过程特点如下：①采用仿形胎具撑起零件内膛，减少零件变形。②工件增长，预留夹头，保证零件装夹定位面强度和可靠的装夹方式。③设计了左旋螺纹压环，既保证零件装夹可靠的同时，又给卸下零件时提供了便利条件。

二十八、正四面体三棱锥镂空件的车削加工操作法

技术领域：本操作法适用于正四面体三棱锥件的加工及镂空内形的加工。

正四面体三棱锥件在车床上加工时，装夹、找正和定位困难，使用通用夹具无法加工出理想零件。在对正四面体三棱锥件进行镂空处理时，因为零件壁厚变薄，在加工时零件会变形、断裂，所以各个孔的直径尺寸及深度尺寸需要准确控制，如何保证镂空时零件的强度和刚性，需要设计出可靠的定位夹紧方案和专用夹具装置。

加工方法：针对上述加工不足，提供一种能够快速装夹找正的正四面体三棱锥加工夹具，使得能够在车床上加工正四面体三棱锥，该方法操作简单，提升了加工效率，节约了加工成本。以下是一种正四面体件的加工及镂空内形的加工工艺方案。

（1）车：车削毛坯如图1-125所示。

（2）划线：在ϕ80mm外表面画120°等分线。

（3）车削正四面体三棱锥的3个锥面：将毛坯5带有螺纹的定位轴装入夹具体1（见图1-126）的定位孔中（孔和轴的间隙在0.03～0.06mm），将毛坯5上的一条120°等分线与夹具体1中斜面定位线对齐，拧紧螺母6固定毛坯5，拧紧螺母3，压紧反压盖2固定毛坯5，开始车削第一面。当刀具与夹具体1的30°斜面的端面距离0.03～0.05mm时完成加工。松开螺母3和螺母6将毛坯5旋转120°使毛坯5上的第二条120°等分线与斜面上的定位线对齐，拧紧螺母6，固定毛坯5，拧紧螺母3，开始车削第二个面。当刀具与夹具体1的30°斜面的端面距离为0.03～0.05mm时完成加工。采用类似加工方法完成第三个面的加工。

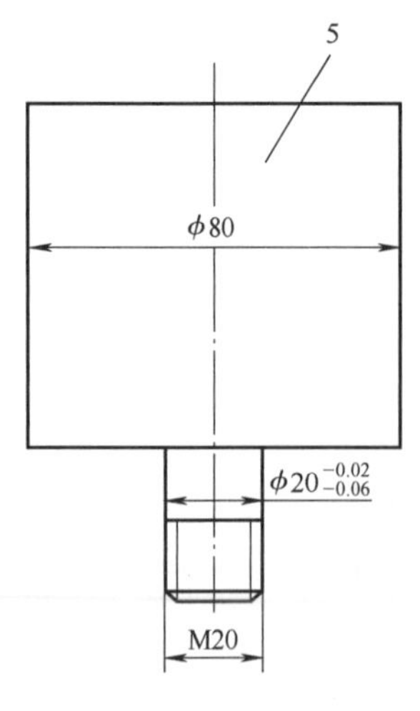

图1-125　毛坯

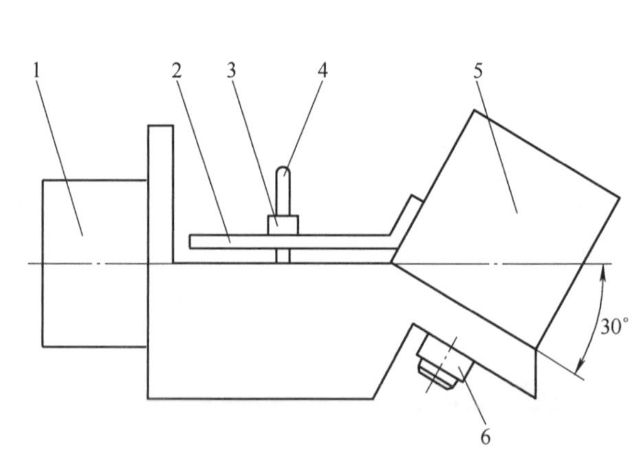

图1-126　车削正四面体三棱锥的锥面示意

1—夹具体　2—反压盖　3、6—螺母　4—固定螺钉　5—毛坯

（4）镂空正四面体三棱锥3个已经车好的平面：将车好的正三棱锥放入图1-127所示的胎具中，找正正三棱锥平面，用拧紧螺母6固定毛坯5，拧紧螺母3，压紧正压盖2。在正三棱锥平面上车削直径$\phi33.6^{+0.02}_{0}$mm，深度8.4mm的圆柱孔，松开螺母3和螺母6将毛坯5旋转120°，找正正三棱锥平面，拧紧螺母3，压紧正压盖2，螺母6固定毛坯5，在第二个正三棱锥平面上车削直径$\phi33.6^{+0.02}_{0}$mm、深度8.4mm的圆柱孔。用类似方法加工正三棱锥第三个平面的圆柱孔。

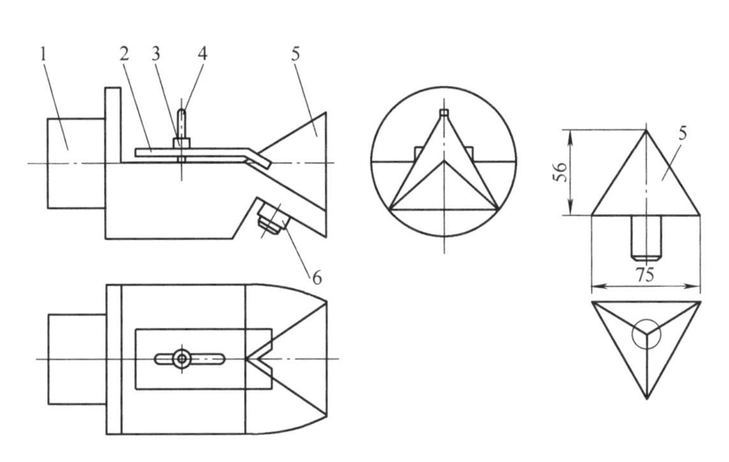

图1-127　正四面体三棱锥件车削加工镂空前三面装夹结构示意

1—夹具体　2—正压盖　3、6—螺母　4—固定螺钉　5—毛坯

（5）镂空正四面体三棱锥带定位轴的第四个平面：将图1-128所示的定位轴12装入夹具体1中的30°斜面$\phi20$mm定位孔中（孔和轴的间隙在0.03～0.06mm），用螺母5锁紧，将已经车好三面圆柱孔正四面体三棱锥的一个圆柱孔面放入定位轴12的$\phi33.6^{-0.02}_{-0.06}$mm的轴

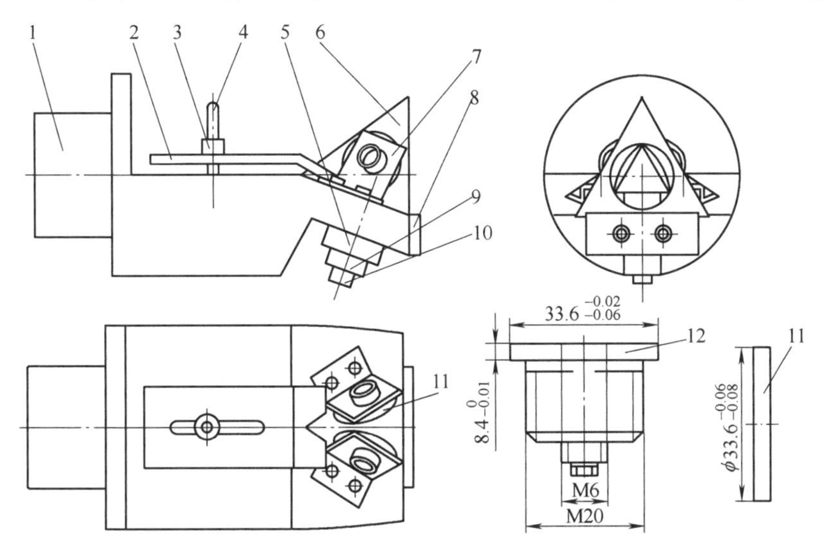

图1-128　镂空正四面体三棱锥带定位轴的第四个平面示意

1—夹具体　2—压紧正压盖　3、5、9—螺母　4—紧固螺钉　6—工件　7—侧护板　8—正护板　10—锁紧螺杆　11—塞子　12—定位轴

中，拧紧螺母3，压紧正压盖2，将塞子11装入正四面体三棱锥的两个侧面孔中，拧紧侧护板7，固定工件，安装正护板8，固定正面，然后拧紧锁紧螺杆10接触在镂空的小正三棱锥的平面上，拧紧螺母9固定锁紧螺杆10，再拧紧侧护板7上的紧固螺钉，压紧塞子11，使其固定在小正三棱锥的平面上，去掉正四面体三棱锥第四个面 ϕ20mm 定位轴，然后车削 ϕ33.6mm、深度8.4mm的圆柱孔，完成正四面体三棱锥的镂空工作（见图1-129）。松开夹具上的所有紧固螺钉和压板，将正四面体三棱锥拆卸下来，取出塞子11，清除飞边，完成正四面体三棱锥（见图1-130）的镂空加工。用类似的方法可以完成正四面体三棱锥的多层镂空。

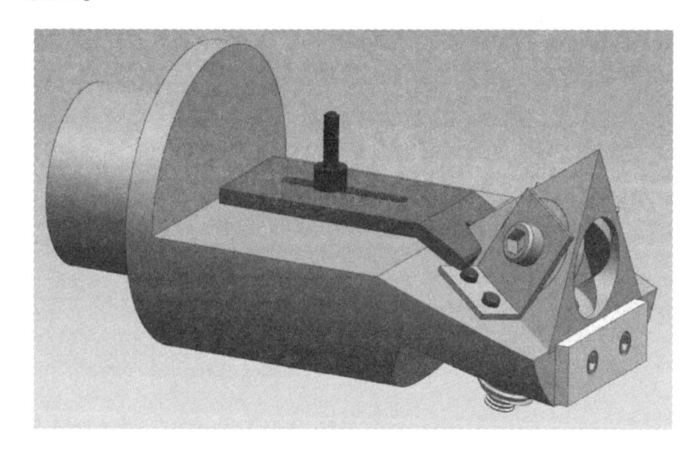

图1-129 镂空正四面体三棱锥示意

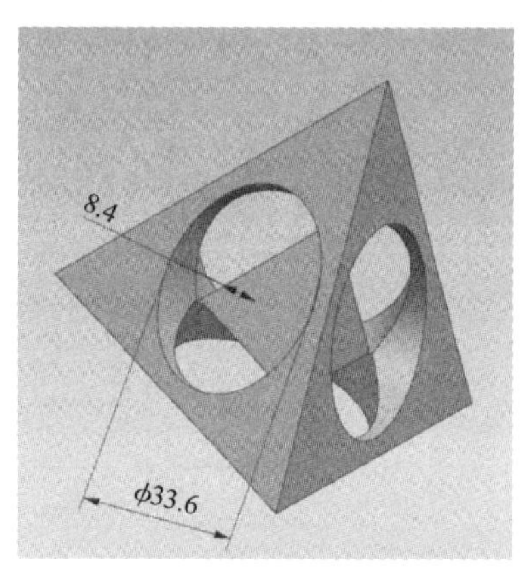

图1-130 镂空完成的零件示意

二十九、正六面体镂空嵌套件的车削操作法

技术领域：本操作方法应用于正六面体件的加工及镂空内形的加工。

正六面体结构在使用车床加工时装夹困难，加工过程中找正和定位困难，使用通用夹具无法加工出理想效果。在对正六面体件进行镂空处理时，因为零件壁厚变薄，在加工时零件产生变形、断裂，所以各个孔位的尺寸及深度需要严格控制，采用专用夹具进行装夹和辅助支承进行紧固，使镂空后的各个表面定位准确，装夹方便，易于加工，达到理想效果。

为解决上述加工难题，本操作方法提供一种能够快速装夹找正，由圆柱棒料加工出正六面体外形的定位夹紧装置。该方法操作简单，提升了加工效率，节约了加工成本。加工工艺方案如下。

（1）方案一：将车好或铣好的正六面体毛坯放入如图1-131所示的开口套2中，将弓形定位塞3装入开口套2和正六面体所形成的缝隙中，用卡盘夹紧开口套，使正六面体准确定位。采用车削方法加工第一个平面的各个台阶孔，其中 ϕ90mm 孔深20mm、ϕ55mm 孔深12mm、ϕ30mm 孔深8mm、ϕ15mm 孔深5mm，各孔径和深度尺寸公差应控制在0.02mm以内。松开卡盘，取下工件，采用类似方法加工正六面体的第二个平面，依此类推，当加工完第五个平面时，将图1-131定位塞1依次装入加工完的正六面体的台阶孔中，定位塞1各台阶尺寸与正六面体孔径采用过渡配合，将车完四个平面的正六面体镂空件放入开口套2中，将弓形定位塞3装入开口套2和正六面体所形成的缝隙中，夹紧开口套2，使定位塞1与各个台阶面紧密接触，压紧镂空件，完成正六面体镂空件第五个平面上台阶孔的车削。卸下开

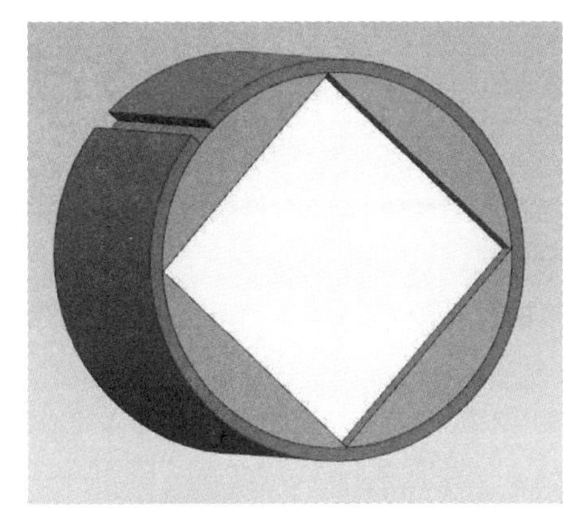

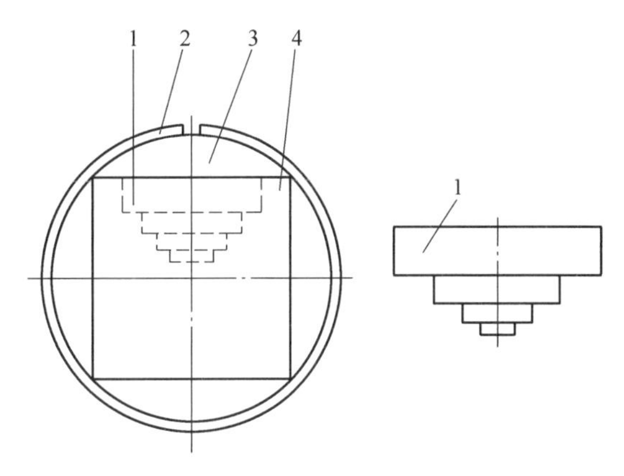

图 1-131　正六面体镂空件的加工装夹结构示意

1—定位塞　2—开口套　3—弓形定位塞　4—正六面体毛坯

口套 2，在第五个平面内装入定位塞 1，调头装夹，夹紧开口套 2，使定位塞 1 与镂空件的台阶面紧密接触，车削正六面体第六个面的台阶孔。取下工件，移除定位塞 1（为方便拔销器的使用，定位塞 1 可设有内螺纹孔）和弓形定位塞 3，清除飞边，完成加工。车削镂空后的零件如图 1-132 所示。

图 1-132　镂空后的工件

（2）方案二：车削 ϕ150mm 厚度 100mm 的圆柱体工件毛坯，在该圆柱体工件的圆周和端面划十字等分线（见图 1-133a）。将毛坯放入图 1-134 所示的主体 1 中，将毛坯端面十字线中的一条对准主体 1 上中心刻线，将上压盖 2 通过紧固螺钉 3 扣紧在主体 1 上，并拧紧紧固螺钉 3，车削第一面（见图 1-133b），当刀尖距离主体 1 的端面 0.03 ~ 0.05mm 时，完成圆柱体上第一面加工，松开紧固螺钉 3，将工件旋转 90°，将毛坯上的第二条十字线与主体 1 上的刻线对齐。拧紧紧固螺钉 3，按车削第一个平面的方法车削圆柱体上的第二个面（见图 1-133c），松开紧固螺钉 3，取下正六面体工件，在主体 1 中放入 25mm 厚的圆弧形定位块 4，将车削完两个平面的圆柱体毛坯放入主体 1 中，拧紧紧固螺钉 3，按车削第一个平面的加工方法车削圆柱体上的第三个平面（见图 1-133d），松开紧固螺钉 3，将工件旋转 90°。在主体 1 中放入 25mm 厚的圆弧形定位块 4，旋紧紧固螺钉 3，车削圆柱体上的第四个平面（见图 1-133e）。然后在该平面上车削 ϕ90mm 孔深 20mm、ϕ55mm 孔深 12mm、ϕ30mm 孔深 8mm、ϕ15mm 孔深 5mm 的台阶孔，松开紧固螺钉 3，取下定位块 4，将正六面体旋转 90°，找正平面，在第二个平面车削台阶孔，依次车削完 4 个平面的台阶孔后，将支承塞（见图 1-135）装入到已车削完毕的四个台阶孔中，放入主体 1 中，依次放入圆弧形定位块 4，拧紧紧固螺钉 3 使支承塞与台阶孔端面紧密配合，开始车削第五面的台阶孔，按照同样方法，完成正六面体第六个平面的车削。松开紧固螺钉 3，取下定位块 4 和支承塞，清除正六面体上的飞边，完成加工。

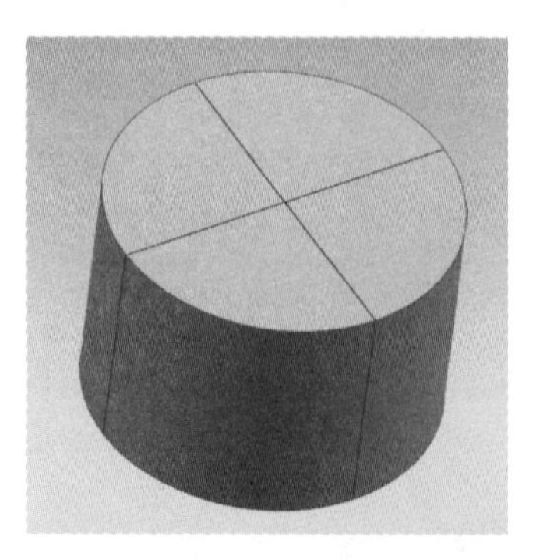

a) 工序1：在毛坯上划十字等分线

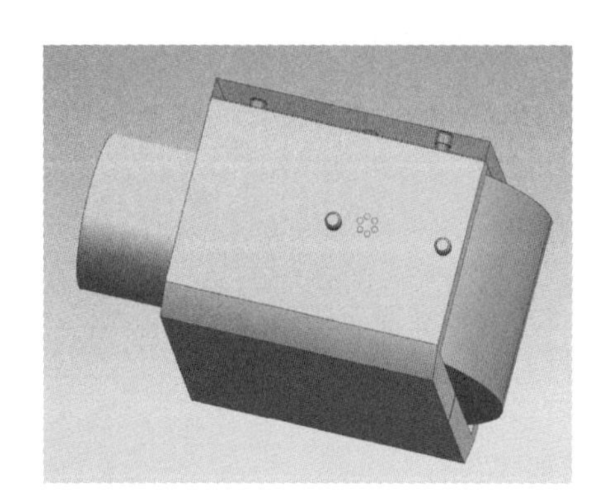

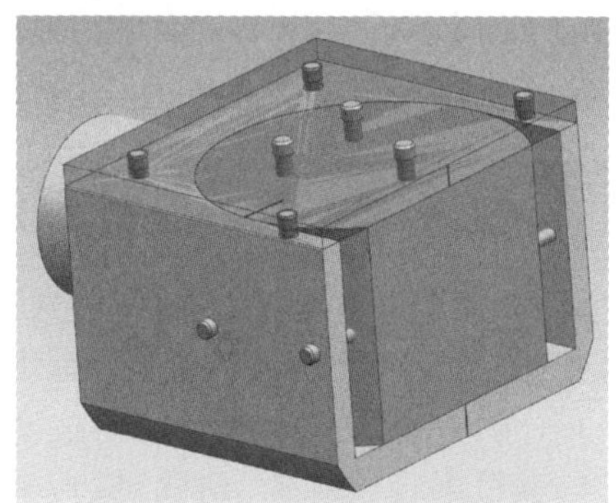

b) 工序2：加工第一个面

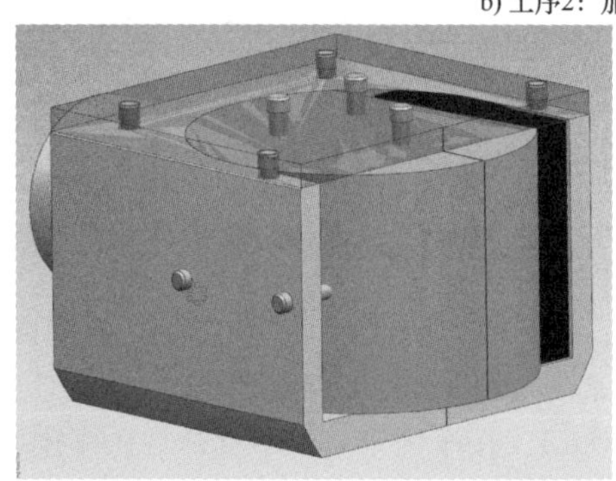

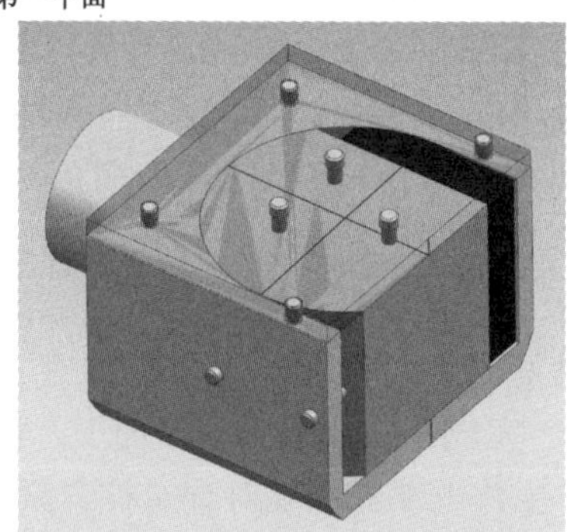

c) 工序3：加工第二个面

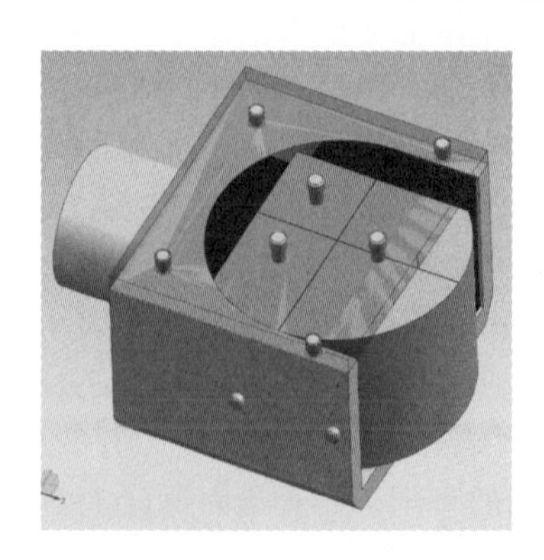

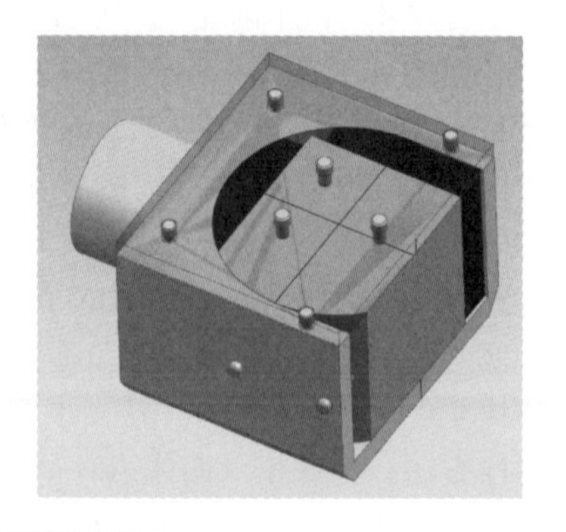

d) 工序4：加工第三个面

图 1-133　方案二具体过程

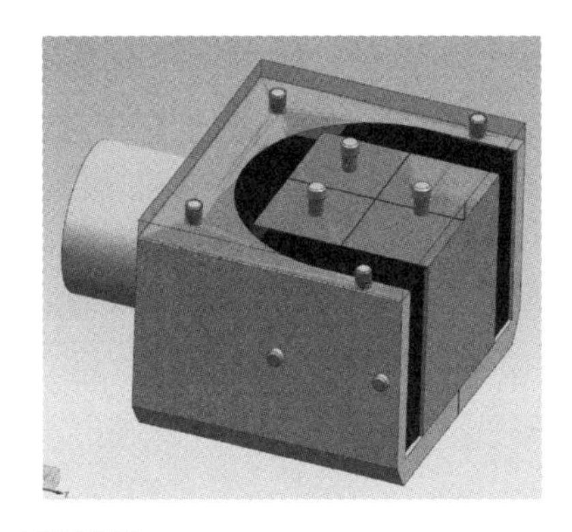

e) 工序5：加工第四个面

图 1-133 方案二具体过程（续）

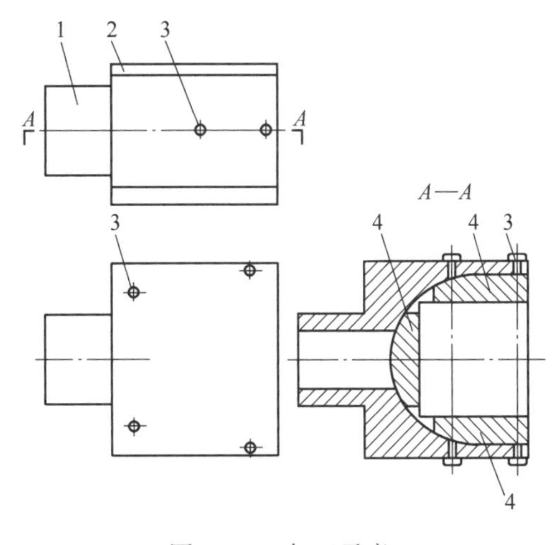

图 1-134 加工示意

1—主体 2—上压盖 3—紧固螺钉 4—定位块

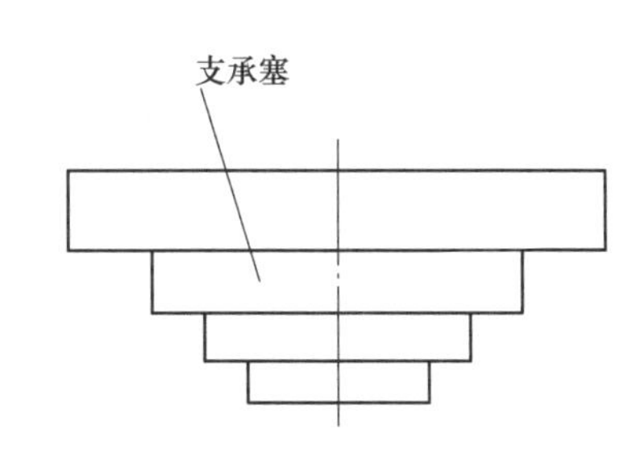

图 1-135 支承塞示意

三十、球体镂空嵌套正十二面体的车削操作法

技术领域：本操作方法应用于一种在球体上镂空正十二面体的加工。

通过设计内球圆弧夹具装夹已经在球体上划线确定正十二面体镂空圆圆心位置的球体，通过把正十二面体圆心位置找正到机床回转中心，依次在球体上加工台阶孔完成在球体上镂空正十二面体的加工（见图 1-136）。

加工工艺方案如下：车削一个带夹头 ϕ30mm、直径 ϕ80mm 的球体零件（见图 1-137），ϕ30mm 夹头端面上保留中心孔，采用 UG 绘图取点测量出球体顶点距离球体直径表面上同一平面内的 5 个正十二面体的距离是 22mm，上下相邻不在同一平面球体表面上 5 个圆柱孔平面间的距离是 36mm，用万能分度头夹住 ϕ30mm 直径，在球体上划十等分线，卸下工件，将夹头 ϕ30mm 的平面放在平台上，用游标高度卡尺测量距离球顶 22mm 处划圆，调整游标高度卡尺，下降 36mm，在球体表面划圆，用点冲在球体表面上取球体表面上十二个圆柱孔的中心点。将取点后的球体工件装入图 1-138 所示的夹具中，用顶尖顶持 ϕ30mm 端面的中心孔，顶正工件，拧紧旋紧套（见图1-139）。移除顶尖，去除ϕ30夹头，以球体表面为测量基准，依次车削台阶孔，尺寸分别为ϕ39mm孔深10.7mm、ϕ29mm孔深7mm、ϕ19mm孔深7mm、ϕ9mm孔深7mm。加工完毕后在台阶孔内用胶枪注入热熔胶，松开旋紧套，旋转工件180°，用尾座顶尖的尖点找正球体上点冲位置，锁紧旋紧套，按类似方法车削台阶孔并注入热熔胶，同理，依次加工球体表面上的12个正十二面体的台阶孔（见图1-140）。加工完毕后取下工件，将工件放入沸水中，融化热熔胶，用专用工具清除热熔胶，去除飞边，加工完毕（见图1-141）。

图1-136　镂空正十二面体

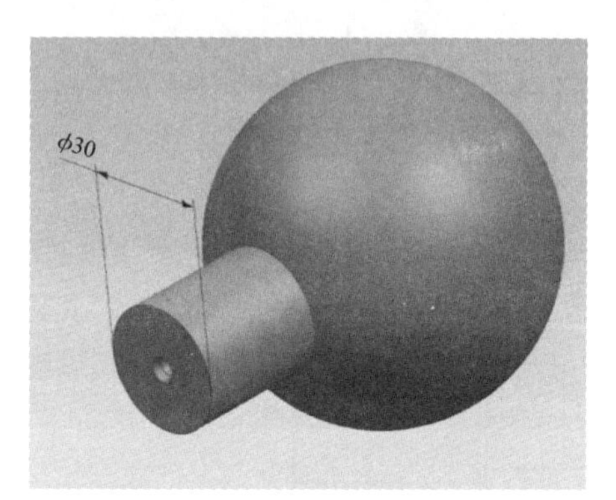

图1-137　球体

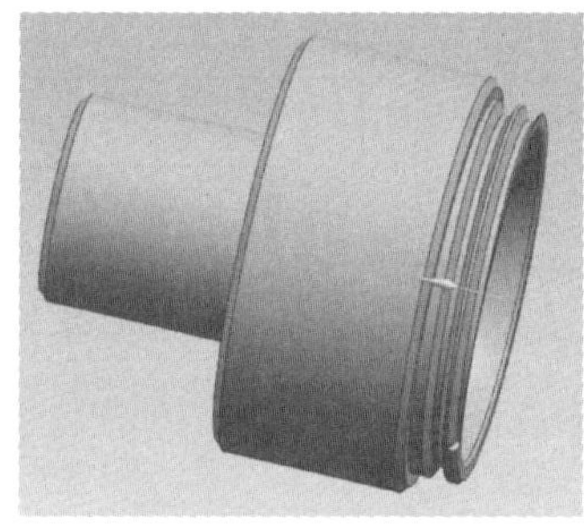

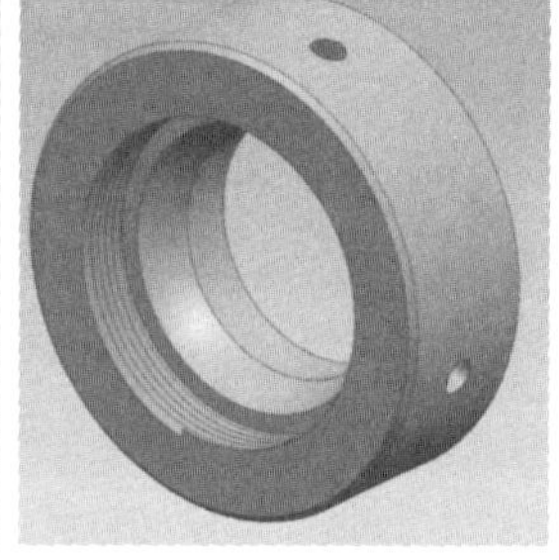

图1-138　夹具结构示意

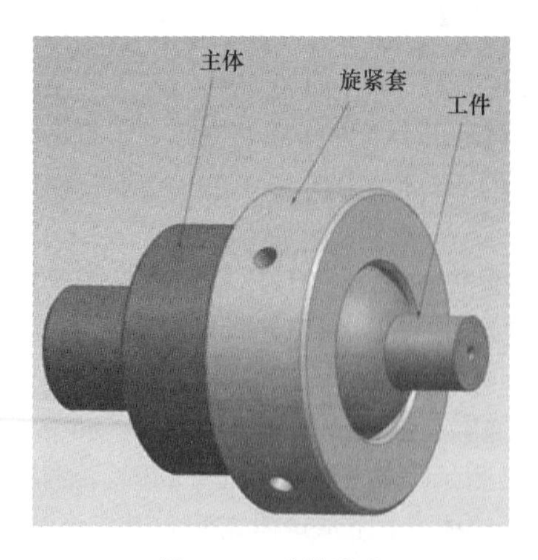

图1-139　安装示意

图1-140　加工展示

图 1-141 零件成品

三十一、正十二面体镂空嵌套的车削操作法

技术领域：本操作方法应用于正十二面体加工及镂空内形的加工。

正十二面体结构在使用车床加工时装夹困难，加工过程中的找正和定位困难，使用通用夹具无法加工出理想效果。在对正十二面体件进行镂空处理时，因为零件壁厚变薄，在加工时零件产生变形、断裂，所以各个孔的直径及深度需要严格控制，采用专用夹具进行装夹和辅助支承进行紧固，使镂空后的各个表面定位准确。装夹方便，易于加工，达到理想效果。

为解决上述加工难题，本操作方法提供一种能够快速装夹找正，由圆柱棒料加工出正十二面体外形的定位夹紧装置，并设计出针对正十二面体镂空加工的专用夹具及合理的定位紧固方法。该方法操作简单，提升了加工效率，节约了加工成本。

加工方案：车削外径 ϕ161.8mm 厚度 130.9mm 的圆柱体工件，在工件端面打中心孔，并在工件上下表面和相邻的圆柱面位置各划一组 72°五等分线，两组等分线交错 36°。将该工件放入如图 1-142 所示的胎具中，使其中一条等分线对准如图 1-143 所示夹具体上的刻线，拧紧定位螺钉，使定位螺钉的锥面接触工件端面中心孔定位面，起到准确定位和压紧的作用。同时旋紧图 1-143 中夹具体下端面的两个紧固螺钉，紧固工件，防止工件在切削中转动。车削工件上正十二面体的第一个面。刀具与夹具体的端面距离为 0.03～0.05mm 时完成加工。松开紧固螺钉和定位螺钉，旋转工件 72°，工件外圆表面 72°的第二条五等分线对准图 1-143 所示的刻线后，同时如图 1-143 所示基准对齐线应对齐，用类似方法依次车削正十二面体同一层面的五个平面。松开紧固螺钉和定位螺钉，将工件旋转 180°，采用相同方法，加工下平面的正十二面体的其他 5 个平面。

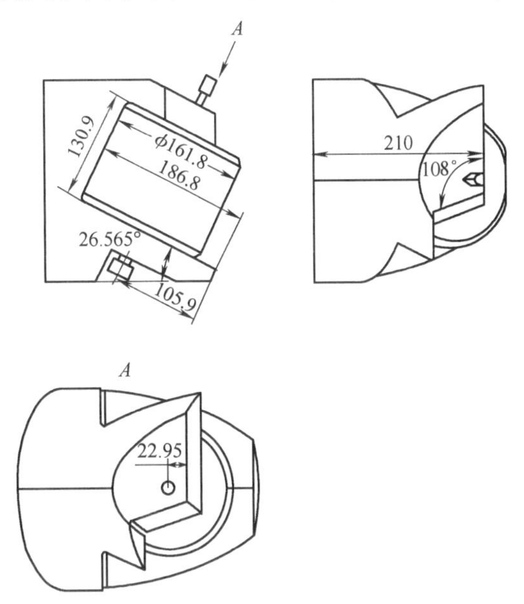

图 1-142 胎具结构

车完正十二面体的最后一个平面时，工件不动，在该表面上车削台阶孔，尺寸分别为

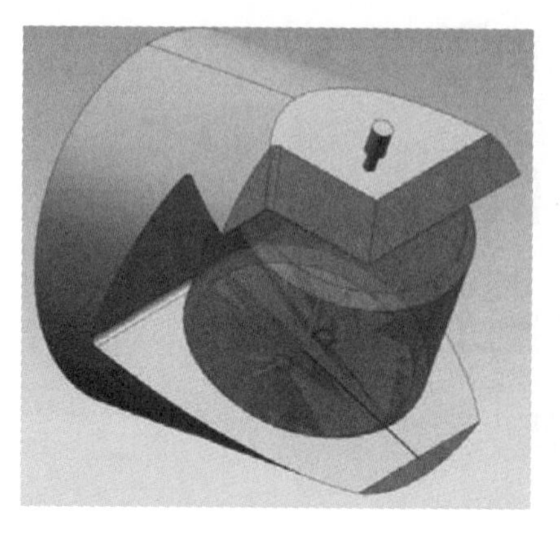

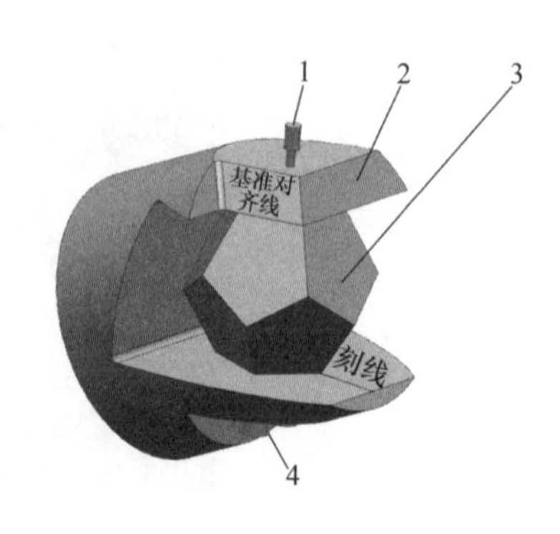

图　1-143　夹具体结构

1—定位螺钉　2—夹具体　3—工件　4—紧固螺钉

$\phi39^{0.02}_{0}$mm 孔深 10.7mm、$\phi29^{+0.02}_{0}$mm 孔深 7mm、$\phi19^{+0.02}_{0}$mm 孔深 7mm、$\phi9^{+0.02}_{0}$mm 孔深 7mm。松开紧固螺钉和定位螺钉，取下工件，车削已加工完台阶孔平面对面的正十二面体平面。使等分线对准如图 1-143 夹具体上的刻线，同时对齐基准对齐线。拧紧紧固螺钉和定位螺钉，用类似加工方法车削台阶孔，松开紧固螺钉和定位螺钉，卸下工件。在车完的台阶孔的 2 个对称台阶面内装入如图 1-144 所示的定位塞。以这两个平面为定位基准，放入夹具体中，使等分线对准如图 1-143 夹具体上的刻线，同时对齐基准对齐线。使定位螺钉和紧固螺钉压紧在定位塞上，用类似加工方法车削台阶孔，当车削完台阶孔后，用胶枪融化热熔胶棒，填充到台阶孔中，固定镂空工件。采用以上方法完成每个平面的台阶孔加工工作。松开紧固螺钉和定位螺钉，卸下工件。把工件浸泡在沸水中，软化热熔胶，使用工具去除热熔胶，并清除飞边，完成工件加工，成品如图 1-145 所示。

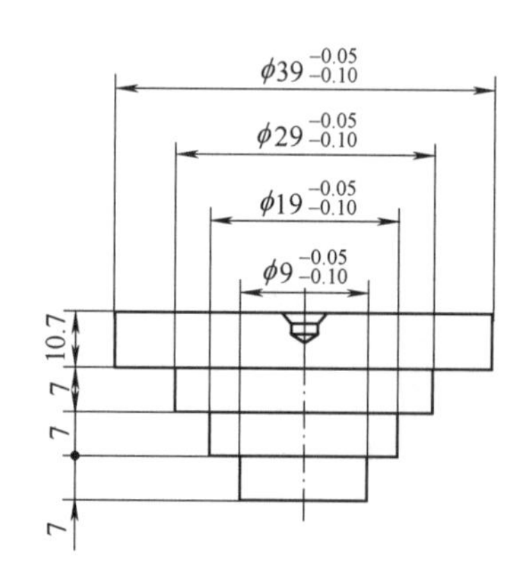

图 1-144　定位塞

图 1-145　零件成品

第二章

机床夹具设计与实例

本章涉及了机床夹具的分类、夹具的作用、定位装置的设计及基本原理、定心夹紧机构的特点和典型夹具的设计及应用案例，解决了机械加工中批量生产的快速装夹难题，对机械加工中从事工艺设计、夹具设计的技术人员和高技能人才有较高的参考和借鉴意义。

第一节　概　　述

加工零件时，为了保证加工精度，首先需要使零件在机床上占有正确的位置，然后将零件夹紧。这种使零件占有正确的加工位置并使零件夹紧的过程称为零件的安装。用于安装零件的工艺装备称为机床夹具。

一、机床夹具的分类

夹具的分类方法比较多，一般可分为通用夹具和专用夹具。为适应现代机械制造业产品改型快、新品种多、小批量生产的特点，除开发的专用夹具外，还开发了通用可调夹具、成组夹具和组合夹具等类型，它们在调整、组装好之后，加工时也能起到专用夹具的作用。

（一）通用夹具

通用夹具是指已经标准化的，在一定范围内可用于加工不同零件的夹具。如自定心卡盘或单动卡盘、机用虎钳、回转工作台、万能分度头、磁力工作台等。这些夹具作为机床附件，可以充分发挥机床的技术性能并扩大它的使用范围。

（二）专用夹具

专用夹具是指针对某一种零件某道工序的加工而设计制造的夹具。专用夹具一般在一定批量的生产中应用。因为不考虑通用性，专用夹具可以设计得结构紧凑，操作迅速方便，但无法满足产品变更的需要，易造成浪费。

（三）通用可调夹具和成组专用夹具

这两种夹具结构很相似。它们的共同点是：在加工完一种零件后，经过调整或更换个别元件，即可加工形状相似、尺寸相近或加工工艺相似的多种零件。图 2-1 所示的通用可调夹具，就是通过更换元件夹瓦，来达到夹紧 3 种不同内孔直径零件的加工方式。

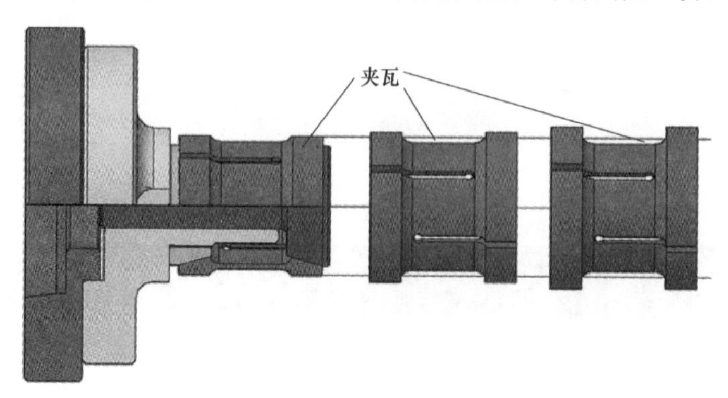

图 2-1　通用可调夹具

（四）组合夹具

组合夹具是指按某一零件某道工序的加工要求，由一套预先制造好的标准元件和部件组成的专用夹具。这种夹具用完以后可以拆卸存放，或重新组装新夹具时再次使用。当产品变换时，不存在夹具“报废”的问题。因为它可以更换夹具元件，适用其他尺寸的零件。由于组合夹具还具有缩短生产准备周期，减少专用夹具品种、数量和存放面积等优点，对于批量较大的生产，快速定位、夹紧夹具就属于这种组合夹具。

以上各类夹具，是按它们的应用范围、使用特点来区分的。由于使用夹具的各种机床，其工作特点和结构形式的不同，对夹具的结构相应地提出了不同的要求。因此也可按所适用的机床把夹具区分为车床夹具、铣床夹具、磨床夹具、钻床夹具、镗床夹具和其他机床夹具等类型。

另外，根据驱动夹具工作的力源不同，还可分为手动夹具、气动夹具、液压夹具、电动夹具、磁力夹具、真空夹具及自夹紧夹具等。不过，一般多按夹紧的使用特点和使用机床进行分类，这种分类方法可用图 2-2 表示它们的关系。

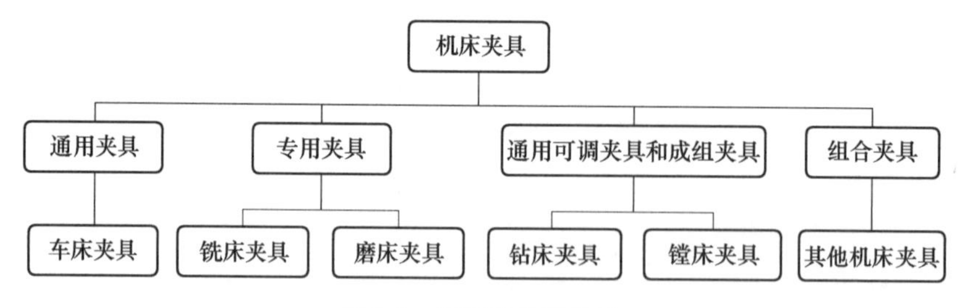

图 2-2　机床夹具的分类

二、机床夹具的组成

机床夹具虽然分成各种不同的类型，但它们的工作原理基本上是相同的。

（一）定位装置

这种装置包括元件或元件的组合。它的作用是确定零件在夹具中的位置，通过它使零件加工时相对于刀具及切削成形运动处于正确位置。例如 V 形块、定位环及定位销等均属于定位元件。

（二）夹紧装置

这种装置通常是一种机构，包括夹紧元件（如夹爪、压板等）、增力及传动装置（如杠杆、螺纹传动副、斜楔及凸轮等）以及动力装置（如气缸、液压缸等）。其作用是将零件压紧、夹牢，保证零件在定位时所占据的位置在加工过程中不因受重力、惯性力及切削力等作用而产生位移，同时防止或减少振动。

（三）确定夹具对机床相互位置的元件

这类元件的作用是与机床装夹面连接，以确定夹具对机床工作台、导轨或主轴的相互位置。

（四）确定夹具与刀具位置尺寸的元件

这类元件的共同作用是保证零件与刀具之间的正确加工位置。根据应用情况又可分为两类：一是用于确定刀具位置并引导刀具进行加工的元件，称为导向元件。二是用于确定刀具在加工前正确位置的元件，称为对刀元件。

（五）其他装置或元件

这类装置或元件主要有：为使零件在一次安装中多次转位而加工不同位置上的表面所设置的分度装置，为便于卸下零件而设置的顶出器，以及标准化的连接元件等。

如图 2-3 中的钻孔回转分度装置，通过插拔定位销 1，旋转定位夹紧在夹瓦 2 上的零件，通过钻模 3 来实现零件的旋转分度加工。

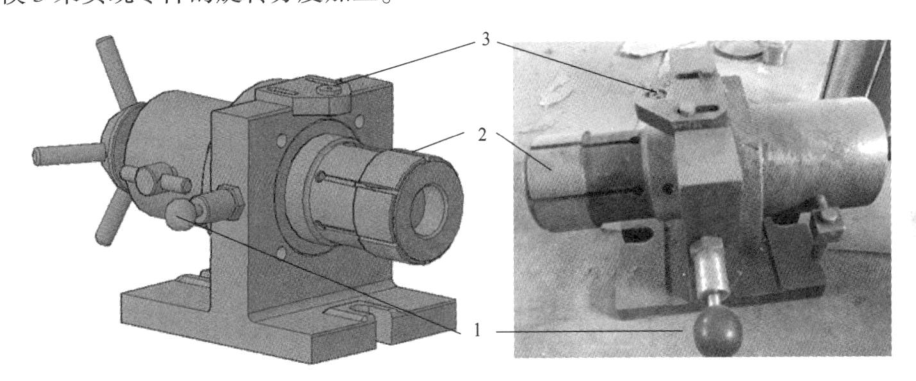

图 2-3　钻孔回转分度装置

1—定位销　2—夹瓦　3—钻模

（六）夹具体

用于连接夹具各元件及装置，使其成为一个整体的基础件，并用于与机床有关部位进行连接，以确定夹具相对于机床的位置。它是夹具的基础和骨架，定位装置、夹紧机构及其他装置或元件都安装在夹具体上，使之成为一个夹具整体。

三、机床夹具在机械加工中的作用

夹具是机械加工中的一种工艺装备，在生产中起的作用很大，在机械加工中的应用十分广泛。归纳起来有以下几个方面的作用。

夹具在机械加工中的基本作用就是保证零件的相对位置精度。采用能直接定位的夹具后，不仅比划线找正所达到的加工精度高得多，而且稳定可靠。选对夹具可提高生产效率，降低加工成本。夹具还有改善操作人员劳动条件的作用。

使用夹具的最根本目的就是在保证产品零件质量稳定及满足技术要求的前提下，达到提高产品的生产率，获得较好经济效益的目的。所以，设计工装夹具不仅是技术问题，而且还是一个经济问题。每当设计一套工装夹具时，都要进行必要的技术经济分析，使所设计的工装夹具获得更佳的经济效益。

上述的分析，显示了夹具在机械加工中的重要性，所以技术人员历来都把夹具设计和改进，作为技术革新中的一个重要内容。但是在生产规模和不同的生产条件下，夹具的功能也有所侧重，其结构的复杂程度也有很大不同。

根据我们的经验，单件小批量生产条件下，宜于使用通用可调夹具。为了扩大机床的工艺范围和改变机床的用途，可采用一些专用夹具，其结构也力求简单。如果是在大批量生产，或者小批量常年生产条件下，夹具的作用主要在保证加工精度的前提下提高生产率，因此夹具的结构完善是必要的，虽然夹具的制造费用大一些，但由于生产率得到提高，产品质量稳定，经济效益还能保证。

第二节 定位装置设计

一、定位及基准

（一）定位的概念

零件在夹具中的安装包括定位和夹紧两个过程。

零件的定位就是使同一批零件逐次放置到夹具中都能占据同一位置。零件的定位是依靠定位装置，在力（作用于零件的力、重力及夹紧力等）的作用下，在零件夹紧之前或夹紧过程中实现的。

1. 常用的定位元件

常用的定位元件有支承钉、支承板、定位销、锥面定位销、V 形块、定位套及锥度心轴等。其中支承板多用于精基准平面定位；定位销则用于以零件上的孔为基准时最常用的定位，与零件的基准孔之间留有一定的间隙，大小按零件孔精度而定；定位套则用于以零件上的轴为基准时最常用的定位元件，与零件的基准轴之间留有一定的间隙，大小按零件轴的精度而定。

2. 对定位元件的基本要求

在设计定位元件时，其基本要求为：精度合适、耐磨性好、有足够的强度和刚度、工艺加工性好及便于拆装等。

（二）基准的概念

零件的表面位置精度及误差，是指相对于零件本身的其他一些表面（或点、线），后者成为研究表面位置精度及误差的出发点，即所谓基准。基准种类很多，我们在夹具设计中直接设计两种基准：工序基准和定位基准。

1. 工序基准

在加工工序图中，用来规定本工序加工表面位置的基准，称为工序基准。加工表面与工序基准之间通常有两项相对位置要求：一是加工表面对工序基准的距离位置要求（尺寸要求）；二是加工表面对工序基准的角度位置要求（如平行度、垂直度等）。加工表面对工序基准的对称度、同轴度等项要求则既包含有距离要求，又包含有角度要求。

工序基准不同于设计基准。设计基准是零件图上所使用的基准。而工序基准则是零件从毛坯变成成品的加工过程中所使用的基准。只有当作为工序基准的表面已经最终加工，且本工序又是对表面进行最终加工时，工序基准才有可能与设计基准重合。

2. 定位基准

定位时，已确定的零件在夹具中位置的表面（或线、点）称为定位基准。

零件的定位，即使零件的定位基准获得确定位置。零件定位基准位置一确定，零件的其他部分，包括工序基准的位置也就随之确定。

设计夹具时，从减小加工误差考虑，应尽可能选用工序基准为定位基准，即所谓基准重合原则。但有时根据其他方面需要，定位基准也可以不是工序基准。

（三）夹具定位基准的确定

每设计一套工装，都应该将零件的关键和重要尺寸部位作为工装夹具上的定位部位（定位设计），还要确定理想的定位设计（精度设计），确定第一基准（主要的定位基准）和第二基准（次要的定位基准）。

第一基准原则上应该与设计图保持一致，若不能保证时，则应通过计算将设计基准转化为工艺基准，但最终必须要保证设计的基准要求。定位基准的选择应该具备两个条件：

（1）应该选择工序基准作为定位基准，这样做能够达到基准重合，减少定位误差。

（2）应该选择统一的定位基准，不仅能够保证零件的加工质量，提高加工效率，还能够简化工装夹具的结构（一般用孔和轴作为定位基准为佳）。

进行夹具工装设计，工装设计人员在选择定位基准时，先要看设计图的定位基准在哪里，再看工艺加工定位基准（工艺规程上已确定）在哪里，这两者确定的定位基准是否一致；若不一致时，则要通过计算将设计基准转化为工艺基准，最终必须要保证设计的基准要求。

二、零件在夹具中定位的任务

零件在夹具中的定位对保证加工精度起着重要的作用，如图2-4所示，零件以外圆柱面在V形块上定位，保证了所铣键槽与零件轴线对称和位置尺寸为16.2mm的加工要求。但实际上，由于定位基准和定位元件存在制造误差，同批零件在夹具中所占据的位置是不可能一致的，这种位置的变化将导致加工尺寸产生误差（泛指距离尺寸误差和几何误差等）。如图2-4中由于零件外圆柱面和V形块有制造误差，它将引起键槽深度的误差。但是只要零件在夹具中位置的变化所引起加工尺寸的误差，没有超出本工序所规定的允许范围，则仍认为零件在夹具中已被确定的位置是正确的。

由此可知，定位方案是否合理，将直接影响加工质量，同时，它还是夹具上其他装置的设计依据。所以正确解决零件的定位问题是很重要的，它包括下列三项基本任务：

（1）从理论上进行分析，如何使同一批零件在夹具中占据一致的正确位置。

（2）选择或设计合理的定位方法及相应的定位装置。

（3）保证有足够的定位精度。即零件在夹具中定位时虽有一定误差，但仍能保证零件的加工要求。

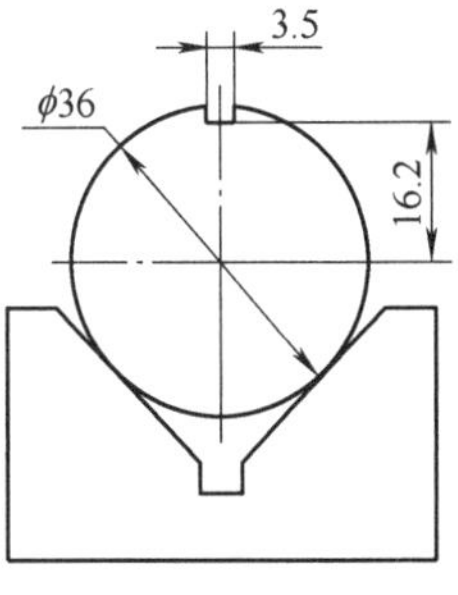

图2-4 制造误差引起深度误差示意

三、零件定位类型及定位基准

（一）零件定位类型

根据零件自由度被约束的情况，零件定位可分为以下几种类型：

1. 完全定位

完全定位是指零件的六个自由度（见图 2-5）不重复地被全部约束的定位。当零件在 x、y、z 三个坐标方向均有尺寸要求或位置精度要求时，一般采用这种定位方式。

2. 不完全定位

根据零件的加工要求，有时并不需要约束零件的全部自由度，这样的定位方式称之为不完全定位。如图 2-6 所示为车床加工时的夹紧方式，根据加工要求，不需要约束 $\overset{\leftrightarrow}{y}$ 和 $\overset{\frown}{y}$ 两个自由度，所以用自定心卡盘夹持约束其余四个自由度，就可以实现四点定位。

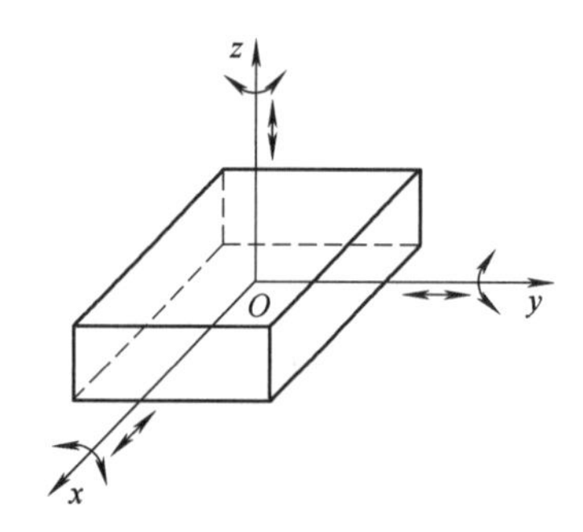

图 2-5　零件的六个自由度

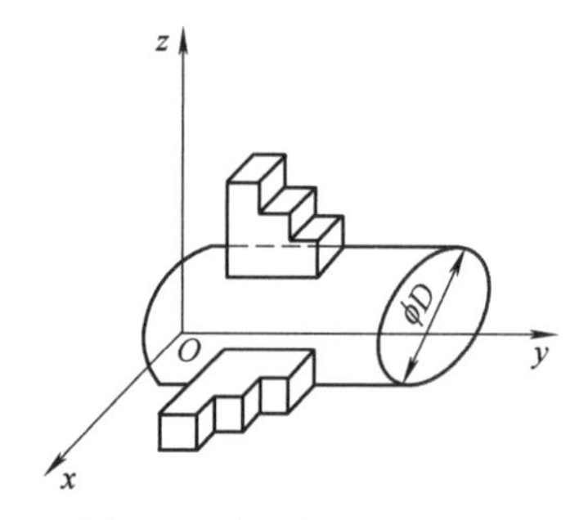

图 2-6　车床加工夹紧方式

3. 欠定位

根据零件的加工要求，应该约束的自由度没有完全被约束的定位称为欠定位。欠定位无法保证加工要求，因此，确定零件在夹具中的定位方案时，决不允许有欠定位现象产生。如图 2-7 中的零件不设端面支承 3，则零件的长度就无法保证；若缺少侧面两个支承点 1、2 时，则零件上槽的位置尺寸和槽与零件侧面的平行度均无法保证。

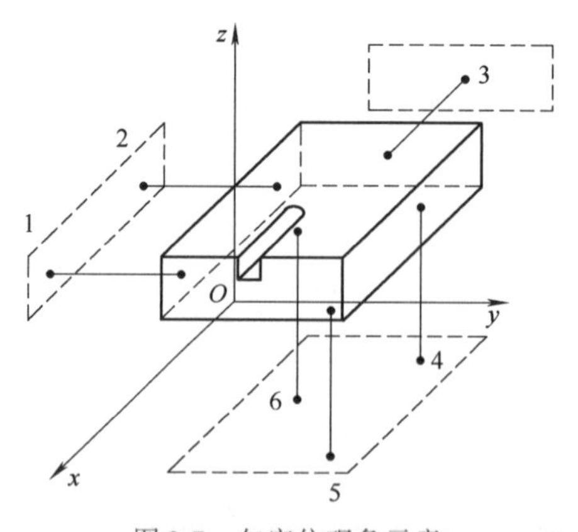

图 2-7　欠定位现象示意

3. 过定位

夹具上的两个或两个以上的定位元件重复约束同一个自由度的现象，称为过定位。

消除或减少过定位引起的干涉，一般有两种方法：一是改变定位元件的结构，如缩小定位元件工作面的接触长度，或者减小定位元件的配合尺寸，增大配合间隙等；二是控制或者提高零件定位基准之间及定位元件工作表面之间的位置精度。

（二）零件定位中的定位基准

1. 定位基准的基本概念

在研究和分析零件定位问题时，定位基准的选择是一个关键问题。定位基准就是在加工中用作定位的基准。一般来说，零件的定位基准一旦被选定，则零件的定位方案也基本上确定。定位方案是否合理，直接关系到零件的加工精度能否保证。如图2-8所示，轴承座是用底面 A 和侧面 B 来定位的。因为零件是一个整体，当表面 A 和 B 的位置一确定，ϕ20H7 内孔轴线的位置也就确定。表面 A 和 B 就是轴承座的定位基准。

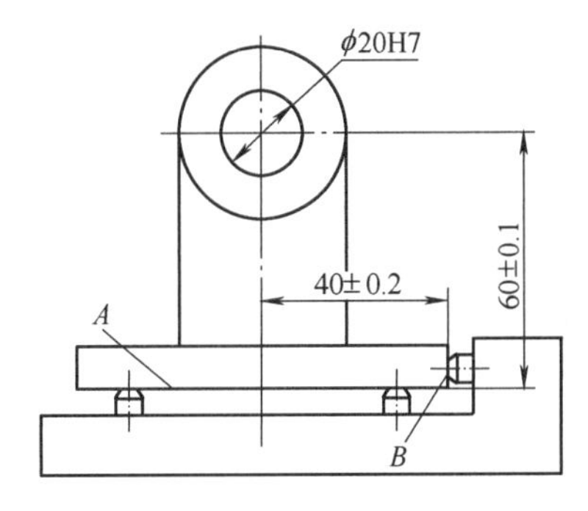

图2-8　A、B 为轴承座定位基准

零件定位时，作为定位基准的点和线，往往由某些具体表面体现出来，这种表面称为定位基面。例如用两顶尖装卡车轴时，轴的两中心孔就是定位基面，但它体现的定位基准则是轴的轴线。

2. 定位基准的分类

根据定位基准所约束的自由度数，可将其分为以下几类：

（1）主要定位基准面。如图2-7中的 xOy 平面设置三个支承点，约束了零件的三个自由度，这样的平面称为主要定位基面（或称为第一定位基准）。零件上选作主要定位基准面的表面，应该争取其面积尽可能大，三个定位支承点的分布也应尽可能分散，切不可放置在一条直线上，这样可提高定位的稳定性。

（2）导向定位基准面。如图2-7所示在 xOz 平面设置两个支承点，约束了零件的两个自由度，这样的平面或圆柱面称为导向定位基面（或称为第二定位基准）。该基准面应选取零件上窄长的表面，而且两支承点间的距离应尽量远些，以保证对 $\overset{\frown}{z}$ 的约束精度。

（3）双导向定位基准面。约束零件四个自由度的圆柱面，称为双导向定位基准面。

（4）双支承定位基准面。约束零件两个移动自由度的圆柱面。

（5）止推定位基准面。约束零件一个移动自由度的表面，称为止推定位基准面（或称为第三定位基准面）。如图2-7所示 yOz 平面上只设置一个支承点，它只约束了零件沿 x 轴方向的移动。在加工过程中，零件有时要承受切削力和冲击力等，可以选取零件上窄小且与切削力方向相对的表面作为止推定位基准面。

（6）防转定位基准面。约束零件一个转动自由度的表面，称为防转定位基准面（或称为第三定位基准面）。

第三节　定心夹紧机构

在机械加工中，常遇到许多以轴线、对称中心为工序基准的工作，如图2-9所示的圆柱体、椭圆形法兰盘等。在这种情况下，为了使定位基准与工序基准重合，就必须采用定心夹紧机构。

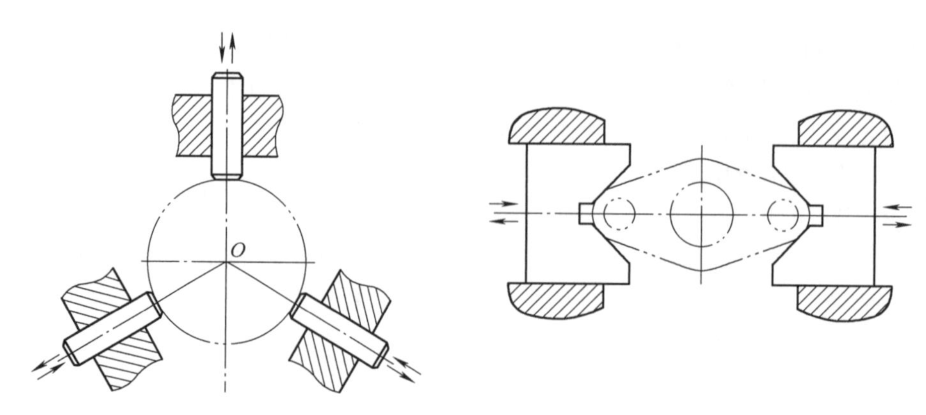

图 2-9　以轴线、对称中心为工序基准的机械加工

一、定心夹紧机构的工作原理

在零件定位时，常常将零件的定心定位和夹紧结合在一起，这种机构称为定心夹紧机构。它是机床夹具中的一种特殊夹紧机构，是在准确定心或对中的同时夹紧零件的，所以又称为自动定心夹紧机构。

定心夹紧机构中与零件定位基准相接触的元件，既是定位元件，又是夹紧元件。

二、定心夹紧机构的特点

定心夹紧机构的特点是：

（1）定位和夹紧是同一元件。

（2）元件之间有精确的联系。

（3）能同时等距离地移向或退离零件。

（4）能将零件定位基准的误差对称地分布开来。

三、定心夹紧机构的基本类型

常见的定心夹紧机构有：利用斜面作用的定心夹紧机构、利用杠杆作用的定心夹紧机构及利用薄壁弹性元件的定心夹紧机构等。

（一）斜面作用的定心夹紧机构

斜面作用的定心夹紧机构有螺旋式、偏心式、斜楔式及弹簧夹头等。

弹簧夹头也属于利用斜面作用的定心夹紧机构。如图 2-10 所示为弹簧夹头的结构简图。

（二）杠杆作用的定心夹紧机构

如图 2-11 所示的车床卡盘即属此类夹紧机构。气缸力作用于拉杆 1，拉杆 1 带动滑块 2 左移，通过三个钩形杠杆 3 同时收拢三个夹爪 4，对零件进行定心夹紧。夹爪的张开是靠滑块上的三个斜面推动的。

（三）弹性定心夹紧机构

弹性定心夹紧机构是利用弹性元件受力后的均匀变形实现对零件的自动定心。根据弹性元件的不同，有弹性薄壁夹具、碟形弹簧夹具、液性塑料薄壁套筒夹具及折纹管夹具等。

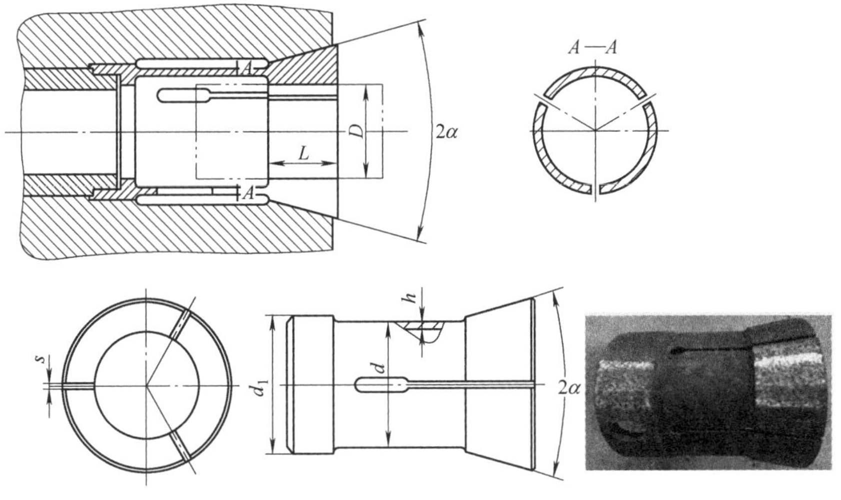

图 2-10 弹簧夹头结构

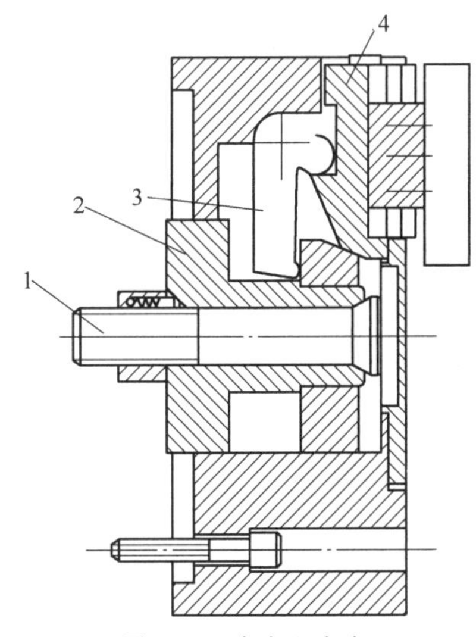

图 2-11 自定心卡盘

1—拉杆 2—滑块 3—钩形杠杆 4—夹爪

四、弹性夹头的设计与计算

弹性夹头大都已经标准化，自行设计时各部分尺寸的设计可参考表 2-1。

表 2-1 弹性夹头各部分尺寸的计算 （单位：mm）

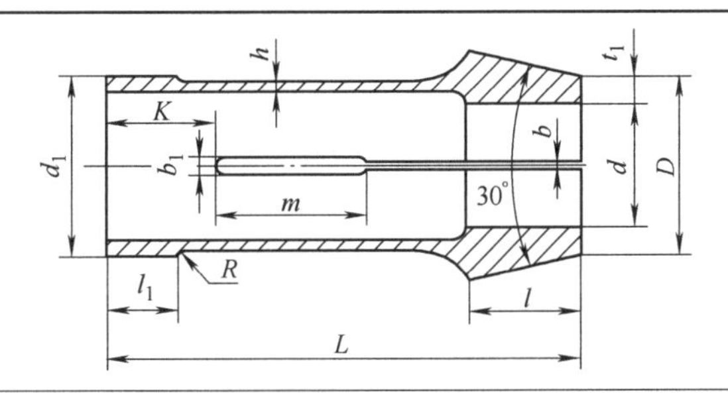

（续）

当 $D/d_1=0.8\sim1.0$ 时　d_1——弹簧夹头配合直径					
结构参数	计算公式	结构参数	计算公式		
D	$D=d+2t_1$	L	$L=\frac{3.3d_1}{\sqrt[6]{d_1}}+13$		
l	$l=1.67\sqrt[4]{d_1^3}$	l_1	$l_1=2.72\sqrt{d_1}$		
h	$h=0.37\sqrt{d_1}$（常取 1.5~3mm）	t_1	$t_1=0.75\sqrt{d_1}$		
b	$b=0.6\sqrt[3]{d_1}$	b_1	$b_1=\frac{0.88(d_1+2)-1}{\sqrt{d_1}}$		
K	$K=2.9\sqrt{d_1}+0.5$	m	$m=4.5\sqrt{d_1}$		
R	$R=(0.1\sim0.2)d_1$	d	≤30	>30~80	>80
		i（槽数）	3	4	6

注：材料一般用 T6A~T10A，薄壁的可用 9SiCr，大型的可用 15CrA、12CrNi3A。

（一）弹性夹头计算

弹性夹头夹紧力的计算可参考表 2-2。

表 2-2　弹性夹头夹紧力的计算公式

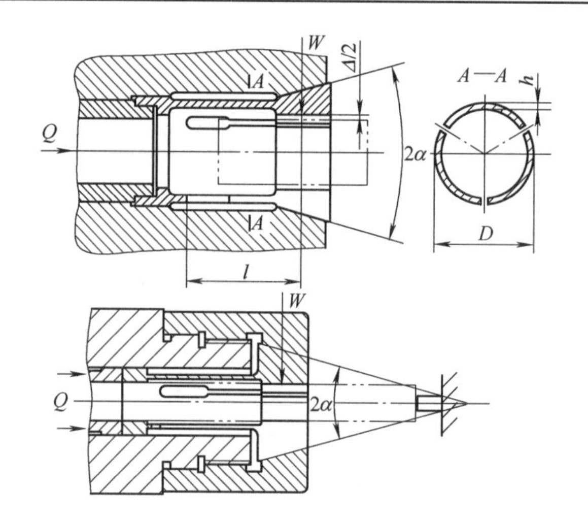

无轴向定位	有轴向定位
$W=\frac{Q}{\tan(\alpha+\varphi_1)}-R$ $Q=(W+B)\tan(\alpha+\varphi_1)$	$W=\frac{Q-R\tan(\alpha+\varphi_1)}{\tan(\alpha+\varphi_1)+\tan\varphi_2}$ $Q=(W+B)\tan(\alpha+\varphi_1)+W\tan\varphi_2$

式中	n	K
$B=0.1875\frac{EhD^3\Delta}{l^3}\left(\alpha_1+\sin\alpha_1\cos\alpha_1-\frac{2\sin^2\alpha_1}{\alpha_1}n\right)=K\frac{hD^3\Delta}{l_3}$	3	6000
	4	2000
	6	400

表 2-2 中符号解释如下：

W——总的径向夹紧力（N）；

Q——轴向作用力（N）；

α——弹性夹爪锥角之半（°）；

φ_1——夹爪与套筒间的摩擦角（°）；

φ_2——夹爪与零件间的摩擦角（°）；

R——夹爪的变形阻力（N）；

D——夹头弯曲部分的外径（mm）；

h——夹爪弯曲部分的厚度（mm）；

Δ——夹爪与零件的径向间隙（mm）；

l——夹爪的根部至锥面中点的距离（mm）；

E——材料弹性模量（MPa）；

α_1——弹性夹爪每瓣所占扇形角之半（rad）；

n——夹爪瓣数；

K——系数。

（二）弹性筒夹的材料及热处理规范

弹性筒夹的材料及热处理规范见表2-3。

表2-3 弹性筒夹的材料及热处理规范

材　料	硬度HRC	
	工作部分	尾　部
T7A	43～52	30～32
T8A	55～60	32～35
T10A	52～56	40～45
4SiCrV	57～60	47～50
9SiCr	56～62	40～45
65Mn	57～62	40～45

第四节 各类机床夹具设计特点

机床夹具一般由定位装置、夹紧装置、夹具体及其他装置或元件组成。但是各类机床的加工工艺特点、夹具与机床的连接方式等不相同，对夹具的设计提出了不同的要求。因此每一类机床夹具在元件的结构上、夹具的总体结构和技术要求等方面都有各自的特点。

一、车床夹具

（一）车床夹具的主要类型

车床主要用于加工零件的内外圆柱面、圆锥面、回转成形面、螺纹面及端平面等。上述各种表面都是围绕机床主轴的旋转轴线而形成的，根据这一加工特点和夹具在机床上安装的位置，可将车床夹具分为两种类型。

1. 安装在车床主轴上的夹具

这类夹具中，除了各种卡盘、花盘、顶尖等通用夹具或机床附件外，往往根据加工的需要设计各种心轴或其他专用夹具，加工时夹具随机床主轴一起旋转，切削刀具作送进运动。

2. 安装在托板或床身上的夹具

对于某些形状不规则和尺寸较大的零件，常常把夹具安装在车床托板上，刀具则安装在车床主轴上作旋转运动，夹具作送进运动。

生产中需要设计且用得多的是安装在车床主轴上的各种心轴和专用夹具。

（二）车床专用夹具的典型结构

生产中常遇到在车床上加工壳体、支座、杠杆、接头等类零件上的圆柱表面及端面的情况，有时还需要在一次安装中用分度法车削相距较近的几个孔或偏心孔。这些零件的形状往往比较复杂，直接采用通用卡盘安装零件比较困难，有时甚至不可能。当生产批量较大时，使用花盘或其他机床附件装夹零件，生产率不能满足生产纲领的要求，在这些情况下，就需要设计专用夹具。

（三）车床夹具设计要点

1. 定位装置的设计特点

在车床上加工回转表面时，要求零件加工面的轴线与车床主轴的旋转轴线重合，夹具上定位装置的结构和布置，必须保证这一点。因此，如图 2-12 所示偏心夹具中，对于零件，要求夹具定位元件工作表面的对称中心线与夹具的回转轴线重合。

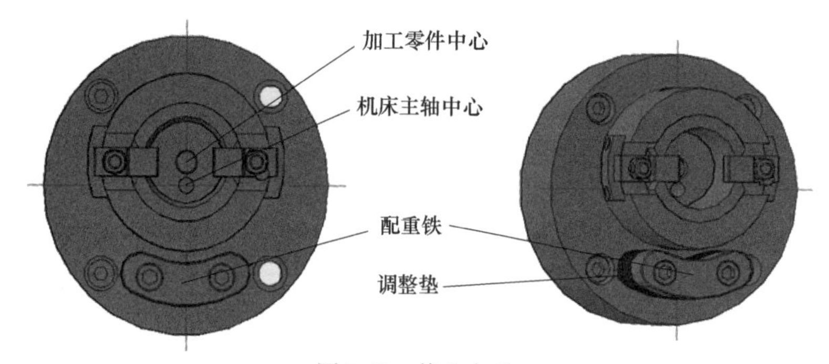

图 2-12　偏心夹具

2. 夹紧装置的设计要求

由于车削时零件和夹具一起随主轴作旋转运动，故在加工过程中，零件受切削转矩的作用，整个夹具受到离心力的作用，转速越高离心力越大，会降低夹紧机构产生的夹紧力。此外，零件定位基准的位置相对于切削力和重力的方向来说是变化的。因此，夹紧机构所产生的夹紧力必须足够，自锁性能要好，以防止零件在加工过程中脱离定位元件的工作表面。

3. 专用夹具与机床主轴的连接

车床夹具与机床主轴的连接精度对夹具的回转精度有决定性的影响。因此，要求夹具的回转轴线与车床主轴轴线有尽可能高的同轴度。

根据车床夹具径向尺寸的大小，其在机床主轴上的安装一般有两种方式。

（1）对于径向尺寸 $D>140$mm，或 $D<2d$ 的小型夹具，如图 2-13 所示，一般通过锥柄安装在车床主轴锥孔中，并用螺钉拉紧。这种连接方式定心精度较高。该连接方式一般应用于 CA6140、CW6163 等型号

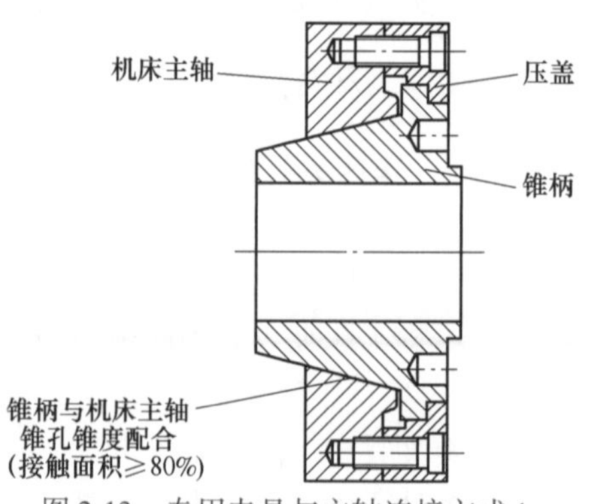

图 2-13　专用夹具与主轴连接方式 1

的卧式车床。

(2) 对于径向尺寸较大的夹具，一般通过过渡盘与车床主轴轴颈连接。如图 2-14 所示，专用夹具以其定位止口按 H7/h6 或 H7/js6 装配在过渡盘的凸缘上，然后用螺钉紧固。过渡盘与主轴配合的表面形状取决于主轴前段的结构。

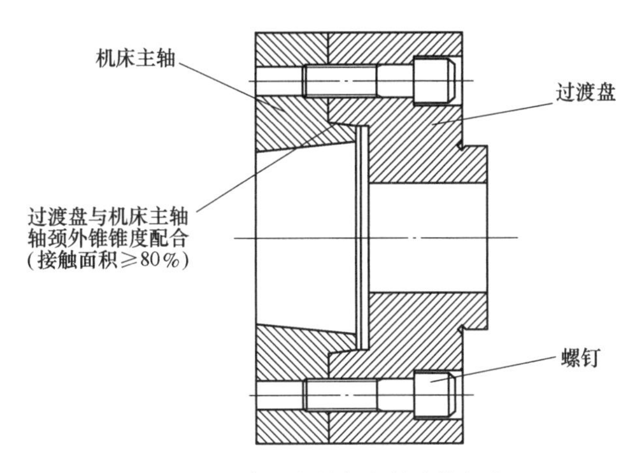

图 2-14 专用夹具与主轴连接方式 2

对于车床主轴前段为圆锥体并有凸缘的结构，过渡盘以圆锥体定心，用活套在主轴上的螺钉来锁紧，转矩则由螺钉和自锁锥面的摩擦力传递，这样，夹具在机床主轴上的安装稳定而且定心精度高，但端面要求紧贴，在制造上较困难。根据我们的经验，过渡盘圆锥表面制造时，用专用研具检验表面接触面积大小。一般专用研具与过渡盘内锥表面接触面积≥80%时即合格。

过渡盘常作为机床附件备用。因此设计车床夹具时，往往不用重新设计，而只需按过渡盘凸缘来确定专用夹具的止口尺寸。

随着现在加工技术的升级，数控车床的大量使用，在车床夹具中，第二种安装方式用得最广泛。因为数控车床受到工作原理限制，其主轴孔的结构一般为直筒型，不能采用第一种锥柄安装在主轴孔中的连接方式。

(四) 对夹具总体结构的要求

车床夹具一般是在悬臂的状态下工作，为保证加工的稳定性，夹具的结构应力求紧凑、轻便，悬臂尺寸要短，使重心尽可能靠近主轴。

夹具的悬伸长度 L 与其外廓直径 D 之比可参照以下的数值选取。

对直径小于 150mm 的夹具，$L/D \leqslant 1.25$；对直径为 150 ~ 300mm 的夹具，$L/D \leqslant 0.9$；对直径大于 300mm 的夹具，$L/D \leqslant 0.6$。

由于加工时夹具随同主轴旋转，如果夹具的重心不在主轴旋转轴线上就会产生离心力，这样不仅加剧机床主轴和轴承的磨损，而且会产生振动，影响加工质量和刀具寿命且不安全。所以对于偏心式夹具，要有平衡要求。平衡的方法有两种：设置配重块或加工减重孔。如图 2-12 所示，就是采用设置配重块来达到平衡，减少离心力的应用实例。

在确定配重块的重量或减重孔所去掉的重量时，可用隔离法近似地予以估算。这种方法就是把零件及夹具上的各个元件，隔离成几个部分，互相平衡的各部分可略去不计，对不平衡的部分，则按力矩平衡原理确定平衡块或减重孔所去掉的重量。如图 2-12 偏心夹具所示，工件的夹紧中心位置位于主轴中心上方，通过配重铁和调整垫平衡夹具回转时产生的偏心力，达到平衡原理。

但是，由于车床的主轴刚性较好，允许一定程度的不平衡，因此在实际工作中，常用适配的方法进行夹具的平衡。为了达到较好的平衡性和提高工作效率，如图 2-12 所示夹具的平衡块由多个小型配重块组成，便于调整。

为保证安全，夹具上各种元件一般不允许突出夹具体圆形轮廓之外。此外，还应注意防止切屑缠绕和切削液的飞溅等问题，必要时可设置防护罩。

二、铣床夹具

（一）铣床夹具的主要类型

铣床夹具主要用于加工零件上的平面、键槽、缺口、花键、齿轮及直线成形面和立体成形面等。由于铣削过程中是夹具和工作台一起作送进运动，而铣床夹具的整体结构在很大程度上取决于铣削加工的送进方式，故将铣床夹具分为直线送进式、圆周送进式和机械仿形夹具三种类型。

1. 直线送进式专用铣床夹具

在铣床夹具中，这类夹具用得最多，按照在夹具上安装零件的数目，可分为单件夹具和多件夹具。

单件夹具多在单件小批量生产中使用，或者用于加工尺寸较大的零件及定位夹紧方式较特殊的中小零件。如图 2-15 所示，即为生产实际中，铣长轴上沟槽的单件夹具应用实例。

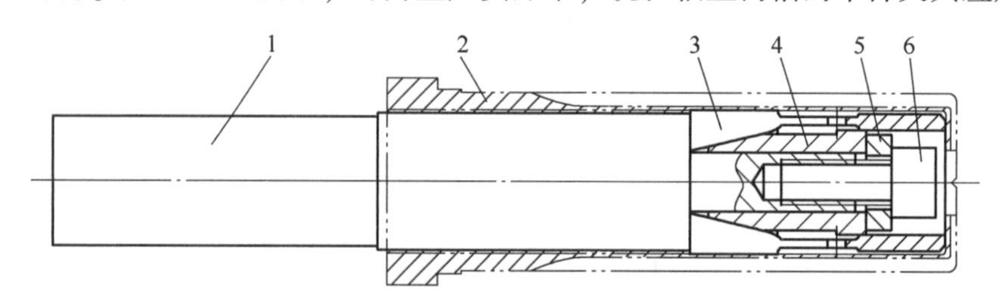

图 2-15　铣长轴上沟槽的单件夹具

1—夹具体　2—零件　3—夹瓦　4—顶芯　5—垫圈　6—螺钉

多件夹具广泛用于成批生产或大量生产的中小零件加工。根据零件的结构特点和对生产率的不同要求，可按先后加工、平行加工，或平行—先后加工等方式设计夹具。

为了进一步提高夹具的工作效率，在设计单件或多件夹具时，还要注意采取措施，节省装卸零件的辅助时间，如：①采用联动夹紧机构。②采用气压、液压等传动装置。③使加工的机动时间和装卸零件的时间重合等。

2. 圆周送进式专用铣床夹具

圆周铣削法的送进运动是连续不断的，能在不停车的情况下装卸零件，因此是一种生产效率很高的加工方法，适用于较大批量的生产。

设计圆周送进式夹具时应注意下列问题：

（1）沿圆周排列的零件应尽量紧凑，以减少铣刀的空程、减小夹具的尺寸和重量。

(2) 尺寸很大的夹具，最好不要制成整体的。

(3) 夹紧零件的手柄沿转台的四周分布，便于操作。

(4) 应尽量减轻操作人员的劳动强度和注意安全。

(二) 铣床夹具的设计要点

1. 铣床夹具的结构特点

铣削加工一般切削用量和切削力较大，又是多刀多刃断续切削，且切削力的方向和大小是变化的，加工时容易产生振动，因此设计铣床夹具时应特别注意零件定位的稳定性和夹紧的可靠性。定位装置的设计和布置，应尽量使主要支承面积大些，导向定位的两个支承要尽量相距远些。夹紧装置的设计则要求夹紧力足够大和自锁性能良好，防止夹紧机构因振动而松夹。施力方向和作用点要恰当，必要时可采用辅助支承或浮动夹紧机构等，以提高夹紧刚度。由于夹紧元件和夹具上的某些元件要直接承受较大的切削力、夹紧力或其反作用力，特别是夹具体，要承受所有的各种作用力，因而要求有足够的强度和刚度，因此这些元件的结构尺寸必然要大些，整个夹具也因而显得粗壮，对于铣床夹具来说这是必要的。

在夹具结构方面，由于铣削加工的适应性较大，常会遇到结构形状不规则的零件和多件加工的要求，这均给零件的安装带来一定的困难，在装卸零件时往往费时费力。为此，应注意采用快速夹紧、联动夹紧和机械化传动装置等，以节省装卸零件的辅助时间。但同时必须注意夹紧的复杂程度，工作效率和生产规模要相适应。

对于多工位夹具上的定位元件，可以做成一个元件，也可以做成若干件然后根据加工要求加以组合，但都需要注意保证各工位之间的相互位置精度，便于元件的加工和夹具的装配，并注意防止热处理时变形等。

2. 定向键和对刀装置设计

定向键和对刀装置是铣床夹具的特殊元件。定向键安装在夹具底面的纵向槽中，一般使用两个，其距离尽可能布置得远些，小型夹具也可使用一个断面为矩形的长键。通过定向键与铣床工作台T形槽的配合，使夹具上定位元件的工作表面对于工作台的送进方向具有正确的相互位置。定向键可承受铣削时所产生的转矩，可减轻夹紧夹具的螺钉的负荷，加强夹具在加工过程中的稳固性。因此，在铣削平面时，夹具体上也要装有定向键。

一般在夹具底座下面安装两个定向键。定向键的断面通常为矩形，如图2-16所示，有两种结构：一种在键的侧面开有沟槽，另一种在键的侧面加工成台阶，把键分为上下两部分，其上部尺寸按H7/h6与夹具体的键槽配合，可以预先按统一尺寸制造。下部宽度尺寸为b，和工作台T形槽相配合，因一般工作台中央T形槽其公差为H8或H7，故

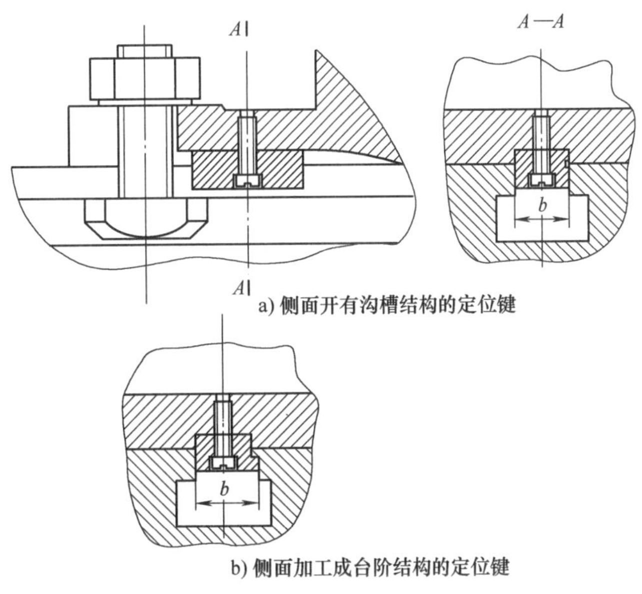

a) 侧面开有沟槽结构的定位键

b) 侧面加工成台阶结构的定位键

图2-16 定向键

尺寸 b 一般按 h8 或 h6 制造。定向键与槽的配合间隙有时会影响零件的加工精度。为了提高夹具的定向精度，定向键下部的尺寸 b 可留有余量以便修配，或在安装夹具时把它推向一边，使定向键的一侧和工作台 T 形槽的侧面贴紧，以避免间隙的影响，但此时夹具需牢靠地紧固在工作台上。

铣床夹具在工作台上安装好后，还需调整铣刀对夹具的相对位置。通常为了使刀具与工件被加工表面的相对位置能够快速准确定位，在夹具上可以采用对刀装置。对刀装置一般由对刀块和塞尺组成，其结构尺寸已经标准化。如何选择对刀块，可以根据工件的具体加工要求进行。

第五节　夹具设计步骤

一、机床夹具设计要求

1. 保证零件加工的各项技术要求

要求正确确定定位方案、夹紧方案，正确确定刀具的导向方式，合理制定夹具的技术要求，必要时要进行误差分析与计算。

2. 具有较高的生产效率和较低的制造成本

为提高生产效率，应尽量采用多件夹紧、联动夹紧等高效夹具，但结构应尽量简单，造价要低廉。

3. 尽量选用标准化零部件

尽量选用标准夹具元件和标准件，这样可以缩短夹具的设计制造周期，提高夹具设计质量和降低夹具制造成本。

4. 夹具操作方便安全、省力

为操作方便，操作手柄一般放在右边或前面；为便于夹紧零件，操纵夹紧件的手柄或扳手在操作范围内应有足够的活动空间；为减轻操作人员劳动强度，在条件允许的情况下，应尽量采用气动、液压等机械化夹紧装置。

5. 夹具应具有良好的结构工艺性

所设计的夹具应便于制造、检验、装配、调整和维修。

二、零件的夹紧及工装的夹紧结构设计

零件在工装中定位后，一般要夹紧，使得零件在加工过程中，保持已获得的定位不被破坏。零件在加工过程中，会产生位移、变形和振动，这些都将影响零件的加工质量。

所以，零件的夹紧也是保证加工精度的一个十分重要的问题。为了获得良好的加工效果，一定要把零件在加工过程中的位移、变形和振动控制在加工精度的范围内。所以，工装夹具夹紧问题的处理，有时比定位设计更加困难，绝不能忽视这个问题。

（一）零件在夹具中定位后的夹紧三原则

1. 不移动原则

选择夹紧力的方向指向定位基准（第一基准），且夹紧力的大小应足以平衡其他力的影响，不使零件在加工过程中产生移动。

2. 不变形原则

在夹紧力的作用下，不使零件在加工过程中产生精度所不允许的变形，必须选择合适的夹紧部位及压块和零件的接触形状，同时压紧力应合适。

3. 不振动原则

提高支承和夹紧刚性，使得夹紧部位靠近零件的加工表面，避免零件和夹紧系统的振动。

这三项原则是相互制约的，因此，夹紧力设计时应综合考虑，选择最佳的夹紧方案，也可用计算机辅助设计。一般来讲：粗加工用的夹具，选用较大的夹紧力，主要考虑零件的不移动原则；精加工用的夹具，选用较小的夹紧力，主要考虑零件的不变形原则和不振动原则。

（二）夹紧点的选择

夹紧点的选择是达到最佳夹紧状态的首要因素，正确选择夹紧点后，才能估算出所需要的夹紧力，选的不当不仅增大夹具变形，甚至不能夹紧零件。夹紧点的选用原则为：

（1）尽可能使夹紧点和支承点对应，使夹紧力作用在支承上，可减少变形。

（2）夹紧点选择应尽量靠近加工表面，不致引起过大的夹紧变形。

（3）可以采取减少夹紧变形的措施。如增加辅助支承和辅助夹紧点、分散着力点和增加压紧零件的接触面积、利用对称变形等。

（三）夹紧力的确定

当零件上有几个方向的夹紧力作用时，应考虑夹紧力作用的先后顺序（因为力有大小、方向和作用点三要素）。

（1）对于仅为了使零件与支承可靠接触，夹紧力应先作用，而且不能太大。

（2）对于以平衡作用力的主要夹紧力，应在最后作用。

因此，为了操作简便，常采用使夹紧力同时作用或自动地按大小顺序的联动机构。

（四）夹紧机构的设计和确定

在选定夹紧点和确定夹紧力之后，就要进行夹紧机构的设计和确定，通过夹具机构确定夹紧力的夹紧点处。通常零件的夹紧是由动力源、传动机构、夹紧机构所构成的夹紧系统来实现。

夹紧机构，是指能实现以一定的夹紧力来夹紧零件选定的夹紧点功能的完整结构，主要包括与零件接触的压板、支承件和施力机构等。

夹具施力机构采用可浮动、可联动、可增力和可自锁的结构形式，具体有以下四种形式：

（1）螺钉螺母施力机构：结构简单，制造方便，夹紧范围大，自锁性能好，已获得最广泛的应用。

（2）斜面施力机构：适用于夹紧力大而行程小，以气动和液压为动力源的为主。

（3）偏心施力机构：结构简单，动作迅速，但压紧力较小，多用于小型零件的夹具中。

（4）铰链施力机构：结构简单，增力比大，在气动夹具中用以减少气缸或气室的作用力，获得广泛的应用。

三、工装夹具的经济精度及常用配合

使用夹具的首要目的是保证零件的加工质量，具体来讲就是使用夹具加工时，必须保证

零件的尺寸（形状）精度和位置精度。零件的加工误差是工艺系统误差的综合反映，其中夹具误差是加工误差的主要部分。夹具的误差分静态误差和动态误差两种，其中静态误差占重要的比例。

（一）工装夹具的精度概念

工装夹具的精度是指静态精度，即非受力状态下的精度，具体包括以下内容：

（1）定位及定位支承元件的工作表面对夹具底面的位置度（平行度、垂直度等）误差（精度）。

（2）导向元件的工作表面或轴线（中心线）对夹具和定向中心表面或侧面的尺寸及位置误差。

（3）定位元件工作面或轴线（中心线）之间、导向元件工作表面或轴线（中心线）之间的尺寸及位置误差。

（4）定位元件及导向元件本身的尺寸误差。

（5）有分度或转位的夹具，还有分度或转位误差。

（二）工装夹具制造的平均精度

为了使夹具制造尽量达到成本低、精度高的目的，需要研究夹具制造的平均经济精度（费用低而加工精度高的合理加工精度）。一般来讲，零件的加工精度和加工费用成反比关系，加工精度越高，误差就越小，而费用也就越高。

所以在设计夹具时，应该认真地考虑这个问题，不要人为地提高夹具的精度。一般来讲，夹具上定位件的尺寸精度应该收严，其他尺寸不必都收严，应该根据需要合理地确定精度要求，只要能保证加工后的零件满足技术要求即可。

根据经验，夹具上需要收严的尺寸和精度，应是产品零件图上标注的公差带 1/3 左右，其他尺寸不必都收严。

对于夹具上与设计图样无关的一些尺寸，就不一定要将公差带收得太严（见图 2-17a），除非是作为加工过程中需要保证的工艺基准（最终与设计基准重合），这是可以收严的（应该查有关标准确定其公差带）。

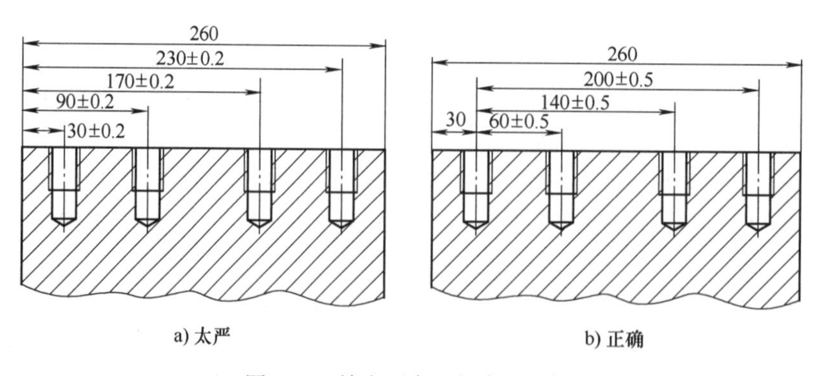

图 2-17　精度不合理与合理示例

这样做既能达到设计出合理有效的工装夹具（加工精度高且又合理），又能达到降低夹具的制造成本（平均经济精度降低了）的目的。夹具的加工精度提高了，而加工费用又降低了，两个目的都达到了，这也是每个工艺技术人员的应有职责。

其他的尺寸（夹具上与设计图样无关的），若需要保证其配合精度要求，可以采取配做加工的加工手段，同样能够达到夹具的使用精度要求，从而保证用该夹具加工的零件，其最终尺寸和位置精度都满足设计要求。

（三）工装夹具常用的配合种类及精度

夹具的配合精度要求高（见图 2-18），配合种类也不同于一般的机器，在选择配合时，精度的确定应以夹具零件制造的平均经济精度为依据，这样才能保证夹具制造成本低。

夹具设计中常用的配合种类及精度见表 2-4。

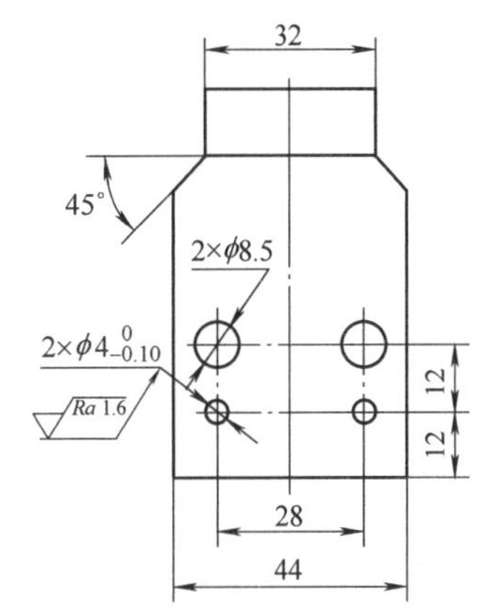

图 2-18　夹具销孔配合精度示例

表 2-4　夹具设计中常用的配合种类及精度

工作形式	精度要求	示　例
定位元件与零件定位基准间	H7/h6，H7/g6，H7/f6（一般精度） H6/h5，H6/g5，H6/f5（较高精度）	定位销与零件基准孔 定位套与零件基准孔
有引导作用并有相对运动的元件间	H7/h6，H7/g6，H7/f7，G7/h6，F8/h6（一般精度） H6/h5，H6/g5，H6/f6，G6/h5，F7/h5（较高精度）	刀具与导套滑动定位件 快换钻套与衬套滑动定位件
无引导作用但有相对运动的元件间	H7/f9，H7/d9，H7/fd10（一般精度） H7/f8（较高精度）	滑动夹具底座板
没有相对运动的元件间	H7/n6，H7/r6，H7/s6，H7/x7，H7/z7（无紧固件） H7/m6，H7/k6，H7/js6（有紧固件）	固定支承钉定位销

（四）工装夹具设计中标准件的应用

在工装夹具的设计中，经常要用到螺母、螺钉、垫圈、圆柱销、圆锥销及弹簧等紧固件，以及一些通用件等。像此类紧固件，国家都有专用标准，所以在设计时一定要采用（应该在总图上表示出），做到能够用标准件的必须 100% 地用，只要学会查标准就可以了。

实在不能够使用标准件的，只能设计非标准件，出零件图加工。对非标零件的设计和制造，不但需要一定的周期，而且加工费用也高得多。因为标准件是大批量生产制造的，价格便宜，质量可靠，在市场很容易买到，而且对设计人员来讲，还不需要出图，显然是减少了工作量。

四、工装夹具总图的绘制

（一）工装夹具总图的绘制要求

工装夹具总图应按照最后讨论的结果绘制（三基面体系法），被加工零件应用双点画线标明，标题栏要填写正确，标准件应标明其规格和标准化。

还要按照夹具中常用的配合及精度，规定定位、导向元件的精度，对主要零件的组合要规定恰当的尺寸公差，其他位置公差应达到各项公差值规定的合理性要求。最后标注其他尺寸，包括外形尺寸、连接尺寸和重要的配合尺寸。

对精度控制，在总图上的技术条件要求中，应逐条提出精度控制项目和有关要求，达到项目的完备性要求。

（二）工装夹具零件图的绘制

工装夹具零件图的绘制，同样按照三基面体系法绘制。在零件图上，要有正确的比例，足够的投影和剖面，尺寸、表面粗糙度及加工符号要完整、正确，所用材料要明确。

在技术要求处，根据不同的材料确定表面热处理硬度要求和表面处理要求，零件图的右下角应标明未注表面粗糙度及倒钝的具体要求，零件加工数量要与总图（装配图）一致。要标注恰当的尺寸公差，特别是对定位尺寸的标注应与总图一致。尺寸公差和位置精度的标注，应符合平均经济精度规定的要求。

根据企业标准的不同，标准位置会有所差别。

五、工装夹具设计的规范化程序

工装夹具的设计目的，就是要达到保证设计质量和提高设计效率，使之能够满足生产纲领、定位设计与零件的相容性、夹紧设计技术经济指标的先进性、精度控制项目的完备性及各控制公差数值规定的合理性、结构设计的工艺性和制造成本的经济性等要求。

尽可能做到在设计图样完成后，就能从图面上的结构和数据，把握所设计的夹具制造的难易程度和使用的好坏，保证夹具设计的一次成功率，从而保证用此工装夹具加工的零件质量，不但满足设计的技术要求，还能够降低零件的生产成本，大大提高生产率，获得更佳的经济效益。

按照上述基本方法和步骤进行了工装夹具的设计工作，初步了解和掌握了工装夹具的设计方法和操作步骤，这些都是我们近年来夹具设计的理论研究和实践经验的总结。夹具设计自身的理论和方法步骤已趋于完善，在此基础上已经总结出夹具的规范化设计程序，使夹具设计人员的设计能力提高到一个新的水平。

六、机床夹具设计的内容及步骤

（一）明确设计要求，收集和研究有关资料

在接到夹具设计任务书后，首先要仔细研究工作图、毛坯图、技术条件及与之有关的部件装配图，了解零件的作用、结构特点和技术要求；其次，要了解零件的生产纲领及生产组织信息。认真研究零件的工艺规程，充分了解本工序的加工内容和加工要求，了解本工序使用的机床和刀具，研究分析夹具设计任务书上所选用的定位基准和工序尺寸。准备好设计夹具用的各种标准、工艺规定、典型夹具图册和有关夹具的设计指导资料等。了解所使用机床的主要技术参数等及与夹具连接部分的连接尺寸。了解本企业制造和使用夹具的生产条件和技术状况。了解所使用量具、刀具和辅助工具等的型号、规格。

（二）确定夹具的结构方案

（1）确定定位方案，旋转定位元件，计算定位误差。

（2）确定对刀方式或导向方式，旋转对刀块或导向元件。

（3）确定夹紧方案，选择夹紧机构。

（4）确定夹具其他组成部分的结构形式，例如分度装置、夹具和机床的连接方式等。

（5）确定夹具体的形式和夹具的总体结构。

在确定夹具结构方案的过程中，应提出几种不同的方案进行比较分析，选取其中最为合理的结构方案。

（三）绘制夹具的装配草图和装配图

夹具总图绘制比例除特殊情况外，一般均应按 1∶1 绘制，以使所设计夹具有良好的直观性。总图上的主视图，应尽量选取与操作者正对的位置。

绘制夹具装配图可按如下顺序进行：用双点画线画出零件的外形轮廓和定位面、加工面；画出定位元件和导向元件；按夹紧状态画出夹紧装置；画出其他元件或机构；最后画出夹具体，把上述各组成部分连接成一体，形成完整的夹具。在夹具装配图中，被夹零件视为透明体。

（四）确定并标注有关尺寸、配合及技术要求

1. 夹具总装配图上应标注的尺寸

（1）零件与定位元件间的联系尺寸，如零件基准孔与夹具定位销的配合尺寸。

（2）夹具与刀具的连接尺寸，如对刀块与定位元件之间的位置尺寸及公差；钻套、锥套与定位元件之间的位置尺寸及公差。

（3）夹具与机床连接部分的尺寸，对于铣床夹具是指定位键与铣床工作台 T 形槽的配合尺寸及公差，对于车、磨床夹具指的是夹具连接到机床主轴端的连接尺寸及公差。

（4）夹具内部的连接尺寸及关键件配合尺寸，如定位元件间的位置尺寸；定位元件与夹具体的配合尺寸等。

（5）夹具外形轮廓尺寸。

2. 夹具元件之间的位置精度

确定夹具技术条件，在装配图上需要标出与工序尺寸精度直接有关的夹具元件之间的相互位置精度要求。

（1）定位元件之间的相互位置要求。

（2）定位元件与连接元件（夹具以连接元件与机床相连）或找正基面间的相互位置精度要求。

（3）对刀元件与连接元件（或找正基面）间的相互位置精度要求。

（4）定位元件与导向元件的位置精度要求。

影响夹具精度的因素主要有零件定位误差 ΔD、夹具安装误差 ΔA、刀具位置误差 ΔT 和加工方法误差 ΔG。加工方法误差 ΔG 包括：与机床有关的误差、与刀具有关的误差、与调整有关的误差和与变形有关的误差。各项误差的总和应小于工序尺寸公差。

（五）绘制夹具零件图

绘制装配图中非标准零件的零件图，其视图应尽可能与装配图上的位置一致。

夹具体应有足够的强度和刚度，以防受力变形。安装需稳定，中心应尽量低，高宽比小于 1.25。结构形式应紧凑，形状应简单、易加工，装卸应方便。应便于排屑。应有良好的结构工艺性。选择制造方法应能保证精度，考虑成本。

对所设计的夹具进行技术质量评估，一般考虑以下几点：①哪里可能失效。②哪里易磨损。③磨损精度储备有多少。④过程误差的留量有多少。⑤能否保证夹具的加工质量稳定和使用寿命。

（六）编写夹具设计说明书

夹具总图绘制完毕，还应在夹具设计说明书中，就夹具的使用、维护和注意事项等给予简要的说明。

第六节　夹具设计应用实例

一、心轴类车床夹具

（一）拉心外圆夹瓦式内胀车夹具

1. 夹瓦单面定位夹紧

拉心往复运动，夹瓦固定不动。拉心锥面与夹瓦配合胀紧工件内孔。

（1）夹具结构及应用实例如图 2-19 所示。

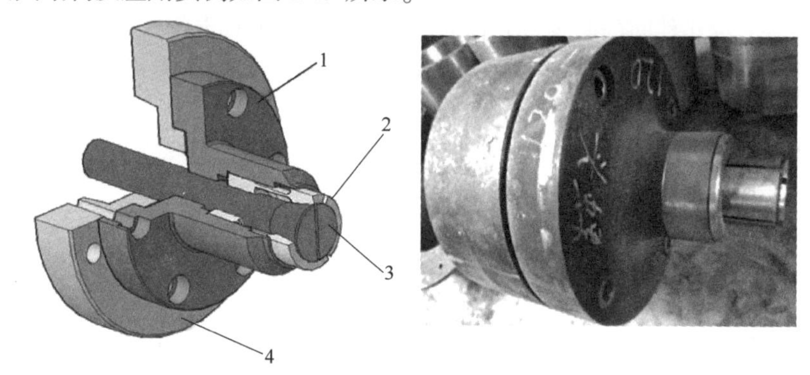

图 2-19　夹瓦单面定位夹紧夹具

1—夹具体　2—夹瓦　3—拉心　4—法兰盘

（2）使用说明：该夹具适用于卧式车床车削零件的外圆及端面的设计方案。

工件以夹具体前端的端面和夹瓦外夹紧面定位。

使用时，夹具通过法兰盘 4 与机床连接，拉心 3 与机床气缸连接；加工时，将工件套在夹瓦 2 上，靠紧夹具体 1 定位后，转动气缸阀门，拉动拉心 3 后移，胀紧夹瓦 2 夹紧工件。

2. 锥面与夹瓦配合胀紧夹具

拉心带动夹瓦往复运动，夹具体锥面与夹瓦锥面配合胀紧工件内孔。

（1）夹具结构及应用实例如图 2-20 所示。

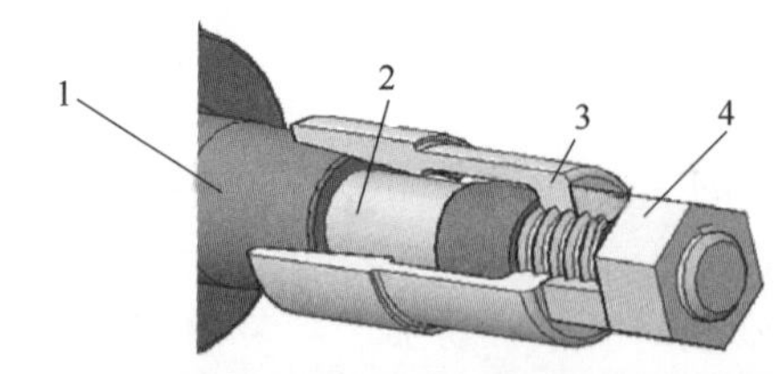

图 2-20　锥面与夹瓦配合胀紧夹具

1—夹具体　2—拉心　3—夹瓦　4—螺母

（2）使用说明：该夹具适用于卧式车床，细长孔（长径比8倍以上）类零件内孔夹紧后的外圆及端面加工设计方案。

工件以夹具体前端的锥面和夹瓦外夹紧面定位。使用时，夹具通过夹具体1与法兰盘连接，拉心2在夹具体1中作往复运动，夹瓦3安装于拉心2上，通过螺母4固定，跟随拉心2向主轴方向移动，夹瓦3的内锥与夹具体1的外锥配合胀紧工件，达到装夹目的。

3. 夹瓦双夹紧面夹具

该设计结构的优点是适合夹紧面长、定位夹紧精度高的零件。拉心滑动，夹具体固定。两者与夹瓦配合胀紧内孔。

（1）夹具结构及应用实例如图2-21所示。

（2）使用说明：该夹具适用于卧式车床，深孔类零件内孔双面定位夹紧，加工外圆及端面的设计方案。

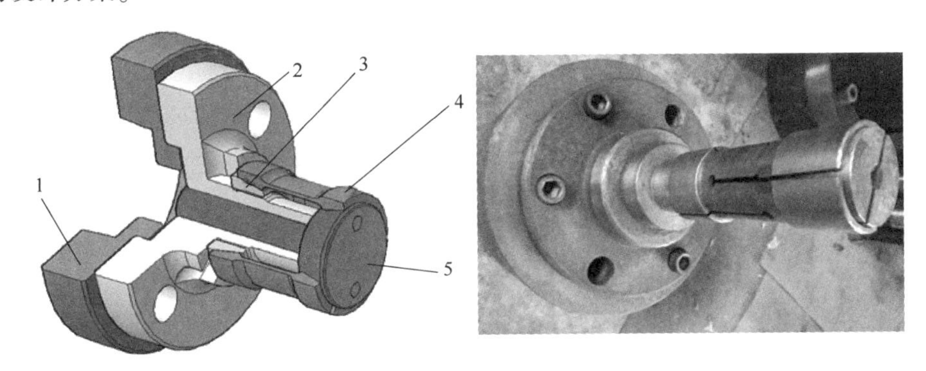

图2-21 夹瓦双夹紧面夹具

1—法兰盘 2—夹具体 3—锥套 4—夹瓦 5—拉心

工件以夹具体前端的端面和夹瓦外两个夹紧面定位。夹具通过法兰盘1与机床连接，拉心5与机床气缸连接，加工时将工件套在夹瓦4上，靠紧夹具体1定位后，转动气缸阀门，拉动拉心5后移，夹瓦4接触拉心5和锥套3，两侧胀起形成双夹紧面，夹紧工件。

4. 固定顶尖与回转顶尖配合夹瓦夹具

该设计结构的优点是适合夹紧面长、定位夹紧精度高的零件。通过回转顶尖的往复运动，主轴端的固定顶尖两个锥面与夹瓦两个内锥面配合胀紧工件内孔。

（1）夹具结构如图2-22所示。

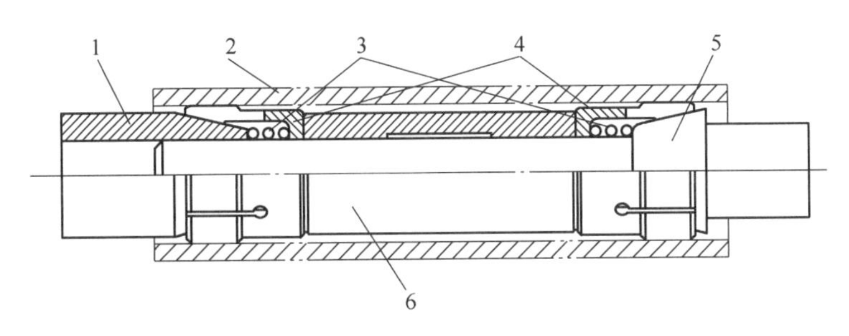

图2-22 固定顶尖与回转顶尖配合夹瓦夹具

1—固定顶尖 2—工件 3—弹簧 4—夹瓦 5—回转顶尖 6—滑动套

（2）使用说明：该夹具适用于卧式车床，长通孔类零件内孔双面定位夹紧，加工外圆及端面的设计方案。

夹具中固定顶尖1安装于机床上，回转顶尖5向固定顶尖1移动，通过锥面胀紧夹瓦4，胀紧工件。滑动套6起支承和传导作用。在夹瓦4内部安装弹簧3，防止拆卸工件时回转顶尖5无法从夹瓦4中退出，使拆卸工件更容易。

（二）拉心内圆夹瓦式外夹车夹具

1. 拉套锥面与夹瓦配合单夹紧面夹具

拉套往复滑动运动，夹瓦固定不动。拉套锥面与夹瓦锥面配合夹紧零件外圆。

（1）夹具结构及应用实例如图2-23所示。

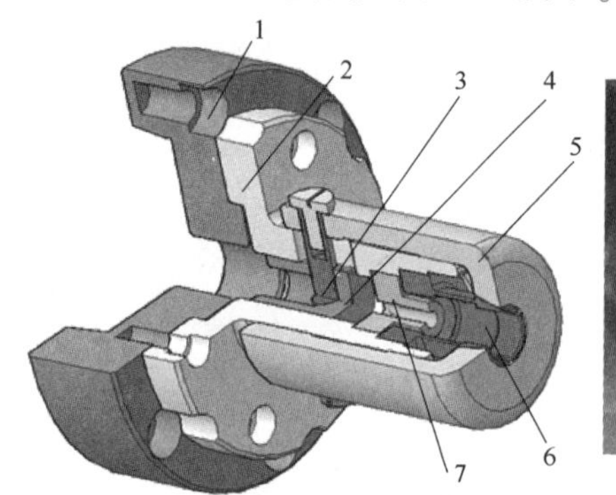

图2-23　拉套锥面与夹瓦配合单夹紧面夹具

1—法兰盘　2—夹具体　3—拉销　4—拉心　5—拉套　6—夹瓦　7—定位块

（2）使用说明：该夹具适用于卧式车床，小直径零件的外圆夹紧，加工内孔及端面的设计方案。

夹具通过法兰盘1与机床连接，拉心4与机床气缸连接，在使用时，气缸拉动拉心4，拉心4通过拉销3带动拉套5向主轴方向移动，收紧夹瓦6，夹紧工件。在夹具体2上安装定位7，保证加工零件的一致性。

2. 锥套锥面与夹瓦配合单夹紧面夹具

夹瓦为单夹紧面。拉销带动夹瓦往复运动，锥套固定不动。锥套锥面与夹瓦锥面配合夹紧零件外圆。

（1）夹具结构及应用实例如图2-24所示。

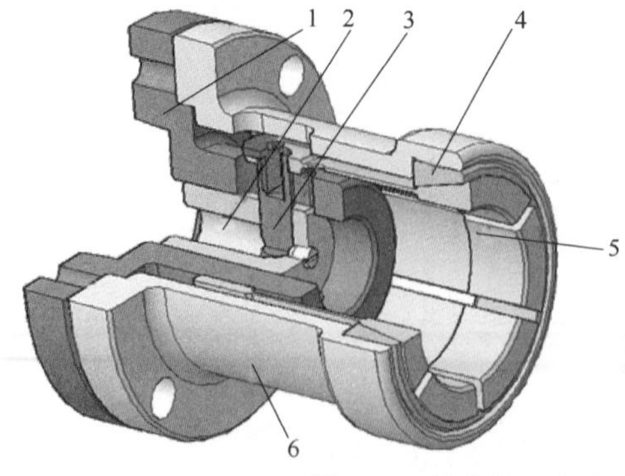

图2-24　锥套锥面与夹瓦配合单夹紧面夹具

1—法兰盘　2—拉心　3—拉销　4—锥套　5—夹瓦　6—夹具体

（2）使用说明：该夹具适用于卧式车床，夹紧零件外圆，加工内孔及端面的设计方案。

夹具通过法兰盘1与机床连接，拉心2与机床气缸连接，在使用时，气缸拉动拉心2，拉心2通过拉销3，带动夹瓦5向主轴方向移动，夹瓦5移动与锥套4接触，收紧夹瓦5头部，夹紧工件。在法兰盘1的端面上可以安装需要尺寸的定位，保证加工零件的一致性。

3. 双夹紧面外圆夹具

该设计结构的优点是适合夹紧面长、定位夹紧精度高的零件。拉心通过拉销带动拉套滑动，锥套固定。两者与夹瓦配合胀紧内孔。

（1）夹具结构及应用实例如图2-25所示。

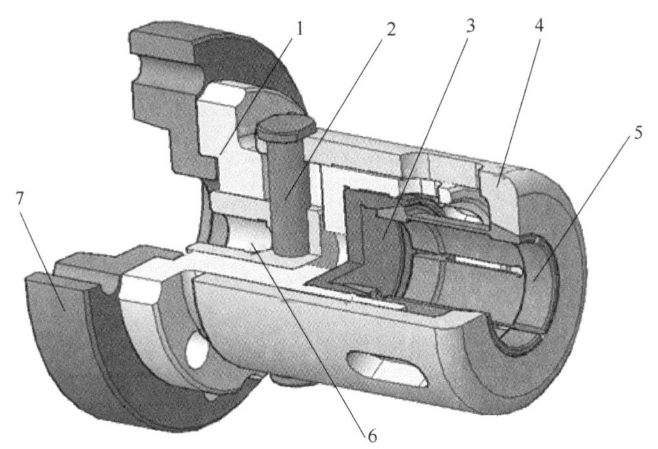

图2-25 双夹紧面外圆夹具

1—夹具体 2—拉销 3—锥套 4—拉套 5—夹瓦 6—拉心 7—法兰盘

（2）使用说明：该夹具适用于卧式车床，夹紧零件外圆，加工内孔及端面的设计方案。

夹具通过法兰盘7与机床连接，拉心6与机床气缸连接，在使用时，气缸拉动拉心6，拉心6通过拉销2带动拉套4向主轴方向移动，拉套4收紧夹瓦5移动与锥套3接触，收紧夹瓦5的两侧，形成双面夹紧工件。可用锥套3的内端面为定位，保证加工零件的一致性。

在该类型夹具的结构基础上，简单更换上定位杆，就可以用来车削零件的外端面，有效控制不通孔类零件的底厚尺寸。

4. 内底定位、双夹紧面外圆夹具

该设计结构的优点是适合夹紧面长、定位夹紧精度高的零件。拉心通过拉销带动拉套滑动，锥套固定。两者与夹瓦配合胀紧内孔。

（1）夹具结构如图2-26所示。

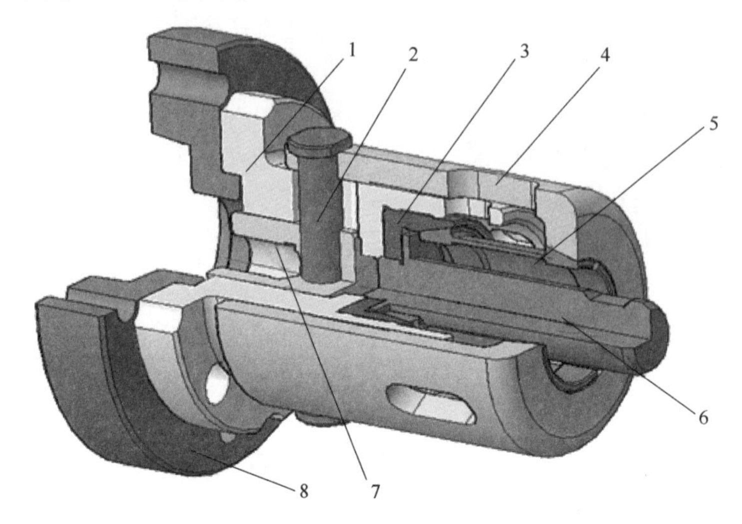

图2-26　内底定位、双夹紧面外圆夹具

1—夹具体　2—拉销　3—锥套　4—拉套　5—夹瓦　6—定位杆　7—拉心　8—法兰盘

（2）使用说明：该夹具适用于卧式车床，夹紧零件外圆，加工不通孔类零件外表面，控制内底厚度尺寸的设计方案。

夹具通过法兰盘8与机床连接，拉心7与机床气缸连接，在使用时，气缸拉动拉心7，拉心7通过拉销2带动拉套4向主轴方向移动，拉套4收紧夹瓦5移动与锥套3接触，收紧夹瓦5的两侧，形成双面夹紧工件。在锥套3上安装定位杆6，可控制不通孔零件的底厚尺寸，保证加工零件的一致性。

5. 细长棒料成组外圆夹具

该设计结构的优点是适合细长棒料快速夹紧外圆，切削加工成组单个零件。

（1）夹具结构如图2-27所示。

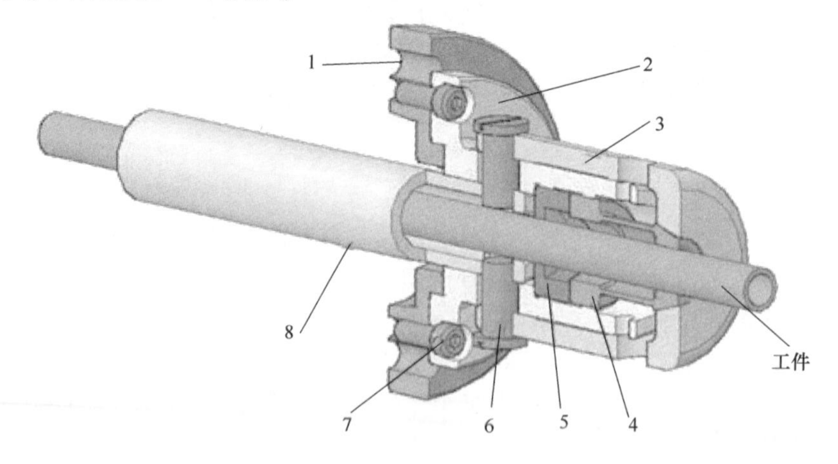

图2-27　细长棒料成组外圆夹具

1—法兰盘　2—夹具体　3—拉套　4—夹瓦　5—定位盘　6—拉销　7—螺钉　8—管状拉心

（2）使用说明：该夹具适用于卧式车床，夹紧零件外圆，切削加工成组单个零件的设计方案。

夹具通过法兰盘 1 与机床连接，管状拉心 8 与机床气缸连接，在使用时，气缸拉动管状拉心 8，管状拉心 8 通过拉销 6 带动拉套 3 向主轴方向移动，拉套 3 收紧夹瓦 4 夹紧工件。

6. 大尺寸零件拉心外圆内胀车夹具

该设计结构的优点是适合大尺寸零件的内孔胀夹。

（1）夹具结构及应用实例如图 2-28 所示。

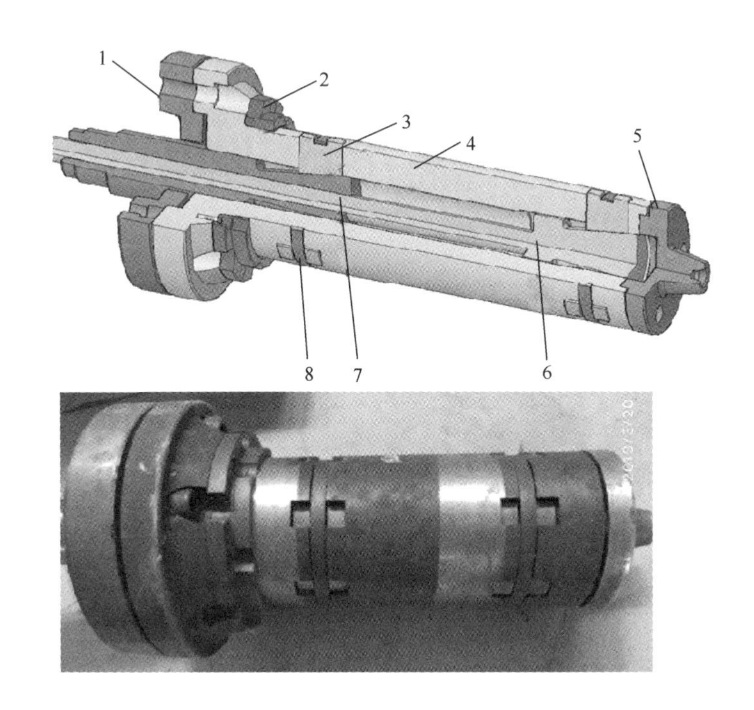

图 2-28 大尺寸零件拉心外圆内胀车夹具

1—法兰盘 2—定位盘 3—夹爪 4—夹具体 5—顶盖 6—拉心 7—拉套 8—弹簧圈

（2）使用说明：该夹具适用于卧式车床，胀紧零件内孔，加工零件外表面和端面的设计方案。

夹具通过法兰盘 1 与机床主轴连接，拉心 6 及拉套 7 与机床液压缸连接，液压缸拉动拉心 6 和拉套 7 向主轴方向移动，拉心 6 与拉套 7 头部的锥面与夹爪 3 的锥面接触，胀起夹爪 3 夹紧工件。加工工件时，将工件套入夹具，靠紧定位盘 2 确定加工位置，夹紧工件后进行加工。由于产品悬伸长度大于 2 倍零件长度，所以在夹具体前端加装顶盖 5，既可以在加工时方便顶尖顶紧夹具保证加工安全性，又可起到为夹具内部防尘的作用。

（三）特殊形状零件的车床夹具

图 2-29 为两种均匀分布翼片的零件，需要对内凹槽进行夹紧加工。

1. 六瓣异形件外圆夹紧车夹具。

（1）夹具结构及应用实例如图 2-30 所示。

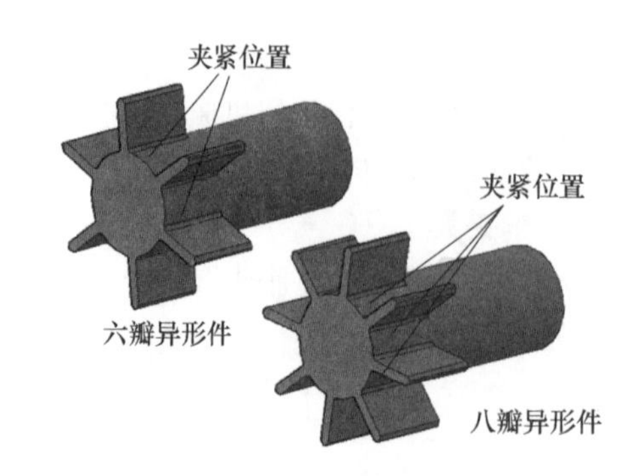

图 2-29　均匀分布翼片的异形件

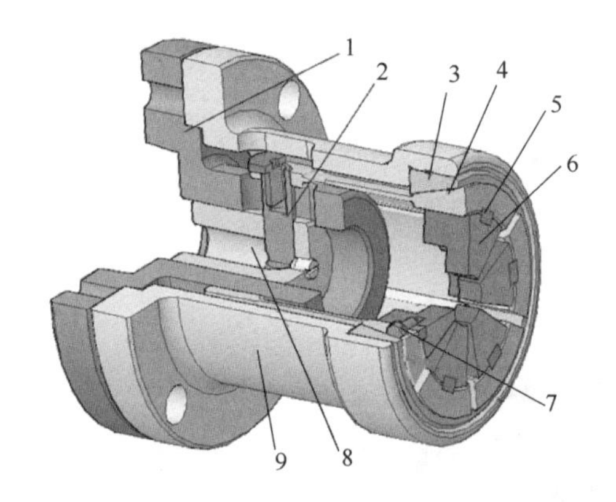

图 2-30　六瓣异形件外圆夹紧夹具

1—法兰盘　2—拉销　3—锥套　4—夹瓦　5—定位块　6—夹紧块　7—螺钉　8—拉心　9—夹具体

（2）使用说明：该夹具适用于卧式车床，外形均匀分布六个翼片的零件，对内凹槽夹紧，加工零件外表面和端面的一种设计方案。

夹具通过法兰盘 1 与机床连接，拉心 8 与机床气缸连接，在使用时，气缸拉动拉心 8，拉心 8 通过拉销 2，带动夹瓦 4 向主轴方向移动，夹瓦 4 移动与锥套 3 接触，收紧夹瓦 4 头部，通过夹瓦 4 上的夹紧块 6 夹紧工件内凹槽。在法兰盘 1 的端面上可以安装需要尺寸的定位，保证加工零件的一致性。

2. 八瓣异形件外圆夹紧车夹具

（1）夹具结构及应用实例如图 2-31 所示。

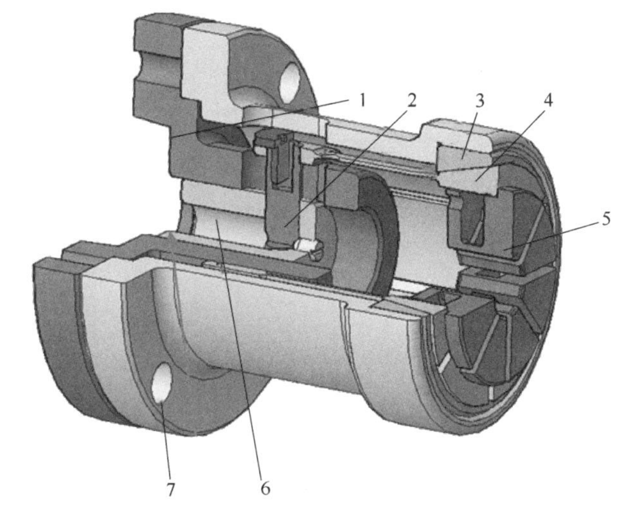

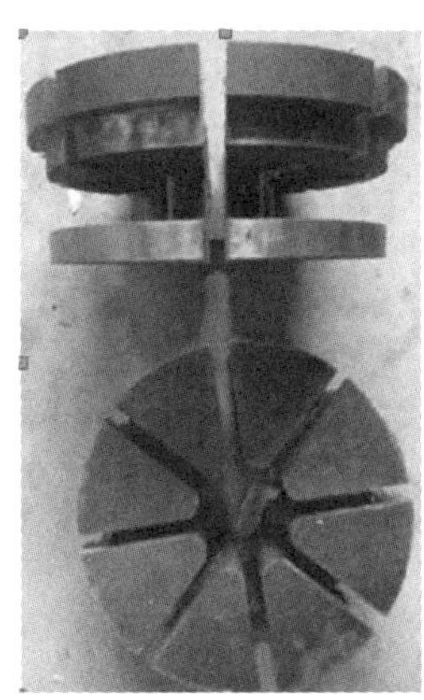

图 2-31 八瓣异形件外圆夹紧夹具

1—法兰盘 2—拉销 3—锥套 4—夹瓦 5—过渡套 6—拉心 7—夹具体

（2）使用说明：该夹具适用于卧式车床，外形均匀分布八个翼片的零件，对内凹槽夹紧，加工零件外表面和端面的一种设计方案。

夹具通过法兰盘 1 与机床连接，拉心 6 与机床气缸连接，在使用时，气缸拉动拉心 6，拉心 6 通过拉销 2，带动夹瓦 4 向主轴方向移动，夹瓦 4 移动与锥套 3 接触，收紧夹瓦 4 头部，夹瓦 4 夹紧过渡套 5，过渡套 5 夹紧工件内凹槽。在法兰盘 1 的端面上可以安装需要尺寸的定位，保证加工零件的一致性。

二、铣床夹具

1. 成组铣床夹具

（1）夹具结构及应用实例如图 2-32 所示。

（2）使用说明：该夹具为铣床上铣工件侧平面的夹具，一次装夹中可加工多个工件，工件在夹紧过程中自动定心，确保两侧铣削尺寸一致。在铣床上安装两片刀具，刀具中间加

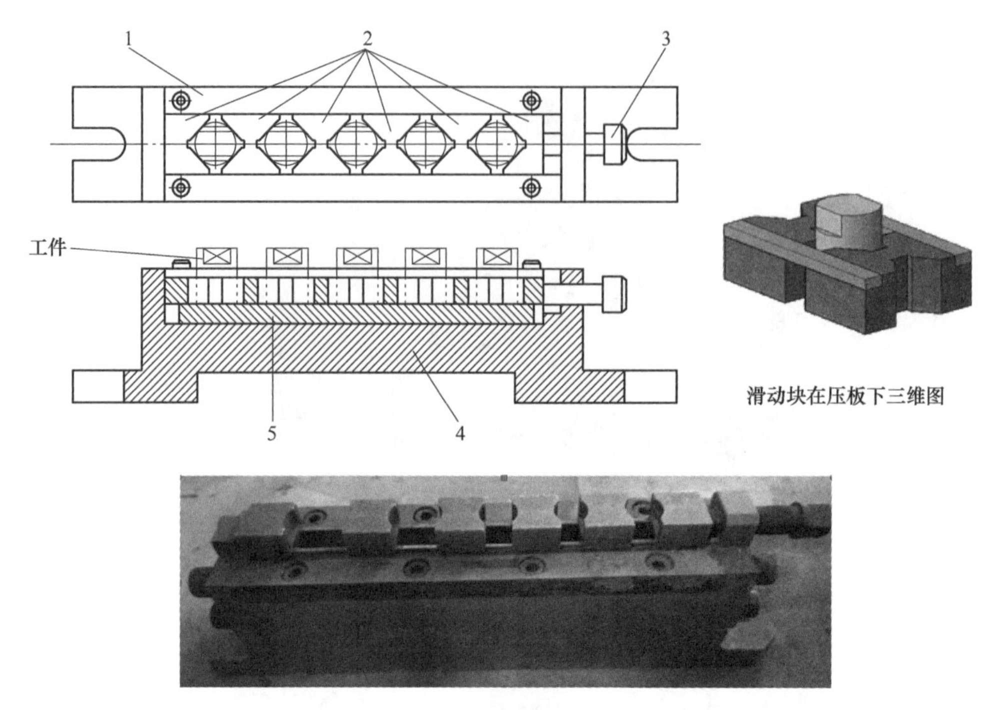

图 2-32　成组铣床夹具

1—压板　2—滑动块　3—螺钉　4—夹具体　5—定位板

装工件所需尺寸的刀垫，即可满足产品要求。滑动块 2 在压板 1 与夹具体 4 的间隙滑动，装夹时由螺钉 3 依次传递夹紧力，将五个工件夹紧，滑动块设计为 V 形夹口，可自动定心。在夹具体 4 中安装定位板 5，控制工件铣削深度的一致性。

2. 圆柱体表面钻孔成组夹具

（1）设计原理。定位部分结构：采用 V 形块结构，V 形块结构具有自定心的作用，模体为一体结构，一次加工完成，并可以同时安装多个零件。此结构的优点在于定心准确，并可以根据机床（如加工中心）导轨的长度及零件产量多少，调整模体长度，增加安装的零件数量。夹具结构如图 2-33 所示。

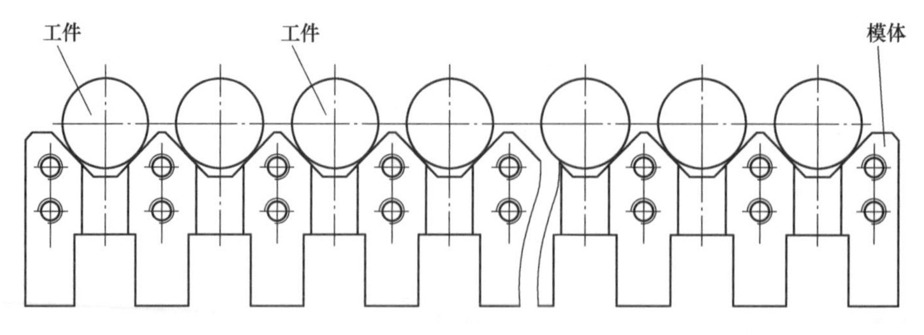

图 2-33　钻孔夹具

夹紧部分结构：利用锁紧螺钉旋紧定位的方式将工件压紧，确保零件轴向定位压紧。夹紧部分结构如图 2-34 所示。

钻孔夹具装配图如图 2-35 所示：①将定位板、支板通过螺钉安装在模体上。②将安装好的模体固定在底座上。③底座安装在机床（如加工中心）的导轨上，即可以完成产品的加工。

（2）加工过程。先将工件依次放入模体内，采用锁紧螺钉压紧，利用加工中心多刀工作的特点完成高精度孔的加工；钻孔及铰孔一次安装完成，避免因二次装夹产生误差，确保产品的加工质量；工件完成加工后，松开锁紧螺钉，取出工件。

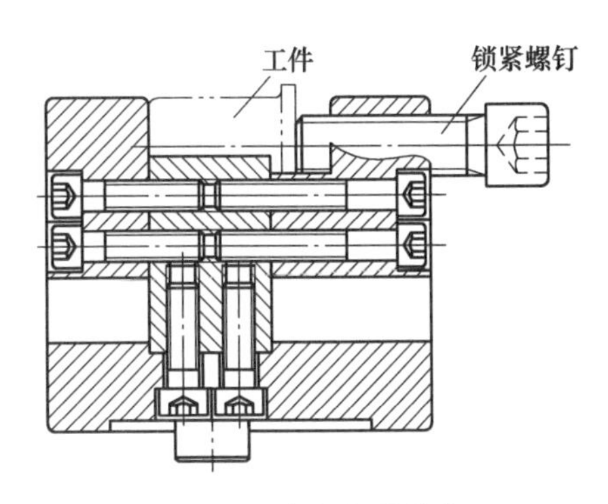

图 2-34　夹紧部分结构

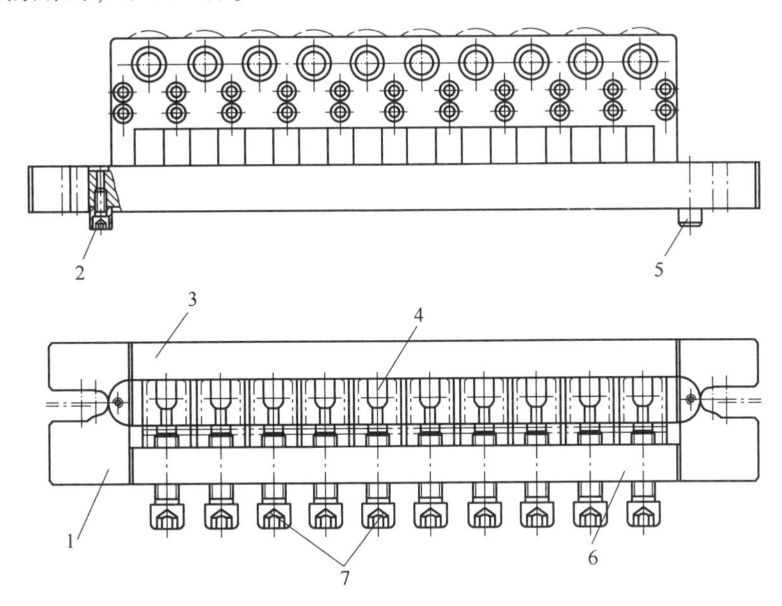

图 2-35　钻孔夹具装配图

1—底座　2—螺钉　3—定位板　4—模体　5—定位块　6—支板　7—锁紧螺钉

加工三维实体图如图 2-36 所示。

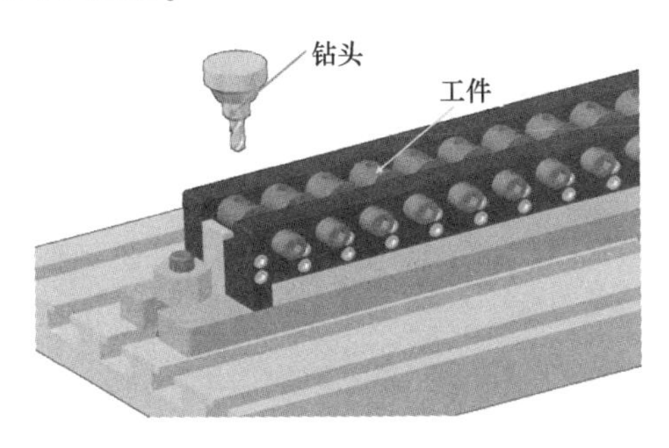

图 2-36　加工三维实体

3. 成组铣断夹具

（1）夹具结构如图 2-37 所示。

（2）使用说明：该圆环铣断夹具适用于卧式铣床。一次可装夹多个工件。

夹具体 1 一端与分度盘连接，可控制铣断的位置和角度，另一端使用尾座顶尖顶紧。压板 2 上设计有插口，方便安装和拆卸，只需将螺母 3 松开即可取下压板 2。夹具体 1 上设计有适合工件内径的支持面，并设计有方便锯片铣刀通过的预制槽。使用时将工件套入夹具体 1 上，安装合适数量的工件后，将压板 2 插于夹具体 1 上，调整好位置后，旋紧螺母 3 夹紧工件，即可加工。

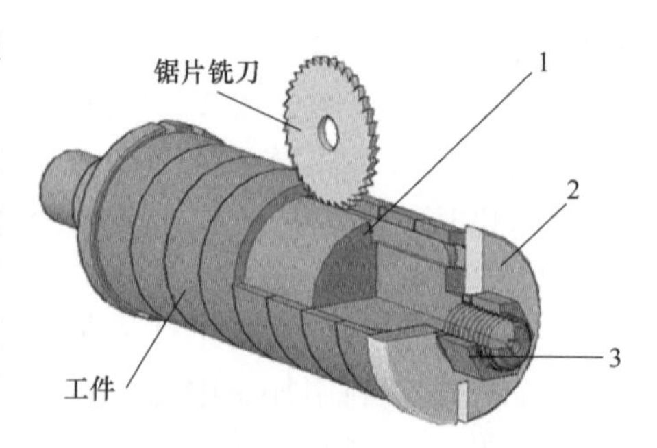

图 2-37 成组铣断夹具
1—夹具体 2—压板 3—螺母

三、模具类

1. 圆柱表面多排孔钻削模具

多孔零件的模型如图 2-38 所示。

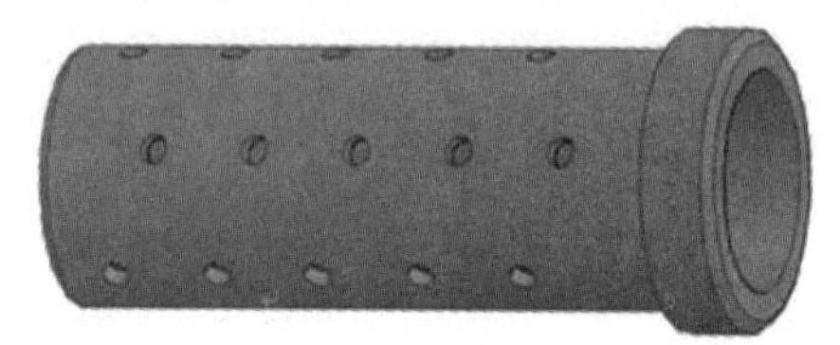
图 2-38 多孔零件

（1）夹具结构及应用实例如图 2-39 所示。

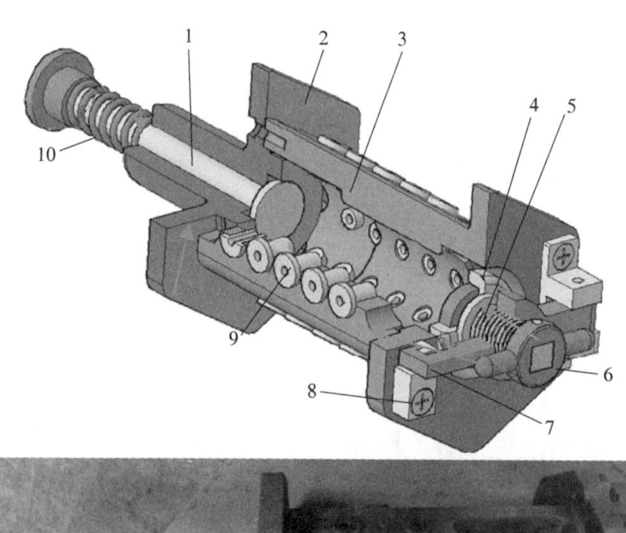

图 2-39 钻孔专用夹具
1—卸料杆 2—底盖 3—夹具体 4—顶盖 5—螺旋杆 6—顶紧旋柄 7—钩板 8—钩块 9—钻套 10—弹簧

（2）使用说明：该夹具为钻孔专用夹具。在使用时，将工件放入夹具体 3 中，靠紧底盖 2 定位，将钩板 7 钩于钩块 8 上，开始旋转顶紧旋柄 6，螺旋杆 5 带动顶盖 4 顶紧工件确保加工位置。台钻钻孔时，通过钻套 9 伸入钻孔，在夹具体 3 上设计有六边形的外形，保证加工时工作面与台钻垂直。在加工完成后，通过安装时的反向步骤打开夹具。由于钻孔后在孔处会留有飞边，工件不宜取出，所以设计有卸料杆 1，便于取出工件，在卸料杆 1 后设有弹簧10，防止下次安装工件时，卸料杆1影响工件的定位，保证加工要求。

2. 圆柱表面孔钻削模具

（1）夹具结构及应用实例如图2-40所示。

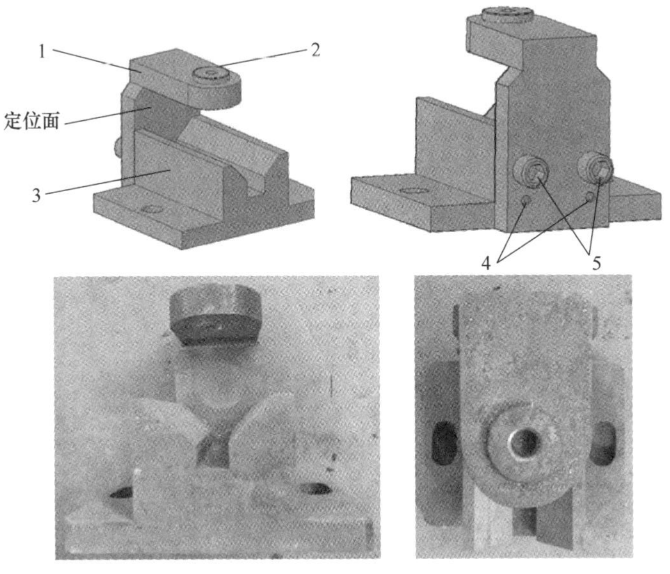

图2-40 圆柱体上钻孔夹具

1—夹具体 2—钻套 3—底座 4—定位销 5—螺钉

（2）使用说明：该夹具为圆柱体上钻孔夹具，使用时将圆柱体放入底座3中，底座3设计有V形机构，可方便找正工件中心，夹具体1与底座3通过定位销4定位，用螺钉5连接，确保钻套2的中心与底座3上的中心重合。加工时使用夹具体1内侧面为定位面，是便于夹具的制作，基准统一。夹具整体安装于台钻的工作台上，钻头通过钻套2加工工件。

3. 平面钻孔模具

（1）夹具结构如图2-41所示。

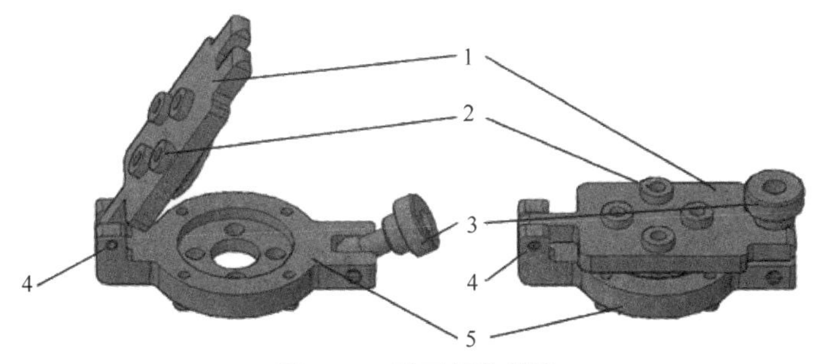

图2-41 平面钻孔模具

1—压盖 2—钻套 3—压紧螺母 4—销轴 5—底座

（2）使用说明：该钻模为圆片工件上钻孔的夹具，在压盖1上设计工件需要的孔的位置，安装钻套2，压盖1通过销轴4与底座5连接。使用时，将工件放入底座5中，放下压盖1后，再把压紧螺母3放置压盖1上，旋紧压紧螺母3，压紧压盖1，夹紧工件。将夹具放置于台钻的工作台上即可加工。

第三章
刀具选用与实例

本章涉及了刀具材料的切削性能及其合理选用、刀具切削部分的几何参数及选用原则、针对不同加工材料高效加工刀具的案例、数控刀具在一些典型零件中的使用案例及我单位在生产过程中一些特色刀具的加工案例。本章对机械加工中从事车削的技能人员及工艺技术人员有较高的参考和借鉴意义。

第一节　刀具材料及其合理选用

在金属切削加工中，刀具材料的切削性能直接影响着生产效率、零件的加工精度和已加工表面质量、刀具消耗和加工成本。正确选择刀具材料是设计和选用刀具的重要内容之一，特别是对某些难加工材料的切削，刀具材料的选用显得尤为重要。刀具材料的发展在一定程度上推动着金属切削加工的进步。

一、刀具材料应具备的基本性能及分类

金属切削时，刀具切削部分直接和工件及切屑相接触，承受着很大的切削压力和冲击，并受到工件及切屑的剧烈摩擦，产生很高的切削温度。也就是说，刀具切削部分是在高温、高压及剧烈摩擦的恶劣条件下工作的。因此，刀具材料应具备以下基本性能。

1. 硬度高

刀具材料的硬度必须更高于被加工材料的硬度，否则在高温高压下，就不能保持刀具锋利的几何形状。目前，切削性能最差的刀具材料——碳素工具钢，其硬度在室温条件下也应在 62HRC 以上；高速钢的硬度为 63 ~ 70HRC；硬质合金的硬度为 89 ~ 93HRA。

HRC 和 HRA 都属洛氏硬度，HRA 硬度一般用于高值范围（ >70），HRC 硬度值的有效范围是 20 ~ 70。60 ~ 65HRC 的硬度相当于 81 ~ 83.6HRA 和维氏硬度 687 ~ 830HV。

2. 足够的强度和韧性

刀具切削部分的材料在切削时要承受很大的切削力和冲击力。例如，车削 45 钢时，当 $a_p = 4mm$，$f = 0.5mm/r$ 时，刀具要承受约 4 000N 的切削力。因此，刀具材料必须要有足够

的强度和韧性。一般用刀具材料的抗弯强度 σ_{bb} 表示它的强度大小。用冲击韧度 a_{K_0} 表示其韧性的大小，它反映刀具材料抗脆性断裂和崩刃的能力。

3. 耐磨性和耐热性好

刀具材料的耐磨性是指抵抗磨损的能力。一般说，刀具材料硬度越高，耐磨性也越好。

4. 导热性好

刀具材料的导热性用热导率［单位为 W/(m·K)］来表示。热导率大，表示导热性好，切削时产生的热量容易传导出去，从而降低切削部分的温度，减轻刀具磨损。此外，导热性好的刀具材料其耐热冲击和抗热龟裂的性能增强，这种性能对采用脆性刀具材料进行断续切削，特别在加工导热性能差的零件时尤为重要。

5. 工艺性好

为了便于制造，要求刀具材料有较好的可加工性，包括锻压、焊接、切削加工、热处理、可磨性等。

6. 经济性好

经济性是评价新型刀具材料的重要指标之一，也是正确选用刀具材料，降低产品成本的主要依据之一。

刀具材料可分为工具钢、高速钢、硬质合金、陶瓷、超硬材料五大类。目前应用最多的是高速钢和硬质合金。据统计，我国目前高速钢用量约占刀具的60%以上，硬质合金的用量约占30%以上，随着难加工材料应用的增加，陶瓷刀具和超硬刀具材料的使用量日益增长。

二、高速钢

高速钢是一种含钨（W）、钼（Mo）、铬（Cr）、钒（V）等合金元素较多的工具钢。其碳的质量分数为0.7%～1.5%，铬的质量分数约为4%，钨的质量分数和钼的质量分数为10%～20%，钒的质量分数为1%～5%。由于合金元素与碳化合形成较多的高硬度碳化物(如碳化钒，硬度高达2800HV，且晶粒细小，分布均匀)，而且合金元素和碳原子结合力很强，提高了马氏体受热时的稳定性，使钢在550～600℃时仍能保持高硬度，从而使切削速度比碳素工具钢和合金工具钢成倍提高，故得名“高速钢”。铬在钢中提高了淬透性，使小型刀具在空气中冷却就能淬硬，且能刃磨得锋利，故高速钢又有“风钢”或“锋钢”之称。

高速钢有较好的力学性能，可以承受较大的切削力和冲击，有良好的工艺性，特别适合于制造各种小型及结构和形状复杂的刀具，如成形车刀、各种铣刀、钻头、拉刀、齿轮刀具和螺纹刀具等。目前，高速钢的品种繁多，按切削性能可分为普通高速钢和高性能高速钢；按化学成分可分为钨系高速钢和钼系高速钢。

（一）普通高速钢

1. 钨系高速钢

这种钢的典型代表是 W18Cr4V（简称 W18）是我国最常用的一种高速钢。由于含钒量较少，磨削性能好，其刃口容易磨得锋利平直，综合性能好，通用性强。常温硬度可达63～66HRC，在600℃高温时能保持的硬度为48.5HRC 左右。特别是热处理工艺性好，淬火时过热倾向小，抵抗塑性变形能力强。可用于精加工的复杂刀具，如螺纹车刀，成形车刀、宽刃精刨刀、拉刀、齿轮刀具等。W18钢的缺点是碳化物分布常不均匀，剩余碳化物颗粒较大，如锻造不均，则会影响薄刃刀具的寿命，制造较大截面刀具时，强度显得不够（抗弯强度仅为2~2.3GPa），只有在制造小截面刀具时，才能获得满意的强度（3~3.4GPa）。此外，W18钢热塑性较差，不适合作热轧刀具。由于上述缺点和国际市场上钨价的提高，W18钢逐渐被新钢种代替。

W14Cr4VMn是我国生产的加入少量锰和稀土元素铼（Re）的另一种钨系高速钢。含钨量的减少和稀有元素铼（Re）的加人，改善了碳化物分布状况，并增大了热塑性。这种钢锻造和轧制工艺性好，强度稍高于W18钢，切削性能大体与W18钢相当，磨削加工性能良好，热处理温度范围较宽，过热和脱碳敏感性较小，最适合制作热轧刀具（如麻花钻头）。

2. 钨钼系高速钢

W6Mo5Cr4V2（简称M2）是我国常用的典型钨钼系高速钢种。用1%的钼可代替2%的钨，钼的加入使钢中合金元素减少，从而减小了碳化物数量及其分布的不均匀性，细化了晶粒。与W18钢相比，M2钢抗弯强度提高约17%，冲击韧度提高约40%以上，而且大截面刀具也具有同样的强度和韧性，可用于制造截面较大的刀具，或承受较大冲击力的刀具（如插齿刀）以及结构较薄弱的刀具（如麻花钻、丝锥等）。M2钢的热塑性很好，磨削加工性也好，特别适用于制造轧制或扭制钻头等热成形刀具，是目前各国使用较多的一种高速钢。M2钢的缺点是热硬性和高温硬度略低于W18钢，故高温切削性能稍逊。此外，热处理时脱碳倾向大，较易氧化，淬火温度范围较窄。

W9Mo3Cr4V（简称W9）是一种含钨量较多、含钼量较少的钨钼系高速钢。其碳化物不均匀性介于W18和M2之间，但抗弯强度和冲击韧度高于M2，具有较好的硬度和韧性。其热塑性也很好，热处理时脱碳倾向性比M2小。由于含钒量少，其磨削加工性也比M2好，可用于制造各种刀具（锯条、钻头、拉刀、铣刀、齿轮刀具等）。加工各种钢材时，刀具寿命比W18和M2都有一定的提高，其切削性能等于或略高于日本的SKH9（W6Mo5Cr4V2）钢。

（二）高性能高速钢

高性能高速钢是在普通高速钢的基础上，用调整其基本化学成分和添加一些合金元素（如钒、钴、铝、硅、铌等）的办法，着重提高其耐热性和耐磨性而衍生出来的。它主要用来加工不锈钢、耐热钢、高温合金和超高强度钢等难加工材料。

1. 高碳高速钢

我国生产的高碳高速钢牌号有9W18Cr4V（简称9W18）和9W6Mo5Cr4V2（简称CM2），其碳的质量分数从普通高速钢的0.7%~0.8%增加到0.9%~1.0%，使常温硬度提高到66~68HRC，600℃时高温硬度提高到51~52HRC。适用于耐磨性要求高的铰刀、锪钻，丝锥以及加工较硬材料（220~250HBS）的刀具，寿命一般可提高0.5~0.8倍，也可用于切削不锈钢，奥氏体材料及钛合金。这时，耐磨性比普通高速钢高2~3倍。但钢中含碳量的增高使淬火残余奥氏体增多，需增加回火次数，同时降低了韧性，不能承受大的冲击。

2. 含铝高速钢

铝高速钢W6Mo5Cr4V2A1（简称501）和W10Mo4Cr4V3A1（简称5F-6）是我国独创的新钢种。这种钢常温硬度为67~69HRC，600℃高温时硬度为54~55HRC，切削性能相当于钴高速钢 M42，刀具寿命比 W18Cr4V 显著提高（至少 1 ~ 2 倍），而价格却相差不多，用这种钢做的齿轮滚刀允许≤1.67m/s 的切削速度。但由于含钒量较多，其磨削加工性较差，且过热敏感性强，氧化脱碳倾向较大，使用时要严格掌握热处理工艺。

3. 钴高速钢

高速钢中加入钴可提高钢的热稳定性，促进回火时碳化物的析出，增加弥散硬化效果，提高回火硬度，从而提高常温和高温硬度及抗氧化能力。由于钴的热导率较高，加入钴可以改善高速钢的导热性，并降低摩擦因数，从而提高切削速度。如美国的 M40 系列中的 M42（W2Mo9Cr4VCo8），其常温硬度达 67 ~ 70HRC，600℃高温硬度达 54 ~ 55HRC，其优越性只有在高温切削时才能显示出来，故适于做加工高温合金、钛合金、奥氏体耐热钢及其他难加工材料的高速钢刀具。其他钴高速钢牌号有 W10Mo4Cr4V3Co10、W12Mo3Cr4V2Co8，W9Cr4V2Co10 等。M42 含钒量少，磨削加工性好，切削刃可磨得锋利，特别适于制造精加工刀具。但钴高速钢碳化物不均匀性增加，加热时脱碳倾向增大，强度和韧性降低，不宜做薄刃刀具或在较大冲击条件下切削。由于我国钴资源有限，目前生产和使用不多。

4. 高钒高速钢

高钒高速钢的质量分数在 3% ~ 5%，由于形成大量高硬度耐磨的碳化钒弥散在钢中，提高了高速钢的耐磨性，且能细化晶粒和降低钢的过热敏感性。这种高速钢适于加工对刀具磨损严重的材料，如硬橡胶、塑料等。对低速薄切屑精加工刀具，如拉刀、铰刀、丝锥等，高钒高速钢具有较长的寿命。其主要缺点是磨削加工性差，采用粒度 60 中软的镨钕刚玉砂轮刃磨时，磨削比均小于 1，即砂轮的消耗量比磨去的刀具材料要多。常用牌号有 W6Mo5Cr4V3、W12Cr4V4Mo 等。

此外，我国研制的高性能新钢种还有含氮高速钢和含硅铌铝高速钢等。如 W12Mo3Cr4V3N，其硬度、强度和韧性与 M42 基本相同，是使用效果较好的含氮高速钢，主要用于高强度结构钢（30 ~ 52HRC）的切削加工。含硅铌铝高速钢的牌号有 W6Mo5Cr4V5SiNbAl（简称 B201）、W18Cr4V4SiNbA1（简称 B212）等。钢中的硅和铝提高了钢的硬度和热稳定性，铌可提高耐磨性和韧性，主要用于切削难加工材料。但这类高速钢由于含钒量较高，磨削加工性很差。此外，用 W12Mo3Cr4V3Co5Si 加工高强度钢时，效果良好。

（三）粉末冶金高速钢

粉末冶金高速钢是 20 世纪 70 年代开发的新型刀具材料，其工艺方法是用高压惰性气体（氩气或氮气）或高压水雾化高速钢水得到细小的高速钢粉末，再经热压制成刀具毛坯。粉末冶金高速钢与熔炼高速钢相比有以下优点：

1. 能解决碳化物偏析

普通熔炼高速钢在铸锭时会产生粗大碳化物共晶偏析，碳化物晶粒尺寸大到 20 ~ 80μm。而粉末冶金高速钢碳化物晶粒为 2 ~ 5μm，且无碳化物偏析，从而提高了钢的强度、韧性和硬度，其硬度可达 69 ~ 70HRC。这一特点，使粉末冶金高速钢适合制造在强力断续切削时容易产生崩刃或要求刀尖锋利且强度和韧性高的刀具，如插齿刀、立铣刀等。特别适合制造大尺寸刀具，其寿命可比普通高速钢提高 2 ~ 3 倍。因为大尺寸普通高速钢刀具很难把共晶偏析产生的粗大碳比物晶粒锻造均匀。

2. 能保证各向同性

由于粉末冶金的工艺特点，保证了粉末冶金高速钢的各向同性，从而减小了热处理内应力和变形，适合制造各种精密和复杂刀具。

3. 磨削加工性好

钒的质量分数5%的粉末冶金高速钢的磨削加工性相当于钒的质量分数为2%的普通高速钢。磨削效率比熔炼高速钢高2～3倍，表面粗糙度值显著减小。

4. 能制造超硬高速钢

粉末冶金高速钢新工艺，为在现有高速钢中加入高碳化物（TiC和NbC）和制造超硬高速钢新材料提供了可能性。

5. 能节约钢材和工时

用粉末冶金直接压制刀坯时，可大大减小加工余量、节约钢材和工时。

我国生产的粉末冶金高速钢有：钢铁研究总院生产的FT15（化学成分为W12Cr4V5Co5）和FR71（W10Mo5Cr4V2Co12），硬度分别为68HRC和70HRC，两者都有高温硬度高、耐磨等优点，适于重负荷切削难加工材料。上海材料研究所研制的PT1（相当于W18Cr4V）和PVN（W12Mo3Cr4V3N）。PVN的硬度为67～69HRC，磨削加工性好，切削性能优于铝高速钢。

三、硬质合金

（一）硬质合金的组成和性能及牌号表示方法

硬质合金是用粉末冶金工艺制成的。它用硬度和熔点都很高的金属碳化物（碳化钨WC，碳化钛TiC、碳化钽TaC和碳化铌NbC等）作硬质相，用金属钴、铝或镍等作粘结相、研制成粉末，按一定比例混合，压制成形，在高温高压下烧结而成。

由于硬质合金中的高熔点、高硬度碳化物含量远远超过高速钢，因此，硬质合金的常温硬度很高（89～93HRA相当78～82HRC），耐熔性好，热硬性可达800℃～1000℃以上，允许的切削速度比高速钢提高4～7倍，是目前切削加工中用量仅次于高速钢的主要刀具材料。但普通硬质合金的抗弯强度只有高速钢的1/3～1/2，冲击韧度只有高速钢的1/35～1/4（即脆性较大），因此承受冲击和抗弯能力较低。

硬质合金的力学性能，主要由组成硬质合金碳化物的种类、数量、粉末颗粒的粗细和粘结剂的含量决定。碳化物的硬度和熔点越高，硬质合金的热硬性也越好。由于作为硬质相的碳化物硬度和熔点比粘结剂高得多，因此，硬质合金中碳化物含量越多则硬度越高，但抗弯强度越低。若粘结剂比例增大，则强度和韧性越好。此外，当粘结剂含量一定时，碳化物粉末越细，粘结层越薄，相当于粘结剂相对减少而使硬度提高，抗弯强度降低。若在细化碳化物粉末的同时，又不减薄粘结层的厚度，则可达到既提高硬度又不降低抗弯强度的目的。硬质合金牌号表示方法如图3-1所示。

（二）普通硬质合金的种类及适用范围

国产普通硬质合金按化学成分不同可以分为四类：钨钴类、钨钛钴类、钨钛钽（铌）钴类和碳化钛基类合金。前三类以WC（或少量TiC）为硬质相，后一类以TiC为硬质相。其常用牌号的使用性能和选用见表3-1。

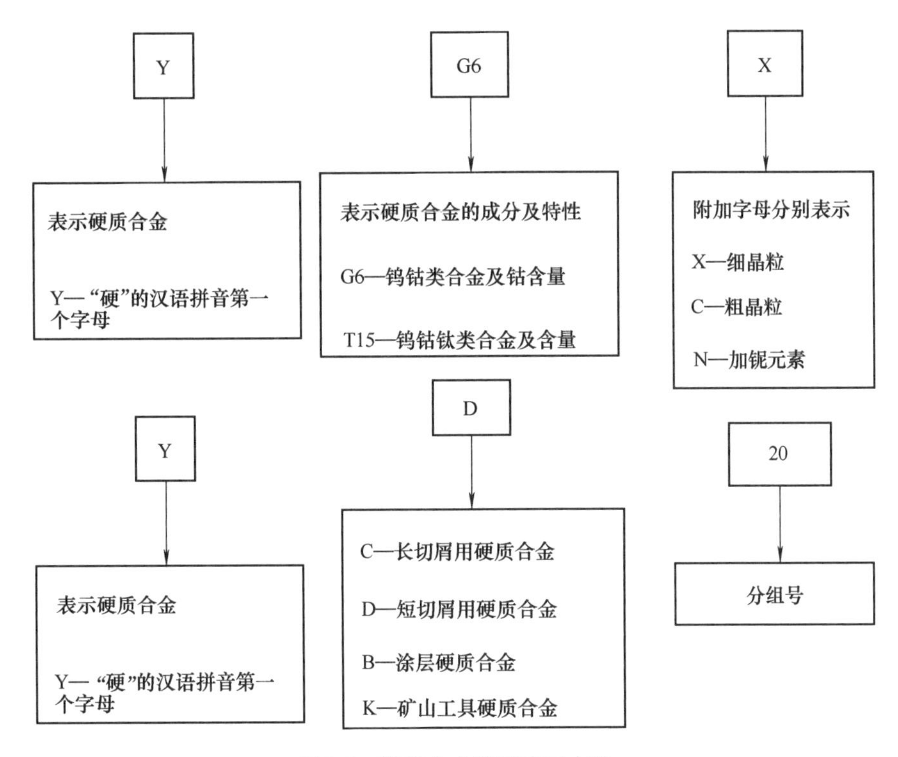

图 3-1 硬质合金牌号表示方法

表 3-1 常用硬质合金的使用范围

牌号	使用性能	使用范围
YG3	在 YG 类合金中，耐磨性仅次于 YG3X、YG6A，能使用较高的切削速度，但对冲击和振动比较敏感	适合铸铁、有色金属及其合金、非金属材料的连续精车和半精车
YG3X	属细晶粒合金，是 YG 类合金中耐磨性最好的一种，但冲击韧度较差	适合铸铁、有色金属及其合金的精车，精镗等，亦可适用于淬硬钢及钨材料精加工
YG6	耐磨性较高，但低于 YG6X、YG3X 及 YG3	适合铸铁，有色金属及其合金，非金属材料连续切削时的粗车、间断切削时的半精车、精车
YG6X	属细晶粒合金，其耐磨性较 YG6 高，而使用强度接近 YG6	适合冷硬铸铁，合金铸铁、耐热钢的加工，亦适于普通铸铁的精加工，并可用于制造机器仪表工业用的小型刀具
YG8	使用强度较高，抗冲击和抗振动性能较 YG6 好，耐磨性和允许的切削速度较低	适合铸铁，有色金属及其合金、非金属材料的粗加工
YG8C	属粗晶粒合金，使用强度较高，接近 YG11	适合重载切削下的车刀、刨刀等
YG6A	属细晶粒合金，耐磨性和使用强度与 YG6X 相似	适合硬铸铁，灰铸铁，球墨铸铁，有色金属及其合金、耐热合金钢的半精加工，亦可用于高锰钢、淬硬钢及合金钢的半精加工和精加工
YT5	在 YT 类合金中，强度较高，抗冲击和抗振动性能最好，但耐磨性较差	适合碳钢及合金钢不连续面的粗车、粗刨、半精刨、粗铣、钻孔等
YT14	使用强度高，抗冲击性能和抗振动性能好，但较 YT5 稍差，耐磨性及允许的切削速度较 YT5 高	适合碳钢和合金钢的粗车，间断切削时的半精车和精车，连续面的粗铣等
YT15	耐磨性优于 YT14，但抗冲击韧度较 YT14 差	适合碳钢与合金钢加工中，连续切削时粗车、半精车及精车，间断切削时的断面精车，连续面的精铣与半精铣等

（续）

牌号	使用性能	使用范围
YT30	耐磨性及允许的切削速度较 YT15 高，但使用强度及冲击韧度较差，焊接及刃磨极易产生裂纹	适合碳钢及合金钢的精加工，如小断面精车、精镗、精扩等
YW1	扩展了 YT 类合金的使用性能，能承受一定的冲击负荷，通用性较好	适合耐热钢、高锰钢、不锈钢等难加工材料的精加工，也适合一般钢材和铸铁及有色金属的精加工
YW2	耐磨性稍次于 YW1 合金，但使用强度较高，能承受较大的冲击负荷	适合耐热钢、高锰钢、不锈钢及高级合金钢等难加工钢材的精加工、半精加工，也适合一般钢材和铸铁及有色金属的精加工
YN10	耐磨性和耐热性好，硬度与 YT30 相当，强度比 YT30 稍高，焊接性能及刃磨性能较 YT30 好	适合碳素钢、合金钢、不锈钢、工具钢及淬硬钢的连续面精加工。对于较长件和表面粗糙度值要求小的零件，加工效果尤佳
YN05	硬度和耐磨性是硬质合金中最高者，耐磨性接近陶瓷，但抗冲击和抗振动性能差	适合钢，淬硬钢，合金钢、铸铁和合金铸铁的高速精加工，及工艺系统刚性特别好的细长件精加工

1. 钨钴类硬质合金

钨钴类硬质合金代号为 YG，该类硬质合金由 WC 和 Co 组成，常温硬度为 89～91HRA，耐热性达 800～900℃。常用牌号有 YG3、YG6、YG8 等。YG 类硬质合金是硬质合金中抗弯强度和冲击韧度较好者，特别适合于加工切屑呈崩碎状（短切屑）的脆性材料。加工脆性材料时，切削刃和屑接触长度较短，切削刃附近压强较大，采用 YG 类合金可减少由于切削力集中在切削刃附近而产生的崩刃。由于 YG 类合金磨削加工性好，切削刃可以磨得锋利，也适于有色金属及非金属材料加工。同时，YG 类合金导热性比 YT 类好，例如 YG8 的热导率为 YT15 的两倍多，在加工导热性差的高温合金时用 YG 类比 YT 类有利于降低切削区温度。YG 类硬质合金随含钴量的增加，其硬度降低，抗弯强度增加，承受冲击的能力增强，适于粗加工。反之，则硬度、耐磨性和耐热性增加，允许更高的切削速度，但强度和韧性降低，适于精加工。

YG 类硬质合金有粗晶粒、中晶粒和细晶粒之分，其中 WC 相平均晶粒尺寸分别大于 3μm、2μm 和 1μm。细晶粒硬质合金适于加工精度高，表面粗糙度值要求小和需要刀刃锋利的切削加工。

2. 钨钛钴类硬质合金

钨钛钴类硬质合金代号为 YT，该类硬质合金含有 5%～30% 的 TiC。常用牌号有 YT15、YT5 等。因 TiC 的硬度和熔点比 WC 高，故此类合金的硬度、耐磨性和耐热性（900～1000℃）均比 YG 类合金高，但抗弯强度和冲击韧度降低。主要适合于加工切屑呈带状（长切屑）的钢料等塑性材料。因为加工钢及其合金时，塑性变形大，且刀和屑接触长度较大，与切屑之间的摩擦剧烈，故切削温度较高。要求刀具材料有更好的耐热性和耐磨性。合金中 TiC 的含量增多时，耐磨性和耐热性就提高，但强度降低、脆性增大。粗加工时，宜选 TiC 含量较少的牌号；精加工时，宜选用 TiC 含量较多的牌号。但随着 TiC 含量的增多，其导热性变差，焊接和刃磨时容易产生裂纹，使用时要特别注意。

3. 钨钛（铌）钴类硬质合金

在 YG 类硬质合金中加入少量的稀有高熔点金属碳化物（碳化钽 TaC 和碳化铌 NbC），

能阻止 WC 晶粒在烧结过程中长大，起到细化晶粒的作用，显著地提高了硬质合金的高温硬度、高温强度和耐磨性，扩展了 YG 类硬质合金的使用性能。国产这类硬质合金牌号很多，有 YA6、YG8N 和 YT726 等。它不但适合于加工冷硬铸铁、有色金属及其合金的半精加工，也能用于高锰钢、淬火钢、合金钢及耐热合金钢的半精加工和精加工。

在 YT 类合金中加入少量的 TaC（NbC），可使高温硬度提高约 50～100HV，并提高抗弯强度和冲击韧度，也扩展了 YT 类合金的使用性能，有所谓的“通用合金”之称。

这类硬质合金在国内外发展极为迅速，品种繁多，大体上分为三类：

（1）通用硬质合金类。这类硬质合金中含 TiC 质量分数约为 4%～10%，TaC（NbC）质量分数约为 4%～8%，Co 质量分数约为 6%～8%。我国最早生产的牌号有 YW1、YW2，其综合性能较好，适用范围较宽，既能加工钢料等塑性材料，又可以加工铸铁等脆性材料。但其性能在加工铸铁时仍不及 YG 类加 TaC（NaC）类合金，加工钢时也不及高碳化钛类的 YD 系列合金。

（2）铣削硬质合金类。这类硬质合金中含 TiC 质量分数一般小于 10%，TaC 质量分数高达 10%～14%，Co 质量分数约 10%。硬质合金中添加较多的 TaC，能有效地提高抗力学冲击和热冲击的性能；有较好的抵抗裂纹扩展的能力。因有较高的含 Co 量，使抗弯强度提高，因而能承受铣削加工中的冲击负荷。国产牌号的 YS30、YDS15、YS25、YT798、YT758 等都属于此类硬质合金。

（3）高碳化钛类。这类硬质合金 TiC 质量分数一般在 10% 以上，有的高达 30%，TaC（NbC）质量分数约 5% 以下。其特点是具有高的常温硬度和高温硬度、优良的耐磨性、适中的强度。这类硬质合金可用来代替各种等级的 YT 类普通硬质合金。国产牌号 YC35、YC45、YT712、YT715 及 YD 系列中的 YD03、YD05、YDO5F、YD15 和 YD20 皆属此类合金，且 YD 系列合金为细晶粒。表 3-2 是钨钛钽（铌）钴类合金的部分国产牌号及使用性能。

表 3-2　国产钨钛钽（铌）钴类合金的部分国产牌号及使用性能

牌号	主要力学性能		性能及适用范围
	硬度 HRV	抗弯强度/GPa	
YG8N（YG8A）	91	1.5	高温切削时热硬性好，适用于硬铸铁、球墨铸铁、白口铸铁及有色金属粗加工，亦适用于不锈钢的粗、半精加工
YT05	92.5	1.2	耐磨性高，热硬性优良，适用于碳素钢、合金钢和高强度钢的高速精加工和半精加工，亦适用于淬火钢及含钴较高的硬质合金的加工
YW3	≥92	1.3	耐磨性和热硬性很好，韧性中等，适用于耐热合金、高强度钢、低合金超强度钢的精加工和半精加工、冲击小时的粗加工
YM10（YW4）	92	≥1.25	具有极好的耐高温性能和抗粘结性能，适用于碳钢、除镍基以外的大多数合金钢、调质钢、特别适用于耐热不锈钢的精加工
YS30（YTM30）	≥91.0	1.8	抗冲击和抗热振性能好，适用于大进给高效率铣削各种钢材及合金钢
YDS15（YGM）	≥92	1.7	耐磨性好，抗冲击抗热振性好，是粗、精铣削各类铸铁的专用合金

（续）

牌号	主要力学性能		性能及适用范围
	硬度HRV	抗弯强度/GPa	
YS25（YTS25）	≥91	2.0	耐磨性及韧性均好，有较高的抗冲击抗热振性能，适用于碳钢、铸钢、高强度钢及合金钢的粗车、铣削、刨削
YC35（YT35）	≥91	2.0	有高的强度和优良的抗冲击性能，适用于各类钢材，尤其是铸件表面粗车
YC45（YT50）	≥90.5	2.0	有高的强度和优良的抗冲击性能，适用于重型负荷刀具，粗车铸件及各种有外皮的钢锻件
YT720	≥92	≥1.4	耐磨性优良，热硬性好，适用于高温合金、冷硬铸铁、合金铸铁、淬火钢、喷焊材料及高强度钢的精加工和半精加工
YT707	≥92	≥1.4	耐磨性优良，综合性能好，适用于高强度合金钢的精加工及半精加工，最适合加工高速钢与45钢的对焊件
YT712	≥91.5	≥1.3	综合性能好，抗冲击能力强，适用于高强度合金钢、高猛钢及硅钢片组合件的粗加工及半精加工，也可加工不锈钢
YT767	≥91.5	1.5	抗冲击抗振性好，适用于合金钢、铸钢、高锰钢、不回火铸钢、白口铸铁的加工，可用于铣削加工
YT798	>91	≥1.5	韧性好，抗热振和塑变能力强，适用于铣削中等硬度的合金结构钢、合金工具钢，以及高猛钢、不锈钢的深孔加工
YT758	≥91.5	≥1.4	热稳定性、抗氧化性能优于YW2，适用于加工超高强度钢、淬硬钢、轧辊及喷焊件的铣削和断续切削，可用于硬齿面滚齿
YT715	≥91.5	≥1.18	有较高的耐磨性和热硬性，适用于高强度合金钢的半精和精加工，如高强石油管螺纹的加工
YT540	89.5	1.9	属高钴低钛粗晶粒合金，有较高的强度和冲击韧度、高温性能优于YT5，适用于在重负荷强力切削有严重夹砂、冒口、氧化皮的大型铸件和钢锻件
YT535	90.5	1.8	具有较好的耐磨性和热稳定性，能承受较大冲击负荷，适用于重负荷粗加工铸钢件和锻件，以及车、铣冒口和外皮等
YG546	89.5	2.1	加入少量TiC和TaC（NbC）属较粗晶粒硬质合金、韧性好、抗冲击能力强，是一种重型粗加工牌号，适用于奥氏体不锈钢板焊接件的加工，以及铸铁、有色金属等的断续粗车、粗刨、粗铣等
YW15	92	1.3	韧性比YW1略好，热硬性好，能承受一定的冲击负荷，既可代替YT15，也可代替YG6、YG8使用
YTT YTN	92.5	1.2	热硬性较好，能承受一定冲击，适用于精加工淬火钢，半精加工不锈钢，以及车削铬锰硅钢螺纹等
YD03	92.5	0.9	耐磨性、抗振性比YT30好，但仍对冲击和振动敏感，适用于碳钢和合金钢的精加工和半精加工
YD05	91.5	1.15	韧性比YD30好，热硬性和耐磨性比YT5和YW1高，适用于高强度铬锰硅难加工钢材的精加工和半精加工
YD05F	≥90	≥0.93	耐磨性优于YD05，比YT30提高1～5倍，适用于碳钢、合金钢，尤其适用于高强度合金钢，铬锰硅钢、镍铬钼钒钢的精加工

（续）

牌号	主要力学性能		性能及适用范围
	硬度HRV	抗弯强度/GPa	
YD10	92	1.3	韧性比YD05好，耐磨性比YT15和YW3高，适用于铬、钨、铜、钒等合金材料的半精加工和精加工
YD15	≥90.5	≥1.25	有较好的抗冲击抗振能力，不易崩刃，适用于碳钢、合金钢、高强度合金钢的粗加工
YD25	90	1.4	有很高的使用强度和极好的抗冲击性能，寿命比YT5高，适用于碳钢、合金钢、高强度合金刚的粗加工、锻件铸件的表皮加工及不平整断面与间断切削
T40	92.5	0.9	耐磨性好，允许切削速度较高，适用于加工60HRC的淬火钢
T20	92	1.1	耐磨性好，高温硬度与强度大于YT30，适用于碳钢、合金钢的精加工，也可加工60HRC的淬火钢
M2	≥90	≥1.7	耐磨性好，高温硬度和强度高，抗冲击和抗热振能力强，适用于碳钢、合金钢的铣削和高强度合金钢和高锰钢的加工
M3	89.5	1.9	有优良的抗冲击能力和耐磨性，适用于车削加工高强度合金钢、高锰钢和硅钢片组合件
Y105	92.5	1.2	硬度高、耐磨性好，适用于淬火钢30CrMnSi的高速精加工
Y130	90	1.8	耐磨性较好，冲击韧度高，适用于高锰钢、铸钢在不利条件下的低速粗加工和铣削
YW1A	91.5	1.2	基本性能与YW1相当，适用于耐热钢，一般钢材、铸铁的半精加工和精加工
YW2A	90.5	1.35	基本性能与YW2相当，适用于耐热钢材，一般钢材及铸铁的粗加工和半精加工
TTX	91.5	1.6	用于合金钢、非合金钢、不锈钢及铸钢件的精车，特别适用于仿形车床
TTM	90.5	1.9	用于合金钢、非合金钢、不锈钢及铸钢件、可锻铸件的粗车和精车以及铣削加工
TTR	90	2.3	用于钢材的粗车和粗刨、非金属材料的加工
AT15	91.5	1.4	用于灰铸铁、球墨铸铁、可锻铸铁、不锈钢、耐热钢和普通钢材的粗车和铣削

4. 碳化钛基硬质合金

碳化钛基硬质合金代号为YN，该类硬质合金以TiC为主要成分，加入少量WC和NbC、以镍（Ni）和钼（Mo）为粘结剂，压制烧结而成。株洲硬质合金厂生产的牌号有YN05和YN10；北方工具厂生产的牌号有YN01和YN15；其中YN01、YN10的硬度和耐热性是硬质合金中最高的（93～92.5HRA，耐热性1000～1300℃），已接近和达到陶瓷的性能，有很好的耐磨性（比YT类高1～3倍）和化学稳定性。与钢料的亲和力小，不易粘刀和产生积屑瘤。切削速度介于碳化钨类硬质合金和陶瓷之间，可达5～6.67m/s。对合金钢、工具钢、淬硬钢等材料高速精加工时，其性能优于YT30。但由于强度和韧性较低，弹性模量比WC基硬质合金低50%，且导热性较差，其抗塑变和崩刃性差，故不适宜有冲击负荷的粗加工和低速切削，也不适宜加工高温合金、耐热不锈钢、有色金属和某些铸铁。但据有关资料介绍，在加工球墨铸铁和可锻铸铁时，其性能可与陶瓷刀具媲美。表3-3是部分国产碳（氮）化钛基硬质合金的性能和使用范围。

表3-3　部分国产碳（氮）化钛基硬质合金的性能和使用范围

牌号	力学物理性能			使用范围	相当于ISO
	密度 /$g\cdot cm^{-3}$	硬度 HRA	抗弯强度/GPa		
YN10	6.3	92	1.10	耐磨性和热稳定性较高，抗冲击和抗振动性能差。焊接性能及刃磨性能均较YT30好。适用于碳素钢、合金钢、不锈钢、工具钢及淬硬钢的连续面精加工。对于较长零件和表面要求光洁的零件，加工效果尤佳	P05
YN05	5.9	93	0.90	耐磨性接近陶瓷，热稳定性好，高温抗氧化性优良。抗冲击和抗振动性差。适用于钢、淬硬钢、合金钢、不锈钢、铸钢和合金铸铁的高速精加工，及工艺系统刚性特别好的细长件精加工	P01
YN01	5.3~5.9	93	0.80	耐磨性高，抗氧化性能好，允许较高的切削速度。适用于碳钢、铬、锰、硅钢等合金钢的精加工	P01
YN15	7.1~7.5	90.5	1.25	耐磨性较好，磨削性能好，有较好的强度和韧性。适用于一般钢材的精加工和半精加工	P15
YN501	5.5~6.0	93	0.90	适用于高速、小切削断面连续切削碳钢及合金钢，要求无振动的良好工作条件	P01
YN510	6.0~6.5	91~92	1.25	适用于高、中速，中、小切削断面连续或轻断续切削碳钢、合金钢及铸铁	P10
YN501N	6.0~6.5	93	1.0	适用于高速、中、小切削断面连续切削碳钢、合金钢及铸铁，要求较好的工作条件	P01 K01
YN510N	6.0~7.0	91~92	1.20~1.40	适用于中速、中、小切削断面连续、轻断续切削碳钢、合金钢及铸铁	P10
YN520N	6.0~7.0	91	1.40~1.60	适用于中、低速、中等切削断面连续、断续切削碳钢及合金钢	P20

（三）新型硬质合金

1. 超细晶粒硬质合金

这种硬质合金在细化碳化物颗粒的同时增加粘结剂含量，钴质量分数一般为9%~15%，使粘结层保持一定厚度。这种合金由于硬质相和粘结相的高度均匀分散，增加了粘结面积，就可在提高硬质合金的硬度和耐磨性的同时，也提高其抗弯强度。平均晶粒尺寸为0.5~1μm者称亚微细晶粒合金；平均尺寸在0.5μm以下者称超细晶粒合金（WC颗粒尺寸为0.2~1μm，大部分在0.5μm以下）。超细晶粒结构多用于YG类合金（K类），但近年来P类和M类合金也向晶粒细化的方向发展。

超细晶粒硬质合金与普通晶粒硬质合金相比，主要有以下特点：

（1）提高了硬质合金的硬度和耐磨性。试验指出：当WC晶粒的平均尺寸由5μm减小到 1μm 时，可使硬质合金的耐磨性提高 10 倍。因此，它适于加工高硬度难加工材料。

（2）提高了抗弯强度和冲击韧度。部分超细晶粒硬质合金的强度已接近高速钢，因此，超细晶粒硬质合金有很高的切削刃强度。允许用低速切削（v_c <0.03 ~1.0m/s）和断续切削而可避免崩刃现象，适合做小尺寸的铣刀、钻头、切断刀等。

（3）适用于小进给量和小背吃刀量的精细切削。由于超细晶粒硬质合金晶粒极细，可以磨出非常锋利的刀刃（经仔细刃磨的切削刃钝圆半径 r_n 约为粗晶粒的 2/5 ~1/2）和刀尖圆弧半径，并采用较大的前角。

2. 涂层硬质合金

涂层硬质合金是在普通硬质合金刀片表面，采用化学气相沉积（CVD）或物理气相沉积（PVD）的工艺方法，涂覆一薄层（约 5 ~12μm）高硬度难熔金属化合物（TiC、TiN、Al_2O_3等）。这样，可使刀片既保持了普通硬质合金基体的强度和韧性，又使表面有更高的硬度（可达 1500 ~3000HV）和耐磨性，更小的摩擦因数和高的耐热性（达 800 ~1200℃）。实践证明，涂层刀片在高速切削钢件和铸铁时能获得良好效果，比未涂层刀片的刀具寿命提高 1 ~3 倍，高者可达 5 ~10 倍。此外，涂层刀片通用性好，一种涂层刀片可代替几种未涂层刀片使用，大大简化了刀具管理和降低了刀具成本，获得较好的经济效益。

TiC 涂层：TiC 涂层的化学气相沉积法，是将基体刀片送入四氯化钛、氢气和甲烷的蒸气混合气体中，在 1000℃高温时产生反应物（TiC），沉积在刀片表面上，其反应为

$$TiCl_4 + CH_4 + (H_2) \xrightarrow{1000℃} TiC + 4HCl + (H_2)$$

其主要特点是 TiC 涂层有很高的显微硬度和耐磨性。抗磨料磨损的能力强，切削速度可提高 40% 左右。由于 TiC 涂层的线膨胀系数与硬质合金基体较接近，故与基体结合较牢固。但涂覆工艺控制不当时，涂层与基体间易产生脱碳层，会降低刀片涂层强度，在重切削时易崩刃。故涂层厚度一般限制在 5 ~8μm。

TiN 涂层：TiN 涂层的化学气相沉积法的反应式为

$$2TiCl_4 + N_2 + 5H_2 \xrightarrow{1000℃} 2TiN + 8HCl + H_2$$

TiN 涂层的主要优点是与铁基金属的亲和力比 TiC 更小，抗粘结能力和抗扩散能力更好。虽然 TiN 涂层的显微硬度不及 TiC 涂层，抗后面磨损能力稍差，但与切屑的摩擦因数较小，抗前面月牙洼磨损性能比 TiC 涂层优越。最适合切削易粘刀的材料，使已加工表面粗糙度值减小，刀具寿命提高。TiN 涂层的缺点是与基体粘接强度比 TiC 涂层差，这是因为 TiN 不仅对铁族金属不易扩散，而且对硬质合金基体也难以扩散而造成的。但 TiN 涂层易于沉积和控制，涂层可涂得较厚（8 ~12μm），且涂层外表呈美丽的金黄色或古铜色。

Al_2O_3涂层：Al_2O_3涂层的化学气相沉积法的反应式为

$$2AlCl_3 + 3CO_2 + 3H_2 \xrightarrow{1000℃} Al_2O_3 + 3CO + 6HCl$$

Al_2O_3是超硬化合物中化学稳定性最好的一种材料，在高温切削时，具有优越的抗高温氧化性能和抗前面月牙洼磨损的性能，适于高速加工钢和铸铁。但抗后面磨损（磨料磨损）性能稍差，且和基体之间的结合强度也不够理想。重切削和间断冲击切削时，涂层有崩刃和剥落现象。

TiC-TiN 复合涂层：先涂 TiC，后涂 TiN，涂层总厚度可增至 10μm，它兼顾了 TiC 层和 TiN 涂层的优点，扩大了涂层刀片的综合性能和适用范围。此外，还有 TiC + Ti(CN) + TiN

三涂层刀片，CN15、CN25 和 CN35、CN16、CN26 即是株洲硬质合金厂生产的这类涂层刀片。前三种用于切削钢材，它们分别是在耐磨性良好，耐磨性和韧性适中以及韧性良好的 YW 和 YT 类硬质合金基体上进行涂覆的，以适应不同条件下的切削。后两种用于加工铸铁和有色金属、选 YG 类硬质合金做基体。其目的是一旦涂层磨损后，刀具仍能顺利进行切削加工。

TiC-Al_2O_3涂层：该涂层综合了 TiC 涂层与基体结合牢固，并有较高抗磨料磨损性能及Al_2O_3涂层有较高的热稳定性和化学稳定性的优点。这种复合涂层刀片能像陶瓷刀一样高速切削。复合涂层刀具寿命比 TiC、TiN 涂层刀片高，又可避免陶瓷刀易崩刃的缺点。CA15、CA25 即是株洲硬质合金厂生产的这类涂层刀片，它们分别是在耐磨性良好和耐磨性、韧性适中的硬质合金基体上进行涂覆的。

复合涂层刀片能兼顾各涂层的优点，扩大适用范围。复合涂层刀片往往最先涂覆 TiC 涂层的原因，除了它与基体结合牢固，并有较好的抗磨料磨损的优点外，由于它的热导率小还能起到热屏障和机械消振器的作用，阻止热传到刀片上，使基体在切削过程中保持较冷状态，还能防止由于基体或刀刃的变形而使涂层剥落。多于三涂层的刀片如四涂层、五涂层也都在试验研究中。多涂层刀片由于涂层极薄，内应力比单涂层小得多。多涂层刀片的最后涂层常采用摩擦因数很小的材料，且涂层极薄（1μm 以下）。该极薄涂层的作用是有效减少切削开始时的摩擦，使最初的切屑流既流畅又均匀，以便迅速达到稳定的加工状态，提高刀片寿命。

目前，涂层刀片主要用于车削加工，还不能完全取代未涂层刀片的使用。在选用涂层刀片时，要注意以下几点：

（1）硬质合金刀片在涂覆后强度和韧性都有所下降，不适合重负荷或冲击大的粗加工，也不适合高硬材料的加工。

（2）为增加涂层刀片的刀刃强度，涂层前，切削刃须经钝化处理，因而刀片切削刃锋利程度减小，不适合进给量很小的精密切削。

（3）涂层刀片在低速切削时容易产生剥落、崩刃现象。

3. 高速钢基硬质合金

以 TiC 或 WC 作硬质相（约占30% ~40%），以高速钢作粘结相（约占60% ~70%）用粉末冶金的方法制成，其性能介于高速钢和硬质合金之间。能够锻造、切削加工、热处理和焊接。常温硬度可达 70 ~75HRC，耐磨性比高速钢提高 6 ~7 倍。切削用高速钢基硬质合金可用来制造钻头、铣刀、拉刀及滚刀等复杂刀具，适用于加工不锈钢、耐热钢及有色金属合金。高速钢基硬质合金导热性差，容易过热、切削时要求充分冷却。其高温性能较硬质合金差，不宜用于高速切削。

（四）涂层高速钢刀具

高速钢涂层技术，是在精加工后的高速钢刀具表面涂覆一层 2 ~6μm 厚的高硬度、高熔点耐磨材料，如 TiN、TiC，也有采用 HFN 和 Al_2O_3 的。这样，可使刀具表层有比高速钢基体（显微硬度为 850HV）高得多的硬度（TN 为 1800 ~2100HV，TiC 为 3200 ~3250HV），较大地提高了刀具的耐磨性，并可提高刀具寿命 2 ~10 倍，加工效率提高 50% ~100%，可获得显著的经济效益。

高速钢表面涂层工艺与硬质合金表面涂层技术类同，有化学气相沉积（CVD）和物理气相沉积（PVD）两种。由于 PVD 工艺的涂层温度（300～500℃）低于高速钢的回火温度，涂层后的高速钢基体硬度不下降，刀具几何尺寸精度可控制在精度范围内，故发展应用很快。国外的高速钢刀具大都采用 PVD 工艺。我国已有厂家引进涂层设备和技术，应用也日趋广泛。目前 PVD 法主要是采用 TiN 涂层工艺。

高速钢涂层适用以下刀具。

1. 沿前面重磨的复杂刀具

这类刀具有插齿刀、滚刀、成形刀具及拉刀等。其磨损主要发生在后面上，常因后面磨损值超过允许的磨损限度而需重磨。刀具重磨后，保持了后面涂层，对刀具寿命的降低比沿后面重磨的刀具要小（重磨后一般降低约 50%），比未涂层刀具寿命仍可提高两倍左右，经济上较为合理。

2. 用于加工难加工材料时的刀具

这类刀具有钻头、丝锥等。当用未涂层高速钢刀具加工难加工材料时，刀具寿命很低，甚至不能加工。这时，采用涂层刀具是提高刀具寿命，解决生产关键的有效措施。涂层高速钢刀具可直接加工调质的中硬（小于等于 42HRC）毛坯材料。如用 M8×1.25 普通高速钢涂层丝锥加工 45 调质钢（240～290HB）时，比未涂层丝锥的平均寿命提高 4.3 倍。

采用 PVD 方法涂层的高速钢刀具，由于涂层温度较低，涂层和基体间基本没有扩散层，而是机械涂覆。为使涂层结合牢固，被涂刀具的前、后面表面粗糙度值 Ra 不宜大于 0.8μm，表面必须处理清洁，刀尖应有圆角或过渡倒棱。

使用涂层高速钢刀具时，宜采用比未涂层刀具较高的切削速度，不宜产生过大的切削振动和冲击，以防涂层产生非正常剥落。重磨时一般应将磨损带全部磨去，即将磨完时要进行精磨，以防止涂层的剥落。

四、陶瓷材料

（一）陶瓷刀具材料的组成及性能特点

陶瓷刀具材料的主要成分是硬度和熔点都很高的 Al_2O_3、Si_3N_4 等氧化物、氮化物，再加入少量的金属碳化物、氧化物或纯金属等添加剂。该材料也是采用粉末冶金工艺方法经制粉，压制烧结而成。

目前陶瓷刀具材料品种较多，根据其组成成分的不同，其主要类型有：Al_2O_3 陶瓷、Al_2O_3 金属陶瓷、Al_2O_3-碳化物陶瓷、Al_2O_3-碳化物金属陶瓷、Si_3N_4 陶瓷、Al_2O_3-Si_3N_4 陶瓷、Al_2O_3-Si_3C_4 晶须增强陶瓷等。

陶瓷刀具材料的性能除了与组成成分有关外，还与压制烧结工艺方法密切相关。目前有三种压制烧结方法：

（1）冷压烧结法（简称 C·P）。该方法是冷压成形然后高温烧结。由冷压烧结的陶瓷刀片一般密度较低，晶粒较大，抗弯强度和韧性较低。

（2）热压烧结法（简称 H·P）。该方法是热压成形并烧结。所制陶瓷刀片密度高，烧结温度可以降低，从而有利于抑制晶粒在烧结过程中的长大。但热压法只能采用单轴式加压，致使陶瓷刀片产生各向异性，降低使用性能。且不能压制带断屑槽或带孔的陶瓷刀片。

（3）热等静热法（简称 H·I·P 法）。该方法是冷压成形然后在保护气氛下高压、高温烧结，克服了热压烧结法各向异性和冷压烧结法晶粒粗大的缺点。但该方法成本较高。

陶瓷刀具材料与硬质合金相比，主要有下列特点：

（1）有很高的硬度和耐磨性。陶瓷的硬度达91～95HRA，超过硬质合金，其耐磨性为一般硬质合金的5倍。因此，具有比硬质合金更高的寿命。加工钢材时，寿命可高达硬质合金的10～20倍，在高速切削时，约为碳化钛基硬质合金的两倍。

（2）有很好的高温性能。陶瓷刀具有很高的高温硬度，当切削温度达760°时，硬度为87HRA（相当66HRC）；1200℃时，仍能保持80HRA的硬度。可见，陶瓷刀具在1200℃以上的高温下仍可进行切削。

尽管陶瓷材料在常温下的抗弯强度较低，但在高温时却降低很少。在1000℃以上时，接近硬质合金的抗弯强度。陶瓷在高温下的抗压强度很高，1100℃以下的抗压强度相当于钢在室温下的抗压强度，表明在高温时抗塑性流动性好。当温度达1350℃时，Al_2O_3烧结体才开始塑性变形。

由于陶瓷刀具的优良高温性能，使它适合于高速切削，允许的切削速度比硬质合金提高2～6倍。

（3）有很好的化学稳定性和抗粘结性能。陶瓷与金属的亲和力较小，Al_2O_3陶瓷的化学惰性优于TiC、WC和Si_3N_4，它与金属相互反应的能力比很多碳化物、氮化物、硼化物都低，即使在熔化温度与钢也互不作用。Al_2O_3与钢产生粘结的温度在1538℃以上，比硬质合金中各碳化物的粘结温度都高，从而使粘结磨损减少。Al_2O_3在高温下不易氧化，即使切削刃处于赤热状态，也能长时间连续切削。这些特性对高速切削和加热切削都有重要意义。

（4）摩擦因数低。陶瓷刀具材料切削时的摩擦因数较低，例如，用LT－55陶瓷切削45淬硬钢（45～55HRC）时的摩擦因数为0.47～0.75；用SG－4陶瓷切削时摩擦因数为0.32～0.77；而用YT05硬质合金切削时，摩擦因数为0.46～0.9，从而减小了刀屑、刀具和工件之间的摩擦，产生粘结和积屑瘤的可能性减小。这不但减小了刀具磨损，提高了刀具寿命，而且使已加工表面的表面粗糙度值减小。有时，还可获得以车代磨，以铣代磨的效果。在高速精车和精密铣削时，被加工工件可获得镜面效果。此外，由于摩擦因数较小，切削力也比硬质合金刀具要小。

（5）强度和韧性差，热导率低。陶瓷刀具材料的最大缺点是脆性大，抗弯强度和冲击韧度比硬质合金低，承受冲击负荷的能力差。加之陶瓷的热导率小，其热导率仅是硬质合金的1/5～1/2，而热膨胀系数却比硬质合金高10%～30%，所以，热冲击性能很差。当温度发生显著变化时，容易产生裂纹，导致刀片破损；切削时，一般也不宜使用切削液，这些缺点大大限制了陶瓷刀具的使用范围。

（二）陶瓷刀具材料的主要类型

1. 氧化铝陶瓷

这类陶瓷是第一代陶瓷刀具材料。它包括纯Al_2O_3陶瓷和以Al_2O_3为主体、添加少量玻璃氧化物MgO、NiO、TiO_2、Cr_2O_3等，经冷压烧结组成的陶瓷，俗称白陶瓷。添加玻璃氧化物的作用是降低烧结温度，避免晶粒过分长大，提高陶瓷的强度，但使高温性能有所降低。这类陶瓷抗弯强度较低，抗冲击能力差，切削刃容易产生微崩；但高温性能很好，适用于高速小进给量半精加工铸铁和钢材。

2. 氧化物-碳化物系陶瓷

将一定百分比的碳化物（TiC、WC、TaC、NbC、Mo_2C、Cr_3C_2等）添加到Al_2O_3中热压烧结而成（俗称黑陶瓷）。使用最多的碳化物是TiC，在Al_2O_3陶瓷中加入适量的TiC后，可提高陶瓷的强度和抗冲击性能。目前，热压Al_2O_3-TiC陶瓷的平均硬度可达93.5～94.5HRA，抗弯强度可达0.9～1GPa。适于高速粗、精加工耐磨铸铁、淬硬钢及高强度钢等难加工材料。与纯Al_2O_3陶瓷相比，Al_2O_3-TiC陶瓷的抗弯强度无论在常温还是高温下，都高于Al_2O_3陶瓷，而且高温（1000℃以上）下，其下降速度较慢。低温时Al_2O_3-TiC陶瓷的硬度略高于Al_2O_3陶瓷。

Al_2O_3-TiC陶瓷的耐热冲击性能和TiC的比率有关，当TiC质量分数为30%时，热裂纹深度最小，寿命显著提高。

我国生产的CH29、CH30M16（原牌号T8），SG3、SG4、SG5属这类陶瓷。后两种还加入了WC成分。M16陶瓷质量分数$Al_2O_3$60%～70%、TiC30%～40%、外加0.5%的MgO，采用热压工艺。

3. 氧化物-碳化物-金属系陶瓷

在氧化物-碳化物陶瓷中添加粘结金属（如Ni、Mo、Co、W等）热压烧结而成。由于加了金属、提高了Al_2O_3与碳化物的连结强度，改善了使用性能，又称复合氧化铝陶瓷。这类陶瓷适于加工淬火钢、合金钢、锰钢、冷硬铸铁、镍基和钴基合金以及非金属材料，如纤维玻璃、塑料夹层材料等，是目前精加工冷硬铸铁轧辊的最佳材料。由于其抗振性能的改善，可用于间断切削及使用切削液的场合。

我国生产的TN05、TN10、TN20、TN30、M4、M5、M6、M8-1，LT35，LT55、AG2和AT6等都属于这类陶瓷。AT6陶瓷采用热压烧结工艺，其硬度为93.5～94.5HRA，抗弯强度大于0.9GPa，有较好的抗冲击韧性。如某水泵厂用AT6加工硬Ni铸铁（58～63HRC）时，背吃刀量达8～10mm，切削速度为1.67m/s，能获得较高的金属切除率。

4. 新型陶瓷

（1）氮化硅陶瓷。氮化硅（Si_3N_4）的显微硬度（3000～5000HV）仅次于金刚石、立方氮化硼和碳化硼而居第四位，是一种新研制的陶瓷刀具材料。这种陶瓷生产过程是将硅粉在1300～1400℃下通氮气后进行球磨，加少量助烧结剂，在1700～1750℃和2～3GPa压力下热压烧结而成。其主要特点是有良好的耐热性和抗热冲击性能。耐热性高达1300～1400℃，高于一般陶瓷，可进行高速切削。其热导率约为Al_2O_3陶瓷的2～3倍，而热膨胀系数只有Al_2O_3陶瓷的1/3左右，使得抗热冲击性能比Al_2O_3陶瓷提高1～2倍，有良好的抗崩刃性。据资料报道，国外生产的Si_3N_4陶瓷，抗弯强度已达1～1.5GPa。实验指出，无论在室温还是高温下，Si_3N_4陶瓷的疲劳强度都比Al_2O_3约高1倍。对于像断续车削或铣削等在刀尖处有交变应力作用的切削加工，Si_3N_4陶瓷能获得比Al_2O_3-TiC陶瓷更稳定的寿命。因此，Si_3N_4陶瓷不仅能进行淬硬钢、冷硬铸铁等材料的精加工和半精加工，而且还可以用于钢基硬质合金、镍基合金、玻璃钢材料的精加工和部分粗加工，还可用于一般陶瓷不能胜任的有硬皮铸件毛坯的切削。

国产Si_3N_4陶瓷的牌号有FD05、FD01、FD03、SM等，它是以氧化镁为添加剂的热压陶瓷，硬度91～94HRA，耐磨性介于一般陶瓷和立方氮化硼之间；抗弯强度为0.75～0.85GPa，介于一般陶瓷和YT30之间，冲击韧度相当于YT30。

此外，氮化硅陶瓷有自润滑性能，摩擦因数较小，抗粘结能力强，不易产生积屑瘤，且切削刃可以磨得锋利。可以加工出良好的表面质量，特别适合车削易形成积屑瘤的零件材料，如铸造硅铝合金等。用SM精车LD5铝合金时，如果车刀前、后面经仔细精磨。在 a_p = 0.05mm、f=0.028mm/r，v_c >5m/s 时，已加工表面粗糙度值可稳定达到 Ra =0.1～0.2μm。

(2) $Al_2O_3-Si_3N_4$陶瓷。该陶瓷是以高硬度且抗振性能良好的 Si_3N_4 为硬质相，以 Al_2O_3 为耐磨相，在1800℃进行热压烧结而成，且呈单相组织，是 Al_2O_3 在 Si_3N_4 中的固溶体，称之为 Si－Al－O－N (Sialon) 陶瓷，有人把它誉之为第三代陶瓷刀具材料。

Sialon 陶瓷有很高的硬度（92～95HRA）和抗弯强度（1～1.45GPa），因此有良好的抗力学冲击的性能、良好的高温性能和良好的耐热冲击能力。其抗热冲击性能是 Al_2O_3 陶瓷的3～4倍，是涂层硬质合金的80%。与 Si_3N_4 陶瓷相比，Sialon 陶瓷的抗氧化能力、化学稳定性、抗蠕变能力和耐磨性都有提高，并易于制造和烧结。

Sialon 陶瓷刀具适于软、硬铁基合金、镍基合金、钛合金及硅铝合金等材料的加工。加工铸铁时，切削速度可超过 15m/s，加工镍基高温合金的效果更加显著，切削速度能达到 2～4m/s，其金属切除率比硬质合金刀具可提高20倍。

(3) Al_2O_3-SiC 晶须增强陶瓷。SiC 晶须能提高陶瓷刀片的断裂韧性，因此 Al_2O_3-SiC 晶须增强陶瓷的断裂韧性大大提高，如美国 GreenLeaf 公司研制的 SiC 晶须增强陶瓷刀片 WG300，其断裂韧性为普通陶瓷刀片的2倍。

SiC 晶须增强陶瓷刀片很适用于加工 Ni 基合金、铸铁及有色金属，但不适于切削钢件，其主要原因是 SiC 几乎与所有钢件都会发生严重的亲和反应。

五、超硬刀具材料

(一) 人造金刚石

金刚石是碳的同素异构体，分天然金刚石和人造金刚石两种。人造金刚石是在高温（约2000℃）、高压（5～9GPa）和金属触媒作用的条件下，由石墨转化而成的。金刚石刀具的性能特点是：

(1) 有极高的硬度和耐磨性。人造金刚石的硬度高达 10000HV，比硬质合金的硬度（1300～1800HV）和陶瓷的硬度高几倍，是世界已发现的最硬材料。人造金刚石的耐磨性为硬质合金的60～80倍。

(2) 有锋利的切削刃。人造金刚石的切削刃钝圆半径很小，能进行超精密微量切削，使已加工表面冷硬层很小，尺寸精度和几何形状精度可达到3～1μm，表面粗糙度值可达到 Ra =0.02～0.006μm，可实现镜面加工。

(3) 有很高的导热性。人造金刚石有较低的线膨胀系数和摩擦因数。其热导率约为硬质合金的2～7倍，陶瓷的7～36倍，而热膨胀系数只有硬质合金的1/11和陶瓷的1/8。因此，切削热变形小，尺寸精度稳定。

(4) 耐热性较差。人造金刚石的温度超过800℃时就会碳化而失去切削能力，且与铁有较强的化学亲和力。高温时金刚石中的碳元素会很快扩散到铁中去，而使刃口破裂。因此，金刚石刀具一般不适于加工铁系金属。

(5) 强度很低。人造金刚石脆性大，抗冲击能力差，对振动很敏感，要求机床精度高、平稳性好，且只适于切削层面积不大的精细加工。

金刚石刀具可分为三大类：

（1）天然金刚石刀具。颗粒在0.5克拉（100mg）以上的单晶天然金刚石可作为刀具，主要用于有色金属及其合金，如铝、纯铜、黄铜、巴氏合金及铍铜等的高速超精密切削。其刃口极为锋利，刀具寿命极高。但天然金刚石韧性很差，抗弯强度也很低，只有硬质合金的1/4左右，不能承受振动，且天然金刚石的结晶体为各向异性，在不同的晶面上，其强度、硬度和耐磨性相差很大。拿硬度来讲，不同晶面的硬度值可相差1/3（8000～12000kg/mm^2）。刃口质量与结晶方向有关，在制造刀具时要考虑刃磨方向。

（2）人造聚晶金刚石刀具。人造聚晶金刚石是将金刚石微晶在高温高压条件下，烧结聚合成颗粒尺寸较大的多晶金刚石块（ϕ6～ϕ8mm），与天然金刚石比较，晶体结构没有各向异性的缺点。其抗弯强度和韧性有所提高，可直接镶焊或粘结在刀杆上使用，但切削刃不象单晶金刚石那样锋利，能达到的已加工表面质量比天然金刚石稍差些。对于人造聚晶金刚石刀具来说，影响使用性能的，主要是烧结体的粒度，粒度越细，刃口质量越好。

（3）复合聚晶金刚石刀具。这种金刚石刀具又称金刚石压层刀片。它是在硬质合金基体上烧结一层约0.5mm厚的聚晶金刚石，成为金刚石和硬质合金的复合刀片。金刚石压层刀片的聚晶结构没有方向性、性能稳定，其寿命比硬质合金高得多，强度和抗冲击能力也比单晶金刚石好得多，可用于切削层断面较大的切削，也能进行间断切削。金刚石压层刀片可像硬质合金刀片那样用机夹或镶焊方法固定在刀杆上使用，并可多次重磨。我国研制的FJ、JRS—F、JYF即属这类刀片。

综上所述，金刚石刀具主要用于高速条件下精细车削及镗削有色金属及其合金和非金属材料。特别在加工高硬度耐磨难加工有色金属合金以及非金属材料时，如高硅铝合金、强化塑料、耐火材料、陶瓷、玻璃及耐磨硬橡胶等，更加显示其优越性，如用聚晶金刚石刀具车削石英玻璃零件时，在切削速度比硬质合金提高50%的情况下，刀具寿命高100倍；用金刚石压层刀片加工玻璃纤维、强化塑料时，与K10硬质合金相比，寿命可提高150倍；加工掺有磨料的硬橡胶时，由于能保持锋利的切削刃，比K20硬质合金寿命高170倍。

金刚石刀具的具体选择原则可归纳为以下几方面：

（1）天然金刚石刀具。当表面质量要求极高，表面粗糙度值 $Ra<0.04\mu m$ 时，宜选用天然单晶金刚石刀具，在高精密机床上进行精细切削。

（2）细粒度的复合聚晶金刚石刀具。当表面粗糙度值 $Ra=0.04\sim0.10\mu m$ 时，可采用细粒度的复合聚晶金刚石刀具在精密机床上加工，a_p 值不宜过大。当加工表面粗糙度值 $Ra=0.1\sim0.4\mu m$ 时，可在一般精密机床上进行加工。

（3）粗粒度复合聚晶金刚石刀具。表面粗糙度值在 $Ra>0.4\mu m$ 时，这时刀具的耐磨性成为主要矛盾，可选用中等或粗粒度的复合聚晶金刚石刀具。

由于天然金刚石刀具比人造金刚石贵，且对使用人员和设备条件要求苛刻，只有在不得已的情况下才使用。

（二）立方氮化硼

立方氮化硼（简称CBN）是用六方氮化硼（俗称白石墨）为原料，利用超高温高压技术，继人造金刚石之后人工合成的又一种新型无机超硬材料。其结构与金刚石类似，是闪锌矿结构。其主要性能如下：

（1）硬度高。立方氮化硼具有仅次于金刚石的硬度（8000～9000HV）和耐磨性，比硬质合金和陶瓷高得多，能在较高切削速度下保持加工精度。加工淬火钢时，刀具寿命比硬质合金提高3~15倍。

（2）热稳定性好。立方氮化硼具有比金刚石更好的热稳定性，其耐热性可达1300~1400℃，其高温硬度高于陶瓷刀具。当温度高达1370℃以上时，才开始由立方晶体转变为六方晶体而软化。因此，CBN适合在高速下加工高温合金。

（3）化学稳定性好。立方氮化硼具有比金刚石更好的化学惰性，在1000℃以下时，不发生氧化现象，与铁系金属在1200~1300℃时也不易起化学反应。因此，在高速下切削淬火钢、冷硬铸铁时，其粘结和扩散磨损较小，但在高温时（1000℃以上）易与水产生化学反应。

（4）有较高的热导率和较小的摩擦因数。立方氮化硼的热导率比金刚石低（约为金刚石的1/2）但远高于陶瓷刀具，且热导率随温度的升高而增加。这一性能对降低刀尖处的温度大有好处，并且摩擦因数小。

（5）强度及韧性较差。立方氮化硼的抗弯强度约为陶瓷刀具的1/5~1/2，一般只用于精加工。

根据CBN的性能特点，它最适合于加工高硬度淬火钢、高温合金等。特别在精镗小直径孔时（$\phi6 \sim \phi35$mm），公差等级可达IT6级，表面粗糙度值$Ra < 0.2\mu m$。CBN一般不适合加工塑性大的钢铁金属和镍基合金，也不适合加工铝合金及铜合金，因容易产生严重的积屑瘤，使已加工表面质量恶化。由于CBN脆性大，不宜低速切削，通常采用负前角高速切削，以发挥刀具材料在高温时相对工件材料的硬度优势。

CBN刀具有聚晶烧结块和复合刀片两种。复合刀片是在韧性较好的碳化钨基硬质合金基体上烧结一层约0.5mm厚的CBN聚晶，该聚晶层由无数细小任意排列的晶体组成，具有各向同性的特点，可使刀片具有硬质合金基体的抗弯强度和韧性，又具有CBN性能的表层。近年来各国开发的这种复合刀片牌号较多，我国研制的牌号有FD、DLS-F、LDP-J-CF、CBNY等。其中LDP-J-CFⅡ适用于精车、半精车加工，LDP-J-XF系CBN多刃（铣）刀片。

以上介绍了各种刀具材料的性能和使用特点。如何才能正确选择刀具材料、牌号，需要全面掌握金属切削的基本知识和规律，最主要的是了解刀具材料的切削性能和零件材料的切削加工性能以及加工条件，抓住切削中的主要矛盾并考虑经济因素来决定取舍。一般应遵循以下原则：

（1）加工普通工件材料时，一般选用普通高速钢与硬质合金；加工难加工材料时，可选用高性能和新型刀具材料牌号；只有在加工高硬材料或精密加工中常规刀具材料难以胜任时，才考虑用超硬材料立方氮化硼和金刚石。

（2）由于任何刀具材料在强度、韧性和硬度耐磨性两者之间总是难以完全兼顾的，在选择刀具材料牌号时，根据零件材料切削加工性和加工条件，通常先考虑耐磨性，崩刃问题尽可能用最佳几何参数解决。如果因刀具材料性脆还要崩刃，再考虑降低耐磨性要求，选强度和韧性较好的牌号。一般来说，低速切削时，切削过程不平稳，容易产生崩刃现象，宜选强度和韧性好的刀具材料；高速切削时，高的切削温度对刀具材料的磨损影响最大，应选择耐磨性好的刀具材料牌号。

第二节　刀具切削部分几何参数的选择

刀具切削部分的材料确定之后，它的切削性能便由其几何参数来决定。刀具几何参数包括：切削刃形状，前、后面形状，刃区参数及刀具角度等内容。

选择刀具合理几何参数的目的在于充分发挥刀具材料效能，保证加工质量，提高生产效率、降低生产成本。

一、前角及前面形状的选择

(一) 前角的功用及合理前角的选择

前角有正前角和负前角之分。取正前角的目的是为了减小切屑被切下时的弹塑性变形和切屑流出时与前面的摩擦阻力，从而减小切削力和切削热，使切削轻快，提高刀具寿命，并提高已加工表面质量。所以，刀具应尽可能采用正前角。但前角过大时，楔角过小，会削弱切削刃部的强度并降低散热能力，反而会使刀具寿命降低。由图 3-2 可以看出，在一定的切削条件下，用某种刀具材料加工某种工件材料时，总有一个使刀具获得最高寿命的前角值。这个前角就叫做合理前角。合理前角可以是正前角，也可能是负前角。

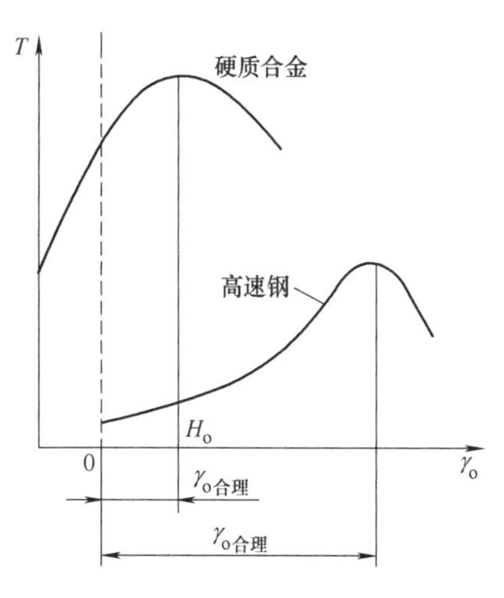

图 3-2　刀具的合理前角

取负前角的目的在于改善刃部受力状况和散热条件，提高切削刃强度和耐冲击能力。由图 3-3b 可知，正前角刀具切削脆性材料，特别在前角较大时，切屑和前面接触较短，切削力集中作用在切削刃附近，切削刃部位受切削力的弯曲和冲击，容易产生崩刃。而负前角刀具的前面则受压力，如图 3-3c 所示，刃部相对比较结实，特别在切削硬脆材料时，刃口强度较好，但切削时刀具锋利程度降低，切屑变形和摩擦阻力增大，切削力和切削功率也增加。所以，负前角刀具通常在用脆性刀具材料加工高强度、高硬度零件材料且当切削刃强度不够、易产生崩刃时才采用。

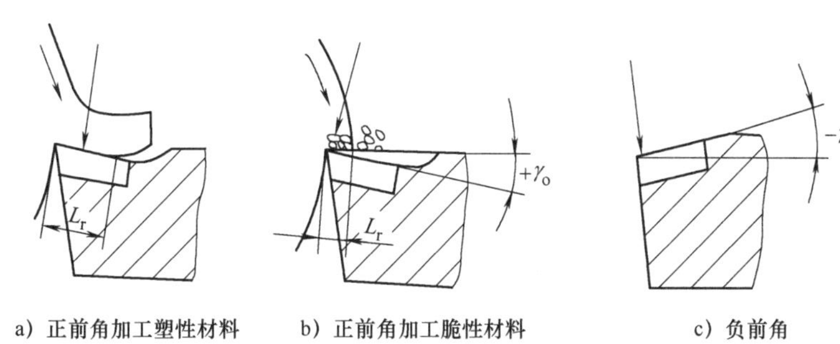

图 3-3　正、负前角刀具的受力状况

由上所述，选择前角时首先应保证切削刃锋利，同时又要兼顾足够的切削刃强度，在保证加工质量的前提下，一般以达到最高的刀具寿命为目的。切削刃强度是否足够，是个相对的概念，它与被加工材料和刀具材料的力学物理性能及加工条件有着密切关系。因此，前角的合理数值主要根据以下原则选取。

1. 加工塑性材料

加工塑性材料时，因切屑呈带状，沿刀具前面流出时和前面接触长度 L_r 较长，如图 3-3a 所示，摩擦较大，为减小变形和摩擦，一般都采用正前角。工件材料塑性愈大，强度和硬度愈低时，前角应选得愈大。如加工铝及铝合金取 $\gamma_o = 25° \sim 35°$，加工低碳钢常取 $\gamma_o = 20° \sim 25°$。当工件材料强度较大、硬度较高时，前角宜取小值，如正火高碳钢取 $\gamma_o = 10° \sim 15°$。当加工高强度钢时，为增强切削刃，才取负前角。

2. 加工脆性材料

加工脆性材料时，产生崩碎切屑，切屑与刀具前面接触长度 L_r 较短，如图 3-3b 所示，切削力集中作用在切削刃附近，且产生冲击，容易造成崩刃，所选前角应比加工塑性材料时小一些，以提高切削刃强度和散热能力。如加工灰铸铁，一般也取较小的正前角。前角数值随脆性材料强度和硬度的增大而逐渐减小。在加工淬火钢、冷硬铸铁等高硬度难加工材料时，宜取负前角。实验证明，用正前角硬质合金车刀加工高硬度淬火钢时，切削刃几乎一开始切削就会发生崩刃。

3. 前角的选择

选择前角时，要考虑刀具材料的强度和韧性。强度高韧性好的刀具材料允许取较大的前角，如高速钢刀具的前角比硬质合金刀具一般大 5° ~ 10°。不同牌号的硬质合金，其强度和韧性也不相同，所用前角也应有所区别。陶瓷刀具的强度和韧性较差，前角的选择要充分注意增加切削刃强度，常取负值（多在 $-15° \sim -4°$范围）以改善刀具受力时的应力状态，并选负的刃倾角（取 $-10° \sim 0°$）与之配合以改善切入时承受冲击的能力。立方氮化硼由于脆性更大，都采用负前角高速切削。

4. 具体加工条件

前角的合理数值还必须考虑具体的加工条件。例如：粗加工宜取较小前角；精加工宜取较大前角；有冲击的断续切削比连续切削应取较小前角；当机床—工件—刀具工艺系统刚度较差或机床功率不足时应取较大前角，以减小切削力和切削功率，减轻振动。

5. 其他参数的选择

前角的合理数值不是孤立的，还和刀面形状及刃区参数及其他角度有关，特别是和刃倾角 λ_s 有密切关系。例如：带负倒棱的刀具允许采用较大前角；大前角刀具常与负刃倾角相匹配来保证切削刃强度和抗冲击能力。许多先进刀具就是在针对某种加工条件，善于灵活运用这些原则而产生的。

（二）前面形状及刃区参数的选择

正确选择前面形状及刃区参数，对防止刀具崩刃、提高刀具寿命和切削效率、降低生产成本有重要意义。

前面形状分平面型和断屑前面型两大类。刃区剖面型式有锋刃型、倒棱型和钝圆切削刃型三种。

所谓锋刃是指刃磨前面和后面直接形成的切削刃。但它也并不是绝对锐利的，而在刃磨后自然形成一个切削刃钝圆半径 r_n，其数值取决于刀具材料、刃磨工艺和楔角的大小，并且在切削过程中随着磨损而有增大的趋势，刀面表面粗糙度值越大，增大的速度也越大。例如，新磨好的高速钢车刀可达 $r_n=12\sim15\mu m$；用金刚石磨料研磨后，可达 $r_n=7\sim14\mu m$，而用立方氮化硼磨料仔细研磨后，可达 $r_n=5\sim6\mu m$。一般新磨好的硬质合金车刀，其切削刃钝圆半径 $r_n=18\sim26\mu m$。细晶粒硬质合金刀具的 r_n约为粗晶粒的 2/5 ~ 1/2，与倒棱切削刃和钝圆切削刃相比，锋刃的钝圆半径很小，切削刃比较锋利。适合作精加工和超精加工的切削刃，如超精锐削或超精镗削，以及精加工和半精加工轻金属及其合金。但锋刃的强度和抗冲击性能较差，产生微小裂纹导致崩刃的可能性也较大。因此，对于精细切削和微量切削的刀具锋刃，都要求仔细刃磨和研磨，以获得小的切削刃钝圆半径，消除微小裂纹，提高刃口质量。经仔细研磨的切削刃还能减缓随切削过程而使钝圆半径增大的程度。采用锋刃切削时，一般应采用较小的进给量（0.05 ~0.1mm/r），以避免崩刃并减缓刃区裂纹的出现。

倒棱是增强刀刃强度的有效措施。倒棱就是沿切削刃研磨出很窄的负前角棱面（又称第一前面）。当负倒棱面宽度和棱面前角选取合理时，在切削过程中，棱面上将形成滞留金属三角区。在复杂应力状态下可能转化为积屑瘤，使切屑层同工件的分离面发生在刃前三角区的峰部，如图 3-4 所示。这时，切屑仍沿着正前角的前面流出，切削力增大不明显，却使切削刃加强并受到三角区滞留金属的保护，刀具寿命明显提高。尤其是用硬质合金和陶瓷等脆性刀具材料，在选用大前角或粗加工时，效果尤为显著。

负倒棱能明显提高刀具寿命的另一原因是使切削合力的方向发生变化。由图 3-5 所示的实验结果看出，当倒棱宽度 $b_{\gamma1}$一定时，刀具总切削力的方向与后面的夹角随负倒棱前角 $|\gamma_{o1}|$的增大而增大，从而在一定程度上改变了刀片的受力状况，减小了对切削刃产生弯曲应力的比例分量，这对脆性刀具材料提高冲击能力是极为有利的。

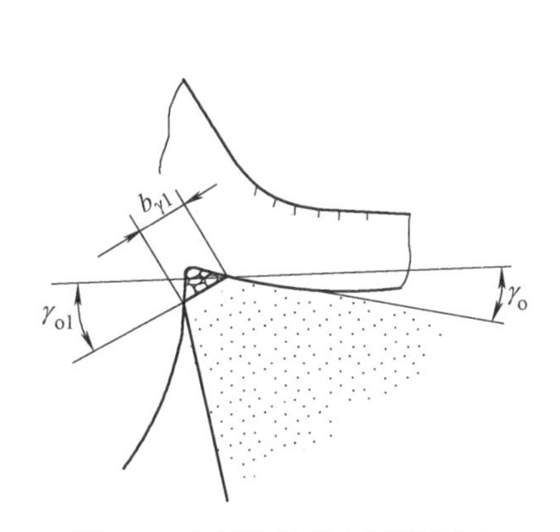

图 3-4　负倒棱前的金属滞留区

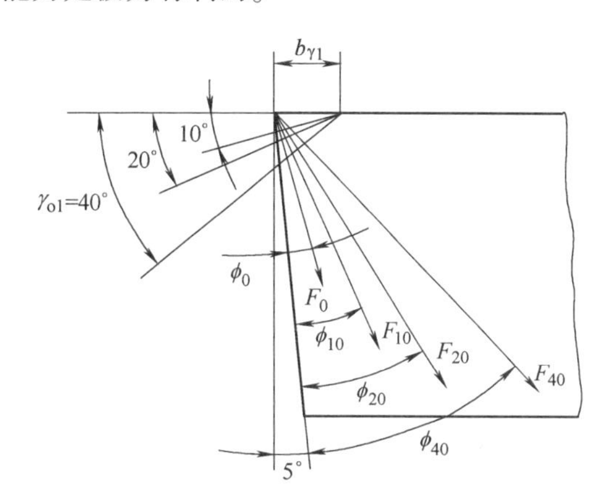

图 3-5　负倒棱前角对总切削力方向的影响

在间断性切削中，对刀具寿命的实验结果指出，刃区倒棱参数的最佳值与进给量有密切关系。无论刃区取何参数，随进给量的增加，刀具寿命就下降，但下降的程度随参数值而异。也就是说，对应于某个进给量值，总有个使刀具寿命最高的倒棱参数值。一般讲，精加工时 $|\gamma_{o1}|$要小些；粗加工时，进给量大，$|\gamma_{o1}|$要大些。据有关资料介绍，用硬质合金车刀车削碳钢、合金钢时，一般可取 $b_{\gamma1}=(0.3\sim0.8)f$，$\gamma_{o1}=-15°\sim-10°$。对 WC 基硬质合金刀片，$b_{\gamma1}$取小值；加工低碳钢、不锈钢、灰铸铁时，可取 $b_{\gamma1}\leqslant0.5f$，$\gamma_{o1}=-10°\sim-5°$；当加工有硬皮的锻件和铸钢件时，在机床功率和刚度足够的条件下，倒棱负前角可减小到 $-30°$，当冲击严重时，负倒棱宽度可取 $b_{\gamma1}=(1.5\sim2)f$，但这时切削力增大较多。

由于高速钢刀具强度和韧性较好，一般不磨负倒棱，必要时可研磨出零度或小前角正倒棱。

从切削力实验看出，用硬质合金刀具加工钢时，负倒棱宽度 $b_{\gamma 1}$ 一般不宜超过进给量 f。这时，切削力与锋刃相比增大较小，$b_{\gamma 1}$ 大于 f 时，切削力将有明显增大趋势。负倒棱角由 $-10°$ 减至 $-30°$ 时，切削力 F_c 基本相同，而进给力 F_f 和背向力 F_p 增大很多，故负倒棱角一般不宜小于 $-20°$。用硬质合金刀具加工铸铁时，负倒棱参数值对切削力的影响比加工钢时大得多，宜取较小的数值。当负倒棱宽度大于一定数值时，切屑流出时只和负倒棱部分接触，随即卷曲而去，根本不和具有正前角的前面接触，这时负倒棱实际上变成负前角的前面。

钝圆切削刃是在负倒棱的基型上进一步修磨而成，或直接通过刀片钝化处理而成。钝圆切削刃的钝圆半径比锋刃增大了一定数值，不但在提高切削刃强度方面获得和负倒棱同样的效果，而且比负倒棱更有利于消除刃区微小裂纹，使刀具获得最佳寿命。同时，在切削过程中对已加工表面还有一定的熨压和消振作用，有利于提高已加工表面质量。经刃口钝化处理的可转位刀片和硬质合金涂层刀片就是采用了钝圆切削刃，已获得广泛应用。

钝圆切削刃的钝圆半径 r_n 可制成轻型（r_n 约为 0.025 ~ 0.05mm）、中型（r_n 约为 0.05 ~ 0.1mm）和重型（r_n 约为 0.1 ~ 0.15mm）三种。根据刀具材料、零件材料和切削条件三个方面选择。

刀具材料的强度和韧性影响钝圆切削刃钝圆半径的最佳数值。高速钢刀具一般取正前角锋刃或轻型钝圆切削刃。在切削条件和零件材料相同的情况下，陶瓷刀片、TiC 基硬质合金刀片和 WC 基硬质合金刀片合理的刃区参数也不相同。陶瓷刀片一般要求负倒棱且带有重型钝圆切削刃，而 WC 基硬质合金刀片一般多采用中型钝圆切削刃。这时，TiC 基硬质合金的钝圆切削刃参数则介于两者之间选择。

零件材料的切削加工性也影响切削刃钝圆半径的合理数值，切削可加工性较好的有色金属，如铜、铝合金时，刀具刃区常采用轻型钝圆切削刃或锋刃。切削灰铸铁、球墨铸铁、可锻铸铁时，由于其多孔性及其分布不均匀而产生冲击，刀具刃区通常采用中型钝圆切削刃。切削普通钢材时，其刃区参数可根据含碳量确定。切削低碳钢和大多数不锈钢的刀具可采用轻型钝圆切削刃，而切削高硬度合金时，刀具刃区需要中型乃至重型钝圆切削刃。

在切削加工条件中，进给量和切削刃钝圆半径 r_n 也有一定关系，当用 WC 基硬质合金切削钢材时，一般可取 $r_n \leqslant f/3$，而用 TiC 基硬质合金刀片和涂层刀片时，则可取 $r_n \leqslant f/1.5$。r_n 过小时，切削刃容易产生裂纹和崩碎；r_n 过大时，会使切削刃严重挤压切削层而降低刀具寿命，并增大已加工表面冷硬程度，甚至引起振动。

二、后角及后面形状的选择

（一）后角的功用及合理后角的选择

后角的作用主要是：减小后面与过渡表面和已加工表面之间的摩擦；影响楔角 β_o 的大小，从而可配合前角调整切削刃的锋利程度和强度。如图 3-6 所示，增大后角时能减小已加工表面弹性恢复层 Δh 与后面的摩擦面积，从而减小后面摩擦。这样可使钝圆半径 r_n 减小，切削刃锋利，从而减小已加工表面冷硬程度，提高表面质量和刀具寿命。但后角过大时，将使楔角 β_o 过小，切削刃强度削弱，散热条件变差，反会降低刀具寿命。所以，在一定条件下，后角也有一个对应于最高刀具寿命的合理数值。实验表明，合理后角的数值与切削层公称厚度 h 有密切关系。当 h_D（或进给量 f）愈小时，要求切削刃愈锋利，即楔角 β_o 和切削刃钝圆半径 r_n 都应小些，则 α_0 应愈大些。例如高速钢立铣刀，由于每齿进给量很小，后角取到16°，而圆片铣刀当每齿进给量为0.005mm时，后角取30°，不过，车刀后角的变动范围比前角要小。粗车时，因 h_D 较大，为保证切削刃强度取较小后角（4°~8°）；而精车时，h_D 较小，为保证已加工表面质量，取较大后角8°~12°，切断刀的进给量较小，且考虑进给运动对工作后角的影响，宜取较大后角10°~12°。此外，工件材料强度和硬度较高时，宜取较小后角；工件材料塑性和弹性较大或易产生加工硬化时，应适当加大后角；当采用负前角刀具加工高硬度高强度材料时，宜采用较大后角（12°~15°），以造成切削刃切入工件的条件。

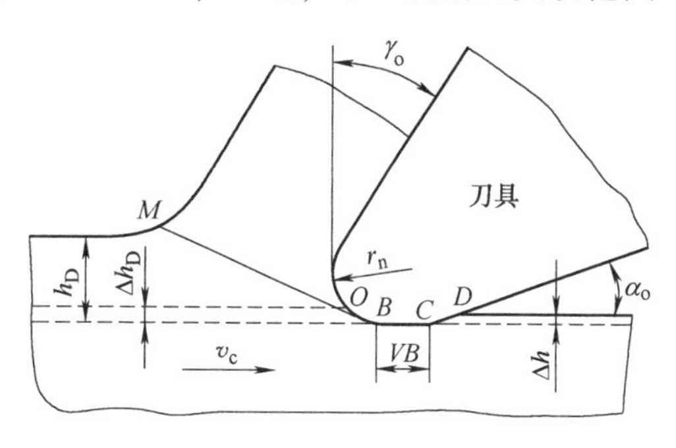

图3-6 已加工表面的形成过程

普通车刀副后面的后角值一般取与主后面后角值相同。

（二）后面形状及选择

为减少刃磨后面的劳动量，提高刃磨质量，常把后面作成双重后面，如图3-7a所示，$b_{\alpha1}$ 取1~3mm。

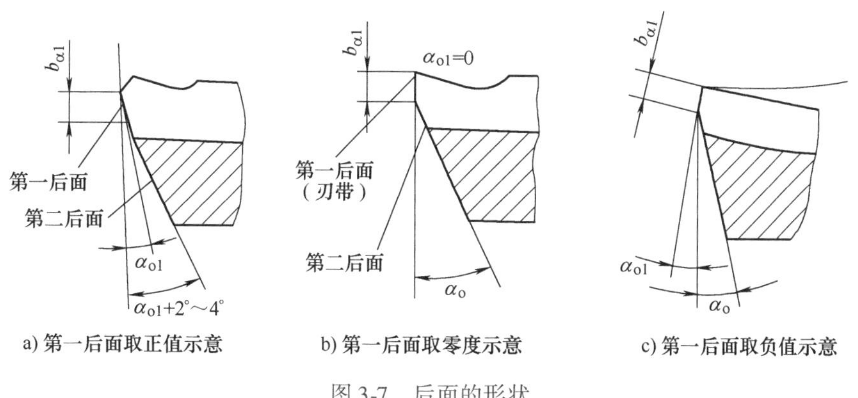

图3-7 后面的形状

沿主切削刃或副切削刃磨出后角为零的窄棱面称为刃带，如图3-7b所示。对定尺寸刀具沿后面（如拉刀）或副后面（如铰刀、浮动镗刀、立铣刀等）磨出刃带的目的是为了在制造刃磨刀具时便于控制和保持其尺寸精度，同时在切削时也可起到支承、导向、稳定切削过程和消振（产生摩擦阻尼）的作用。此外，刃带对已加工表面还会产生所谓“熨压”作用，从而能有效降低已加工表面粗糙度值。刃带宽度一般在0.05~0.3mm范围内，超过一定值后会增大摩擦，导致擦伤已加工表面，甚至引起振动。

有时，沿着后面磨出负后角倒棱面，倒棱角 $\alpha_{o1}=-10°\sim-5°$，倒棱面宽 $b_{\alpha1}=0.1\sim0.3$mm，如图3-7c所示。在切削时能产生支承和阻尼作用，防止扎刀，使用恰当时，有助于消除低频振动。这是车削细长轴和镗孔时常采取的消振措施之一。

三、主偏角、副偏角及刀尖形状的选择

（一）主偏角对切削加工的影响及选择原则

主偏角 κ_r对切削过程主要有两方面的影响：

（1）影响主切削刃单位长度上的负荷、刀尖强度及散热条件。当背吃刀量 a_p和进给量 f 相同时，主偏角的变化将改变切削层形状，使切削层参数发生变化，从而影响切削刃上的负荷。当主偏角 κ_r减小时，由于切削层公称宽度 b_D（$b_D = a_p/\sin\kappa_r$）增加，切削层公称厚度 h（$h = f\sin\kappa_r$）减小，使作用在主切削刃单位长度上的负荷减轻；且刀尖角 ε_r增大，刀尖强度提高，散热条件改善。这两方面的作用都有利于提高刀具寿命。

（2）影响切削分力比值及切削层单位面积切削力。当 κ_r减小时，由于 h_D减小，变形系数 ξ 增大，使切削层单位面积切削力有所增大；在 a_p和 f 相同时，使切削功率有所增加。但更主要的是会使背向力 F_p增大，容易引起工艺系统振动。当工艺系统刚度不足时，会使刀具寿命降低。

此外，主偏角还影响断屑效果和排屑方向，以及残留面积高度等。增大 κ_r会使 h 增厚，b_D减小，有利于切屑折断，有利于孔加工刀具使切屑沿轴向顺利流出。

由上述分析可知，无论增大还是减小主偏角，都产生相互矛盾的影响。因此，在一定的切削条件下，主偏角也有一个合理数值，其主要选择原则为：

（1）在工艺系统刚度较好时，κ_r可以取得小些。特别当加工冷硬铸铁、高锰钢等高硬度高强度材料时，为减轻刀刃负荷，增加刀尖强度，常取更小数值（10°～30°）的主偏角。

（2）当工艺系统刚度不足时，或刀具材料对振动敏感时，宜取较大的主偏角，常取 $\kappa_r = 75°$，甚至 $\kappa_r \geqslant 90°$，以减小背向力，避免振动。

（3）单件小批生产或加工带台阶和倒角的零件时，常选取通用性较好的45°车刀和与直角台阶相适应的90°车刀。

（二）副偏角对切削加工的影响及选择原则

副偏角 κ'_r的作用是减小副切削刃及副后面与已加工表面之间的摩擦。副偏角影响已加工表面粗糙度值和刀尖强度。减小副偏角，可减小残留面积高度，降低理论表面粗糙度值，并能增大刀尖角 ε_r，改善刀尖强度和散热条件；但副偏角过小时，会因增大摩擦和背向力 F_p而引起振动。一般在不引起振动的情况下宜选取小值，精加工时应取得更小些。如精加工时可取 $\kappa'_r = 5°$，甚至可取副偏角为0°的修光刀。

（三）刀尖的形状

刀尖是切削刃上工作条件最恶劣、构造最薄弱的部位，强度和散热条件都很差。增强刀尖，对提高刀具寿命有重要意义。若采用减小主、副偏角的办法增强刀尖，常会使背向力 F_p增大，引起振动。若在主、副刃之间磨出倒角刀尖，即具有直线切削刃的刀尖，如图3-8a所示，既可使刀尖角 ε_r加大，增强了刀尖，又可不使背向力增加许多。倒角刀尖的偏角一般取 $\kappa_\varepsilon = 1/2\kappa_r$，$b_\varepsilon = (1/5 \sim 1/4)a_p$。对硬质合金车刀，$r_\varepsilon$取0.5～1.5mm，切断刀一般取 $\kappa_\varepsilon = 45°$，b_ε取槽宽的1/5。刀尖也可制成修圆刀尖，即是有曲线状切削刃的刀。

精加工时，可磨出一段 $\kappa_{r\varepsilon} = 0°$，宽度为 $b'_\varepsilon = (1.2 \sim 1.5)f$ 与进给方向平行的修光刃，以切除残留面积，如图3-8d所示。具有修光刃的刀具，如果刀刃平直，参数选择合理，使用正确，工艺系统刚度足够时，能在较大进给量的条件下，获得较小的表面粗糙度值。特别

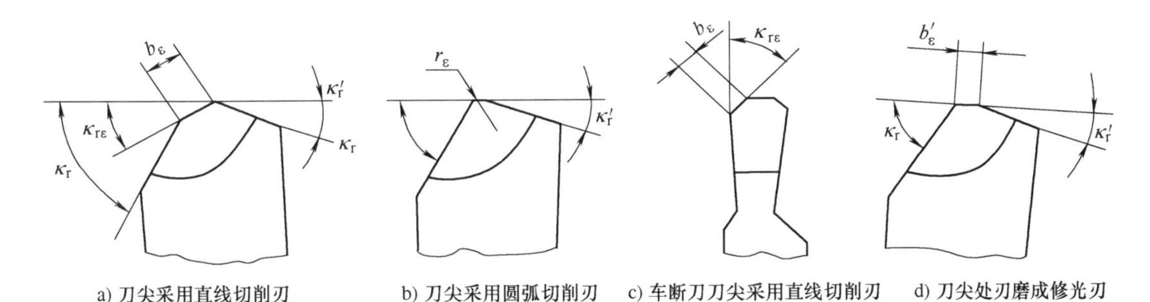

图 3-8 刀尖的形状

在用阶梯端铣刀精铣平面时，采用 1 ~2 个带修光刃的刀齿，可大大简化刀齿的调整，提高加工效率和表面质量，能取得事半功倍的效果。

四、斜角切削及刃倾角的选择

(一) 斜角切削的概念

刀具切削刃垂直合成切削运动方向的切削称为直角切削。若切削刃与合成切削运动方向不垂直则称为斜角切削。为讨论问题方便，一般可忽略进给运动的影响，而把切削刃垂直主运动速度方向，或刃倾角 $\lambda_s=0$ 的切削视为直角切削，如图 3-9a 所示。把切削不垂直主运动速度方向或刃倾角 $\lambda_s \neq 0$ 的切削视为斜角切削，如图 3-9b 所示。当只有一个切削刃进行的切削，称为自由切削。在金属切削加工中，斜角切削是最普遍的。

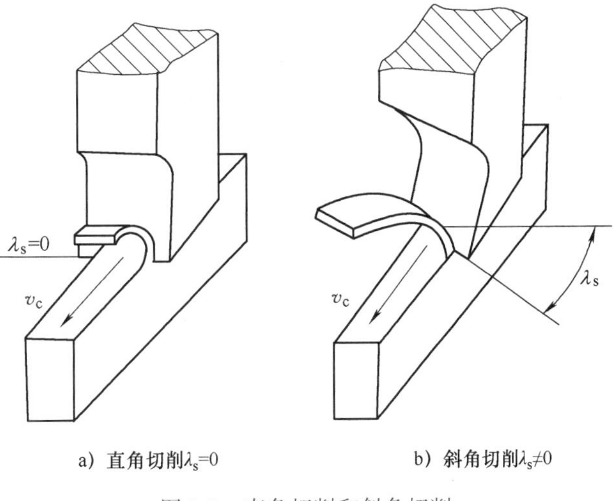

图 3-9 直角切削和斜角切削

(二) 斜角切削对切削过程的影响

1. 影响切屑流出方向

图 3-10 表示用外圆车刀车削管件，只有主切削刃参加切削时，切削层里的一个质点 M（假设与零件中心等高）在刀具前面挤压下成为切屑，而沿前面流出时其流屑方向与刃倾角的关系。过 M 点用正交平面和切削平面以及与它们各自平行的两平面截取一个单元体 $MBCDFHGM$，如图 3-11 所示，图 3-11 中 $MBCD$ 表示基面。当 $\lambda_s=0$ 时，图 3-11 中的 $MBEF$ 即为前面，平面 MDF 既是正交平面也是法平面。这时，M 点的主运动切削速度 v_{cM} 垂直切削刃 $\overline{MB}$，因此，M 质点成为切屑流出时沿切削刃方向无速度分量，它沿前面的流屑速度 v_λ 的方向即是与切削刃垂直的 MF 方向。这时，切屑卷曲成发条状切屑或成直带状切屑流出，如图 3-10a 所示。若 λ_s 为正值，这时前面为 $MGHF$ 平面，M 点的主运动切削速度 v_{cM} 与切削刃 $\overline{MG}$ 不垂直，质点 M 相对刀具沿切削刃方向的速度分量 v_T 指向 $\overline{MG}$ 方向。因此，M 点成为切屑沿前面流出时，受 v_T 的影响，其流屑速度 v_λ 的方向偏离法平面 MDK 一个流屑角 ψ_λ。当 λ_s

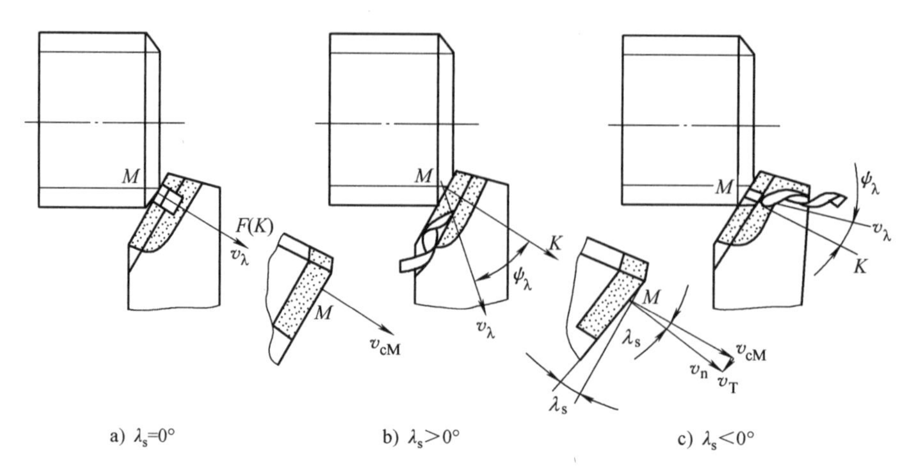

a) λ_s=0°　　b) λ_s>0°　　c) λ_s<0°

图 3-10　λ_s对流屑方向的影响

值较大时，切屑偏向待加工表面方向流出，如图 3-10b 所示。图 3-11 中的平面 *MIN* 称流屑平面。当 λ_s为负值时，由于沿切削刃方向的速度分量 v_T反向，指向$\overline{GM}$方向，而使切屑偏离法平面向相反方向，即已加工表面方向流出，如图 3-10c 所示。

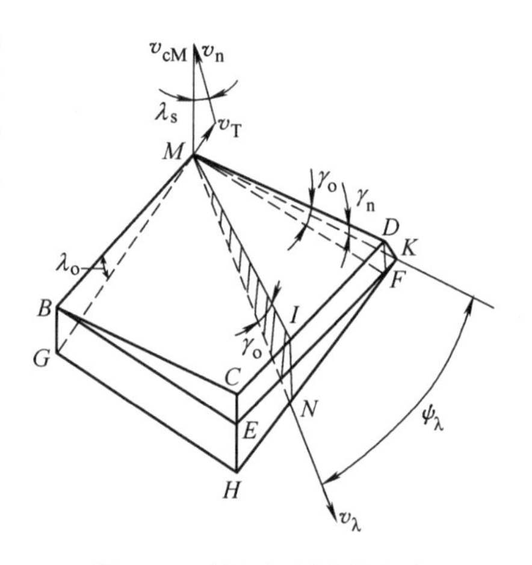

图 3-11　斜角切削流屑方向

上述讨论仅指自由切削时，λ_s对切屑流向的影响。在车削外圆的实际加工中，副切削刃和刀尖处的金属塑性流动及卷屑槽斜角等对切屑流出方向也会产生影响。

图 3-12 表示在通孔和不通孔内攻螺纹时，切削刃刃倾角对切屑流向的影响。可见，攻不通孔螺纹时，宜采用正值 λ_s；而攻通孔螺纹时，宜采用负值 λ_s。

2. 影响实际前角和钝圆半径

自由切削中，当 $\lambda_s=0$ 时，正交平面内的前角 γ_o大体上等于流屑方向平面内的前角，当 λ_s不为零时，对切屑流出时的摩擦阻力和切削刃锋利程度真正起作用的前角 γ_e和切削刃钝圆半径 r_e应在流屑平面内测量，图 3-13 表示过主刃 *M* 点法平面与流屑平面内钝圆半径 r_e几何图形的比较。以锋刃前面型式为例，在法平面内，切削刃是一段由钝圆半径 r_n形成的圆弧，而在流屑剖面内，切削刃为椭圆的一部分，该椭圆长轴处的曲率半径即为切削刃实际钝圆半径 r_e。由图 3-11 和图 3-13 所示几何关系图形，可得以下近似计算公式

$$\sin\gamma_e=\sin\gamma_n\cos^2\lambda_s+\sin^2\lambda_s$$

$$r_e=r_n\cos\lambda_s$$

由上式可见，γ_e随 λ_s绝对值的增大而增大，r_e随 λ_s绝对值的增大而减小。若取 $\lambda_s=75°$，$\gamma_n=10°$，$r_n=0.02\sim0.15\text{mm}$，则 γ_e可大到 70°，r_e小到 0.0039mm，使切削刃极为锋利，能有效地实现小背吃刀量（$a_p<0.01\text{mm}$）微量切削，达到以车（刨）代刮的目的。图 3-14 就是 λ_s安装成 75°的外圆车刀的切削情况。其主、副刃已构成一条直线，切削刃非常锋利。切削时无固定刀尖，刀刃与工件外圆柱表面相切，车刀的安装调整都很方便，已成功地应用于碳钢的高速精车，也可用于高强度钢等难加工材料的精加工。

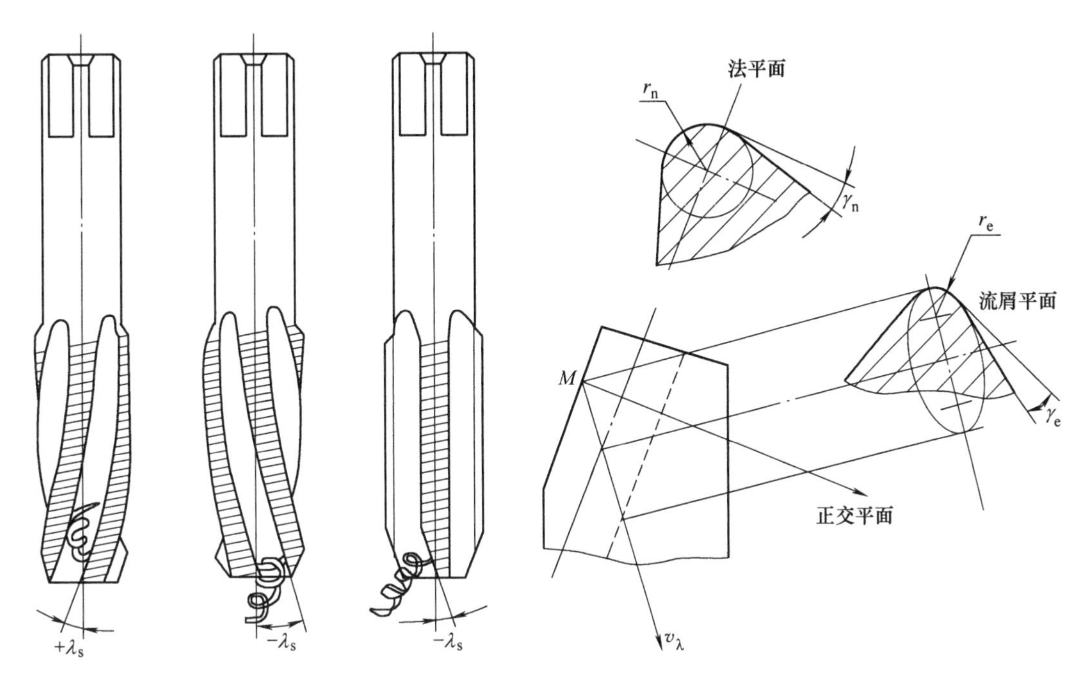

图 3-12 攻螺纹时刃倾角对切屑流向的影响

图 3-13 r_n和r_e几何形状比较

3. 影响刀尖强度和抗冲击能力

如图 3-15b 所示，当 λ_s为负值时，刀尖是切削刃上最低点。切削刃切入工件时首先与工件接触的点离开刀尖，落在切削刃上（γ_o为正值时）或在前面上（γ_o为负值时），不但保护刀尖免受冲击，而且增强了刀尖强度。当 λ_s为正值时（见图 3-15a），刀尖可能首先接触工件（γ_o为正值时）而受到冲击。因此，许多大前角刀具常配合选用负的刃倾角，一方面增强刀尖强度，另一方面可避免切人切出时刀尖受到冲击，但这时背向力 F_p有所增大。

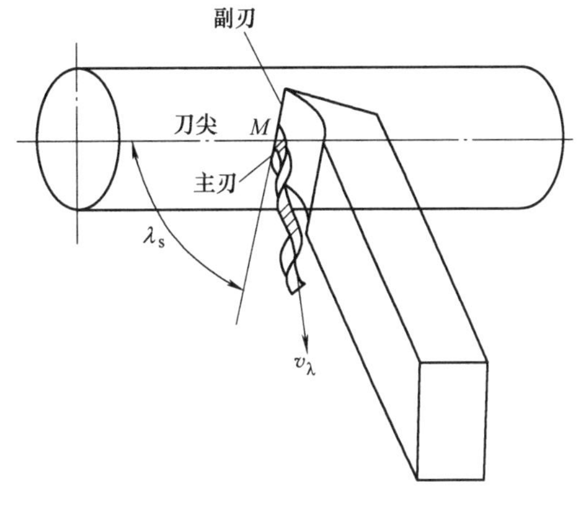

图 3-14 大刃倾角无固定刀尖车刀

4. 影响切入切出时的平稳性

当 $\lambda_s=0$ 时，切削刃几乎同时切入和切出工件，切削力突变，冲击较大。当 λ_s不为零时，切削刃逐渐切入和切出工件，冲击较小，切削较平稳。如大螺旋角圆柱铣刀和立铣刀比旧标准铣刀切削刃更锋利，切削更平稳，生产效率提高 2 ~ 4 倍，表面粗糙度值 Ra 可达 3. 2μm 以下。

五、切削刃形状

刀具切削刃形状，是刀具合理几何参数的基本内容之一。刀具刃形的改变使切削图形发生变化，所谓切削图形是指被加工金属层按怎样的顺序和形状被切削刃切除。它影响切削刃负荷的大小、受力状况、刀具寿命和已加工表面质量等。许多先进刀具都和刃形的合理选择有着密切关系。从先进实用刀具中，可把刃形归纳为以下几种类型：

（1）增强刃尖的刃形。这种刃形主要是加固刃尖强度，增大刀尖角，减轻单位作用切削刃长度上的负荷、改善散热条件。除图3-8所示的几种刀尖形状外，还有圆弧刃形（圆弧刃车刀、圆弧刃滚切面铣刀、圆弧刃钻头等）、多重锋角刃形（钻头）等。

（2）减少残留面积的刃形。这种刃形主要用于精加工刀具。如带修光刃的大进给量车刀和面铣刀、浮动镗刀和带有圆柱修光刃的普通铰刀等。

（3）合理分配切削层余量并使切屑顺利排出的刃形。这类刃形的特点是把宽而薄的切削层分割成几条窄屑，不但使切屑排出畅通，而且可增大进给量，降低单位切削功率。如双阶梯刃切断刀与普通平直刃切断刀相比，把主切削刃分为三段，如图3-16所示。切屑也相应分为三条，切屑同两壁之间摩擦减小，防止了切屑阻塞，使切削力大幅度下降，且随切断深度的增加，其下降幅度增大，效果更佳。同时使切削温度降低，刀具寿命提高。属于这类刃形的刀具较多，如阶梯铣刀、交错刃铣刀、交错刃锯片、分屑钻头、错齿玉米铣刀、波形刃立铣刀及轮切式拉刀等。

（4）其他特殊刃形。特殊刃形是一种根据具体加工条件和零件材料的切削加工特点而设计的刃形。

图3-17是加工铅黄铜的前面搓板式刃形。由于主切削刃呈多条立体弧形，切削刃各点刃倾角由负值增大到零，又由零增大到正值，使崩碎屑挤压成瓦楞形带状卷屑，防止了切屑飞溅。又如薄板钻头的三尖刃形，车削纯铜断屑用的后面搓板式刃形等，都是为适应某种特定条件的刃形。

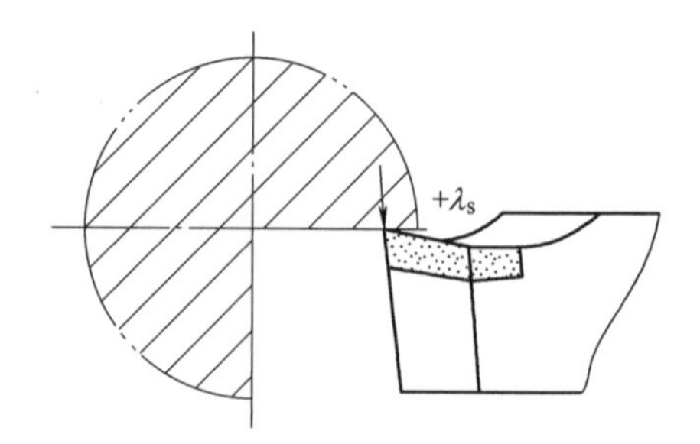

a) 刃倾角和前角分别为正值，刀尖位于切削刃最高点

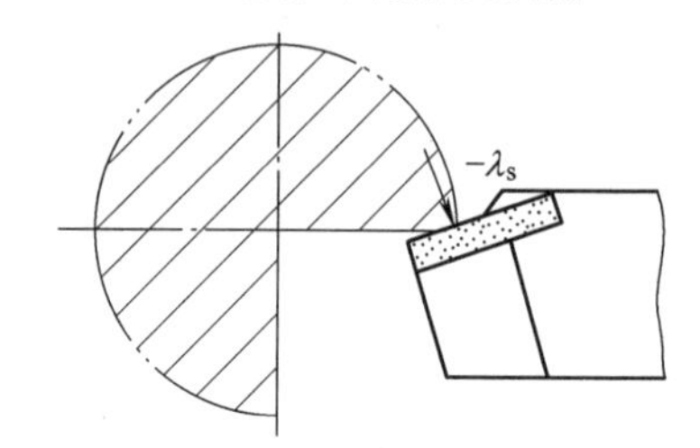

b) 刃倾角为负值时，刀尖位于切削刃的最低点

图3-15　刃倾角对刀具切入时冲击点的影响

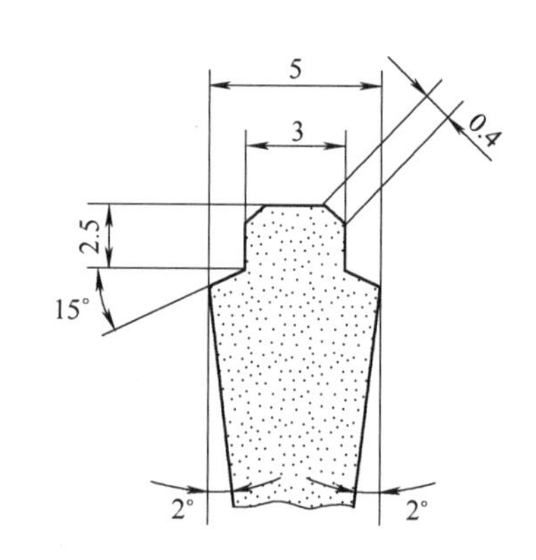

图3-16　双阶梯刃切断刀

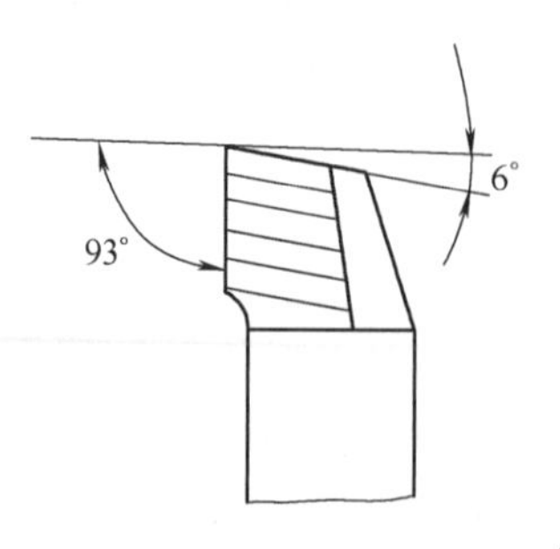

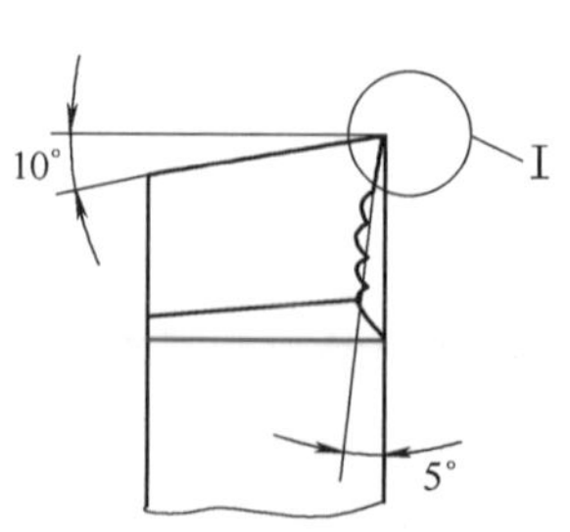

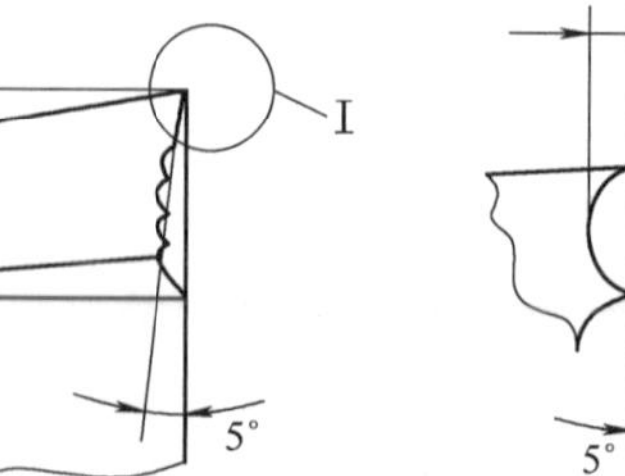

图3-17　前面搓板式刃形

第三节 车　　刀

车刀是金属切削中应用最广的刀具。其用于各种车床上，加工外圆、内孔、端面、螺纹、车槽和车齿等。其主要类型如图 3-18 所示。

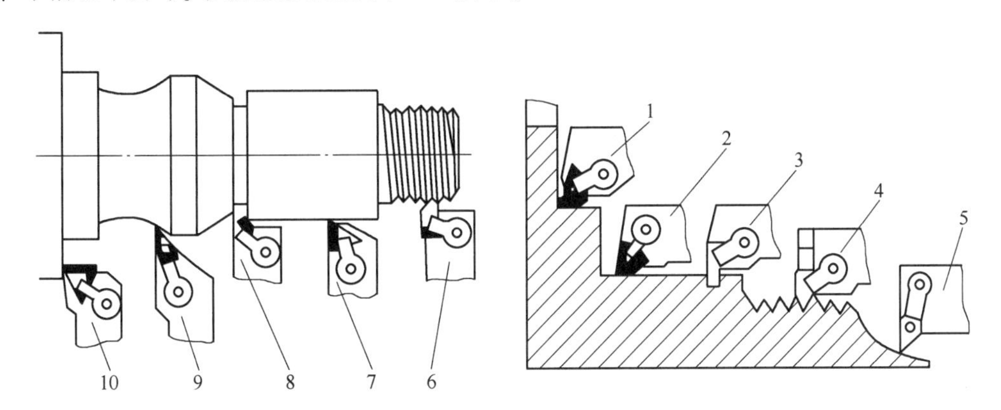

图 3-18　车刀主要类型

1、10—端面车刀　2、7—外圆（内孔车刀）　3、8—车槽刀　4、6—螺纹车刀　5、9—仿形车刀

车刀按结构可分为整体车刀、焊接车刀、机夹车刀和可转位车刀。由于可转位车刀的扩大应用，使它在车刀中所占比例日益增多。本节着重介绍焊接车刀、可转位车刀的设计原理和使用技术。

一、焊接车刀

焊接车刀是由一定形状的刀片和刀杆通过焊接连接而成的。刀片一般选用各种不同牌号的硬质合金材料，而刀杆一般选用 45 钢。使用时根据具体需要进行刃磨。焊接车刀的质量好坏及使用是否合理，与刀片牌号、刀片型号、刀具几何参数、刀槽的形状尺寸、焊接工艺及刃磨质量等有密切的关系。

（一）焊接车刀的优缺点

硬质合金焊接车刀的优点是结构简单、紧凑；刀具刚度好，抗振性能强；制造方便，使用灵活，可以根据加工条件和加工要求刃磨其几何参数，所以目前应用仍较普遍。但是它也存在不少缺点，主要有：

（1）切削性能较低。刀片经过高温焊接后，切削性能有所降低。由于硬质合金刀片的线膨胀系数比刀体材料小一半左右，刀片经焊接和刃磨的高温作用，冷却后常常产生内应力，导致硬质合金刀片出现裂纹，抗弯强度明显降低。

（2）刀杆不能重复使用。由于刀杆不能重复使用，浪费原材料。

（3）辅助时间长。换刀及对刀时间较长，不适用于自动机床、数控机床和机械加工自动线的需要，与现代化生产不相适应。

（二）刀杆槽的型式

焊接式车刀，应根据刀片的形状和尺寸开出刀杆槽。刀杆槽形式有通槽、半通槽、封闭槽、加强半通槽，如图 3-19 所示。

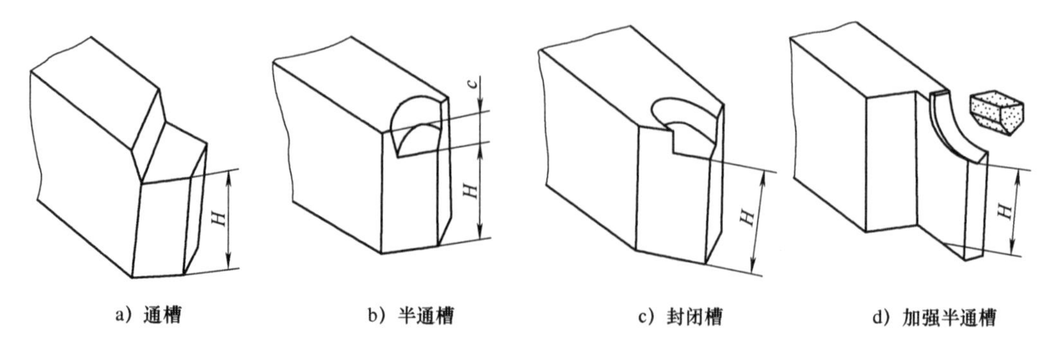

图 3-19　刀杆槽型

为了保证焊接质量，刀杆槽应保证下述主要要求：

（1）控制刀体厚度。控制刀杆上支承刀片部分的厚度（刀体厚度）H 与刀片厚度 c 的比值。当 $H/c<3$ 时，焊后拉应力较大，易产生裂纹。

（2）控制刀片与刀杆槽间隙。刀片与刀杆槽的间隙不宜过大或过小，一般以 0.05 ~ 0.15mm 为宜。对圆弧结合面则应尽量吻合，局部最大间隙应小于 0.3mm，否则将会影响焊接强度。

（3）控制刀杆槽的表面粗糙度值。刀杆槽的表面粗糙度值以 $Ra=6.3\mu m$ 为宜。刀片焊接面应保证光洁和平整。刀杆槽在焊接前如有油污应进行清理，可采用喷砂处理，或用汽油、酒精刷洗，以保持焊面光整清洁。

（4）控制刀片长度。一般情况下，刀片放在刀杆槽中后宜伸出 0.2 ~ 0.3mm，以便于车刀的刃磨。但有时也可把刀杆槽作成比刀片长 0.2 ~ 0.3mm，焊后再将刀体多余部分磨去，使外观整洁。

（三）刀片钎焊工艺简介

硬质合金刀片的焊接多采用硬钎料（熔点高于 450℃的钎料称为硬焊料，即难熔钎料）钎焊工艺。焊接时，将钎料加热到熔化状态，一般比焊料熔点高 30 ~ 50℃，在熔剂的保护下，利用钎料在工件焊接表面上的渗透扩散作用，以及钎料与焊接件之间的相互熔解作用，使硬质合金刀片牢牢地焊接在刀槽中。

钎焊加热方法较多，有气焰焊、高频焊、电接触焊等，其中电接触焊的加热方式较好。当电流通过紫铜块与刀头接触处，此处电阻最大，产生高温首先将刀体烧红，热量向刀片传导，使刀片逐渐加热，温度上升平缓，对防止发生裂纹十分有利。由于料熔化时断电，一般不会造成刀片“过烧”现象。多年实践证明，电接触焊不但刀片裂纹现象大大减少，而且能减少脱焊现象。钎焊质量稳定，操作方便，但不足的是生产效率低于高频焊，且不易钎焊多刃刀具。

影响钎焊质量的因素较多，除钎焊加热方法外，还应正确地选择钎料和熔剂。硬质合金钎焊车刀对钎料的要求是：其熔点应高于切削温度，切削时能保持刀片的结合强度，同时有较好的润湿性、流动性及导热性。硬质合金刀片钎焊时，常用的硬钎料有下列几种：

（1）铜镍合金或纯铜（电解铜）。熔点约 1000 ~ 1200℃，允许的工作温度为 700 ~ 900℃，可用于大负荷工作的刀具。

(2) 铜锌合金或105#钎料。熔点为900～920℃，允许的工作温度为500～600℃，主要适用于中等负荷的刀具。

(3) 银铜合金或106#、107#钎料。熔点为670～820℃，允许的工作温度不超过400℃，但抗拉强度高、韧性好，适用于焊接低钴高钛硬质合金精车刀。

正确选择和使用熔剂对钎焊质量有很大影响。熔剂在钎焊过程中，能清除工件待焊表面氧化物，改善润湿性，并能保护焊层不受氧化。硬质合金刀具钎焊时，常用脱水硼砂 $Na_2B_4O_2$ 和脱水硼砂25%（质量分数）+硼酸75%（质量分数）两种熔剂，其钎焊温度均为800～1000℃。硼砂的脱水方法是将硼砂熔化，冷却后粉碎过筛即可。

钎焊YG类硬质合金刀具通常用脱水硼砂效果较好。钎焊YT类硬质合金刀具时选用脱水硼砂50%（质量分数）+硼酸35%（质量分数）+脱水氟化钾15%（质量分数）配方，可以得到满意效果。如能加入一些氟化钾，可改善熔剂对合金的润湿性，提高熔解碳化钛的能力。

钎焊高钛合金（YT30、YN05）时，为减小焊接应力常采用0.1～0.5mm的低碳钢或铁镍合金作补偿垫片，置于刀片与刀杆之间。

刀片钎焊后应进行保温处理，以减小热应力。通常将车刀置于保温炉中，温度控制在280～320℃保温3h，然后随炉或在稻草灰或石棉粉中缓慢冷却，以减小热应力。

(四) 无机粘接

无机粘接多采用无机氧化铜粉和磷酸溶液，利用其化学、物理和力学的综合作用而实现刀片的粘接。无机粘接与钎焊相比，有工艺简单、操作方便、避免刀片因加热引起裂纹或内应力等优点，对陶瓷等难焊刀片材料有独特的优越性。

二、可转位车刀

(一) 可转位车刀的组成

可转位车刀是使用可转位刀片的机夹车刀。图3-20表示可转位车刀的组成。刀垫1、刀片2套装在刀杆的夹固元件3上，由该元件将刀片压向支承面而紧固。车刀的前后角靠刀片在刀杆槽中安装后获得。一把切削刃用钝后可迅速转位换成相邻的新切削刃，即可继续工作，直到刀片上所有切削刃均已用钝，刀片才可作报废回收。更换新刀片后，车刀又可继续工作。

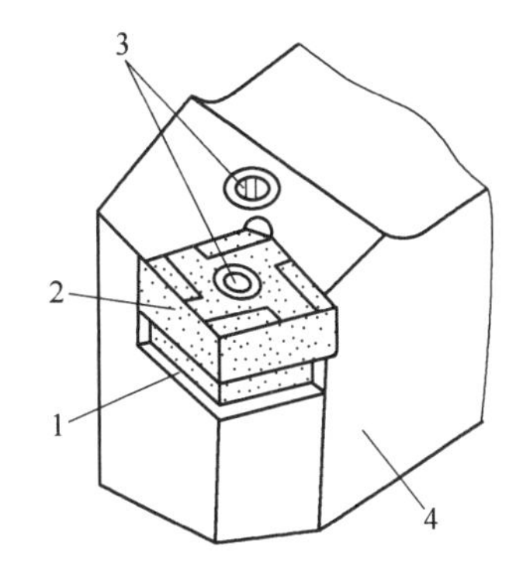

图3-20 可转位车刀的组成
1—刀垫 2—刀片 3—夹固元件 4—刀杆

1. 可转位刀具的优点

与焊接车刀相比，可转位车刀具有下述优点：

(1) 刀具寿命高。由于刀片避免了由焊接和刃磨高温引起的缺陷；刀具几何参数完全由刀片和刀杆槽保证，切削性能稳定，从而提高了刀具寿命。

(2) 生产效率高。由于机床操作人员不再磨刀，可大大减少停机换刀等辅助时间。

(3) 有利于推广新技术、新工艺。可转位车刀有利于推广使用涂层、陶瓷等新型刀具材料。

(4) 有利于降低刀具成本。刀杆使用寿命长，且大大减少了刀杆的消耗和库存量，简化了刀具的管理工作，降低了刀具成本。

由于上述优点，可转位刀具被列为国家重点推广项目，也是刀具的发展方向。

2. 可转位刀片的选择

可转位刀片是各种可转位刀具的最关键部分。正确选择和使用可转位刀片是合理设计和使用可转位刀具的重要内容。

刀片的选择包括材料、形状及尺寸等。刀片材料选择参照本章第一节。

(1) 形状选择。选择刀片形状时，主要依据加工工序的性质、零件的形状、刀具寿命和刀片的利用率等因素进行。在最常用的几种刀片中，三角形刀片可用于90°外圆、端面车刀、车孔刀和60°螺纹车刀。由于刀尖角小，其强度较差，刀具寿命较低。但径向力小，适用于工艺系统刚度较差的条件下。偏8°三角形和凸三角形刀片，刀尖角增大为82°和80°，选用这种刀片制造90°偏刀时不仅提高了刀具的寿命，而且还可以减小已加工表面的残留面积，有利于减小表面粗糙度值。

正四边形刀片适用于作主偏角为45°、60°、75°的各种外圆车刀，端面车刀及车孔刀。这种车刀通用性较好，刀尖角为90°，刀片强度和刀具寿命有所提高。随刀片边数的增多使刀尖强度增大，刀片利用率提高，但背向力 F_p 随之增大，车刀工作时可以到达的位置受到一定限制。

五边形刀片刀尖角为108°，其强度、寿命都较好，但只适用于工艺系统刚度较好的情况，且不能兼作外圆和端面车刀。

其他形状的刀片，如平行四边形、菱形用于仿形车床和数控车床，圆形刀片可用于车曲面、成形面和精车。

(2) 刀片尺寸选择。刀片尺寸选择，包括刀片内切圆直径（或边长）、厚度、刀尖圆弧半径等。边长选取主要根据作用主切削刃的长度（L_{se}）确定，粗车时可取边长 $L=(1.5\sim2)L_{se}$，精车时可取 $L=(3\sim4)L_{se}$。刀片厚度的选择主要考虑刀片强度，在满足强度和切削顺利进行的前提下，尽量取小厚度刀片。刀尖圆弧半径的选择，应考虑加工表面粗糙度及工艺系统刚度等因素。

3. 刀片夹固的典型结构

可转位车刀的特点体现在通过刀片转位更换切削刃，以及所有切削刃用钝后更换新刀片。为此刀片的夹固必须满足下列要求：

(1) 定位精度高。刀片转位或更换新刀片后，刀尖位置的变化应在零件精度允许的范围内。

(2) 刀片夹紧可靠。夹紧元件应将刀片压向定位面，应保证刀片、刀垫、刀杆接触面紧密贴合，经得起冲击和振动，但夹紧力也不宜过大，应力分布应均匀，以免压碎刀片。

(3) 排屑流畅。刀片前面上最好无障碍，保证切屑排出流畅，并容易观察。特别对于车孔刀，最好不用上压式，防止切屑缠绕划伤已加工表面。

(4) 使用方便。转换刀刃和更换新刀片方便、迅速。对小尺寸刀具结构要紧凑。在满足以上要求时，尽可能使结构简单，制造和使用方便。

下面介绍几种典型结构：

(1) 杠杆式夹紧。图3-21a所示为直杆式结构。当旋进螺钉6时，顶压杠杆2的下端，杠杆以中部鼓形柱面为支点而倾斜，借上端的鼓形柱面将刀片压向刀槽两定位侧面并紧固。刀垫3用弹簧套1定位。松开刀片时，刀垫借弹簧套的张力保持原来位置而不会松脱。

图3-21b也是直杆式结构，所不同的是靠螺钉锥体部分推压杠杆2下端。图3-21c所示为曲杆式结构。刀片4由曲杆2通过螺钉6夹紧，曲杆以其拐角凸部为支点摆动，弹簧7在松开螺钉6后反弹曲杆起松开刀片的作用，弹簧套1制成半圆柱形，刀垫3就是靠弹簧套的张力定位在刀槽中。弹簧套的内壁与曲杆之间有较大间隙，便于曲杆在其中摆动。

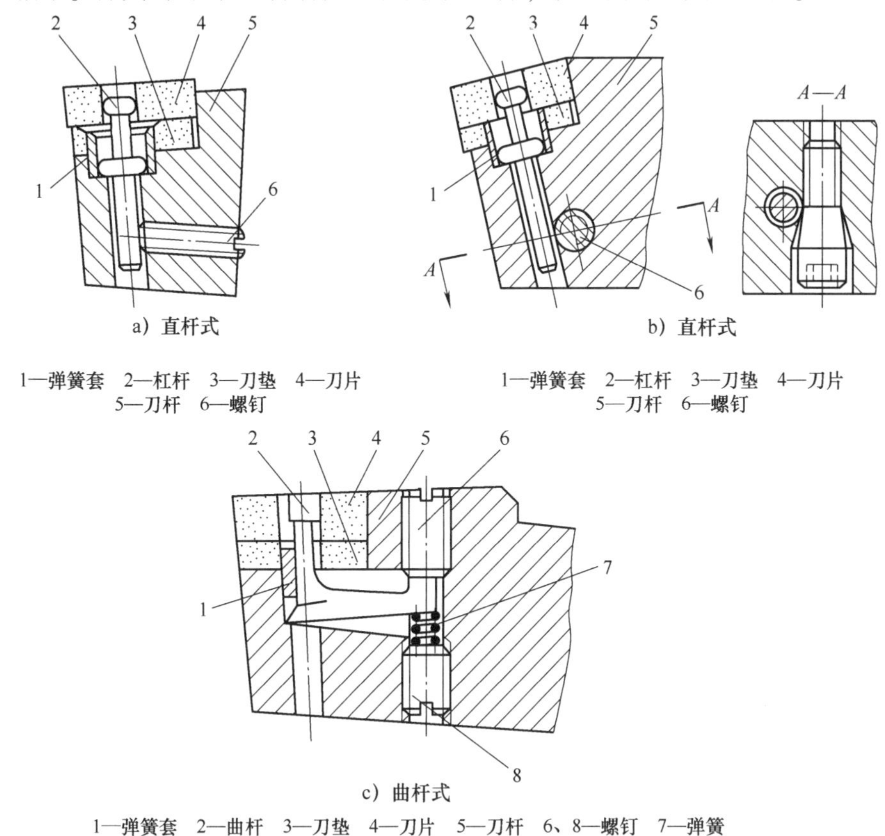

a）直杆式

1—弹簧套　2—杠杆　3—刀垫　4—刀片　5—刀杆　6—螺钉

b）直杆式

1—弹簧套　2—杠杆　3—刀垫　4—刀片　5—刀杆　6—螺钉

c）曲杆式

1—弹簧套　2—曲杆　3—刀垫　4—刀片　5—刀杆　6、8—螺钉　7—弹簧

图3-21　杠杆式夹紧

这种曲杆式夹紧机构易实现刀片两个侧面定位，所以定位精度较高，刀片受力方向较为合理，夹紧可靠，刀头尺寸小，刀片装卸灵活，使用方便，是一种受欢迎的较好的夹紧形式；缺点是结构复杂，制造较困难。

（2）楔销式夹紧。如图3-22所示，刀片2由销轴3在孔中定位，楔块4下压时把刀片推压在销轴3上。松开螺钉5时，弹簧垫圈6自动抬起楔块。这种结构夹紧力大，简单方便，但定位精度较低，且夹紧时刀片受力不均。

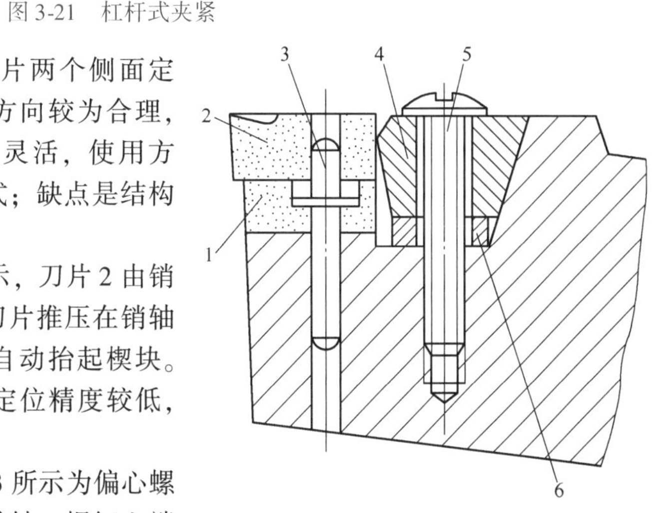

图3-22　楔销式夹紧

1—刀垫　2—刀片　3—销轴　4—楔块　5—螺钉　6—弹簧垫圈

（3）偏心螺钉式夹紧。如图3-23所示为偏心螺钉销夹固结构，它以偏心螺钉作为转轴，螺钉上端为偏心圆柱销，偏心量为e。当转动偏心螺钉1时，偏心螺钉就可以夹紧或松开刀片，也可以用圆柱形

转轴代替螺钉。但偏心螺钉销利用了螺纹自锁性能，增加了防松能力。这种夹紧结构简单，使用方便。其主要缺点是很难保证双边的夹固力均衡，当要求利用刀槽两个侧面定位夹固刀片时，要求转轴的转角公差极小，这在一般制造精度下是很难达到的。因此实际上往往是单边夹紧，在冲击和振动下刀片容易松动，这种结构适用于连续平稳的切削。

（4）上压式夹紧。上述三种夹紧结构仅适用于带孔的刀片，对于不带孔的刀片，特别是带后角的刀片，则需采用上压式夹紧结构（见图 3-24）。这种结构的夹紧力大，稳定可靠，装夹方便，制造容易。对于带孔刀片，也可采用销轴定位和上压式夹紧的组合方式。上压式夹紧的主要缺点是刀头尺寸较大。

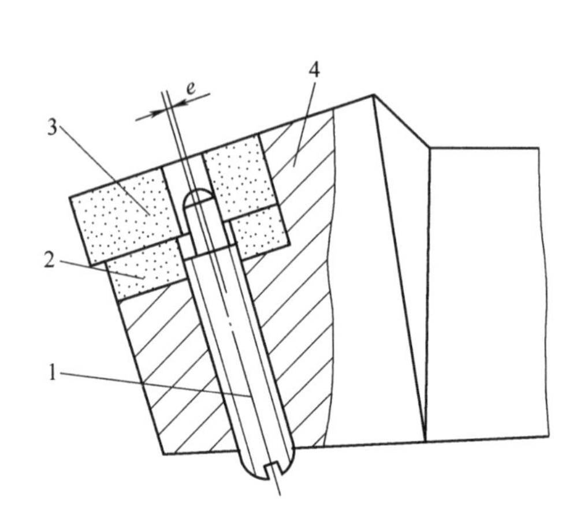

图 3-23　偏心螺钉夹紧

1—偏心螺钉　2—刀垫　3—刀片　4—刀杆

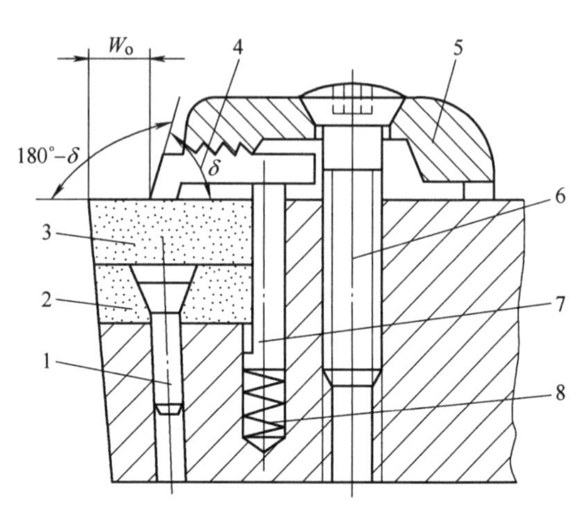

图 3-24　上压式夹紧

1—销轴　2—刀垫　3—刀片　4—压板　5—锥孔压板　6—螺钉　7—支钉　8—弹簧

（5）拉垫式夹紧。拉垫式夹紧原理是通过圆锥头螺钉，在拉垫锥孔斜面上产生一个分力，迫使拉垫带动刀片压向两侧定位面。拉垫既是夹紧元件又是刀垫，一件双用。这种结构简单紧凑，夹紧牢固，定位精度高，调节范围大，排屑无障碍。缺点是拉垫移动槽不宜过长，一般在 3～5mm，否则将使定位侧面强度和刚度下降。另外，刀头刚度较弱，不宜用于粗加工，如图 3-25 所示。

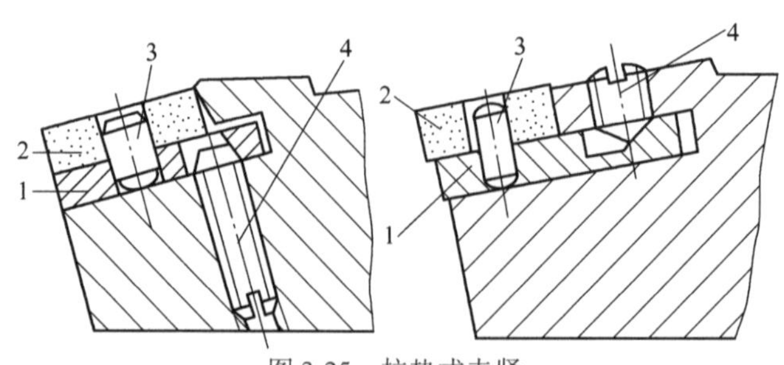

图 3-25　拉垫式夹紧

1—拉垫　2—刀片　3—销轴　4—锥端螺钉

（6）压孔式夹紧。如图 3-26 所示，用沉头螺钉直接紧固刀片，此结构紧凑，制造工艺简单，夹紧可靠。刀头尺寸可做得较小，其定位精度由刀体定位面保证，适合于对容屑空间及刀具头部尺寸有要求的情况下，如车孔刀常采用此种结构。

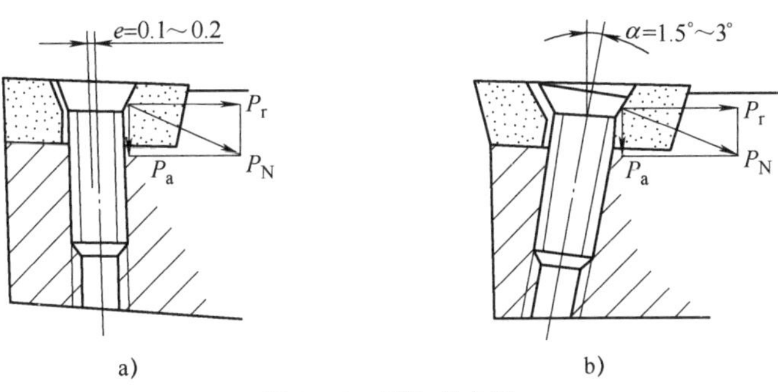

图 3-26　压孔式夹紧

（二）可转位车刀的使用

虽然国内外实践已充分证明，可转位刀具是一种先进刀具。但是，只有掌握它的性能，正确合理地使用才能扬长避短，取得好的效益。推广可转位刀具，一方面是提高刀具的设计制造质量，扩大品种，这是基础，另一方面是要正确合理地使用。

1. 切削力夹紧和刀片的机械夹固

可转位刀片用夹紧元件紧固在刀槽内，其目的是将刀片压向各定位面—侧面和底面。要保证准确的刀尖位置精度，并不是完全依靠夹紧元件来承受切削力。正确而良好的设计应保证切削过程中总切削反力始终将刀片压在定位面上。

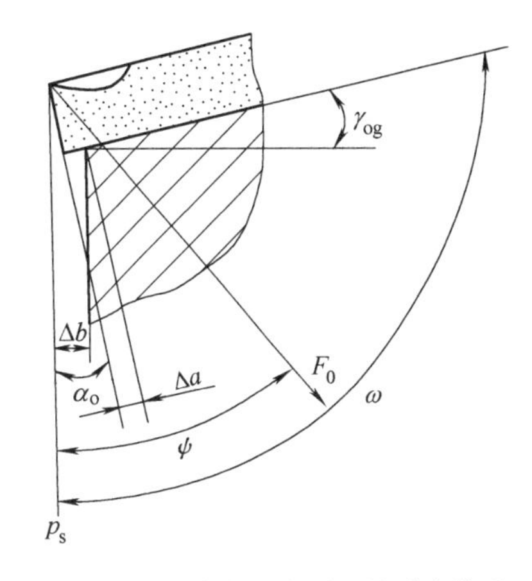

图 3-27　刀片在正交平面的受力情况

图 3-27 所示为正交平面内刀片的受力情况。F_0为总切削反力在正交平面内的分力，它与切削平面 P_s 的夹角为 ψ，刀片底面与 P_s 间的夹角为 ω，当刀片没有悬伸量 Δa 时，刀片受 F_0力作用而不翻转脱离底面的条件是：$\alpha_o < \psi < \omega$。

在一般情况下 $\psi_{min} = 20°$，在切削层平均厚度较小（$h_D < 0.03$mm）且切削刃钝化后 ψ 将达最大值（$\psi_{max} = 65°$），即 $\psi = 20° \sim 65°$。显然，上述切削力夹紧条件公式是容易满足的。一般可转位刀具刀片都要伸出刀体一段距离 Δa（值一般为 0.5mm 左右），设计时 Δa 值需视具体情况确定，以使切削刃距刀体距离 Δb 不至过大（$\Delta b = 1.4$mm 左右为宜），以保证切削力夹紧。

图 3-28 所示为刀片在基面内的受力情况，切削层尺寸平面内的推力 F_D与进给平面间的夹角 θ 由公式 $\tan\theta = F_p/F_f$ 确定。

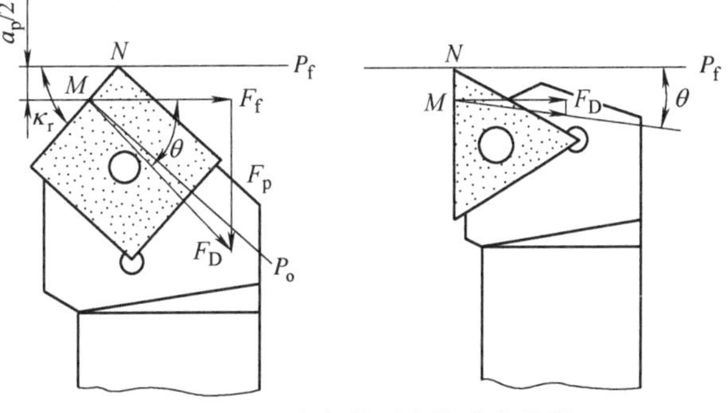

图 3-28　刀片在基面内的受力情况

θ 角之值与主偏角 κ_r 关系最大，κ_r 愈大 θ 愈小，此外影响较大的还有刀尖圆弧半径、副偏角和刃倾角。实际 θ 角总比正交平面 P_o与 P_f间夹角要大，当 κ_r 为 90°时，θ 角最小，但一般也在 12°以上，而且压力中心并不在刀尖上，而是在距刀尖 $1/2a_p$ 的 M 点处。因此，图 3-28 所示的两种常用的典型结构，在基面内的切削分力仍然有助于刀片的夹紧。

明确了切削力夹紧的概念，使用中需注意两点：第一，夹紧元件主要是将刀片固定在定位面上，因此紧定时不要用力过大，以免损坏刀片和夹紧元件。第二，紧固时应切实保证刀片与各定位面贴紧，不得有缝隙，不得有切屑等杂物。使用过程中由于振动等原因夹紧元件可能会松动，应注意及时检查。

2. 刀尖圆弧半径 r_ε 的选择与刀尖修磨

由于可转位车刀几何角度的特点，一般副偏角 κ'_r 较大，因而刀尖圆弧半径的大小对进给量和已加工表面粗糙度都有重要的影响。为使已加工表面粗糙度值不致太大，进给量 f 的最大值应小于刀尖圆弧半径 r_ε 的 3/4。可转位车刀的 r_ε 宜取较大值，一方面可选取大的进给量提高生产率；另一方面进给量可在较大范围内变动从而得到较好的断屑效果。如果 r_ε 值小，进给量 f 的允许值也就小，特别在加工韧性较好的工件材料时难以断屑。

刀尖圆弧半径对断屑槽的断屑区域还有重大影响。根据有关资料介绍，同一把车刀在几何参数、断屑槽参数、切削用量和工件材料相同时，仅刀尖圆弧半径 r_ε 有少量变化，其断屑区域就有较大的变化。

根据实际加工情况选择或自行修磨出合理的刀尖圆弧半径，是正确使用可转位刀具的一项重要技术。一般原则仍然是粗加工取大些，$r_\varepsilon=0.5\sim2.0$mm；精加工取小些，$r_\varepsilon=0.2\sim0.5$mm。此外，在焊接车刀上成功适用的过渡刃、修光刃等各项刀尖修磨技术都可以运用到可转位车刀上。因为这些并不影响刀片的定位夹紧，修磨刀尖是可行的、允许的，使用者应在刀尖的修磨上下功夫、作文章。

3. 刃区的修磨

合理选择刀具的刃区剖面型式、参数与正确选用刀具材料一样重要，用俗话说就是“一线值千金”。目前市场上销售的刀片有些没有进行很好地钝化处理，再者刀具刃区剖面的型式、参数又因刀具材料、工件材料和实际加工条件而异，因此根据实际加工条件对刃区进行修磨也是可转位刀具推广应用中的又一项重要技术。

当用显微镜观察刃口时往往发现有微小的裂纹，这种微裂纹将成为硬质合金等脆性刀具材料崩刃和破裂的起始点，将其仔细加以研磨钝化，消除裂纹，可大幅度提高刀具寿命。修研的基本原则是刀具材料越硬、越脆或零件材料的硬度、强度越高时，刀具的修磨参数（$b_{\gamma1}$、γ_{o1}、r_n）越大。硬质合金等脆性材料并不要求像高速钢刀具那样有锋利的刀刃，压制良好的刀片可以直接使用，在某些情况下取得了良好的效果就是这个原因。此外，进给量愈大，修磨参数也应愈大。有的情况取倒棱宽度 $b_{\gamma1}=(1-2)f$ 时也取得了好的效果。在切削过程中，刃区剖面参数将因磨损而改变，因此在使用过程中注意修磨和研刀是非常必要的。

4. 可转位刀具的磨钝标准 *VB*

若刀片用毕后需重磨再用，一般取 $VB=0.3$mm 为宜，这样可使刀片的寿命最长；若刀片一次使用不重磨，则 VB 值可取大些或取 $VB\leqslant\Delta h$（见图 3-29），Δh 是刀片相对刀槽的高出量。因为后面是刀片的侧定位面，与刀槽侧面并非是面接触而是线接触（或称线附近的小面积接触），当 $VB>\Delta h$ 时会影响转位后刀片在刀槽中的准确定位和夹紧。

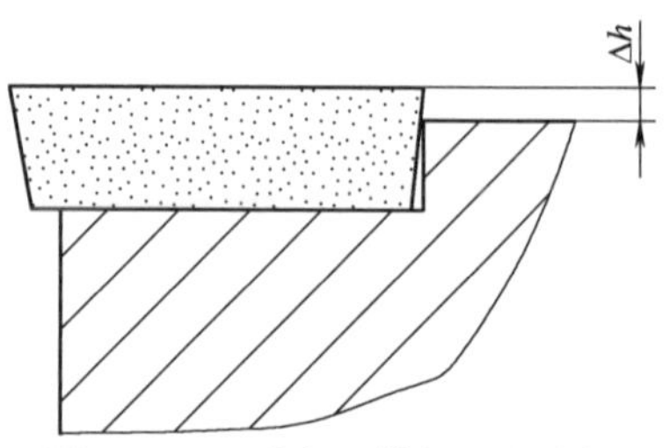

图 3-29　刀片与刀槽侧面的接触

目前，一般设计都取 $\Delta h=0.5\text{mm}$，其实，对于较大尺寸的可转位车刀 Δh 应取大些，从而 VB 值也可取大些。

可转位刀片的合理利用是推广可转位刀具的一个重要问题。原因一是制定合理的磨钝标准和寿命，适时转位，过早或过迟转位都是不经济的；二是可转位刀片的重磨利用问题，根据我国情况，用钝的刀片重磨利用经济上是合算的。这就需要解决：①刀片的回收管理问题。②重磨技术及设备。③刀体系列化，以适应大刀片改小刀片后的利用。

5. 可转位车刀的切削用量和断屑

可转位车刀的进给量 f 的最大值不宜超过刀尖圆弧半径 r_ε 的 3/4，同时 f 还应大于切削刃钝圆半径 r_n 的三倍和负倒棱宽度 $b_{\gamma1}$ 的（0.3～1.2）倍。背吃刀量 a_p 的选择应使作用主切削刃长度（$L=a_p/\sin\kappa_r\cos\lambda_s$）不大于刀片刀刃边长的（1/2～2/3）。由于可转位刀具的换刀等辅助时间比焊接车刀的时间短，且耐磨性能又略好于焊接车刀，因此，可转位刀具的切削速度 v_c 应略高于焊接刀具（一般高 10% 左右）为宜。这样对于提高生产率和降低成本都是有利的。

与焊接刀具不同的是可转位车刀的断屑槽是预先加工好的。而一定的断屑槽形和参数，加工某种具体零件材料时，其断屑范围是一定的。可根据零件材料和加工的具体情况选用合适的断屑槽形公式和参数。当断屑槽及参数确定后，主要靠进给量的改变控制断屑。当 v_c 提高，a_p 增大时，合理的断屑范围所对应的进给量增大。

三、车刀断屑槽形的选择

（一）切屑的卷曲与折断

1. 切屑的流出方向和流屑角 ψ_λ

切屑的流出方向对切屑卷曲与折断有重要的影响，流出方向与主刃法平面间的夹角叫流屑角 ψ_λ，如图 3-30 所示。由于影响切屑流出方向因素很多，目前尚不能准确预测流屑角的大小。直角自由切削时，切屑沿切削刃的垂直方向流出，流屑角 $\psi_\lambda\approx0$。斜角自由切削时(如斜装的宽刃精刨刀)，流屑角约等于工作刃倾角（$\psi_\lambda=\lambda_{se}$）。而对于一般的切削，除主切削刃外还受到副切削刃的影响。总的来看，切屑沿能量消耗最小的方向流出的原则是存在的。由于切削区根部材料呈塑性状态、作用在切屑上的力的微小变化都会影响切屑的流出方向。如断屑槽方向、工件障碍、刀具几何参数、刀具磨损、积屑瘤、切削用量及工件材质的

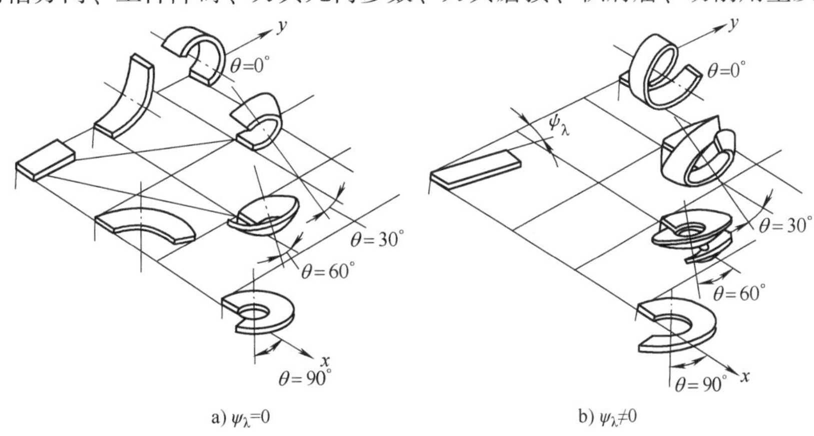

图 3-30 流屑角对切屑卷曲的影响

不均匀等，甚至切屑长度本身都影响切屑的流出方向。切屑的流出方向不但是切削机理研究中的一个重要难题，也直接关系到切屑的控制。断屑槽的作用方向若不与切屑流向垂直，就会影响其断屑效果。

2. 切屑的卷曲

切屑在流出过程中伴随着卷曲，切屑的流向和卷曲决定了切屑的形状。当切屑只有沿切屑厚度方向向上卷曲时，切屑的卷曲轴线与切屑底面平行，它们之间的夹角 $\theta=0°$，随着流屑角 ψ_λ 的不同，形成的切屑形状也不同。由图 3-30 可见，当 $\psi_\lambda=0°$ 时，切屑无横向流动，则形成平盘形螺旋屑（发条状切屑）。当 $\psi_\lambda\neq0°$ 时，切屑向上卷曲的同时还沿其卷曲轴线移动，即切屑作螺旋运动。当 ψ_λ 值较大时，若切屑转一圈的同时，移动的距离大于或等于切削层公称宽度，则形成管形螺旋屑；若 ψ_λ 值较小，切屑沿卷曲轴线移动较小，则易生成锥盘形螺旋屑（宝塔状切屑）。

当切屑只有横向（侧向）卷曲，而无向上卷曲时，切屑的卷曲轴线与切屑底面垂直（$\theta=90°$），形成垫圈样的环形螺旋屑。

当切屑既有向上卷曲又有侧向卷曲，切屑流出角 ψ_λ 也不为零，随各参量大小不同则可生成环形或锥形螺旋屑。当切屑向上或横向卷曲均较小时，就形成长条或无规则带状切屑。若在刀具前面制出断屑槽，可使经过基本变形（第一、第二变形区的变形）而流出的切屑再次产生卷曲变形—附加变形，致使切屑更加变硬变脆而更容易折断。因此，切屑的卷曲与折断有着密切的关系。

切屑向上卷曲的曲率半径 r_{DX} 与断屑槽的参数有关。以直线圆弧型断屑槽为例，当切屑底面与断屑槽肩部相接触时，如图 3-31 所示。切屑在断屑槽内卷曲的平均曲率半径 r_{DX} 可由几何关系算出：

$$r_{DX}=\frac{(W_n-l_f)^2}{2h_n}+\frac{h_n}{2}-\frac{h_{DX}}{2}$$

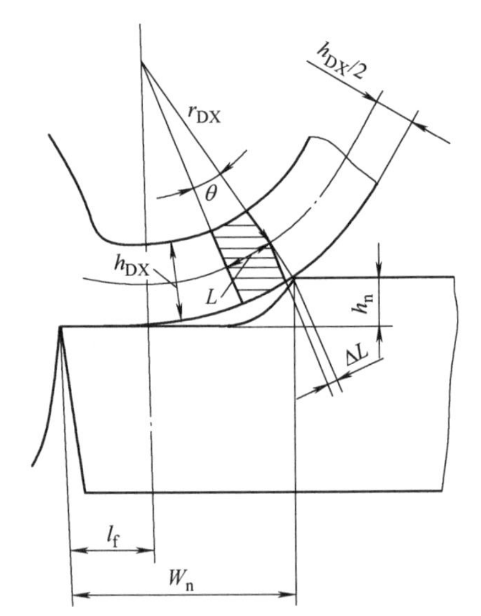

图 3-31　断屑槽对切屑卷曲的影响

式中　W_n——断屑槽宽度（mm）；

h_n——断屑槽深度（mm）；

h_{DX}——切屑厚度（mm）；

l_f——切屑与前面接触长度，切钢时 $l_f\approx h_{DX}$（mm）。

（二）断屑槽形及参数

1. 断屑槽形

焊接车刀的断屑槽是在刃磨刀具时磨出的，而可转位车刀则是在生产刀片时直接压制成形。

(1) 断屑槽截形。断屑槽的截面形状和尺寸，对断屑性能及切削效率有着重要影响，其基本截形有直线圆弧形、折线形、全圆弧形，它们的法平面截形如图 3-32 所示。

直线圆弧形断屑槽：这种截面由直线和一般圆弧组成，车刀的前面是由靠近切削刃的平面部分构成，断屑槽的基本参数为：宽度 $W_n=1\sim7$mm，圆弧半径 $R_n=(0.4\sim0.7)W_n$，楔角 $\beta_o\leqslant40°$，负倒棱宽度 $b_n\leqslant f_o$，R_n 及 W_n 是影响屑形的主要因素，其中 R_n 的大小直接影响切屑卷曲半径。

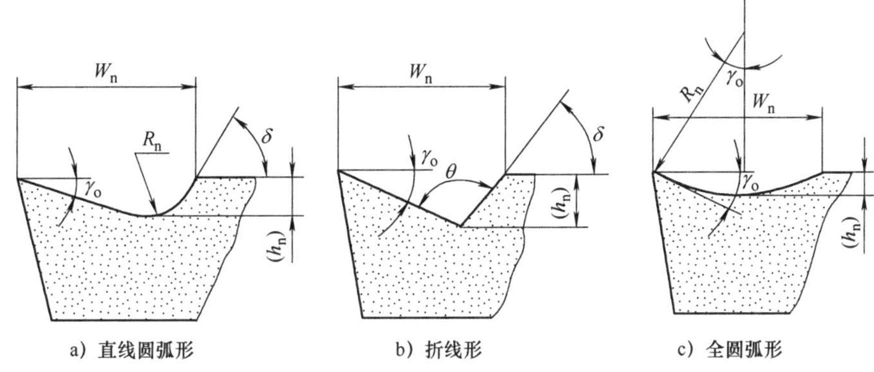

图 3-32 断屑槽的基本截形

折线形断屑槽：其由两段直线相交而成。槽底角 θ 代替了上述的圆弧半径 R_n 的作用。取小的 θ 值时，切屑卷曲半径小，θ 值太小会使切屑堵塞在槽中，易造成打刀；θ 值太大会使切屑卷曲半径加大而不易折断。槽度角一般推荐选用 110°～120°。

全圆弧形断屑槽：在相同的前角和槽宽的情况下，全圆弧形断屑槽具有较高的切削刃强度，因此适用于较大前角及重型车刀。其截形的槽宽 W_n、圆弧半径 R_n 和前角 γ_o 之间存在以下近似关系

$$\sin\gamma_o \approx W_n/2R_n$$

（2）断屑槽槽形斜角。断屑槽槽形斜角是指断屑槽相对主切削刃的倾斜角，有三种形式，如图 3-33 所示。

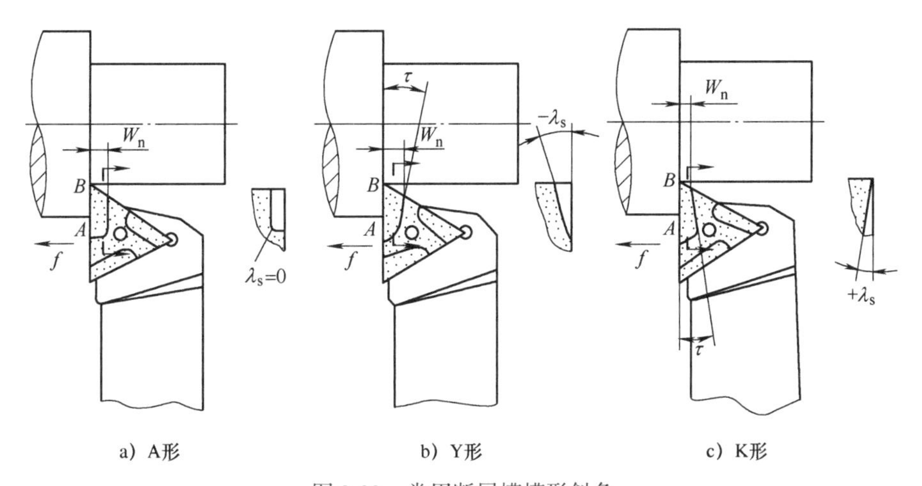

图 3-33 常用断屑槽槽形斜角

A 形：该槽形特点是前后等宽，等深的开口半槽，称平行式。这种槽形可在 a_p 变化范围较宽的情况下，仍能获得较好的断屑效果。但对某种槽宽的刀片而言，其断屑范围较窄，槽宽应根据进给量确定。

Y 形：其特点是前宽后窄的开口半槽，也称外斜式。这种槽形 A 处切削速度高，槽宽窄、槽深小，切屑在此处先卷曲，且卷曲半径小。在槽的 B 点处切屑卷曲慢，且槽深大，槽底形成负刃倾角，使切屑易于与工件表面相碰而形成弧形屑。此种槽形用于中等背吃刀量 a_p 时，断屑稳定可靠。当 a_p 大时，由于 A、B 两处卷曲半径相差过大，切屑易堵塞。

K 形：槽形是前窄后宽的开口半槽，也称内斜式。与 Y 形相反，B 处槽宽窄、深度小，槽底具有正刃倾角，故切屑易背离工件流出，形成管状或环状螺旋屑。它的断屑范围较窄，主要适用于切削用量较小、精车及半精车情况下，也常用于孔加工时引导切屑从孔口流出。

2. 断屑槽参数的选择

（1）切削碳素钢。中等背吃刀量和进给量（$a_p=1\sim6\text{mm}$，$f=0.2\sim0.6\text{mm/r}$）条件下，用硬质合金车刀切削中碳钢时，若要求形成 C 形屑，推荐采用直线圆弧形断屑槽，取圆弧半径 $R_n=(0.4\sim0.7)W_n$，选外斜式 $\tau=8°\sim10°$，也可以选用平行式，断屑槽宽度 W_n 选成等于或略大于所采用的最大 a_p 值，进给量范围约为 $f=W_n/10\sim W_n/14$。

小背吃刀量时（$a_p<1\text{mm}$），若采用上述的断屑槽则不容易断屑。由于断屑槽太宽，切屑在刀尖圆弧和副切削刃的作用下，不经过槽底而在靠近刀尖附近就拐向主切削刃流出，得不到附加的卷曲变形。为此所选断屑槽形及参数必须使切屑在刀尖附近拐弯以前，就迫使它先在槽中卷曲或变形。如图 3-34 所示，此时可采用 D 形断屑槽，刃磨成 45°斜角槽；也可选直线圆弧形的 A 形断屑槽，当 $f=0.1\text{mm/r}$ 时，可取 $W_n=3f$，$h_n=f$，$R_n=f/2$。

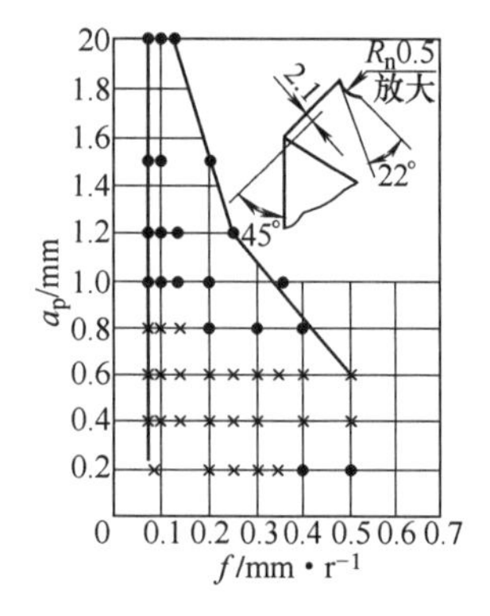

图 3-34　小背吃刀量 45°斜角槽及其断屑范围

大背吃刀量，大进给量（$a_p>10\text{mm}$，$f=0.6\sim1.2\text{mm/r}$）条件下，由于切屑宽而厚，若形成 C 形屑易损坏切削刃，且碎屑会飞溅伤人。通常采用全圆弧形断屑槽并加大圆弧半径 R_n，减小槽深，使切屑卷成发条状顶在过渡表面折断，或靠自重坠落。根据加工大件的经验，断屑槽推荐以下参数：槽宽 $W_n=10f$，圆弧半径 $R_n=(1.2\sim1.5)W_n$；选用平行式或外斜式：$\tau=0°\sim6°$。对于上压式可转位车刀（见图 3-24），用压板形成断屑槽时，槽底角取 $\theta=125°\sim135°$。

由于低碳钢切屑变形大，在相同条件下切屑厚度 h_{DX} 比中碳钢厚，故易断屑。切削实践证明，采用同样的断屑槽参数，低碳钢断屑范围要比中碳钢宽。所以，切削低碳钢时可以采用与切削中碳钢相同的断屑槽参数。

（2）切削合金钢。一般来说，合金钢的强度和韧性比中碳钢不同程度地有所提高，增加了断屑的难度，故需要适当增大附加变形量。如切削 18CrMnTi，38CrMoAl，38CrSi 等合金钢，推荐采用外斜式断屑槽，槽宽 W_n 和圆弧半径 R_n 都应适当减小些。

（3）切削难断屑材料。在金属切削加工中，经常会遇到一些特别难断屑的金属材料，如高温合金、高强度钢、耐磨钢及不锈钢等难加工材料，及纯铜、无氧铜、纯铁等。若采取上述断屑槽，仍不能顺利断屑时，可采取变革主切削刃形状，采用特殊断屑器，振动断屑等达到断屑目的。例如，生产中使用的纯铜和无氧铜断屑车刀，在车刀的后面上磨出多条弧形槽，使主切削刃成波纹形的搓板状（后搓板车刀）。图 3-35 所示为双刃倾角切削刃，即在主切削刃上靠近刀尖处磨出第二个刃倾角。双刃倾角可与

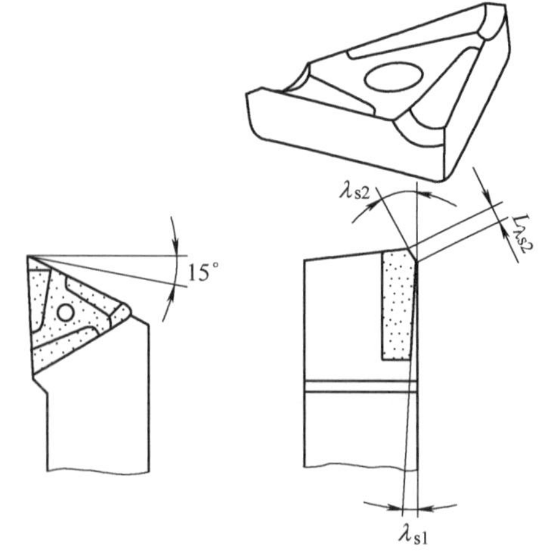

图 3-35　双刃倾角切削刃

普通的外斜式断屑槽配合使用，槽宽 $W_n=3.5\sim5\text{mm}$，外斜角 $\tau=6°\sim8°$，第一刃倾角 $\lambda_{s1}=-3°$，第二刃倾角入 $\lambda_{s2}=-(20°\sim25°)$，长度 $L_{\lambda s2}=a_p/3$。它适用不锈钢的粗加工，断屑效果较好。切削用量最佳范围为：$a_p=4\sim15\text{mm}$，$f=0.1\sim0.35\text{mm/r}$，$v_c=80\sim100\text{m/min}$。这种车刀刀尖强度好，切屑卷曲半径大，多数成锥盘形螺旋屑（宝塔屑）或短管状螺旋屑，但径向力比单刃倾角车刀增大20%～30%，当工艺系统刚度差时不宜选用。

第四节　车 刀 案 例

一、焊接车刀案例

（一）案例一：75°强力粗车刀（见图3-36）

1. 刀具特点

（1）刀片材料：YT15硬质合金；刀杆材料：45钢（淬火硬度40～45HRC）。

（2）立焊刀片。使刀片不易脱落和压裂，可承受较大切削力。

（3）前角较大。采用15°～18°前角，可减小机床负荷，增加背吃刀量和进给量。

（4）采用75°主偏角，可减小径向切削分力。

（5）刀尖及刀刃处磨有0.4～0.7mm的倒棱，加强了刀尖及刀刃的强度。

（6）焊有硬质合金断屑块（可用废硬质合金），断屑性能良好。

（7）切削热较低，在加工中切屑颜色呈白色或黄色。

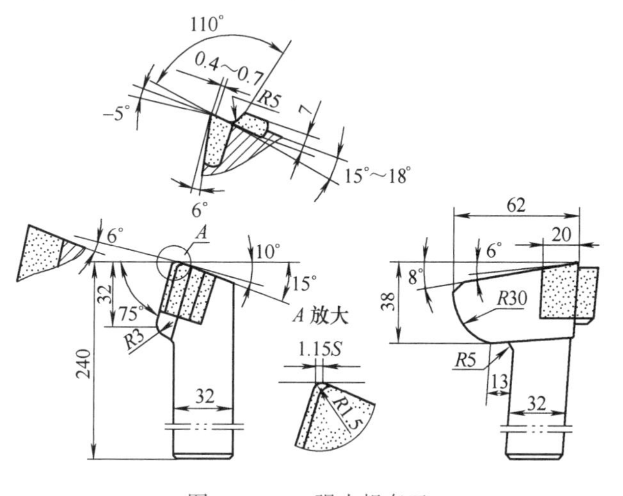

图3-36　75°强力粗车刀

2. 使用条件

$v_c=80\sim120\text{m/min}$；$f=0.8\sim2.0\text{mm/r}$；$a_p=15\text{mm}$。

3. 应用范围

适用于在CA6150车床或功率相当于20kW以上的机床上粗加工轴类零件（类似Q275钢锻件）。

4. 注意事项

（1）刃磨时，刀尖、过渡刃及修光刃长度（等于1.15$f$mm）应符合要求。

（2）进给量 f 必须大于0.5mm/r，否则不易断屑。

（3）操作时，刀尖应高于工件中心0.4～0.6mm，避免扎刀。

（二）案例二：大型75°综合车刀（见图3-37）

1. 刀具特点

（1）刀片材料：YT5硬质合金；刀杆材料：45钢。

（2）前角为15°～18°，可减小切削力。

(3) 采用75°主偏角，在加工轴类工件时可减小径向切削分力，避免振动；并且可减小主切削刃单位长度的负荷；刀尖角大，散热快，可提高刀具的使用寿命。

(4) 后角较小，刀头强度较高。

(5) 采用正刃倾角，能弥补因前角大而导致刀刃强度差的缺陷。根据经验，前角 γ_o 增加2°后，将刃倾角 λ_s 同时增加3°，刀刃强度不会降低。刃倾角视工件加工情况而定，一般为4°~10°。

(6) 刀刃倒棱随进给量增加而适当增加，一般以不大于0.5*f*mm为宜。

(7) 采用直线型过渡刃（一般在4mm以下），并在过渡刃与主切削刃、修光刃连接处研磨成小圆角，以延长刀具寿命。

45°直线过渡刃与圆弧过渡刃比较，平均 ψ 角大，切削变形均匀，径向切削分力与车床动力消耗都较少，刀具寿命可以提高。

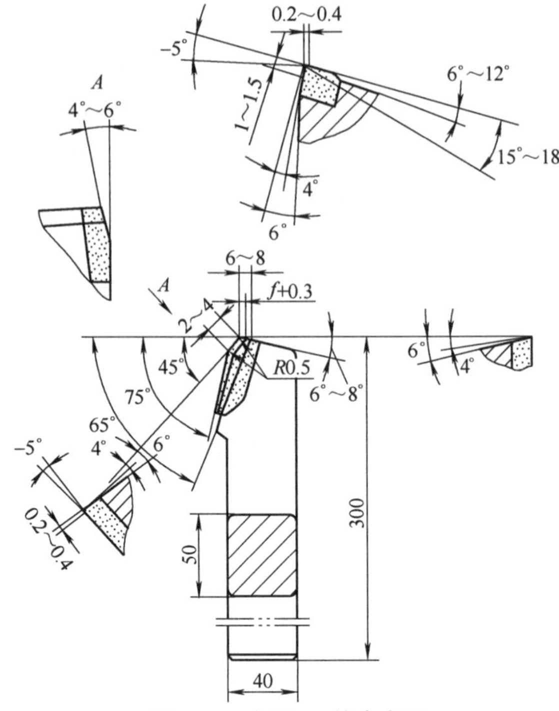

图3-37　大型75°综合车刀

(8) 修光刃宽度 $=f+(0.3\sim0.5)$mm，可保证工件表面质量，并使振动减小至最低限度。

(9) 断屑槽较浅，刀片损耗小，强度高。断屑槽采用65°斜角，使断屑规则而有方向；切屑呈 $R(30\sim40)$mm 弧形，向刀架与尾座45°夹角的方向排出。

2. 使用条件

加工大型中碳钢铸件及锻件时：

(1) 机床功率 $P=110$kW 以上：$v_c=70$m/min；$f=1.25\sim1.50$mm/r；$a_p=40\sim50$mm。

(2) 机床功率 $P=25$kW 以上：$v_c=50$m/min；$f=1.5\sim2.0$mm/r；$a_p=11$mm。

3. 应用范围

适用于强力切削或大进给量切削加工的大型中碳钢铸件及锻件。

4. 使用效果

提高切削效率5倍以上。

5. 注意事项

(1) 车床功率要大，切削前，车床各部分的机构和间隙要适当调整，不得有松动现象。

(2) 视工件情况中心孔愈大愈好，且须与顶尖接触良好。

(3) 装刀时车刀不宜伸出过长，一般伸出长度约为刀杆高度的1.5倍；但也不宜过短，否则会影响排屑。

(4) 切削时，用主切削刃的后部先倒角试切，然后再进行走刀。

一般在工件的长径比（即工件长度 L 与直径 d 之比）$L/d\leqslant8$ 时，如果机床负荷和工件余量允许，可采用较大的背吃刀量和进给量；工件 $L/d>8$ 时，背吃刀量和进给量应适当减小。

(5) 在切削中如发现车床转速因机床超过负荷而减慢时，则应退出车刀，退刀时，应先停止走刀，然后再退刀，以保护刀尖。如发现“闷车”现象，应先关闭电动机，防止车头倒回；抽刀时，应先旋松刀架后面的支紧螺钉，再旋松前面的支紧螺钉，将刀具轻轻抽出。

（三）案例三：抗冲击车刀（见图3-38）

1. 刀具特点

（1）刀片材料：YT15硬质合金；刀杆材料：45钢。

（2）采用大刃倾角（$\lambda_s=40°$）及大前角（$\gamma_o=30°$）；抗冲击性能好，切削力小。

（3）切削刃倒棱为−30°。

（4）刀尖磨有过渡刃及修光刃。

2. 使用条件

$v_c=45\sim90\text{m/min}$；$f=0.3\sim0.5\text{mm/r}$；$a_p=7\sim10\text{mm}$。

3. 应用范围

适用于粗加工余量不均匀及断续切削的45钢、40Cr及40CrNiMoA钢件。

4. 注意事项

使用时应经常用油石背磨负倒棱、过渡刃及修光刃。

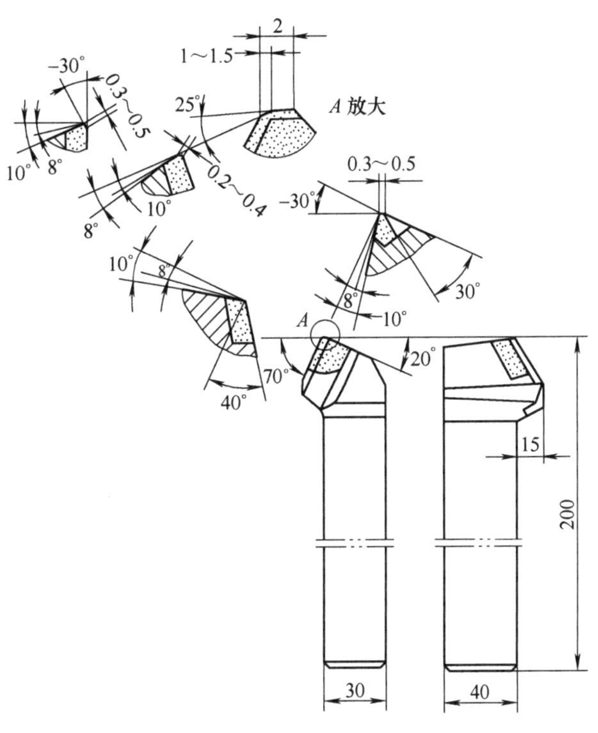

图3-38 抗冲击车刀

（四）案例四：93°细长轴精光车刀（见图3-39）

1. 刀具特点

（1）刀片材料：YT30硬质合金；刀杆材料：45钢。

（2）采用93°主偏角，可减少径向切削分力。

（3）采用横向断屑槽，可提高切削性能，控制排屑方向，保证加工表面质量。

（4）采用0.5°负倒棱，切削平稳，无振动。

2. 使用条件

$v_c=60\text{m/min}$；$f=0.17\sim0.23\text{mm/r}$；$a_p=0.10\sim0.12\text{mm}$。

3. 应用范围

适用于加工45钢，直径为25mm、长1000mm的细长轴（长径比可扩大为50～55倍）。

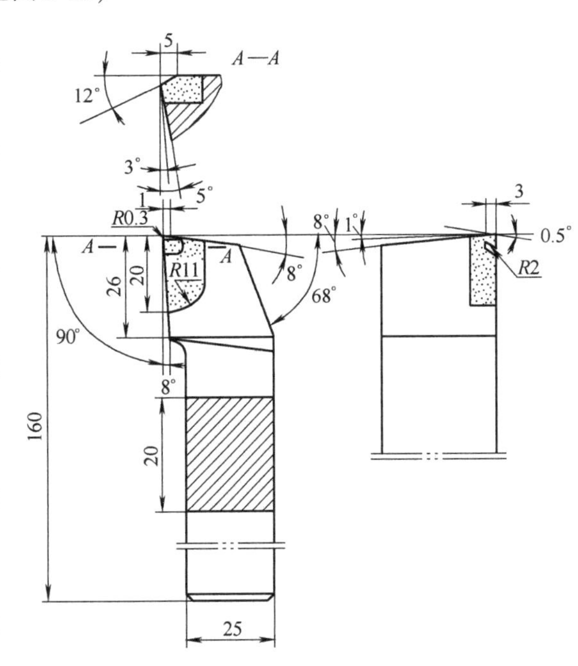

图3-39 93°细长轴精光车刀

4. 使用效果

（1）零件的表面粗糙度值 Ra 可达 1.6μm。

（2）零件的加工精度较好，仅在中段直径增大 0.05～0.07mm。

（3）生产效率比一般采用中心架车削细长轴时提高 1～2 倍。

5. 注意事项

（1）机床要求无振动现象。

（2）刀具装夹应高于工件中心 0.3～0.5mm。

（五）案例五：45°不锈钢车刀（见图 3-40）

1. 刀具特点

（1）刀片材料：YT15 硬质合金；刀杆材料：45 钢。

（2）具有极窄而倾度较大的负倒棱，以及 12°～15°的前角与 $R=10$mm 的圆弧组成的卷屑槽，以增加强固，达到顺利断屑、克服“粘刀”的目的。

（3）刀尖圆弧半径较大，散热性能良好。

2. 使用条件

在 C620 车床上车削，$v_c=120\sim180$m/min；$f=0.4\sim1.0$mm/r；$a_p=4\sim7$mm。

3. 应用范围

适用于半精加工不锈钢。

4. 使用效果

（1）切削效率高，断屑顺利，加工表面表面粗糙度值 Ra 可达 0.8～1.6μm。

（2）刀具寿命长，可有效克服“粘刀”现象。

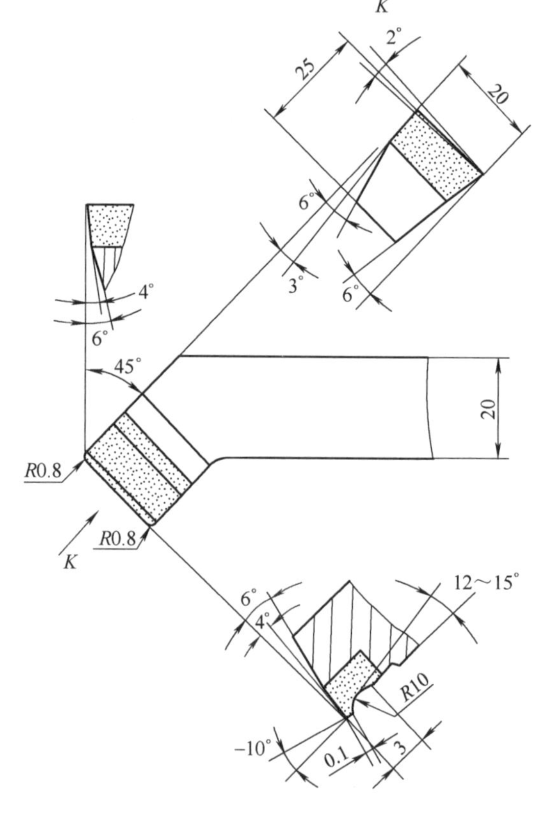

图 3-40　45°不锈钢车刀

（六）案例六：滚切车刀（见图 3-41）

1. 刀具特点

（1）刀片材料可采用普通轴承钢、高速钢或硬质合金。

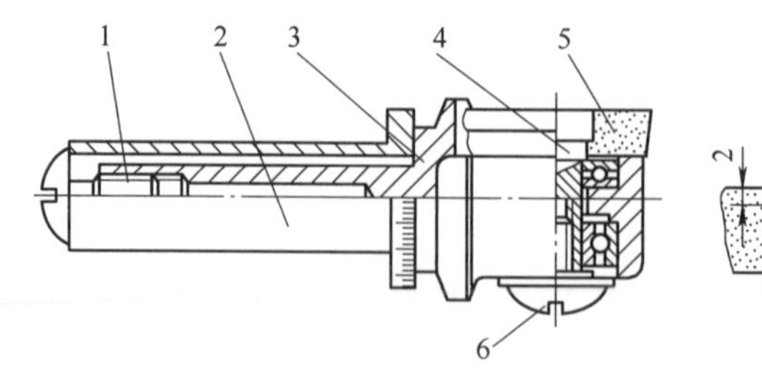

图 3-41　滚切车刀

1、6—螺钉　2—刀夹　3—刀体　4—刀片轴　5—硬质合金刀片

（2）刀具的角度除前角外均可自由调节。加工钢类工件时，最适宜的切削角度为：前角5°，后角6°~10°，刃带0°×2mm，刃倾角15°~20°。刃倾角可利用刀夹上的刻度调节，根据加工工件直径的大小，刃倾角可在10°~45°范围内适当选择。

（3）此刀具在切削原理上与斜齿滚切铣刀相仿。其刃缘和工件接触要倾斜15°~20°，刀刃与工件的切点应在工件中心的1~2mm处。工件与刀具摩擦，边切削边转动，形成切削和滚压同时进行。为了减少阻力和刀具本身的旋向轴心推力，在刀具的后面上增加1.5~2.0mm的刃带，提高切削稳定性和消除工件在挤压过程中的低频振动，保证工件的表面质量和几何尺寸精度。

2. 使用条件

v_c=50~150m/min；f=0.05~0.30mm/r；a_p=0.3~2.5mm。

3. 使用效果

（1）效率比一般高速钢光刀加工提高1~10倍。

（2）加工零件的表面粗糙度值 *Ra* 可达3.2~0.2μm。

（3）零件的圆度不超过0.005~0.010mm。

4. 注意事项

（1）根据刀具材料的不同，选择适当的切削用量。

（2）根据加工直径的大小，选择适当的刃倾角。

（3）此刀具不适于加工淬硬材料及断续切削零件。

（七）案例七：综合式切断刀（见图3-42）

1. 刀具特点

（1）刀片材料：YT5硬质合金；刀杆材料：45钢。

（2）前面磨有双曲率半径卷屑槽，增大了前角，减小了切削并使排屑顺利。

（3）因切削刃磨有 R=0.5mm 的消振槽，不仅能起消振作用，而且能保证工件的平直性。

（4）刀尖磨有 R=0.3~0.5mm 的圆弧，增加了刀尖强度。

（5）刀片嵌焊在刀槽内，可提高刀具的刚性。

2. 使用条件

（1）v_c=80~100m/min；f=0.27mm/r。

（2）采用柴油为切削液。

3. 应用范围

适用于加工铬镍钛不锈钢。

4. 使用效果

生产效率可提高1倍，刀具寿命提高6~8倍。

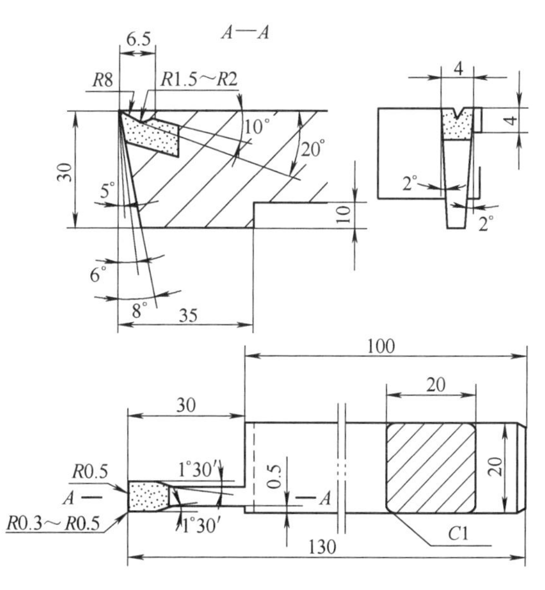

图3-42 综合式切断刀

5. 注意事项

（1）刀片槽表面粗糙度值 Ra 必须在1.6μm以下，刀片与刀槽焊缝间隙不得超过0.05mm。

（2）刀片焊接后，最好在200℃炉内保温4～6h，并随炉冷却，以消除应力和提高刀具寿命。

（3）切削刃表面粗糙度值 Ra 必须在0.4μm以下。

（4）开始进刀时应缓慢，避免扎刀。

（5）刀具和工件应装夹牢固，不得松动。

（八）案例八：双过渡刃强力切断刀（见图3-43）

1. 刀具特点

（1）刀片材料：YT15硬质合金；刀杆材料：45钢。

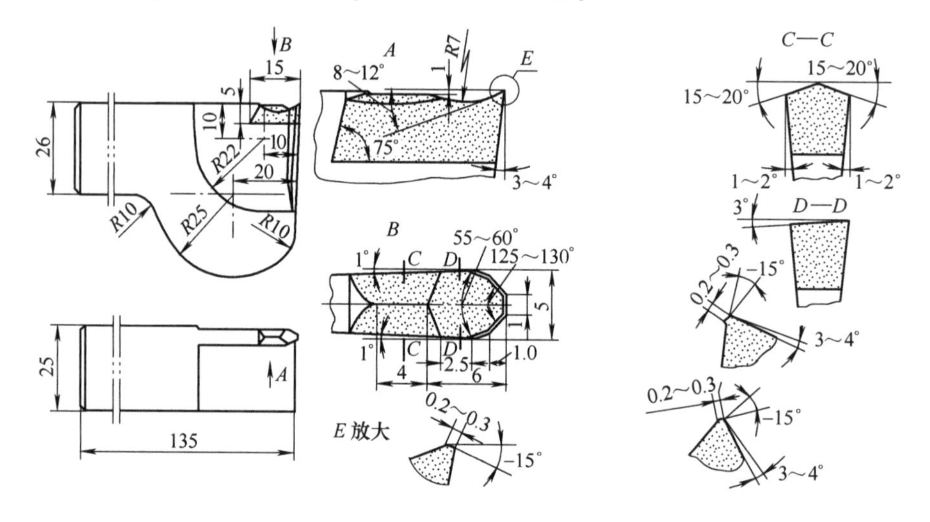

a) 双过渡刃强力切断刀

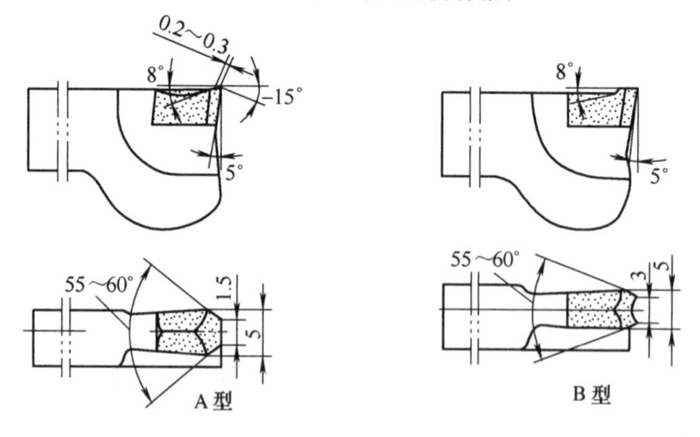

b) 简化强力切断刀

图3-43 主切削刃强力切断刀

（2）采用负倒棱，$-15°\times(0.2\sim0.3)$mm，以提高刀刃强度。

（3）刀头有两个刀尖角（$\varepsilon_1=125°\sim130°$，$\varepsilon_2=55°\sim60°$），中间为1.0～1.2mm宽的平刃，形成5个刀刃、6个刀尖和屋脊形刀背，使切削下来的切屑变窄，不致在槽内堵塞，并可防止扎刀和损伤切断端面的表面质量。

（4）前面磨有 $R=7$mm的卷屑槽，并向一边倾斜3°，使切屑沿着一个方向排出。

（5）切削时，5个刀刃和6个刀尖不仅可分散切削力，提高刀具寿命，并且靠外边的两个刀尖能起光刀作用，切断端面的表面粗糙度值可达 $Ra=3.2\mu m$。

（6）流线型屋脊形刀背在切屑排出过程中，散热性好。

（7）刀杆头部底面带有鱼肚形的支承，提高了刀具的强度，并可减少切削时的振动。

（8）刀片的尾部支承面做成75°斜角，以加强刀片焊接强度。

2. 使用条件

$n=950\sim1200r/min$；$f=0.35\sim0.50mm/r$；切削宽度 =5mm。

3. 应用范围

适用于切割直径50~60mm的一般钢件，特别是切割管材和其他带孔零件。

4. 使用效果

较一般切断刀生产效率提高12倍，刀具寿命提高，在一般情况下可连续加工8h，而不用磨刀。

5. 注意事项

（1）机床必须有足够的刚性和功率。

（2）在切断过程中，不能中途停车，以防扎刀。

（3）刀具在安装时，不宜伸出过长，刀架要夹紧，刀头要低于工件中心0.2~0.3mm，谨防扎刀。

（4）刃磨时，5个刀刃要对称。

（5）待横向机动走刀剩余3~4mm时，应迅速换为手动进刀，以防止因冲击过大而损坏刀头。

（6）高速大走刀前，须先手动进刀加工几个工件，使刀片预热，然后再机动进刀，以免突然升温而产生裂纹。这种切断刀虽具有上述许多优点，但刃磨较复杂。老师傅们在生产实践中不断改进，又创造了两种简化强力切断刀（见图3-43b）。这两种切断刀形状简单，刃磨方便，最适用于切割棒料及其他实心零件。B型的顶端刃口形状为圆弧形，具有定心作用，切削时平稳性好。

（九）案例九：加工耐热玻璃的切断刀（见图3-44）

1. 刀具特点

（1）刀片材料：YG8硬质合金；刀杆材料：45钢。

（2）采用较大的负前角（$\gamma_o=-10°$），刀刃强度高。

（3）有平刃和70°刀尖角，刀刃散热良好，提高了刀具使用寿命。

（4）采用较大的后角（$\alpha_o=10°$）。

（5）刃磨简单，容易掌握。

2. 使用条件

（1）$v_c=10\sim25m/min$；$f=0.05\sim0.10mm/r$。

（2）采用煤油或汽油为切削液。

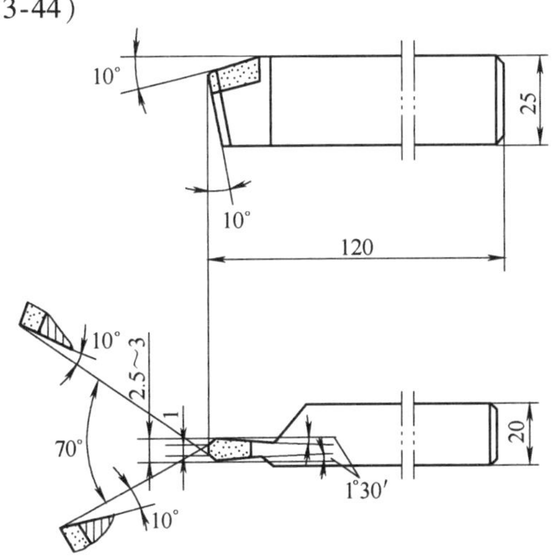

图3-44 加工耐热玻璃的切断刀

3. 应用范围

适用于在 CA6140 车床上，加工耐热玻璃或普通玻璃。

4. 使用效果

刀具寿命高，可达 4～6h。

5. 注意事项

在切断玻璃管以前，应先在管子内壁切一刀，然后再开始切断。

（十）案例十：粗精车两用分屑槽式高速螺纹车刀（见图 3-45）

1. 刀具特点

（1）刀片材料：YT15 硬质合金；刀杆材料：45 钢。

（2）刀具前面磨有 $R=50$mm 的分屑槽，切削时排屑良好，切屑呈螺旋球状，不会刮伤螺纹表面，确保生产安全。

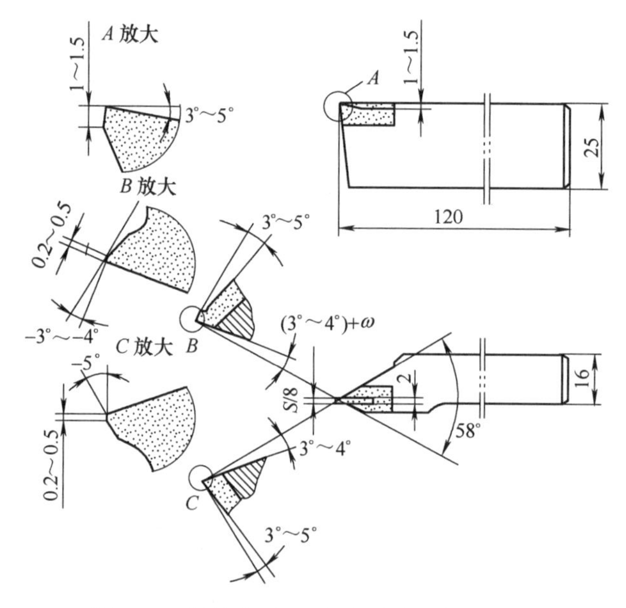

图 3-45　粗精车两用分屑槽式高速螺纹车刀

（3）主、副刀刃都具有负倒棱，提高了刀刃强度。

（4）刀尖宽为 $P/8$（P 为螺距），磨有 1.0～1.5mm、$\alpha_o=0°$的刀尖后角，刀尖强度高，加工表面质量好。

（5）刃磨时只需磨前面，节省磨刀时间，提高了刀具使用寿命。

（6）主、副后角不等，考虑了螺旋角对螺纹精度的影响，加工精度高。

2. 使用条件

$n=765$～1200r/min，$P=$螺距；螺距为 1.5mm 的螺纹可一次车成，螺距为 2～3mm 的螺纹分两次车成。

3. 使用效果

加工螺纹精度可达 5h 级，加工表面粗糙度值 Ra 可达 0.8μm 左右。

4. 注意事项

（1）刀具安装不应伸出过长，刀尖可稍高于工件中心线，但不可低于工件中心线。

（2）切削时，最后一刀的背吃刀量不得小于1.2mm，保持正常排屑。

（3）刀具各表面必须研磨到所要求的表面粗糙度值。

（4）加工较长螺纹时，要用后顶尖顶紧工件，以保证加工质量。

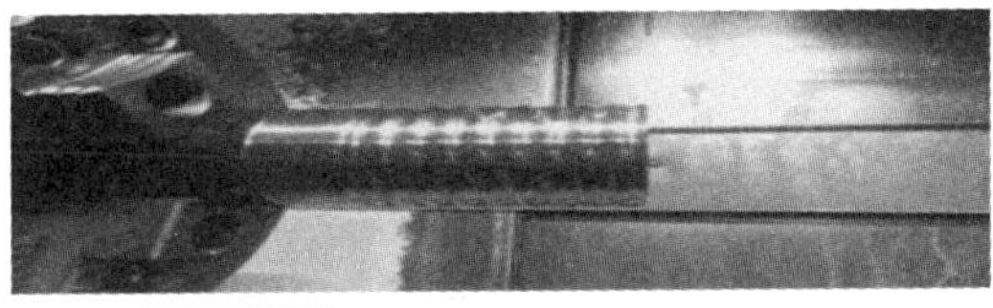

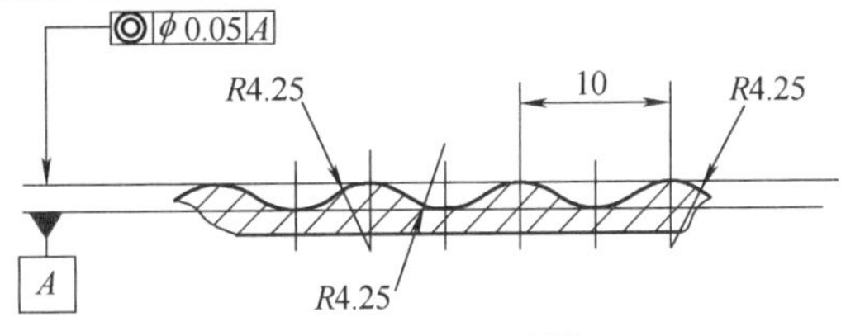

图3-46　螺纹图样

二、典型数控车刀应用案例

（一）案例一：车削异形螺纹

零件名称：连接轴

零件材料：1Cr18Ni9Ti

加工内容：异形螺纹（见图3-46）

加工机床：数控车床

具体参数见表3-4。

表3-4　车削异型螺纹的刀具参数

对比项目	现　　状	改　进　后
刀杆规格	HSS线切割和手磨	SRDCR2525M08-A
刀片规格		RCMT 0803M0 2025
v_c/m·min^{-1}	32	210
f_n/mm·r^{-1}	10	10
加工方法	径向走刀	宏程序仿形走点，步距0.1mm
换刀原因	刀片微崩刃	刀片微崩刃
加工结果	经过多次试切后，刀具不能使用	经过多件试切后，刀具仍可加工

总结：

（1）从试切的结果分析：改进后提高刀具寿命和效率。

（2）小螺距的异形螺纹使用TR槽形的车削刀片，可以进一步提高刀具寿命。

异形螺纹案例如图3-47所示。

使用手磨刀具注意要点如下所述：

（1）以刀具刀尖圆心对刀。

（2）去掉刀具的半径补偿（包括大小、位置和方向）。

（3）转速使用如下所述两个方法计算得出的最小值：①推荐的v_c计算得出。②用机床最大的v_f/螺距$=n$。

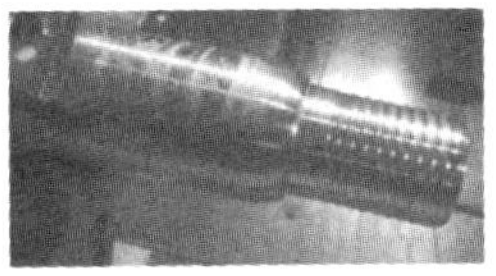
a) 铝合金

b) 原来使用的手磨刀具

c) 不锈钢

d) 刀具的走刀路线

图3-47　异形螺纹案例

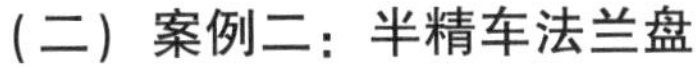

（二）案例二：半精车法兰盘

零件名称：法兰盘

零件材料：40Cr，调质

零件硬度：300HBW

切削液：湿切，流量正常

加工机床：CNC卧车CL-20A

夹具：自定心卡盘

加工内容：半精车大端直径 68～152mm，$Ra=3.2\mu m$。

具体参数见表 3-5。

表 3-5　半精车法兰盘大端的刀具参数

对比项目	现场刀具	试切刀具
刀杆规格	DTGNL2525M16	CP-30AL-2525-11
刀片规格	TNMG160412-PM 4325	CP-A1108-L5 4325
转速或线速度	1200r/min/G97 恒转速	220m/min/G96 恒线速
加工直径/mm	152～68	152～68
切削长度/mm	72	72
f_n/mm · r^{-1}	0.2	0.7
a_p/mm	1	1
走刀次数	1	1
换刀标准	刀片磨损	刀片磨损
切削时间/s	20	14
切削寿命/件	20	201，大约 45min

寿命由 20 件提高到 201 件，提高 10 倍，换刀次数由 10 次减低至 1 次，最终单刃切削寿命接近 45min。

工件硬度不均对刀尖冲击很大。采用 CT Prime 车刀后，刀尖不再是主要磨损部位，刀尖磨损很小，刃口完整。如图 3-48、图 3-49 所示。

注：A 型刀片 $a_p>1.5$mm 时易崩，圆角处需降低进给量至 0.2mm。

图 3-48　法兰盘切削路径及圆角崩刀

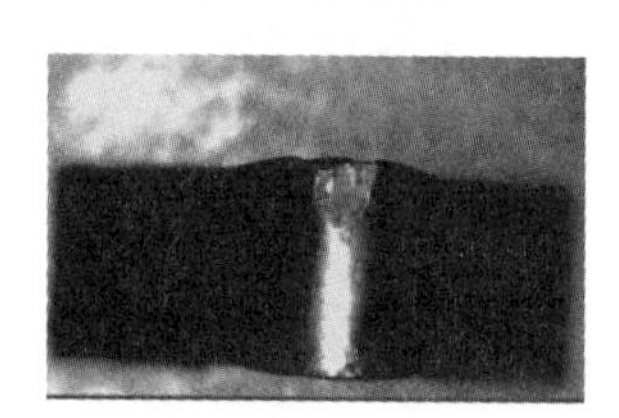

TNMG160412–PM4325

v_c=250~570m/min, f_n=0.2mm/r, a_p=1mm

寿命 20 件

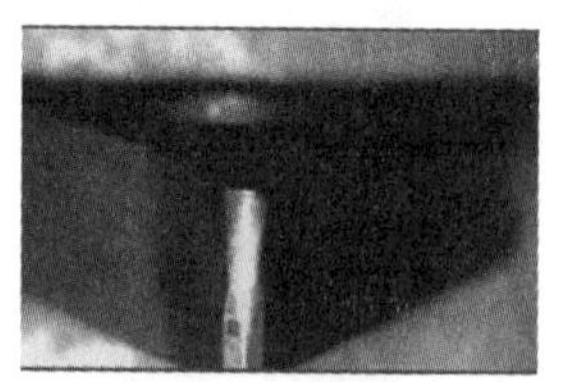

CP–A1108–L5 4325

v_c=220m/min, f_n=0.4mm/r, a_p=1mm

寿命 201 件

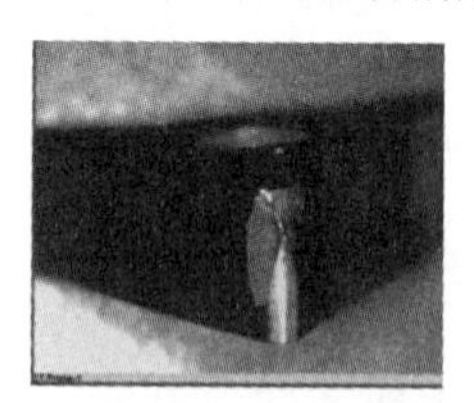

CP–A1108–L5 4325 因毛坯硬度不均，个别批次需圆角处降低进给量至 0.2mm/r，否则 A 型刀片易崩

图 3-49　不同刀具的刀尖磨损对比示意

（三）案例三：精车法兰盘

零件名称：法兰盘

零件材料：40Cr，调质

零件硬度：300HBW

切削液：湿切，流量正常

加工机床：CNC 卧车 CL-20A

夹具：自定心卡盘

加工内容：半精车小端外圆直径从 56mm 加工到 55.3mm，车台阶和斜面（见图 3-50）。具体参数见表 3-6。

表 3-6 半精车小端外圆、车台阶和斜面的刀具参数

对比项目	现场刀具	第二次试切
刀杆规格	DWLNL2525M06	CP-30AL-2525-11
刀片规格	WNMG060412-PF4315	CP-A1108-L5 4325
n/r · min^{-1}	1600/G97 恒转速	1250
v_c/m · min^{-1}	280	220 G96 恒线速
加工直径/mm	55.3	55.3
切削长度/mm	60	60
f_n/mm · r^{-1}	0.2 ~ 0.3	0.3 ~ 0.6（根据切削位置变化调整）
a_p/mm	1 ~ 2	1 ~ 2
走刀次数	外圆 1 次，仿形余量大 2 次	外圆 1 次，仿形余量大 2 次
换刀标准	刀片磨损	刀片磨损
切削寿命/件	14，刀尖易崩	150，磨损不大

图 3-50 车台阶和斜面示意

（四）案例四：转轴的车削

零件名称：转轴

零件材料：GH2132

切削液：内冷 + 外冷

加工机床：CTX 510 ecoline

加工内容：粗车外形（见图 3-51）

具体参数见表 3-7。

表 3-7　粗车转轴外形的参数

对比项目	现场刀具	试切刀具
刀杆	PCLNR2525M12	QS-CP-25BL-2525-11B
刀片	CNMG120408-SM 1105	CP-B1108-M5 2025
v_c/m · min^{-1}	50	160
f_n/mm · r^{-1}	0.25	0.7
a_p/mm	2	2
走刀次数	4	4
换刀标准	刀片磨损或破损	刀片磨损或破损
切屑状况	不断屑	断屑很好
切削时间/min	15	1.5
切削寿命/件	5	6

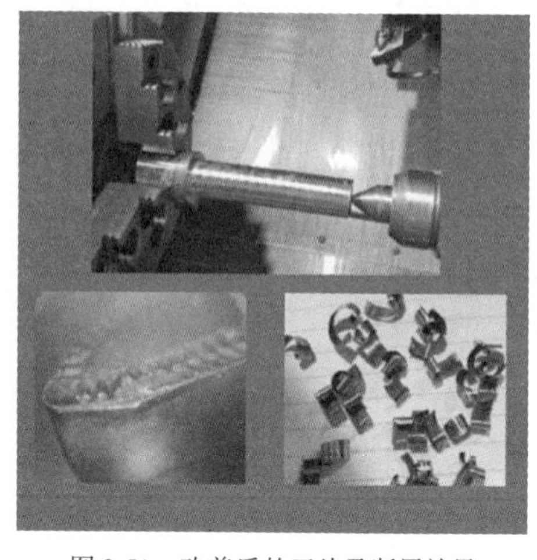

图 3-51　改善后的刀片及断屑效果

总结：

（1）该零件材料为 GH2132，虽属于镍基高温合金，但加工性能接近不锈钢。

（2）最开始选择的是 1115 材质刀片进行测试，磨损很快，一刀加工就出现很严重的磨损，涂层太薄，耐磨性差，后来选择 2025 进行测试，获得了良好的效果。

（3）当把线速度提升到 160m/min 时，刀片还有轻微的积屑瘤，后期参数还可以进一步提高，为了提升刀具寿命，后期准备再用 4325 材质刀片进行试切。

（4）加工效率获得 10 倍以上的提升，切屑断屑很好。

（五）案例五：轮盘车削

零件名称：轮盘

零件材料：10 钢

表面粗糙度要求：$Ra=1.6\mu m$

零件硬度：160～170HBW

加工机床：卧式数控车床（外冷）

加工内容：轮盘端面（见图 3-52）

具体参数见表 3-8。

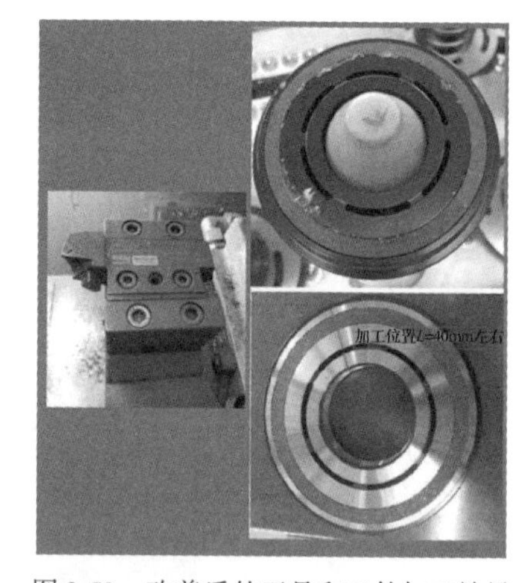

图 3-52　改善后的刀具和工件加工效果

表 3-8　轮盘端面车削刀具参数

对比项目	现场刀具	试切刀具
刀杆规格	25mm×25mm 方右手车刀	QS-CP-30AL-2525-11C
刀片规格	TNMG 16 04 04（6 刃）	CP-A1108-L5 4325（可用刃口 6 刃）
v_c/m · min^{-1}	300	300
f_n/mm · r^{-1}	0.2	0.2

（续）

对比项目	现场刀具	试切刀具
a_p/mm	0.1~0.15	0.1~0.15
切削长度/mm	40	40
加工直径/mm	115.8	115.8
换刀原因	刀片到磨损（后刀面磨损）	刀片到磨损（后刀面磨损）
切削寿命/件	300	1300

结果：由于这次试切的是自动化生产线，上下料由机械手完成，刀尖磨损会在系统中自动测量补偿，因此减少自动线停车时间，大幅提高了刀片单刃加工寿命。

（六）案例六：钢管试切加工

试切目的：①提升效率。②降低成本。③减少毛刺（飞边）。

结果：①原加工时间为粗加工 10min + 半精加工 10min + 精加工 2min = 22min。②优化后时间为粗加工 2.5min + 半精加工 5.1min + 精加工 0.9min = 8.5min。③加工效率：从 22mim 降到 8.5min，效率提高超过 2 倍。

零件名称：钢管

材料：45 钢，300HBW

加工机床：数控铣床，外冷充分

加工内容：钢管试切加工（见图 3-53）

图 3-53 改善后的加工示意

具体参数见表 3-9。

表 3-9 钢管试切加工的刀具参数

对比项目	改善前	改善后
刀杆规格	R390-016A16-11LZC2	880-D3000L32-02
刀片规格	R390-11T308M-PM 113	880-060406H-C-LM 880-0604W08H-P-LM
v_c/m · min^{-1}	150/3 200	120/1 300
v_f/mm · min^{-1}	0.4/2 500	0.08/104
a_e/mm	16	16
a_p/mm	0.3	17
换刀原因	刀片崩刃	刀片崩刃
刀片寿命/件	10	41
切削时间/min	10	2.4

结果：由于夹具比较虚，导致当前的工况加工时刀具径向不稳定，从而易带来振动，通过插钻的方式，尽可能地减少径向力从而减少振动。通过使用 CM880 进行钻削 + 插钻的方

式进行加工，切削效率提高了4倍。

（七）案例七：钢管铣槽半精加工

零件名称：钢管

材料：45钢，300HBW

加工机床：数控铣床，外冷充分

加工内容：铣槽半精加工（见图3-54）

试切目的：提高效率

具体参数见表3-10。

图3-54　改善后的加工示意

表3-10　铣槽半精加工的刀具参数

对比项目	改善前	改善后
刀杆规格	R390-016A16-11L ZC2	R390-016A16-11L ZC2
刀片规格	R390-11T308M-PM 1130	R390-11T308M-PM 1130
v_c/m·min^{-1}	150	120
v_f/mm·min^{-1}	640	200
a_e/mm	2	4~6
a_p/mm	1	6
加工方法	顺铣	逆铣
换刀原因	刀片崩刃	刀片崩刃
刀片寿命/件	10	23
切削时间/min	10	5.1

结果：通过逆铣的方式来减少让刀及振动的趋势；通过优化走刀路线及切削参数的方法，使加工效率提高2倍。

（八）案例八：钢管铣槽精加工

零件名称：钢管

材料：45钢，300HBW

加工机床：数控铣床，外冷充分

加工内容：铣槽精加工（见图3-55）

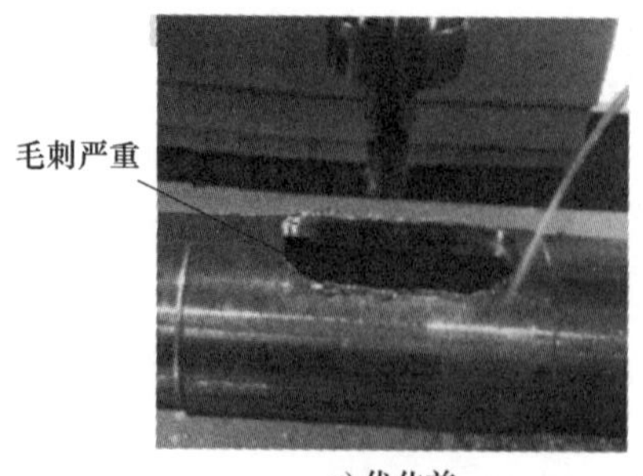

a) 优化前

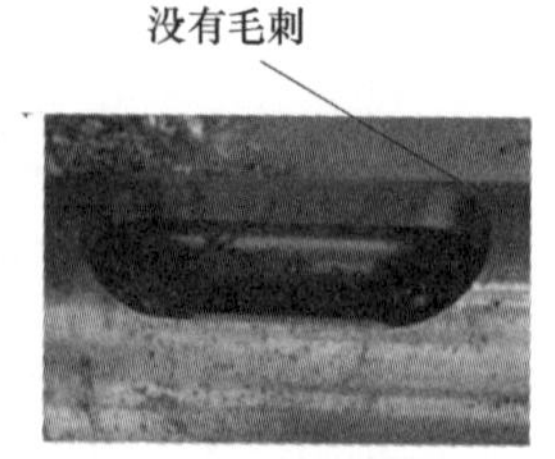

b) 优化后

图3-55　优化前后加工效果对比

试切目的：提高效率，减少毛刺（飞边）

具体参数见表3-11。

表 3-11 铣槽精加工的刀具参数

对　比	改善前	改善后（动态铣削）
刀具规格	R216.24-16050BCC26P 1640	R216.24-16050BCC26P 1640
有效齿数	ZC4	ZC4
v_c/m/min	125	125
v_f/mm/min	410	790
a_e/mm	1	0.2
a_p/mm	18	18
加工方法	顺铣	逆铣
换刀原因	刀片崩刃	刀片崩刃
刀片寿命/件	30	334
切削时间/min	2	0.9

结果：①将切削宽度设定为0.2mm，很好地解决了毛刺问题。②通过优化走刀路线及切削参数的方法，使加工效率提高两倍。③通过逆铣解决夹具刚差引起的让刀问题。

（九）案例九：齿轮轴的切削

零件名称：齿轮轴

零件硬度：33HRC

零件材料：45 钢

加工内容：外圆车削（见图3-56）

加工机床：数控车

所要解决问题：在保证节拍的条件下，解决切屑不断屑的问题。

具体参数见表3-12。

图3-56　改善后采用波动车削的加工效果

表 3-12 车削加工的刀具参数

对 比 项 目	现 场 刀 具	试 切 刀 具
刀杆规格	890 100212R68560-1	890 100212R68560-1
刀片规格	L123G2-0300-0501-CF 1125	N123F2-0300-R01125
v_c/m·min^{-1}	100	100
a_p/mm	9.7	9.7
f_n/mm·r^{-1}	0.06	0.14
加工方法	正常切削	波动车削
换刀原因	工件表面达不到要求	工件表面达不到要求
每槽加工时间/min	80（切屑过长，每一刀都得手动清理切屑，否则刀片就有被挤碎的风险）	20
加工结果	1（不断屑）	解决了断屑问题

总结：①材料的不断屑导致挤刀难题，通过波动车削的方式，很好地控制了切屑长度（燕尾槽口空间小，槽内空间大，过长过短的切屑都易挤刀），从而很好地解决了断屑问题。②效率提升了4倍，刀具寿命提高了2倍。

第五节　不锈钢材料的车削

通常，人们把钢中铬（Cr）含量大于12%的合金钢称不锈钢，在不锈钢中还含有较多的可以促进钝化的元素，如镍（Ni）、钼（Mo）等元素，因而改变了合金的物理特性和化学性能，增强了抗腐蚀能力，在空气中和在酸、盐的溶液中不易氧化生锈。

一、不锈钢的分类及性能

不锈钢按其成分，可分为铬不锈钢和铬镍不锈钢两大类。按金相组织，可分为马氏体、铁素体、奥氏体及奥氏体+铁素体四大类；前两类以铬为主，并在淬火—回火或退火、调质的状态下使用，综合力学性能优良，一般切削加工并不十分困难；后两类以铬、镍为主，并在淬火时呈奥氏体+铁素体的状态下使用，可切削加工性较差（见表3-13）。

表3-13　不锈钢的分类及特点

类别	特　　点
马氏体不锈钢	基体组织是马氏体（含Cr12%～13%，含C0.1%～0.5%，有时达1%），这类钢能进行淬火，淬火后具有较高硬度、较高强度及良好的抗氧化性，但内应力大且脆。经低温回火后可消除其应力，提高其塑性，但使切削加工较为困难，刀具易磨损。当钢中含碳量低于0.3%时，其组织为不均匀的片状珠光体+铁素体，粘附性强，切削时容易产生积屑瘤，而且断屑困难，工件已加工表面质量低。含碳量接近0.4%时，组织为珠光体，切削加工性较好。含碳量大于0.5%时，组织为珠光体+渗碳体，加工性亦较好。马氏体不锈钢经调质处理后，不仅可获得较理想的力学性能，其切削加工性亦比退火状态有很大改善 典型的马氏体不锈钢有：1Cr13、2Cr13、3Cr13、4Cr13、9Cr18、9CrMoV、1Cr17Ni2等
铁素体不锈钢	基体组织是铁素体（含Cr16%～30%），是一种常温耐蚀不锈钢。其特点是强度、硬度低，塑性好，耐热性差，不能用热处理方法改变其力学性能。铁素体不锈钢是较容易加工的一类不锈钢。当其Cr含量16%、18%时，切削加工性较好，与中等硬马氏体不锈钢相类似；但Cr含量增至25%～30%时，加工起来比较困难 典型的铁素体不锈钢有：0Cr13、1Cr17、1Cr28、1Cr17Ti、1Cr17Mo2Ti等
奥氏体不锈钢	基体组织是奥氏体（含Cr16%～20%，Ni8%～25%或高于20%），是一种非磁性的铬镍钢。奥氏体不锈钢不能经热处理强化，但冷作硬化倾向大。其特点是高温耐蚀性、高温强度、塑性及韧性好 典型的奥氏体不锈钢有0Cr18Ni9、1Cr18Ni9、2Cr18Ni9、1Cr18Ni9Ti等
奥氏体+铁素体不锈钢	这类不锈钢与奥氏体不锈钢相似，不过在组织中含有一定量的铁素体。奥氏体+铁素体不锈钢难于变形，但有对晶间腐蚀不敏感的优点，且有弥散强化的倾向（即经一定热处理后，会从晶粒内析出颗粒极小的碳化物、氮化物等硬质点），从而提高了力学性能。这类不锈钢比奥氏体不锈钢更难切削 属于这类的不锈钢种有：1Cr18Ni11Si4A1Ti、1Cr21Ni5Ti、1Cr18Mn10Ni5Mo3N等

二、不锈钢切削的特点

不锈钢的可切削加工性比中碳钢差得多，其中又以奥氏体不锈钢和奥氏体+铁素体不锈钢最差。虽然不同种类不锈钢的切削过程各有特征，但仍有以下共同特点。

1. 加工硬化严重

以奥氏体不锈钢和奥氏体+铁素体不锈钢最为突出。如Cr12%～19%，含Ni8%～10%

的奥氏体不锈钢，硬化后强度σ_b可达1471～1 962MPa，而且随σ_b的提高，屈服极限σ_s也升高。退火状态的奥氏体不锈钢σ_s不超过σ_b的30%～45%，而加工硬化后达85%～95%，不仅使切削力大幅增加，而且使刀具和被切金属间的摩擦及刀具磨损加剧，同时使表面质量降低。此外，硬化层深度也比加工一般钢材大，给以后的切削加工带来困难，增加了刀具磨损。

2. 切削力大

不锈钢的强度、硬度一般与中碳钢相近，但其塑性较高，尤其是奥氏体不锈钢，伸长率超过45钢1.5倍以上。因此，切削过程中的塑性变形大，使切削力增加。同时，不锈钢加工硬化严重，热强度高，进一步增加了切削抗力，切屑的卷曲折断也比较困难。车削1Cr18Ni9Ti时的单位切削力为2450 MPa，比45钢的单位切削力高25%。

3. 切削温度高

切削不锈钢时，工件材料的塑性变形大，与刀具间的摩擦也大，产生的切削热多，而不锈钢的导热系数较低，如1Cr18Ni9Ti的导热系数只有45钢的1/3，散热条件较差，因此切削温度较高。

4. 刀具易磨损

在不锈钢的金属组织中，有由碳化物（如TiC）形成的硬质点，车削时会产生较高的腐蚀性，使刀具的机械磨损加剧。同时，切削温度高，切屑与刀具间的压力大，又能使刀具产生扩散磨损和粘结磨损。

5. 易形成积屑瘤

不锈钢的塑性大，粘附性强，因而在切削过程中容易形成积屑瘤，使表面质量降低。同时，积屑瘤时大时小，时生时灭，使切削力不断变化，引起振动。含碳量较低的马氏体不锈钢（如2Cr13），这一特点尤为明显。

6. 线膨胀系数较大

不锈钢在切削过程中，由于切削温度的影响，工件易变形，尺寸精度较难控制。

三、不锈钢切削条件的确定

1. 刀具材料的正确选择

合理选择刀具材料是保证加工不锈钢高效率的重要条件。根据不锈钢的切削特点，要求刀具材料应具有耐热性好、耐磨性高及与不锈钢的粘附性小等特点。目前，常用的刀具材料有硬质合金和高速钢两大类。在硬质合金材料中，YG8和YG6用于粗车、半精车及切断，其切削速度v_c=50～70m/min，若充分冷却，可以提高刀具的寿命；YT5、YT15和YG6X用于半精车和精车，其切削速度v_c=120～150m/min，当车削薄壁零件时，为减少热变形，要充分冷却；YW1和YW2用于粗车和精车，切削速度可提高10%～20%，且刀具寿命较高。高速钢W12Cr4V4Mo和W2Mo9Cr4VCo8用于具有较高精度螺纹、特型面及沟槽等的精车，其切削速度$v_c \leq$25m/min，在车削时，使用切削液进行冷却，以保证零件的表面质量和减少刀具磨损；W18Cr4V用于车削螺纹、特型面、沟槽及切断等，其切削速度v_c=20m/min。

2. 刀具几何参数的选择

（1）前角γ_o。不锈钢的强度、硬度并不高，而塑性较大，应选较大前角，这样不仅能够减小被切金属的塑性变形，而且可以降低切削力和切削温度，同时使硬化层深度减小。当然，加大前角必须以保证刀具有足够的强度为前提。前角过小时，切削力增大，振动增强，工件表面起波纹，切屑不易排出，在切削温度较高的情况下，容易产生刀瘤；当前角过大时，刀具强度降低，刀具磨损加快，而且易打刀。因此，加工各种不锈钢的车刀前角大致为 $\gamma_o=12°\sim30°$。加工马氏体不锈钢（如2Cr13）时，前角可取较大值。加工奥氏体＋铁素体不锈钢时，前角应取较小值。对未经调质处理或调质后硬度较低的不锈钢，可取较大前角。用硬质合金车刀车削不锈钢材料时，若工件为轧制锻坯，则可取 $\gamma_o=12°\sim20°$；若工件为铸件，则可取 $\gamma_o=10°\sim15°$。

（2）后角 α_o。加大后角能减小后刀面与加工表面的摩擦，但会使切削刃的强度和散热能力降低。后角的大小主要与切削厚度有关。切削厚度小时，宜选较大后角。因不锈钢的弹性和塑性都比普通碳钢大，所以后角过小时，其切削表面与车刀后面接触面积增大，摩擦产生的高温区集中于车刀后面，使车刀磨损加快，被加工表面的表面粗糙度值增大。因此车刀后角要比车削普通钢材的后角稍大，但过大时又会降低刀刃强度，影响车刀寿命，一般取 $\alpha_o=6°\sim12°$。

（3）主偏角 κ_r。减小主偏角可以增加刀刃工作长度，有利于散热，刀具寿命相对提高，但在切削过程中使径向力加大，容易产生振动。故切削不锈钢时，常采用较大的主偏角，一般 $\kappa_r=60°\sim75°$。在工艺系统刚性不足的情况下，可以使用较小的主偏角（$\kappa_r=45°$）。

（4）刃倾角 λ_s。为了增加刀尖强度，刃倾角一般取负值，$\lambda_s=-8°\sim-3°$；断续切削时，取较大的负值 $\lambda_s=-10°\sim-5°$。

（5）刀尖圆弧半径 r_ε。为了加强刀尖，一般应磨出 $r_\varepsilon=0.5\sim1.0$mm 的刀尖圆弧。

（6）排屑槽圆弧半径 R。由于车削不锈钢时不易断屑，如果排屑不好，切屑飞溅容易伤人和损坏工件已加工表面。因此，应在前刀面上磨出圆弧形排屑槽，使切屑沿一定方向排出。其排屑槽的圆弧半径和槽的宽度随着被加工直径、背吃刀量和进给量的增大而增大，圆弧半径一般取2～7mm，槽宽取3～6.5mm。

（7）负倒棱。刃磨负倒棱的目的在于提高刀刃强度，并将切削热量分散到车刀前面和后面，以减轻刀刃磨损，提高刀具寿命。负倒棱的大小，应根据切削材料的强度、硬度、刀具材料抗弯强度、进给量大小决定。倒棱宽度和负角值均不易过大，一般当工件材料强度和硬度越高、刀具抗弯强度越低及进给量越大时，倒棱的宽度和负角值应越大。当背吃刀量 $a_p<2$mm、进给量 $f<0.3$mm/r 时，取倒棱宽度等于进给量的0.3～0.5倍，倒棱负角等于 $-5°\sim-10°$；当切削深度 $a_p\geqslant2$mm、进给量 $f\leqslant0.7$mm/r 时，取倒棱宽度等于进给量的0.5～0.8倍，倒棱负角等于 $-25°$。

3. 车刀的刃磨要点

刀刃要锋利，刃口不许有锯齿形；车刀前面和后面及倒棱面的表面粗糙度值都应控制在 *Ra*0.8μm 以下；用油石精研刀面时要平整，不得改变刀刃处的实际后角大小。

4. 切削用量的选择

加工不锈钢时的切削用量，对切削变形加工硬化、切削力和切削热都有影响，特别是对刀具寿命的影响较大。因此，切削用量的选择合理与否，将直接影响切削效果。

(1) 切削速度 v_c。不锈钢的切削加工性较差，提高切削速度时，切削温度的增长较快，刀具磨损加剧，寿命下降幅度较大。为保证合理的刀具寿命，切削速度就要受到限制。一般车削不锈钢时的切削速度，只有车削普通碳钢切削速度的 40% ~60%。同时，不同种类不锈钢的切削加工性各不相同，也会引起切削速度的相应变化。如以车削 1Cr18Ni9Ti 奥氏体不锈钢的切削速度为准，各类不锈钢切削速度的校正系数见表 3-14。镗孔和切断时，由于刀具刚性、散热条件、冷却润滑效果及排屑情况都比外圆车削差，所以切削速度要适当降低。

表 3-14 切削速度校正系数 K_v

不锈钢类别	1Cr18Ni9Ti 等奥氏体不锈钢	硬度在 35HRC 以上的 2Cr13 等马氏体不锈钢	硬度在 28 ~35HRC 的 2Cr13 等马氏体不锈钢	硬度在 28HRC 以下的 2Cr13 等马氏体不锈钢	耐浓硝酸用的不锈钢
校正系数 K_v	1.0	0.7 ~0.8	0.9 ~1.1	1.3 ~1.5	0.5 ~0.7

(2) 背吃刀量 a_p。粗车时，加工余量较大，选用较大的背吃刀量，可以减少走刀次数，同时可以避免刀尖与毛坯表皮接触，减轻刀具磨损。但加大背吃刀量应注意不要因切削力过大而引起振动。粗车时，可选 a_p =2 ~5mm；精车时，可选用较小的切削深度，一般采用 a_p =0.2 ~0.5mm。

(3) 进给量 f。进给量的增大受到机床动力的限制，同时，由于残留高度和积屑瘤高度都随进给量的增加而加大，所以进给量不能选得过大。为提高表面质量，精车时应采用较小的进给量。车外圆、镗孔和切断时的切削用量选择可参考表 3-15。

表 3-15 不锈钢车削时常用切削用量（工件材料：1Cr18Ni9Ti；刀具材料：YG8）

工件直径范围 /mm	车外圆				镗孔		切断	
	粗加工		精加工					
	主轴转速 n /r · min^{-1}	进给量 f /mm · r^{-1}	主轴转速 n /r · min^{-1}	进给量 f /mm · r^{-1}	主轴转速 n /r · min^{-1}	进给量 f /mm · r^{-1}	主轴转速 n /r · min^{-1}	进给量 f /mm · r^{-1}
≤10	1200 ~955	0.19 ~0.60	1200 ~955	0.07 ~0.20	1200 ~765	0.07 ~0.30	1200 ~955	手动
>10 ~20	955 ~765		955 ~765		955 ~600		955 ~765	
>20 ~40	765 ~480	0.27 ~0.81	765 ~480	0.10 ~0.30	765 ~480	0.10 ~0.50	765 ~480	0.10 ~0.25
>40 ~60	480 ~380		600 ~380		480 ~380		610 ~380	
>60 ~80	380 ~305		480 ~305		380 ~230		480 ~305	
>80 ~100	305 ~230		380 ~230		305 ~185		380 ~230	
>100 ~150	230 ~150	0.3 ~0.9	305 ~180	0.13 ~0.35	230 ~150	0.13 ~0.60	305 ~150	0.08 ~020
>150 ~200	185 ~120	0.4 ~0.95	230 ~150	0.15 ~0.4	185 ~120	0.15 ~0.70	150 以下	0.06 ~0.15

5. 切削液的选择

由于不锈钢的切削加工性较差，所以不锈钢在切削加工过程中，应选用抗粘结及冷却性能较好的切削液，如含硫、氯等极压添加剂的乳化液，硫化油和四氯化碳、煤油和油酸混合切削液等。供液必须充分，最好采用喷雾冷却、高压冷却、冷风冷却等高效冷却方法。

一般常用的切削液有：

(1) 硫化油。硫化油具有一定的冷却性能和润滑性能，来源丰富，成本较低，并可以和加工普通碳素钢工件相通用，采用方便。所以其适用于不锈钢一般车削、铣削、刨削、钻削、拉削、插削、铰孔及螺纹加工等。硫化油按制造方法不同，可以分为直接硫化油和间接硫化油两种。直接硫化油的配方是：矿物油 98%、硫 2% 左右。间接硫化油的配方是：矿物油 78% ~80%、全损耗系统用油、植物油或猪油 18% ~20%、硫 1.7%。

（2）全损耗系统用油等矿物油。润滑性能好，对延长刀具的寿命较为有利，但冷却性能和渗透性能较差，一般适用于铰孔、镗孔和精车外圆等。

（3）煤油 + 油酸或植物油。煤油 75%、油酸或植物油 25%；煤油 60%、松节油 20%、油酸 20%。渗透性能较好，冷却性能和润滑性能亦不差，一般适用于不锈钢的精加工，能够获得较好的加工表面质量。

煤油 15%，硫化油 85%，润滑性能和渗透性能都较好，冷却性能亦不差。由于添加了煤油，洗涤性能比一般硫化油好，适用于深孔铰孔、扩孔和钻孔，亦适用于一般钻铰孔。煤油 25%，全损耗系统用油 75% 适用于螺纹滚压等。

（4）植物油。如菜子油、豆油等，润滑性能较好，适用于铰孔，车内外螺纹，攻螺纹等加工工序，并且有利于延长刀具使用寿命。但由于菜子油、豆油等都是较好的食用油，一般尽量用其他油类代替。

（5）四氯化碳 + 矿物油或其他油类。全损耗系统用油 90%、四氯化碳 10%；硫化油 80% ~85%、四氯化碳 15% ~20%。

添加四氯化碳以后，大幅提高了切削液的渗透性，适用于加工表面质量要求较高的不锈钢精加工工序，其中特别适合于 2Cr13 不锈钢的铰孔和螺纹加工。四氯化碳 20%，猪油 80%。渗透性和润滑性好，适用于不锈钢铰孔和攻螺纹，可以提高加工表面质量。缺点是猪油是良好的食用油，而且容易变质和粘附在机床上，难以清洗，一般不采用。

（6）乳化液。乳化液是由水、油和乳化剂三部分组成。水使乳化液具有较好的冷却性能和洗涤性能；油使乳化液具有较好的润滑性能；乳化剂不但能使乳化液具有很好的稳定性，同时在切削过程中牢固地吸附在加工金属表面上，形成坚固的油皂薄膜，起到很好的润滑作用。

在不锈钢加工中，乳化液主要用于磨削，也用于钻、铰孔。此外，在粗车不锈钢时，也适用于浓度大的 10% ~30% 乳化液或 10% 硫化乳化液。

（7）F—43 号油。F—43 号油是一种防锈油，同时适用于做不锈钢切削时的切削液，具有较好的效果。它由下列成分组成：5 号高速全损耗系统用油 83.5%、氧化石油脂钡皂 4%、石油磺酸钙 4%、二烷二硫代磷酸锌 4%、石油磺酸钡 4%、二硫化钼 0.5%。

6. 不锈钢切屑的形成和排出

（1）不锈钢的韧性大，热强度高，切屑的卷曲和折断是不锈钢车削中的一个突出问题，为了便于切屑的形成，刀具前刀面应尽可能采用曲面型。

（2）刀具的前、后面要有足够的表面质量，以使切屑不易粘附，刀瘤不易产生。

（3）要有足够的容屑空间。加工不锈钢内孔时，因切屑不易折断和卷曲，刀具要有足够的容屑空间，否则，切屑就可能在加工过程中堵塞，影响加工质量，甚至崩坏刀刃。如加工不锈钢的铰刀应比普通铰刀有较少的齿数，这样既增加了单齿的强度，增大了容屑空间，又便于制造。对容屑槽的形状，也要求尽可能与切屑自然卷曲的形状相符，以减少切削阻力。

7. 刀体要有足够的强度和刚度

加工不锈钢时切削力较大，因此刀体易于弯曲或折断。例如切断刀刀头部分截面积较小，易于弯曲，解决方法是尽可能增大截面积或采用强度较高的材料；小直径硬质合金铰刀易于折断，刀体可相应采用经过淬火处理的合金工具钢，以提高刀体强度。

8. 尽可能采用可转位刀具

机夹刀具在加工不锈钢时具有比较良好的效果，其不仅能够提高刀具使用寿命，节省辅助时间，而且在一定条件下具有较好的断屑效果，因此值得大力推广。加工不锈钢的可转位刀具，其切削部分的几何参数应满足不锈钢加工的特殊需要，材料以 YG 类较好。

用可转位车刀车削不锈钢时，操作上要注意以下几点：

（1）刀片在使用前的检查和修磨。不锈钢车削时，要求车刀刀刃具有比较锐利的刃口和较高的表面质量。而可转位车刀的刀片是直接模压成形的，往往很难达到这一要求。很窄的负倒棱，更会增加压制时的困难。为此，刀片压成后应经过统一的刃磨。使用以前，操作者还应仔细检查，必要时再用油石进行修磨。

此外，前面已经谈到，车刀刀尖圆弧的大小，对不锈钢的车削影响很大，它将根据不同的具体情况而适用。但是，压制刀片受模具的限制，不可能压制很多刀尖圆弧半径不同的刀片。故把圆弧半径压制的大些，使用以前再根据具体情况进行修磨。

（2）刀片夹紧力须紧松适度。由于不锈钢车削时切削力较大，刀片必须夹紧夹稳，否则很容易崩坏刀片。但夹紧力过大，刀片在受热膨胀后也容易碎裂，操作时必须加以注意。

四、切削不锈钢材料的几种典型刀具

下面是经生产实践证明行之有效的几种车削不锈钢材料（以 1Cr18Ni9Ti 为例）的典型刀具，在确定刀具几何参数时可供参考。

1. 75°大圆弧刃车刀（见图 3-57）

刀具特点：

（1）刀片材料：YW1、YW2 硬质合金；刀杆材料：45 钢（淬火硬度 40 ~ 45HRC）。

（2）主切削刃为 $R = 50\text{mm}$ 的圆弧形，主切削刃上各点主偏角不同，其最大值 $\kappa_r = 75°$，刀头强度高，抗冲击性好。

（3）前角 $r_o = 20°$，并具有（0.5 ~ 0.8）f 的负倒棱，刃倾角 $\lambda_s = -5° \sim -3°$，增加了刀具强度，又减小了切屑变形。

（4）后角 $a_o = 10°$，较大的后角，减少了刀具后刀面与工件之间的摩擦。

使用条件：

（1）粗车时，切削速度 $v_c = 60 \sim 80\text{m/min}$，背吃刀量 $a_p = 3 \sim 7\text{mm}$，进给量 $f = 0.3 \sim 0.6\text{mm/r}$。

（2）精车时，切削速度 $v_c = 80 \sim 120\text{m/min}$，背吃刀量 $a_p = 0.5 \sim 1\text{mm}$，进

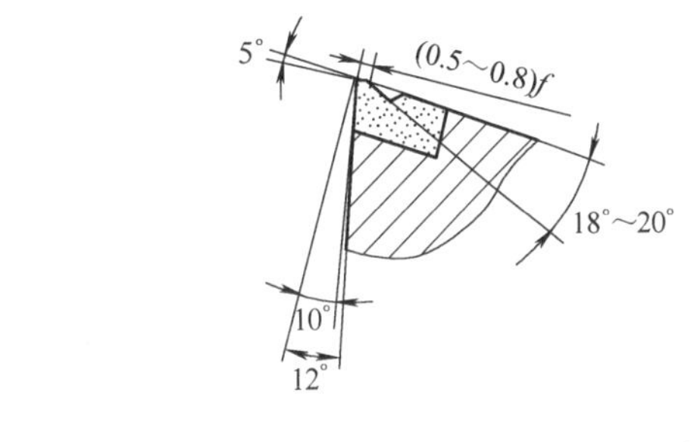

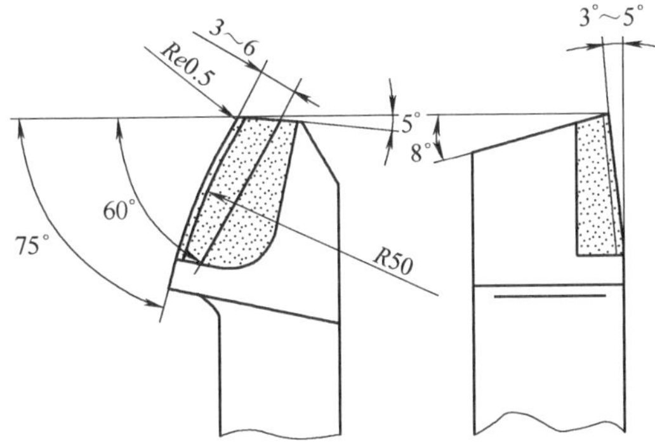

图 3-57　75°大圆弧刃车刀

给量 $f=0.15\sim0.3\text{mm/r}$。

应用范围：适用于加工不锈钢锻、铸坯件和断续切削。

2. 75°断屑外圆粗车刀（见图3-58）

刀具特点：

（1）刀片材料：YG6X、YG8硬质合金；刀杆材料：45钢（淬火硬度40~45HRC）。

（2）刀具几何参数：前角 $\gamma_o=18°\sim20°$，后角 $a_o=6°\sim8°$，主偏角 $\kappa_r=75°$，副偏角 $\kappa_r'=6°\sim8°$。

使用条件：

（1）切削速度 $v_c=50\sim70\text{m/min}$，背吃刀量 $a_p=6\text{mm}$，进给量 $f=0.3\sim0.6\text{mm/r}$。

（2）切屑颜色为蓝色或深黄色，断屑良好。

应用范围：适用于粗车和半精车刚性较好的外圆。

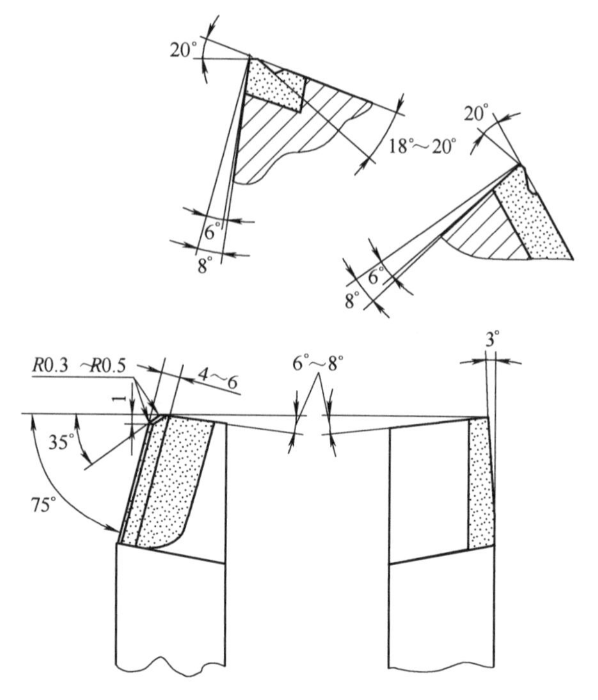

图3-58 75°断屑外圆粗车刀

3. 不锈钢精车刀（见图3-59）

刀具特点：

（1）刀片材料：YG6X、YA6硬质合金；刀杆材料：45钢（淬火硬度40~45HRC）。

（2）刀具几何参数：前角 $\gamma_o=25°$，后角 $a_o=6°\sim8°$，主偏角 $\kappa_r=45°$，副偏角 $\kappa_r'=8°$。

使用条件：

（1）切削速度 $v_c=100\sim150\text{m/min}$，背吃刀量 $a_p=0.5\sim0.8\text{mm}$，进给量 $f=0.1\sim0.15\text{mm/r}$。

（2）效果：表面粗糙度值可达 $Ra=1.8\mu\text{m}$；切屑盘旋卷成小弹簧形状，长条排出，颜色银白色。

应用范围：适用于不锈钢外圆的精加工。

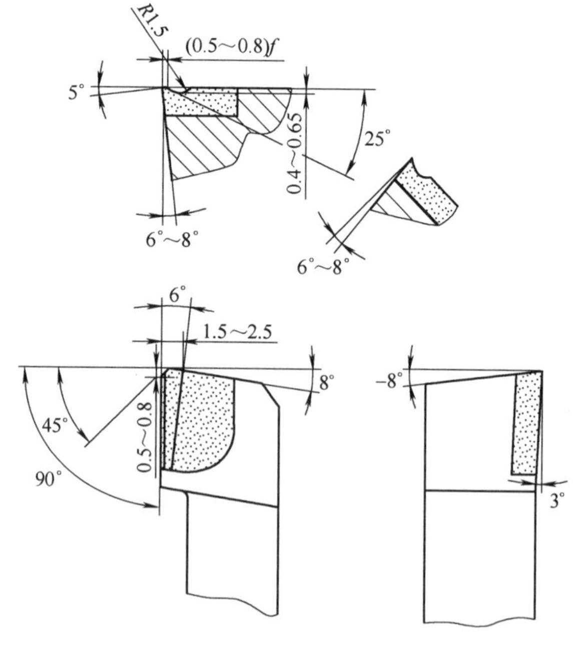

图3-59 不锈钢精车刀

4. 不锈钢端面车刀（见图3-60）

刀具特点：刀片材料YG8硬质合金；刀杆材料45钢（淬火硬度40~45HRC）。

使用条件：切削速度 $v_c=70\text{m/min}$，背吃刀量 $a_p=5\sim9\text{mm}$，进给量 $f=0.2\sim0.30\text{mm/r}$。

5. 不锈钢切断刀（一）（见图3-61）

刀具特点：

（1）刀片材料：一般采用 YG8、YG6X、YG8H 等硬质合金，刀刃不易磨损崩裂，寿命较高，也可采用较高的切削速度。

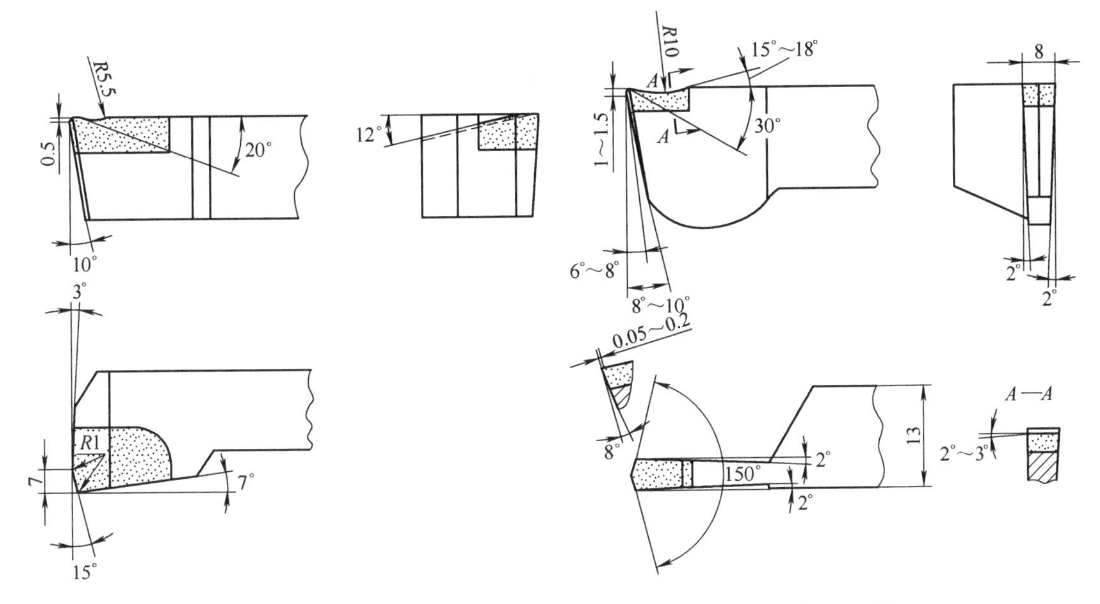

图 3-60　不锈钢端面车刀　　　　图 3-61　不锈钢切断刀（一）

（2）刀体材料：采用 40Cr、50 钢等强度较高的材料，由于不锈钢切断切削力大，宽而长的切刀强度不够时，会产生变形致使切断难以进行。

（3）切刀切削部分的几何形状必须使切削轻快。刃口必须随时保持锋利；切屑要易于形成和排出，图 3-61 所示切断刀适合切不锈钢，其前角大，切削省力；大卷屑槽形状适宜，排屑理想，槽形尺寸见表 3-16；120°~150°的刀尖角在切削中对刀具起自动定位作用，使切削平稳，且刀刃变长、散热条件改善，切下的切屑中间带有一条折线可以分屑，使切屑容易切离卷曲，这种切断刀既易于切入，又不易“扎刀”，更适宜切断大直径空心的不锈钢工件，*A*－*A* 剖面中的倾斜角是使切屑卷曲后排向床尾方向；切刀的侧隙角 2°~3°，如太小切刀易被夹住。

表 3-16　不锈钢切断刀卷屑槽尺寸

工件直径 /mm	切刀宽度 /mm	卷屑槽半径 r /mm	卷屑槽宽 W_n /mm	前角 γ_o（自然形成）
<20	3	4	4.5	34°30′
		4.5	5	34°
		5	5.5	33°30′
>20~50	3~4	5	5.5	33°30′
		6.5	7	32°30′
		8	8	30°

（续）

工件直径 /mm	切刀宽度 /mm	卷屑槽半径 r /mm	卷屑槽宽 W_n /mm	前角 γ_o （自然形成）
>50～80	4～5	6.5 8 10	7 8 10	32°30′ 30° 30°
>80～120	5	8 10 12	8 10 12	31°30′ 30° 30°

（4）切断不锈钢的切削用量不能太高。在其他条件相同的情况下，1Cr18Ni9Ti不锈钢的切断比1Cr17Ni11Si4AlTi不锈钢切断时采用较高的切削速度，而2Cr13等马氏体不锈钢切断时，又可比1Cr18Ni9Ti等奥氏体不锈钢切断的切削速度高，切断直径较大时，切断过程中需要变速1～2次，提高主轴转速，以避免切至工件中心时，由于切削速度过低而刀具被损坏（见表3-17）。

表3-17 不锈钢切断常用的切削用量

切断直径范围 /mm	主轴转速 n/r·min^{-1}		进给量 f /mm·r^{-1}
	硬质合金切刀YG8	高速钢切刀	
<20	600～765	230～380	手动
>20～40	480～600	185～230	
>40～60	380～480	—	0.1～0.2
>60～80	230～380	—	
>80～100	120～305	—	0.08～0.15
>100～150	90～185	—	
>150	150以下	—	

注：1. 表中较小的直径选用较高的转速，较大的直径选用较低的转速。
2. 刚刚切入和工件将要被切断时，最好采用手动进给，以免打坏刀具。
3. 2Cr13不锈钢切断时，转速可按表中所列的数值适当提高，1Cr17Ni11Si4AlTi不锈钢切断时，转速应按表中所列数值适当降低。

（5）切刀必须装正，切削部分必须尽量磨得对称，防止切刀受力不均被推向一边至使刀具被扭断。在开始切削时，要特别注意出屑情况和切刀有无偏斜的倾向；切削过程中，要随时注意切削的声音，如发出轻微的“吱吱”声为正常现象。如切屑呈短条状且发出“嗄嗄”声，说明排屑不顺利，应立即退刀，检查原因并采取措施。

（6）切刀刀尖应和工件中心等高或稍高出工件中心0.2～0.3mm，否则易产生“扎刀”，刀尖高出过多，会使工件中心处切不断。

（7）不锈钢切断可采用硫化油冷却，冷却润滑要充分和连续。

6. 不锈钢切断刀（二）（见图3-62）

刀具特点：

（1）刀片材料：YW1、YW2硬质合金；刀杆材料：45钢（淬火硬度40～45HRC）。

（2）前面磨有圆弧卷屑槽，前角大，排屑顺利。刀刃有半径$R0.5$mm的消振槽，不仅能消除振动，而且保证了零件的平直度。

使用条件：

切削速度 v_c = 80 ~ 100m/min，背吃刀量 a_p = 4mm，进给量 f = 0.25 ~ 0.3mm/r。

应用范围：适用于加工铬镍不锈钢，刀具寿命可提高 6 ~ 8 倍。

7. 不锈钢切断刀（三）（见图 3-63）

刀具特点：

（1）刀片材料：YW1、YW2 硬质合金；刀杆材料：45 钢（淬火硬度 40 ~ 45HRC）。

（2）在前面磨有 R（1.5 ~ 2）mm 的圆弧槽，具有消振作用，切削稳定，刀刃不易偏移，排屑顺利，断屑好，不易崩刃，可提高刀具寿命 2 ~ 3 倍。

使用条件：切削速度 v_c = 90 ~ 120m/min，切削深度 a_p = 5mm，进给量 f = 0.1 ~ 0.3mm/r。

应用范围：适用于 1Cr18Ni9Ti 不锈钢套类零件 ϕ500 ~ ϕ700mm 直径的切断。内外径的差值不大于 60mm。

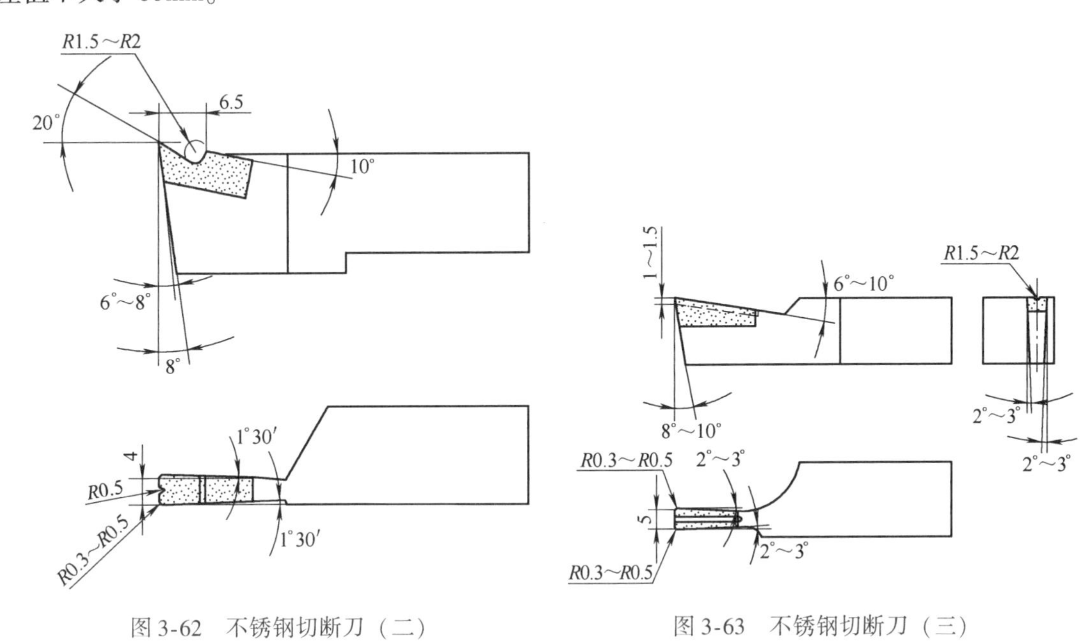

图 3-62　不锈钢切断刀（二）　　　图 3-63　不锈钢切断刀（三）

第六节　特色刀具示例

一、深孔圆柱体刀杆

如图 3-64 所示，刀具特点：

（1）刀杆材料 45 钢，淬火硬度 38 ~ 42HRC，提高刀杆强度。

（2）刀头装夹在刀杆上，刀头的上刀面，尽量处于刀杆横截面的中心处，根据车削孔径尺寸，尽量增大刀杆的横截面尺寸，增强刀杆的强度。

（3）刀杆中心，钻有通水孔，并与刀头处的斜孔相通，使切削液充分浇注到切削区，增加刀具寿命，同时在大流量切削液的带动下，方便切屑排出。

（4）刀杆上设计有可调定位块，定位块上的轴承与工件端面接触，控制镗孔深度，定位准确可靠，减少测量次数，提高加工效率。

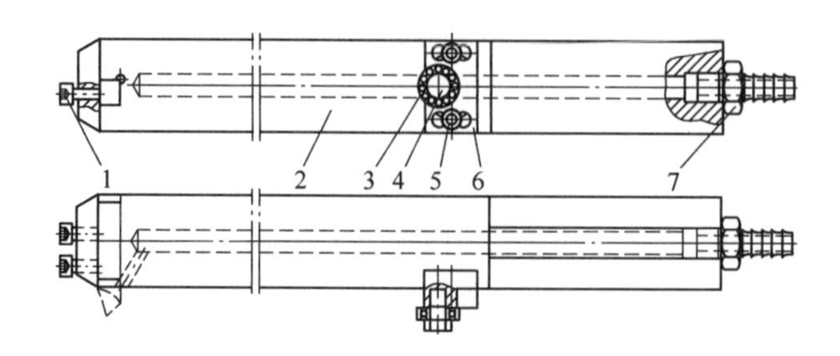

图 3-64　深孔圆柱体刀杆

1—螺钉　2—刀体　3—轴承　4—轴　5—螺钉和垫圈　6—定位块　7—接头

二、深孔圆锥体刀杆

如图 3-65 所示，刀具特点：

（1）刀体材料 60 钢，淬火硬度 44 ~ 48HRC，提高刀杆刚性。

（2）刀杆装夹刀具的前端，设计成弧形，在深孔加工中，增大容屑空间。

（3）刀杆设计成锥体，直径尺寸逐渐增大，在保证刀杆强度的前提下，有利于排屑和增大容屑空间。

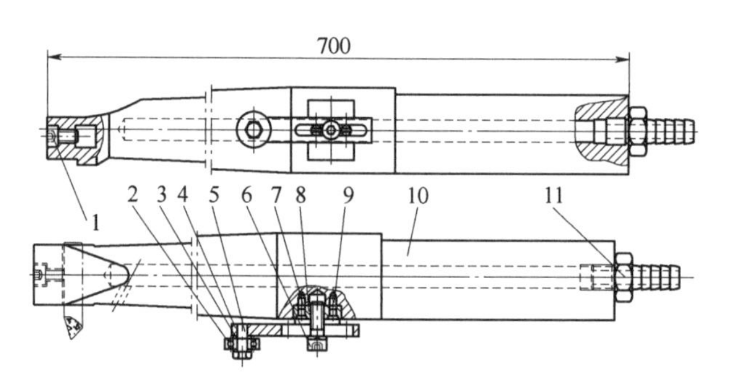

图 3-65　镗内孔刀杆

1、6、9—螺钉　2—轴承　3、7—垫圈　4—调整板　5—螺钉轴　8—座　10—刀杆　11—软管接头

（4）刀杆上设计可调定位块，根据孔深要求，可适当调整，实现孔深的定位控制。

（5）刀杆上钻有通水孔，使切削液充分浇注到切削区，提高刀具寿命。

三、直纹滚花刀杆

如图 3-66 所示，刀具特点：

（1）刀杆材料 45 钢，淬火硬度 38 ~ 42HRC，增强刀杆强度，适用于直纹大齿距强力滚花。

（2）刀杆轴材料 45 钢，淬火硬度 38 ~ 42HRC，提高寿命。

（3）滚动轴和轴承配合，方便装配，根据滚刀刀轴和轴承的磨损情况，方便更换，提高刀杆的寿命。

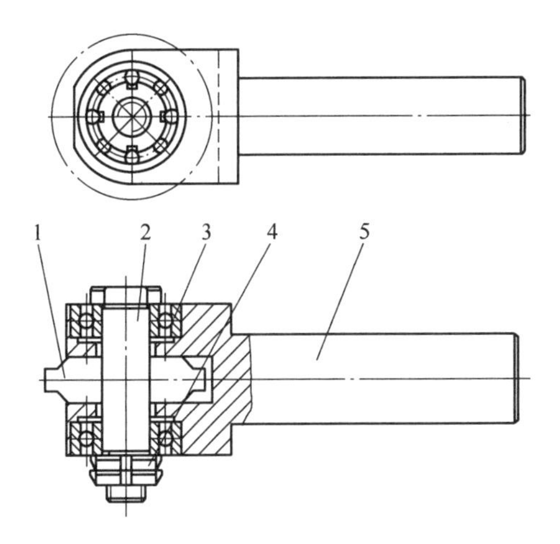

图 3-66 直纹滚花刀杆

1—滚花刀 2—轴 3—圆螺母 4—轴承 5—刀杆

四、端面封口、滚轮旋压刀具

如图 3-67 所示，刀具特点：

(1) 滚轮材料 T10A，淬火硬度 48 ~ 52HRC，过渡圆弧和滚轮端面表面粗糙度值 $Ra=0.4\mu m$，保证零件端面旋压封口的表面质量。

(2) 刀杆 7、轴 5、垫圈 4 和垫圈 6 材料均为 45 钢，淬火硬度 38 ~ 42HRC，保证滚轮旋压刀具的强度。

(3) 旋轮端面有 8° ~ 10°的锥面，减小高速旋压时，防止接触面积过大，端面封口强力旋压表面起毛刺，影响外观质量。

(4) 在旋压工件强度允许情况下，旋压封口，采用转速 710 ~ 900r/min、进给量 0.4mm/r 旋压封口，加工效率高。

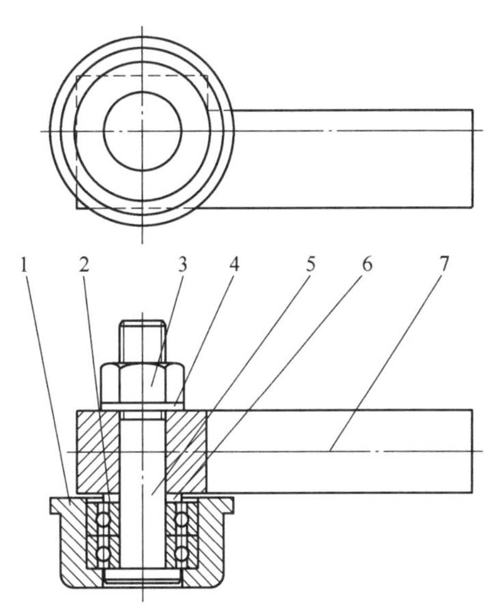

图 3-67 端面封口、滚轮旋压刀具

1—滚轮刀 2—轴承 3—螺母 4、6—垫圈 5—轴 7—刀杆

五、切纸管和塑料管刀具

如图 3-68 所示，刀具特点：

(1) 圆盘刀材料为 T10A，淬火硬度 55 ~ 58HRC，圆盘刀刀刃处角度为 20°，经万能磨床磨削后，保证圆盘刀刃口锋利。

(2) 圆盘刀装夹在刀轴定位阶台上，与压板的间隙 0.05mm，使圆盘刀转动灵活。

(3) 圆盘刀刃口锋利，节约材料，旋压切断，切削阻力小，加工效率高。

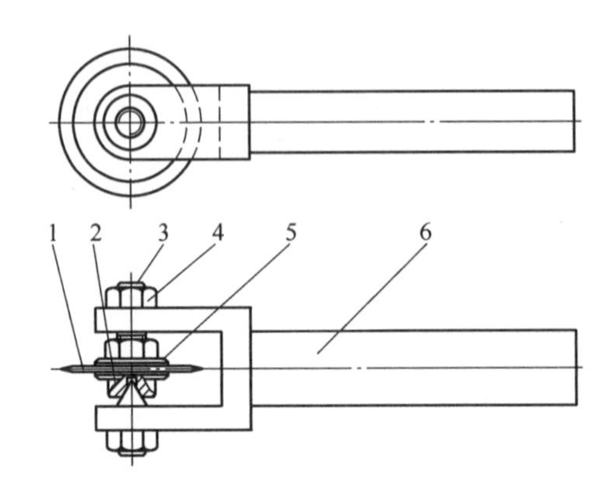

图 3-68　切纸管和塑料管刀具

1—圆盘刀　2—刀轴　3—顶尖　4—螺母　5—压板　6—刀架

六、非金属管件专用快速倒角去毛刺刀具

如图 3-69 所示，刀具特点：

(1) 根据管件倒角的大小，调整刀片的尺寸，并用顶丝顶紧。

(2) 刀具体的 D_1尺寸，根据管件内孔尺寸确定，保证和管件内孔有 0.2 ~0.4mm 间隙。

(3) 使用时，将刀具体装夹在车床自定心卡盘夹具上，手持非金属材料管件，将管件放入 D_1尺寸内，刀片快速完成倒角工作。

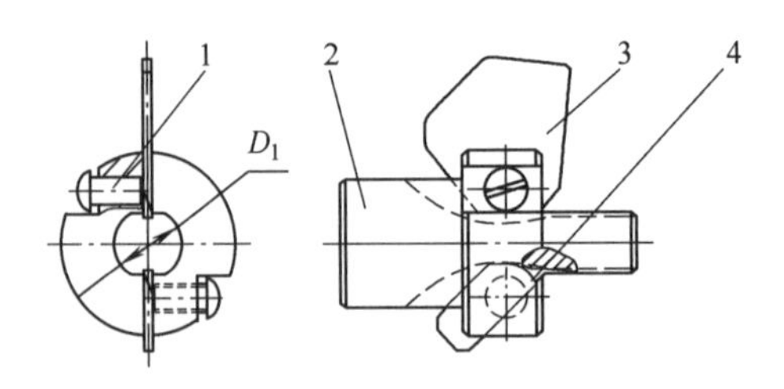

图 3-69　非金属管件专用快速倒角去毛刺刀具

1—顶丝　2—刀具体　3—外圆倒角刀　4—内孔倒角刀

第四章

专用量具的设计制造、使用及保养

专用量具是专门为检测工件某一技术参数（尺寸偏差、几何形状偏差和位置偏差）而设计制造的量具。专用量具只能判定工件的实际尺寸是否在规定的公差范围内，而不能得到具体数值，专用量具检测效率高，特别是用于批量生产时，因此深受企业的喜爱。本章涉及了专用量具的分类及代号、专用量具的设计原则、量规的技术要求及结合典型零件分析专用量具的结构原理、设计制造方案、测量方法等。该章节对从事工艺方面的设计人员和技能人员具有较高的参考和借鉴意义。

第一节　专用量具概述

量具是实物量具的简称，它是一种在使用时固定形态、用以复现或提供给定量的一个或多个已知量程的器具。例如砝码、量块、带标尺的和不带标尺的量器都是量具。

一般情况下，制造厂在车间的环境条件下，用通用计量器具测量工件，应参照 GB/T 3177—2009“光滑工件尺寸检验”进行，螺纹量规的设计可参考 GB/T 3934—2003 执行。

但是，在一些批量生产车间，为了能够适应批量生产需求，往往采用专用量具实施检验。

专用量具是一种用来测量零件尺寸偏差、几何形状偏差和位置偏差的工具，如图 4-1 所示。它只能判断零件的实际尺寸是否在规定范围内，而不能得到具体的数值。使用量规测量，效率较高。专用量具在生产中，特别是大批量生产中广泛采用。

公差制包括“公差与配合”和“检验测量”两部分。工件的检验与测量是“公差与配合”的技术保证。由于测量误差和量规公差的存在会改变工件的实际公差带。所以对工件尺寸的测量与检验原则、量规公差和测量误差作出统一

a) 外径卡规

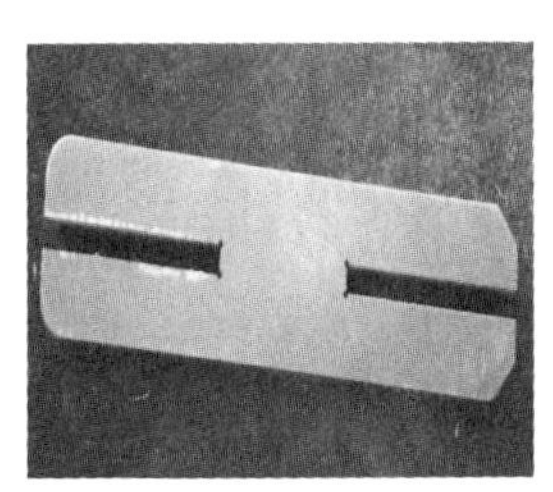

b) 厚度卡规

图 4-1　常用专用量具

规定，是很重要的。国家标准《光滑极限量规》（GB/T 1957—2006）和《光滑工件尺寸的检验》（GB/T 3177—2009）是两项重要标准。对保证“公差与配合”的贯彻执行、保证产品互换性和提高产品质量创造了条件。

《光滑极限量规》标准只规定了量规公差值“T”和公差带位置要素“Z”，规律性好，简化了标准，但是具体应用时量规尺寸极限偏差和应用尺寸还要进行计算。为了减轻量规设计人员繁杂的尺寸计算难度，避免大量的重复性劳动，我们经过大量工作，编入了“光滑极限量规极限偏差表”“高度和深度量规公差表”“量规技术条件”的验收极限和计量器具的选择，并推荐了常用计量器具的不确定度数值。

第二节　专用量具分类及代号

一、专用量具的分类

根据量具使用场合不同，量具可分为以下三类：

1. 工作量具

在零件制造过程中，操作者对零件进行检验所用的量具称为工作量具，通规用“T”表示，止规用“Z”表示。为了保证加工零件的精度，操作者应该使用新的或磨损较小的量具。

2. 验收量具

检验部门或用户代表在验收产品时所使用的量具称为验收量具，验收量具的形式与工作量具相同，只是其磨损较多，但未超出磨损极限。这样，由操作者自检的零件，检验人员或用户代表验收时也一定合格，从而保证了零件的合格率。

3. 校对量具

检验轴用量具在制造时是否符合制造公差，在使用中是否达到磨损极限的量具称为校对量规。由于轴用量具是内尺寸，不易检验，所以才设立校对量具，校对量具是外尺寸，可以用通用量仪检测。孔用量具本身是外尺寸，可以较方便地用通用量仪检测，所以不设校对量具。校对量具又可分为以下三类：

（1）“校通-通”量具（代号“TT”），它是检验轴用工作量具通规的校对量具。检验时，它应通过轴用工作量具的通规，否则通规不合格。

（2）“校止-通”量具（代号“ZT”），它是检验轴用工作量具止规的校对量具。检验时，它应通过轴用工作量具的止规，否则止规不合格。

（3）“校通-损”量具（代号“TS”），它是检验轴用工作量具通规是否达到磨损极限的校对量具。检验时，不应通过轴用工作量具的通规，否则该量具已达到或超过磨损极限，应予以报废，不应继续使用。

实际过程中，量具使用时，肯定会带来磨损，用校通-损量规校验时，没有达到磨损极限，但又超过设计公差时，可以视情况对该量具进行利用。

二、专用量具代号

专用量具代号见表4-1。

表 4-1　专用量具的统一代号

序　号	量规代号	代号意义	备　注
1	T	通	用于光面、螺纹量规
2	Z	止	
3	Y	验	用于验收量具
4	J	校	用于校对量规
5	S	损	磨损代号
6	D	大	用于直线尺寸量规
7	X	小	
8	JD	校通	—
9	JX	校止	
10	TT	校通通	用于螺纹量规
11	TZ	校通止	
12	ZT	校止通	
13	ZZ	校止止	
14	TS	校通损	
15	ZS	校止损	

第三节　专用量具的设计原则

由于零件存在几何公差，同一零件表面各处的实际尺寸往往是不同的，因此，对于要求遵守包容要求的孔和轴，在用量具检验时，为了正确地评定被测零件的合格性，应按极限尺寸判断原则（泰勒原则见图 4-2）验收，光滑极限量规应遵循泰勒原则来设计。

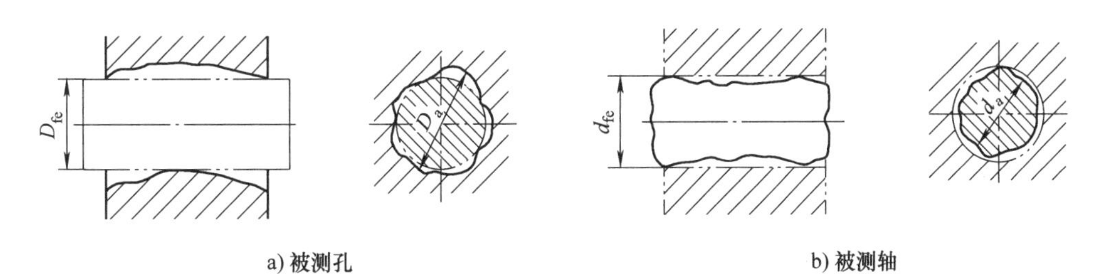

a) 被测孔　　b) 被测轴

图 4-2　孔轴体外作用尺寸 D_{fe}、d_{fe} 与实际尺寸 D_a、d_a

泰勒原则是指孔或轴的实际尺寸与形状误差的综合结果所形成的体外作用尺寸（D_{fe}或d_{fe}）不允许超出最大实体尺寸（D_M或d_M），在孔或轴任何位置上的实际尺寸（D_a或d_a）不允许超出最小实体尺寸（D_L或d_L）。即

$$\text{对于孔}\ D_{fe} \geqslant D_{min}\quad \text{且}\quad D_a \leqslant D_{max}$$

$$\text{对于轴}\ d_{fe} \leqslant d_{max}\quad \text{且}\quad d_a \geqslant d_{min}$$

式中　D_{max}、D_{min}——孔的最大与最小极限尺寸（mm）；

d_{max}、d_{min}——轴的最大与最小极限尺寸（mm）。

包容要求是从设计的角度出发，反映对孔、轴的设计要求，而泰勒原则是从验收的角度出发，反映孔、轴的验收要求。从保证孔与轴的配合性质的要求来看，两者是一致的。

如图 4-3 所示，满足泰勒原则要求的光滑极限量规通规工作部分应具有最大实体边界的形状，因而应与被测孔或被测轴成面接触（全形通规，见图 4-3b、图 4-3d），且其定形尺寸等于被测孔或被测轴的最大实体尺寸。止规工作部分与被测孔或被测轴的接触应为两个点的接触（两点式止规，图 4-3a 为点接触，图 4-3c 为线接触），且这两点之间的距离即为止规定形尺寸，它等于被测孔或被测轴的最小实体尺寸。

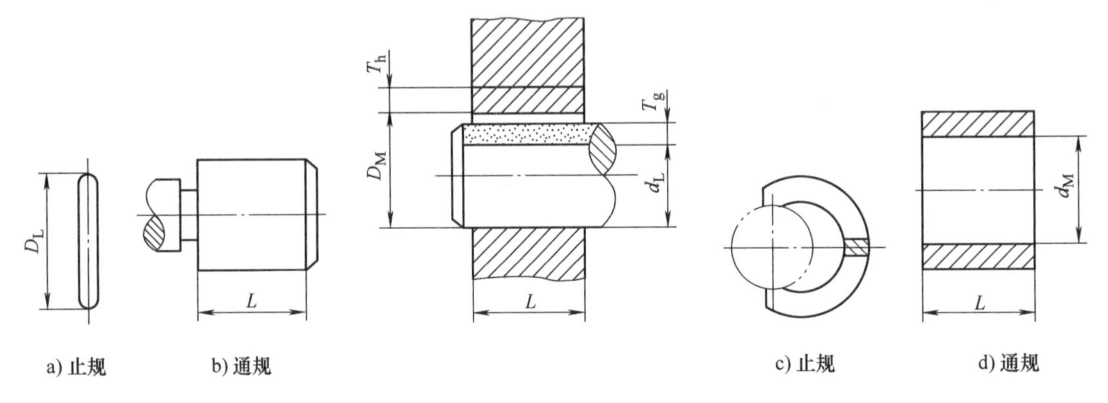

图 4-3 光滑极限量规

图 4-3 中，D_M、D_L为孔的最大实体尺寸、最小实体尺寸，单位为 mm；d_M、d_L为轴的最大实体尺寸、最小实体尺寸，单位为 mm；L 为配合长度，单位为 mm。

用光滑极限量规检验孔或轴时，如果通规能够自由通过，且止规不能通过，则表示被测孔或轴合格。如果通规不能通过，或者止规能够通过，则表示被测孔或轴不合格，如图 4-4 所示，孔的实际轮廓超出了尺寸公差带，用量规检验应判定该孔不合格。该孔用全形通规检验，不能通过（见图 4-4a）；用两点式止规检验，虽然沿 x 方向不能通过，但沿 y 方向却能通过（见图 4-4c）；因此这就能正确的判定该孔不合格。反之，该孔若用两点式通规检验（见图 4-4b），则可沿 y 方向通过；若用全形止规检验，则不能通过（见图 4-4d）。这样一来，由于使用工作部分形状不正确的量规进行检验，就会误判该孔合格。

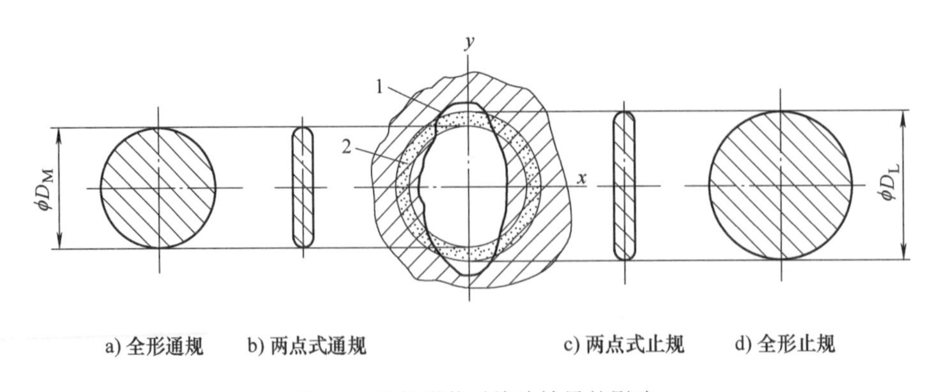

图 4-4 量规形状对检验结果的影响

在被测孔或轴的形状误差不致影响孔、轴配合性质的情况下，为了克服制造或使用符合泰勒原则的量规时的不方便或困难，允许使用偏离泰勒原则的量规。量规制造厂供应的统一规格的量规工作部分的长度不一定等于或近似于被测孔的配合长度，实际检验中不得使用这样的量规。大尺寸的孔和轴通常分别使用非全形通规（工作部分为非全形圆柱面的塞规）进行检验，以代替笨重的全形量规。

第四节　量规技术条件

一、光面量规极限偏差

光面量规检查《公差与配合》（GB/T 1800.1—2009）规定的孔、轴，公差等级 IT6—IT16 级的光滑极限量规（塞规、卡规和环规等）。

孔用工作量规和验收量规的极限偏差见表 4-2。

表 4-2　孔用工作量规和验收量规的极限偏差　（单位：μm）

基本尺寸/mm	量规用途		量规公差等级	IT6	IT7	IT8	IT9	IT10	IT11	IT12	IT13	IT14	IT15	IT16
~3	通T	新	上偏差	+1.5	+2.2	+2.8	+4	+5.2	+7.5	+11	+17	+24.5	+37	+50
			公差	1	1.2	1.6	2	2.4	3	4	6	9	14	20
		磨损	不完全磨损	0	0	0	0	0	+1.5	+2	+3.5	+5	+7.5	10
			完全磨损						0	0	0	0	0	0
	止Z		上偏差	0	0	0	0	0	0	0	0	0	0	0
			公差	1	1.2	1.6	2	2.4	3	4	6	9	14	20
>3~6	通T	新	上偏差	+2	+2.7	+3.6	+5.2	+6.5	+10	+13.5	+19.5	+30.5	+43	+62.5
			公 差	1.2	1.4	2	2.4	3	4	5	7	11	16	25
		磨损	不完全磨损	0	0	0	0	0	+2	+2.5	+4	+6.5	9	+12.5
			完全磨损						0	0	0	0	0	0
	止Z		上偏差	0	0	0	0	0	0	0	0	0	0	0
			公差	1.2	1.4	2	2.4	3	4	5	7	11	16	25
>6~10	通T	新	上偏差	+2.3	+3.3	+4.4	+6.4	+7.8	11.5	+16	+24	+36.5	50	+75
			公 差	1.4	1.8	2.4	2.8	3.6	5	6	8	13	20	30
		磨损	不完全磨损	0	0	0	0	0	+2	+3	+5	+7.5	+10	+15
			完全磨损						0	0	0	0	0	0
	止Z		上偏差	0	0	0	0	0	0	0	0	0	0	0
			公差	1.4	1.8	2.4	2.8	3.6	5	6	8	13	20	30
>10~18	通T	新	上偏差	+2.8	+3.8	+5.4	+7.7	+10	+14	+18.5	+29	+42.5	+62	+92.5
			公 差	1.6	2	2.8	3.4	4	6	7	10	15	24	35
		磨损	不完全磨损	0	0	0	0	0	+2.5	+3.5	+6	+9	+12	+19
			完全磨损						0	0	0	0	0	0
	止Z		上偏差	0	0	0	0	0	0	0	0	0	0	0
			公差	1.6	2	2.8	3.2	4	6	7	10	15	24	35

（续）

基本尺寸/mm	量规用途		量规公差等级	IT6	IT7	IT8	IT9	IT10	IT11	IT12	IT13	IT14	IT15	IT16
>18～30	通T	新	上偏差	+3.4	+4.6	+6.7	+9	+11.5	+16.5	+22	+34	+49	+74	+110
			公 差	2	2.4	3.4	4	5	7	8	12	18	28	40
		磨损	不完全磨损	0	0	0	0	0	+3	+4.5	+7	+10	+15	+23
			完全磨损						0	0	0	0	0	0
	止Z		上偏差	0	0	0	0	0	0	0	0	0	0	0
			公差	2	2.4	3.4	4	5	7	8	12	18	28	40

轴用工作量规和验收量规的极限偏差见表4-3。

表4-3　轴用工作量规和验收量规的极限偏差　　（单位：μm）

基本尺寸/mm	量规用途		量规公差等级	IT6	IT7	IT8	IT9	IT10	IT11	IT12	IT13	IT14	IT15	IT16
～3	通T	新	下偏差	-1.5	-2.2	-2.8	-4	-5.2	-7.5	-11	-17	-24.5	-37	-50
			公差	1	1.2	1.6	2	2.4	3	4	6	9	14	20
		磨损	不完全磨损	0	0	0	0	-0.9	-1.5	-2	-3.5	-5	-7.5	-10
			完全磨损					0	0	0	0	0	0	0
	止Z		下偏差	0	0	0	0	0	0	0	0	0	0	0
			公差	1	1.2	1.6	2	2.4	3	4	6	9	14	20
>3～6	通T	新	下偏差	-2	-2.7	-3.6	-5.2	-6.5	-10	-13.5	-19.5	-30.5	-43	-62.5
			公差	1.2	1.4	2	2.4	3	4	5	7	11	16	25
		磨损	不完全磨损	0	0	0	0	-1.1	-2	-2.5	-4	-6.5	-9	-12
			完全磨损					0	0	0	0	0	0	0
	止Z		下偏差	0	0	0	0	0	0	0	0	0	0	0
			公差	1.2	1.4	2	2.4	3	4	5	7	11	16	25
>6～10	通T	新	下偏差	-2.3	-3.3	-4.4	-6.4	-7.8	-11.5	-16	-24	-36.5	-50	-75
			公差	1.4	1.8	2.4	2.8	3.6	5	6	8	13	20	30
		磨损	不完全磨损	0	0	0	0	-1.4	-2	-3	-5	-7.5	-10	-15
			完全磨损					0	0	0	0	0	0	0
	止Z		下偏差	0	0	0	0	0	0	0	0	0	0	0
			公差	1.4	1.8	2.4	2.8	3.6	5	6	8	13	20	30
>10～18	通T	新	下偏差	-2.8	-3.8	-5.4	-7.7	-10	-14	-18.5	-29	-42.5	-62	-92.5
			公差	1.6	2	2.8	3.4	4	6	7	10	15	24	35
		磨损	不完全磨损	0	0	0	0	-2	-2.5	-3.5	-6	-9	-12	-19
			完全磨损					0	0	0	0	0	0	0
	止Z		下偏差	0	0	0	0	0	0	0	0	0	0	0
			公差	1.6	2	2.8	3.2	4	6	7	10	15	24	35
>18～30	通T	新	下偏差	-3.4	-4.6	-6.7	-9	-11.5	-16.5	-22	-34	-49	-74	-110
			公差	2	2.4	3.4	4	5	7	8	12	18	28	40
		磨损	不完全磨损	0	0	0	0	-2	-3	-4.5	-7	-10	-15	-23
			完全磨损	—	—	—	—	—	0	0	0	0	0	0
	止Z		下偏差	0	0	0	0	0	0	0	0	0	0	0
			公差	2	2.4	3.4	4	5	7	8	12	18	28	40

轴用量规的校对量规极限偏差见表4-4。

表4-4 轴用量规的校对量规极限偏差 （单位：μm）

基本尺寸/mm	量规用途		IT6	IT7	IT8	IT9	IT10	IT11	IT12	IT13	IT14	IT15	IT16
~3	上偏差	TT	-1	-1.6	-2	-3	-4	-6	-9	-14	-20	-30	-40
		TS	0	0	0	0	0	0	0	0	0	0	0
		ZT	+0.5	+0.6	+0.8	+1	+1.2	+1.5	+2	+3	+4.5	+7	10
	公差	TT；TS；ZT	0.6	0.6	0.8	1	1.2	1.5	2	3	4.5	7	10
>3~6	上偏差	TT	-1.4	-2	-2.6	-4	-5	-8	-11	-16	-25	-35	-50
		TS	0	0	0	0	0	0	0	0	0	0	0
		ZT	+0.6	+0.7	+1	+1.2	+1.5	+2	+2.5	+3.5	+5.5	+8	+12.5
	公差	TT；TS；ZT	0.6	0.7	1	1.2	1.5	2	2.5	3.5	5.5	8	12.5
>6~10	上偏差	TT	-1.6	-2.4	-3.2	-5	-6	-9	-13	-20	-30	-40	-60
		TS	0	0	0	0	0	0	0	0	0	0	0
		ZT	+0.7	+0.9	+1.2	+1.4	+1.8	+2.5	+3	+4	+6.5	+10	+15
	公差	TT；TS；ZT	0.7	0.9	1.2	1.4	1.8	2.5	3	4	6.5	10	15
>10~18	上偏差	TT	-2	-2.8	-4	-6	-8	-11	-15	-24	-35	-50	-75
		TS	0	0	0	0	0	0	0	0	0	0	0
		ZT	+0.8	+1	+1.4	+1.7	+2	+3	+3.5	+5	+7.5	+12	+17.5
	公差	TT；TS；ZT	0.8	1	1.4	1.7	2	3	3.5	5	7.5	12	17.5
>18~30	上偏差	TT	-2.4	-3.4	-5	-7	-9	-13	-18	-28	-40	-60	-90
		TS	0	0	0	0	0	0	0	0	0	0	0
		ZT	+1	+1.2	+1.7	+2	+2.5	+3.5	+4	+6	+9	+14	+20
	公差	TT；TS；ZT	1	1.2	1.7	2	2.5	3.5	4	6	9	14	20
>30~50	上偏差	TT	-2.8	-4	-6	-8	-11	-16	-22	-34	-50	-75	-110
		TS	0	0	0	0	0	0	0	0	0	0	0
		ZT	+1.2	+1.5	+2	+2.5	+3	+4	+5	+7	+11	+17	+25
	公差	TT；TS；ZT	1.2	1.5	2	2.5	3	4	5	7	11	17	25

二、技术要求

（1）量规测量面的表面粗糙度，按表4-5的规定（参照GB/T 1031—2009《表面粗糙度》）。

表 4-5　量规测量面的表面粗糙度

工作量规	校对量规	工件基本尺寸/mm				
		~120	>120~315	>315~500	>500~1 200	>1 200~3 150
		表面粗糙度值 *Ra*/μm				
IT6 级孔用量规	IT7~IT9	0.04	0.08	0.16	0.32	0.63
IT6~IT9 级轴用量规 IT7~IT9 级孔用量规	IT9 更低	0.08	0.16	0.32	0.63	0.63
IT10~IT12 级孔、轴用量规		0.16	0.32	0.63	0.63	1.25
IT13~IT16 级孔、轴用量规		0.32	0.63	0.63	0.63	1.25

（2）量规临近工作面和没有防锈层的非工作面的加工表面粗糙度值 *Ra* 不大于 1.25μm。

（3）图中未注公差的尺寸，应按 GB/T 1804—2000 规定的精密 f 级公差等级制造。

（4）量规的形状和位置误差应在尺寸公差带内，其公差为量规尺寸公差的 50%，当量规尺寸公差小于或等于 0.002mm 时，其形状和位置公差为 0.001mm。

（5）板形光面量规的非工作平面翘曲度，按表 4-6 的规定。

表 4-6　板形光面量规的非工作平面翘曲度　（单位：mm）

最大外廓尺寸	≤100	>100~300	>300~500
翘曲度不大于	0.1	0.2	0.4

注：对旧量规复查时，量规非工作面的翘曲度允许按表 4-6 的 3 倍执行，对于翘曲度超出 3 倍者，应进行时效校正。

（6）图中未注明时，量规工作面与非工作面的垂直度偏差为 ±30′，非工作面间的垂直度偏差为 ±1°。

（7）图中未注明时，量规工作面上的锐棱应倒成不大于 *R*0.2mm 或 0.2mm×45°，非工作面上的锐棱应倒成 *R*0.3mm 或 0.3mm×45°。

（8）量规可用合金工具钢、碳素工具钢、碳素钢及其他耐磨材料制造。

（9）钢质量规测量面热处理要求按表 4-7 规定。关于硬质合金测量片的焊接结构形式，可按工厂的经验和条件处理。

表 4-7　钢质量规测量面热处理要求

量规工作部位			热处理硬度要求 HRC
材料类别	材料品号	材料标准号	
硬质合金	YG6，YG8	GB/T 18376.3—2015	
合金钢	CrMn，Cr	GB/T 1299—2014	58~65
碳素工具钢	T8A，T10A，T12A	GB/T 1298—2008	
渗碳钢	10，15，20	GB/T 699—2015	

（10）用渗碳钢来制造量规时，其渗碳深度应按表 4-8 规定。

表 4-8　用渗碳钢制造量规时的渗碳深度　（单位：mm）

量规的直径或厚度	~3	>3~5	>5
渗碳深度	0.3~0.5	0.5~0.8	0.8~1.2

（11）硬质合金量规的体部材料及热处理要求按表 4-9 规定。

表 4-9 硬质合金量规的体部材料及热处理要求

体部材料	热处理硬度要求 HRC
40Gr、T10A	40～50
10 钢、20 钢	渗碳，40～50
45 钢、50 钢	35～45

（12）硬质合金片与体部焊接后，焊缝不得有缺焊、较大的气孔和杂质，焊接应牢固可靠。

（13）量规的测量面不应有锈迹、毛刺、黑斑和划痕等明显影响外观和影响使用质量的缺陷。其他表面不应有锈蚀和裂纹。

（14）塞规的测头与手柄的联法应牢固可靠，在使用过程中不应松动。

（15）为了提高耐磨性，量规工作面允许镀铬、氮化或镶硬质合金。

（16）量规在制造过程中一般应进行稳定性处理。

（17）未进行磨削加工的量规非工作表面，应进行碱性氧化处理或涂其他防锈层。

（18）量规不允许带有磁性。

（19）经修理的量规工作部位及平面翘曲度均按新量规要求检验。

三、验收规则

1. 量规由技术检验部门验收

制造厂必须保证出厂的量规符合本技术条件及其所属工作尺寸标准的规定，每件量规均附有鉴定合格证。

注：量规的硬度检查只在热处理工艺工程中进行。

2. 量规的验收与检验应按国家计量规程条件进行

3. 标志与其他

（1）在塞规测头端面和其他量规非工作面上应标志：①制造厂商标（本厂自用的量规可不标）。②被检工件的基本尺寸和公差代号。③量规用途代号（单头双极限量规可不标志）。T 表示通规用途代号，Z 表示止规用途代号。④出厂年号。

（2）用于检验工件基本尺寸小于 14mm 的塞规，上述标志可标在手柄上，单独供应时，塞规测头应有上述标志的标签。

（3）检验合格的量具应有产品合格证，并应经防锈处理妥善包装。

（4）校对量具的尺寸公差为被校对轴用量规尺寸公差的 50%。

（5）校对量规的几何公差应在校对量规尺寸公差范围内。

（6）测量面的表面粗糙度比校对轴用量规测量面的表面粗糙度提高一级。

（7）校对量规的其他技术要求可按“二、技术要求”的第（13）、（15）、（16）和（17）条规定。

（8）本光面量规技术条件未尽事项可由工具生产部门技术单位处理。

四、光滑极限量规计算示例

例 1：计算孔类工件塞规示例，孔径为 ϕ10H7 的塞规应用尺寸

（1）由《公差与配合》（GB/T 1800.1—2009）（孔的极限偏差）查得：$\phi10\text{H7} = \phi10^{+0.015}_{0}$mm。孔：最大极限尺寸为 10.015mm，最小极限尺寸为 10mm。

（2）由表4-2（孔用量规的极限偏差）查得塞规的应用尺寸（采用IT7级）为：

T(通) = (孔最小极限尺寸 + 上偏差) − 公差 = [(10 + 0.0033) − 0.0018]mm = $10.0033_{-0.0018}^{\ 0}$mm。

Z(止) = (孔最大极限尺寸 + 上偏差) − 公差 = [(10.015 + 0) − 0.0018]mm = $10.015_{-0.0018}^{\ 0}$mm。

T完全磨损尺寸 = 孔的最小极限尺寸 = 10mm。

例2：轴类零件卡规计算测量工件轴径 ϕ25h9 的卡规应用尺寸

（1）由《公差与配合》（GB/T 1800.1—2009）（轴的极限偏差）查得：ϕ25h9 = $\phi 25_{-0.052}^{\ 0}$mm。轴：最大极限尺寸为25mm，最小极限尺寸为24.948mm。

（2）由表4-3（轴用量规的极限偏差）查得卡规的应用尺寸（采用IT9级）为：

T(通) = (轴的最大极限尺寸 + 下偏差) + 公差 = [(25 − 0.009) + 0.004]mm = $24.991_{\ 0}^{+0.004}$mm。

Z(止) = (轴的最小极限尺寸 + 下偏差) + 公差 = [(24.948 + 0) + 0.004]mm = $24.948_{\ 0}^{+0.004}$mm。

T完全磨损尺寸 = 轴的最大极限尺寸 = 25mm。

例3：轴类零件校对量规计算，计算 ϕ5h8 轴用量规的校对量规

（1）由《公差与配合》(GB/T 1800.1—2009)(轴的极限偏差）查得：ϕ5h8 = $\phi 5_{-0.018}^{\ 0}$mm。

轴：最大极限尺寸为5mm，最小极限尺寸为4.982mm。

（2）由表4-4（轴用量规的校对量规极限偏差）查得校对量规的应用尺寸（采用IT8级）为：

TT(校通-通) = (最大极限尺寸 + 上偏差) − 公差 = [(5 − 0.0026) − 0.001]mm = $4.9974_{-0.001}^{\ 0}$mm。

TS(校通-损) = (最大极限尺寸 + 上偏差) − 公差 = [(5 + 0) − 0.001]mm = $5_{-0.001}^{\ 0}$mm。

ZT(校止-通) = (最小极限尺寸 + 上偏差) − 公差 = [(4.982 + 0.001) − 0.001]mm = $4.983_{-0.001}^{\ 0}$mm。

五、高度、深度量规

本节适用于IT11～IT16级工件，采用刻线法、透光法及接触感觉法检查深度、高度尺寸的量规。

高度、深度量规检验工件时，根据量规D端、X端磨损方向不同，其公差带可分为三种类型。

Ⅰ型：D端愈磨损尺寸愈小，X端愈磨损尺寸愈大。如图4-5a所示。

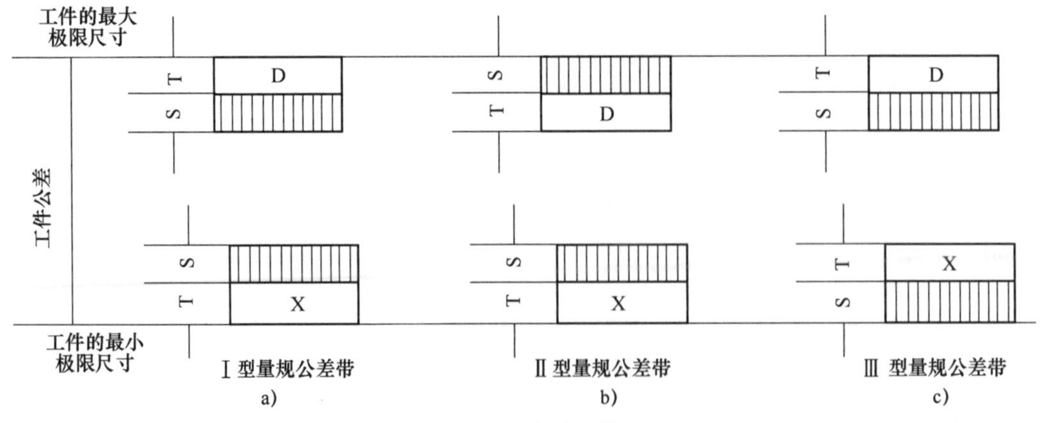

图4-5　量规公差带

Ⅱ型：D、X 端愈磨损尺寸愈大。如图 4-5b 所示。

Ⅲ型：D、X 端愈磨损尺寸愈小。如图 4-5c 所示。

工作量规的制造公差、磨损公差和校对量具的制造公差绘制样式如图 4-6 所示。

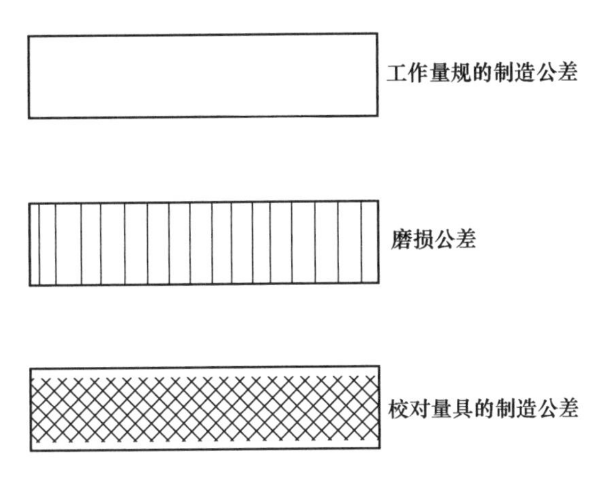

图 4-6　量规公差带图注

量规尺寸公差 T 和最小磨损量 S 应按表 4-10 规定选取。

表 4-10　高度、深度量规公差及最小磨损量　　（单位：μm）

基本尺寸/mm	IT11			IT12			IT13			IT14			IT15			IT16		
	工件公差	量规		工件公差	量规		工件公差	量规		工件公差	量规		工件公差	量规		工件公差	量规	
		T	S		T	S		T	S		T	S		T	S		T	S
≤3	60	3	3	100	4	4	140	6	6	250	9	9	400	14	13	600	20	20
>3～6	75	4	3	120	5	5	180	7	7	300	11	11	480	16	17	750	25	22
>6～10	90	5	4	150	6	6	220	8	9	360	13	13	580	20	20	900	30	25
>10～18	110	6	5	180	7	8	270	10	10	430	15	16	700	24	23	1100	35	32
>18～30	130	7	6	210	8	9	330	12	12	520	18	19	840	28	26	1300	40	40
>30～50	160	8	7	250	10	11	390	14	15	620	22	23	1000	34	33	1600	50	50
>50～80	190	9	9	300	12	13	460	16	18	740	26	27	1200	40	40	1900	60	60

高度、深度量规按使用方法分以下四种：

光隙法：如图 4-7a 所示。

推移法：如图 4-7b 所示。

触觉法：如图 4-7c 所示。

刻线法：如图 4-7d 所示。

六、高度、深度量规计算示例

例 1：根据Ⅰ型公差带计算检验工件尺寸为（20 ± 0.105）mm 用的高度、深度量规尺寸。

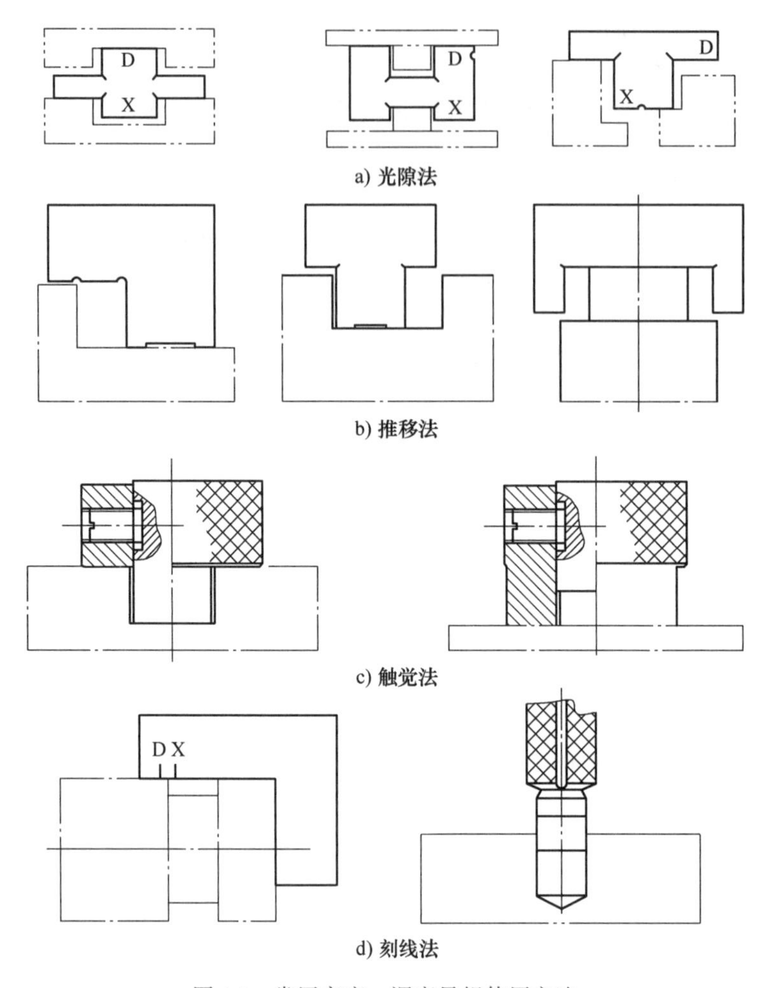

图 4-7 常用高度、深度量规使用方法

解：按工件尺寸 20mm 及公差 0.21mm 查表 4-10 可知。

量规尺寸公差 T = 0.008mm

量规最小磨损量 S = 0.009mm

校对量规尺寸公差 TP = T/2 = 0.004mm

工件公称尺寸 L = 20mm

工件上极限尺寸 $L_{max} = L + ES = (20 + 0.105)$ mm

工件下极限尺寸 $L_{min} = L + EI = (20 - 0.105)$ mm = 19.895mm

量规的尺寸计算：D 端量规公称尺寸 = L_{max} = 20.105mm

制造尺寸 = (L_{max} − T/2) ± T/2 = [(20.105 − 0.004) ± 0.004] mm = (20.101 ± 0.004) mm

磨损极限尺寸 = L_{max} − T − S = (20.105 − 0.008 − 0.009) mm = 20.088mm

校对量规尺寸 = (L_{max} − TP/2) = [(20.105 − 0.002) ± 0.002] mm = (20.103 ± 0.002) mm

X 端量规公称尺寸 = L_{min} = 19.895

制造尺寸 = (L_{min} + T/2) ± T/2 = [(19.895 + 0.004) ± 0.004] mm = (19.899 ± 0.004) mm

磨损极限尺寸 = L_{min} + T + S = (19.895 + 0.008 + 0.009) mm = 19.912mm

校对量规尺寸 = $(L_{min} + TP/2) \pm TP/2$ = [(19.895 + 0.002) ± 0.002]mm = (19.897 ± 0.002)mm

例 2　根据Ⅱ型公差带计算检验工件尺寸为(20 ±0.105)mm 用的高度、深度量规尺寸。

解： 按工件尺寸 20mm 及公差 0.21mm 查表 4-10 可知。

量规尺寸公差 T = 0.008mm

量规最小磨损量 S = 0.009mm

校对量规尺寸公差 TP = T/2 = 0.004mm

工件公称尺寸 L = 20mm

工件上极限尺寸 $L_{max} = L + ES$ = (20 + 0.105)mm = 20.105mm

工件下极限尺寸 $L_{min} = L + EI$ = (20 − 0.105)mm = 19.895mm

量规尺寸计算：D 端量规公称尺寸 = L_{max} = 20.105mm

制造尺寸 = $(L_{max} - S - T/2) \pm T/2$ = [(20.105 − 0.009 − 0.004) ± 0.004]mm
= (20.092 ± 0.004)mm

磨损极限尺寸 = L_{max} = 20.105mm

校对量规尺寸 = $(L_{max} - S - T + TP/2) \pm TP/2$
= [(20.105 − 0.009 − 0.008 + 0.002) ± 0.002]mm = (20.09 ± 0.002)mm

X 端量规公称尺寸 = L_{min} = 19.895mm

制造尺寸 = $(L_{min} + T/2) \pm T/2$ = [(19.895 + 0.004) ± 0.004]mm = (19.899 ± 0.004)mm

磨损极限尺寸 = $L_{min} + T + S$ = (19.895 + 0.008 + 0.009)mm = 19.912mm

校对量规尺寸 = $(L_{min} + TP/2) \pm TP/2$ = [(19.895 + 0.002) ± 0.002]mm = (19.897 ± 0.002)mm

例 3： 根据Ⅲ型公差带计算检验工件尺寸为(20 ±0.105)mm 用的高度、深度量规尺寸。

解： 按工件尺寸 20mm 及公差 0.21mm 查表 4-10 可知。

量规尺寸公差 T = 0.008mm

量规最小磨损量 S = 0.009mm

校对量规尺寸公差 TP = T/2 = 0.004mm

工件公称尺寸 L = 20mm

工件上极限尺寸 $L_{max} = L + ES$ = (20 + 0.105)mm = 20.105mm

工件下极限尺寸 $L_{min} = L + EI$ = (20 − 0.105)mm = 19.895mm

量规尺寸计算：D 端量规公称尺寸 = L_{max} = 20.105mm

制造尺寸 = $(L_{max} - T/2) \pm T/2$ = [(20.105 − 0.004) ± 0.004]mm = (20.101 ± 0.004)mm

磨损极限尺寸 = $L_{max} - T - S$ = (20.105 − 0.008 − 0.009)mm = 20.088mm

校对量规尺寸 = $(L_{max} - TP/2) \pm TP/2$ = [(20.105 − 0.002) ± 0.002]mm = (20.103 ± 0.002)mm

X 端量规公称尺寸 = L_{min} = 19.895mm

制造尺寸 = $(L_{min} + S + T/2) \pm T/2$ = [(19.895 + 0.009 + 0.004) ± 0.004]mm
= (19.908 ± 0.004)mm

磨损极限尺寸 = L_{min} = 19.895mm

校对量规尺寸 = $(L_{min} + S + T + TP/2) \pm TP/2$ = [(19.895 + 0.009 + 0.008 − 0.002) ± 0.002]mm = (19.91 ± 0.002)mm

七、高度量规技术要求

（1）材料及热处理。量规工作部分的材料应用下列牌号的钢制造。硬质合金片的焊接结构型式可按工厂经验和条件处理。其热处理要求应按表4-11的规定。

表4-11　量规材料及热处理

量规工作部位			热处理硬度要求HRC
材料类别	材料品号	材料标准号	
硬质合金	YG6、YG8	GB/T 18376—2015	
合金工具钢	Cr、CrMn	GB/T 1299—2014	58～65
碳素工具钢	T10A、T12A	GB/T 1298—2008	58～65
铬轴承钢	GCr15	GB/T 18254—2015	58～65
渗碳钢	10、15、20	GB/T 699—2015	58～65

用碳素钢制造量规时，渗碳深度应参照表4-12的规定。

表4-12　用渗碳钢制造量规时的渗碳深度　（单位：mm）

量规厚度	～3	>3～5	>5
渗碳深度	0.3～0.5	0.5～0.8	0.8～1.2

硬质合金量规的体部材料及热处理要求按表4-13的规定。

表4-13　硬质合金量规的体部材料及热处理要求

体部材料	热处理硬度要求HRC
40Cr、T10A	40～50
10、20	渗碳40～50
45、50	35～45

硬度在测量面上如不便检验时，则在距测量面不大于3mm的范围内检验。根据工艺情况，量规的工作面允许镀铬，以提高量规的耐磨性或作为提高量规的耐磨性或作为量规修复的工艺方法。硬质合金与体部焊接后的焊缝，不得有缺焊，较大的气孔和杂质，焊接应牢固可靠。

（2）尺寸及公差。量规工作尺寸按《深度和高度量规公差》标准制造。图中未注公差尺寸的极限偏差按GB/T 1804—2000规定的精密f级制造。

1）刻线量规公差带的分布按不超极限原则，刻线公差为零件公差的10%，算出的值按GB/T 8170—2008数字修约的原则化整到小数点后两位。

2）刻线量规用于工件公差≥0.3mm。

3）量规的检查以基准到刻线边缘作为测量尺寸，参照图4-8及说明。

4）刻线宽度为0.1～0.2mm，刻线深度为0.025～0.06mm。具体为：①当有两条以上刻线时，刻线之长度差应不大于0.25mm。②刻线应与导向面垂直，当有两条以上刻线时，所有刻线相互平行。③刻线末端不允许以点状收尾。

5）量规的极限刻线可根据需要刻制双刻线或单刻线两种，刻线情况如图4-8所示。

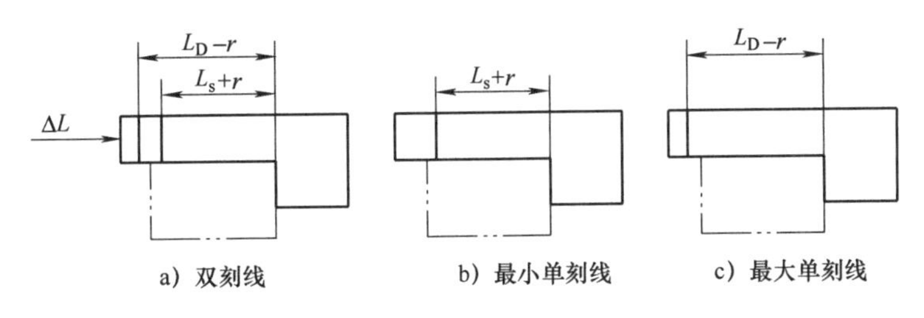

图 4-8　刻线量规

6）刻线量规上的工件公差为两刻线内边缘之间的距离，其下极限尺寸为测量基面到第1条刻线左边缘的距离，而上极限尺寸为测量基面到第2条刻线右边缘的距离，则两条刻线内边缘之间的距离即为工件公差（见图4-8a）。

L_D——工件上极限尺寸；

L_X——工件下极限尺寸；

ΔL——工件公差即刻线值；

Y——刻线公差。

如工件只有下极限尺寸，其测量尺寸应为测量基面到刻线左边缘的距离（见图4-8b）；如工件只有上极限尺寸，其测量尺寸应为测量基面到刻线右边缘的距离（见图4-8c）。

如果是周围刻线，则环形刻线应与量规中心线垂直。如有两条以上的刻线，则其刻线应相互平行。

7）采用游标和指针结构的刻线量规，其刻线规定为：①量规检查以刻线的中心作为测量尺寸标准。②刻线宽度为0.08～0.15mm，刻线深度为0.025～0.06mm。

8）测量面与测量面相交角度。如图中未注明时，其公差按±10′。

9）测量面与非测量面相交之角度。如图中未注明时，其公差按±30′。

10）非测量面与非测量面相交成90°。如图中未注明时，其公差按±1°。

11）测量面之锐棱，如图中未注明时，应倒成不大于$R0.2$mm或$C0.2$mm的斜面。

12）非测量面之锐棱，如图中未注明时，应倒成$R0.5$mm或$C0.5$mm的斜面。

13）量规工作表面的几何误差，直线度、平面度、平行度等不应超过量规工作尺寸的制造公差的50%。

14）板形深度和高度量规的非工作表面翘曲度按表4-14规定。

表 4-14　板形深度和高度量规的非工作平面翘曲度　　（单位：mm）

最大外廓尺寸	≤100	>100～300	>300～500
翘曲度	≤0.1	≤0.2	≤0.3

（3）表面质量。

1）量规工作表面粗糙度按GB/T 1031—2009的规定，其加工表面粗糙度的评定原则按GB/T 1031—2009的规定。

2）刻线量规的刻线部位表面粗糙度值Ra不大于0.8μm，Rz不大于3.2μm。

3）临近测量面和无防锈层的量规非测量面的表面粗糙度值Ra不大于1.6μm，Rz不大于6.3μm。

4）非测量表面粗糙度值 Ra 不大于 3.2μm，Rz 不大于 12.5μm。

5）在量规测量面上不应有锈迹、毛刺、黑斑、划痕等明显影响使用质量的缺陷。其他表面不应有锈蚀和裂纹。

6）量规应去磁。

7）自由倒圆与倒角尺寸按 GB/T 1804—2000 规定，空刀槽按下列规定制造：①测量面与测量面之间相交的空刀槽宽度小于 0.5mm。②测量面与非测量面相交的空刀槽宽度小于 1mm。③平面与圆弧相交的空刀槽宽度小于 0.3mm。

（4）标志与包装。

1）标志在量规非工作表面上，字体字号由制造单位根据实际情况决定，必须保证字体适宜、清晰、美观。

2）在量规上应清晰标出：①被检工件的公称尺寸和公差带代号。②量规用途代号：D——表示量规大端的用途代号、X——表示量规小端的用途代号。③量规顺序号。④制造交验日期。

3）在产品包装盒上应标志：①产品名称。②制造厂商。

4）量规包装前应经防锈处理，并妥善包装。

5）量规应有产品合格证。

6）未尽事项由工具部门或技术单位处理。

第五节　典型零件量具结构

一、多翼铝型材零件量具

多翼铝型材主要有六翼型材和八翼型材，如图 4-9 所示。生产过程中的检验用量具主要为专用量具，有光面量规、螺纹量规、位置量规及专用测量仪等。

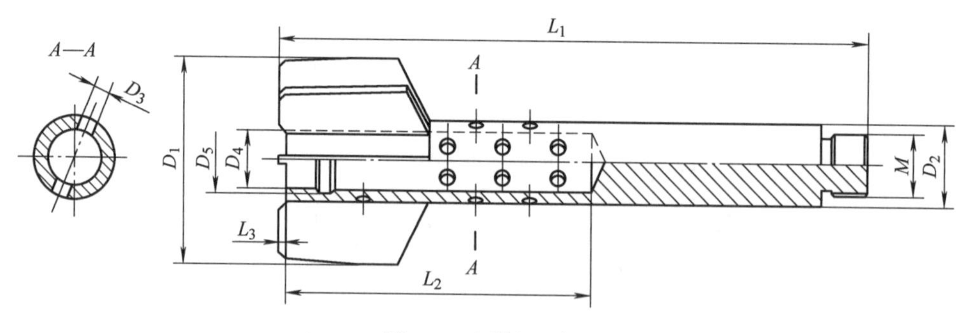

图 4-9　多翼铝型材

（1）外观检验。外观检验主要检验项目有：①检验零件各部的表面粗糙度值是否满足产品要求。②零件的内外表面，允许有深度小于 0.3mm 的环状刀痕。③内腔底部允许有因切削加工产生的小平面。④不得有漏加工部位。⑤孔数量。⑥内、外螺纹允许有因刀具振动产生的轻微波纹和丝尖崩落，但不应超过总扣数的1/3，总长不应超过 1 扣。⑦表面不允许有破坏金属连续性的夹杂。⑧各部位倒角、圆角是否正确。⑨标记正确。外观检验是在自然光或日光灯下，采用目测检验方式进行。条件允许时，可采用5倍或10倍放大镜检测。

（2）尺寸检验。尺寸检验主要包括：尾杆外径 D_2、定心部直径 D_1、翼片厚度 B、内腔直径 D_4、内腔深度 L_2、全长 L_1、内、外螺纹 M、孔直径 D_3、膨胀槽直径 D_5、底窝深度 L_3 等。

1）内腔直径检验：①用模型样柱对内腔进行100%检验。②距内腔端面一定距离，内腔壁厚差满足产品设计要求。③距内腔端面一定距离，内腔直径允许扩大，其扩大值不超过图定公差值的1/2。④止光面塞规允许较紧插入内腔，但深度不得超过5mm。⑤内腔底端面与内腔内径应圆滑过渡。

可见，内腔检验的重要性。内腔加工后，需要用通、止塞规对内腔直径尺寸进行检测。如通端顺利进入内腔孔、止端不能插入内腔孔，即认定内腔尺寸合格。通、止塞规的结构示意如图4-10所示。

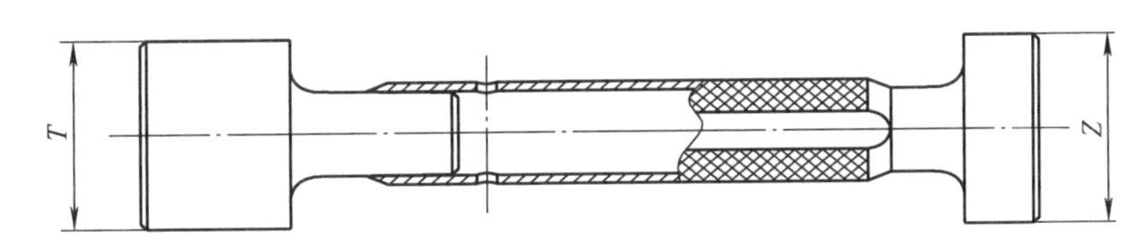

图4-10 通、止塞规

当孔径大于50mm时，可以将塞规做成非全形结构形式。

仅检测内腔直径尺寸是不够的，如果内腔内孔存在直线度公差，内腔管将会无法装入内腔孔，因此，需设计模型样柱对内腔进行100%检验，排除内腔直线度公差超差因素。模型样柱结构如图4-11所示。

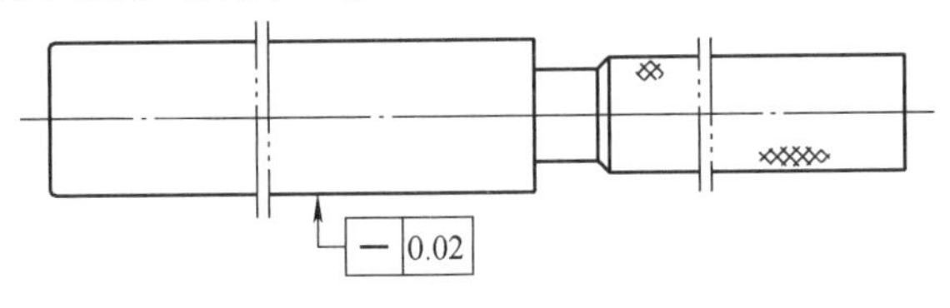

图4-11 内腔模型样柱

距内腔端面一定距离，内腔壁厚差的检测，量具设计时需要考虑定位基准面与设计基准重合。外圆为壁厚差的设计基准，因此，量具设计必须以外圆为基准，测量内腔一周的壁厚值。壁厚差测量装置的结构如图4-12所示。

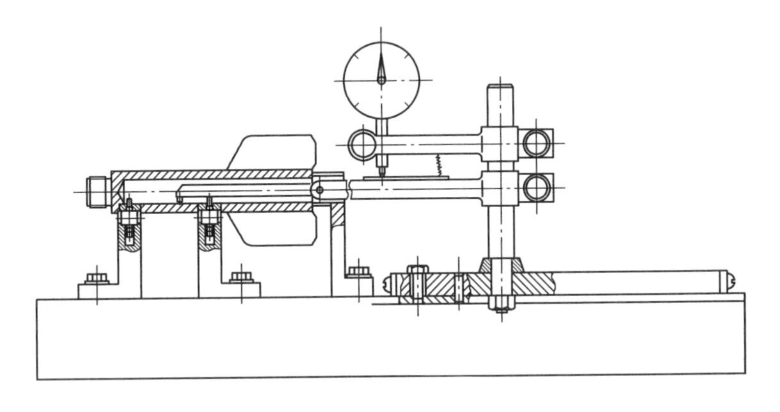

图4-12 壁厚差测量装置

实际测量时，将零件放置于壁厚差测量装置的滚轮上，以外圆为基准，通过旋转读出百分表的最大、最小值，然后用最大值减去最小值即为壁厚差。如最大壁厚值为1.5mm，最小壁厚值为1.3mm，那么其壁厚差即为0.2mm。

距内腔端面一定距离，内腔直径扩大不超过图定公差值的1/2检测。由于内腔孔直径较小且批量较大，采用通用量具检测，效率无法满足批量生产要求，而普通的塞规又无法测量内腔直径增大值，因此，必须设计专用检测量具。内腔增大专用检测量具结构如图4-13所示。

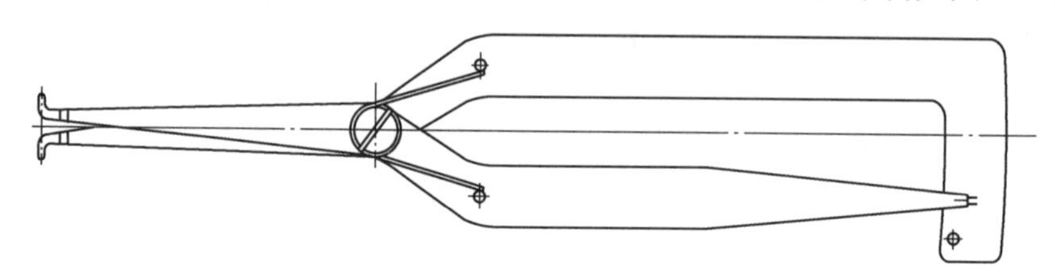

图4-13　内腔增大专用检测量具

增大量具设计时，将内腔本身的公差与公差的1/2相加即为允许增大公差值，如内腔尺寸为ϕ26mm+0.18mm，那么允许增大公差就为0.18mm+0.09mm=0.27mm。内腔增大专用量具的设计尺寸就是ϕ26mm+0.27mm。用如图4-13所示量具深入内腔直径一定距离，测量内腔直径在刻线范围内，则证明内腔直径没有超出允许的增大值范围，内腔尺寸合格，否则内腔直径尺寸超差，零件报废。

内腔深度的检验通常采用图4-14结构的专用量具，D、X为深度量规的最大、最小值，用校对规将量规尺寸D、X校对合格后，在定位盘上刻线。使用时，只要内腔深度尺寸在刻线范围内即为合格，否则零件内腔深度不合格。

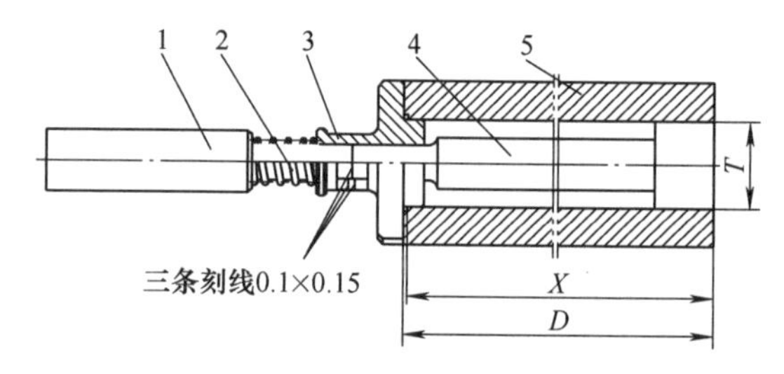

图4-14　深度量规

1—手柄　2—弹簧　3—定位盘　4—测量杆　5—校对规

2）尾翅分布正确性检验。尾翅分布正确性检测分为尾翅厚度尺寸检测及尾翅角度均匀性检测。尾翅厚度检测采用厚度卡规（见图4-15）检测，尾翅角度均匀性检测用尾翼分布量规检测。尾翼分布量规的结构，如图4-16所示。

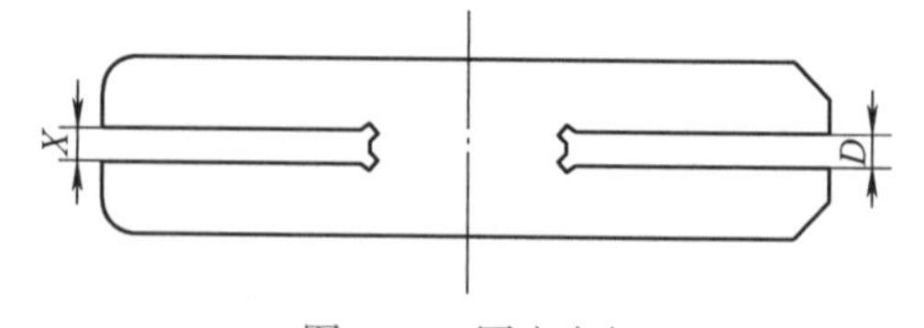

图4-15　厚度卡规

用尾翼分布量规对尾翼分布正确性进行100%检验，如果尾翼能够自由通过尾翼分布量规，判定合格；反之，判为不合格。

尾翼分布量规的角度直接影响尾翼角度检测结果，因此，尾翼分布量规的正确性很关键。该量具的角度分布正确性检测，采用自制校对规检测，自制校对规结构如图4-17a所示。若校对规能够顺利通过量规，且转动60°后校对规同样能够顺利通过，则证明该量具合格，否则该量具检测不合格。

零件有六翼和八翼，六翼零件尾翼分布用图4-16所示尾翼分布量规即可完成检测，八翼则需要将其角度更改为45°。自制校对规结构如图4-17b所示。若校对规能够顺利通过量规，且转动45°校对规同样能够顺利通过，则证明该量具合格，否则该量具检测不合格。检测弹尾用分布量规的尺寸设计应参照相关标准执行，这里不再进行介绍。

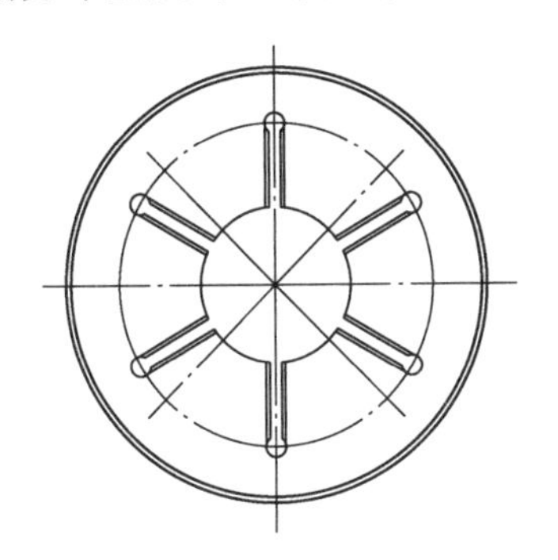

图 4-16　尾翼分布量规

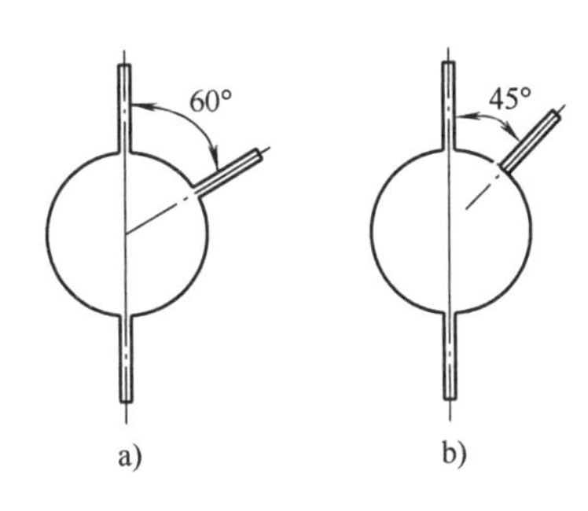

图 4-17　校对规

3）螺纹检验 M。允许止螺纹环规旋入不多于 1 ~2.5 扣（根据具体产品不同）；允许螺纹外径缩小，其缩小值不得超过公差的 1/2，总长度不超过螺纹长度的 1/3 ；零件螺纹肩部与通螺纹环规平面间的间隙不得大于 0.2mm。螺纹是与其他零件连接的纽带，螺纹不合格，弹尾将无法与其他零件合装。因此，螺纹需经 100% 检验合格。

4）内腔孔直径 D_3 检验。用止光面塞规允许较紧的插入内腔孔，深度不得超过孔深 1/2，数量不得多于 3 个。

内腔孔位置尺寸及角度尺寸由工艺保证。内腔孔的检验采用图 4-10 所示结构的通止塞规进行。位置一般由钻模或数控加工中心编程直接保证，不做检验。

5）定心部尺寸 D_1 检验。定心部在弹丸发射时直接与炮管接触，因此，需设计定心部环规，用于检验定心部尺寸是否合格。定心部环规结构如图 4-18 所示。T 通 Z 止合格，反之不合格。

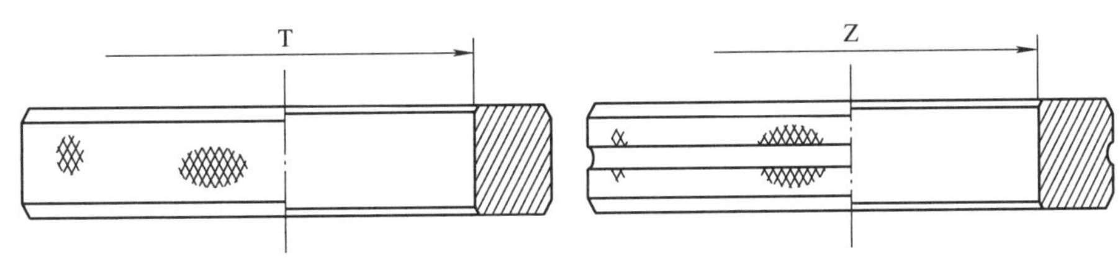

图 4-18　定心部环规

6）空刀槽直径 D_5 检验。空刀槽因为位于内腔孔中，一般塞规无法进行测量，因此，专门设计了一种测量孔刀槽直径的卡钳，其结构与内膛直径增大量规类似，用专用校对量规校准后，即可完成孔刀槽尺寸测量。

7）全长尺寸 L_1 检验。使用全长量具，如图 4-19 所示。

使用前，用标准样块校正 D、X 尺寸，确保尺寸合格，D、X 尺寸通过调整垫可以微调。

使用时，将零件靠近翼片一端向下，尾杆一端向上放入量具，弹尾通过 D 端，不能通过 X 端即为合格，否则，不合格。

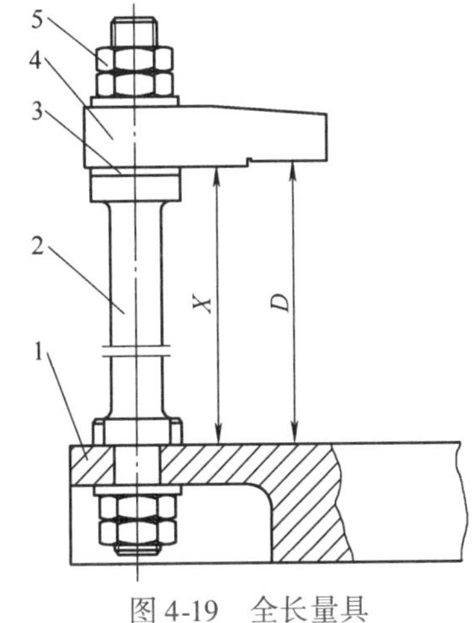

图 4-19　全长量具

1—底座　2—测量杆　3—调整垫　4—测量板　5—螺母

8）尾翅底窝尺寸 L_3 检验。尾翅底窝深度 L_3 测量时，普通深浅测量尺或一般卡规根本无法准确定位，同全长测量一样，需要转换不同角度进行测量，检测效率低，检测人员劳动强度高。

为此，我们设计了如图 4-20 所示的尾翅底窝深度测量专用量具底窝深度量规，在测量杆上圆周刻线，在定位盘上加工长短与零件公差一致的台阶，测量时，测量杆上的刻线位于定位盘刻线之间即为合格。

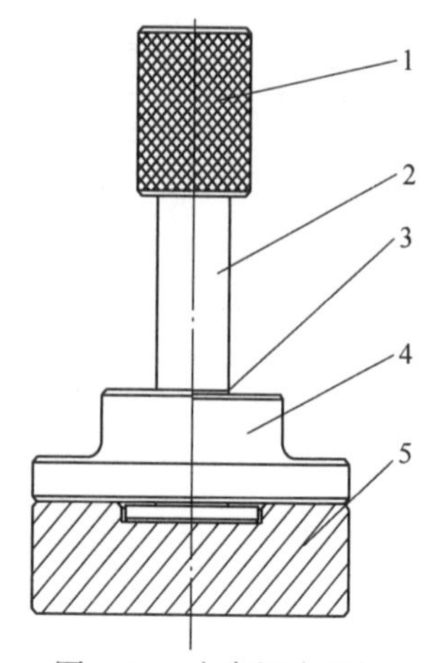

图 4-20　底窝深度量规

1—手柄　2—测量杆　3—环形刻线
4—定位器　5—校对规

（3）几何公差检验。

1）定心部与尾杆同轴度。尾翼定心部对尾杆轴线的同轴度公差不大于 $\phi0.15 \sim \phi0.3$mm（根据具体产品不同），摆差仪的设计基准为零件的杆部，测量翼片定心部相对于尾杆的摆动。设计如图 4-21 所示定心部摆差仪。实际测量时，将零件尾杆部位放置于摆差仪上，用尾管端面定位，尾杆杆部放置于摆差仪的转轴上。转动尾杆，进行尾翼定心部同轴度检测。

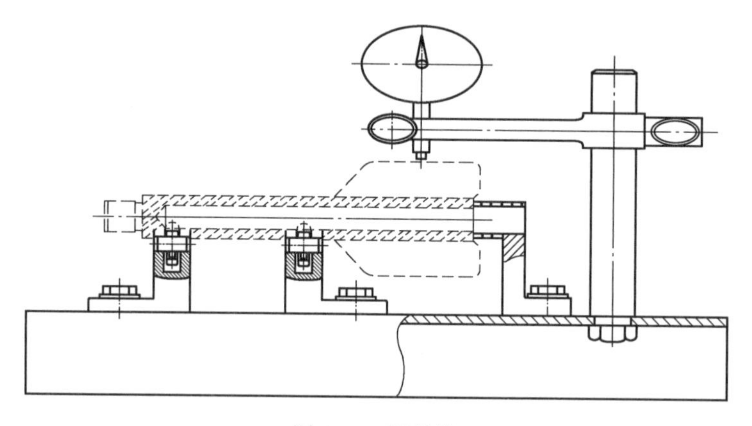

图 4-21　摆差仪

2）螺纹与尾杆同轴度。螺纹对尾杆轴线的同轴度公差不大于（$\phi0.1 \sim \phi0.25$）mm（根据具体产品不同），用专用量规进行检验，量规示意如图 4-22 所示。

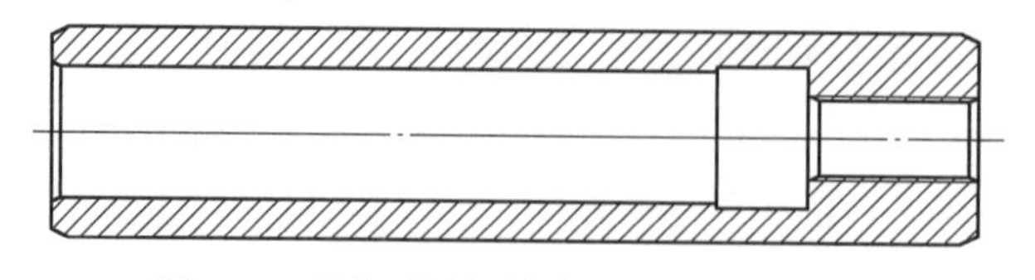

图 4-22　螺纹对尾杆轴线的同轴度检验量规

二、管件检测

零件一般用 45 钢或铝材车制而成，零件如图 4-23 所示。生产过程中检验用量具主要为专用量具，主要有光面量规、螺纹量规、位置量规、直径量规及专用测量仪等。

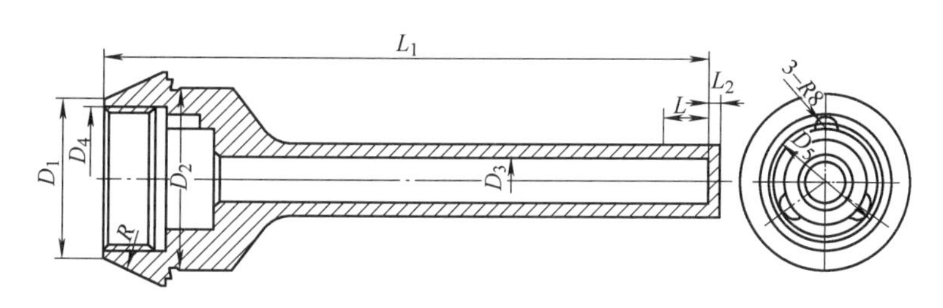

图 4-23　零件

（1）外观检验。主要检验项目有：①检验零件各部的表面粗糙度值是否满足产品要求。②零件的内外表面，允许有深度小于 0.2mm 的环状刀痕。③零件内腔底部允许有因切削加工产生的小平面。④零件不得有漏加工部位。⑤内、外螺纹允许有因刀具振动产生的轻微波纹和丝尖崩落，但不应超过总扣数的1/3，总长不应超过 1 扣。⑥零件表面不允许有破坏金属连续性的夹杂。⑦零件各部倒角、圆角是否正确。⑧标记正确。

外观检验是在自然光或日光灯下，采用目测检验方式进行。条件允许时，可采用 5 倍或 10 倍放大镜检测。

（2）零件的尺寸检验。尺寸检验主要包括：端口直径 D_1、外弧形 R、外空刀直径 D_2、内腔直径 D_3、内腔深度 L_1、底厚 L_2、内空刀 D_4、内外螺纹、3 - R孔直径 D_5 等。

1）端口直径 D_1 检验。端口直径为线接触，检验时，用普通游标卡尺检测困难，无法准确测量口部直径，容易造成测量误差。因此，设计了专用的端口直径测量卡规，如图 4-24a 所示。

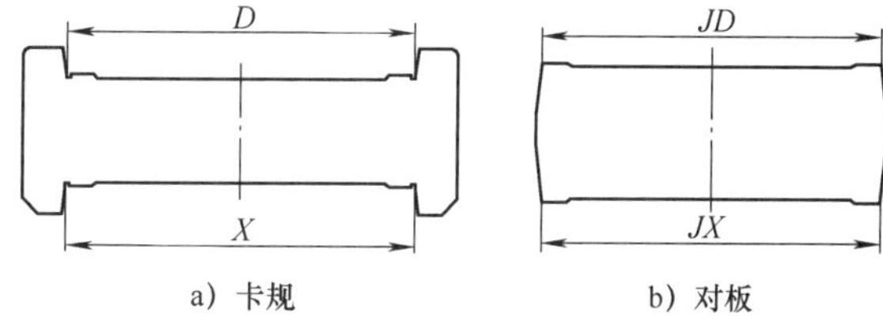

a）卡规　　b）对板

图 4-24　直径量规

为验证量规 D、X 正确性，设计如图 4-24b 所示的对板。量规在制作时，首先应保证对板的 JD、JX 尺寸合格，然后用对板对测量卡规进行校对。当 D 与 JD 完全接触、X 与 JX 完全接触则表示测量卡规合格。零件检验时，将该零件 D 端、X 端分别与端口接触，如果 D 端通过，X 端不能通过，则表示管件端口直径合格，否则端口直径不合格。

2）外弧形 R 检验。外弧形 R 加工使用的设备为数控车床，为验证 R 是否合格，设计了专用 R 样板，如图 4-25a 所示。其中 R 样板的 R 值与零件图样一致。

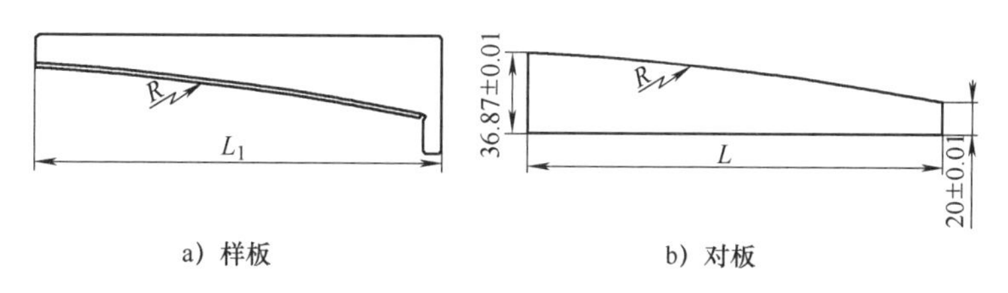

a）样板　　b）对板

图 4-25　R 量规

为验证量规 R 的正确性，设计如图 4-25b 所示的对板。量规在制作时，需要制作校对量规的对板，对板形状完全模拟零件制作，其中对板长度确定后，对板两端的宽度尺寸即按实际尺寸确定，最好不进行修约。检验前，先用对板对样板进行校对，对板 R 与样板 R 之间的间隙小于等于0.02mm，证明样板合格。零件检验时，将该零件的R形状与样板接触，通过观察样板与零件间隙就可以检验出零件R是否合格。

3）外空刀直径D_2的检验。一般情况下，外径的检验使用图4-26所示的卡规进行检验，T端通，Z端止表示合格。如果卡规测量尺寸较大，卡规过大，会增加质量，设计时可以在卡规上方非工作区域加工减重孔如图4-27所示。

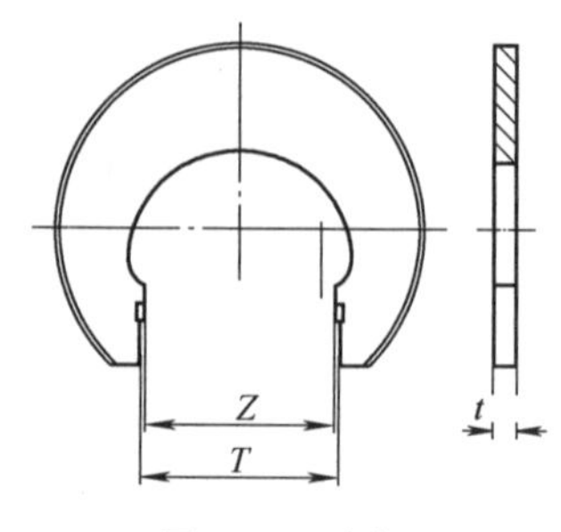

图4-26　卡规

由于该零件的空刀宽度较小，图4-26所示的卡规厚度t比空刀宽度大，若将卡规整体厚度减少，卡规在制作过程中易变形。因此，改进了原卡规结构，将图4-26卡规的工作部位加工一定角度，如图4-27所示减少工作部位的厚度，这样既方便了卡规制作，又不改变原有结构。实际测量时，T端通、Z端止，则零件合格。

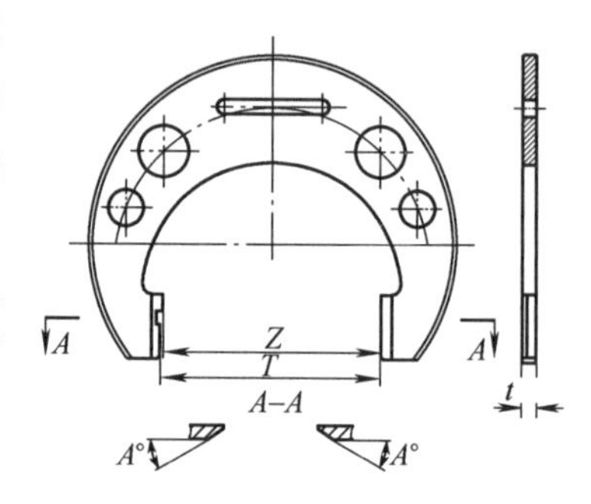

图4-27　卡规

4）内腔直径D_3的检验。内腔加工后需要用通止塞规对内腔直径尺寸进行检测，通端顺利进入内腔孔、止端不能插入内腔孔即认定内腔尺寸合格。通止塞规的结构示意如图4-28所示。

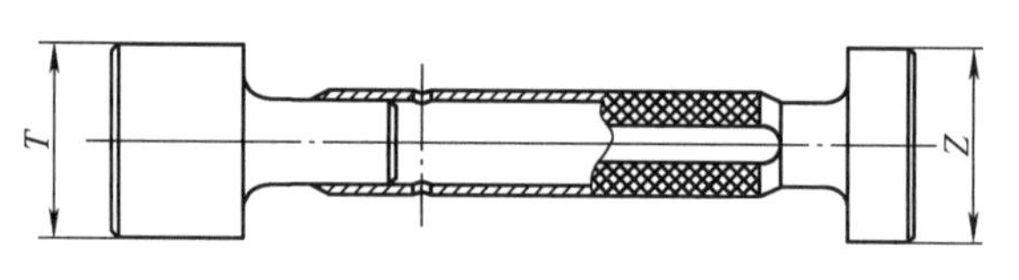

图4-28　通止塞规

仅检测内腔直径尺寸是不够的，如果内腔内孔存在直线度公差，基本内腔管将会无法装入内腔孔，因此，设计模型样柱对内腔进行100%检验，排除内腔直线度公差超差因素。模型样柱结构如图4-29所示。

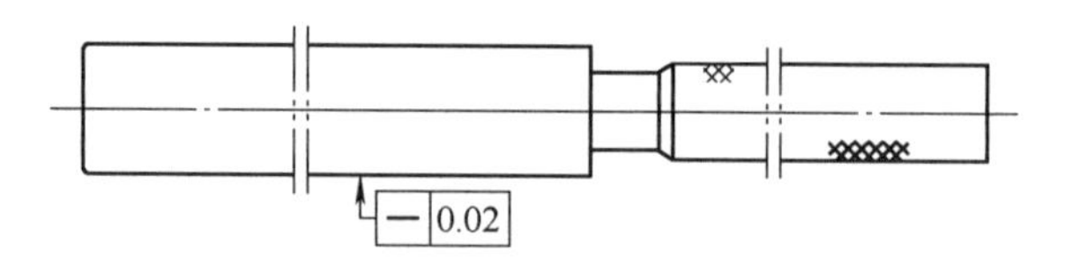

图4-29　内腔模型样柱

距内腔底端面一定距离L，内腔壁厚差的检测，量具设计时需要考虑定位基准面与设计基准重合。扩管外圆为壁厚差的设计基准，因此，量具设计必须以外圆为基准，测量内腔一周的壁厚值。壁厚差测量装置的结构如图4-30所示。

实际测量时，将管件放置于壁厚差测量装置的滚轮上，以外圆为基准，通过旋转读出百分表的最大、最小值，然后用最大值减去最小值即为壁厚差。

如最大壁厚值为1.4mm，最小壁厚值为0.7mm，那么其壁厚差即为0.7mm。

5）内腔深度L_1的检验。内腔深度的检验通常采用如图4-31所示结构的专用量具，D、X为深度量规的最大、最小值，用校对规将量规尺寸D、X校对合格后，在定位盘上刻两条

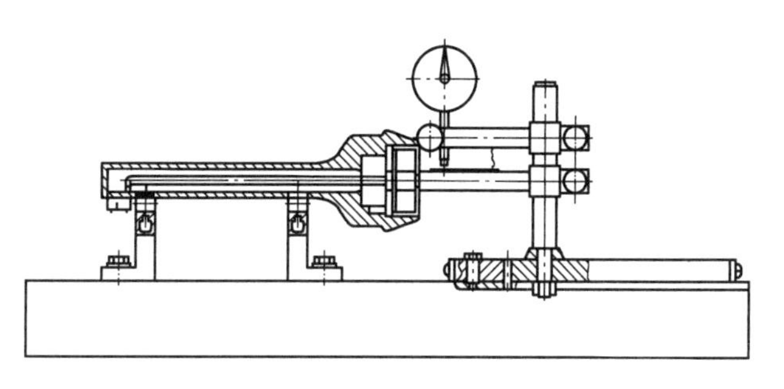

图 4-30 壁厚测量装置

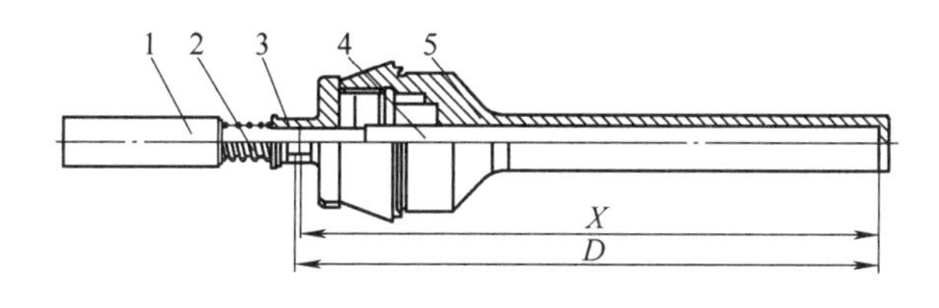

图 4-31 深度量规

1—手柄 2—弹簧 3—定位盘 4—测量杆 5—校对规

线，这两条线的间距即为内腔深度的公差值，用时在测量杆上一定距离内刻一条圆周方向的线。使用时，只要管件内腔深度尺寸在测量盘刻线范围内即为合格，否则，内腔深度不合格。

粗加工时，因为只完成了钻孔工序，管件口螺纹部分没有加工，如果用图 4-32 所示的定位盘，则无法进行定位，因此，我们对定位盘进行了改进，将测量盘前部的导引头去掉，这样就可以实现粗车后的零件内腔深度测量，其余结构与图 4-31 所示一致。

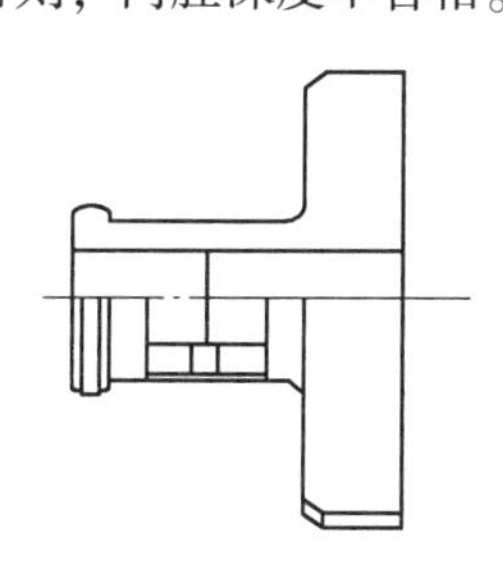

图 4-32 粗加工定位盘

6）底厚 L_2 的检验。用通用量具根本无法完成检测管件底厚，因此设计了专用检验量具，如图 4-33 所示。用芯子将管件支承起来，以内腔孔底端面定位，直接测量管件底厚尺寸。使用前，用标准样块校正 D、X 尺寸，确保尺寸合格，D、X 尺寸通过调整垫可以微调。使用时，将管件大端向下，小端向上放入量具，前后推动芯子，通过测量板上的槽，当管件通过 D 端，不能通过 X 端即为合格。否则，不合格。

7）内空刀 D_4 的检测。内径空刀的检测所用量具结构与尾翼内腔增大卡钳类似，这里不再进行叙述。使用前，用校对规将卡钳的尺寸校准后，即可用于测量。

8）内、外螺纹 M 的检测。参照多翼铝型材内外螺纹检测执行。

9）3 – R 孔直径的检验。3 – R 孔的直径在铣床上加工后，如何对其直径 D_5 进行检验，也是必须要考虑的。普通的卡尺、内径百分表根本无法实现 120°的三点接触，为完成该尺寸测量我们专门设计了一种用于测量 3 – R 孔直径的量具，如图 4-34a 所示。

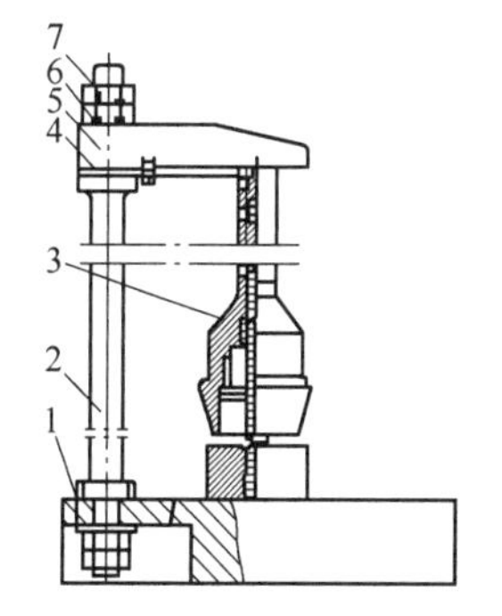

图 4-33 底厚量规

1—底座 2—支承轴 3—芯子 4—垫片 5—测量板 6—垫片 7—螺母

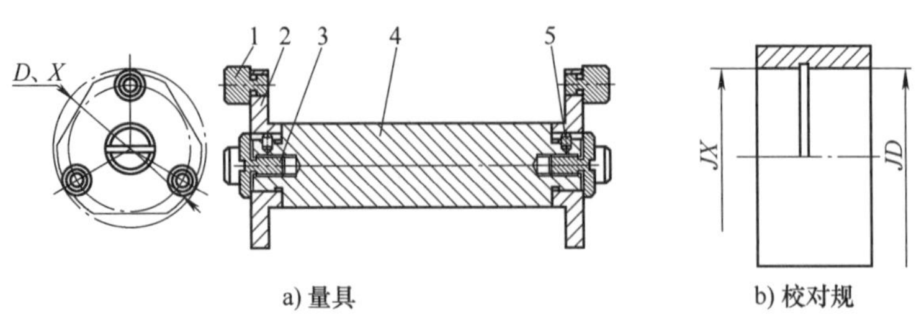

图 4-34　直径测量装置与校对规

1—测量头　2—连接板　3—丝堵　4—手柄　5—定位销

制作直径与 3－R 一致的测量头，将其安装于连接板上，连接板尺寸不能太大，不然测量头会无法进入所要测量的孔内。连接板上安装（测量头）的孔位置，应保证测量头安装后 *D*、*X* 值，同时，制作专用校对规（见图 4-34b），用 *JD*、*JX* 分别对 *D*、*X* 尺寸进行校验，合格后方可使用。

此外，还有一些特殊结构的量具，如图 4-35 所示结构的量具，可以测量一些零件的全长、底厚差、壁厚差等，用标准样块校对后即可用于零件检测。

如图 4-36 所示结构的量具可以测量圆柱型孔内的内刻槽的深度、宽度等。在实际生产过程中，可以根据实际情况进行调整。

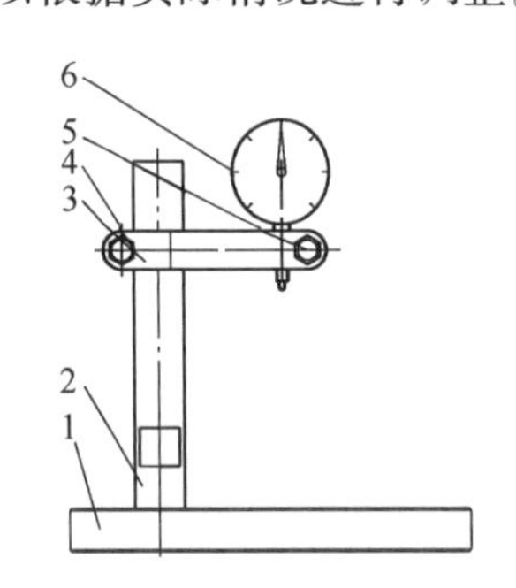

图 4-35　特殊结构量具

1—底座　2—支架　3、5—螺钉　4—表架　6—百分表

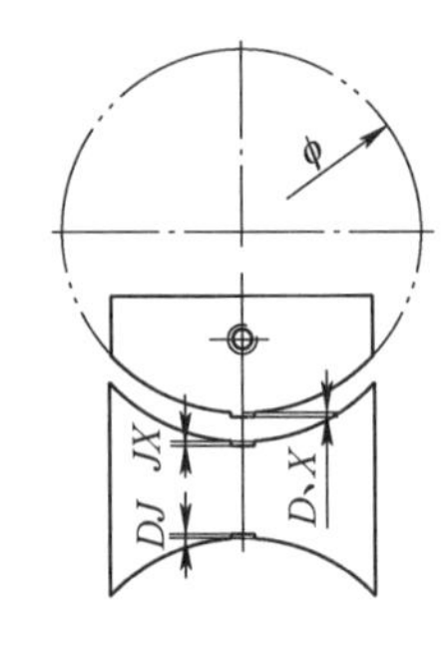

图 4-36 圆柱型孔内刻槽深度量具

三、产品尾管专用量具

（1）测量某产品尾管内径量规。如图 4-37 所示，*A* 为某产品尾管内径尺寸。根据此尺寸的结构特点，设计一种专用的内径量规，如图 4-38 所示。此内径量规结构包括：通端测头、手柄、止端测头。检测内径尺寸时，通端测头通过，止端测头不过，视为合格。

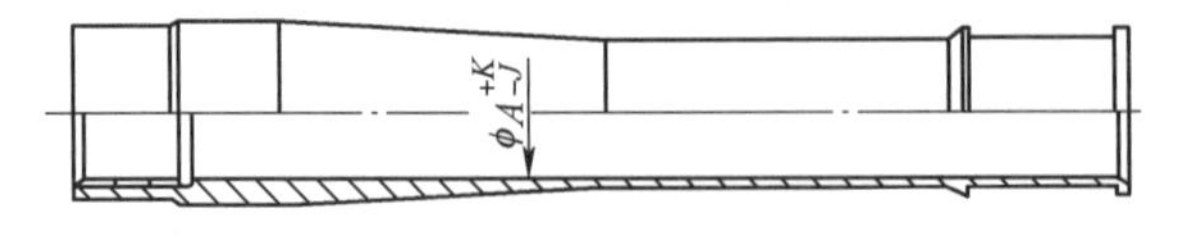

图 4-37　某产品尾管

这种专用内径量规，定位器下端面与基准面完全接触，测量方式方便、快捷，而且测量效率高，很大程度上降低了操作人员的劳动强度。

（2）测量某产品尾管总长长度量规。如图 4-39 所示，179^{0}_{-J}mm 为某产品尾管总长尺寸。根据此尺寸的结构特点，设计一种专用的长度量规，如图 4-40 所示。此长度量规结构包括

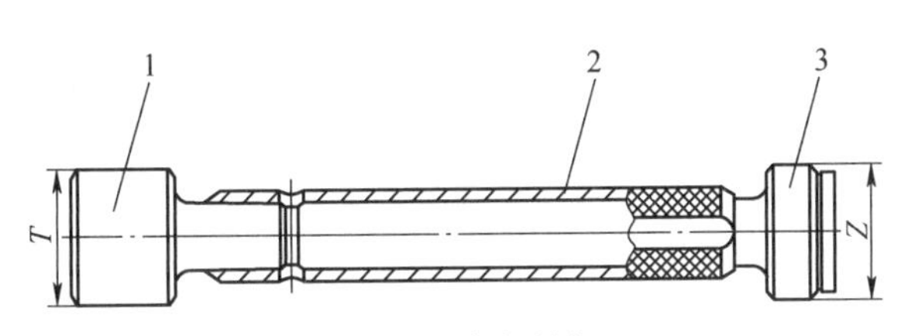

图 4-38 内径量规

1—通端测头 2—手柄 3—止端测头

底座、支柱、测量板、垫圈、螺母。将零部件装配在一起，装配后通过修磨测量板下面的垫圈保证 *D*、*X* 尺寸。检测时，尾管在底座上水平推移，*D* 端通过，*X* 端不过，视为合格。

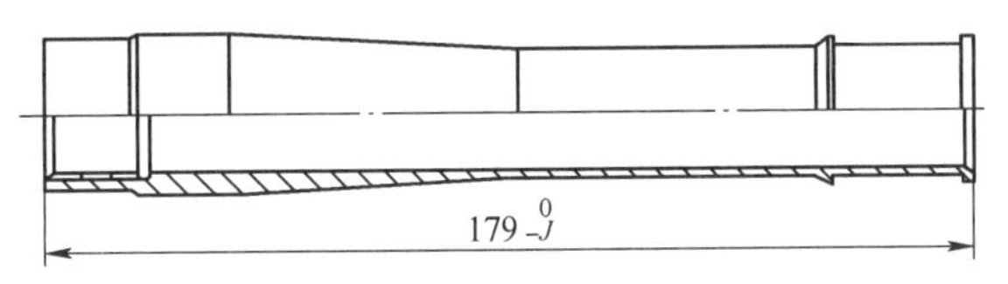

图 4-39 某产品尾管

由于尾管质量相当轻，操作人员只需将尾管放置在底座上，轻轻水平推移，即可获得检测结果。这种专用长度量规，测量方式方便、快捷，而且测量效率高，很大程度上降低了操作人员的劳动强度。

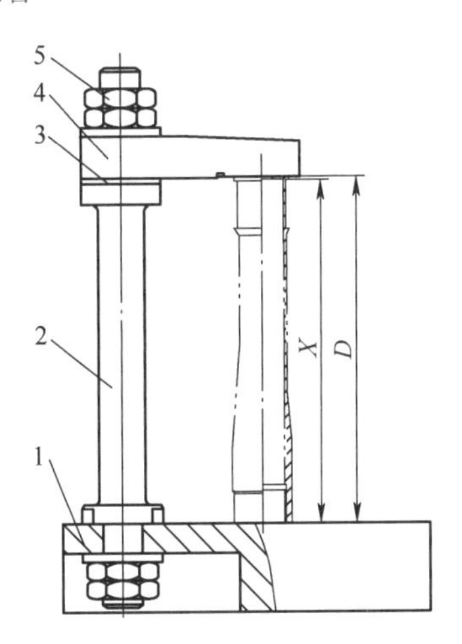

图 4-40 长度量规

1—底座 2—支柱 3—垫圈 4—测量板 5—螺母

（3）测量某产品尾管外径卡规。如图 4-41 所示，*A*、*B*、*C*、*D*、*E* 为某产品尾管外径尺寸。因此根据此零件尺寸的结构特点，设计一种专用的外径卡规，如图 4-42 所示。检测外径尺寸时，通端通过，止端不过，视为合格。此外径卡规测量方式方便、快捷，而且测量效率高。

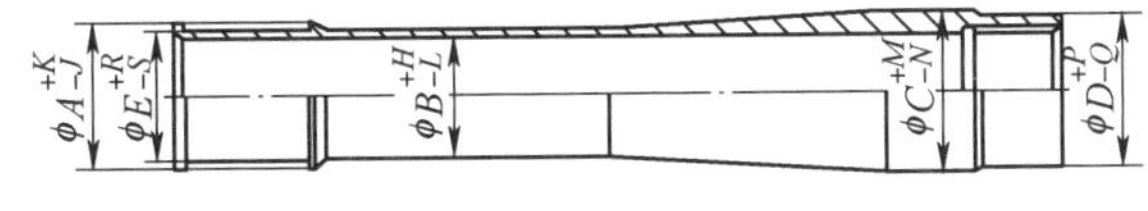

图 4-41 某产品尾管

（4）测量某产品尾管长度卡规。如图 4-43 所示，*A* 为某产品尾管长度尺寸。根据此尺寸的结构特点，设计一种专用的长度卡规，如图 4-44 所示。检测长度尺寸时，*D* 端通过，*X* 端不过，视为合格。这种专用长度卡规，测量方式方便、快捷，而且测量效率高，很大程度上降低了操作人员的劳动强度。

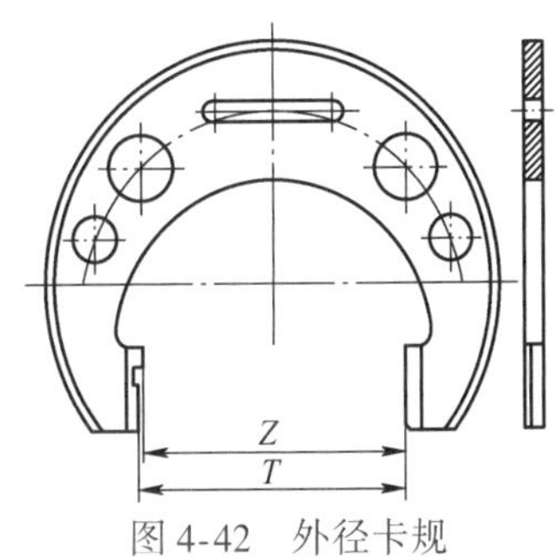

图 4-42 外径卡规

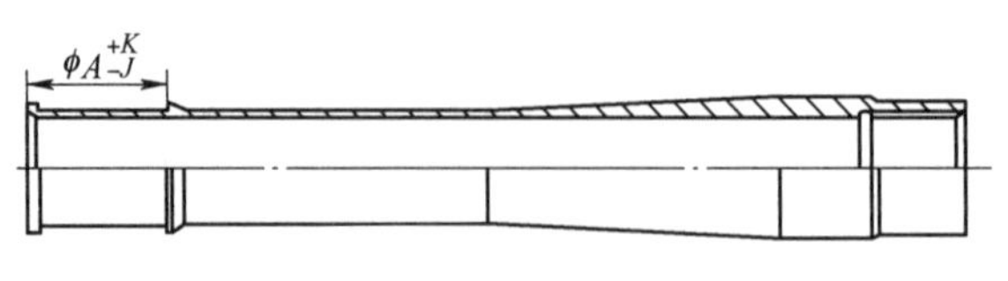

图 4-43　某产品尾管

(5) 测量某产品尾管长度卡规。如图 4-45 所示，B 为某产品尾管长度尺寸。根据此尺寸的结构特点，设计一种专用的长度卡规，如图 4-46 所示。检测长度尺寸时，D 端通过，X 端不过，视为合格。这种专用长度卡规，测量方式方便、快捷，而且测量效率高，很大程度上降低了操作人员的劳动强度。

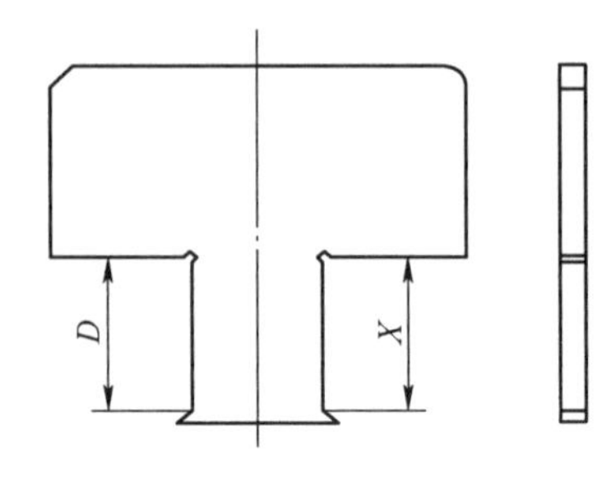

图 4-44　长度卡规

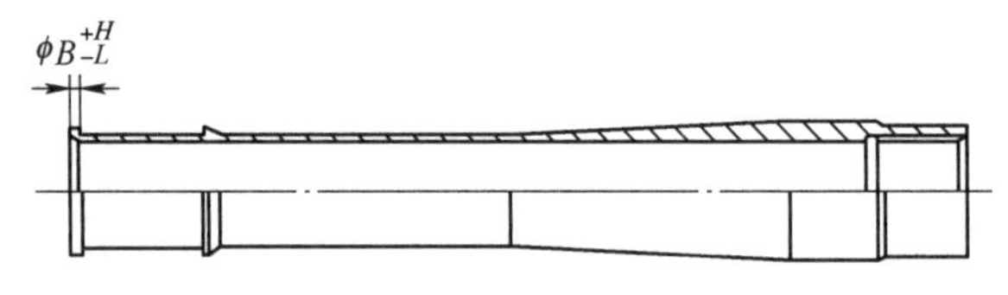

图 4-45　某产品尾管

(6) 测量某产品尾管位置量规。如图 4-47 所示，C 为某产品尾管位置尺寸。根据此尺寸的结构特点，设计一种专用的位置量规，如图 4-48 所示。检测长度尺寸时，D 端通过，X 端不过，视为合格。这种专用位置量规，测量方式方便、快捷，而且测量效率高，很大程度上降低了操作人员的劳动强度。

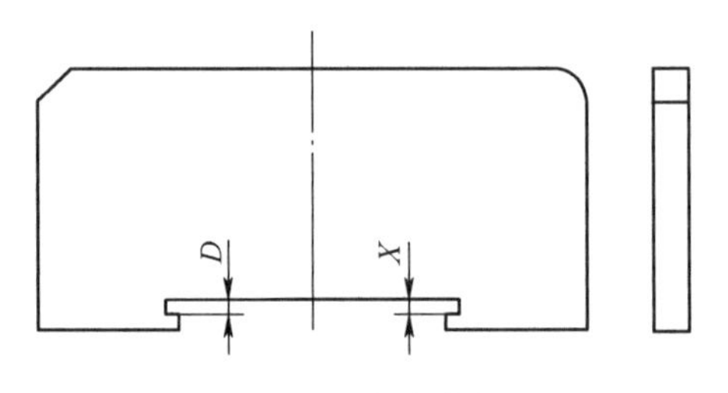

图 4-46　长度卡规

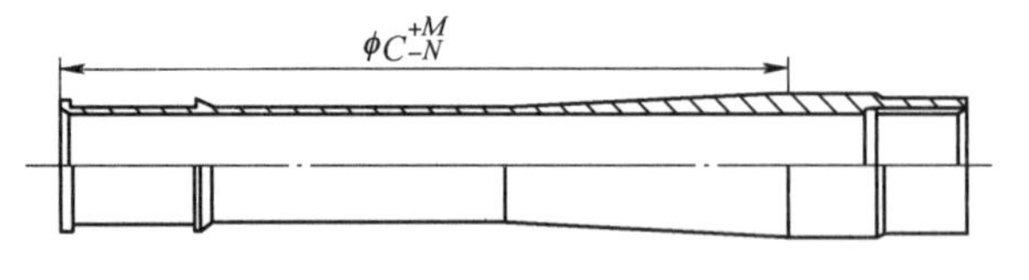

图 4-47　某产品尾管

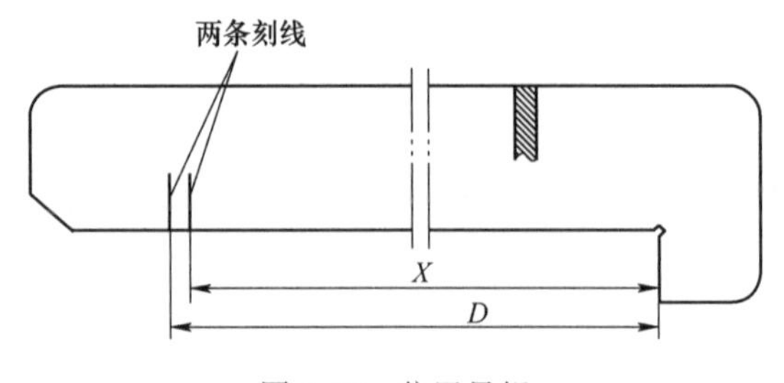

图 4-48　位置量规

（7）测量某产品尾管同轴度摆差仪。如图4-49所示，尾管标注两处位置需要测量同轴度，因此根据此零件尺寸的结构特点，设计一种专用的摆差仪，如图4-50所示。此摆差仪结构包括：底座、支架、卡箍、表卡箍等10多个零部件组成。旋转工件后百分表上读出数值以得到测量结果。

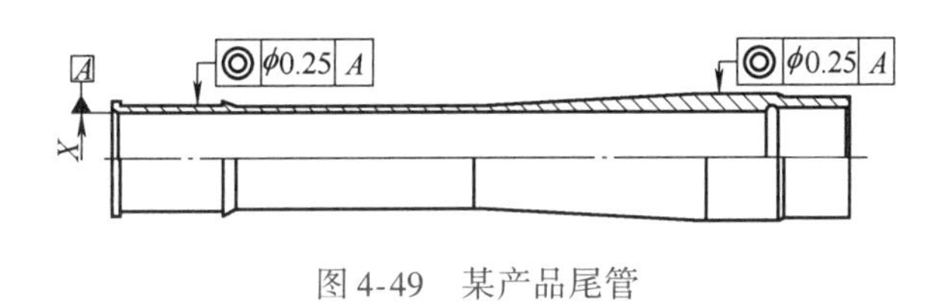

图4-49　某产品尾管

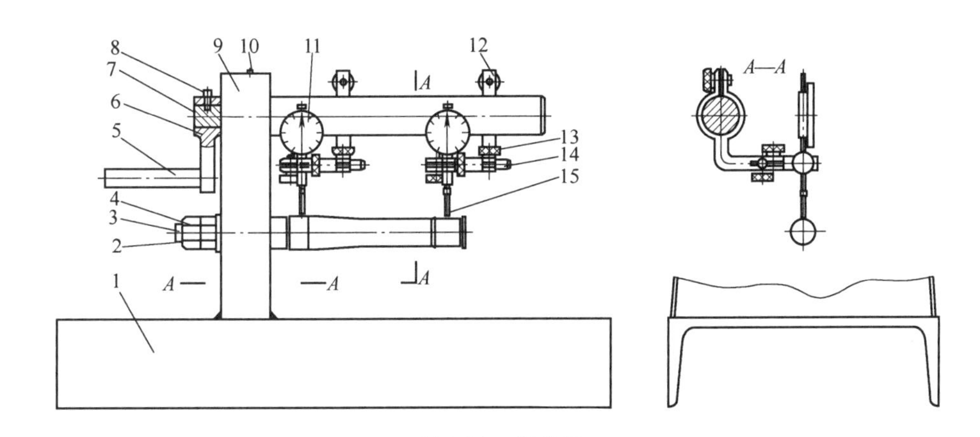

图4-50　摆差仪

1—底座　2—垫圈　3—心轴　4—螺母　5—把手　6—握柄　7—轴　8—紧固螺钉　9—支架　10—圆柱销　11—百分表　12—卡箍　13—螺钉　14—表卡箍　15—测量头

这种摆差仪具有良好的稳定性，适用于尾管外形同轴度测量，检测位置精准，检测结果精度高。

可精确检测指定位置的数值，操作简单，方便维护。

第六节　专用量具使用方法及保养

一、专用量具使用前的准备

1）开始测量前，确认量具是否归零。

2）检查量具测量面有无锈蚀、磨损或刮伤等。

3）先清除工件测量面的毛刺、油污或渣屑等。

4）用清洁软布或无尘纸擦拭干净。

5）需要定期检验记录簿，必要时再校正一次。

6）将待使用的量具整齐排列到适当位置，不可重叠放置。

7）易损的量具要用软绒布或软擦拭纸铺在工作台上。

二、专用量具使用时应注意事项

1）测量时与工件接触应适当，不可偏斜，应避免用手触及测量面，保护量具。

2）测量力应适当，过大的测量压力会产生测量误差，容易对量具有损伤。

3）工件的夹持方式要适当，以免测量不准确。

4）不要将量具强行推入工件中使用。

5）不可任意敲击、乱丢或乱放量具。

三、专用量具使用后的保养

1）使用后，应清洁干净。

2）将清洁后的量具涂上防锈油，存放于柜内。

3）拆卸、调整、修改及装配等，应由专门管理人员实施，不可擅自施行。

4）应定期检查储存量具性能是否正常，并作保养记录。

5）应定期检查、校检尺寸是否合格，以作为继续使用或淘汰的依据，并作校检保养记录。

第七节　专用量具制造工艺

专用量具设计需要考虑量具的制造，本节结合工厂实际，列举三种量具的制造工艺。

例1：卡规类量具的制造工艺如图4-51和图4-52所示。

图4-51　卡规

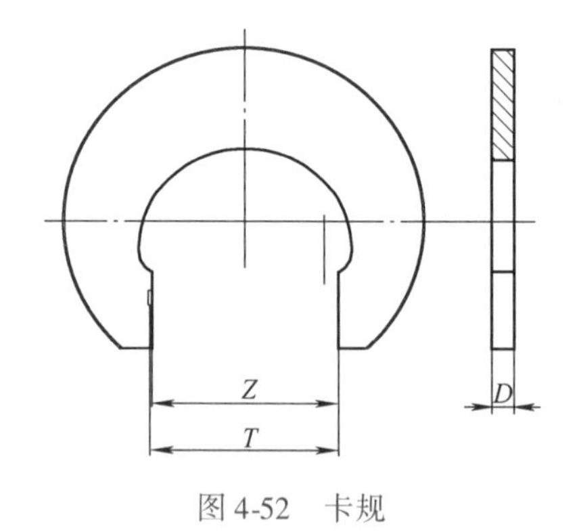

图4-52　卡规

工艺分析：量规使用原材料为T10A圆钢（可以选用板料加工），热处理硬度为58～65HRC，棱角倒钝。简明工艺见表4-15。

表4-15　卡规制造工艺

序号	工序名称	工序内容	备　注
1.1	下料	按零件质量计算好用料长度，下料	需考虑留量质量
1.2	锻	锻造，锻造卡规用料	
1.3	退火	退火处理	
1.4	刨削	对锻造后工件的两端面进行刨削，留余量3～5mm	

（续）

序号	工序名称	工序内容	备注
1.5	调质	调质处理	
1.6	刨削	对调质后工件的两端面进行刨削，留余量2～4mm	
1.7	车削	外径按卡规外径加工好，车制卡规的两端面，其中尺寸D按0.35～0.45mm留磨削余量	
1.8	划线	按卡规轮廓划出内部轮廓线	如果批量加工，可将几件铆接在一起
1.9	铣削	按钳工的划线位置加工卡规内部轮廓，其中T、Z部尺寸留0.40～0.55mm磨削余量	
2.0	立铣	T、Z间空刀加工成形	
2.1	钳工	修内部形状，倒各部圆角	铆接加工需拆分
2.2	热处理	热处理硬度：58～65HRC	
2.3	喷砂	热处理后对卡规进行喷砂处理	
2.4	平磨	两端面加工保证尺寸D，要求两端面的翘曲度不大于0.10mm	
2.5	万能磨	磨T、Z部尺寸，留0.20～0.25mm精磨余量	
2.6	时效处理	150～180℃温度下时效12～16h	
2.7	万能磨	磨T、Z部尺寸，留0.08～0.10mm精研余量	
2.8	钳	精研D、X尺寸，倒各部角	

说明：卡规工艺是结合工厂实际生产能力而制定的，仅供参考。

例2：非全形塞规制造工艺如图4-53所示。

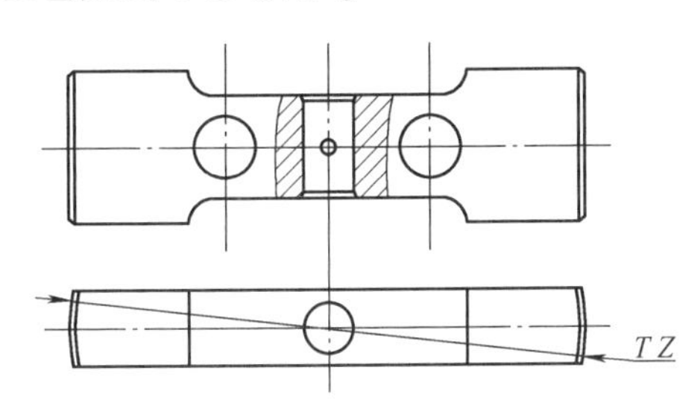

图4-53 非全形塞规

工艺分析：量规使用原材料为T10A圆钢，热处理硬度为58～65HRC。简明工艺见表4-16。

表4-16 卡规制造工艺

序号	工序名称	工序内容	备注
1.1	下料	按零件质量计算好用料长度，下料	需考虑留量质量
1.2	锻	锻造，锻造条形料	长度可按2件一起锻
1.3	退火	退火处理	
1.4	刨削	对锻造后工件的四面进行刨削，留余量3～5mm	
1.5	调质	调质处理	
1.6	粗平	对调质后工件的四面进行铣削，留余量1～2mm	

（续）

序号	工序名称	工序内容	备　注
1.7	铣断	铣断，成单件	单件加工可取消
1.8	划线	划轮廓线	
1.9	刨削	刨长度方向2面，留余量1～2mm	
2.0	划线	划手柄孔线	
2.1	镗	按钳工的划线位置加工非全形塞规手柄孔	
2.2	车	车 T 或 Z 外圆，留0.40～0.55mm磨削余量	
2.3	钳工	钻配重孔、销孔	
2.4	热处理	热处理硬度：58～65HRC	
2.5	喷砂	热处理后对非全形塞规进行喷砂处理	
2.6	平磨	四面加工保证宽度、厚度尺寸，要求四端面的翘曲度不大于0.10mm	
2.7	研	磨手柄孔口60°	
2.8	外磨	磨 T 或 Z 外圆，留0.10～0.15mm精磨余量	
2.9	时效处理	150～180℃温度下时效12～16h	
3.0	外磨	磨 T、Z 部尺寸，留0.08～0.10mm精研量	
3.1	研	精研 T、Z 尺寸，倒各部角	

例3：卡规制造工艺如图4-54、4-55所示。

图4-54　卡规

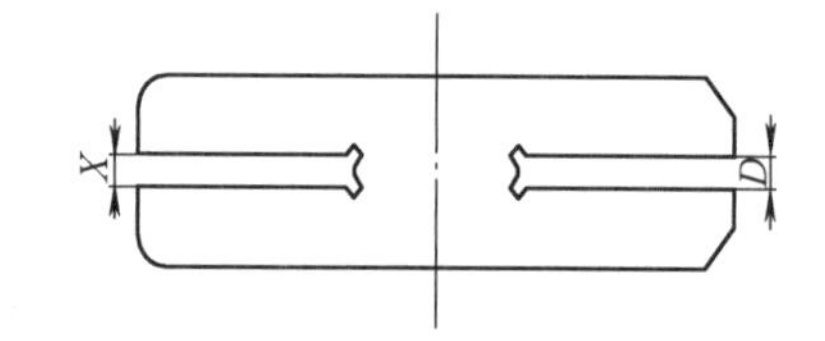

图4-55　卡规示意图

工艺分析：量规使用原材料为T10A圆钢，热处理硬度为58～65HRC，各棱角倒钝。简明工艺见表4-17。

表4-17　卡规制造工艺

序号	工序名称	工序内容	备　注
1.1	下料	按零件质量计算好用料长度，下料	需考虑留量质量
1.2	锻	锻造，锻造条形料	长度可按3件一起锻
1.3	退火	退火处理	
1.4	刨削	对锻造后工件的宽度、厚度尺寸进行刨削，留余量3～5mm	
1.5	调质	调质处理	
1.6	粗平	对调质后工件的宽度、厚度进行铣削，留余量0.5～1mm	

（续）

序号	工序名称	工序内容	备注
1.7	铣断	铣断，成单件	单件加工可取消
1.8	划线	划轮廓线	
1.9	立铣	铣外形、倒角，*D*、*X* 留 1.5 ~ 2mm 余量	
2.0	钳	修 *R*，各棱角倒钝	
2.1	热处理	热处理硬度：58 ~ 65HRC	
2.2	喷砂	热处理后卡规进行喷砂处理	
2.3	平磨	四面加工保证宽度、厚度尺寸，要求四端面的翘曲度不大于 0.10mm	
2.4	时效处理	150 ~ 180℃温度下时效 12 ~ 16h	
2.5	平磨	长度尺寸、两端面	
2.6	线切割	空刀成型，*D*、*X* 留 0.3mm 精切量	
2.7	线切割	*D*、*X* 留 0.08 ~ 0.10mm 精研量	
2.8	研	精研 *D*、*X* 尺寸，倒各部角	

第五章

失效分析案例

本章涉及的66个失效分析案例，是孟祥志工作室成员在多年的工作实践中经历的具有典型特征的零件失效案例。这些失效案例的有些解决方案曾经获得国家级质量管理成果奖。该章对机械加工行业中从事产品设计、工艺设计、产品检验、失效分析等方面的技术工作者具有较高的参考和借鉴意义。

第一节　材料各向异性类

一、案例1：流线不顺导致铝合金罐底沿流线剪切开裂

材料：7A04-T6。

失效背景：某型号新产品在进行强度试验的过程中，出现罐底开裂现象，开裂的罐底形态如图5-1所示。

a）中心孔边缘部位开裂

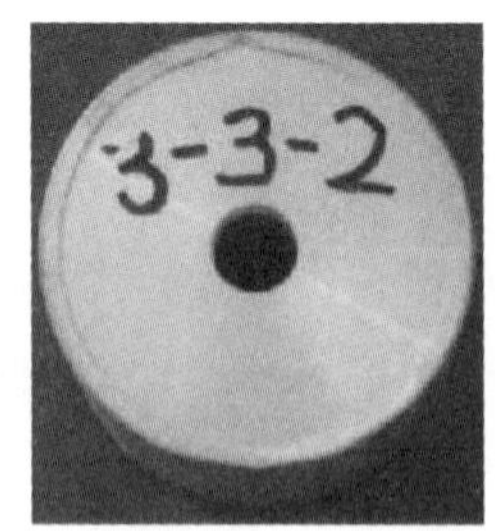

b）罐底周边边缘部位开裂

c）中心孔边缘部位开裂

图5-1　罐底开裂的宏观形态

失效特征：断口呈灰色，为脆性断裂，发生断裂的现象较为普遍，在断口中未发现任何缺陷组织。

失效模式：脆性断裂。

失效原因：罐底金属组织的流线方向与产品的受力方向一致，如图5-2所示。根据

7A04 铝合金材料具有明显的各向异性特征的特点判断，罐底的抗剪切能力处于最低的水平，致使罐底在使用过程中发生剪切断裂。

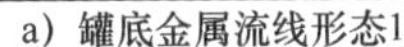

a）罐底金属流线形态1

b）罐底金属流线形态2

图 5-2　罐体毛坯底部的金属组织形态

改正措施：将冲制罐体的铝合金坯料由挤压棒材更换为铸造坯料，确保罐体冲制毛坯底部金属组织的流线方向与产品的受力方向相垂直，如图 5-3 所示，最大限度地发挥出材料本身各向异性的特征。改进生产工艺后，在罐体结构不变的条件下，罐底的抗剪切能力为原工艺的 2 ~3 倍，罐底开裂的问题得到彻底消除。

a）罐体毛坯底部金属低倍组织形态

b）图a的局部放大形态

图 5-3　改进后罐体毛坯底部的金属组织形态

二、案例 2：壳体开裂

材料：7A04-T6。

失效背景：某新型产品中的铝合金壳体在进行强度试验的过程中，出现了开裂、掉底的现象，如图 5-4 所示。

失效特征：断裂形态为脆性断裂，断口呈灰白色，断口中未发现任何缺陷组织。

失效模式：脆性断裂。

失效原因：壳体底部金属组织的流线方向与壳体的受力方向一致，导致壳体底部的抗冲击能力处于最低的水平，致使壳体在使用过程中发生剪切断裂。壳体的用料及壳底的低倍组织形态如图 5-5、图 5-6 所示。

图 5-4　在强度试验中损坏、掉落的壳底残片

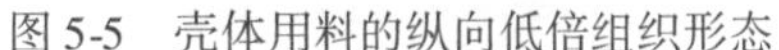

图 5-5　壳体用料的纵向低倍组织形态

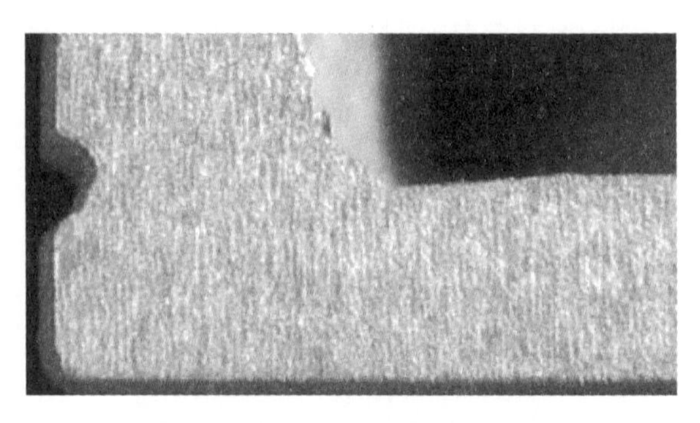

图 5-6　壳体成品底角处（开裂部位）的低倍组织形态

改正措施：将壳体的成形工艺由机加工成形改为冲压成形；其用料由 7A04 棒料调整为与 7A04 材料的性能、成分及密度相近的 7075 板料，确保壳体冲制毛坯底部金属组织的流线方向与产品的受力方向相垂直，如图 5-7 所示，最大限度地发挥出材料本身各向异性的特征。改进后壳体开裂的问题得到彻底消除。

图 5-7　改进后壳体毛坯底部的金属组织形态

第二节　原材料缺陷类

一、案例 3：铝件断裂

材料：7A04-T6 铝棒。

失效背景：某型号产品在研制阶段的使用过程中出现铝件开裂、脱落，导致产品失效的问题。

失效特征：

（1）铝件碎片残片的形态，如图 5-8 所示。

（2）在铝件的底端面发现有呈环状、连续分布的麻点，如图 5-9 所示。

（3）在两块铝件残片的断裂面上共查找到四处裂纹源。其伸展方向为铝件的轴向，长度贯穿整个铝件，图 5-9 中呈环状、连续分布的麻点实际为暴露在外的缺陷组织；裂纹源区域有撕裂和掉渣的痕迹，并有氧化物夹杂，其颜色如图 5-10 所示，比周围区域灰暗。

在最大裂纹源的中心部位横向切取低倍试样，如图 5-11 所示，腐蚀后，显现出圆弧带状缺陷带如图 5-12 所示；在显微镜上观察缺陷带各部位的情况如图 5-13 和图 5-14 所示。

图 5-8 回收的铝件残片形态

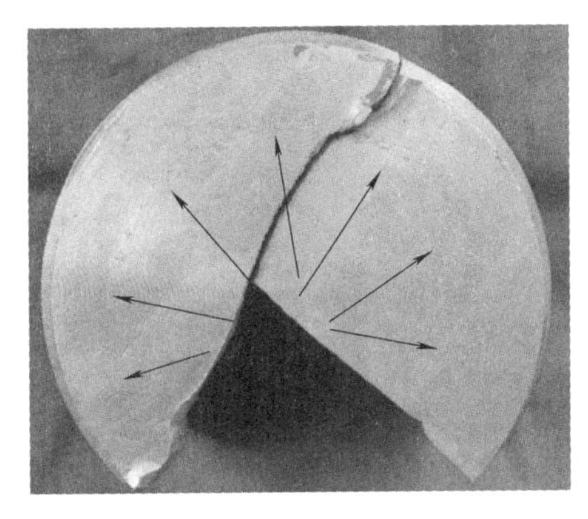

图 5-9 铝件的底端面呈环状、连续分布的麻点

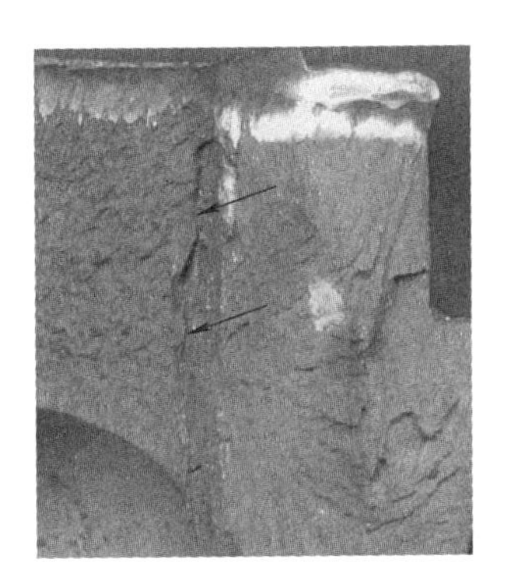

图 5-10 最大的裂纹源

图 5-11 切取低倍组织试样的部位

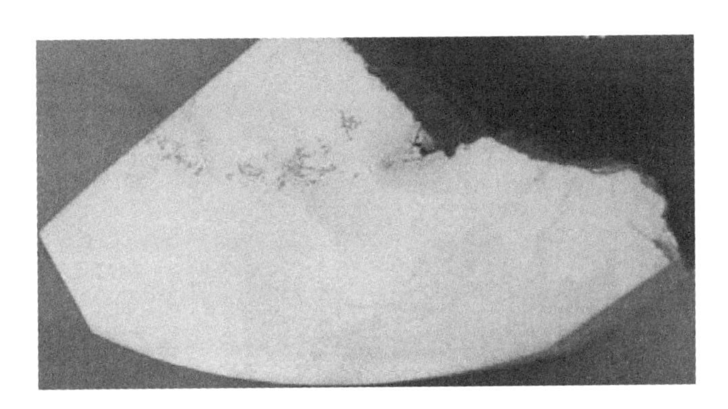

图 5-12 试样腐蚀后的表面状态

失效模式：脆性断裂。

失效原因：原材料（铝合金棒料）本身带有严重的缩尾缺陷导致铝件脆性断裂。

改正措施：在下料前增加探伤检验工序。

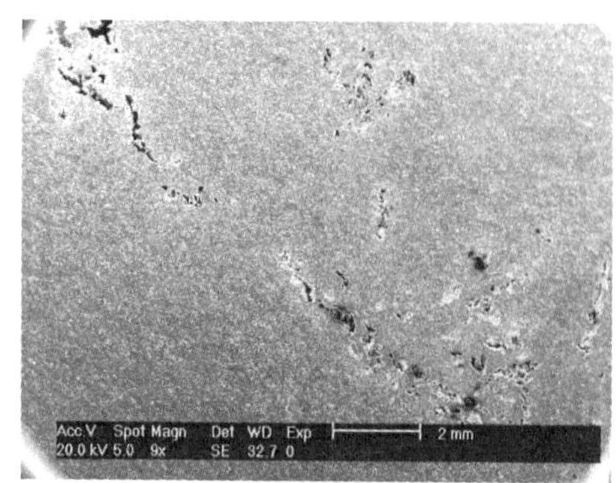

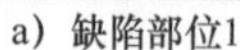
a）缺陷部位1

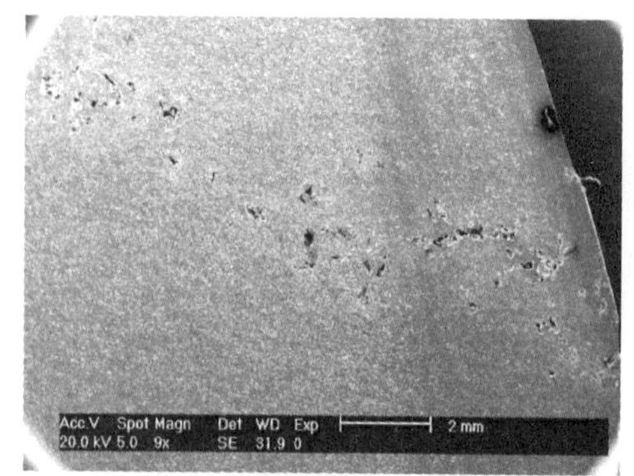

b）缺陷部位2

图 5-13　较低放大倍数条件下缺陷各部位的镜像图

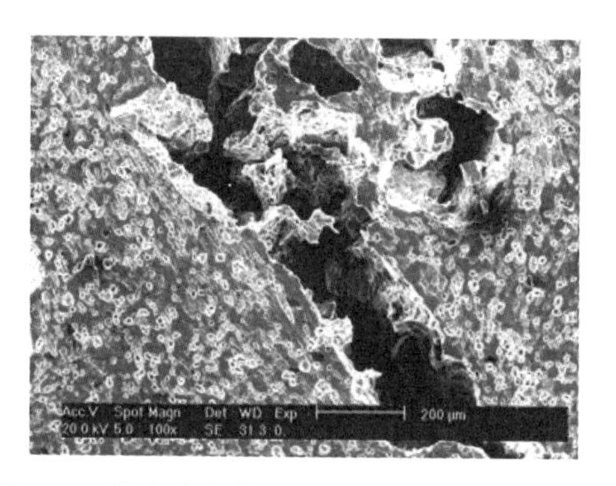

图 5-14　较高放大倍数下典型缺陷部位的镜像图

二、案例 4：管壳开裂

材料：6A02－H112。

失效背景：某型号产品在进行检验的过程中，有两件壳体出现开裂问题，如图 5-15 所示。

失效特征：两件壳体的断裂形态分别为脆性开裂状态见图 5-15a 及撕裂状态见图 5-15b、图 5-15c。在断口中均有明显的夹杂物存在，且断口中有夹层现象，如图 5-16 所示；断口附近区域的壳体内表面有起泡现象，如图 5-17 所示。在未使用的壳体中查出少量外壁及内腔上有裂纹存在的情况，如图 5-18、图 5-19 所示；经低倍组织检查，在壳体裂纹源的伸展方向有明显的划伤性损伤，如图 5-20所示；经高倍组织分析检查，在壳体裂纹处的组织中有夹杂物存在，如图 5-21 所示。

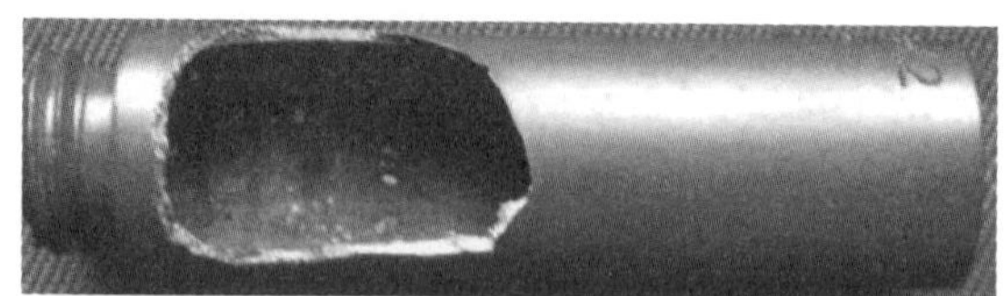
a）脆性开裂

b）撕裂壳体的底部

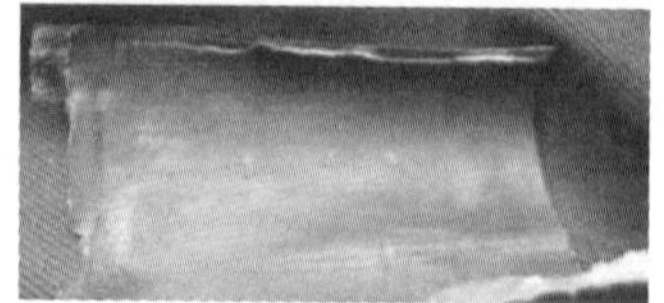
c）撕裂壳体的上部

图 5-15　两件开裂的壳体残片

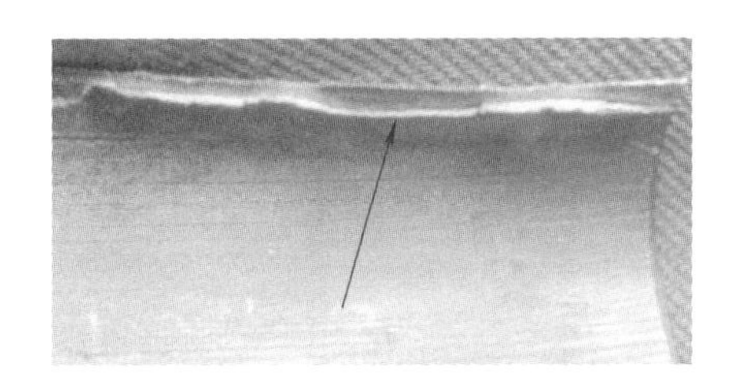

图 5-16 断口中存在的夹层现象

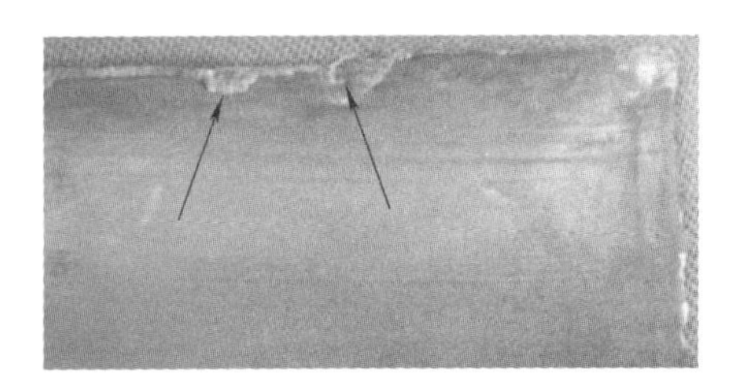

图 5-17 断口附近壳体内表面的起泡现象

图 5-18 壳体外壁的裂纹源

图 5-19 壳体上的裂纹源

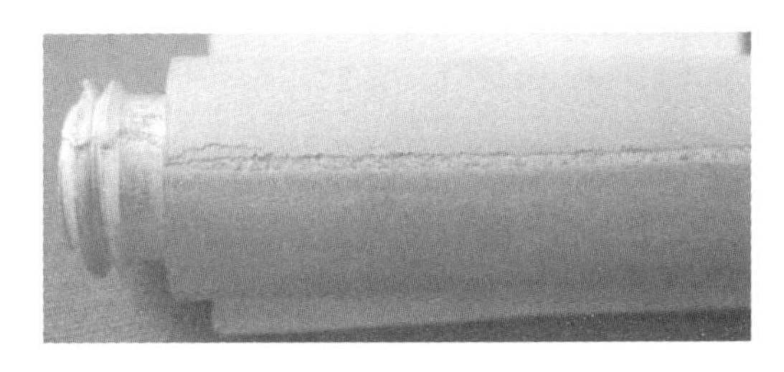

图 5-20 低倍组织检查试样，壳体外壁的裂纹源及划伤性损伤缺陷

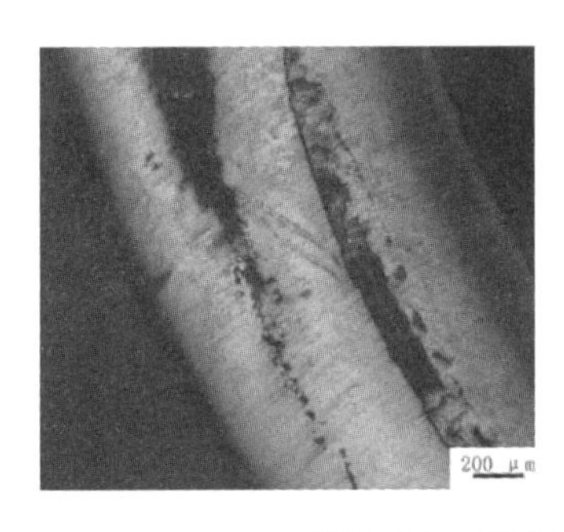

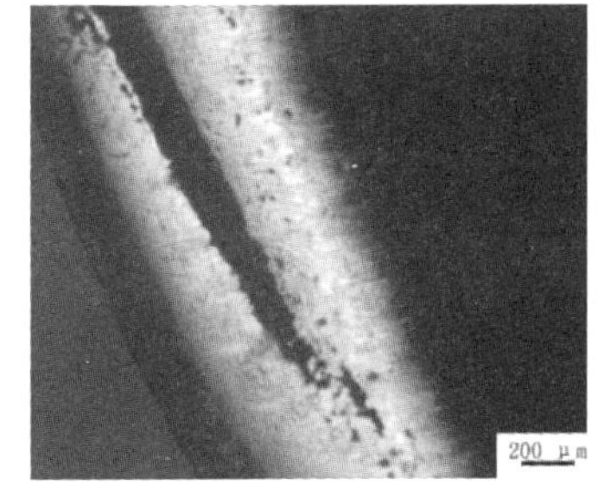

图 5-21 裂纹处的高倍组织图像

失效模式：脆性断裂。

失效原因：经对生产管壳所剩余的原材料进行 100% 的取样分析，发现 2% 数量的铝棒带有缩尾缺陷，如图 5-22、图 5-23 所示，其缩尾缺陷的长度贯穿整根低倍试样（约 100mm）。

原材料上的缩尾缺陷经冲拔后转移至壳体上，导致壳体上带有裂纹，因裂纹在壳体上的分布形态不同，导致壳体开裂的形态不同，导致壳体在使用过程中失效。

改正措施：在表面处理后的检验工序中加强检验工作，去除表面有异常情况的壳体。

图 5-22　带有缩尾缺陷铝棒的外观形态

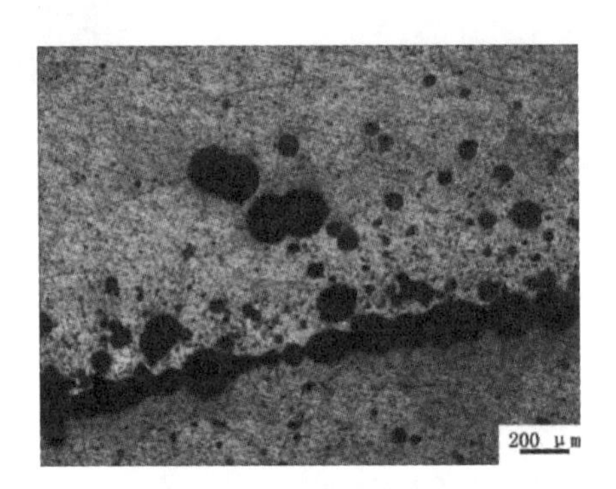

图 5-23　缩尾缺陷处的高倍组织形态

三、案例 5：头螺开裂

材料：7A04-T6 铝棒。

失效背景：某型号产品在设计阶段进行地面“静抛”试验的过程中，头螺部件出现破碎的现象。

失效特征：断口大部分呈现灰白色，在局部的断口中有约 50mm 长度的黑色夹杂物存在，如图 5-24、图 5-25 所示，夹杂物中有烧蚀的痕迹。

图 5-24　头螺残片

失效模式：脆性断裂。

失效原因：该头螺是直接用铝合金棒料机械加工成形，头螺中的缺陷组织是原材料带来的，因此，头螺开裂的直接原因为原材料有夹杂缺陷造成。

改正措施：在下料前增加探伤检验工序。

图 5-25 头螺残片中的夹杂缺陷形态

四、案例 6：矩壳开裂

材料：20 钢。

失效背景：某型号产品在生产过程中连续出现两件壳体开裂的问题，如图 5-26、图 5-27 所示。

图 5-26 开裂壳体 1 号试样

图 5-27 开裂壳体 2 号试样

失效特征：将开裂的壳体解剖后，从壳体内腔方向观察裂纹可以看到，在裂纹中有铁锈存在，如图 5-28 所示。

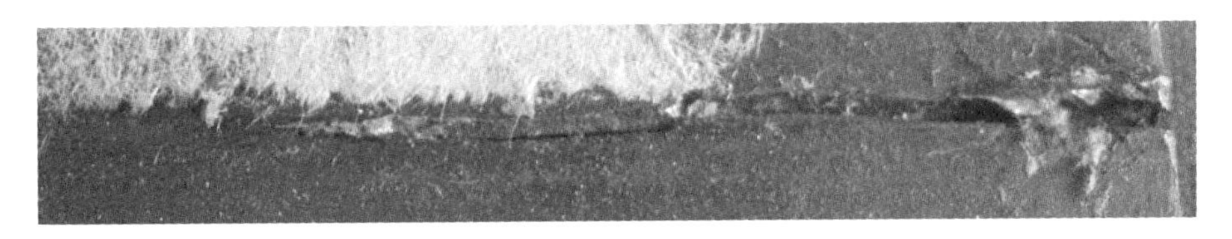

图 5-28 解剖后试样的宏观形态

将两件开裂的壳体解剖，得到裂纹断口试样的形貌，如图 5-29、图 5-30 所示。

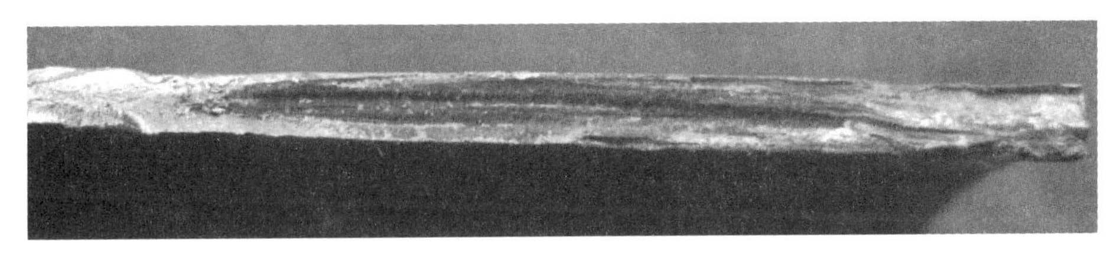

图 5-29 1 号试样的裂纹源形态

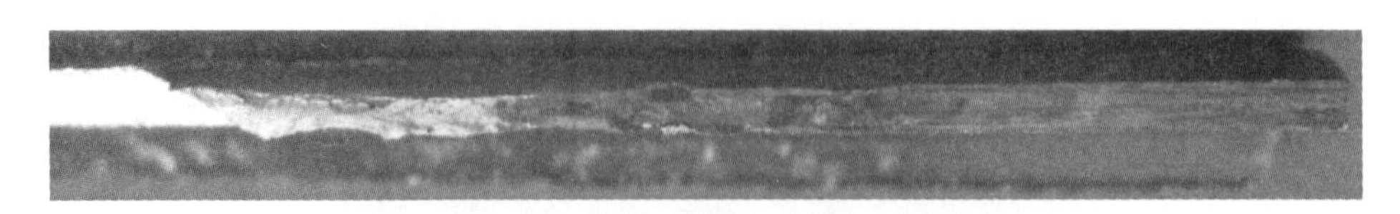

图 5-30　2 号试样的裂纹源形态

两个试样的断口宏观形态是一致的，分为三个区域，即陈旧性裂纹区、脆性断裂区和机械加工痕迹区，在原始裂纹源区域内可观察到有挤压、金属氧化物、高温氧化、磷化和泳漆等痕迹同时存在。

失效模式：脆性断裂。

失效原因：在断口中残留的高温氧化、金属流动、磷化、泳漆的痕迹说明，裂纹源在壳体毛坯进行退火之前就已经存在，因此，可以判定壳体开裂的原因是：壳体的用料中有缺陷组织存在，是原材料中的原始缺陷造成壳体开裂。

改正措施：加强零件原材料的验收检验。

五、案例 7：铝件开裂

材料：7A04-T6 八翼型材。

失效背景：某型号产品在科研过程的试验中出现铝件开裂的问题，如图 5-31 所示。

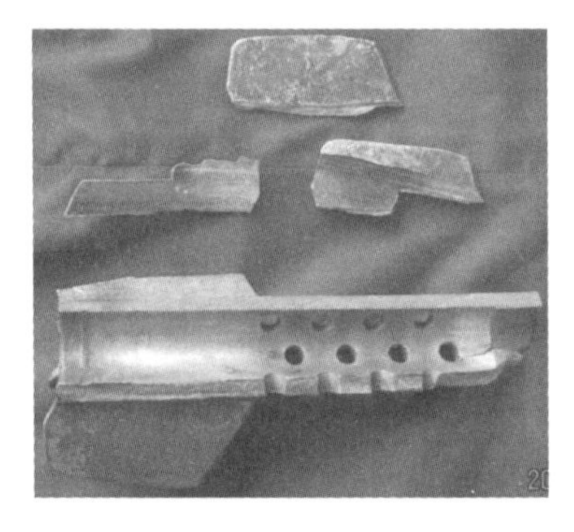

图 5-31　开裂的铝件组件

失效特征：在开裂的铝件断口中可以看到两侧断口截然不同的形态，一侧为暗灰色断口，断口表层有氧化及与型材轧制方向平行的金属流动痕迹，其长度超过铝件内孔的深度，如图 5-32 所示；另一侧为银灰色脆性断口，断口中有裂纹扩展的人字纹及韧窝组织，如图 5-33 所示。

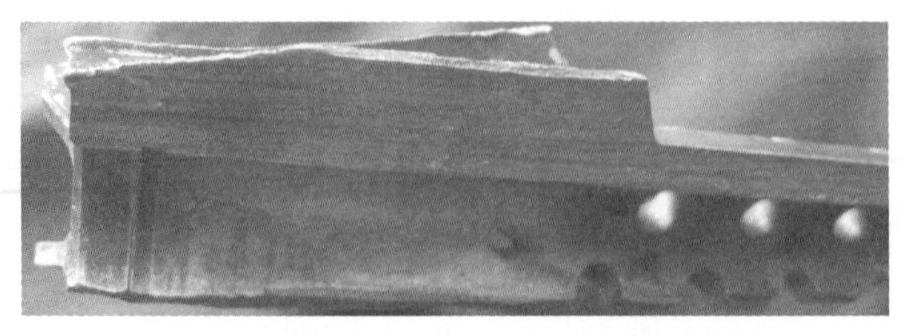

图 5-32　断口表层有氧化及与型材轧制方向平行的金属流动痕迹

图 5-33 裂纹扩展的人字纹

图 5-34、图 5-35 所示残片之间的断口形态相互吻合，能够与图 5-32 的残片相互吻合，图 5-35 的残片被图 5-34 和图 5-32 的残片所包裹，处于两个残片的中间，属于夹层组织。

图 5-34 铝件翼片一个部位的残片

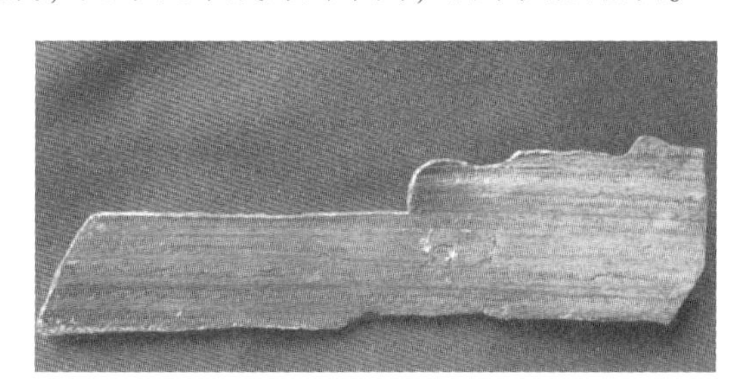

图 5-35 铝件翼片另一个部位的残片

失效模式：脆性断裂。

失效原因：通过检测发现在断口中有夹层缺陷组织存在，是原材料中的夹层缺陷造成试验时一侧开裂，如图 5-36 所示，并进一步导致整个铝件破碎。

改正措施：在下料前增加超声探伤检验工序。

图 5-36 有夹层缺陷的坯料

六、案例 8：尾管开裂

材料：7A07-T6。

失效背景：某型号产品在进行强度试验时多次出现尾管开裂问题，如图 5-37、图 5-38 所示。

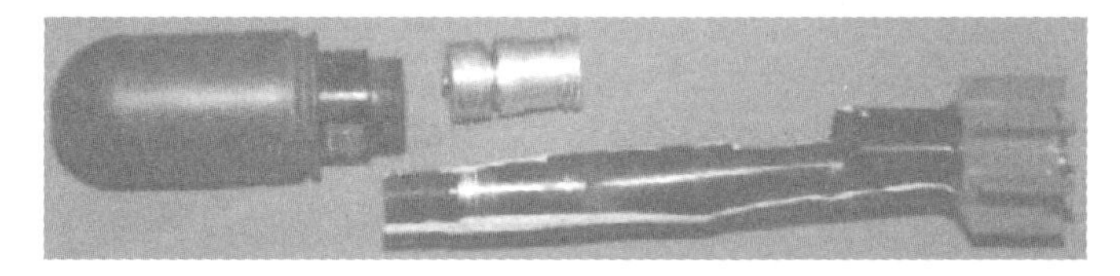

图 5-37 第一次出现尾管开裂的残片状态

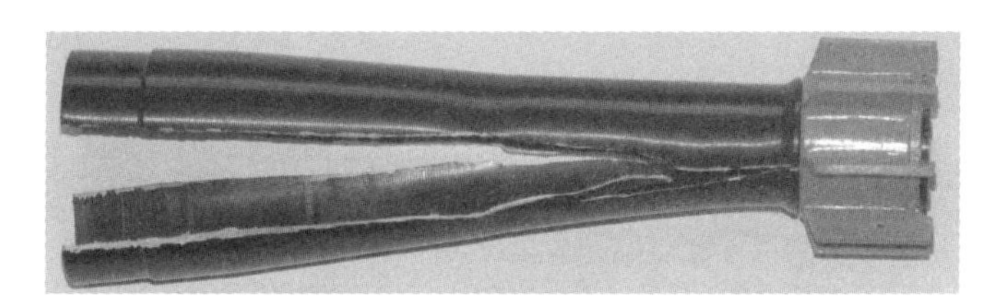

图 5-38 第二次出现尾管开裂的残片状态

失效特征：尾管整体呈现纵向开裂，断裂形态为脆性断裂，在断口中靠近口螺纹处发现有原始的裂纹源，裂纹起源于距离端面约10mm处的外表面位置，在断口表面未发现明显的夹杂物存在，如图5-39所示，裂纹源区域断口较平，断口位于尾管外表面一侧，比较整齐，没有撕裂和掉渣的痕迹，未发现有夹杂物等缺陷存在。其微观形态如图5-40所示；裂纹扩展区域基本上是沿轴向进行的，其微观形态如图5-41所示。

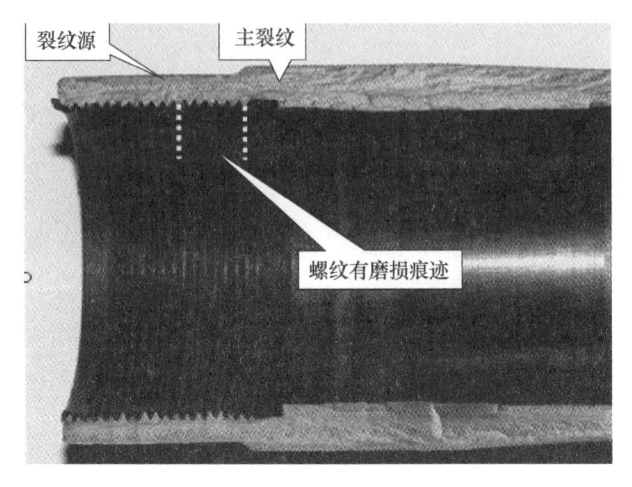

图5-39　断口形貌

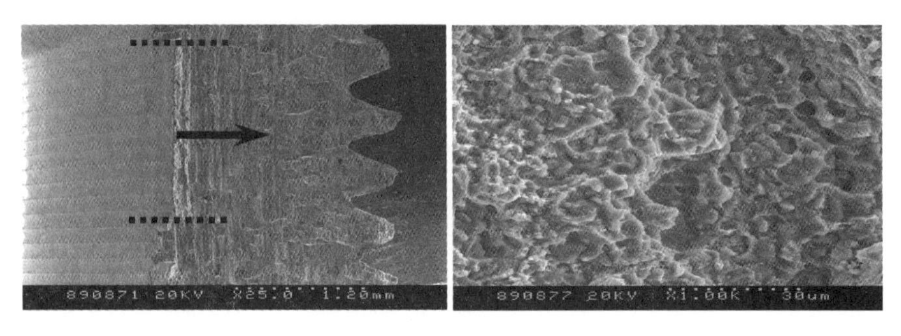

图5-40　试样裂纹源处断口形貌扫描电子显微镜照片

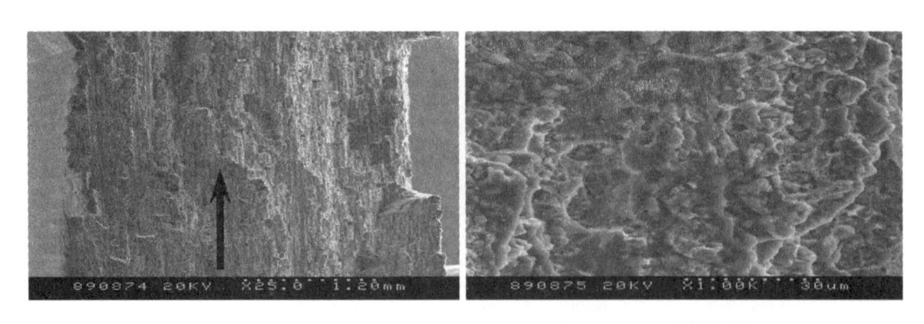

图5-41　试样裂纹扩展区断口形貌扫描电子显微镜照片

失效模式：脆性开裂。

失效原因：尾管有原始裂纹源存在，这是导致尾管断裂的原因。

改正措施：在下料后100%对坯料进行超声波无损检测。

七、案例 9：筒体毛坯开裂

材料：58SiMn 115 方钢。

失效背景：在某型号筒体毛坯的冲制过程中，经目测检验发现约有 2% 的筒体毛坯内壁出现严重的开裂现象，如图 5-42 所示。在对同批次筒体作进一步的检验时，又陆续检测出 10 件缺陷尺寸大于产品检验要求的毛坯。

图 5-42　筒体毛坯开裂区域的典型宏观形态

失效特征：裂纹位于筒体毛坯内腔底部附近区域，呈不规则、无规律环状分布，如图 5-42、图 5-43 所示，裂纹呈黑色；在其缺陷部位横截面中，能够观察到有其他缺陷存在（除裂纹缺陷外），如图 5-44 所示；在筒体毛坯的未变形区域，能够观察到有裂纹及孔洞缺陷存在，如图 5-45 所示。

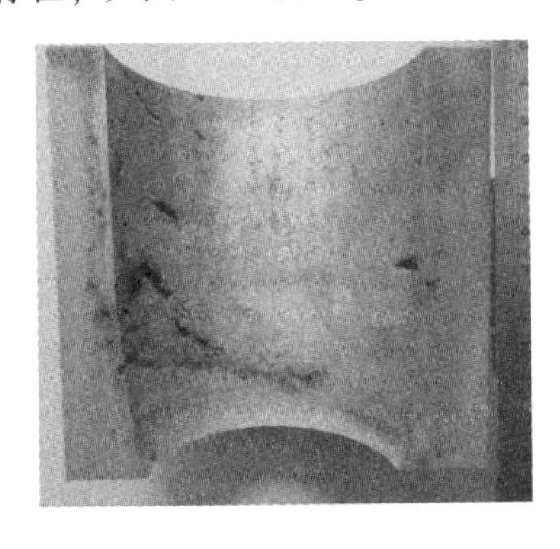

图 5-43　背平面低倍组织形态

图 5-44　假定工作平面低倍组织形态

失效模式：韧性断裂。

失效原因：因原材料中有组织疏松缺陷存在，在毛坯冲制过程中，缺陷组织被放大，导致毛坯在冲制过程中开裂。

改正措施：在下料后 100% 对坯料进超声波无损检测。

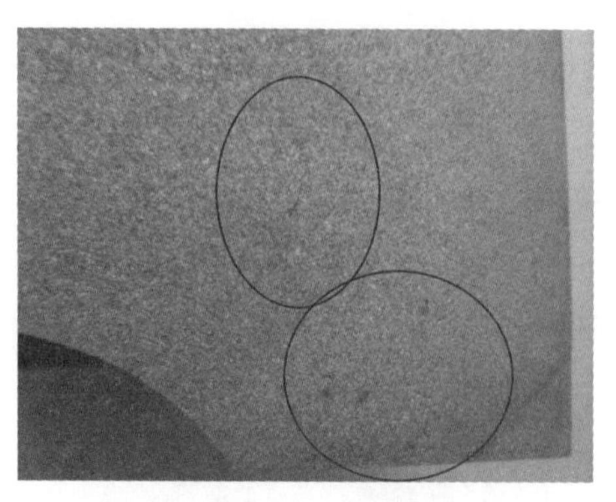

a）未变形区域中的缺陷组织形态

b）图a中裂纹区域的放大图

c）图a中孔洞区域的放大图

图 5-45　毛坯未变形区域中的缺陷组织形态

八、案例 10：主连杆锻件锻造开裂

材料：40CrNiMoA 圆钢。

失效背景：在锻造主连杆锻件时，发现在锻件毛坯端部有如图 5-46 所示的裂口。

失效特征：经光谱分析，化学成分符合要求，在钢棒上取低倍试样进行分析，发现低倍试片上有纤细的、发丝状的裂纹，如图 5-47 所示，再取断口试样分析，在断口的表面发现白点，如图 5-48 所示，在主连杆的端部取试样进行高倍观察，发现裂纹内含有氧化物，裂纹内无夹杂物、穿晶分布，如图 5-49 所示。

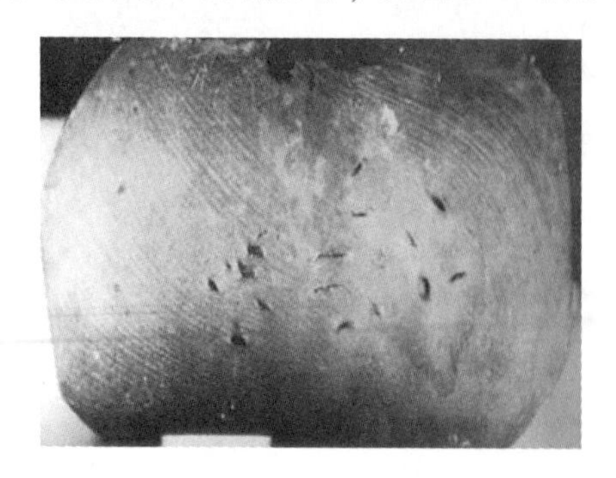

图 5-46　主连杆的端部裂纹

图 5-47　低倍试样

当钢中含有过量的氢时，随着温度的降低氢在钢中的溶解度减少，如果过饱和的氢未能及时扩散逸出，便聚集在钢的显微孔隙中形成氢分子，此时氢的体积发生急剧膨胀，形成巨大的局部压力，钢在锻造后冷却过程中产生内应力，内压力与内应力共同作用，使钢材局部撕裂，形成裂纹。

失效原因：白点导致锻造裂纹。

改正措施：在冶炼时控制氢气的含量，及时保温回火，采取缓冷。

图 5-48 断口试样

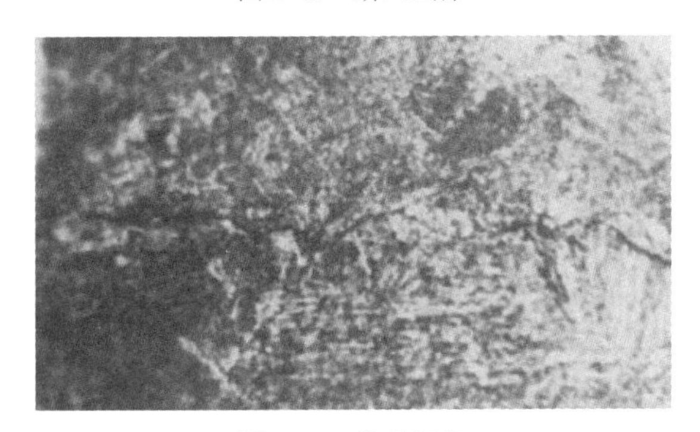

图 5-49 微观组织 100 ×

九、案例 11：823 钢钢坯横向断裂

材料：823 钢。

失效背景：823 钢用于生产某筒体，筒体的工艺流程为：下料→加热→冲拔→粗车→热处理→精车。在加热过程中操作人员听到感应加热炉内有钢坯开裂响声，立即停产、停电，将感应加热炉中的钢坯逐件排出，发现有三件钢坯沿横截面发生断裂，如图 5-50 所示。

失效部位：钢坯横截面。

失效特征：在断裂源处取样，裂纹源处可见数条相距小于 200μm 的纵向微裂纹，裂纹源两侧可见与裂纹扩展方向一致的二次裂纹并可见氧化脱碳现象，如图 5-51 所示。在纵向微裂纹和基体之间可见明显变形的金相组织，如图 5-52 所示。对其断裂源进行断口扫描，可见弧形微裂纹，如图 5-53 所示。

原因分析：试样宏观断口可见，此次断裂在钢坯心部形成约 ϕ15mm 圆形横向断裂源，然后向四周扩散。微观可见，在裂纹源部位，首先形成的是多条相距小于 200μm 的纵向微裂纹，由于微裂纹之间相距较小，使得微裂纹之间的联系在拉应力作用下断开，形成约 ϕ15mm 的横向断裂面，并在拉应力作用下向外扩展。向外的拉应力是在钢材加热时热应力、组织应力及钢材自身退火或缓冷不充分所产生的残余应力共同作用下所产生的。

图 5-50　钢坯加热断裂

图 5-51　纵向微裂纹

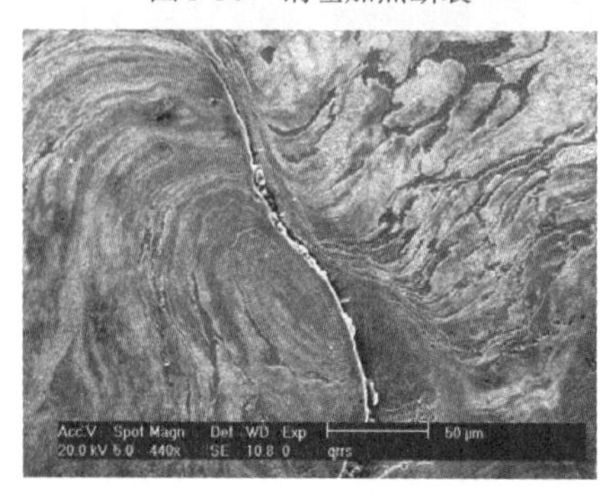

图 5-52　纵向微裂纹

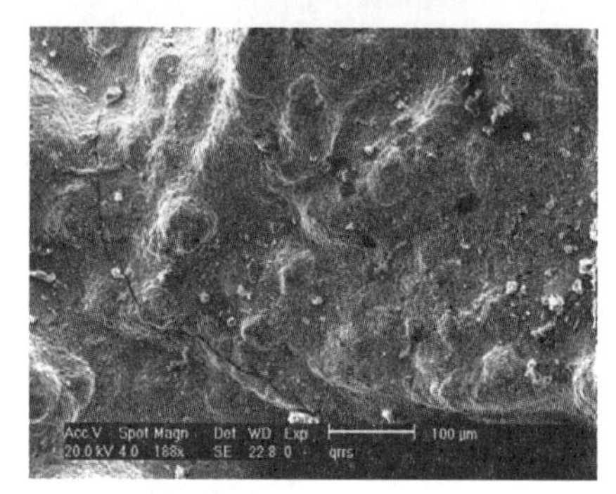

图 5-53　弧形微裂纹

失效原因：应力引起 823 钢横向断裂，经调查，钢厂的 2 支钢坯在退火过程中，由于移动链故障，在退火炉门口停留时间过长，导致最终退火不充分，以致该炉号 2 支钢坯内部组织应力集中，在生产过程中出现横向开裂现象。

改正措施：加强操作过程中的设备情况监控。

十、案例 12：船尾内表面裂纹分析

材料：7A04 铝棒。

失效部位：船尾内表面。

失效背景：船尾承受高压、高速运动，在进行外观检查时发现有些船尾内表面有横向小裂纹，船尾的主要工艺流程为：下料→温挤压成形→热处理（固溶 + 时效）→粗车→精车→阳极氧化。在精车后发现内表面有小裂纹。

失效特征：取试样观察，缺陷的宏观组织特征为没有固定形状、与基体没有清晰界限，如图 5-54 所示。显微组织特征多为絮状的黑色紊乱组织，紊乱组织由黑色线条组成，如图 5-55 所示。缺陷一侧存在黑色线状组成的网状组织，如图 5-56 所示，腐蚀后组织正常，未见过烧现象。

图 5-54　裂纹的宏观图

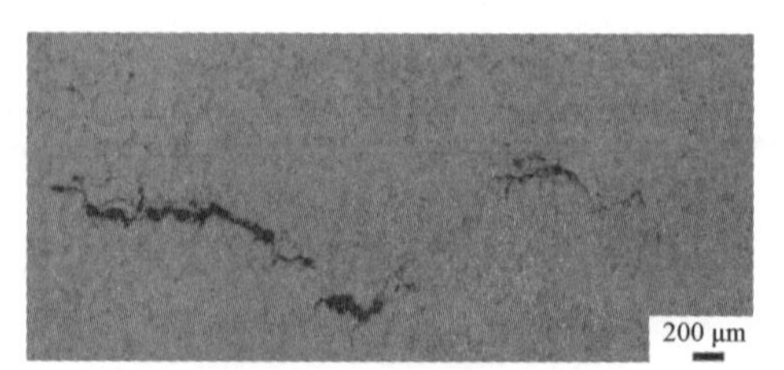

图 5-55　裂纹的微观图

原因分析：铝液在凝固过程中夹杂未及时上浮，被封在液体中，凝固后留下来，破坏了金属的连续性，在挤压中形成裂纹。

失效原因：原材料中的非金属夹杂在挤压中开裂。

改正措施：完善工艺过程，加强除渣效果。

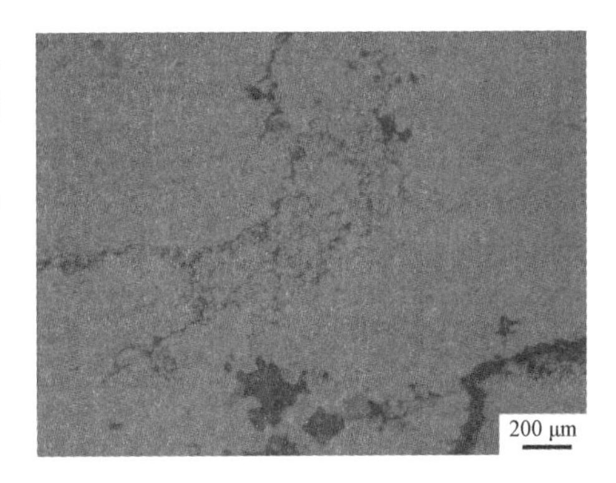

图 5-56　裂纹一侧的黑色紊乱组织

十一、案例 13 ：船尾外表面黑斑

材料：7A04 铝棒。

失效部位：船尾外表面。

失效背景：船尾承受高压、高速运动，在进行外观检查时发现有些船尾表面有黑斑，用放大镜观察，发现缺陷处是凹凸不平、边界轮廓清晰的暗褐色针状聚集物，如图 5-57 所示。船尾的主要工艺流程为：下料→温挤压成形→热处理（固溶 + 时效)→粗车→精车→阳极氧化。

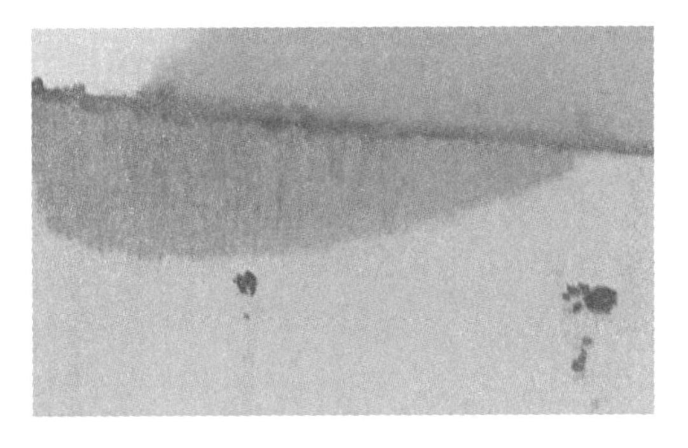

图 5-57　船尾表面的黑斑

失效特征：取试样观察，粗磨后，发现缺陷处凸起，如图 5-58 所示，凸起处存在大块的化合物聚集，化合物尺寸较大，外形有棱角，为较整齐的块状，如图 5-59 所示。

图 5-58　粗磨后缺陷处凸起

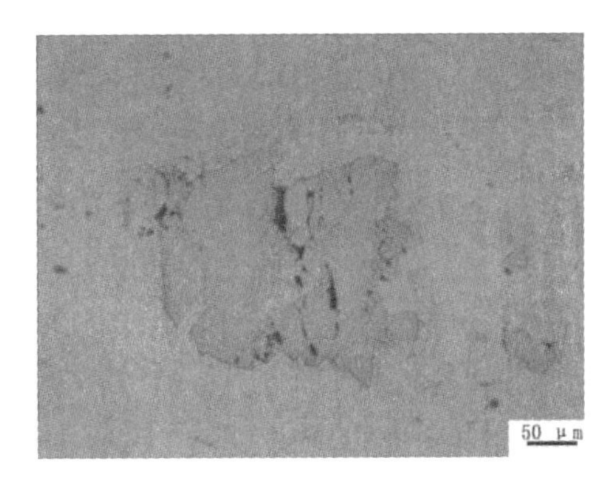

图 5-59　块状化合物

原因分析：化合物偏析是铝合金在熔炼铸造过程中产生的，在铝合金铸锭结晶过程中，先于铝固溶体结晶出来的金属化合物，显微硬度比铝基体的显微硬度高很多，化合物偏析虽然没有破坏金属的连续性，但严重地破坏了组织的均匀性，化合物偏析是一种硬脆相，使合金的热加工性、韧性明显降低，且抗腐蚀能力降低。

失效原因：正常部位阳极氧化后生成致密的氧化膜，而化合物偏析区优先反应形成了表面凹凸不平的黑斑。

改正措施：严格控制铝合金的铸造冶炼工艺，避免出现化合物偏析，原材料增加低倍检验，检查偏析缺陷。

十二、案例14：某筒体底部裂口

材料：9260钢。

失效部位：筒体底部。

失效背景：筒体的主要工艺流程为：下料→加热→冲拔→粗车→热处理→精车，在冲拔后发现一件筒体底部出现如图5-60所示的裂口。

失效特征：低倍检查，发现缺陷沿筒底纵剖面延伸，可见裂纹及孔洞如图5-61所示，高倍检查可见裂纹由不规则的孔洞组成，缺陷处存在自由边界孔洞且周围伴有非金属夹杂及疏松，如图5-62所示，腐蚀后组织为珠光体，裂口周围脱碳，如图5-63所示。

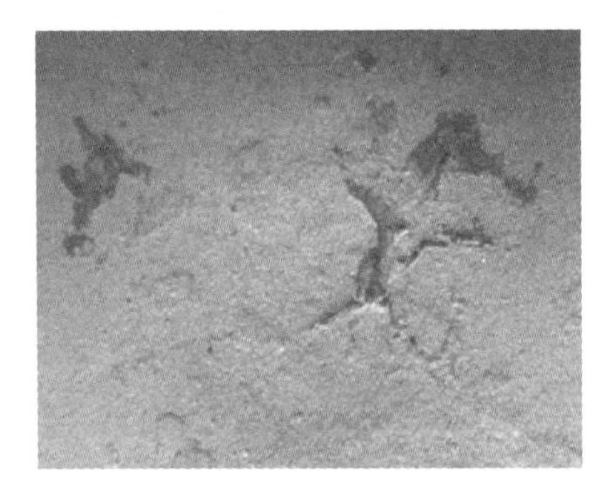

图5-60　筒体底部缺陷

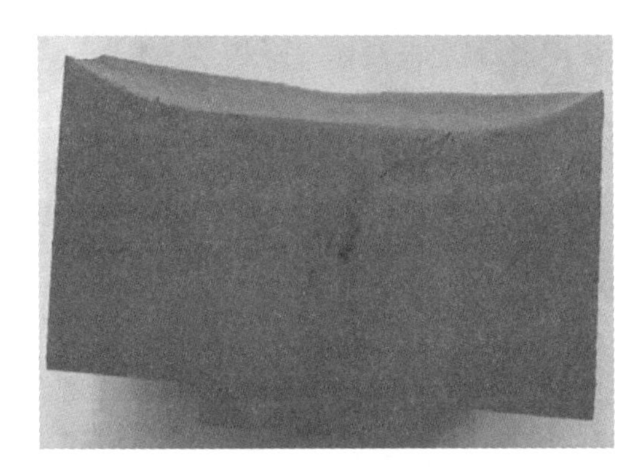

图5-61　筒体缺陷低倍图

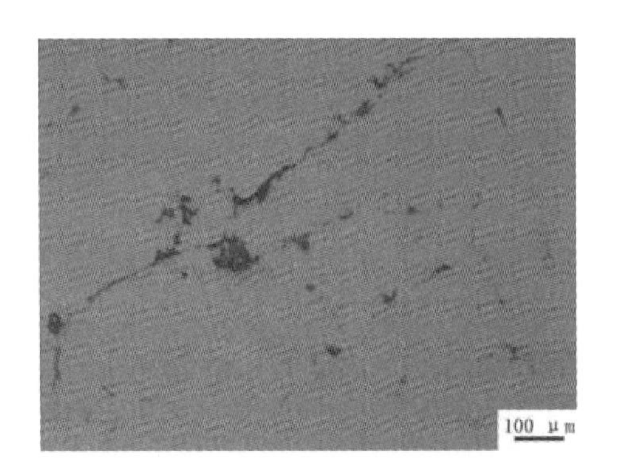

图5-62　筒体缺陷处的高倍图

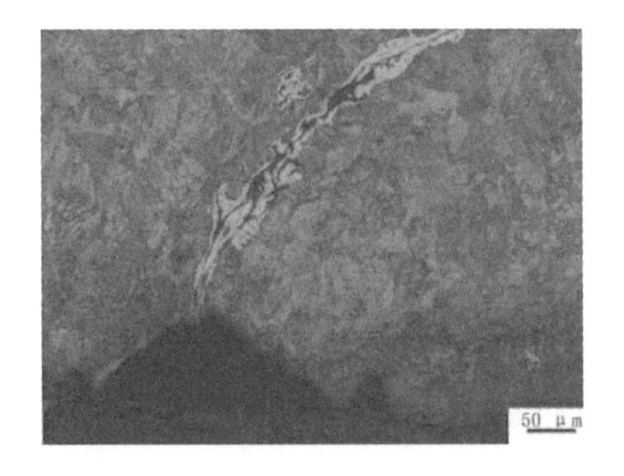

图5-63　筒体缺陷处两侧的组织形貌

原因分析：由于钢液在凝固时发生体积集中收缩而产生缩孔，因切除不尽而部分残留，缩孔残余是夹杂和气体聚集的地方，破坏了钢材的连续性。

失效原因：此缺陷是由于钢锭冒口部分切除不干净，或钢材中原有的残余缩孔在进一步热加工中扩展成裂纹。

改正措施：缩孔残余是钢材中不允许的冶金缺陷，应在浇铸钢锭时采取措施，使缩孔集中在钢锭冒口部位，并且在铸锭开坯时保证足够的切头率，即可避免钢材上的缩孔残余缺陷。

十三、案例15：9260钢低倍试片裂纹

材料：9260钢。

失效背景：在原材料进厂验收时，低倍试验时发现一试片表面有裂纹。

失效特征：在裂纹处打开，断口表面发现了大块的夹杂物，如图5-64所示。磨制试验，可见裂纹处存在大量夹杂物，如图5-65所示。腐蚀后，组织为珠光体+铁素体，如图5-66所示。

图5-64 断口图

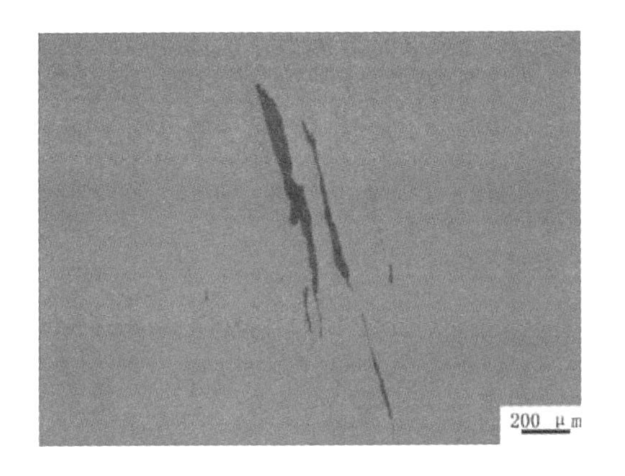

图5-65 裂纹微观图

图5-66 裂纹微观组织

原因分析：非金属夹杂物是在炼钢过程中少量炉渣、耐火料材及冶炼中反应产物进入钢液而形成的。它们都会降低钢的力学性能，特别是降低塑性、韧性及疲劳极限，严重时还会使钢在热加工与热处理时产生裂纹，或使用时突然脆断。

失效原因：冶炼或浇注系统的耐火材料或夹杂物进入并留在钢液中所致。不同形态的夹杂物混杂在金属内部，破坏了金属的连续性和完整性，夹杂物同金属之间的结合情况不同、弹性和塑性的不同及热膨胀系数的差异，常使金属材料的综合性能受到显著影响。

改正措施：防止非金属夹杂的措施有熔体炉内净化、熔体炉外净化、吹氩搅拌、保护浇注、控温浇注等。

十四、案例16：底凹船尾裂纹

材料：7A04铝棒。

失效背景：船尾承受高压、高速运动；船尾的主要工艺流程为：下料→温挤压成形→热处理（淬火+时效）→粗车→精车→阳极氧化，在粗车后发现，船尾底部外表面孔洞内表面呈Y形缺陷，如图5-67所示。

失效特征：取试样观察，缺陷处可见不规则孔洞、夹杂，如图5-68所示，腐蚀后组织正常未见过烧现象。

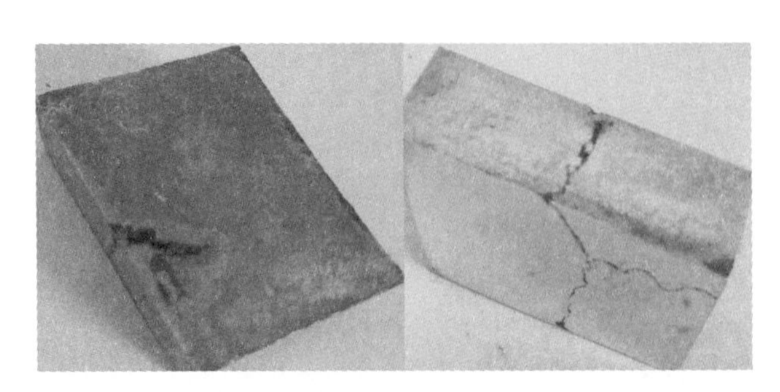

图 5-67　缺陷的宏观图

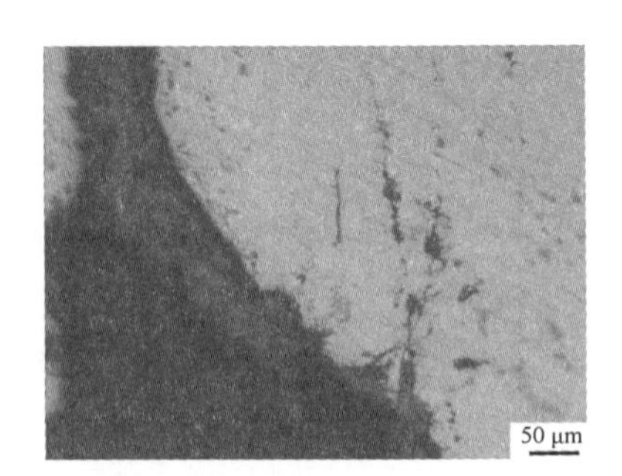

图 5-68　缺陷处的夹杂及孔洞

原因分析：由于铝液凝固时发生体积集中收缩而产生缩孔，因切除不干净而部分残留。此缺陷是由于冒口部分切除不干净或铝液中原有的残余缩孔造成的。

失效原因：缩孔残余导致冲拔开裂。

改正措施：缩孔残余是材料中不允许的冶金缺陷，破坏了材料的连续性，应在浇铸时采取措施，使缩孔集中在口部位，并且在铸锭开坯时保证足够的切头率，即可避免缩孔残余缺陷。

十五、案例 17：弹簧破断

材料：50CrVA。

失效背景：某弹簧全长 958mm，外径 81mm，内径 57mm，断裂成 5 节，如图 5-69 所示。

失效特征：断口观察可见有辐射状，汇集于断口的断裂源处，进一步观察可见到断裂源处存在与周围断口不同的异常金属夹杂物，破断形貌与周围断口截然不同，且破断区由此向外辐射，如图 5-70 所示。还发现断裂源与周围断口有一条明显界限，在界线的一边即周围断口区，这个区的断口形态是沿晶断口，如图 5-71 所示，而在界线的另一边，即断裂源区内，没有结晶学关系，但有大小不等块状物，如图 5-72 所示，断裂源区周围均是沿晶的脆性断口，最后的破断区也是沿晶脆断，断口的辐射条纹起始于此，对此处进行能谱分析，发现夹杂物为 $6Al_2O_3CaO$。

原因分析：断裂处肉眼可见的夹杂物 $6Al_2O_3CaO$，破坏了材料的连续性。

失效原因：材料中存在异金属夹杂物 $6Al_2O_3CaO$，造成材料的综合性能差，导致弹簧提前破断。

改正措施：加强材料的无损检测工作。

图 5-69　弹簧断裂

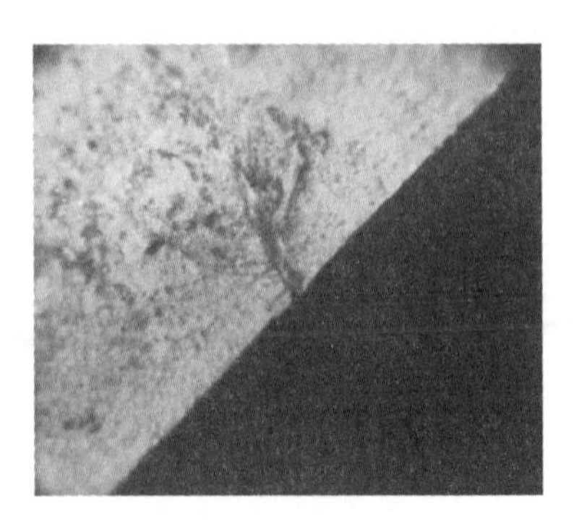

图 5-70　断口形貌

图 5-71　沿晶断口

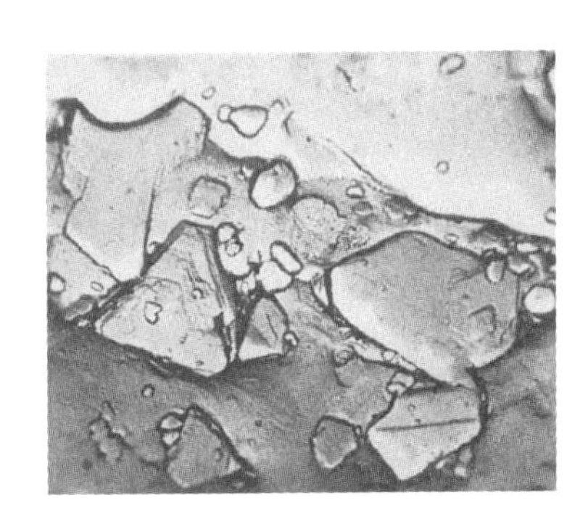

图 5-72　断口源点的块状物

十六、案例 18：某筒体体部裂纹

材料：D6AC 钢。

失效背景：某新研制的筒体，筒体的主要工艺流程为：下料→加热→冲拔→粗车→热处理→精车，在精车后发现筒体外表面出现如图 5-73 所示的小裂纹。

图 5-73　筒体裂纹宏观图

失效特征：裂纹浅而短，沿筒体轴向分布。取试样观察，裂纹深度为 0.35mm，裂纹处可见夹杂物，周围可见小的块状氮化物，如图 5-74 所示。腐蚀后裂纹周围无脱碳，组织正常为回火索氏体，如图 5-75 所示。

原因分析：从失效特征可知裂纹为发纹，发纹属于钢的一种宏观缺陷，它是钢中夹杂或气泡、疏松等在钢的加工变形过程中沿锻轧方向被延伸所致，属于裂纹类缺陷中的线状缺陷。发纹严重危害钢的力学性能，特别是疲劳强度等。

失效原因：钢材存在夹杂冶金缺陷，导致筒体外表面出现发纹。

改正措施：提高终点碳含量，防止钢液过氧化，冶炼后期采用底吹氩气，防止钢液吸氮降低钢水中的硫含量，避免硫化铁与铁反应生成热脆性共晶体。

图 5-74　裂纹的微观图

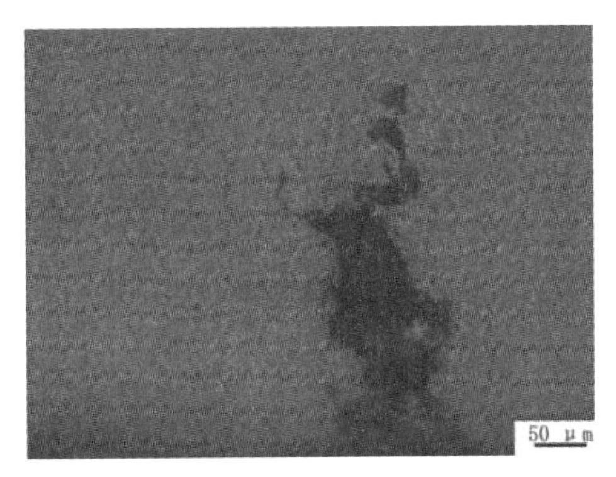

图 5-75　裂纹的微观组织

十七、案例19：某罩口部裂口

材料：T2铜。

失效背景：某罩所用材料为T2铜，工艺过程为：下料→连续感应加热→冲压→出现口部裂口，每个铜饼加热之后用红外测温仪测温度，显示温度都在工艺范围内，没有出现超温现象。

失效部位：罩口部如图5-76所示。

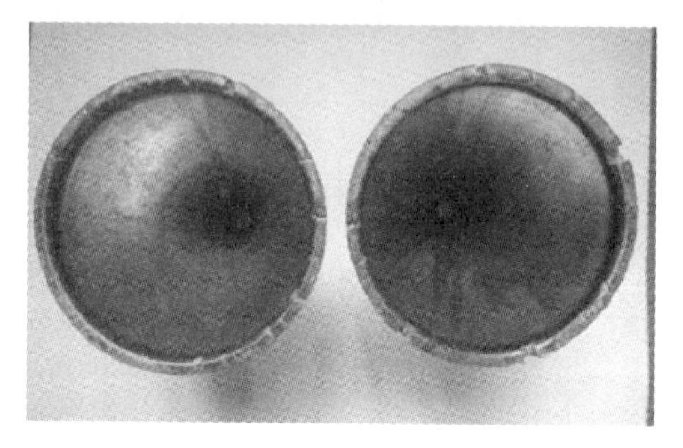

图5-76　罩口部裂口

失效特征：冲压后，口部圆周上分布着宽约8mm，深约8mm的V形裂口，裂口呈现两种特征，分别截取试样观察，一块试样发现裂口处存在夹杂，如图5-77所示；另一块试样发现裂口处存在孔洞，如图5-78所示，腐蚀后，组织无异常，未见过热或过烧现象。随机抽取两个原材料做断口试验发现，一个断口可见夹杂，如图5-79所示，一个断口可见气孔，如图5-80所示。

原因分析：原材料中存在夹杂、气孔缺陷破坏了金属的连续性，罩的口部变形量最大，缺陷在口部被放大，因此在冲压时出现口部裂口。

失效原因：原材料中存在夹杂、气孔引起罩冲压口部开裂。

改正措施：加强对原材料中夹杂物检查，避免使用含有不利夹杂物的原材料。

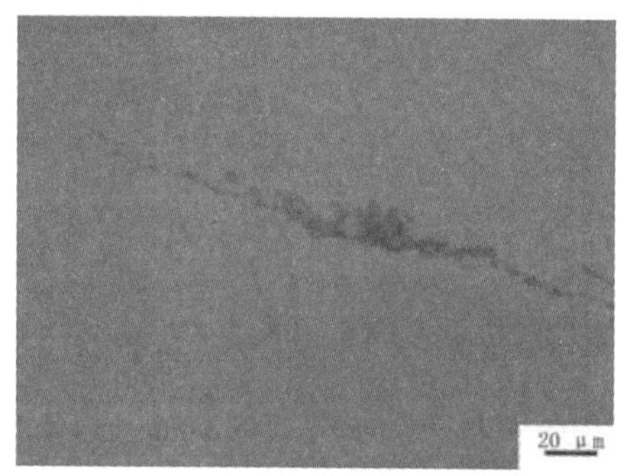

图5-77　裂口处微观形貌夹杂

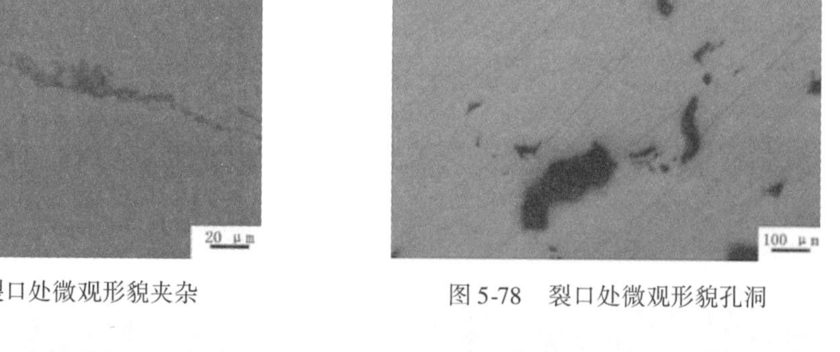

图5-78　裂口处微观形貌孔洞

图5-79　夹杂断口

图5-80　气孔断口

十八、案例20：某筒底部裂纹

材料：四六黄铜。

失效背景：某筒的主要工艺流程为：下料→铜饼加热→热挤盂→酸洗→拔伸→退火→压底→考口，其中拔伸和退火重复5次。试生产过程中，在压底后发现筒底部中心有撕裂状裂纹，如图5-81所示，废品率为5%。

失效特征：取试样观察，裂纹两侧可见夹杂物，主裂纹两侧存在有氧化物颗粒形成的网状微裂纹，如图5-82所示；腐蚀后组织正常为α+β，如图5-83和图5-84所示。

图5-81　裂纹宏观图

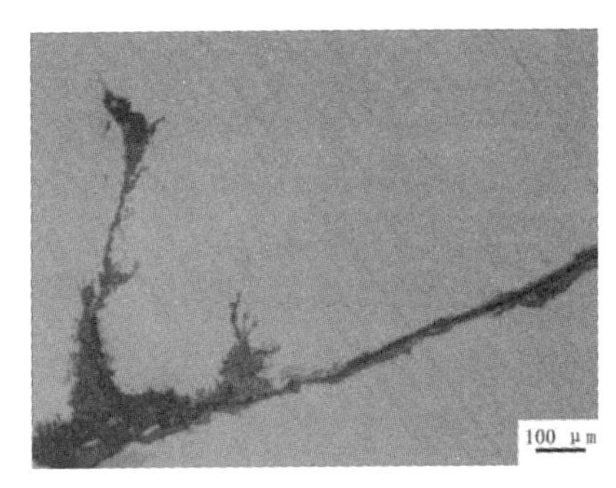

100×

图5-82　裂纹的微观图

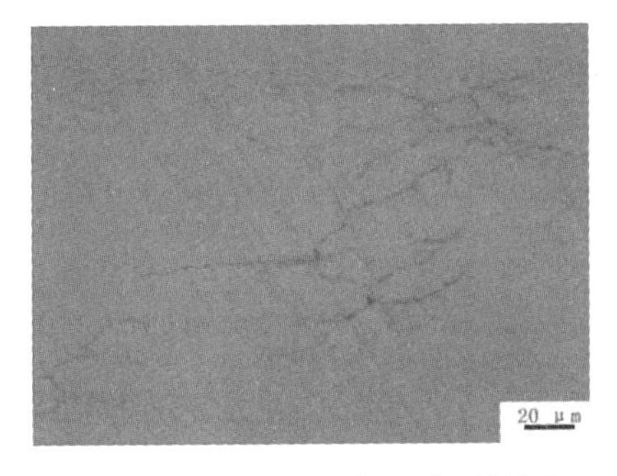

图5-83　主裂纹一侧的微裂纹图

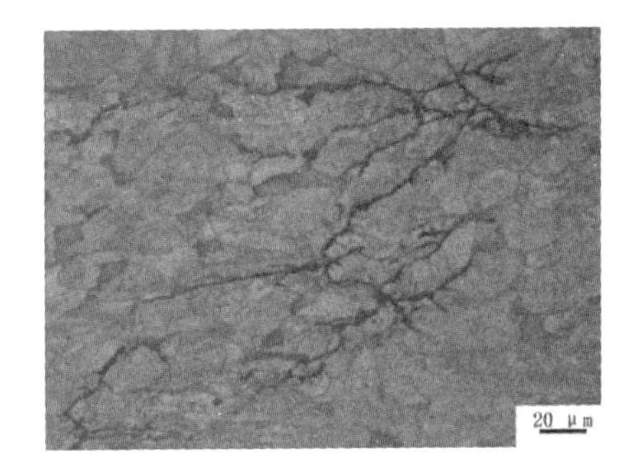

图5-84　主裂纹一侧的微裂纹组织

原因分析：材料中存在夹杂物破坏了金属的连续性，使材料的抗冲压能力下降。

失效原因：原材料中存在的冶金缺陷在压底的张应力作用下开裂。

改正措施：增加下料前的探伤，将含有缺陷的材料去除。

第三节　铸造缺陷类

一、案例21：挤压铸造毛坯心部组织缺陷

材料：7A04铸造合金。

失效背景：在采用铸造、锻压联合成形工艺生产某型号罐体的初期，在对罐体铸造坯料进行超声波探伤检验的过程中发现数量较多的不合格产品，如图5-85所示。

a）缩孔缺陷原件的解剖形貌

b）缩孔缺陷原件制取的电镜试样形貌

c）最严重的缩孔缺陷件的解剖形貌

图 5-85　缩孔缺陷分析

失效特征：经低倍检查，在不合格的坯料中有粗晶、疏松存在，如图 5-86 所示；经高倍组织检查，在铸造坯料的心部有组织疏松、缩孔及金属组织不连续现象存在，如图 5-87 所示；经能谱分析检查，分析结果见表 5-1，发现在铸造坯料心部组织疏松、缩孔及其附近区域有偏析现象存在，其偏析的主要合金元素为 Cu、Zn，如图 5-88 所示。

失效模式：铸造坯料心部有较大面积的组织缺损现象存在。

图 5-86　探伤不合格坯料的低倍组织形态

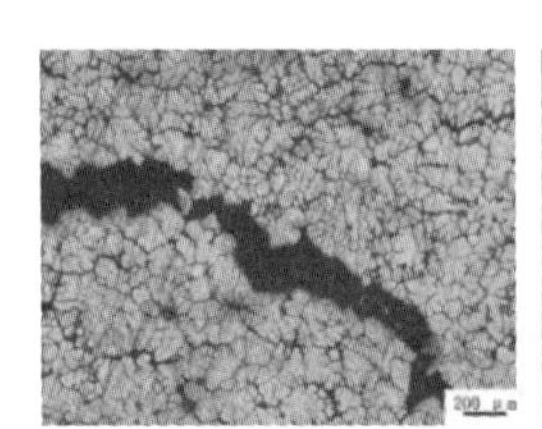
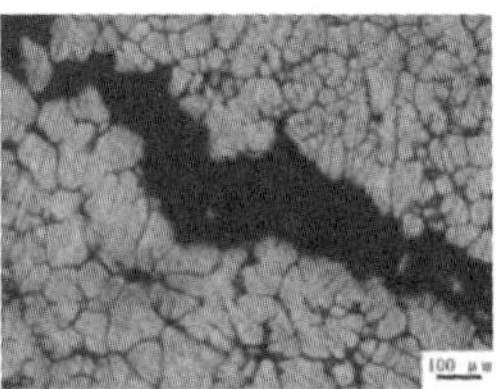
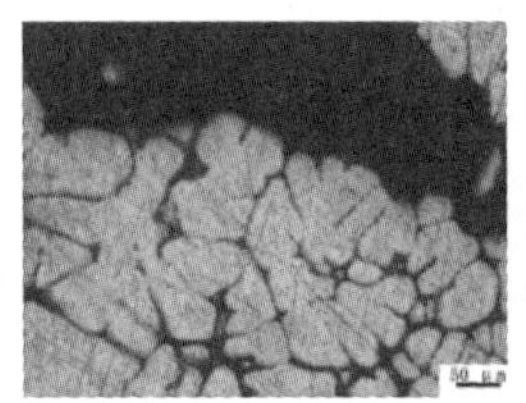
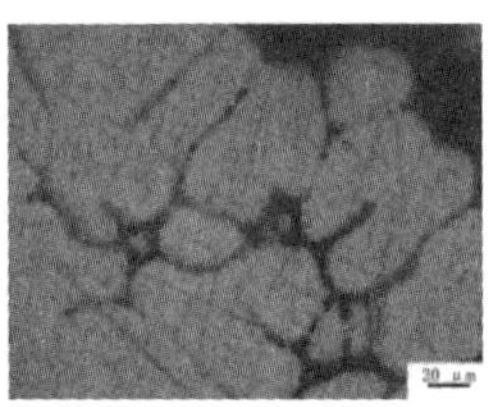

图 5-87　坯料疏松、缩孔组织附近区域不同放大倍数的组织形态

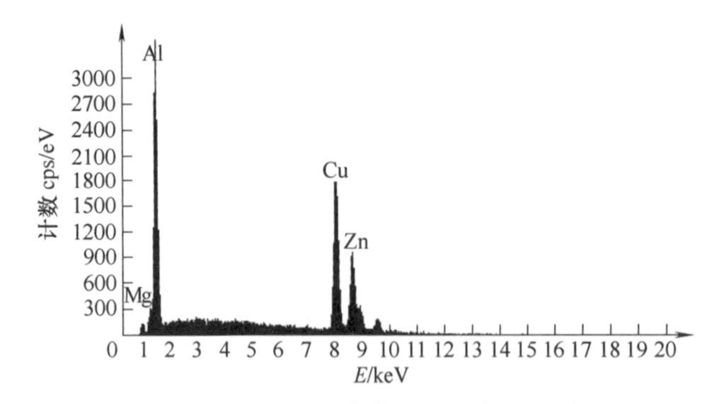

图 5-88　缩孔及其附近区域的合金成分能谱图

失效原因：坯料出模时的温度过高。因铝合金的热膨胀系数较大，当铸造坯料出模温度过高时，由于坯料的降温过程是由外表面逐渐向内依次降温，当坯料的外壳冷却强化后，在没有外界加压作用下，心部继续冷却降温收缩时，坯料的外形尺寸无法收缩而形成疏松组

织，严重时则形成缩孔缺陷。

表 5-1 能谱分析结果

元　素	k 比	ZAF 修正值	质量百分比（%）	原子百分比（%）
Mg－（Ka）	0.007 11	0.333 0	1.685 4	3.366 1
Al－（Ka）	0.118 89	0.440 0	21.338 2	38.401 4
Cu－（Ka）	0.565 32	0.903 2	49.424 8	37.766 9
Zn－（Ka）	0.308 68	0.884 8	27.551 6	20.465 6

改正措施：进一步完善坯料的铸造工艺。

二、案例 22：罐体内腔缺陷

材料：7A04-T6。

失效背景：某型号铝合金罐体是采用铸、锻联合成形工艺生产的，其成品内腔为锻造成形表面，经热处理后出现内腔起皮、起泡造成废品。

失效特征：在罐体内表面出现起皮、起泡的现象如图 5-89、图 5-90 所示。将起皮、起泡的部位解剖后发现，其夹层的颜色为黑色；经能谱分析，在起皮、起泡部位的金属组织中有成分偏析现象存在。

失效模式：罐体毛坯内腔表面质量不合格。

失效原因：由于冲制罐体的铸造坯料心部有疏松、缩孔缺陷存在，这些铸造缺陷在冲制罐体的过程中无法被弥合，最终留存在罐体的金属组织中形成夹杂如图 5-91 所示，罐体经热处理后，这些位于罐体内腔表面以下不足 0.4mm 范围内的缺陷组织形成起皮、起泡现象。

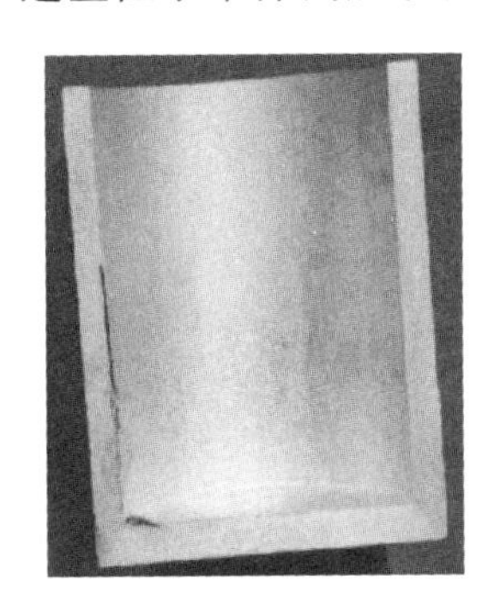

图 5-89　罐体内表面起皮的现象

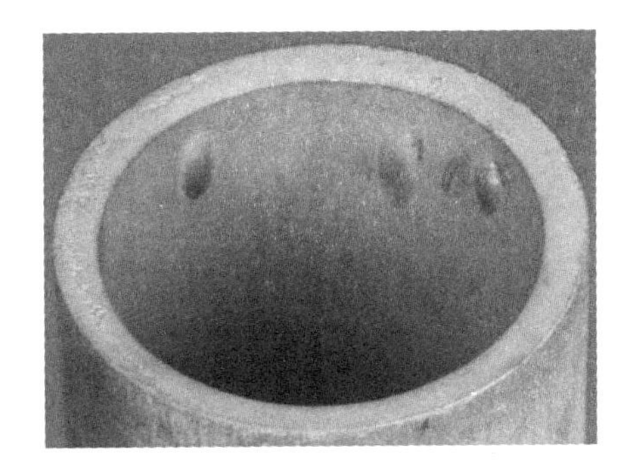

图 5-90　罐体内表面的起泡现象

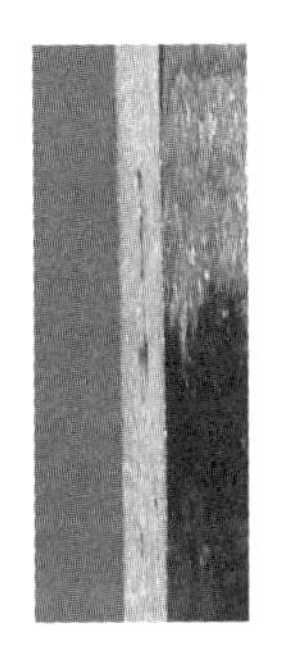

图 5-91　罐体成品中的夹杂现象

改正措施：对坯料进行无损检测，确定无损检测级别。

三、案例 23：筒体热处理后表面起泡

材料：7A04-T6。

失效背景：采用挤压铸造工艺铸造的铝合金筒体毛坯，热处理后，筒体表面出现起泡现象。

失效特征：在起泡表层分离的界面处可以观察到有物质存在且连续，如图 5-92 ~ 图 5-94 所示。由图 5-93、图 5-94 可以看出，内腔表层组织比较均匀，而表层以下存在较严重的成分偏析，组织的均匀性很差，其厚度约 0. 9 ~ 1. 3mm；在表面气泡处，可以观察到由于表层界面分离所形成的物质不连续，如图 5-95 中箭头所指。其中，工件经浸蚀后内腔表面附近的横截面低倍照片，如图 5-96 所示。无起泡位置附近的内腔表面也存在分层，但与起泡位置相比，分层下的偏析相对较轻，偏析层的厚度约 1mm，界面处未观察到分离现象。

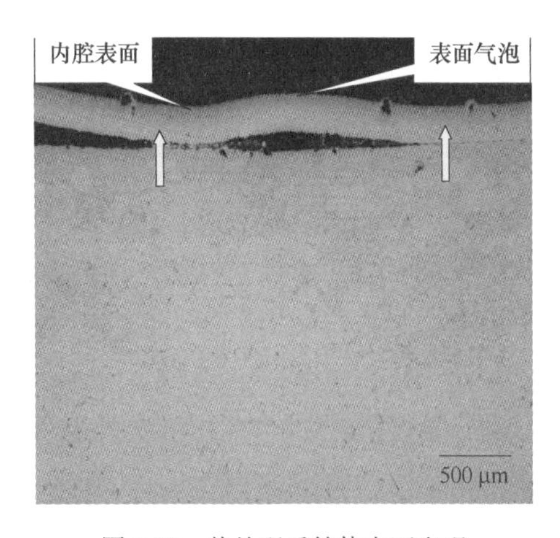

图 5-92　热处理后筒体表面出现起泡的宏观现象

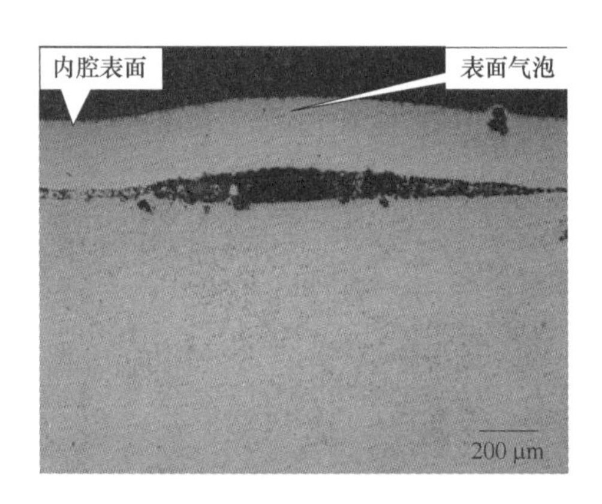

图 5-93　图 5-92 中起泡处的局部位置放大照片（未浸蚀）

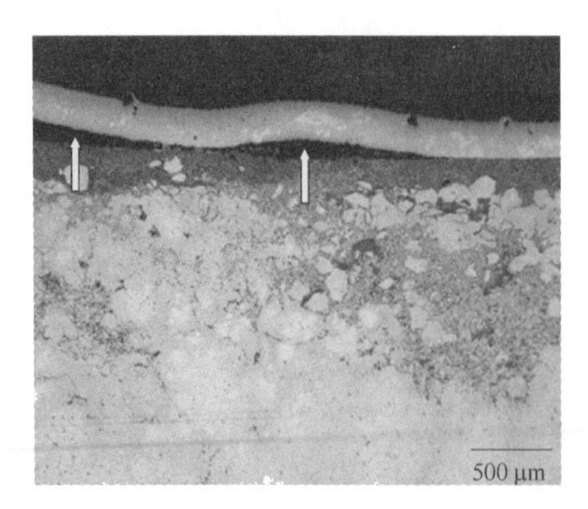

图 5-94　图 5-92 中起泡处横截面组织低倍照片（浸蚀后）

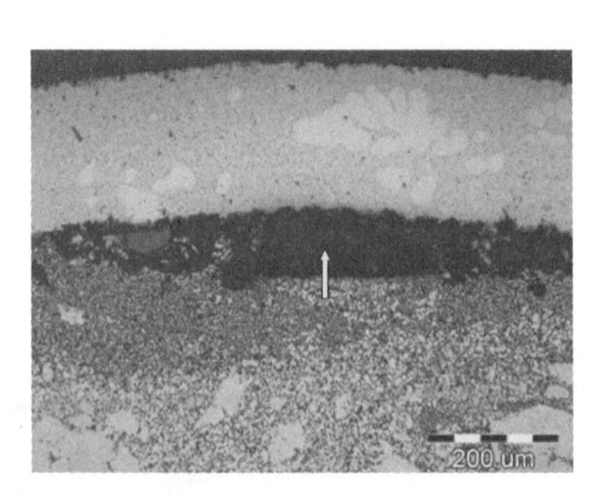

图 5-95　图 5-94 中起泡位置的局部组织放大照片（浸蚀后）

图 5-96 工件内腔表面附近的横截面组织低倍照片（浸蚀后）

失效模式：毛坯内腔表面起泡。

失效原因：铸造工艺控制不当引起的成分严重偏析是热处理后表面起泡的主要原因；工件内外表面均有较严重成分偏析，内表面相对比较严重，表面细晶层和次表面偏析层的热膨胀失配导致界面分离而引起起泡现象。如果工件外表面机械加工的深度小于外表面偏析层的厚度，因偏析层中的组织不均匀，机械加工后表面将会出现疵点和斑痕。

改正措施：根据整套工装及实际操作的情况，对挤压铸造工艺的参数做出调整，确保铸造的铝合金筒体毛坯的质量。

四、案例 24：筒体机加工后表面孔洞缺陷

材料：7A04-T6。

失效背景：采用挤压铸造工艺铸造的铝合金筒体毛坯，经热处理后，在加工时筒体表面出现的孔洞类缺陷如图 5-97 所示。

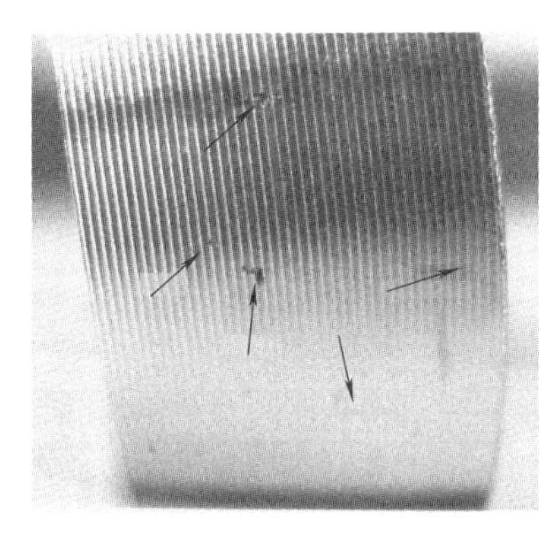

a) 表面孔洞

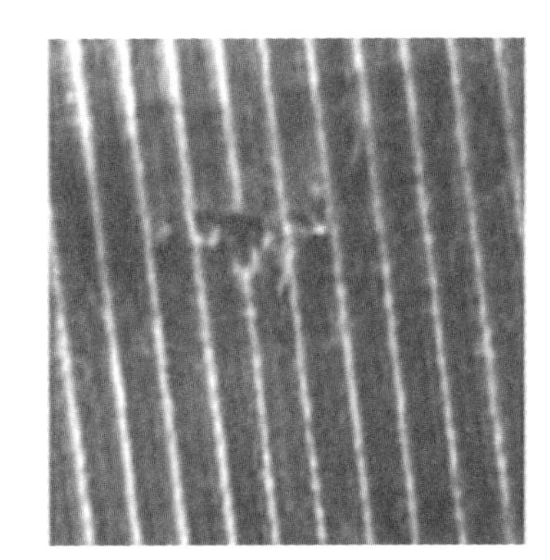

b) 表面孔洞局部放大图

图 5-97 表面孔洞典型件的外观形态

失效特征：在加工时筒体表面出现的孔洞类缺陷，在壁厚部位的低倍试样切片中呈现为带状分布的组织疏松现象（见图 5-98 ~ 图 5-101）。通过能谱分析（见图 5-102）确认，在瑕疵点部位有严重的偏析现象存在，偏析的主要成分是 Zn 和 Cu，分析结果见表 5-2。

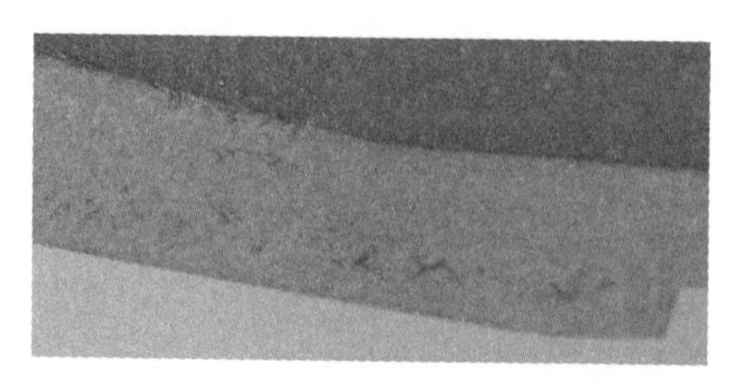

图 5-98　在壁厚部位呈带状分布的组织疏松现象

图 5-99　瑕疵点处形态组织的高倍金相图片　100 ×

图 5-100　瑕疵点处形态组织的高倍金相图片　500 ×

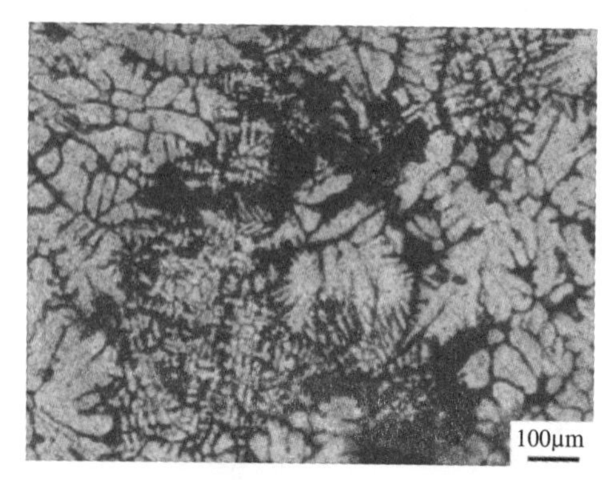

图 5-101　筒体毛坯晶粒间疏松

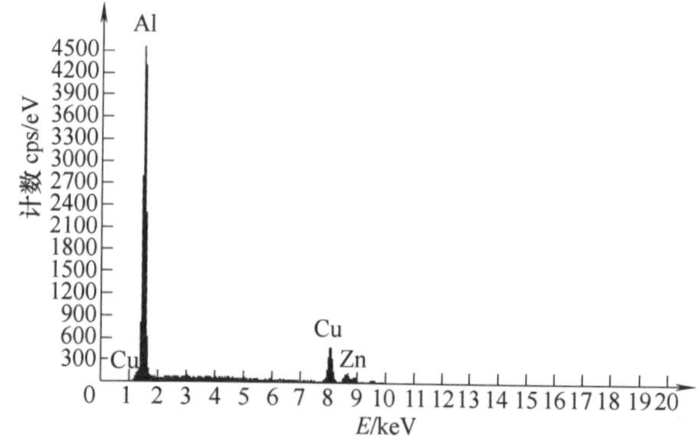

图 5-102　能谱图

表 5-2　分析结果

元　素	k 比	ZAF 修正值	重量百分比（%）	原子百分比（%）
Al-（Ka）	0.499 79	0.560 3	58.192 0	76.742 1
Cu-（Ka）	0.385 39	0.785 0	32.049 1	17.945 9
Zn-（Ka）	0.114 81	0.769 1	9.758 8	5.312 0

失效模式：筒体加工有表面孔洞缺陷。

失效原因：在铸造过程中，内外表面均有较严重成分偏析，当工件外表面加工的深度小于外表面偏析层的厚度，因偏析层中的组织不均匀，机械加工后表面将会出现孔洞、疵斑。

改正措施：结合生产实际完善铸造工艺参数。

五、案例25：筒体内部孔洞缺陷

材料：7A04-T6。

失效背景：采用挤压铸造工艺生产的铝合金筒体毛坯，经探伤检测，在筒体内部出现孔洞类缺陷。

失效特征：在探伤检验时发现筒体内部出现孔洞类缺陷，在下筒体半剖低倍试样中可见严重的裂孔现象，如图5-103所示。通过能谱分析确认，在孔洞部位及其附近部位有严重的偏析现象存在，偏析的主要成分是Zn和Cu。

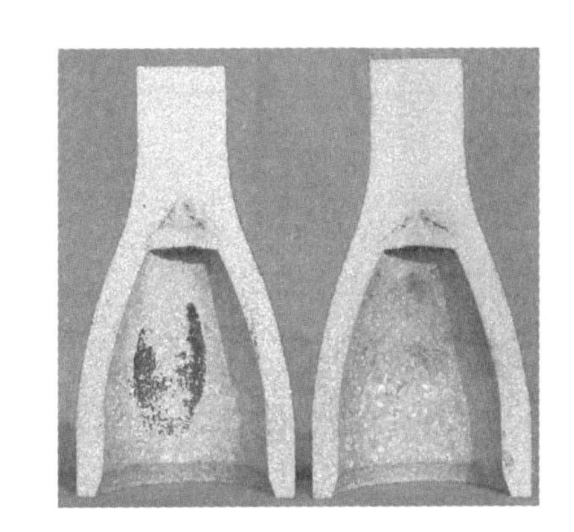

图5-103　下筒体半剖低倍试样宏观形态

失效模式：筒体内部有孔洞缺陷。

失效原因：下筒体在铸造过程中，因铸造工艺控制不当，在筒体结构最厚的部位出现严重的缩孔缺陷，且有较严重成分偏析现象。

改正措施：结合生产实际完善铸造工艺参数。

六、案例26：筒体内表面裂纹缺陷

材料：7A04-T6。

失效背景：在筒体铸造毛坯的外表面出现裂纹。

失效特征：裂纹沿晶间分布如图5-104、图5-105所示。

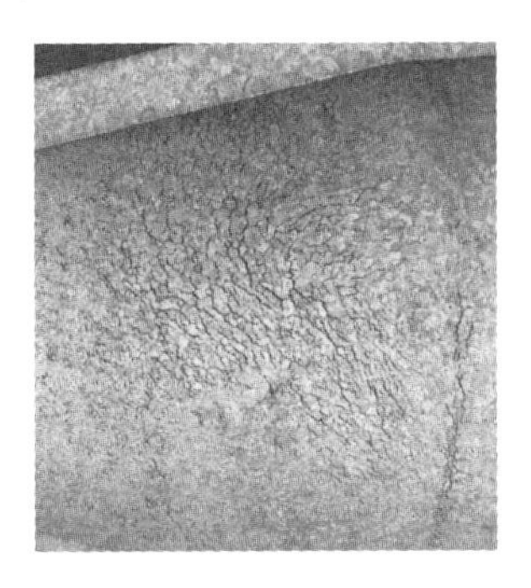

图5-104　毛坯内表面晶间裂纹的宏观形貌

失效原因：筒体在铸造过程中，因模具的预热及冷却效果不好，导致铝液在初始冷却结晶时结晶较快并形成粗晶组织，在继续冷却的过程中，因坯料外壳凝固，设备的补缩能力不足，同时因冷却速度放慢，坯料出模时温度过高，坯料在出模之后的空冷过程中，因体积收缩过大而产生收缩裂纹。

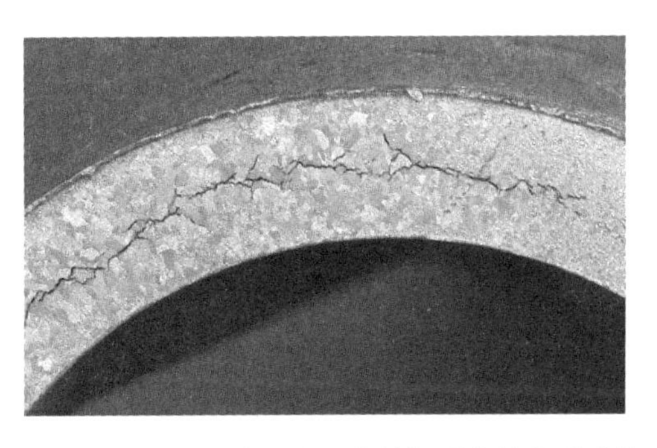

图5-105　毛坯底端面出现的晶间裂纹的宏观形貌

失效部位：筒体铸造毛坯的内表面及底端面。

失效模式：热裂纹。

失效原因：热裂纹是铝坯料出模时温度过高造成的。当温度过高的铸坯在空气中进一步冷却收缩时，因铝合金的收缩量大，铸坯外表面晶粒间强度不足而产生的裂纹。

改正措施：100%检验，去除不合格。

第四节　锻造缺陷类

一、案例27：筒体毛坯开裂

材料：20钢。

失效背景：筒体毛坯经热冲盂成形后，在变薄拉深过程中出现毛坯被拉断的情况，如图5-106所示，在后续变薄拉深过程中又陆续出现毛坯被拉裂的现象，如图5-107所示。

图5-106　变薄拉深中拉断的工件

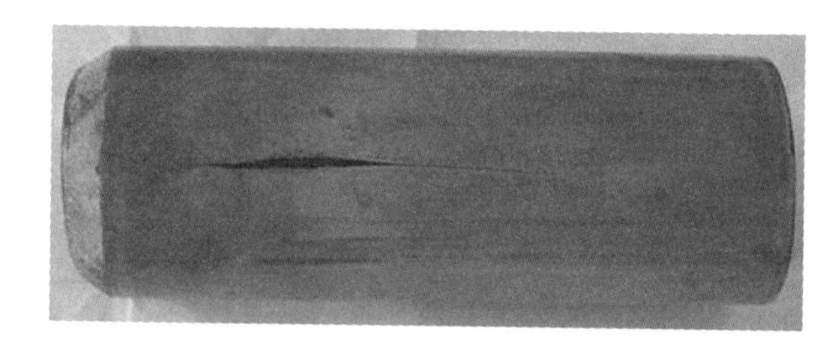

图5-107　经三道变薄拉深后开裂的工件

失效特征：横向断裂及纵向开裂，断裂形态均为脆性断裂。

失效模式：横向断裂毛坯的断口形貌为准解理，属于偏脆性断口，在裂纹表面没有发现疏松、气孔、夹杂物等缺陷（见图5-108、图5-109），其组织形态为魏氏组织，晶粒度为4~5级、6~7级（见图5-110、图5-111）。

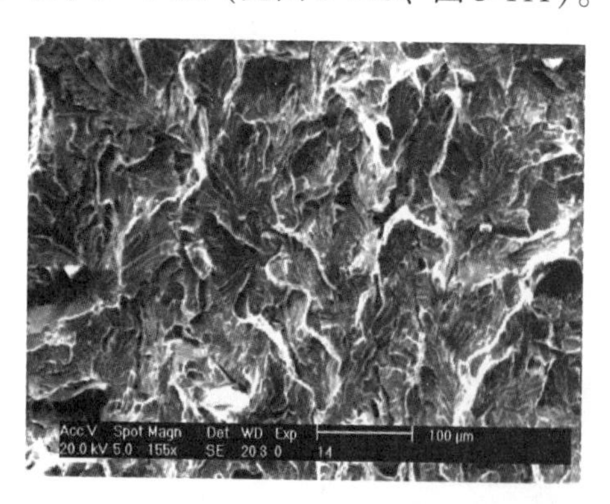

图5-108　横向断裂毛坯断口的微观形态1

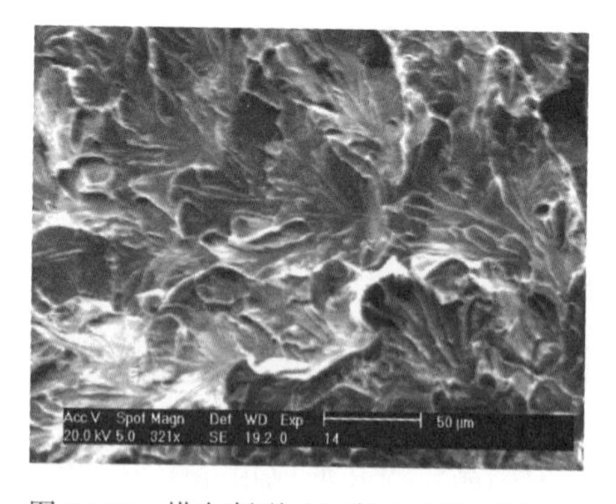

图5-109　横向断裂毛坯断口的微观形态2

在纵向开裂毛坯的断口中，同一断口中的颜色分为黑褐色、褐色及银灰色三个区域，表明裂纹的形成过程分为三个阶段（见图5-112）。纵向开裂断口的微观形貌为解理+少量韧窝，断口上有大量的二次裂纹，属于脆性断口，在断口表面没有发现疏松、气孔、夹杂物等缺陷（见图5-113、图5-114），其高倍组织为贝氏体+铁素体，晶粒度3~4级（见图5-115）。

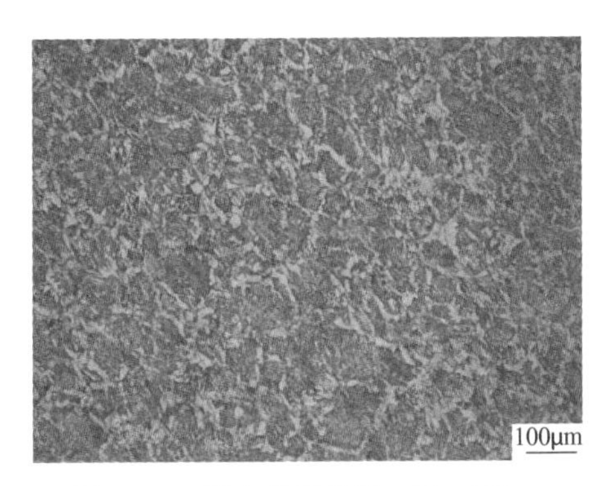

图 5-110　横向魏氏组织 3 级　100×
晶粒度 4～5 级

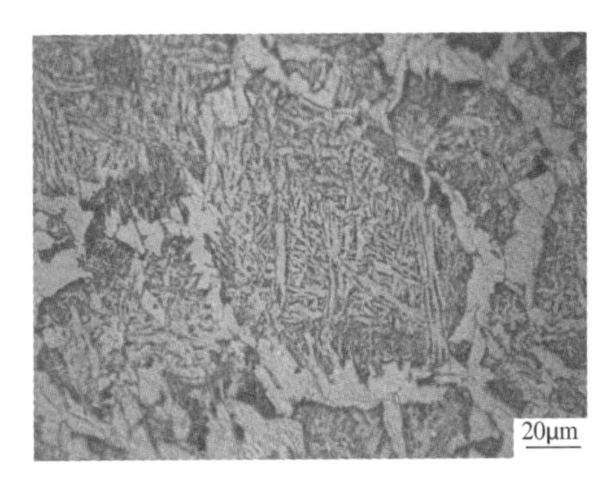

图 5-111　横向魏氏组织 3 级　500×
晶粒度 6～7 级

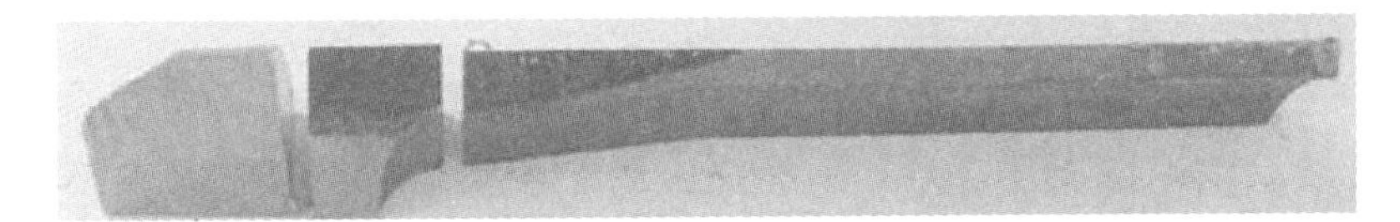

图 5-112　裂纹面的宏观形貌

失效原因：筒体毛坯在冷变薄拉深时断裂、开裂的原因为热处理组织不良。即上筒体坯料在冲盂时中频加热过程中，存在加热温度过高的情况（超过工艺规定的上限）、冲盂后进行水冷时产生了淬火效应，在其后的退火工序中，因退火不完全，毛坯的性能无法满足下一道冷变薄拉深工艺的要求，在进行冷变薄拉深时产生了断裂、开裂的现象。

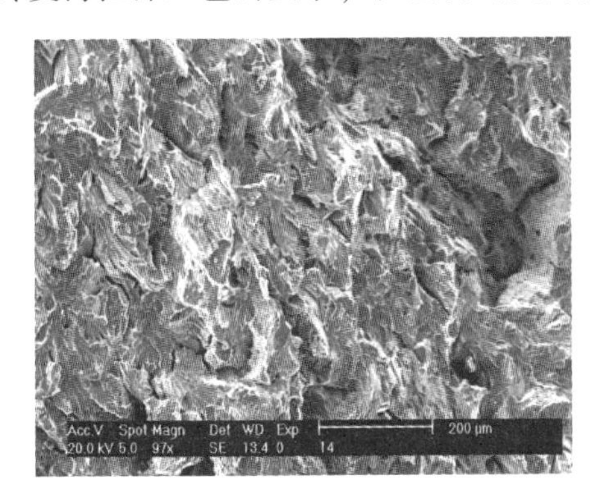

图 5-113　纵向开裂毛坯断口的微观形态 1

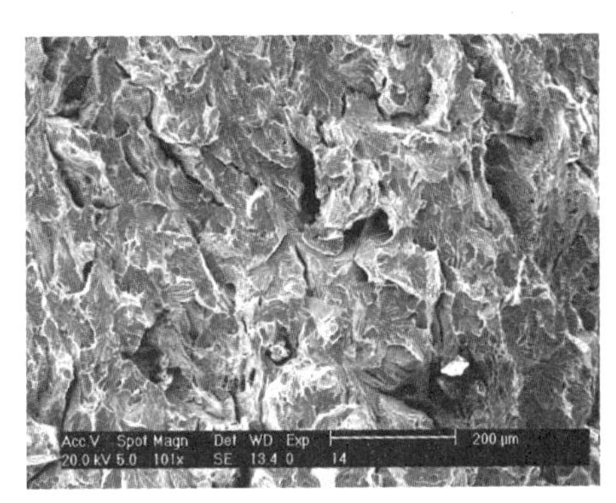

图 5-114　纵向开裂毛坯断口的微观形态 2

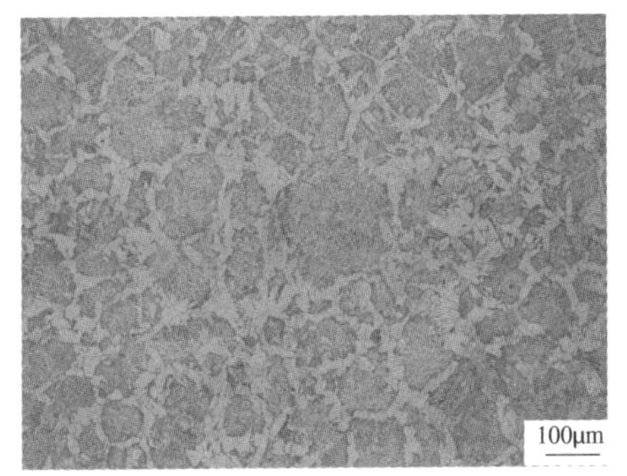

图 5-115　纵向开裂工件贝氏体＋铁素体晶粒度 3～4 级　100×

改正措施：增加退火工序。

二、案例28：铝合金头螺冲制毛坯口部偏斜、壁厚差超差

材料：7A04-T6。

失效背景：用铝合金棒料，采用反挤压成形工艺冲制较大尺寸的头螺毛坯过程中，有40%以上的毛坯出现口部偏斜、壁厚差超差的现象，如图5-116、图5-117所示。

图5-116　铝合金头螺冲制过程中因毛坯口部偏斜产生的坯料废品

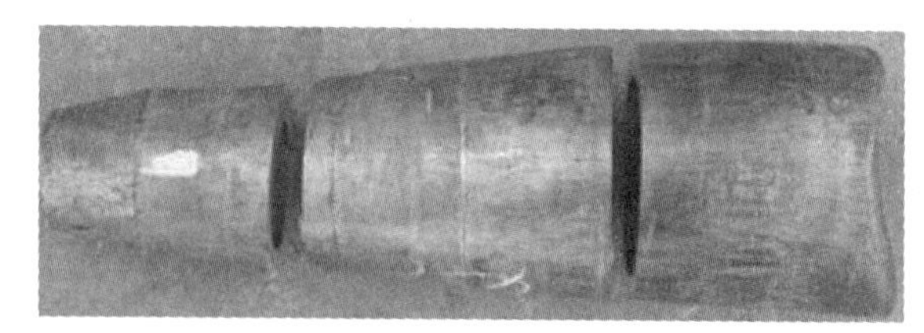

a) 检验壁厚差的位置

b) 壁厚差超差

图5-117　壁厚差超差现象

失效特征：毛坯口部偏斜导致毛坯的总长度不足；毛坯壁厚差超差导致毛坯的加工余量不足。

失效原因：因坯料的长径比超过3，因此棒料反挤压成形的工艺方案不适合用于较大尺寸的头螺毛坯冲制。

改正措施：采用“管料缩口、模锻复合精密成形”技术，取代“棒料反挤压成形”的工艺方案。

三、案例29：头螺毛坯充形不饱满及折叠

材料：7A07-T6。

失效背景：采用管料缩口模锻成形工艺冲制较大尺寸的铝合金头螺过程中，有20%的毛坯在小头部位存在充形不饱满及折叠的缺陷。

失效特征：头螺毛坯在小头部位存在充形不饱满及折叠的缺陷，如图5-118～图5-121所示。

失效原因：失效原因包括润滑剂涂覆不均匀，原材料表面质量对铝管挤压成形效果的影响，坯料的加热温度对铝管挤压成形效果的影响，以及模具预热及冲制过程中模具的温度控制对铝管挤压成形效果的影响四个方面。

图 5-118　小头部位充形不饱满及折叠头螺毛坯

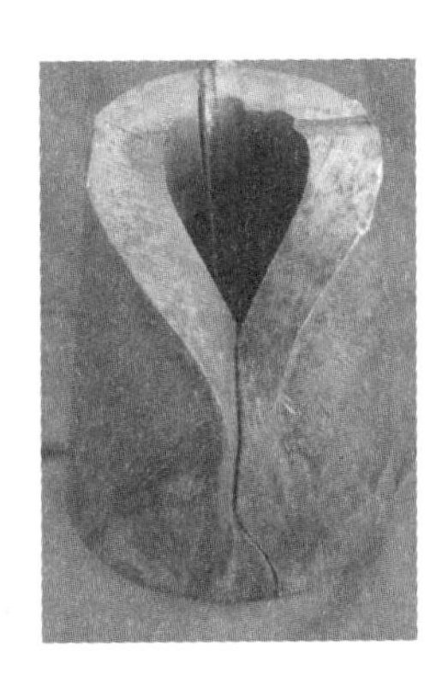

图 5-119　最严重的折叠现象

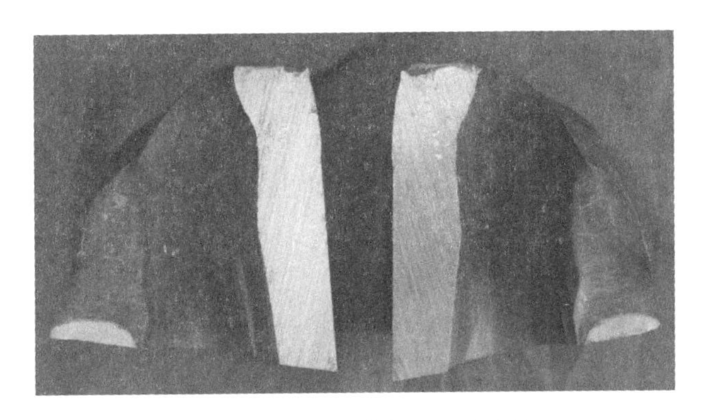

图 5-120　最严重的折叠解剖形貌

a）左侧

b）正面

c）右侧

图 5-121　最严重的折叠现象的整体外观形态

改正措施：增加坯料预润滑处理工序，预处理前、后坯料外观比较如图 5-122、图 5-123 所示；坯料的加热温度由 440℃ ±10℃ 调整为 400℃ ±10℃，在模具预热时增设专用的预热体预热模具。采取改正措施后，在小批量冲制试验中，采用管料缩口、模锻复合成形技术冲制的大头螺毛坯外观形态如图 5-124、图 5-125 所示。

图 5-122　下料后未经处理的铝管坯料表面存在的油渍、灰尘等污染物

图 5-123　经预润滑处理的铝管坯料外观

图 5-124　采用管料缩口、模锻复合成形技术冲制的大头螺毛坯的外观形态 1

图 5-125　采用管料缩口、模锻复合成形技术冲制的大头螺毛坯的外观形态 2

四、案例 30：罐体冲制毛坯内腔裂纹

材料：7A04-H112，产品最终状态为 T6。

失效背景：在罐体冲制过程中，罐体的底部出现麻痕，严重的出现较大的裂纹。

失效特征：裂纹附近区域有较大面积的麻痕（见图 5-126），麻痕的裂口方向与冲头的运行方向相反（见图 5-127）。经检测，在断口中未发现有材料缺陷存在的痕迹。

失效模式：韧性断裂。

失效原因：在冲制罐体毛坯的过程中，因冲制频率过快且润滑剂涂抹效果也不理想，在连续冲制过程中，当模具升温达到较高的温度后没能及时对模具进行冷却，出现粘铝现象，导致冲制过程中摩擦阻力增大，造成罐体毛坯内腔出现麻痕，严重的出现铝合金被拉断的情况。

改正措施：100% 检验，去除不合格品。

图 5-126　罐体内腔缺陷的部位及其形态

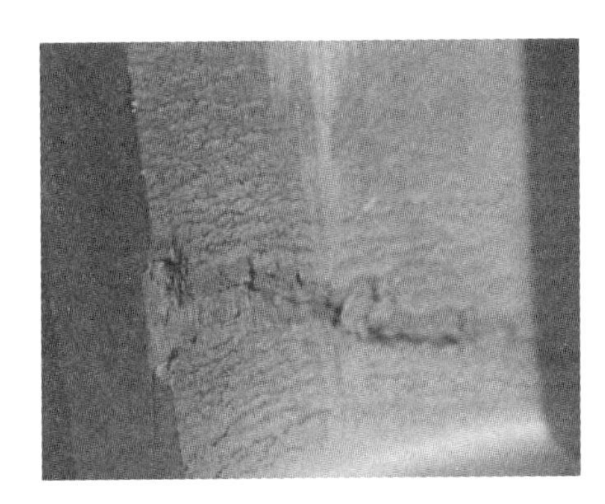

图 5-127　罐体缺陷部位的形态放大图

五、案例 31：头螺冲制毛坯内腔缺陷

材料：7A04-H112，产品最终状态为 T6。

失效背景：在冲制头螺毛坯过程中，部分头螺毛坯的中部出现麻痕、折叠现象，严重的出现较大的裂纹。

失效特征：裂纹附近区域有较大面积的折叠、麻痕和起包，严重的出现金属断裂的情况（见图 5-128、图 5-129），在缺陷区域及断口中未发现有材料缺陷存在的痕迹。

失效原因：在冲制头螺毛坯的过程中，因冲制频率过快且润滑剂涂抹的效果也不理想，在连续冲制过程中，当模具升温达到较高的温度后没能及时对模具进行冷却，出现粘铝现象，导致冲制过程中摩擦阻力增大，造成头螺毛坯内腔出现折叠，严重的出现铝合金被拉断的情况；头螺毛坯经过热处理后，在折叠区域出现起泡现象。

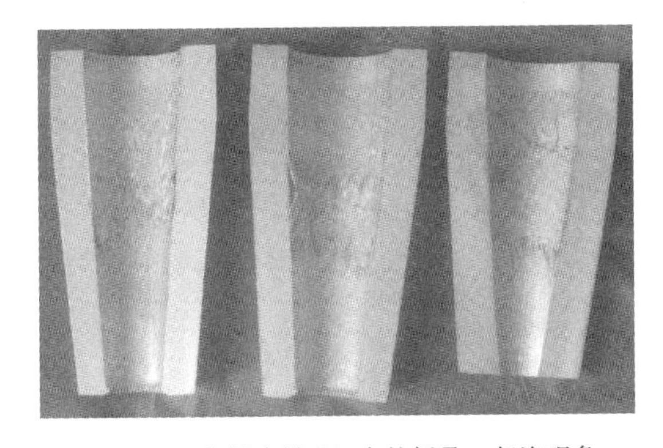

图 5-128　头螺冲制毛坯中的折叠、起泡现象

图 5-129　头螺冲制毛坯中的断裂现象

改正措施：在冲制过程中对铝坯料增加预润滑处理工序。

六、案例 32：罐体冲制毛坯外表面裂纹

材料：7A04 铝棒，材料状态 T6。

失效背景：在冲制罐体毛坯过程中，部分罐体毛坯的外表面出现严重的裂纹。

失效特征：在罐体毛坯的外表面出现严重的的裂纹，裂纹主要位于罐体毛坯的外表面的中、下部区域，裂纹的开口较大，经清理腐蚀处理后，在裂纹源中未发现有材料缺陷存在的

痕迹，如图 5-130 所示，裂纹的底端较为圆钝（见图 5-131），属于韧性开裂形貌。

图 5-130　罐体毛坯外表面裂纹宏观形态

a）工件1

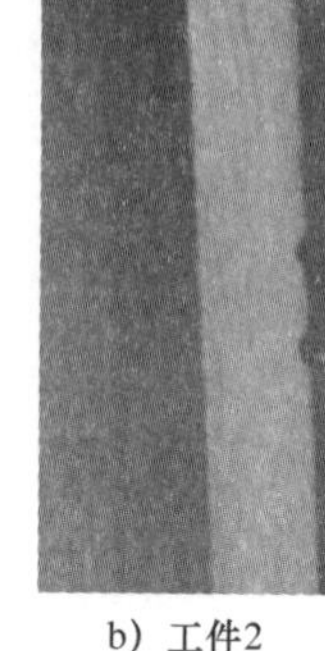

b）工件2

图 5-131　罐体毛坯外表面裂纹剖面形态

失效原因：经调查核实，在冲制罐体毛坯的初始阶段，操作人员没有对模具进行预热，因此，造成罐体毛坯在冲制的初始阶段出现外表面开裂的现象。

改正措施：冲制前确认模具预热的效果。

七、案例 33：某筒体外表面纵向裂纹

材料：D60。

失效部位：筒体外表面铜带槽上部。

失效背景：筒体的工艺流程为：下料→加热→冲压→拔伸→粗车→热处理→精车，在粗车后发现筒体外表面铜带槽上部存在裂纹（见图 5-132），所有筒体裂纹形态均相同。

图 5-132　筒体裂纹实物图

失效特征：裂纹长 24mm，宽 0. 5mm，截取横向试样观察，裂纹与横截面成一定角度约 45°，裂纹最大深度 0. 784mm（见图 5-133）；内有大块的氧化铁皮，尾部圆钝，两侧半脱碳，半脱碳层深度约为 0. 15mm，基体组织正常，为珠光体 + 铁素体，晶粒度为 6 级（见图 5-134）。

原因分析：筒体在冲压过程中氧化皮压入，造成筒体外表面折叠裂纹。

失效原因：冲压裂纹。

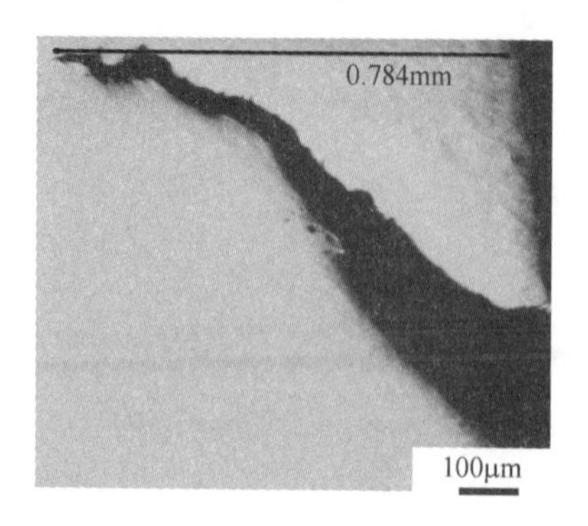

图 5-133　筒体裂纹深度

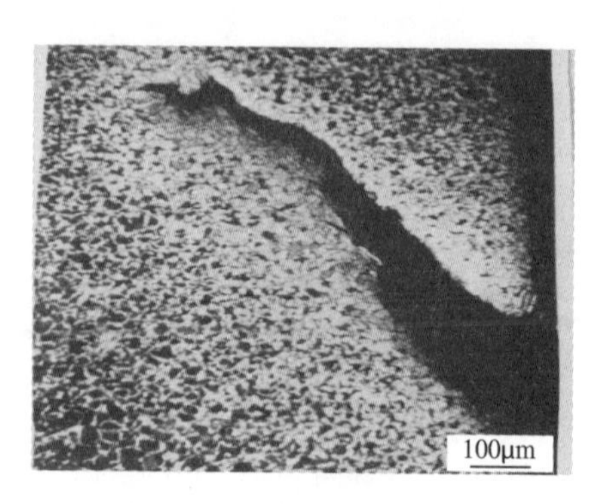

图 5-134　筒体裂纹两侧组织

改正措施：在冲制筒体的过程中增加去除氧化皮工序。

八、案例34：铜壳内膛裂口

材料：四六黄铜。

失效背景：黄铜某筒件首批试制120件，其中，48件毛坯距内底18~22mm处发现轻微断续裂纹（见图5-135），对黄铜筒的质量和加工进度造成较大的影响。黄铜筒的主要工艺流程为：下料→铜饼加热→热挤盂→酸洗→拔伸→退火→压底→考口，其中拔伸和退火重复5次。

失效特征：取试样进行观察，发现裂口呈V形，深度为0.164mm，未向基体内部延伸，裂口附近干净，未见夹杂等缺陷，如图5-136所示。腐蚀后裂口两侧有变形，组织为（α+β）固溶体，如图5-137所示。

图5-135 筒内底根部裂纹

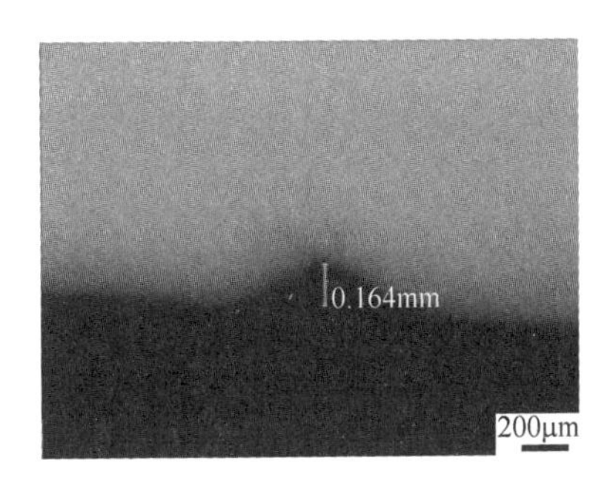

图5-136 筒裂口深度

原因分析：裂口两侧组织变形可知两侧金属流动速度不一致，这是因为冲模具圆弧衔接处有轻微凸棱，造成金属流动迟滞，在后续拔伸过程中压痕延展导致拉裂。

失效原因：现场确定轻微拉裂为第二次拔伸产生。对第二次拔伸冲模具检查发现，圆弧衔接处有轻微凸棱，不满足设计要求。

改正措施：在第1~5次拔伸冲子增加外观检验要求，圆弧衔接处不允许有轻微凸棱，将圆弧衔接处有轻微凸棱的二伸冲子进行了修磨，冲模改进后拔伸30件黄铜筒没有裂口产生（见图5-138）。

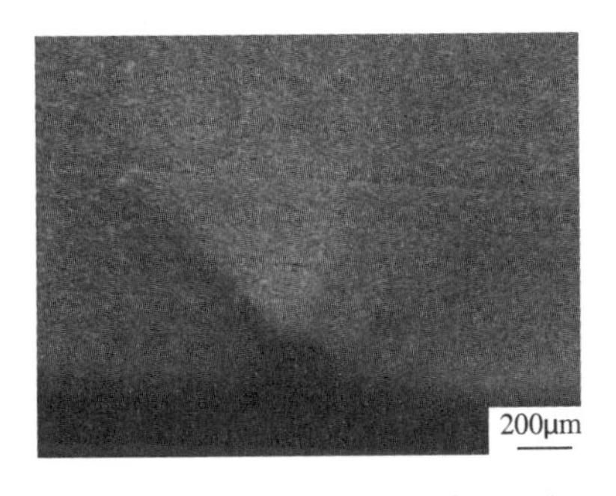

图5-137 某筒裂口两侧的变形组织

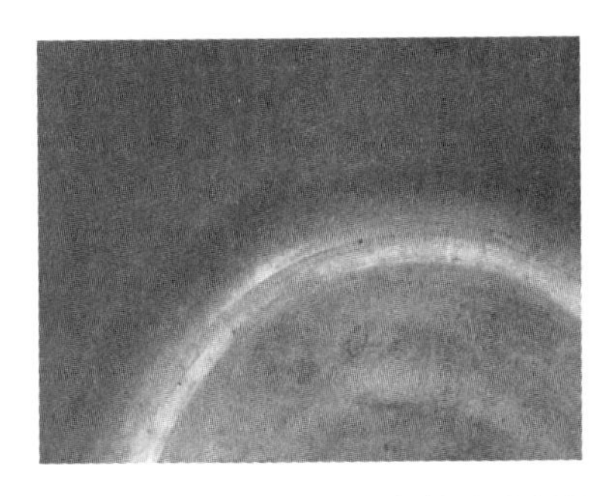

图5-138 冲模具改进后某筒内底根部

九、案例 35：某筒体弧形部裂纹

材料：823 钢。

失效背景：筒体的主要工艺流程为：下料→加热→冲拔→粗车→热处理→精车，在精车后发现距筒体口部 50 ~ 55mm 位置，存在横向环形和不规则的裂纹（见图 5-139）。

失效特征：裂纹集中在筒体弧形部，规律性明显。取试样分析，裂纹与截面成一定角度，裂纹两侧干净，无夹杂，裂纹方向可见氧化物，裂纹尾部尖锐（见图 5-140），腐蚀后裂纹两侧无脱碳（见图 5-141）。

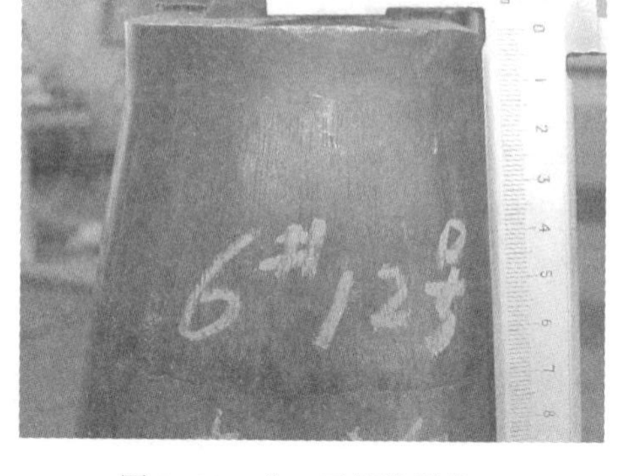

图 5-139 收口后筒体裂纹

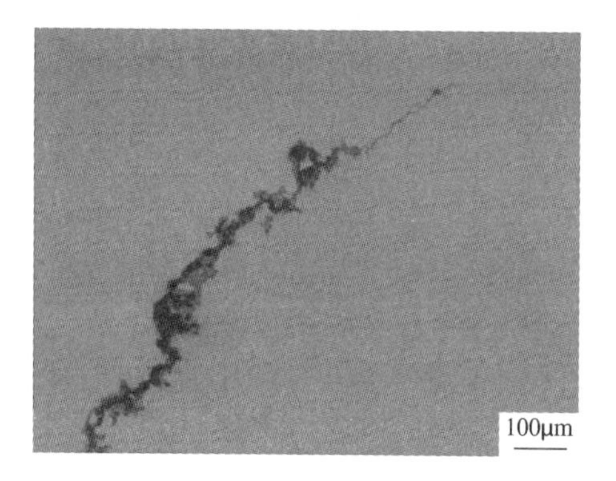

图 5-140 裂纹形貌

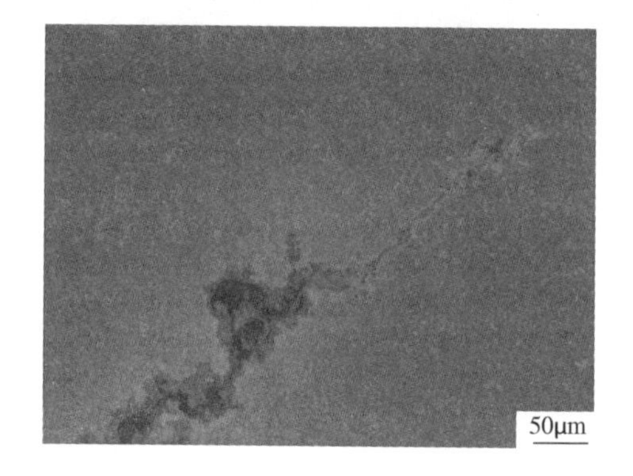

图 5-141 带有裂纹试样腐蚀后形貌

原因分析：通过现场观察与测量，发现筒体热处理前收口毛坯距口部 70 ~ 75mm（精车后为 50 ~ 55mm）位置，存在环形裂纹（见图 5-142），与精车后裂纹位置基本一致。折叠在淬火应力作用下发生扩展。

失效原因：收口模的引入角度偏大，经连续生产时，收口模由于磨损产生润滑油和氧化皮堆积，氧化皮折入形成折叠，并逐渐加重，使口部引入角位置的摩擦力增大，导致毛坯口部形成折叠，在后续的热处理中扩展。

图 5-142 筒体精车后出现的裂纹

改正措施：修改收口模引入角的角度，将收口模引入角由 20°改为 10°，将口部锥面靠近弧形部的尺寸上移，消除筒体收口折叠。在后续生产中没有出现弧形部裂纹。

十、案例 36：头螺裂纹

材料：7A04 铝棒。

失效背景：头螺采用的是温挤压工艺，主要工艺流程为：下料→温挤压成形→热处理（固溶+时效）→粗车→精车→阳极氧化。在温挤压后发现外表面转角处存在裂纹，如图5-143所示。

图5-143 裂纹宏观图

失效特征：取试样观察，裂纹一侧的流线走向如图5-144所示，另一侧的走向如图5-145所示，两侧的走向相互垂直，裂纹内部可见氧化皮（见图5-146）。

图5-144 裂纹一侧流线走向

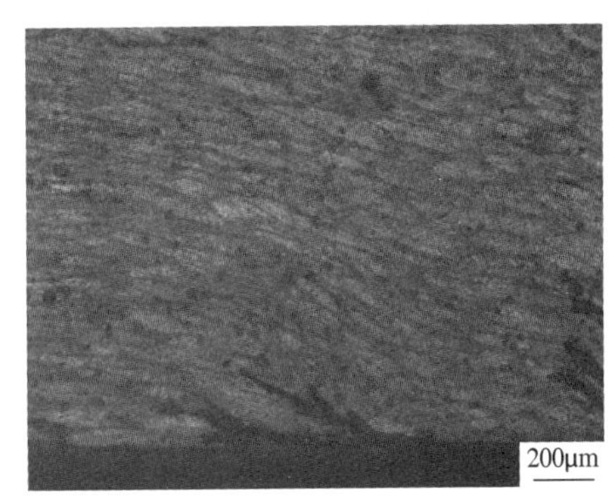

图5-145 裂纹另一侧流线走向

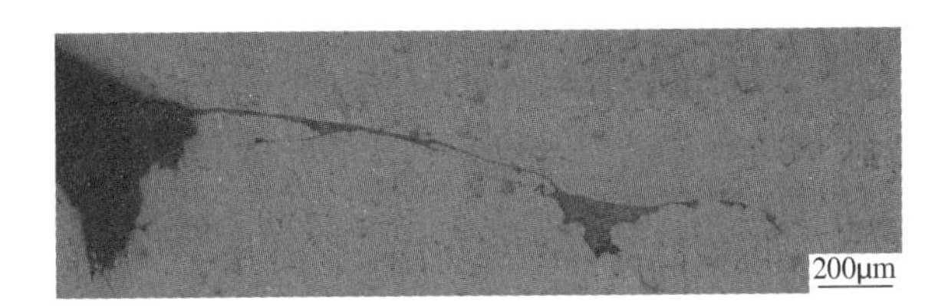

图5-146 裂纹内部的氧化皮

原因分析：坯料出现裂纹的位置是厚度最大的转角处，温差大，产生应力，从坯料的流线走向可以看出此处的抗拉能力最差，坯料的变形能力差，内外变形不一致导致拉裂。

失效原因：冲压过程中模具预热不理想、温度低，导致坯料的表面温度下降大，坯料的内外温差过大，导致坯料的表面被拉裂。

改正措施：模具在工作前应充分预热。

十一、案例37：某筒底部压底裂纹

材料：四六黄铜。

失效背景：某筒的主要工艺流程为：下料→铜饼加热→热挤盂→酸洗→拔伸→退火→压底→考口，其中拔伸和退火重复5次。在筒试生产过程中，在压底后发现底部外缘存在穿透裂纹（见图5-147）。

图5-147 某筒裂纹

失效特征：取试样观察，裂纹两侧干净无夹杂，主裂纹两侧存在次生裂纹（见图5-148），腐蚀后组织正常

为 α + β（见图 5-149）。

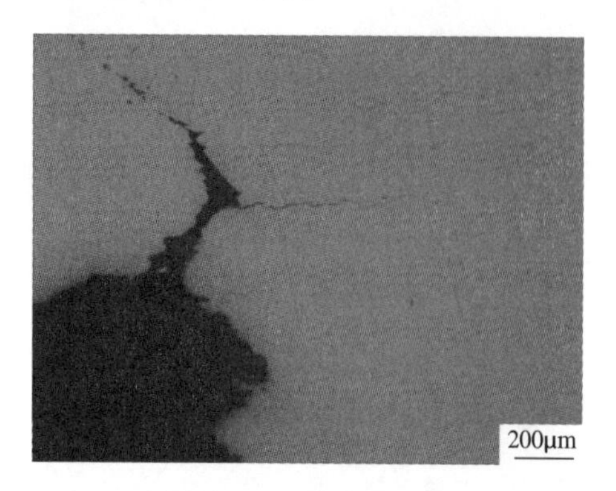

图 5-148　裂纹微观图

图 5-149　裂纹显微组织图

原因分析：压底工序使用的肘杆式精压机工作行程距离较短，加工过程中瞬间压力过大，设备不可调控，只能靠产品冲模模具保证。底部金属在压制成形过程中下压量过大，承受压力过大，金属流动不均匀产生应力集中。

失效原因：热造形、末伸工具与压底工序的模具配合不合理使金属流动不均匀，产生应力集中，造成压底底边裂纹。

改正措施：重新计算产品筒底部金属重量，合理分配金属量，根据热造形工序和末伸工序冲模的结构推算压底模具的形状尺寸，改进冲模具尺寸后再没有出现过裂纹。

十二、案例 38：某筒造型圈缺陷

材料：四六黄铜。

失效背景：下料→铜饼加热→热挤盂→酸洗→拔伸→退火→压底→考口，其中拔伸和退火重复 5 次，在热挤盂后发现裂纹（见图 5-150）。

失效特征：由图 5-150 可见，挤压时发生了沿晶裂纹，晶粒粗大，表面出现整个晶粒脱落留下的裂口，取试样观察，裂纹两侧干净，无冶金缺陷（见图 5-151），腐蚀后组织为 α + β。正常处组织晶粒小（见图 5-152），裂纹处组织晶粒粗大（见图 5-153）。

原因分析：裂纹自表面沿挤压方向向晶粒粗大处的晶界伸展，此裂纹是由于粗晶造成的材料力学性能不高所引起的开裂。

图 5-150　宏观缺陷图

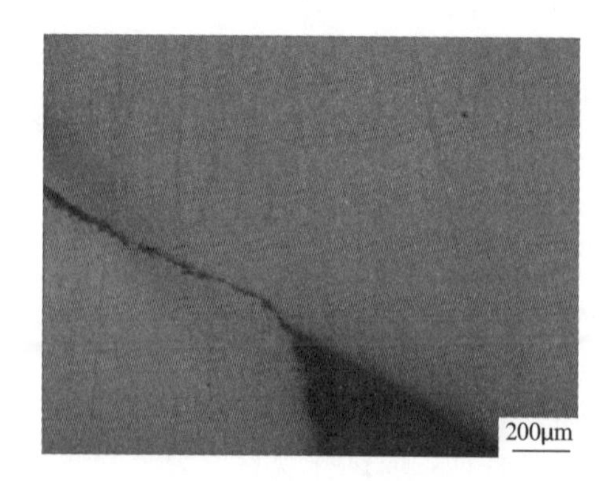

图 5-151　微观裂纹图

图 5-152　正常处显微组织图

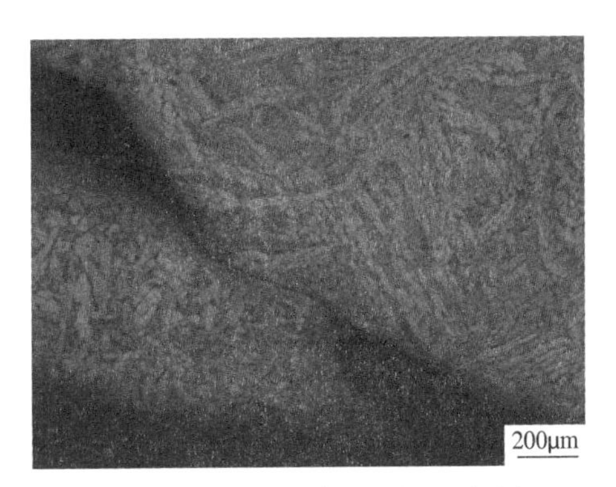

图 5-153　裂纹两侧的微观组织图

失效原因：造成挤压缺陷是由于原材料轧制变形不当，经再结晶后，得到粗大晶粒，由于粗大晶粒引起材料力学性能下降，以致在以后的加热挤压时，即使温度不高，也会因原材料的粗大晶粒造成材料力学性能低而引起开裂。

改正措施：合理制定轧制比。

第五节　焊接缺陷类

一、案例 39：筒体铜带熔敷焊焊接裂纹

材料：D6AC 钢、T2 铜。

失效背景：筒体和铜带是采用熔敷焊接的方式结合在一起，筒体、铜带焊接后微观检查时发现显微裂纹，宏观上无异常（见图 5-154）。

图 5-154　筒体和铜带焊接后的宏观图

失效特征：在筒体内部存在微裂纹和微孔洞，位置在筒体内部、距筒体铜带焊接界面 400μm 区域内，大部分在 100μm 区域内，少量在 100 ~ 240μm，微裂纹是沿晶，微孔洞连接成串，部分出现裂纹扩展型特征，如图 5-155 所示。对焊接前的筒体进行显微分析，发现筒体近表层存在微孔洞缺陷，大部分集中在 100μm（见图 5-156）。

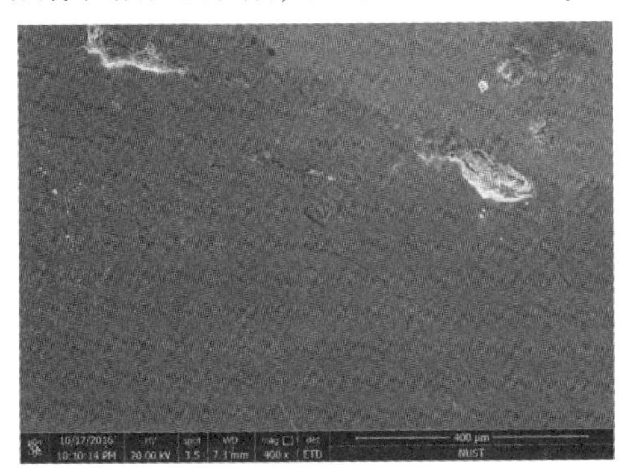

图 5-155　筒体和铜带焊接处的裂纹图

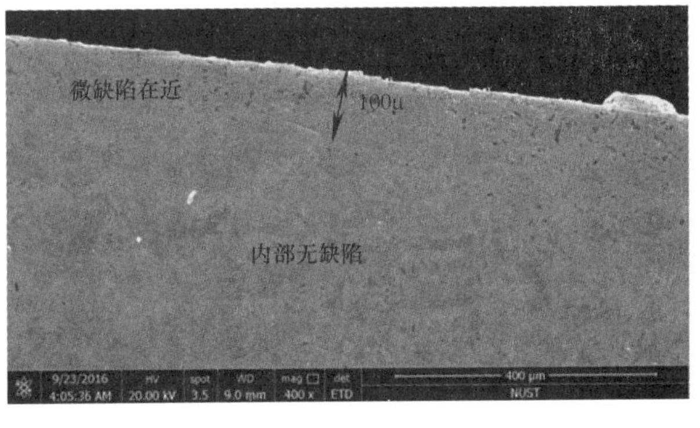

图 5-156　筒体焊接前微观图

原因分析：筒体的材料为中碳调质钢，碳、合金元素含量高，对硫、磷等杂质特别敏感，易产生晶间低熔点夹杂物。筒体近表面已经存在微孔洞，在焊接热应力作用下串接，形成较大的显微裂纹。

失效原因：焊接过程加剧了近表层原有的微孔洞、原有晶界大量低熔点夹杂成裂纹。裂纹的内在因素在于“近表层原有的缺陷层”。

改正措施：将筒体表面的缺陷层磨削掉 300～500μm 再进行熔敷焊接，没有出现微裂纹。

二、案例 40：熔敷焊焊接铜带缺陷

材料：T2 铜。

失效背景：熔敷焊焊接铜带完成后发现铜带的上部存在缺陷，如图 5-157 所示。

失效特征：缺陷位于铜带上部，宏观上看呈聚集的点状，取试样观察，发现距离筒体铜带界面 0.16mm 处存在大量的疏松（见图 5-158），这样近距离的缺陷会被带入到成品中，使铜带的抗剪切强度降低。

图 5-157　筒体、铜带焊接处的缺陷形貌

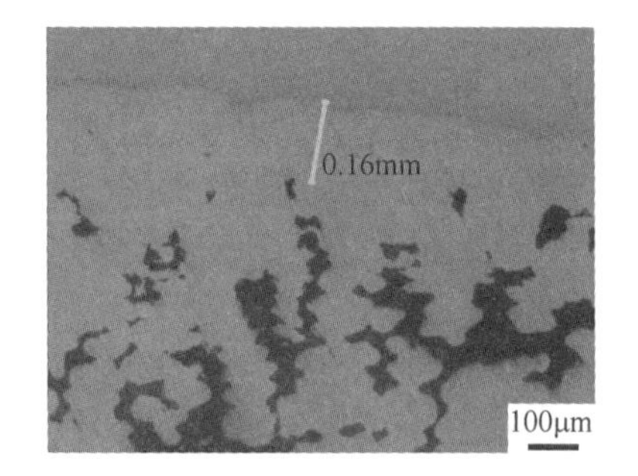

图 5-158　缺陷处的显微图

原因分析：筒体铜带熔敷焊焊接是将铜带套在筒体上，用感应线圈将铜带加热，使铜带熔化与筒体结合在一起，在加热过程中加入保护剂随着温度的升高开始沸腾上浮，加入的保护剂过多未及时上浮，导致铜带出现疏松。

失效原因：加入的保护剂过多致使缺陷产生。

改正措施：适量使用保护剂。

三、案例 41：Cu/Fe 堆焊筒体开裂

材料：9260 钢、铜带 HS201 焊丝。

失效背景：某型号产品的铜带是采用堆焊工艺堆在筒体上，主要工艺流程为：筒体冲拔加工成形→在铜带槽内堆焊铜带→调质处理→精车，试验后有一筒体发生开裂。

失效部位：筒体的铜带处。

失效特征：开裂的宏观形貌如图 5-159 所示，可见裂纹由筒体端部向纵深开裂，筒体内表面可见

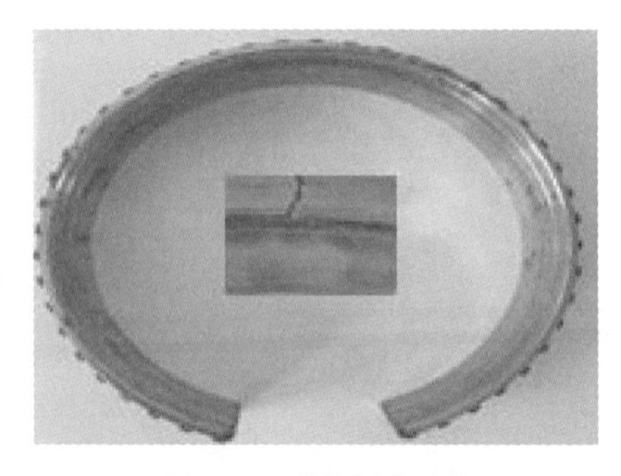

图 5-159　筒体铜带开裂

裂纹长度约为20mm，图5-160为筒体横截面的组织特征及部分典型裂纹形貌，主裂纹在钢筒体中沿厚度方向贯穿开裂，并已向铜带扩展，可见裂纹出现的位置筒体母材（钢）的熔深较大，熔深较小且结合面平直的位置没有发现裂纹，所有的裂纹起始端均出现了来自堆焊层的铜。腐蚀后组织为回火索氏体，熔深大的位置清晰可见沿晶界渗透的铜及铜带中的返铁。

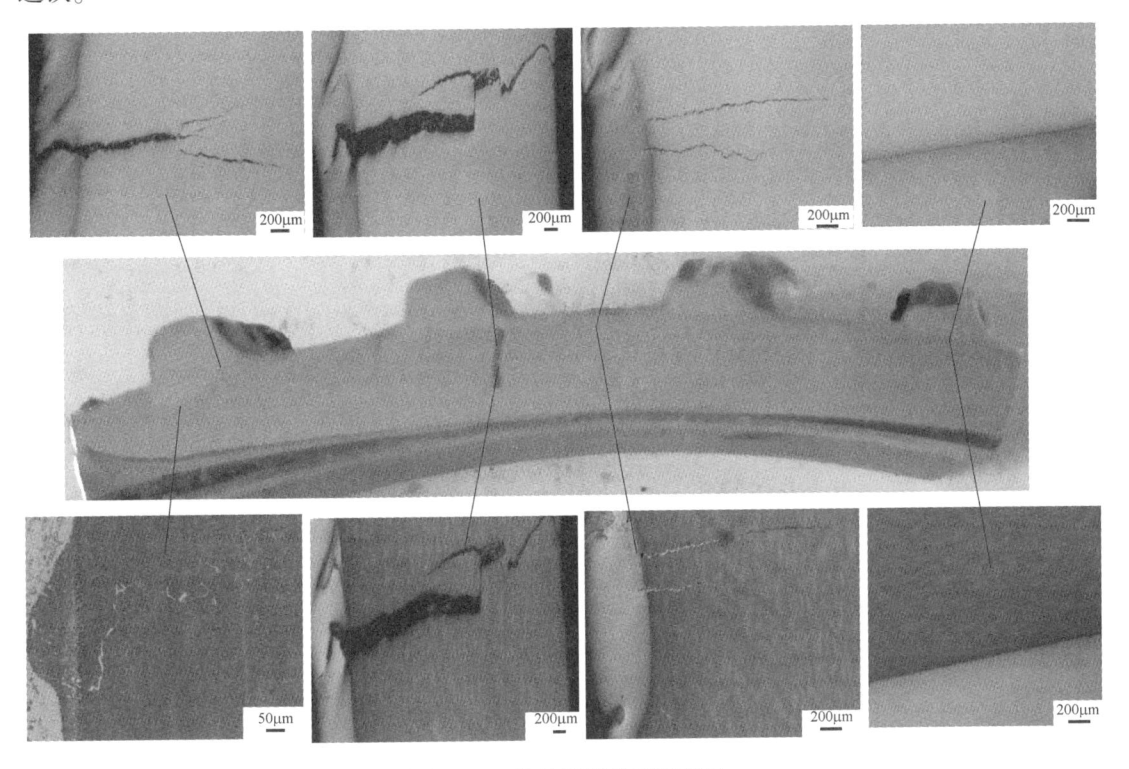

图5-160 筒体铜带截面微观图

原因分析：堆焊时母材和堆焊金属熔化，相互溶解。资料记载钢母材上堆焊铜及铜合金熔合区铜含量可低到0.8%，裂纹中铜含量可高达10%，结合铜钢堆焊的特性分析，裂纹是在焊接过程中出现的，为典型的渗透裂纹。

失效原因：筒体开裂的部位电流过大或焊接时停留的时间过长，形成了较为严重的渗透裂纹。

改正措施：严格执行焊接工艺规范。

第六节 结构设计缺陷类

一、案例42：铝件开裂

材料：7A04-T6、八翼型材

失效背景：某型号产品的铝件在科研阶段进行强度试验的过程中，多次出现铝件开裂的现象。

失效特征：断裂形态为脆性断裂，断口呈灰白色（见图 5-161）。局部有熏染的黑色污染物，但未检出有任何缺陷组织存在，断口中的裂纹源呈现多源性的特征。

a）工件1

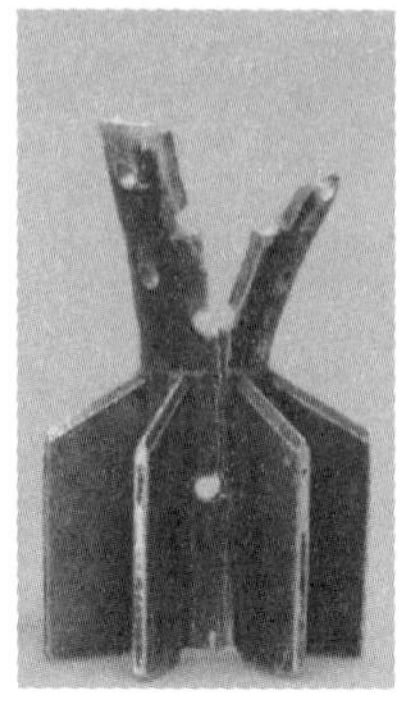
b）工件2

c）工件3

图 5-161　断裂的铝件残片

失效模式：脆性断裂。

失效原因：铝件的内孔结构设计不合理，孔径设计过小（见图 5-162），且孔受到壳体的遮挡，致使铝件内孔中的压力过大，导致铝件被裂断，同时出现沿孔开裂的现象。

改正措施：将尾管孔径增大 0. 5mm。

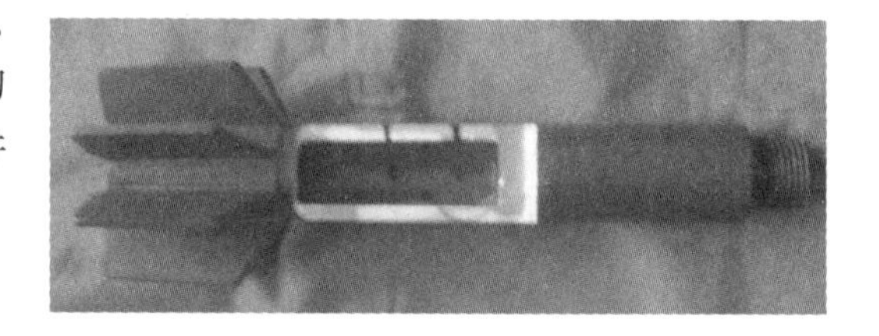
图 5-162　铝件的局部构造

二、案例 43：伞具失效原因分析

材料：钢丝绳、锦丝绳。

失效背景：某型号产品在进行交验的过程中，有 40% 的产品在伞具与照明炬连接时出现断裂的问题（见图 5-163），导致照明炬直接落地，产品失效。

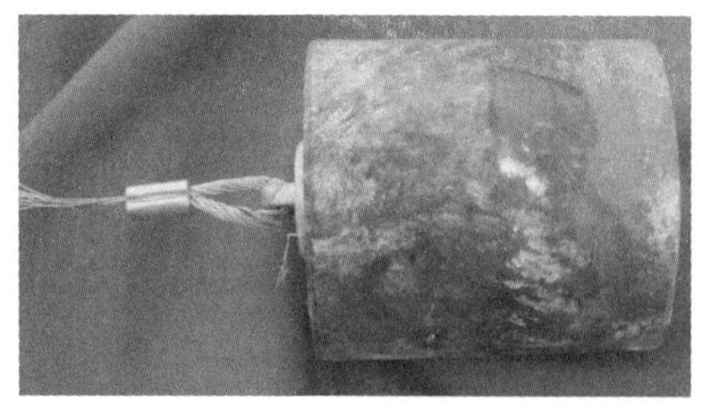
a）断裂形态1

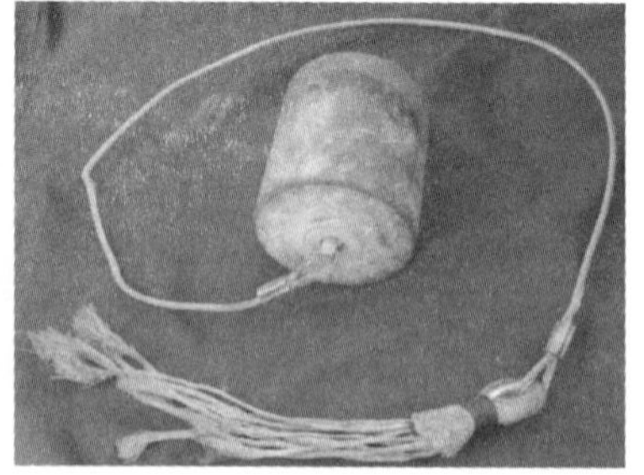
b）断裂形态2

图 5-163　伞具与照明炬连接部位断裂的形态

失效特征：用于连接伞具与照明炬的钢丝绳、锦丝绳受到损伤发生断裂。

失效模式：损伤性断裂，断裂位置没有规律性。

失效原因：引伞帽的结构设计不合理，在将照明炬抛出筒体的过程中，引伞将主伞拉出过快，主伞开伞过早，随照明炬同时抛出的金属件对主伞合件形成撞击，造成钢丝绳或伞绳断裂，导致伞具分离而失效。

改正措施：调整引伞帽的设计结构。

第七节 工艺方法类

一、案例44：星体散星及燃烧时间不足

材料：药剂。

失效背景：某型号救生用星体在进行交验的过程中，出现散星的现象。

失效部位：星体。

失效特征：作用后，星体呈分散形态、出现多颗星体，且星体的燃烧时间明显缩短。

失效模式：星体在使用过程中破碎，如图5-164所示。

图5-164 星体表面出现开裂的现象

失效原因：产品的装配工艺不合理，星体在装配过程中因受到过大的压力而破碎，导致出现散星且燃烧时间不足的问题。

改正措施：装配模具增加限位，避免装配过程中星体柱受压。

二、案例45：制退器被损伤的原因分析

材料：35钢（圆柱销）。

失效背景：在例行检查中，发现制退器被击伤形成凹坑痕迹。

失效特征：机械性损伤。

失效模式：制退器被异物击伤形成凹坑（见图5-165）。

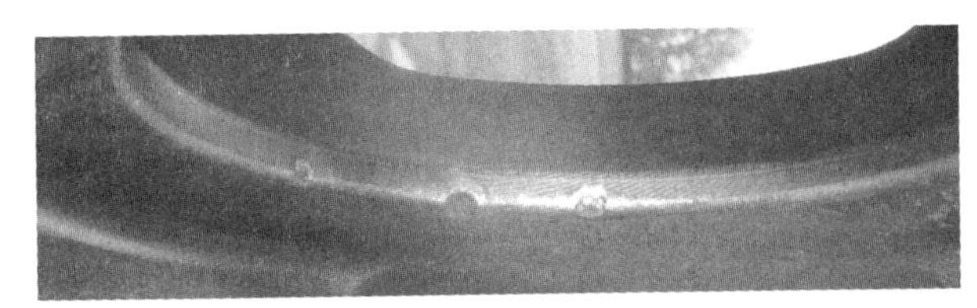

图5-165 制退器上出现的凹坑形态

失效原因：通过对制退器被击伤部位痕迹的形状及结构（见图5-166）进行综合分析，判定击伤制退器的异物是连接筒体、筒底的圆柱销。

圆柱销的装配状态为密封状态，在筒体试验过程中，圆柱销只承受离心力；若圆柱销的装配状态不是密封状态，在试验过程中，圆柱销需承受离心力、端口负压压力的合力如图5-167所示。经计算，负压压力比圆柱销所承受离心力大4倍以上。

改正措施：将圆柱销的结构由圆柱状结构改为一端带有ϕ3.5mm×3.5mm孔的圆柱状结构，并增加在圆柱销开孔处进行胀铆的工序，如图5-168～图5-170所示。

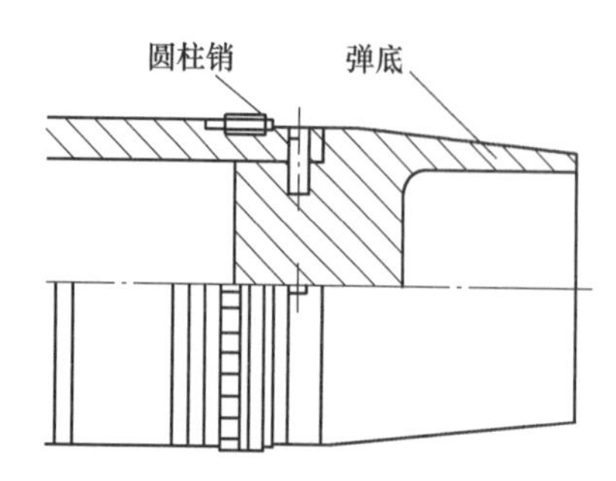

图 5-166　制退器相关结构装配示意

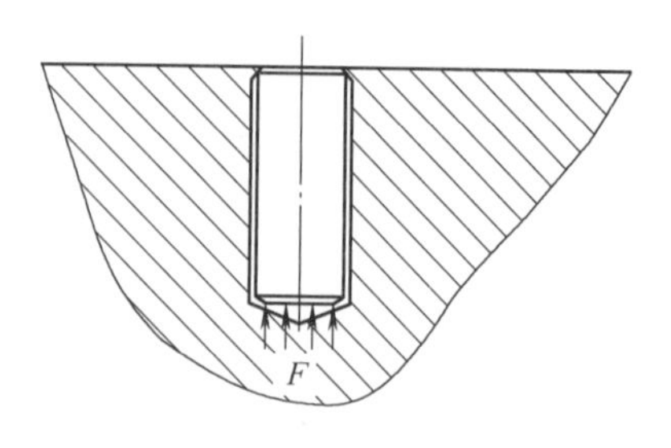

图 5-167　圆柱销受负压压力示意

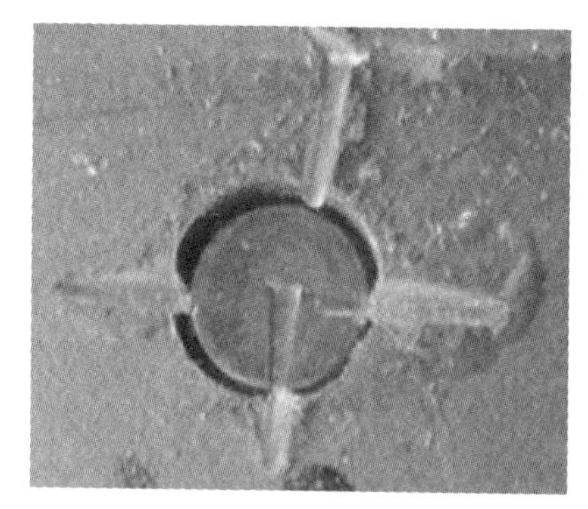

a）试验前圆柱销的铆接状态

b）试验后圆柱销脱出的状态

图 5-168　原工艺圆柱销的铆接状态

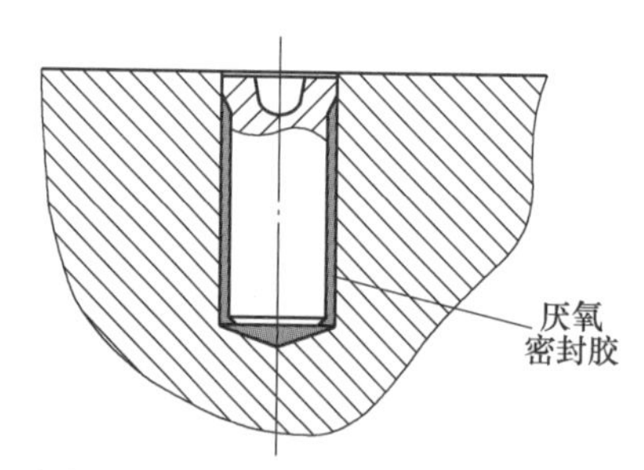

图 5-169　改变设计结构、装配工艺的圆柱销装配结果示意

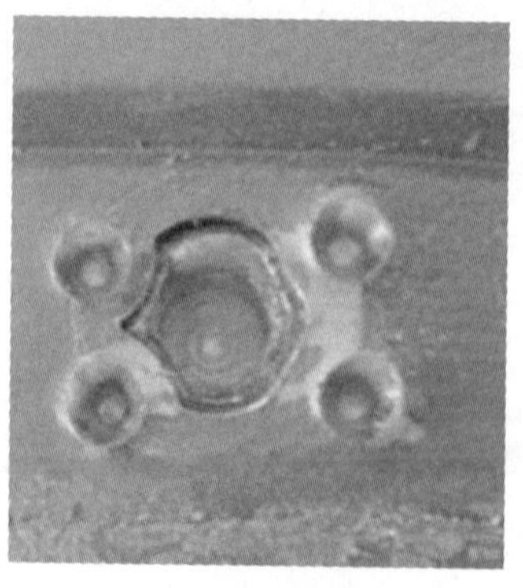

a）试验前的状态

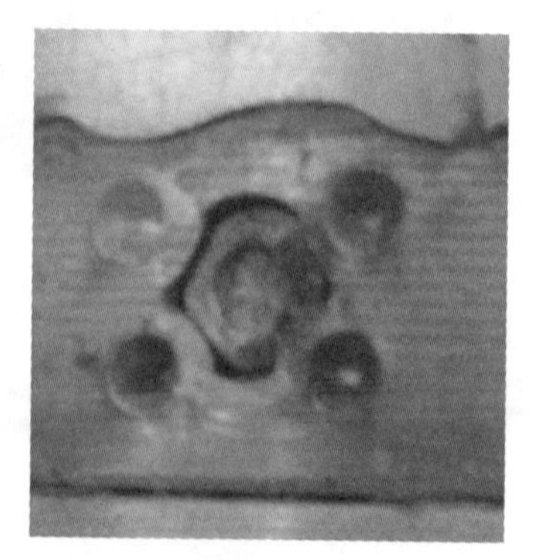

b）试验后的状态

图 5-170　改进后圆柱销的铆接状态

三、案例 46：管体开裂

材料：7A04-T6。

失效背景：在进行强度试验时出现尾管爆裂，尾管爆裂形成多个碎片，尾翼及部分尾管碎片留在其他部件上。

失效分析：从试验现场中查收 4 块尾管残骸碎片（见图 5-171），后又寻获第 5 块残骸（见图 5-172）。对所有残骸的断口用电镜进行了仔细检查，未检出材料缺陷。观察所有残骸表面，在 2 号、4 号残骸弯折处的内表面有方格状凸凹痕迹（见图 5-173、图 5-174），在残骸内壁能见到 3 条明显的轴向划痕（见图 5-175、图 5-176）。

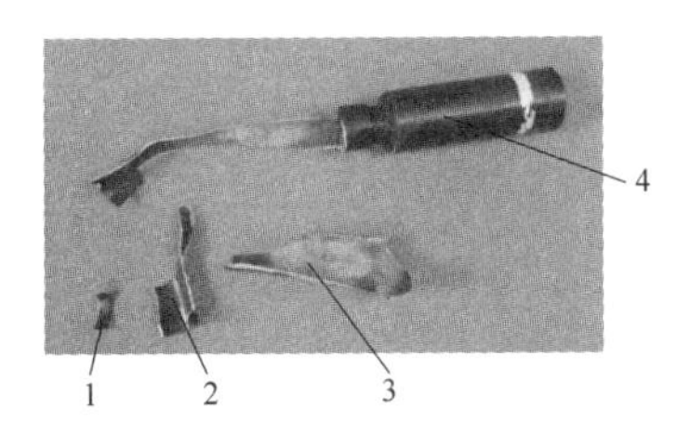

图 5-171　4 块残骸碎片

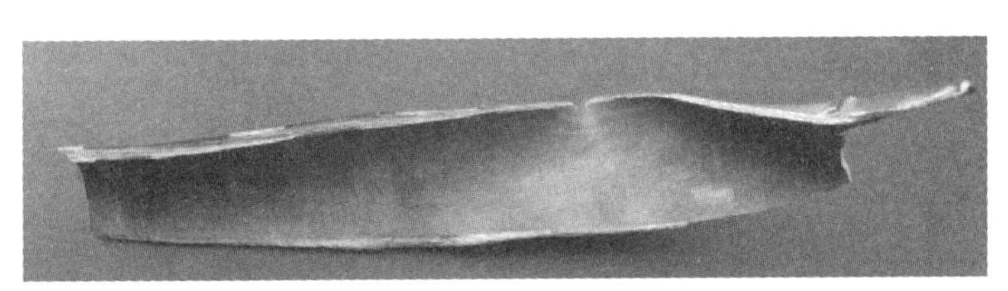

图 5-172　第 5 块残骸

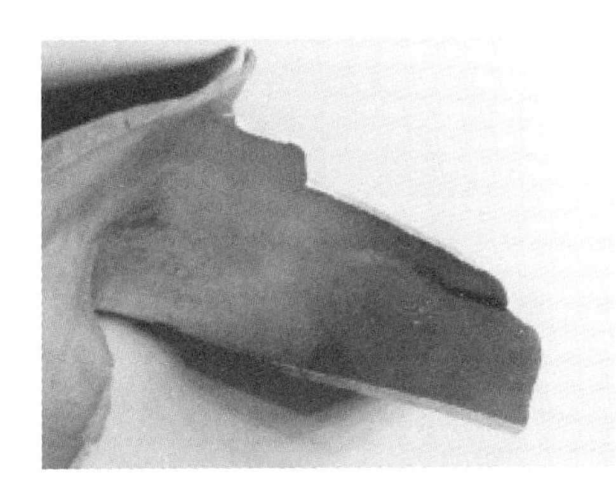

图 5-173　2 号残骸内表面形貌

图 5-174　4 号残骸内表面放大形貌

失效模式：从宏观形貌观察，所有的断口均为脆性断口，属于脆性断裂，断口是尾管开裂时一次性产生的。

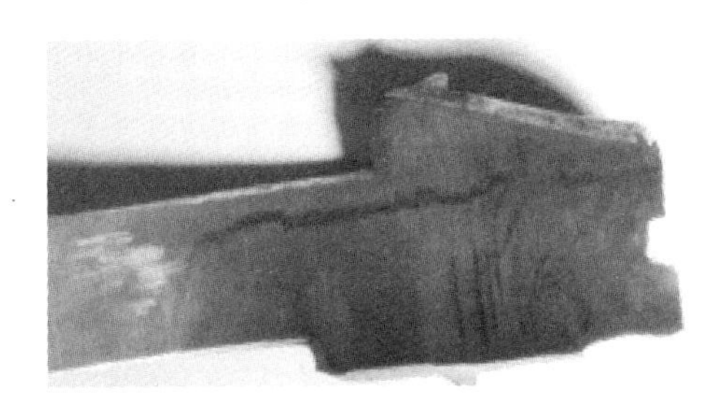

图 5-175　1 号残骸内表面轴向划痕形貌

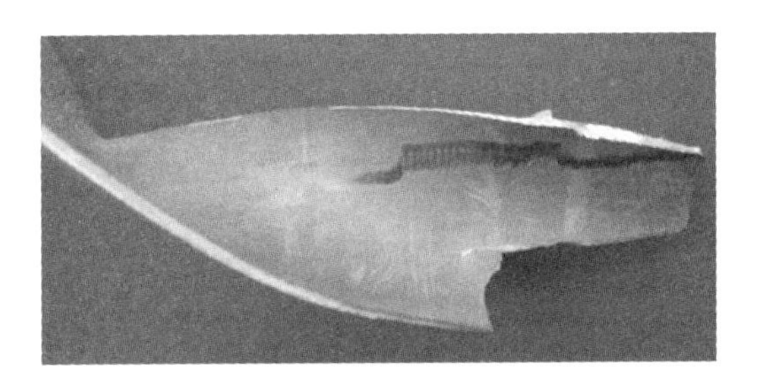

图 5-176　4 号残骸内表面轴向划痕形貌

失效原因：通过对尾管加工工艺过程的检查发现，残骸内表面的方格状凸凹痕迹系残留的加工缺陷，经验证试验（见图 5-177）证明，是残留的加工缺陷导致尾管在使用时开裂的。

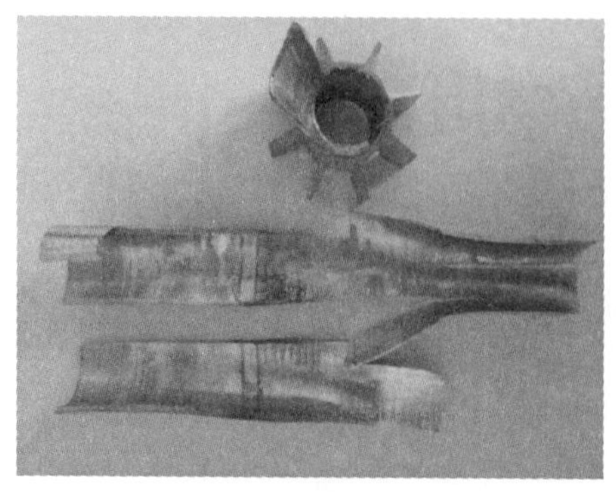
a）第一件开裂的形态

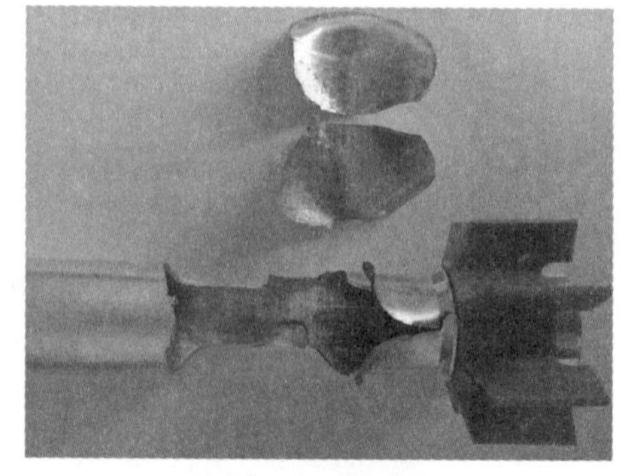
b）第二件开裂的形态

图 5-177　验证试验时开裂的尾管残骸

改正措施：机加工后 100% 检查尾管内腔质量。

四、案例 47：罐体毛坯开裂

材料：7A07 - T6。

失效背景：在罐体冲制过程中，罐体毛坯的中、下部出现开裂、裂口现象，如图 5-178 所示。

a）开裂

b）裂口

图 5-178　罐体毛坯外表面开裂、裂口现象

失效特征：裂纹附近区域有较大面积的麻痕（见图 5-179），毛坯的裂口方向均与轴向呈 45°夹角，且口部向上（见图 5-180）。经检测，在断口中未发现有材料缺陷存在。

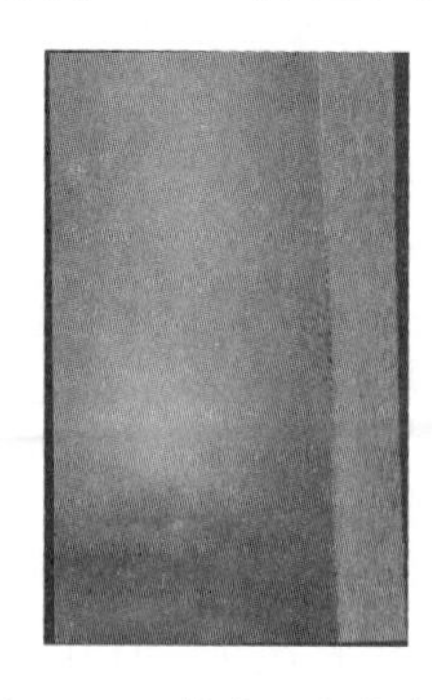
图 5-179　较大面积的麻痕

图 5-180　毛坯的裂口方向

失效模式：断裂、裂纹。

失效原因：在冲制罐体毛坯的过程中，润滑效果不理想；模具设计不符合反挤压的加工原理，冲头的 *R* 角半径过小导致毛坯的外表面被拉裂，如图 5-181 所示。

图 5-181　冲头毛坯外表面被拉裂

改正措施：增大过渡 *R* 角半径，满足冲压工序的理论要求。

五、案例 48：头螺内腔缺陷

材料：7A04-T6。

失效背景：某型号头螺冲制毛坯在加工过程中，内腔已经加工至成品尺寸，但内腔有圆环状裂纹形态缺陷存在。

宏观失效特征分析：缺陷组织呈环状，裂纹中有灰黑色氧化物（见图 5-182）。腐蚀后缺陷的底面为圆弧状（见图 5-183、5-184），部分断面的表面被从缺陷边缘一侧翻卷过来的铝合金覆盖（见图 5-185）。

失效模式：折叠。

失效原因：该型号头螺毛坯是采用闭式模锻工艺冲制的，在毛坯冲制的过程中，因模具设计存在不合理因素，导致毛坯出现折叠，且折叠缺陷超过毛坯的加工余量导致工件报废。

改正措施：调整模具的结构设计。

图 5-182　缺陷组织外观形态

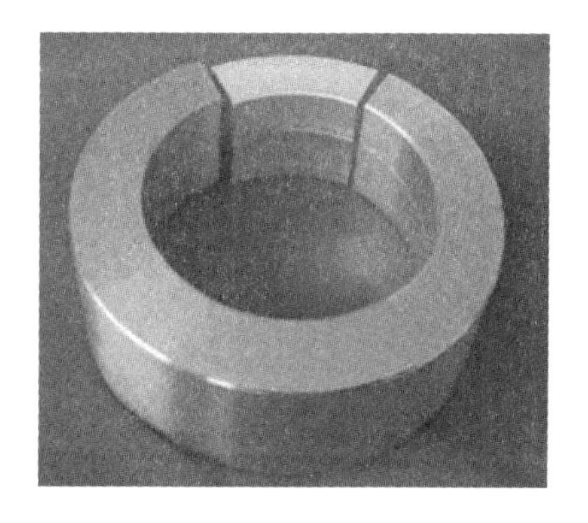

图 5-183　切取试样的部位

图 5-184　腐蚀后的形态

图 5-185　缺陷断面腐蚀后的形态

六、案例 49：尾翼开裂

材料：高密度聚乙烯树脂（PE-LA-50D012）

失效背景：某型号产品经过八年的储备后进行可靠性检查及试验，在检查中发现，其塑料尾翼有纵向开裂情况，尾翼的开裂率为 0.8% ~7.5%。

宏观失效特征分析：尾翼的开裂形态为纵向开裂，开裂的尾翼均为自内孔向外开裂，并且内孔开裂处均有熔接痕，且处于尾翼翼片的根部（见图 5-186），断口中有明显的裂纹源区，如图 5-187 所示。

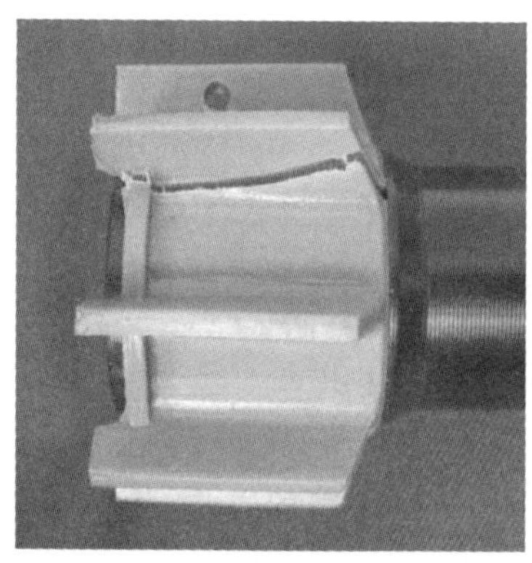

a）横向形貌

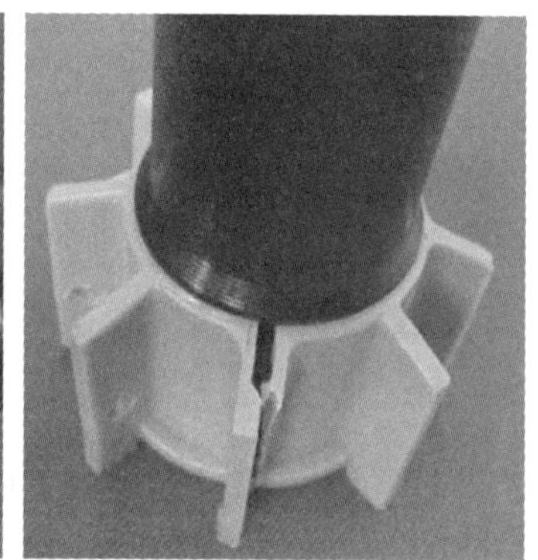

b）纵向形貌

图 5-186　尾翼开裂的宏观形貌

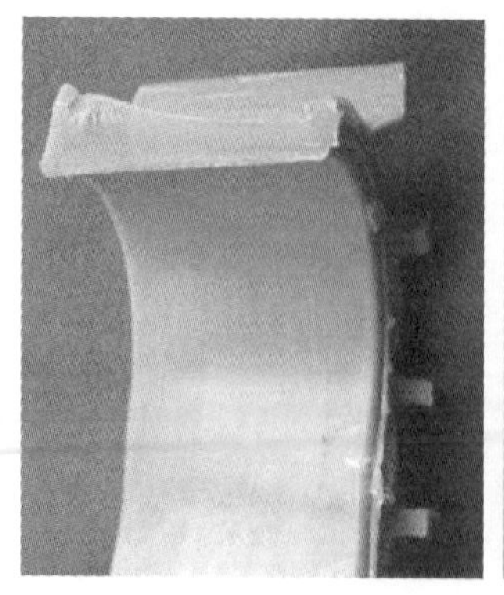

a）横向观察断口形貌

b）纵向观察断口形貌

图 5-187　尾翼断口的宏观形貌

失效模式：疲劳断裂。

失效原因：铸造尾翼时，在前处理工序尾管预热时，尾管未达到工艺要求的预热温度就进行了尾翼注塑，由于尾管温度低，注塑尾翼熔接面熔接质量不好，产生了明显的熔接痕，形成注塑缺陷，并导致尾翼与尾管结合的接触应力变大；同时由于铝合金工件与在高密度聚乙烯树脂的热膨胀系数相差较大，在存储过程中，因存储温度的变化，尾翼进一步受到交变应力的作用；在接触应力和交变应力的叠加、共同作用下，导致尾翼被胀裂、失效。

注：尾翼材料（高密度聚乙烯树脂）的线膨胀系数为 $1.1\times10^{-5}\sim1.5\times10^{-5}$/℃，超硬铝合金的线膨胀系数为 2.31×10^{-5}/℃。

改正措施：铸造尾翼时，在尾管预热工序加严工艺控制，确保尾管达到工艺要求的预热温度；单独铸造尾翼，将尾翼与尾管的连接方式改为装配方法。

七、案例50：头螺毛坯内腔折叠

材料：7A04 铝管。

失效背景：在采用管料缩口、模锻复合精密成形工艺冲制较大尺寸的铝合金头螺过程中，在头螺毛坯内腔中部加工到设计尺寸后有缺陷残留。

宏观失效特征分析：缺陷的延伸方向与头螺的轴向形成约40°的夹角，缺陷孔隙中有石墨夹杂，缺陷部位的表面有黑色的氧化物，缺陷两侧的形貌没有对应关系，如图5-188所示。缺陷的剖面形态呈现出缺陷与内表面的夹角约25°，缺损部分呈现三角形，缺陷的顶角为圆弧状，其周边金属组织的连续性未受破坏（见图5-189、图5-190）。

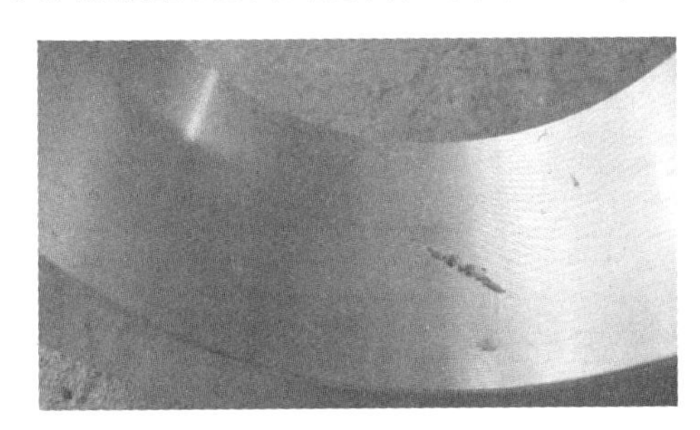

a）缺陷形态

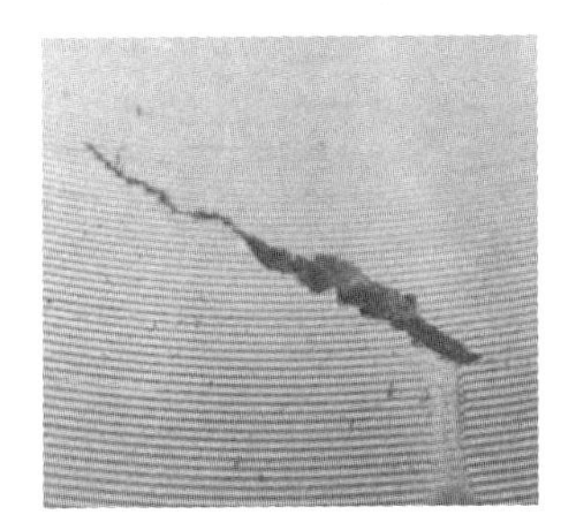

b）缺陷形态局部放大形貌

图5-188 缺陷的宏观形貌

图5-189 缺陷的低倍组织形貌

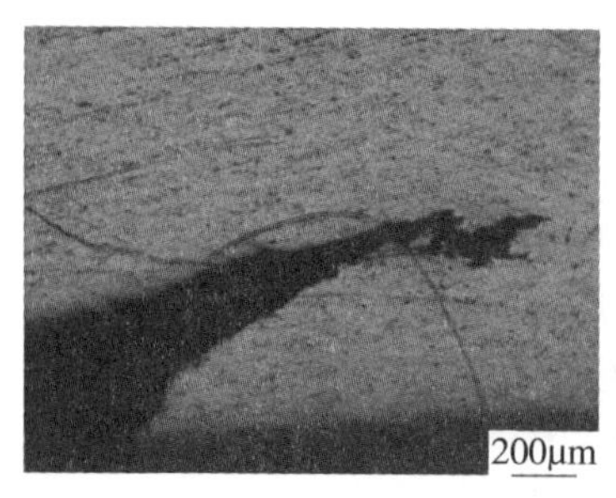

a）折叠全貌

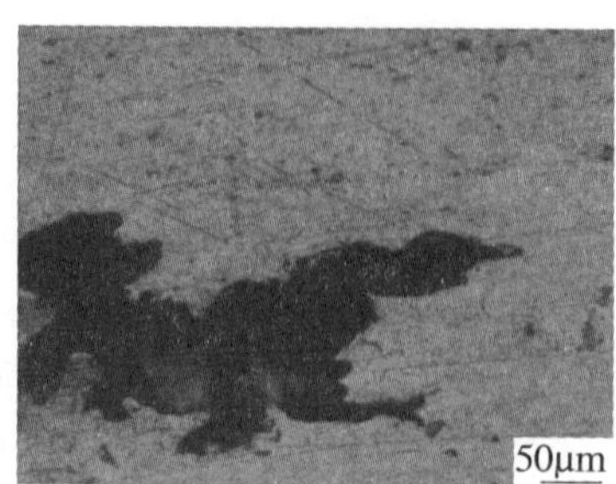

b）底部全貌

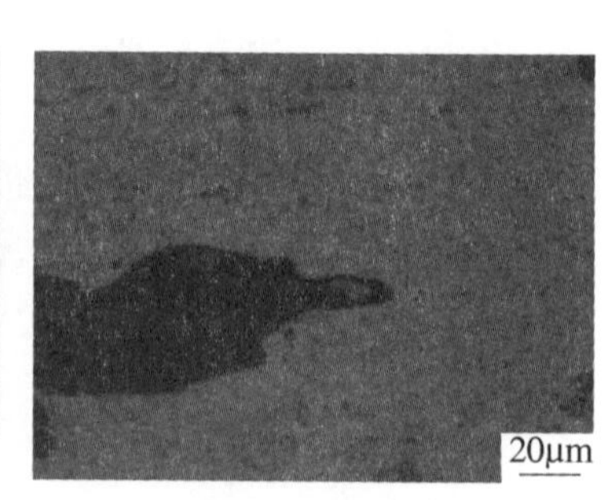

c）底尖处放大图

图 5-190 缺陷处的微观组织形貌

失效模式：折叠。

失效原因：在进行管料缩口的过程中，因工艺参数设计不合理，导致头螺毛坯小头部位变形过大，局部形成凸起、褶皱，在后续的模锻过程中，已经形成凸起、褶皱的区域被冲头进一步压折，最终形成折叠缺陷。

改正措施：合理确定缩口过程中的变形量。

八、案例 51：塑料壳开裂

材料：高密度聚乙烯树脂（PE-LA-50D012）。

失效背景：在进行某壳体强度试验时，出现壳体开裂。

宏观失效特征分析：裂纹的方向与壳体轴方向一致，开裂位置处于壳体中部，裂纹上部有明显的气体熏染痕迹（见图 5-191）。

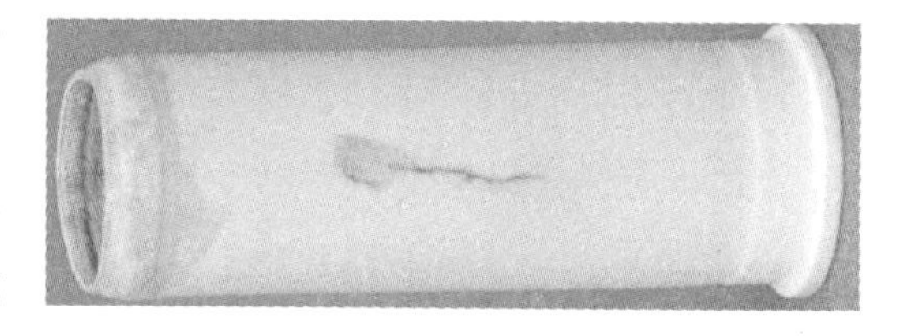

图 5-191 开裂的塑料壳体

失效模式：脆性断裂。

失效原因：原注塑工艺模具循环水设定温度 18℃，未设为最佳状态，且不能随环境温度变化调整，导致冬季生产时模具温度相对偏低，壳体在注塑过程表面形成熔接痕。熔接痕缺陷影响了壳体的应力分布，易形成应力集中现象，造成壳体开裂。在验证试验过程中，抽取有熔接痕的壳体进行验证，有三件壳体出现开裂，且三件的开裂状态与试验时壳体开裂现象完全一致。

改正措施：壳体注塑成形后，增加用磨纹机进行磨纹处理的工序，消除熔接痕缺陷。

九、案例 52：某筒体内膛横向裂口失效

材料：D60 方钢。

失效背景：某筒体的工艺流程为：下料→加热→冲孔→拔伸→粗车→热处理→精车，拔伸后出现横向裂口（见图 5-192）。在冲孔时会加入碎木块，冲头上涂润滑剂。

失效部位：筒体内膛。

图 5-192 筒体上的裂口

失效特征：从裂口处截取两块试样，一块磨制裂口表面，在金相显微镜下观察，发现靠近裂口及附近有颇多橘

黄色的物质沿晶界分布，可见硫化物夹杂，裂口内充满氧化产物（见图5-193、图5-194）；另一块磨制裂口的纵截面，发现裂口及附近有颇多橘黄色的物质沿晶界分布，可见硫化物夹杂，裂口深度约1mm（见图5-195）。对裂口表面做化学成分分析，碳含量为0.46%，铜含量为0.441%，硫含量为0.013%，裂口两侧轻微脱碳，组织为珠光体+铁素体。

图5-193　裂口表面的铜及氧化产物

图5-194　裂口表面的铜及硫化物

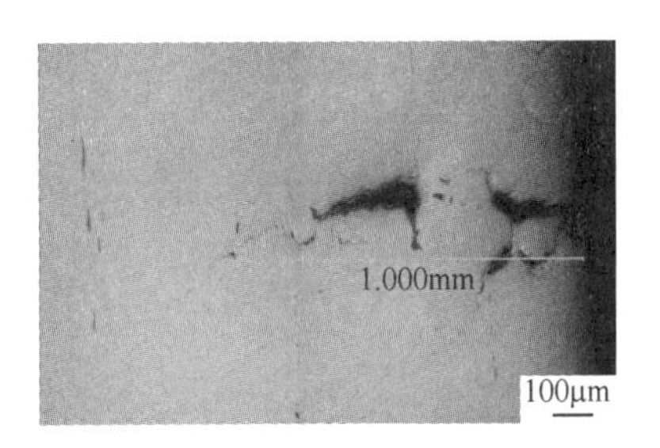

图5-195　铜进入筒体的深度

原因分析：由化学成分分析结果可知沿晶界分布的橘黄色物质为铜，由于晶界处能量低造成铜在奥氏体晶界的富集，铜的熔点约1 083℃而冲拔温度为1 200℃，此时奥氏体晶粒被液体铜隔开，冲拔时开裂，当钢的表面晶界有硫化物时，铜与硫化物形成熔点更低的共晶体，更加剧了开裂现象。

失效模式：铜脆。

失效原因：经过调查，筒体冲孔时碎木块中含有氧化铜屑，在高温下氧化铜还原为自由铜，熔融的铜原子沿奥氏体晶界扩展，削弱了晶粒间的联系，使被加热筒体内膛在冲拔时出现裂口。

改进措施：认真检查碎木块的质量，确保没有氧化铜屑。

十、案例53：船尾底部转角裂口

材料：7A04铝棒。

失效背景：船尾承受高压、高速运动，因此船尾的质量直接影响整个装配的质量。船尾的主要工艺流程为：下料→去应力退火→冷挤压成形→热处理（淬火+时效）→粗车→精车→阳极氧化。在冷挤压成形后发现底部外表面转角处出现裂口（见图5-196）。

图5-196　船尾的缺陷

失效特征：取试样观察，裂口垂直于表面，两侧无夹杂，尾部圆凸，裂口深度为3mm（见图5-197）。

原因分析：现场找到模具后经测量，模具的尺寸已超出工艺给定的公差范围，且磨损严重（见图 5-198）。模具磨损后，材料入模时与模具的间隙增大，在冲压过程中产生周向的拉应力，进而产生拉裂。

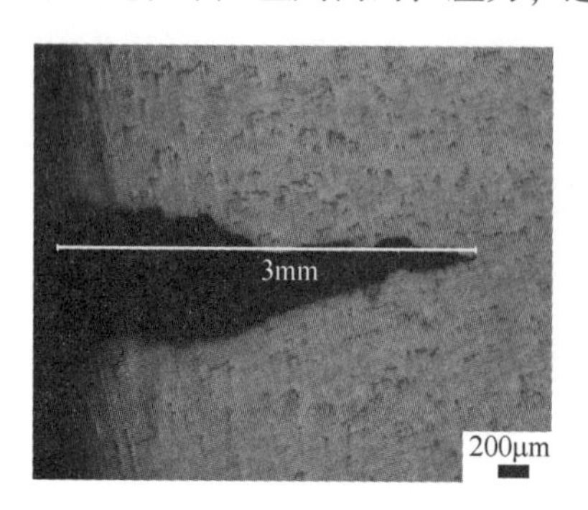

图 5-197　缺陷的微观图

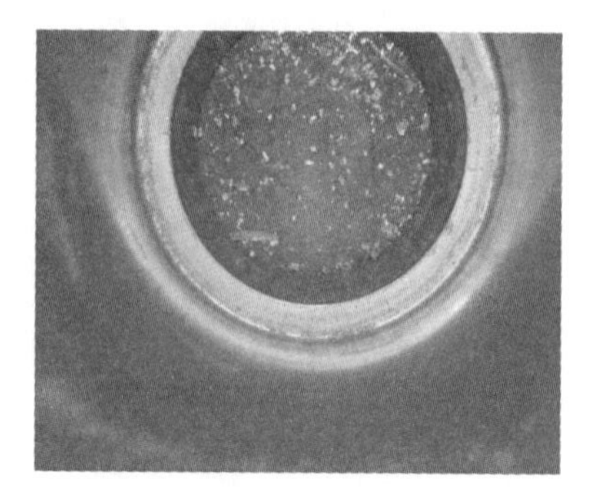

图 5-198　磨损的模具

失效原因：模具磨损未及时更换新的模具，导致模具尺寸与材料尺寸不匹配。

改正措施：严格遵守工艺规程，模具使用到一定期限，及时更换。

十一、案例 54：某筒体内壁横向裂口

材料：823 钢。

失效背景：筒体的主要工艺流程为：下料→加热→冲拔→粗车→热处理→精车，在冲拔后发现筒体内壁出现横向裂口（见图 5-199）。

失效特征：取试样观察，裂口深浅不等（见图 5-200），内部也存在小裂口（见图 5-201），裂口周围可见夹杂及氧化皮（见图 5-202），腐蚀后，裂口附近无明显的氧化脱碳，整个截面组织不均匀，从内表面到外表面晶粒由小到大，裂口分布在厚度约为 2mm 的细晶区，如图 5-203 所示。

图 5-199　筒体内膛横向裂口

图 5-200　深浅不等的裂口

原因分析：感应加热时，外热内冷，内层金属温度低受到的压力大，易得到细化的晶粒，外层金属温度高受到的力相对小而得到相对粗大的晶粒，内外温差产生应力，裂纹源由中心向外边扩散，扩散到表面在冲拔时被拉裂成口部较大的筒体内膛横向裂口。

失效原因：感应加热时，加热时间短，材料未热透，产生冷应力造成冷裂。

改正措施：严格遵守工艺规程，保证加热时间。

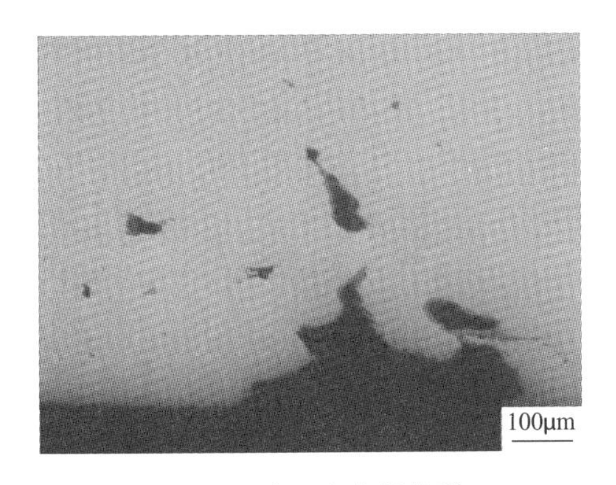

图 5-201 表面和内部的裂口

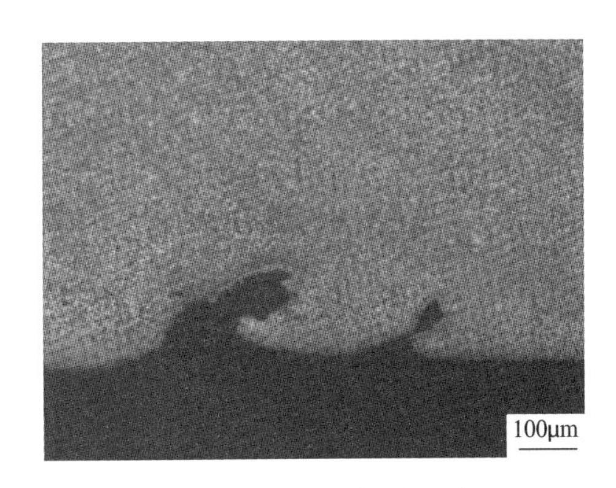

图 5-202 裂口周围的组织

图 5-203 裂口截面的组织分布

十二、案例 55：某筒体内膛与筒底异形凸起

材料：823 钢。

失效背景：工厂在冲拔某筒体毛坯过程中，筒体内膛下部和底部出现缺陷（见图 5-204），筒体的主要工艺流程为：下料→加热→冲孔→拔伸→粗车→热处理→精车，在冲拔后发现筒体内膛和底部存在缺陷。

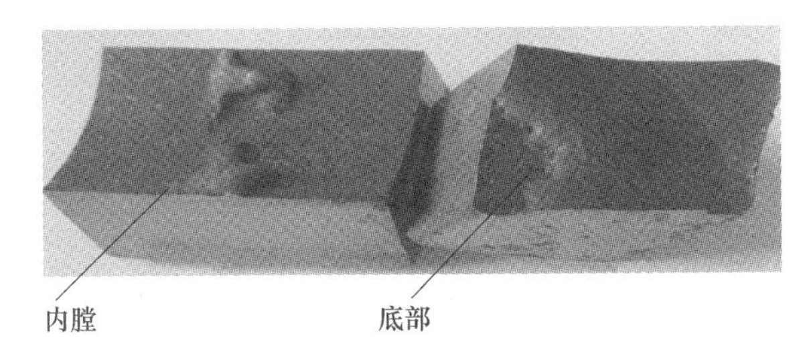

图 5-204 筒体缺陷

失效特征：取试样观察，凸起处与基体有明显的分界线，可见凸起处有片状石墨（见图 5-205）；腐蚀后，凸起处组织为片状石墨 + 珠光体，基体组织正常为珠光体 + 铁素体（见图 5-206）。

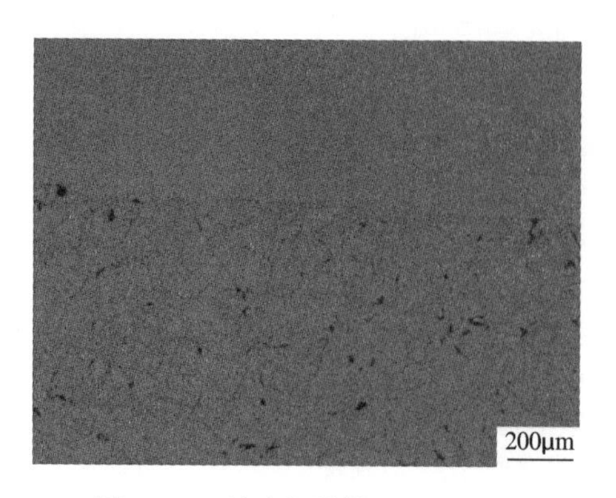

图 5-205　缺陷与筒体界面显微图

图 5-206　缺陷与筒体界面显微组织图

原因分析：在冲孔过程中加入了鳞片石墨，鳞片石墨含碳纯度高，在起到润滑作用的同时出现过剩碳，过剩的碳与氧化皮在冲孔毛坯内膛高温高压环境下发生了快速氧化还原反应，生成低熔点的碳化铸铁。

失效原因：在冲孔结束后该熔融物碳化铸铁沉积在筒体内底处，在高压水清理内膛时碳化铸铁被打碎成颗粒状，并迅速凝固，个别没有被高压水冲出的颗粒就附着在筒体内膛的不同位置。

改正措施：降低石墨纯度，减少润滑剂中鳞片石墨的用量，用无定型石墨和木块代替鳞片石墨。

十三、案例 56：某筒体内膛椭圆形缺陷

材料：823 钢。

失效背景：在冲拔某筒体毛坯过程中，出现了内膛椭圆形缺陷（见图 5-207）。筒体的主要工艺流程为：下料→加热→冲拔→粗车→热处理→精车，在冲拔后发现筒体内膛缺陷。

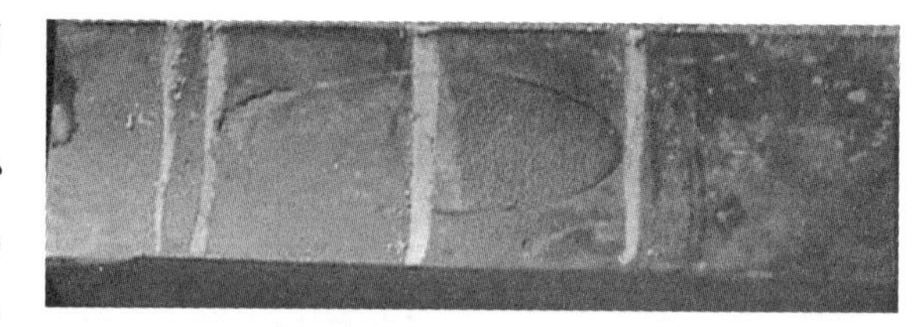

图 5-207　内膛缺陷

失效特征：缺陷尺寸大小、深度大小不等，全部呈椭圆形，位置分布无规律。取试样观察，缺陷尾部圆秃可见氧化皮，尾部延伸方向可见氧化物颗粒，缺陷周围可见小块的夹杂（见图 5-208）；腐蚀后，组织为珠光体 + 铁素体，缺陷处组织变形，缺陷两侧无明显的脱碳（见图 5-209）。

图 5-208　缺陷微观图　　50 ×

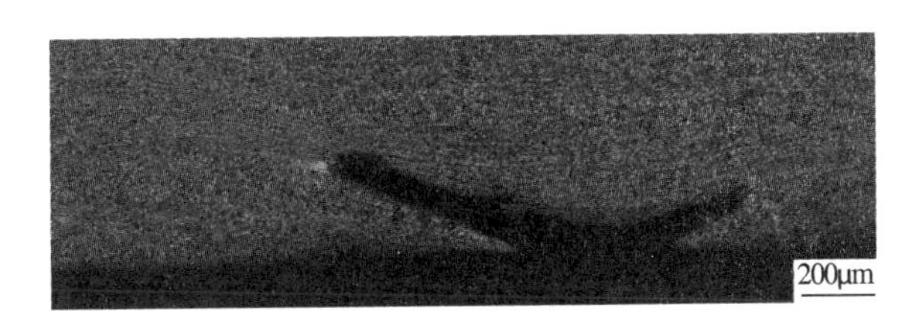

图 5-209　缺陷微观组织图　　50×

原因分析：在冲孔过程中，冲头上附着的某圆形物质，在冲头作用力下压入金属表面，同时润滑剂燃烧后产生的高温、高压气体和氧化皮等填充进表面，并在拔伸过程中拉成椭圆形缺陷。

失效原因：生产过程对润滑剂监控不到位，使冲孔过程中润滑剂石墨凝结为圆形，被压入毛坯表面造成圆形缺陷，经过拔伸加工，圆形缺陷被拉长，形成椭圆形缺陷。

改正措施：加强检查润滑剂，确保其质量。

十四、案例 57：风帽裂纹

材料：7A04 铝棒。

失效背景：风帽的主要工艺流程为：下料→温挤压成形→热处理（淬火 + 时效）→粗车→精车→阳极氧化，在热处理后发现表面有裂纹（见图 5-210）。

图 5-210　裂纹宏观图

失效特征：取试样观察发现裂纹两侧干净，无夹杂等冶金缺陷（见图 5-211），腐蚀后，裂纹两侧组织晶界加粗、三角晶界及共晶复熔球（见图 5-212）。

原因分析：由失效特征可知零件过烧，导致过烧的原因可能有：热电偶及控制仪表出现问题；炉温均匀性有问题；热电偶插入深度有变化，使炉内温度高于仪表显示温度。经过现场排除前两项符合工艺要求，最后一项结果显示热电偶插入炉内深度过深或过浅，炉内温度都高于控温仪表温度 10℃左右。

失效原因：热电偶插入深度有变化使炉内温度高于仪表显示温度，不能有效控制料温是导致零件过烧的主要原因。

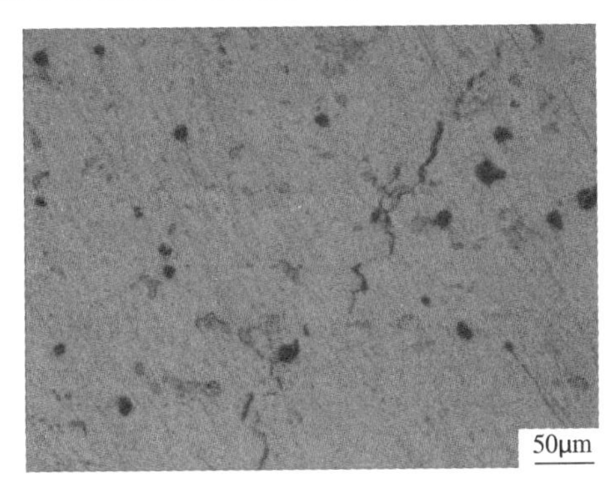

图 5-211　裂纹的微观图

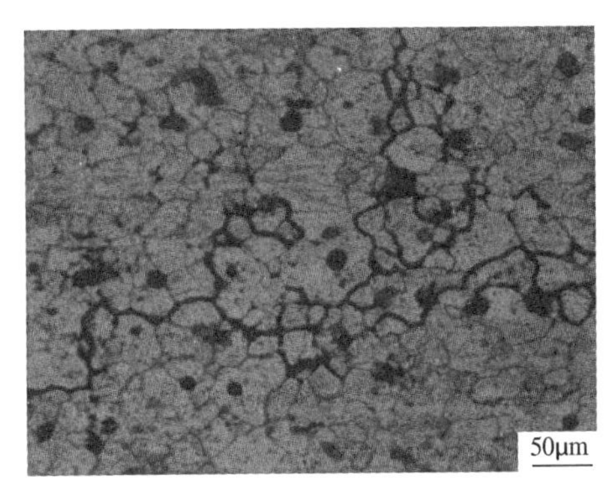

图 5-212　裂纹的显微组织图

改正措施：按工艺要求根据炉温均匀性测试结果，热电偶插入深度位置固定，不得随意变动，由专人操作。

第八节　其　他

一、案例 58：冲头断裂

材料：4Cr5MoSiW1 钢（H13）。

失效背景：在冲制某型号铝合金头螺毛坯的过程中，冲头的平均使用寿命只有 236 件/个，远远低于铝合金冲制工装的使用寿命 5 000 件/个的国内水平。

失效部位：冲头的工作面破损，如图 5-213 所示。

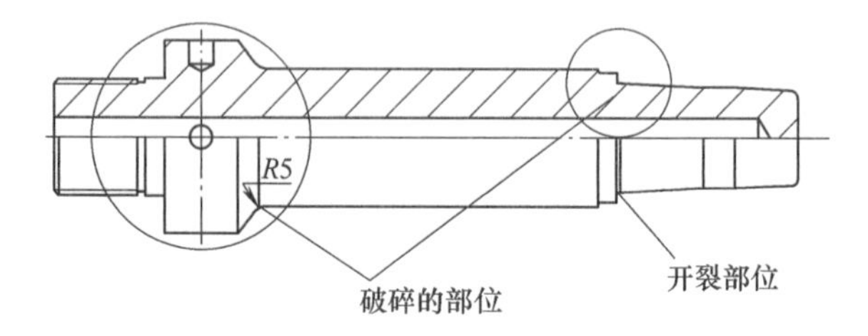

图 5-213　冲头出现破损部位的示意

失效特征：一部分冲头出现粘附性撕裂伤（见图 5-214），多数冲头出现折断现象（见图 5-215 ~ 图 5-217）。在折断的冲头断口中未发现缺陷组织，断口为脆性断口形态。

图 5-214　冲头出现的破损、变形的现象

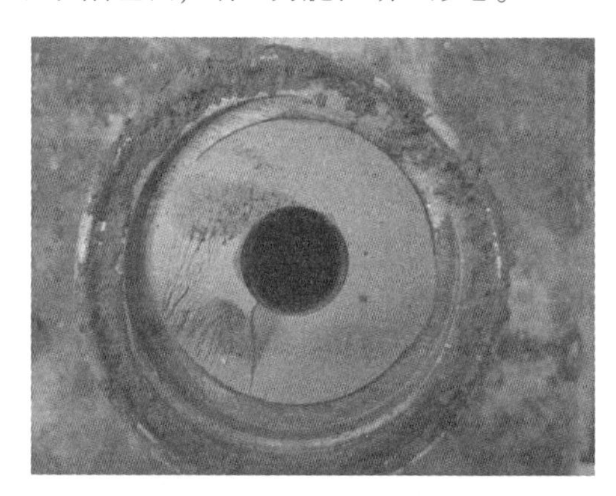

图 5-215　折断在毛坯中的冲头

图 5-216　折断的冲头残端

图 5-217　破碎的冲头残片

失效模式：脆性断裂。

失效原因：在毛坯冲制过程中，因模具的控温及涂抹润滑剂的效果没有达到工艺要求的标准，导致冲头的温度急剧升高，摩擦阻力增大，冲头所承受的负荷成倍增加，冲头的工作状态恶劣，模具受力过大后产生折断、破碎现象，从而缩短了冲头的使用寿命。

改正措施：调整冲头的结构设计，满足冲压强度要求。

二、案例 59：凹模破损

材料：4Cr5MoSiW1 钢（H13）。

失效背景：在冲制某型号铝合金壳底毛坯的过程中，冲制工装中的下模和模子出现破损严重的情况，模具的使用寿命平均不到 400 件/个，远低于国内铝合金毛坯冲制工装平均使用寿命 5 000 件/个的水平。

失效部位：模子、下模，如图 5-218 所示。

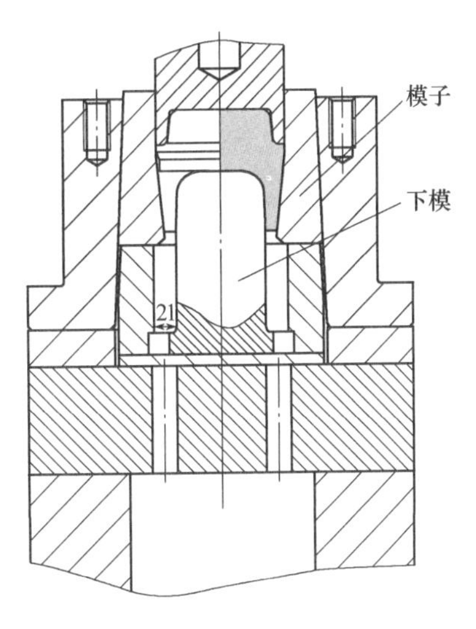

图 5-218　壳底工装中易损的两个零件的安装位置原理示意

失效特征：模子的损坏形态为磨损性损伤（划伤）如图 5-219 所示，下模的断裂形态为疲劳断裂如图 5-220、图 5-221 所示。

失效模式：模子的损伤形态为磨损性损伤，下模的损伤形态为疲劳断裂，在断口中未发现任何缺陷组织存在，在断口的边缘有明显的裂纹扩展痕迹，断口的中心区域为脆性断裂区。

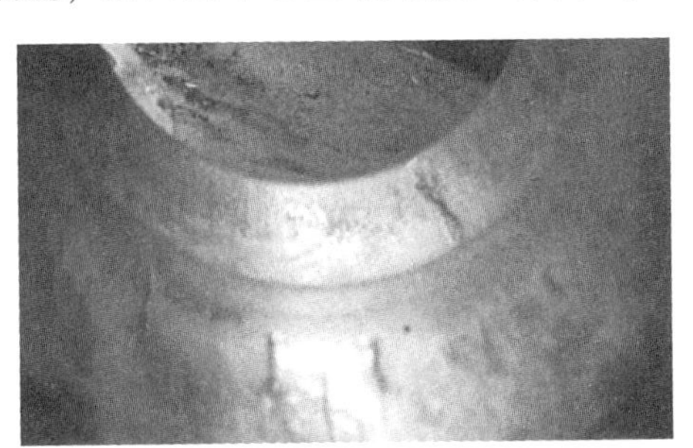

图 5-219　壳底模子经一个生产班次后的损坏程度

图 5-220　断裂的下模残片

图 5-221　下模断口周边的裂纹扩展痕迹（贝纹线）

失效原因：下模底端的厚度不足，导致下模的局部强度无法满足壳底毛坯冲制工艺的要求，造成下模在使用过程中产生疲劳断裂。

改正措施：调整下模的结构设计，满足冲压强度要求。

三、案例 60：罐壳开裂

材料：20 钢。

失效背景：某型壳体在受压过程中出现壳体变形、开裂（见图 5-222）的问题，壳体变形率为 100%，开裂率为 35%。

a）1号开裂罐壳

b）2号开裂罐壳

图 5-222　开裂罐壳的外观形态

失效部位：壳体外壁口部。

失效特征：裂纹沿壳体轴向开裂，断口呈灰白色，在断口中未发现有缺陷组织存在，如图 5-223 所示。

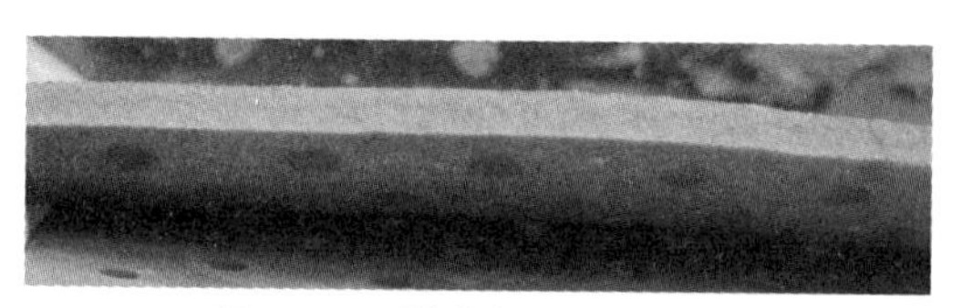

图 5-223　罐壳断口内的形貌

失效模式：脆性断裂。

失效原因：压药用的模具设计不合理，压药用模具与壳体的间隙过大，在压药的过程中，模具没有起到对壳体的保护作用，导致壳体被压变形，严重的被压裂。

改正措施：调整模具结构，确保受压过程中壳体不被压裂。

四、案例 61：头螺毛坯小端内孔折叠

材料：7A04 铝管。

失效背景：在采用管料缩口、模锻复合精密成形工艺冲制较大尺寸的铝合金头螺过程中，在头螺毛坯小头的内孔部位加工到设计尺寸后有缺陷残留，如图 5-224 所示。

a）缺陷形态1

b）缺陷形态2

图 5-224　头螺毛坯小头的内孔部位加工到设计尺寸后有缺陷残留

失效特征：缺陷残留部位的金属呈层叠状，各层间的金属不连续，其间有润滑剂存在（见图 5-225），其完整的解剖形貌如图 5-226 所示。

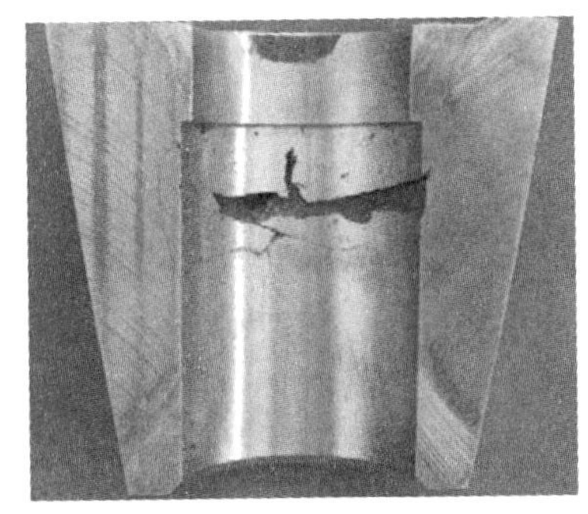

a）缺陷处的解剖形态1

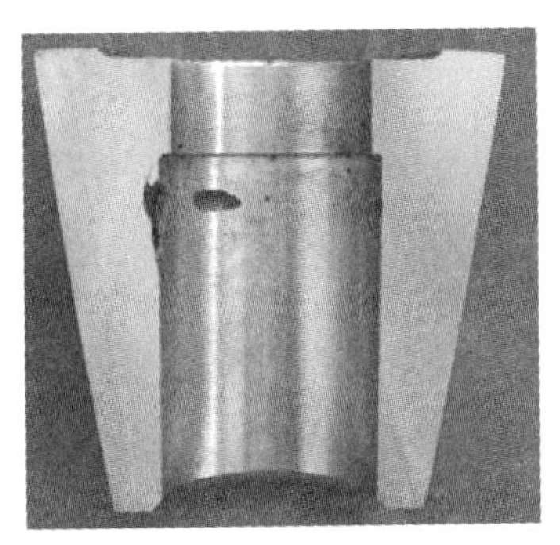

b）缺陷处的解剖形态2

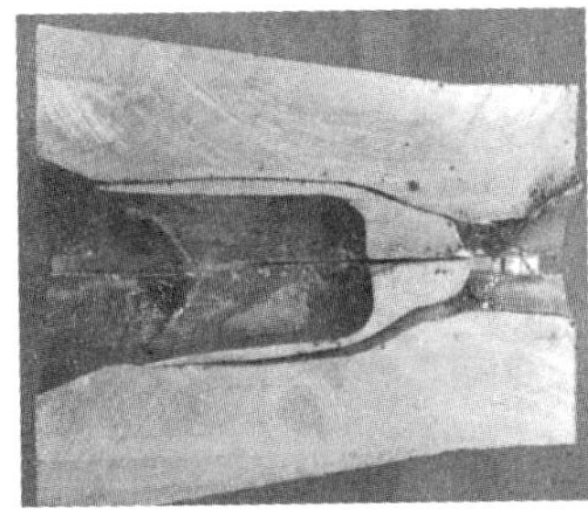

c）缺陷处的解剖形态3

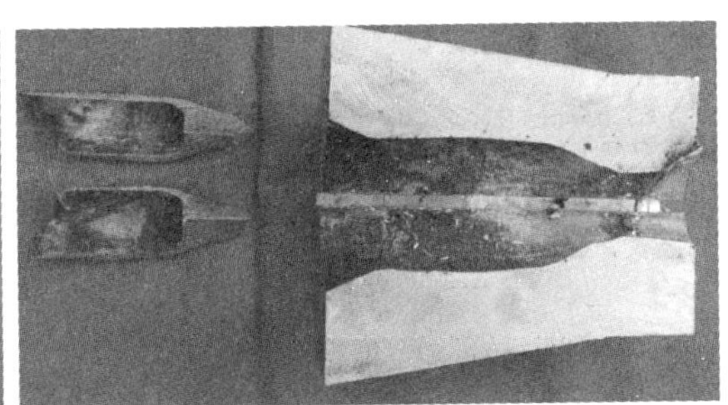

d）c图中缺陷分离的状态

图 5-225　头螺毛坯小头内孔部位出现的折叠缺陷

失效模式：折叠。

失效原因：在进行管料缩口的过程中，因工艺参数设计不合理，导致头螺毛坯小头部位变形过大。其变形过大的部位在后续的模锻过程中，突出的铝合金被冲头顶入头螺毛坯小头部位的孔洞中形成折叠缺陷。

改正措施：合理设计缩口过程中的变形量。

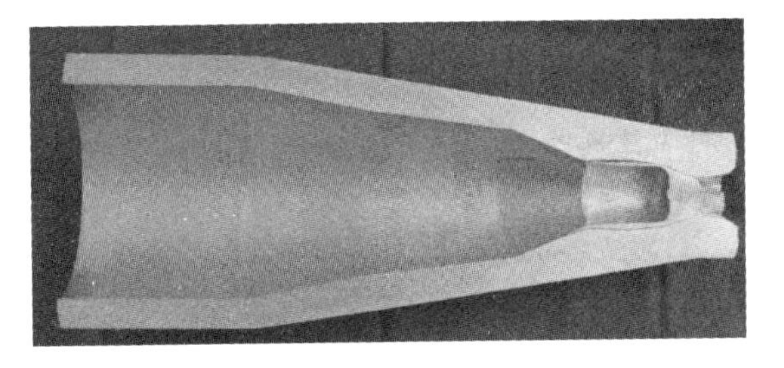

图 5-226　完整的头螺毛坯折叠缺陷解剖形态

五、案例 62：防潮塞开裂

材料：聚碳酸脂复合材料。

失效背景：在弹药正常的存储（有效期内）过程中，防潮塞出现批量开裂现象，多数型号开裂率为 6% ~6. 25%，个别型号开裂率达到 36% ~60%。

宏观失效特征分析：防潮塞开裂处是压盖部位，其开裂形态没有规律性（见图 5-227），对防潮塞进行外观抽样检查时，发现防潮塞表面均有轻重不等的熔接痕存在（见图 5-228）。在解剖检查过程中检查出内部有椭圆形孔洞缺陷，孔深最大尺寸约为 10mm，孔深最小尺寸约为 2mm。从剖面孔洞形状看是注塑气孔或“缩孔”缺陷（见图 5-229），其端口形态呈现为多源性疲劳断口形态（见图 5-230）。

a）开裂

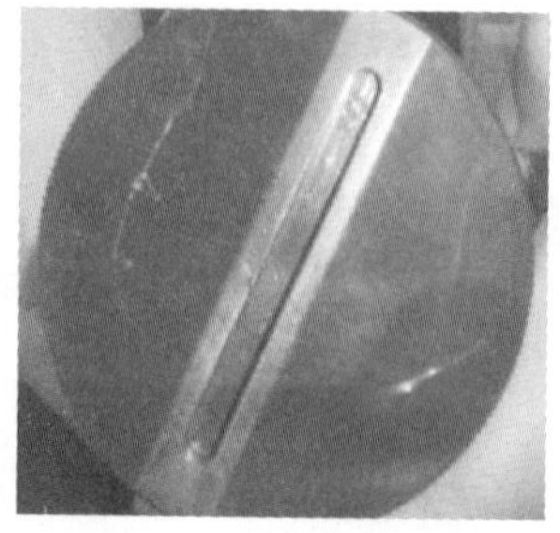

b）斜面裂纹

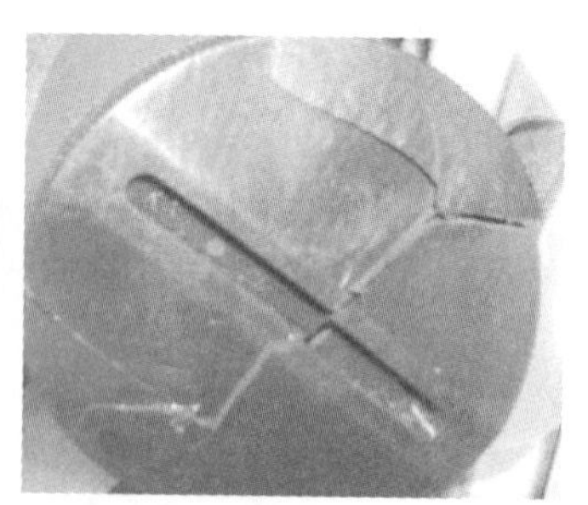

c）断裂

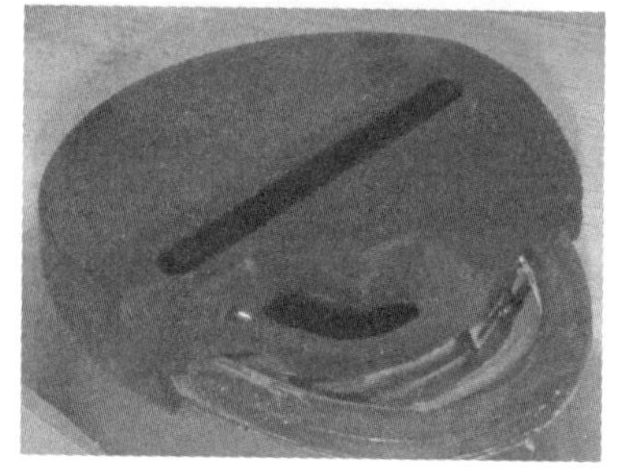

d）局部脱落

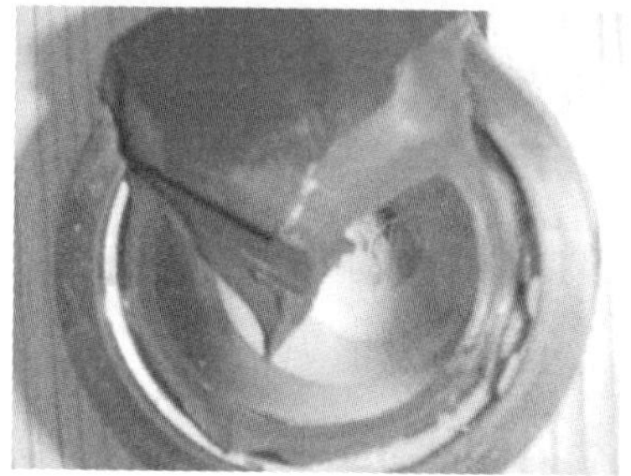

e）局部脱落

图 5-227　防潮塞开裂宏观形态

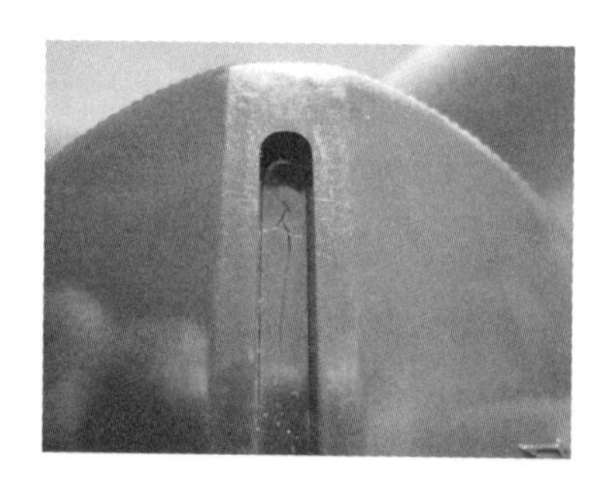

图 5-228　防潮塞熔接痕形态

图 5-229　防潮塞孔洞缺陷形态

失效模式：疲劳断裂。

失效原因：防潮塞在扭矩作用下，局部变形产生应力；同时，因铝合金工件与聚碳酸脂复合材料的线膨胀系数不同，在长时间的存储过程中，因存储温度随季节变化，其存储环境的温差能够达到80℃以上，防潮塞因长期受到交变应力的作用，在铸塑缺陷及构件薄弱部位首先出现裂纹，裂纹逐渐扩展，最终导致开裂、失效。

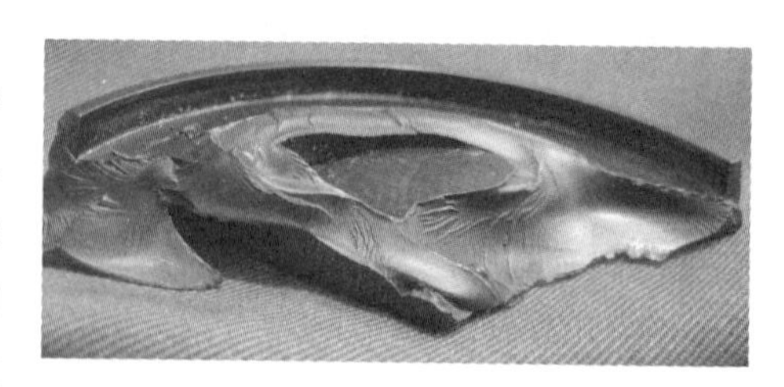

图 5-230　典型断口形态

改正措施：使用钢制防潮塞。

六、案例 63：筒体底凹根部裂纹

材料：30CrMnSi 钢。

失效背景：筒体的主要工艺流程为：下料→加热→冲拔→粗车→热处理→精车，筒体在热处理后，超声波水浸探伤工序发现12件筒体底凹根部出现裂纹。

失效特征：筒体处理后裂纹集中在底凹根部，规律性明显。取试样观察裂纹两侧无夹杂等冶金缺陷，尾部尖锐如图5-231所示，腐蚀后组织为回火索氏体，两侧无氧化脱碳（见图5-232）。

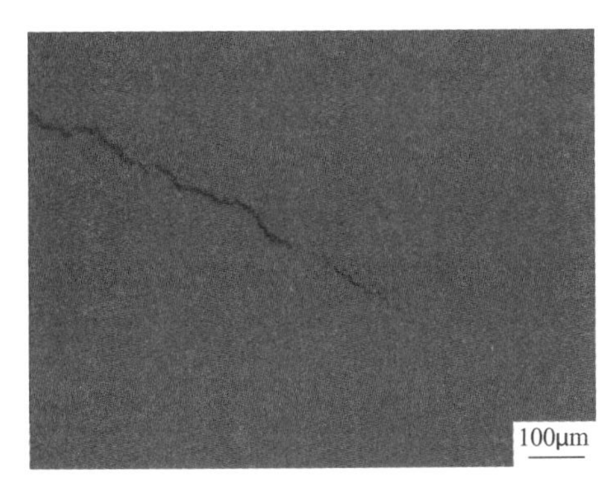

图5-231 裂纹微观图

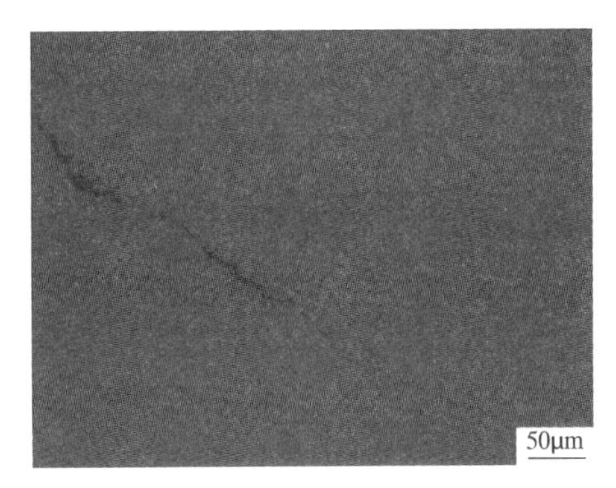

图5-232 裂纹的显微组织图

原因分析：经检查发现，底凹根部粗车倒角设计为 R1mm，实际加工为 R0.8 ~ R1.2mm，筒体根部倒角为 R1mm 过小，热处理后产生应力集中。

失效原因：筒体根部倒角为 R1mm 过于尖锐，热处理后产生应力集中是导致筒体产生淬火裂纹的主要原因。

改正措施：将筒体粗车毛坯底凹圆角半径增大，底凹处倒角由 R1mm 改为 R5mm，热处理后底凹处均无底部裂纹出现。

七、案例64：筒体强度断裂

材料：35Cr3NiMoA 钢。

失效背景：某筒体在科研阶段进行强度试验时，其头部出现断裂现象，如图5-233所示。

图5-233 筒体断裂

失效特征：断裂面与筒体轴向成45°，取试样观察，断面上未发现夹杂等冶金缺陷（见图5-234），组织正常为回火索氏体，如图5-235所示。

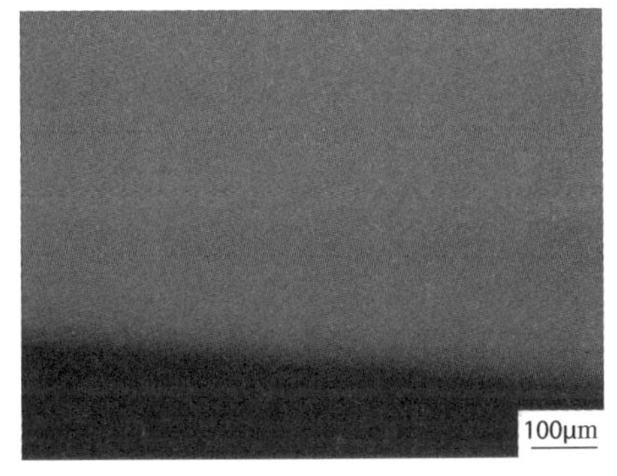

图5-234 断裂截面

图5-235 显微组织图

原因分析：根据相关技术要求，筒体热处理后头部要有足够的强度，整个截面布氏硬度印痕直径按梯度分布，最终采用局部感应回火处理，筒体存在加热区与非加热区的交界带。回火时温度梯度的变化，导致筒体表面和心部产生了组织应力和热应力，造成残余应力的存在，促使裂纹的产生。

失效原因：筒体热处理采用局部感应回火，热处理后存在组织应力和热应力，造成筒体断裂。

改正措施：筒体尾部回火后增加了一次全件回火，以消除由于温度梯度而产生的内应力，热处理后力学性能合格，通过强度试验验证，未出现断裂现象。

八、案例 65：钢瓶封底缺陷

材料：34CrMo 钢。

失效背景：气瓶的应用十分广泛，在工业、国防科技、医疗等各个领域都有应用，因此钢瓶的质量尤为重要，钢瓶的主要工艺流程为：锯切钢管→加热→旋压封底→收口→探伤，在旋压封底后发现内膛底部出现缺陷（见图 5-236）。

失效特征：取试样观察，缺陷已贯穿底部，缺陷处可见大量的氧化皮、孔洞（见图 5-237、图 5-238），腐蚀后可见部分铁素体呈针状出现了魏氏组织（见图 5-239）。

图 5-236　钢瓶底部缺陷

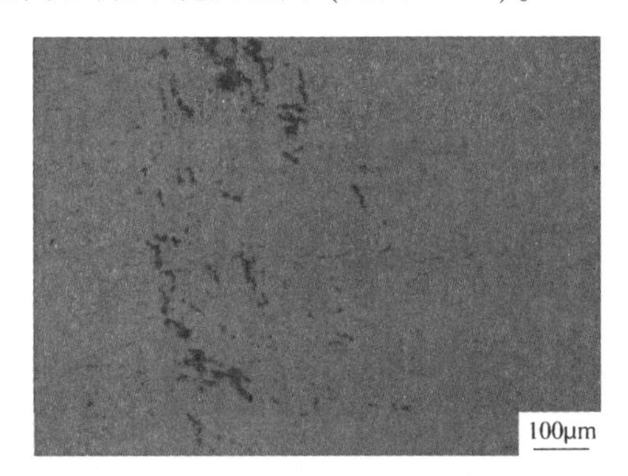

图 5-237　缺陷处的氧化皮

原因分析：在旋压封底时，为了使钢管表面的氧化皮不被带入钢瓶内部，用乙炔氧气枪将钢管底部加热到 1 200℃左右，一边旋压一边用乙炔氧气枪将氧化皮吹净。微观检查发现氧化皮，说明氧化皮未吹净；显微组织中出现魏氏组织，说明局部温度高。

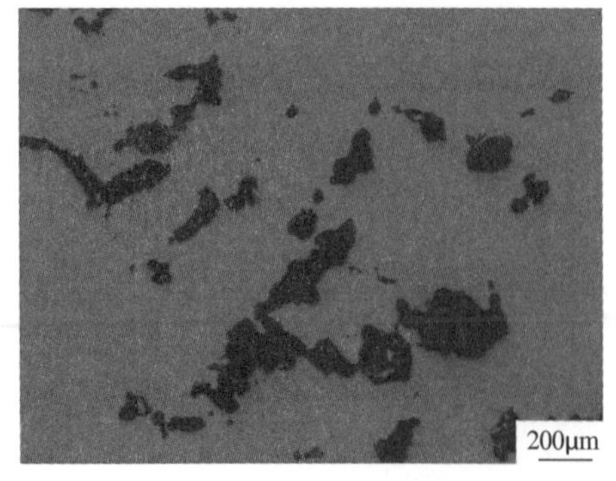

图 5-238　缺陷处的孔洞

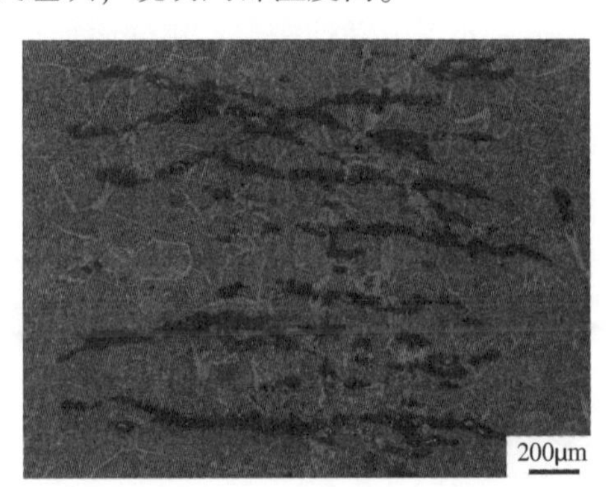

图 5-239　缺陷处的魏氏组织

失效原因：操作人员使用乙炔氧气枪吹氧化皮时，未及时移动氧气枪，导致部分氧化皮未及时吹掉，局部过热，出现魏氏组织。

改正措施：操作人员认真执行工艺规范。

九、案例66：某筒体开裂

材料：823钢。

失效背景：某筒体生产交验时出现开裂，从不同位置回收的破片及开裂位置等现象分析，可以确认开裂是由于筒体受压造成的。

失效特征：从现场收集的断裂残骸中发现，筒体底部断口上的断裂纹理不连续，有两处断口中间有沟线（见图5-240箭头所指处），疑似有裂纹存在，在弹底残骸上取试样观察，在试样上发现一条裂纹，深约1mm。裂纹根部所对应的是断裂面（即断口）如图5-241所示，裂纹深度如图5-242所示。

图5-240 筒体断口取样图

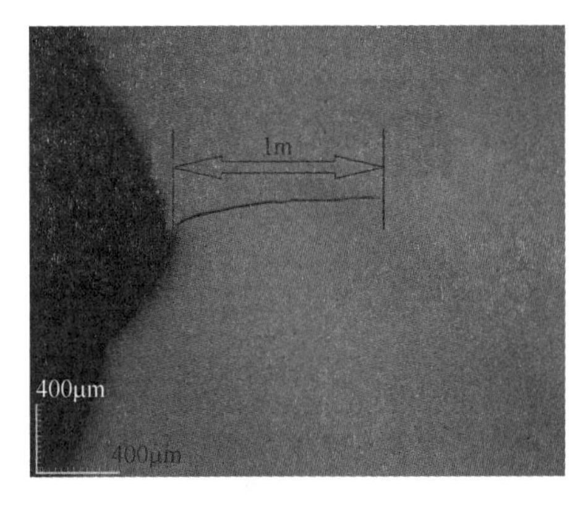

图5-241 1#金相样品裂纹

原因分析：筒底残骸金相检测结果说明，在下筒体 *R* 角区域1/3圆周范围、1/2壁厚位置存在裂纹，裂纹由壳底残骸开裂断口面向壳底方向延伸，多次复现试验证明含缺陷的原材料在冲拔热加工过程中在筒体 *R* 角区域形成危害性裂纹。缺陷在冲拔过程中随着变形流动到筒体 *R* 角区域，因 *R* 角区域金属变形较小，流动性较差，小缺陷便会集中汇聚形成大缺陷，从而扩展为裂纹。

图5-242 筒体断口裂纹深度对照

失效原因：筒体成品 *R* 角区域存在缺陷，筒体在受压过程中，由于筒体与膛壁产生相互作用力，当筒体部位存在缺陷时，缺陷扩展造成筒体强度不足。

改正措施：增加筒底磁轭无损检测、筒底 *R* 角区域超声无损检测、筒壁超声无损检测和内膛涡流无损检测，实现全覆盖检测。

第六章 工艺应用研究案例

本章涉及的8个项目内容是孟祥志工作室的成员在多年的工作实践中，在公司现有装备的技术条件下，通过研发新技术、新工艺，对现有产品的生产工艺不断进行改进挖潜，从而达到提高产品质量、降低生产能源及材料消耗的绿色节能生产目标，某些项目曾获得过创新成果奖。该章节对机械加工行业中从事工艺设计方面的技术工作者具有较高的参考和借鉴意义。

第一节　某型号铝合金毛坯冲制工艺应用研究

一、现状

某新型号产品在科研阶段的生产中，其中关键的铝合金部件（以下简称铝部件）是采用反挤压成形工艺生产的（见图6-1），其毛坯冲制的材料利用率只有59%。针对铝部件的结构特点（见图6-2），其冲制毛坯仅为59%的材料利用率是明显偏低的。

a）外观形态

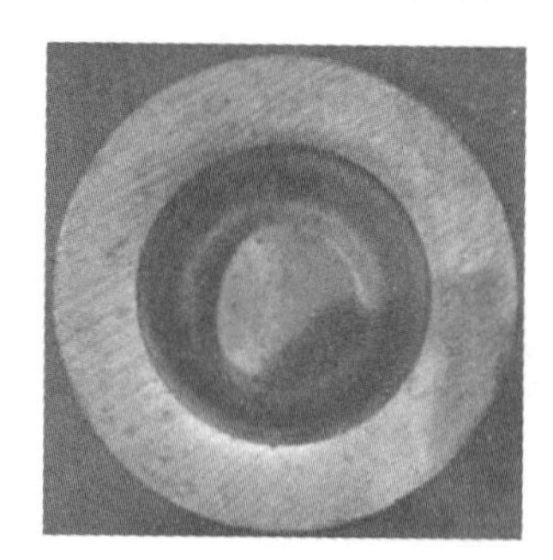
b）内孔形态

图6-1　反挤压成形工艺冲制的铝部件毛坯形貌

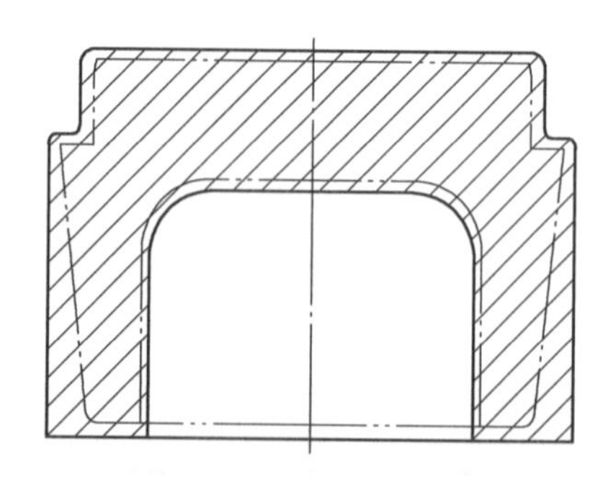

图6-2　新型号铝部件产品的结构特点

目前，公司生产该类别较小规格的铝部件产品采用成形精度较高的闭式模锻技术，其材料利用率可达70%以上的水平。但用闭式模锻技术冲制该铝部件的先决条件是要求设备具有较高的生产能力。在每个生产班次冲制较小规格铝部件毛坯的初始阶段，通常会有十几件的毛坯在冲压成形过程中出现充形不饱满的情况，因此需要对充形不饱满的毛坯进行二次加热、冲制，方能达到毛坯最终成形的目的，这种情况说明采用闭式模锻技术冲制较小规格铝部件毛坯时，设备的生产能力已经趋于极限状态。由于新型号铝部件毛坯的直径是原有较小规格铝部件毛坯直径的1.26倍，其截面积约增大70%，在其他参数均相同的条件下，若采用闭式模锻的工艺方式冲制较大规格的铝部件，公司现有最大吨位的冲压设备（800t油压机）是无法满足冲制较大规格铝部件工艺对设备能力的要求的。

二、提高新型号铝部件冲制毛坯材料利用率的途径

为了解决闭式模锻技术带来的设备能力不足，提高新型号铝部件冲制毛坯的材料利用率等一系列的问题，经过研究分析后认为，在现有的设备能力条件下，应当将闭式模锻的技术分解应用，既发挥出闭式模锻技术的精化生产优势，同时解决用闭式模锻技术冲制新型号铝部件时对设备能力要求高的问题。

将闭式模锻的技术分解应用的工艺方法是：在现有的铝部件毛坯的反挤压成形工艺中增加一道缩口工序，即首先对坯料进行反挤压冲孔、之后再对坯料进行缩口成形，使其铝坯料的毛坯形状由现阶段的图6-3a的形状改变为图6-3b的形状，其材料利用率将会由现阶段的59%提升至70%以上。

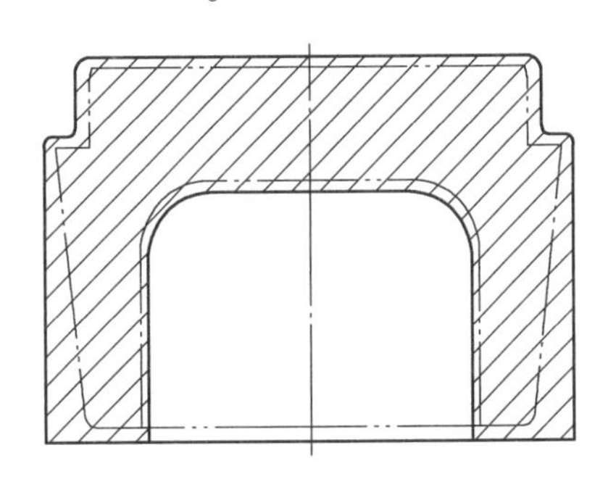

a）现阶段新型号铝锻件毛坯形状

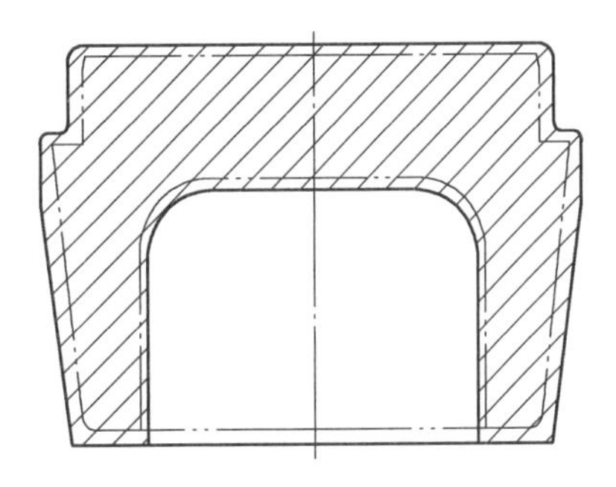

b）理想的新型号铝锻件毛坯形状

图6-3　现阶段新型号铝锻件毛坯形状与理想的毛坯形状效果对比

三、可行性分析

将闭式模锻技术分解成“反挤压冲孔”和“缩口”两个工艺过程后，对设备能力的要求将会明显降低。现阶段用500t油压机采用反挤压成形工艺冲制铝部件毛坯就是很好的例证。而缩口工序经理论计算，现有的315t油压机完全能够满足新型号铝部件缩口成形工序对设备能力的要求。

7A04铝材在退火状态下的平均缩口系数为0.35～0.40，当局部加热使应力比值$\sigma_{0.2}/\sigma$（$\sigma_{0.2}$为材料室温下的屈服强度，σ为缩口部加热后的变形抗力）提高到2，则缩口系数就可降至0.1左右。采用反挤压冲孔、缩口复合成形技术冲制铝坯料毛坯时，其最大缩口系数仅为0.803，工艺过程相对简单，是完全可行的。

四、工艺参数及设备能力测试试验

为了测试新提出工艺的可行性，我们利用报废的工装改造成简易的铝部件缩口工序用的凹模；利用机械加工工序的10个铝部件的机械加工废品，改造成用于缩口的铝锻件冲制毛坯的尺寸，进行铝部件的缩口成形摸底试验，共计试验了四种条件下的缩口工艺：冲压后热缩口（高温条件下缩口）、温挤压条件下的缩口（中温缩口）、冲压后空冷至室温条件下的缩口和退火后的室温条件下缩口。

经测试，四种条件下的缩口工序各有其优缺点，具体的试验结论如下：

1. 冲压后的热缩口（高温条件下缩口）

将毛坯加热到440℃（热加工的上限温度）并保温至规定时间后立即进行缩口，经测试，该工艺过程的优点是对设备的能力要求较低，毛坯缩口成形所需的压力较小；不足是毛坯在缩口变形过程中存在较大的镦粗变形，在毛坯的形状方面存在较难控制的问题。解决办法：精确设计模具，完善工装设计。

2. 温挤压条件下的缩口（中温缩口）

将毛坯分别加热到200℃、350℃并保温至规定时间后立即进行缩口，经测试，在此温度条件下，需要设备具有150～190t的能力。现有的315t油压机设备完全能够满足缩口工艺的要求。毛坯的外观质量比热挤压温度条件下冲制成形（反挤压）毛坯的外观质量好（见图6-4、图6-5）。单件铝部件毛坯的下料重量能够由科研阶段的4.9kg下降到4.0kg，单件毛坯可节约铝合金0.9 kg。

图6-4　原工艺冲制的铝部件外形

图6-5　增加缩口工序后冲制的铝部件外形

3. 热轧状态的缩口

将毛坯加热到440℃并保温至规定时间后再空冷至室温后进行缩口，经测试，该工艺过程的优点是毛坯表面粗糙度值低，不足是毛坯成形过程中对设备的能力要求高，现有的315t油压机无法满足要求。

4. 退火状态的缩口

毛坯加热到440℃并保温至规定时间，经随炉冷却至室温后进行缩口，经测试，该工艺过程的优点是毛坯表面粗糙度值低，现有的315t油压机设备完全能够满足缩口工艺的要求；不足是增加了退火工序，毛坯的加热成本增幅较高。

五、方案选择

根据工艺参数及设备能力测试的结果，认为新型号铝部件毛坯冲制的最佳工艺过程是先对坯料进行反挤压冲孔、之后利用冲孔后坯料的余温进行缩口（温挤压条件下缩口）。其依据是：

1. 工艺过程优点

利用坯料冲压成形后的余温（温挤压技术）对铝部件冲制毛坯进行缩口时不需要进行二次加热，就能够实现工艺目标，因此毛坯的加工成本增幅较低。

2. 满足操作要求

公司现有的500t油压机和315t油压机相距不到7m，完全满足挤压、缩口工序连续进行操作的要求。

3. 质量保证

经冲孔、缩口成形工艺冲制的毛坯外观质量及各部的尺寸可得到有效的保证。改进前采用反挤压工艺冲制的铝部件毛坯的内腔尺寸及毛坯壁厚的情况如图6-6所示，增加缩口工序后，冲孔毛坯内腔的形状变化如图6-7所示，缩口成形后的毛坯内腔形状及毛坯壁厚的情况如图6-8所示。

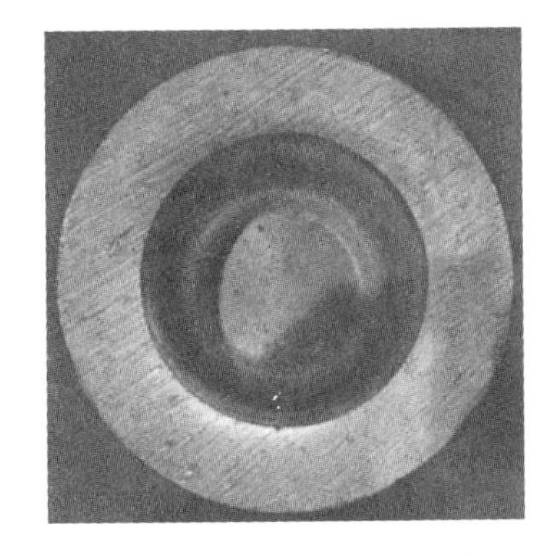

图6-6 采用反挤压成形工艺冲制的铝部件毛坯的形貌

图6-7 增加缩口工序后冲孔毛坯内腔的形状变化

图6-8 缩口成形后的毛坯内腔尺寸及毛坯壁厚的情况

六、验证试验

（一）小批量缩口变形摸底试验

1. 工艺方案及试验目的

（1）工艺方案。在第一工位采用反挤压成形工艺对坯料进行压形、冲孔；在第二工位对坯料进行无支承缩口成形，如图6-9所示。

（2）试验目的。摸清铝部件毛坯在无支承条件下，在现有的设计参数基础上缩口成形过程中的变形规律。

2. 试验效果

试验过程中，多数毛坯达到设计成形的标准要求（见图6-10），这一结果说明，工艺过程设计正确，设备能力符合工艺设计要求。

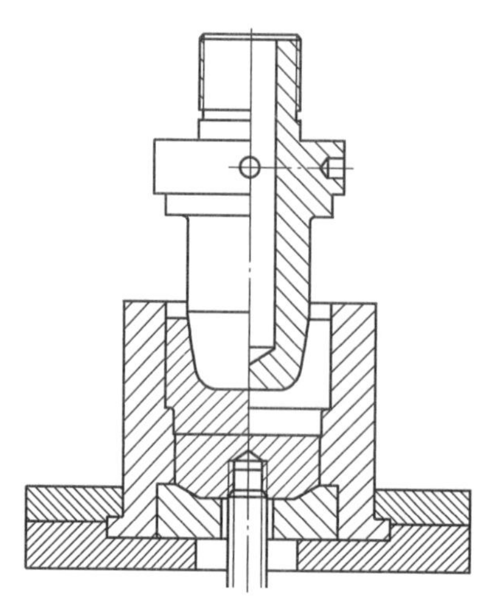

a）第一工位、压形并冲孔

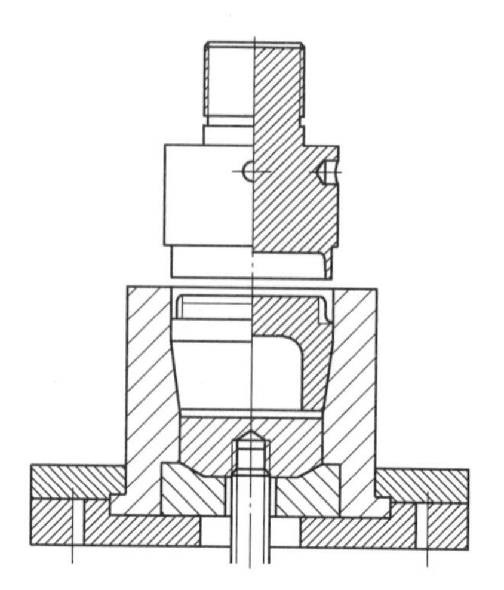

b）第二工位、无支承缩口成形

图 6-9　小批量成形工艺方案示意

图 6-10　小批量缩口变形测试试验中毛坯的成形效果

3. 存在的问题

部分毛坯存在全长小于设计要求的问题。

4. 原因分析

经现场技术人员观察、测量及讨论确认，导致部分毛坯全长小于设计要求的原因有以下四点：

（1）在冲孔过程中因人工涂抹润滑剂不均匀，造成坯料在冲孔过程中因摩擦阻力不均匀而产生“偏口”现象。

（2）在冲孔过程中因模具的温度无法实现等温控制，造成坯料在冲孔过程中，因温度不均匀导致金属流动不均匀，从而产生“偏口”现象（见图 6-11）。

（3）通过对全部毛坯的测量及统计分析确认，坯料在缩口成形后，毛坯的平均壁厚超过设计要求 1. 3mm。

（4）坯料在冲孔过程中，因工艺设计的因素，会在坯料口部端面形成约 3°左右、外高内低的斜角，坯料口部端面这种倾角在缩口过程中进一步扩大至 9°左右，使毛坯内外表面的高度差进一步增大，其最大值达到 12mm（见图 6-12）。

图 6-11　在最短毛坯口部存在的“偏口”现象

5. 改进措施

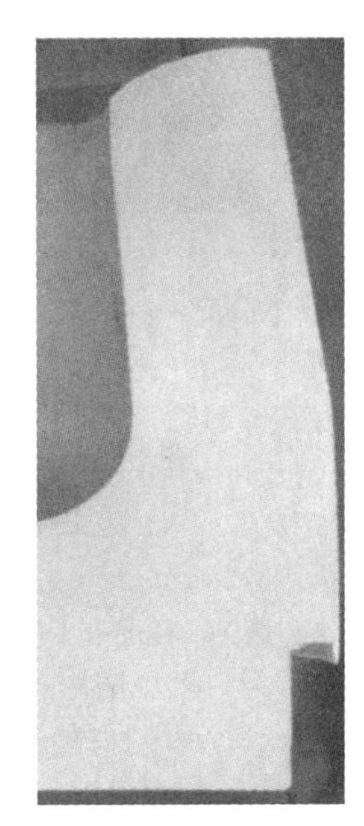

图 6-12　毛坯内外表面的高度差现象

（1）加强润滑操作过程中的控制，提高毛坯冲制过程中的润滑效果，减轻毛坯在冲制过程中出现的“偏口”现象。在热挤压过程中，由于铝合金质地很软，摩擦因数较大（0.06～0.24），流动性比钢差，无润滑时的摩擦因数最大可达 0.48，因此润滑效果对铝合金的流动阻力影响很大。当冲孔口径增大、孔深加深时，增加了毛坯冲制过程中模具与坯料的接触面积，冲制过程中实现均匀润滑的难度增大，均匀润滑效果的降低会导致毛坯冲制精度下降。

（2）通过调整冲制节拍达到将模具温度稳定控制在 300～400℃的范围内，消除或减轻模具温度对毛坯冲制效果的影响。

（3）对于毛坯平均壁厚超过设计要求的问题，通过调整冲孔冲头的形状，使冲孔后的毛坯壁厚进一步变薄，解决了毛坯壁厚偏厚的问题。

（4）改进缩口工装的局部结构设计（见图 6-13 圆圈处），确保坯料在缩口过程中，对冲孔过程中出现的偏口，以及倾角较大的坯料进行矫平，解决因偏口及倾角较大造成毛坯最小全长小于设计要求的问题。

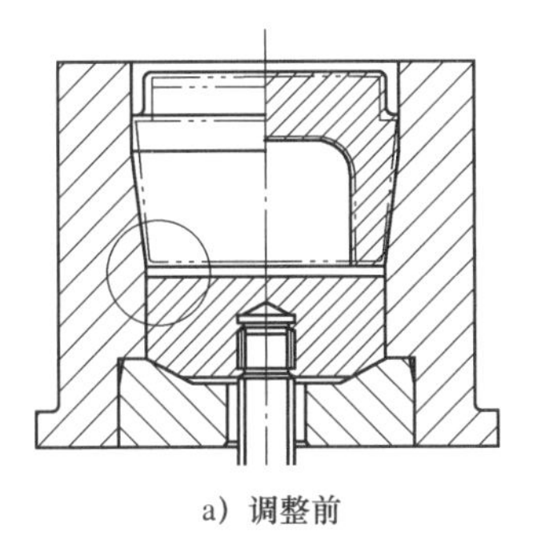

a）调整前

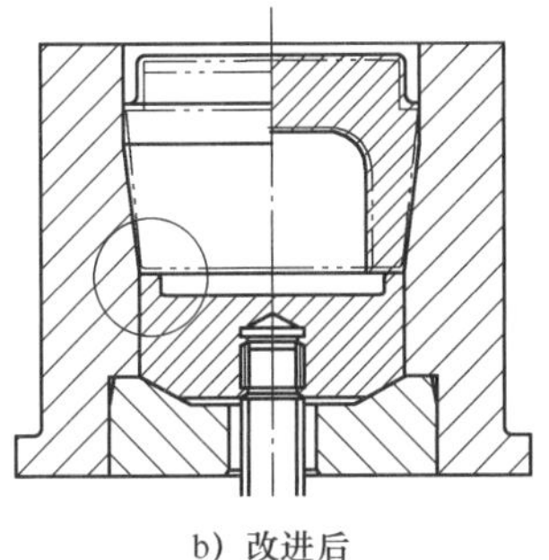

b）改进后

图 6-13　调整前和改进后缩口工装的结构对比

（二）小批量缩口变形验证试验

1. 试验情况

对工艺过程及工装结构进行优化调整后，开始进行验证试验。试验过程中，毛坯成形效果良好，操作过程顺利。经测试及解剖发现，毛坯内孔口部的直径小于底面的直径，局部仍有壁厚超过设计要求的现象（见图6-14）。

a）内腔全貌

b）解剖形貌

图6-14　验证试验中缩口成形后的毛坯内腔形貌

2. 存在的问题

毛坯的内孔直径平均比设计值小5mm，其最大极限状态达到13mm，毛坯的内腔加工余量过大。

3. 原因分析

经分析认为，毛坯的内腔直径小、加工余量过大问题成因有两个：

（1）因缩口模具结构的改变，坯料在缩口终了阶段与模具底端的顶料头产生了接触，这种接触虽然有利于解决坯料的“偏口”现象，但同时也使坯料产生了镦粗变形，导致坯料的局部壁厚增厚较多。

（2）在试验过程中，技术人员为了避免因意外因素影响试验结果，提高试验成功的几率，有意将坯料的下料质量比理论计算值增大了5%，结果增多的料被挤压到坯料的内腔，导致坯料的内孔直径变小。

4. 改进措施

（1）将坯料的下料质量修正至正常值范围内。

（2）根据多次试验证明缩口工序设备能力充裕的实际情况，将缩口工序由无支承缩口改为有支承缩口（见图6-15）。

（3）根据小批量缩口变形验证试验的测量结果，进一步减薄冲孔坯料的壁厚，改进前后冲孔坯料的形状对比如图6-16所示。

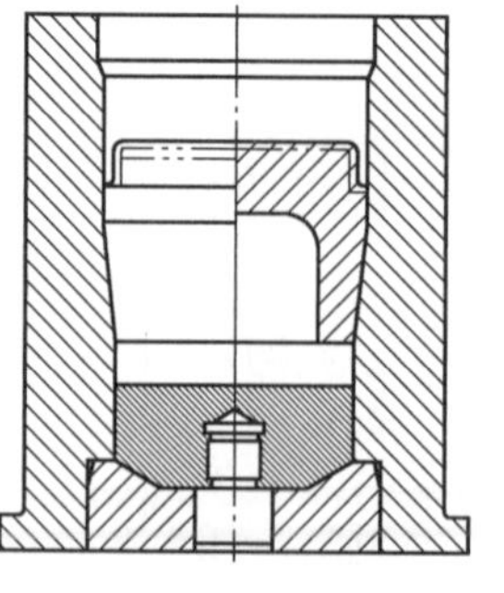

a）改进前的无支承缩口模具

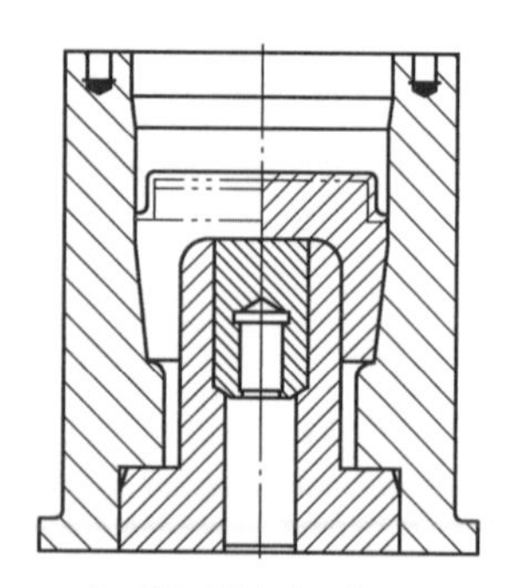

b）改进后的有支承缩口模具

图6-15　修改前后的缩口模具对比

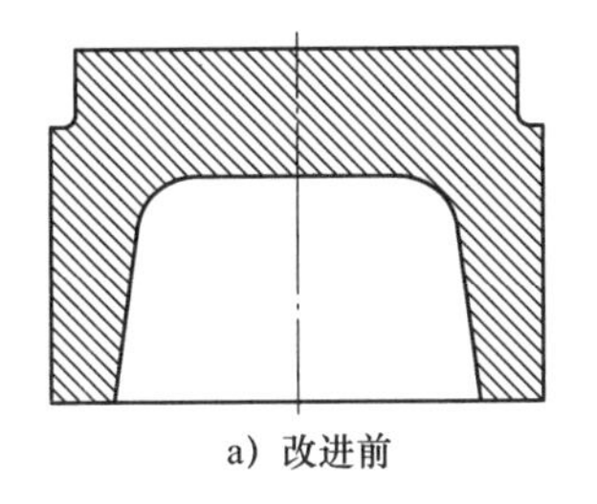

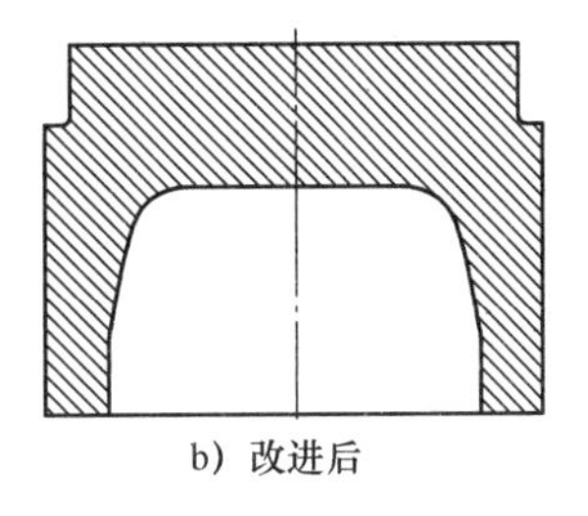

图 6-16 调整前后冲孔工序毛坯形状对比

（三）实际生产应用情况

新的铝部件毛坯冲制工艺应用于实际生产后，某型号铝部件冲制毛坯的质量由原工艺的 4.9kg/件减轻至 4.0kg/件，经过生产过程检验，毛坯冲制的良品率达到 98.54%（见图 6-17），符合良品率指标控制要求，新工艺的应用对于降低壳底产品生产成本的效果十分显著。

图 6-17 采用新工艺冲制的壳底毛坯外观形态

七、经济效益核算

在毛坯冲制环节增加缩口工序后，毛坯冲制的生产过程需要增加四名操作人员和一台冲压设备（315 吨油压机），具体的生产成本变动情况如下。

（一）增加的费用

1. 人工工时

四名操作人员一个生产班次的工时为 32h（4×8h=32h）。

2. 设备、能源、水及工资等费用

经财务部门统计，公司在设备、能源、水及人员工资等方面费用合计为 31.72 元/h。因此，增加一道需要四人操作的工序后，每个生产班次增加的工资费用合计为 1015.04 元（32h×31.72 元/h=1015.04 元）。

3. 模具损耗费用

比照同类模具的价格，缩口工序所需的凹模单个价格约为 1600 元，使用寿命按照2000件计算（保守估计值），每件毛坯增加模具成本 0.80 元，按照科研阶段每个班次产量 80 件计算，每个班次的模具折旧费用为 64 元。

（二）节约的费用

按照正常阶段的班产量 240 件计算（最低的效率），班产可节约铝合金 216kg（240×0.9kg=216kg），价值 6480 元（铝合金的价格为 3.0 万元/t）。

（三）综合降低生产成本

正常生产阶段，班产可降低生产成本5400.96元（6480元－1015.04元－64元＝5400.96元）。核算到每件毛坯可降低生产成本约22.54元。

按照年产量1万件计算，可降低生产成本22.54万元/万件。

按照每个型号产品的生产周期计算，在该型号系列产品的生产周期内，可降低生产成本约450余万元。

八、结论

立足于高、中温缩口成形技术，通过完善工装设计，在现有设备的基础上，实现铝部件毛坯缩口成形，提高铝合金铝部件毛坯的材料利用率的目标是完全可行的，单件铝部件毛坯可节约铝合金0.9kg，铝部件的材料利用率可由现阶段的59%提高至70%以上。

第二节　高强铝合金零件等温挤压成形技术工艺应用研究

一、现状

我公司某高强铝合金杯形零件（以下称罐体），采用挤铸工艺制造料饼，然后采用热冲成形工艺制造毛坯，因产品性能需要，内表面除口部外都是非机加工表面。冲制后的罐体毛坯瑕疵较多，主要类型包括内表面发纹、重皮、粘附、皱褶、划伤及外表面裂纹等。毛坯实物质量较差，废品率较高，良品率只达到92%，罐体毛坯由于壁偏差及口部偏斜等原因，造成该零件材料利用率较低，其材料利用率只有42.6%。

根据公司罐体毛坯的生产现状，为提高产品实物质量，提高制造良品率和材料利用率，急需对毛坯制造工艺进行改进和提高，从而降低成本，为公司的科研生产提供可靠的工艺技术保障。

二、可行性论证

（一）技术可行性

等温挤压成形技术近年来得到越来越广泛的应用，特别是在铝、镁等轻合金成形上，由于轻合金成形温度区间比较窄，采用等温挤压技术可取得较好的成形效果。

（二）经济性

等温挤压成形技术是一种精密成形技术，采用该技术生产的轻合金产品具有表面质量好、尺寸精度高的特点，是一种提高产品质量、提高材料利用率及降低生产成本的有效手段。

三、关键技术和解决途径

（一）关键技术

在普通热成形中，变形铝合金的传统热成形坯料变形温度范围为380～450℃，成形温度区间窄，而模具的温度一般仅为150～200℃，两者较大的温差将产生非稳态不均匀的温度场，坯料的热量会迅速传给模具，导致坯料实际变形温度显著降低、变形抗力增加、塑性下降，加之高强铝合金材料对应变速率敏感性大，同时由于坯料温度的不均匀性，在其内部形成难变形区或局部变形区，致使成形件的组织和性能出现不均匀性或恶化，成形过程中坯料内部容易出现微裂纹，组织结构易出现不完全结晶组织，再固溶处理后易形成粗晶粒或出现粒度不均的现象。特别是一些薄壁、高肋、形状复杂零件的成形更易如此。因此，不得不增加锻件厚度，增加机加工余量，这样既降低了材料利用率，又提高了制造成本。

等温挤压技术属等温锻造范畴，顾名思义，就是使制件在模具中成形的温度介于冷锻温度和热锻温度之间。而在轻合金等温挤压精密成形时，进一步采用坯料和模具均匀等温加热，控制加载、优良润滑、预成形及模具优化设计、均匀充形等技术措施，使轻合金变形坯料在成形过程中，始终处于一种均匀或近似均匀的变形状态，并使其结晶过程、第二相粒子的析出过程接近整体同时、均匀发生变形，由此精确地控制轻合金零件的组织，获得最佳的使用性能。工件在近似均匀状态下变形，既能促进轻合金的塑性在等温成形过程中持续发挥，有利于复杂轻合金件顺利成形，又可获得优良组织性能的轻合金零件，满足其使用要求。因此，采用等温挤压的方式加工这一类变形铝合金制件是解决上述问题的有效途径。

（二）解决途径

（1）为防止毛坯的温度散失，在等温成形过程中，模具和坯料要保持在相对恒定的温度下，这一温度介于冷锻成形和热锻成形温度之间，因此在模具上加装了预热装置；同时，因为成形温度区间较窄，控温精度要求较高，因此配备了较高精度的电控系统，对模具加热温度进行闭环控制。

（2）铝合金材料在等温成形时具有一定的黏性和应变速率敏感性，要保证相对较低的成形速度，就需要调整油压机的下压速度。

（3）由于高温增强了变形金属与模具接触面的相互扩散作用，在变形时间较长的情况下，模具与工件的摩擦力及粘附现象明显增加，因此选择具有良好润滑性能和脱模性能的润滑剂，同时为了获得更好的润滑性能，对挤压前的坯料采用水基石墨进行预润滑处理。

四、应用效果

采用等温挤压工艺与原工艺冲制毛坯的外观质量如图 6-18 所示，可以明显地看到，无论是坯料内表面还是外表面，原工艺存在的裂纹和皱褶缺陷均已经消除。

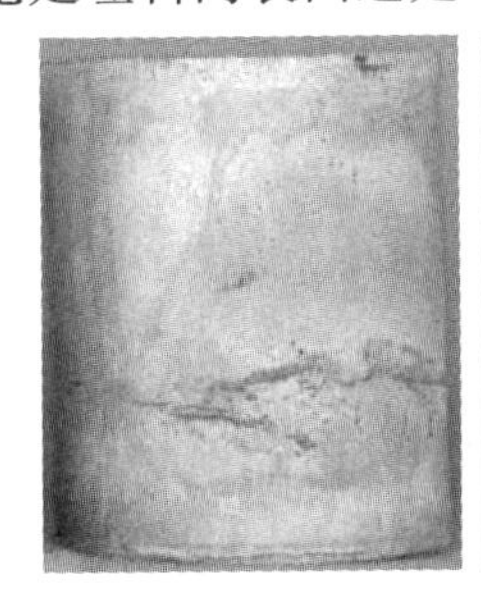

a）原工艺

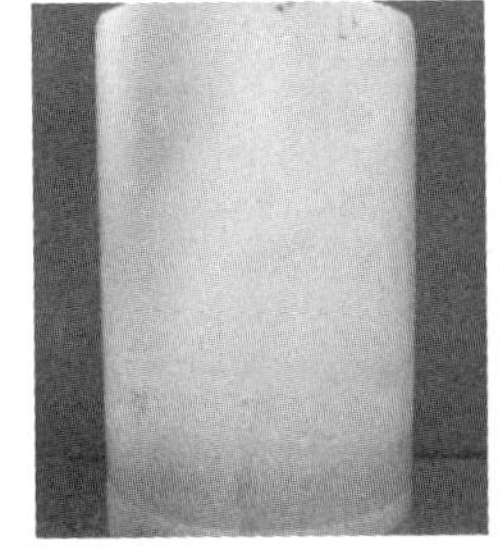

b）等温锻造工艺

图 6-18　毛坯内外表面质量

五、结论

（一）工艺性

等温挤压工艺的特点使其特别适合轻合金的精密成形加工，通过对该技术的不断摸索，将罐体毛坯的等温挤压工艺的各项参数进行了优化，经优化后的工艺所生产的毛坯外观质量和力学性能指标均完全满足该产品的图样要求，事实证明采用等温挤压工艺技术生产该件的毛坯具有良好的工艺性。

（二）经济性

应用等温挤压工艺生产该高强铝合金毛坯以来，良品率已经达到98%以上，材料利用率提高了14%，解决了原工艺良品率低、材料利用率低的问题，降低了该产品的制造成本，为公司节创价值100多万元。

（三）社会效益

罐体毛坯采用等温锻造技术，是我公司等温锻造技术的首次应用。通过该技术的应用，使工程技术人员对铝合金的塑性成形，从材料特性到成形过程在理论水平和实践能力上都得到了大幅度的提高。同时也为其他铝合金、镁合金零件的塑性成形提供了工艺借鉴基础，为公司成形工艺技术进步起到了积极的促进作用，具有十分广阔的应用前景。

第三节　模具定量精确成形技术在挤压铸造生产中的工艺应用研究

一、问题的提出

目前我公司采用挤压铸造（以下简称挤铸）工艺生产的工件主要为质量较小的7A04铝合金件，根据不同产品的要求，单个坯料的质量为0.5～2.5kg，定量方法是人工用浇料勺进行控制。

由于是人工使用浇料勺控制坯料的质量，在浇料环节产生的质量误差很大。经抽查确认，浇铸时的质量误差一般在8%～10%，最高时达12%。浇铸质量误差大，造成铸造毛坯的壁厚及密度波动较大，导致工件的铸造组织一致性较差，在铸件的热节区易出现组织缩松情况（见图6-19），严重影响了挤铸产品车削成形后的表面质量（见图6-20）。同时也导致材料利用率降低、生产成本升高。

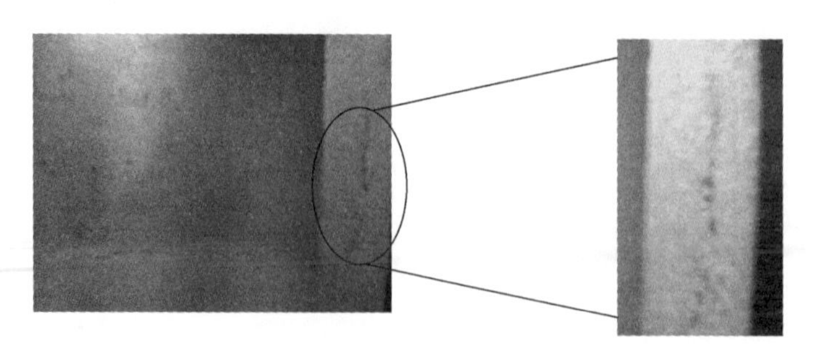

图6-19　出现疵点坯料解剖面的低倍试样

a）外观形态

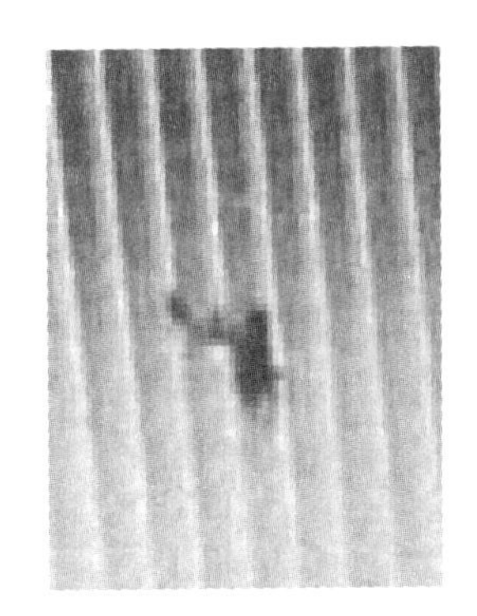

b）疵点部位放大

图 6-20 某型号挤铸件表面疵点典型件

二、问题的成因分析

经分析后认为，导致挤铸毛坯的金属组织中出现组织缩松现象的原因有很多，其中挤铸工件厚度波动大是其中的重要原因之一。

铸件设计时必须合理确定铸件壁厚，尽量使铸件壁厚均匀，消除尖角，不易太薄或过厚。

虽然 7A04 牌号的铝合金适用于液锻成形工艺，但由于 7A04 牌号的铝合金热膨胀系数较大，在挤铸工艺其他参数不变的情况下，铸件增厚部位由于壁厚越大，内部的金属液温度就越高，液态收缩也越大，产生缩松的绝对值会明显增大（见图 6-21）。因此，铸件厚度波动大是造成坯料产生缩松、密度波动大的主要原因之一。

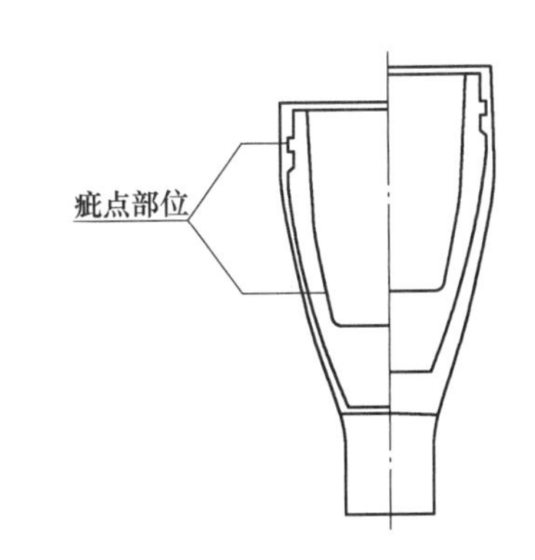

图 6-21 某型号挤铸毛坯最小尺寸和最大尺寸与成品的机加工表面关系比较

三、解决办法

（一）解决问题的办法

导致浇注质量误差大的主要原因是：①在小型铸件的生产中，采用浇料勺控制浇铸质量的方法本身就存在误差大的缺陷。②在浇铸质量的误差范围确定的情况下，工件总质量越小，产生的相对误差值越大。

为解决浇铸过程中质量误差大、加工成形后产品表面质量不好的问题，将模具定量精确成形技术应用于挤压铸造生产中，借鉴压铸模具中溢流槽的设计，对挤铸模具进行改进，增设了溢流装置。

（二）技术原理

具体的方法是在模具中增加溢流槽，在充形时，将多余的铝液、夹杂物等（主要为氧化铝夹渣）填充到溢流槽中，达到对需成形的铝液体积进行定量的目的。

模具定量精确成形技术的核心是：利用合金液在液态及固态时等重不等体积的原理，在进行挤铸前将多出的铝液溢出，对成形用铝液的体积进行定量。同时，因铝液中大多数杂质

（氧化铝夹杂）、气体等比重很小，漂浮在铝液表面的夹杂物多数也会随着多余的铝液溢出，在实现定量挤铸的同时，达到清除杂质、提高铸件质量的目的。

（三）可行性论证

采用模具定量时，定量的是液态金属，所以需要对挤铸时毛坯的压缩量进行准确计算。在实际生产中，只要测量出固体毛坯及其液态金属的密度，就可以对压缩量进行准确的计算，并根据计算结果进行模具设计。因此模具定量技术应用的关键是要掌握挤铸工件的固态密度及用料的液态密度。

我公司采用挤铸工艺生产的工件用料主要为7A04铝合金材料，经实际测量，挤铸工件的固态密度约为2.840 9g/cm^3，铝液的密度约为2.664 7g/cm^3。因此，通过合理的模具结构设计，采用模具溢流精确定量技术是完全可行的。

四、验证试验

选择某杯形件进行模具定量精确成形技术的验证试验，用料为7A04铝合金，挤铸毛坯及成品的结构如图6-22所示。

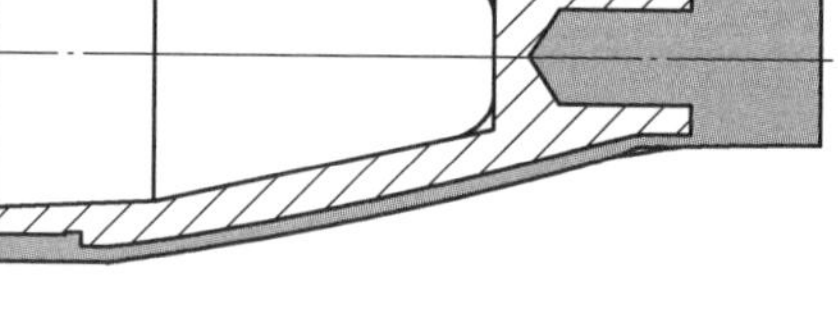

图6-22　挤铸毛坯及成品的结构

（一）挤铸压缩量的确定

模具定量的关键就是测定（或计算）铝液充形溢流后、进行加压凝固时能够有多大的压缩量，如果压缩量计算不准确，就无法进行准确的定量。经实际检测后，该毛坯的相关数据如下：铝液的密度约为2.664 7g/cm^3，工件的密度约为2.840 9g/cm^3。

根据上述条件，采用CAD技术计算出该工件在挤铸时铝液的压缩量约为5mm。

（二）模具结构设计

借鉴压铸模具中的溢流槽及排气槽的特点，将挤铸工装设计成具有类似溢流槽的机构，具体的工装结构如图6-23所示。

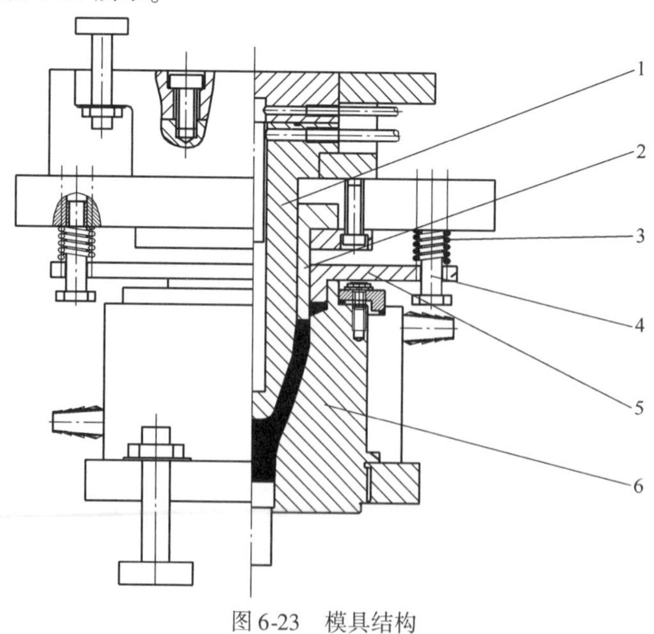

图6-23　模具结构

1—凸模　2—模套　3—弹簧　4—螺钉　5—溢流板　6—凹模

模具的工作原理如下：铝液浇入模腔后，上工作台带动凸模下行，在溢流板接触凹模后，溢流板不再下行，在凹模、模套及溢流板间形成一个溢流腔，当凸模继续下行，接触铝液后，铝液开始进行充形，多余的铝液进入到溢流腔中形成溢流体，凸模接着下行，模套将溢流体与成形用的铝液分开，成形铝液在加压后凝固，形成产品毛坯。

（三）试验结果分析

1. 毛坯质量检测

试验中采用模具定量精确成形技术挤铸毛坯 303 件，随机抽取了 100 件毛坯，用精度为 0.005kg 的电子秤（下同）进行质量检测，统计分析结果见表 6-1。

表 6-1 挤铸毛坯质量检测及统计分析结果

	检测结果								
质量/kg	0.880	0.885	0.890	0.895	0.900	0.905	0.910	0.915	0.920
数量/件	2	11	6	18	11	23	22	4	3

统计分析结果

平均值/kg	标准差/kg	理论值的可信限/kg	
		95%	99%
0.901	0.009 587	0.882 2 ~ 0.919 8	0.876 3 ~ 0.925 7

从表 6-1 的检测结果看，其中最轻的为 0.880kg，最重的为 0.920kg，质量差为 0.040kg，满足 ±0.02kg 的设计要求。

由统计分析结果可知，95% 铸件的质量分布在 0.882 2 ~ 0.919 8kg，质量差为 0.037 6kg，完全满足 ±0.02kg 的工艺设计要求。

2. 铸件的外观对比

采用模具定量精确成形技术生产的挤铸毛坯与采用原工艺生产的挤铸毛坯对比如图 6-24 所示，其中上面两行为采用定量精确成形技术生产的挤铸毛坯，下面两行为原工艺生产的挤铸毛坯。

采用模具定量精确成形技术后，生产的挤铸毛坯的质量、外观大小均匀一致。多出的铝液在溢流腔中形成的溢流体冷却凝固后，形成一个圆环状固体，随毛坯同时退出模具。因溢流体的成分与铸件的成分完全一致，几乎不含任何杂质，因此回收后可直接作为原料重复利用，材料的利用率将得到提高。

图 6-24 采用定量精确成形技术和采用原工艺生产的挤铸毛坯对比

原工艺生产的挤铸毛坯质量一致性差，大小不均匀，多出的金属经车削后变成碎铝屑。由于铝屑中含有较多的切屑，而铁是铝合金中最有害的杂质，因此，回收后的碎铝屑无法当作原料得到重复利用。

3. 低倍组织检查

随机抽取 4 件采用模具定量精确成形技术挤铸的毛坯进行低倍组织检测，其组织均匀，晶粒度为1～3级（见图6-25）。

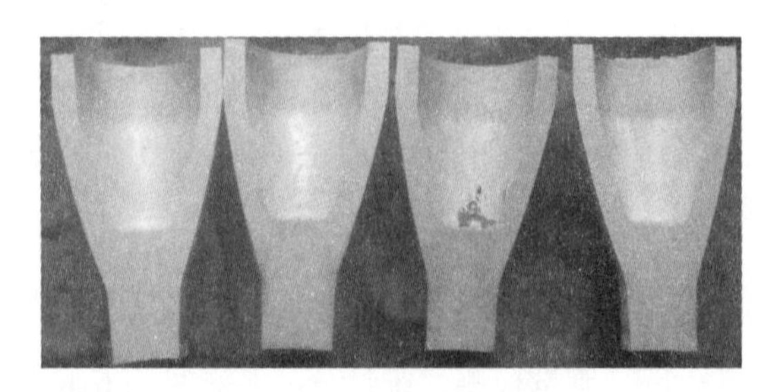

图6-25　采用模具定量精确成形技术挤铸的毛坯低倍组织检测结果

4. 力学性能检测结果

毛坯进行固溶处理、时效强化后，按照硬度检测结果抽取最大、最小各2件进行力学性能检测。4件挤铸毛坯的性能检测结果与原工艺完全一致，符合产品图样要求。

5. 机加工后成品外观、质量检测结果

采用定量精确成形技术挤铸的303件毛坯，除4件用于性能测试、4件用于低倍组织分析外，余下的295件毛坯经机加工后，外观检测有3件为外观夹杂废品，其余均为合格品；随机抽取50件定量挤铸的毛坯进行质量检测，质量均为0.495kg。而采用原工艺生产的挤铸毛坯质量分布在0.480～0.495kg，平均质量为0.490kg。

从铸件的外观对比、低倍组织及机加工后成品外观的检测结果可以看出，采用模具定量精确成形技术挤铸的毛坯，由于在模具上增设了溢流槽结构，确保了坯料在挤铸加压前就进行了精确的定量，且液态金属中的夹杂及气体在挤铸前得到有效排除，因此确保了挤铸毛坯大小一致、密度一致，质量均匀且夹杂少。

采用原工艺生产的挤铸毛坯由于无法准确定量，挤铸时毛坯大小不一致，密度不均，造成质量差别较大且产生较多的组织缩松现象。

五、结论

模具定量精确成形技术与其他定量技术相比较，其突出的优点表现在定量准确，生产过程容易控制，铸件产品各项指标的一致性好等方面。在达到提高挤铸毛坯质量的同时，有利于精化铸造毛坯，提高铸造工艺的材料利用率。该项技术在生产中的应用，其经济效益是十分可观的。

第四节　铝合金空心锥体精密成形应用技术

一、问题的提出及研究目的和意义

（一）问题的提出

某新型号产品中的空心锥体（以下简称大锥体）产品的尺寸再次增大，且壁厚变薄，结构更趋复杂（见图6-26），公司原有应用成熟的锥体毛坯冲制成形工艺，在冲制大锥体毛坯的过程中，遇到毛坯成形困难、冲制毛坯良品率低的问题（见图6-27～图6-30），大锥体毛坯冲制的良品率不足60%，远低于工艺设计要求。因此，研究大锥体毛坯的冲制成形工艺，解决大锥体冲制毛坯成形困难的问题成为一个紧迫的任务。

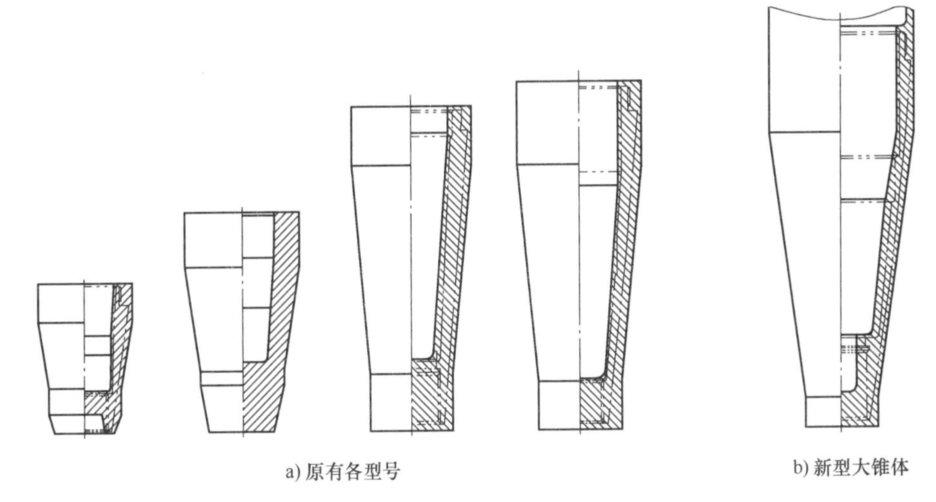

图6-26 新型大锥体与原有各种型号空心锥体的等比例比较

图6-27 原工艺冲制的铝合金大锥体因偏口现象导致坯料长度不足而报废的毛坯

图6-28 检验壁厚差的部位

图6-29 壁厚差超差现象

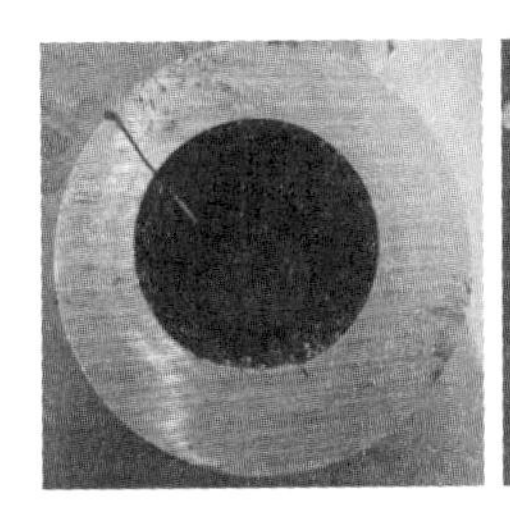

a) 毛坯

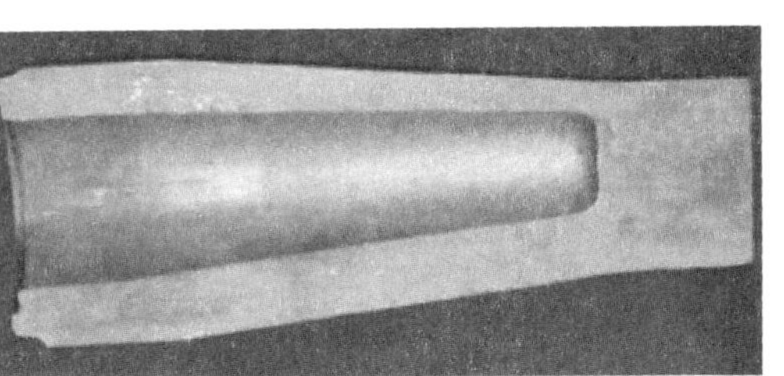

b) 解剖标本

图6-30 因壁厚差超差导致坯料加工余量不足而报废的大锥体

（二）研究目的和意义

单件大锥体毛坯的材料价格达几百元，如果能在研究大锥体毛坯成形工艺上取得突破，既可以解决技术上的难题，同时节约成本的效果也会十分显著。所以大锥体毛坯精密成形应用技术研究的重要意义在于能够为企业带来可观的经济效益和可持续发展的社会效益。

二、导致原工艺出现偏口和壁厚差大的原因分析

（一）大锥体的结构特点

与原有空心锥体的结构比较（见图6-26）可知，大锥体沿长度方向轴截面的面积变化更大，轴向长度最长，结构更趋于复杂。

（二）原工艺的特点和不足

公司原有冲制空心锥体的工艺过程如图6-31所示。原工艺选材为棒料，采用压形、反挤压工艺进行毛坯冲制。这种反挤压成形工艺的优点是模具结构简单，毛坯冲制的生产效率高，适合冲制带底或长径比较小的毛坯。

原工艺存在的不足是当冲孔深度增加时，毛坯成形的稳定性会降低，坯料冲制成形的精度会下降。

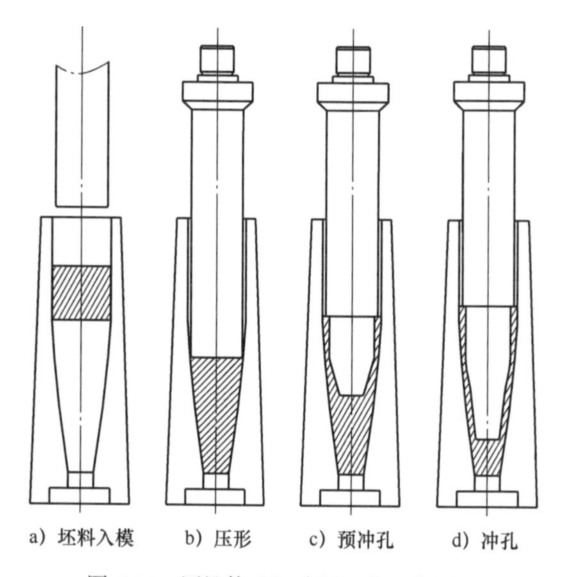

图6-31　原锥体毛坯冲制工艺工作原理

（三）原因分析

大锥体产品的外观尺寸比原有型号产品的外观尺寸增大了许多，成品的壁厚变薄且内部结构也比原有产品复杂了许多，这些因素的变化增加了大锥体毛坯冲制成形的难度。

在工艺条件相同的条件下，冲制毛坯长度的增加、冲孔深度的加深等因素的变化，都会导致坯料冲制成形的精度下降，毛坯出现偏口、壁厚差大的现象就会变得更加明显。

（1）当用实心毛坯挤压空心件时，凸模冲尖的长度不能太长，挤压有色金属时，$h \leq 2.5d$（其中h为冲尖长度，d为冲尖直径）。经测算，采用原有工艺冲制大锥体毛坯时，其h值最小为2.87mm，因此，用原有工艺采用一次加热成形的方案在理论上是不合理的。

（2）在设备安装精度和模具加工精度保持不变的条件下，冲头长度增加的本身会导致设备安装误差的增大，这会影响冲制工艺的稳定性。

（3）在热挤压过程中，由于铝合金质地很软，外摩擦因数较大（0.06～0.24），流动性比钢差，无润滑时的摩擦因数最大可达0.48，因此润滑效果对铝合金的流动阻力影响很大。当冲孔口径增大、孔深加深时，增加了毛坯冲制过程中模具与坯料的接触面积，冲制过程中实现均匀润滑的难度增大，均匀润滑效果的降低会导致毛坯冲制精度的下降。

（4）7A04 材料的锻造温度范围为 370～450℃，温差区间只有 80℃，范围较窄。因此，当毛坯的冲孔口径变大、冲孔深度增加时，在冲制条件相同的情况下，冲头与坯料接触的时间变长，冲孔所需的挤压力变大，各种因素对金属流动的影响也会增大。

三、解决问题的具体办法

查清原因后，我们仔细分析了大锥体产品的结构特点，同时结合公司现有设备能力，认为管料缩口、模锻复合成形的工艺技术方案更加适合用于冲制大锥体毛坯，并能够保证在一次加热过程中实现成形的工艺目标。

四、可行性分析

（1）所有空心锥体的结构特点是没有底（通孔），这就使选择管料缩口、模锻工艺成为可能。

（2）大锥体用料为 7A04 合金，7A04 合金能进行冷、热成形；最大镦粗变形系数可达 0.80；可制造形状复杂的模锻件和冲压件。

（3）7A04 铝材在退火状态下的平均缩口系数为 0.35～0.40，当局部加热使应力比值 $\sigma_{0.2}/\sigma$（$\sigma_{0.2}$为室温下的材料屈服强度，σ 为口部加热后的变形抗力）提高到 2 时，缩口系数就可降至 0.1 左右。而采用管料缩口、模锻复合成形技术冲制新型大锥体时，其最大缩口系数仅为 0.5，因此，可以采用一次缩口成形的工艺，工艺过程相对简单，冲制设备的生产效率与原工艺应当完全相同。

（4）经过理论计算，管料缩口、模锻复合工艺对设备的能力要求与原工艺基本相同，公司现有生产设备能力完全能够满足管料缩口、模锻复合工艺对设备能力的要求，采用管料缩口、模锻复合工艺不需要添置新的设备。

五、管料缩口、模锻成形工艺原理、技术特点和难点

（一）原理

管料缩口、模锻成形工艺是将缩口和模锻成形两种工艺技术相结合的产物，具体的工艺过程为：将坯料加热后，在第一工位对管料进行缩口、压形；在第二工位对坯料进行模锻冲孔（见图 6-32）并最终完成成形过程。

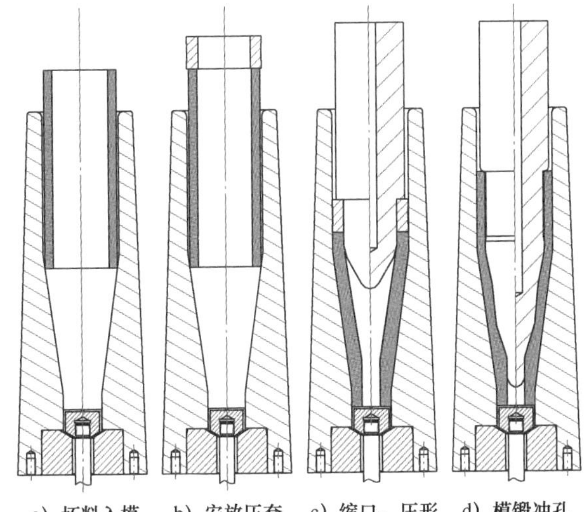

图 6-32　管料缩口、模锻成形工艺过程示意图

（二）技术特点

新工艺是采用缩口、压形，模锻冲孔复合工艺对管状坯料进行锻造成形，其技术特点如下：

（1）在工件的缩口过程中，芯模的根部最先与坯料接触，芯尖是最后与坯料接触的部位。在整个冲制过程中，芯子的根部始终受力，而芯尖是最后受力的部位。因此，消除了因冲头长度的增加对毛坯冲

制精度产生较大影响的因素。

（2）新工艺的模具结构与原工艺相比趋于复杂，个别部件的配合精度要求很高。

（3）适合冲制长径比较大的锥台形空心体毛坯，且毛坯成形的精度比较高。

（4）同其他毛坯精确成形工艺比较，管料缩口、模锻成形工艺不需要采用精确制坯过程，符合国家标准 GB/T 4436—2012《铝及铝合金管材外形尺寸及允许偏差》的铝管就能够满足工艺对管料精度的要求。

需要说明的是：新、旧两种工艺过程除模具结构设计不同以外，其他各项要求（生产设备、工艺过程等）都是完全一致的。也就是说，在原有设备的基础上，不需要添置任何新设备，通过运用新技术、采用新的工艺方式就能够实现大锥体冲制毛坯的稳定成形，解决大锥体毛坯冲制成形精度低的问题。

（三）技术难点

根据调查，目前在国内的特种行业中采用管料缩口、模锻复合成形工艺冲制大锥体的技术还没有得到应用，因此没有任何可以借鉴的经验和资料。所有的工艺过程、参数及模具结构等都需要自己进行探索、设计，工作量大，难点多。

小规模验证试验证明，在冲制大锥体时，因模具的体积进一步增大，质量增加，采用原工艺的模具预热方法（用坯料预热模具）、坯料润滑方式（涂抹混有石墨的全损耗系统用油）难以满足新工艺的要求。因此，在模具预热及坯料润滑两个方面必须引入更为先进合理的工艺方式。

六、工艺验证过程中遇到的重点问题、原因分析及解决办法

（一）在毛坯成形过程中的重点问题

在小规模工艺验证试验过程中，先后遇到各种形式的问题，其中主要的质量问题有三个，其现象如下：

（1）在小规模工艺验证试验中，多次在毛坯小头端部出现外形充形不饱满和 V 形折叠导致坯料报废的现象（见图 6-33 ~ 图 6-35）。

图 6-33　毛坯小头端部外形充形不饱满现象

图 6-34　小头端部外形充形不饱满现象

（2）在小规模工艺验证试验中，当完成车削加工后，两次在大锥体成品上发现毛坯内腔靠近小头端部位（见图 6-36）有纵向的缺陷组织存在，经取样解剖分析确认，两次在空心锥体成品上发现的纵向缺陷均为折叠缺陷（见图 6-36 ~ 图 6-45）。

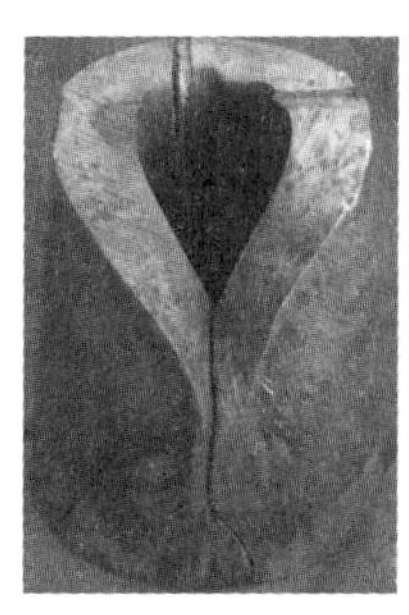

a）外观　　b）解剖形态

图6-35　典型 V 形折叠缺陷的外观与解剖形态

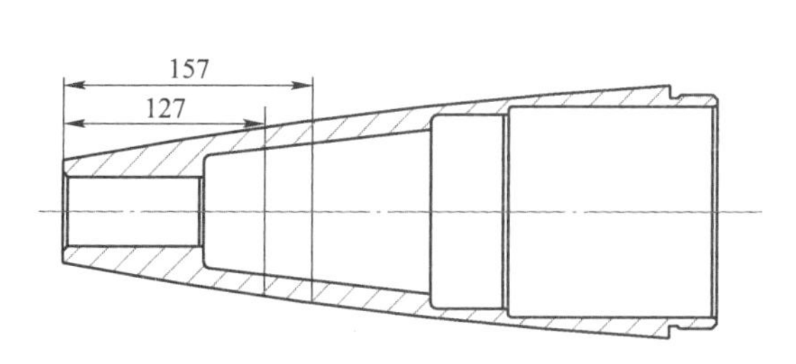

图 6-36　纵向缺陷在产品中所处的部位

图 6-37　第一次出现纵向缺陷的部位及外观形貌

图 6-38　缺陷处的形貌

图 6-39　腐蚀前缺陷处的形貌

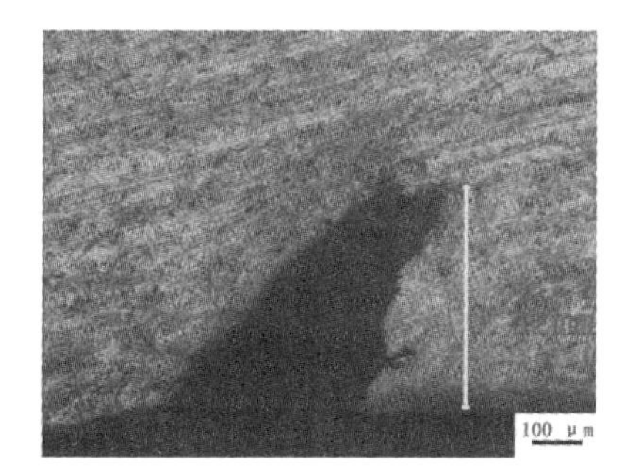

图 6-40　腐蚀后缺陷处的形貌

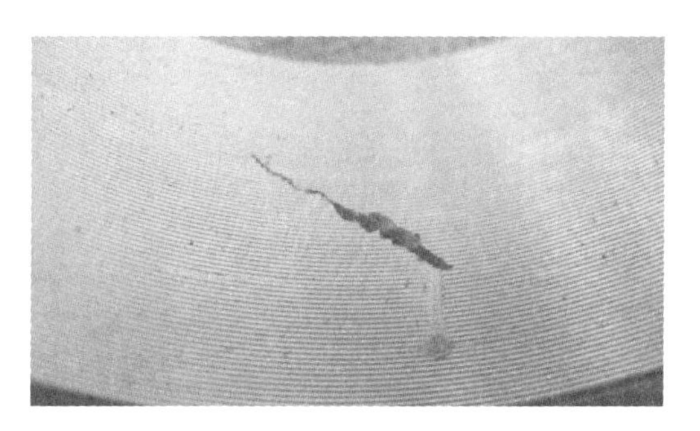

图 6-41　第二次出现纵向缺陷的外观形貌

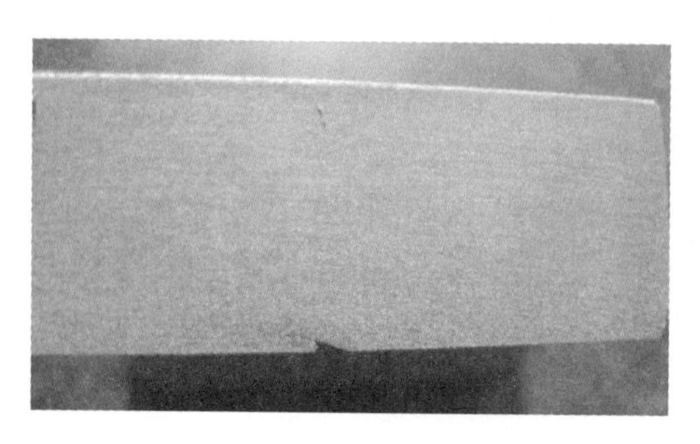

图 6-42　纵向缺陷的横向解剖形貌

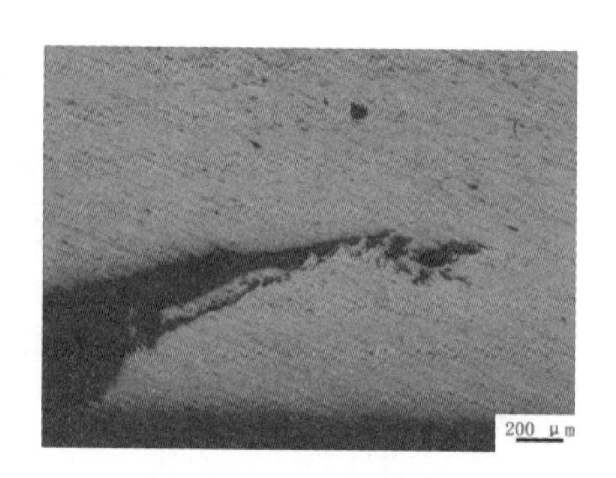

图 6-43　腐蚀前缺陷处的形貌

图 6-44　腐蚀后缺陷处的形貌

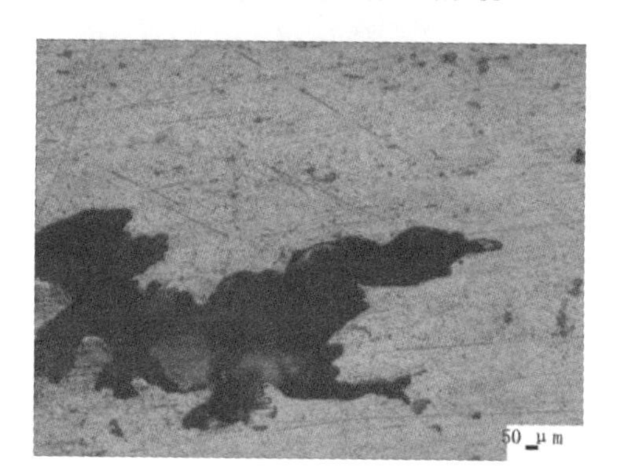

图 6-45　腐蚀后缺陷尖端处的放大形貌

（3）机加工后，在部分毛坯小头端部的内螺纹处有较大面积的缺陷存在，经取样解剖分析确认，这些缺陷组织为折叠和夹层缺陷（见图 6-46～图 6-49）。

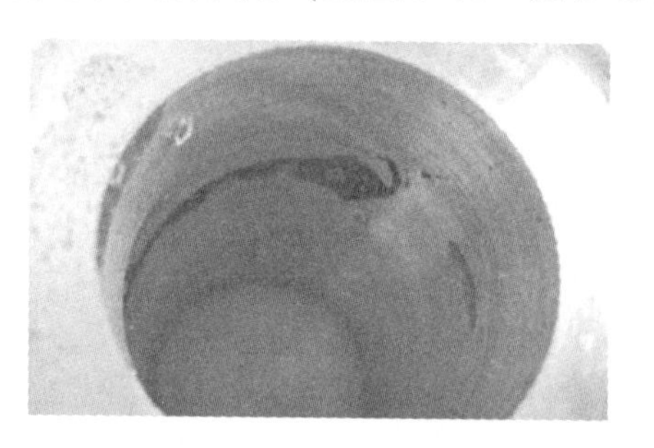

图 6-46　夹层缺陷的外观形貌

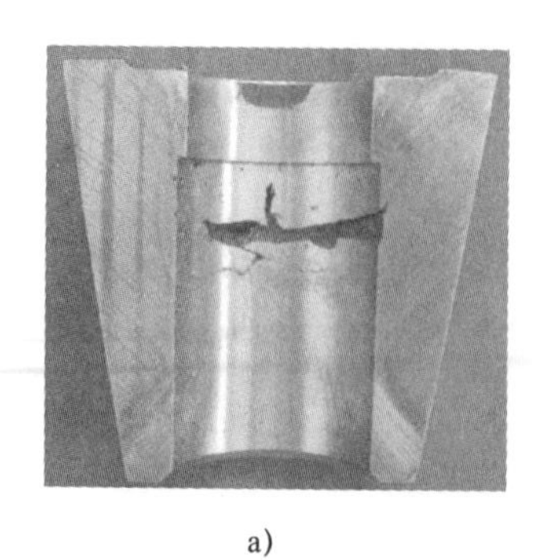

a)

b)

图 6-47　夹层缺陷试样的解剖形态

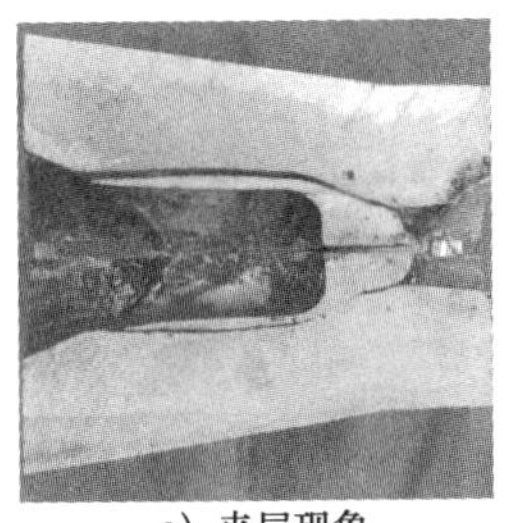

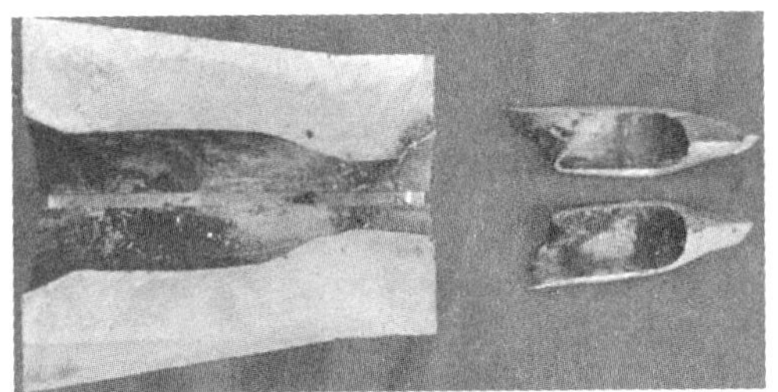

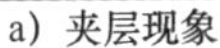

a）夹层现象　　b）夹层分开后的形貌

图 6-48　夹层缺陷

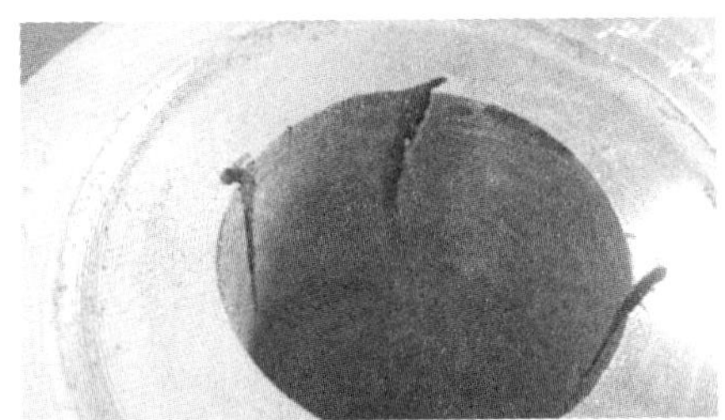

图 6-49　轴向折叠现象

（二）原因分析

1. 毛坯小头端部充形不饱满及 V 形折叠缺陷产生的原因

通过观察及解剖分析毛坯小头端外部带有典型折叠缺陷的毛坯发现，造成毛坯小头端部形成折叠缺陷的原因如下：

（1）坯料润滑方面。铝合金的外摩擦因数较大（0.06～0.24），无润滑时的摩擦因数最大可达 0.48，因此润滑效果对铝合金的流动阻力影响很大，图 6-50、图 6-51 所示为试验中观察到的有典型 V 形折叠缺陷毛坯的外观形态，在毛坯 V 形折叠缺陷的正面及左、右两侧，

a）缺陷左侧　　b）缺陷正面　　c）缺陷右侧

图 6-50　因坯料润滑效果不好导致的典型轴向折叠缺陷

a）缺陷左侧

b）缺陷正面

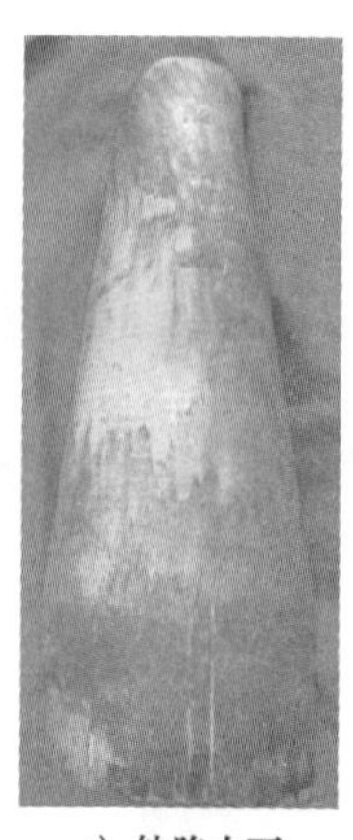
c）缺陷右面

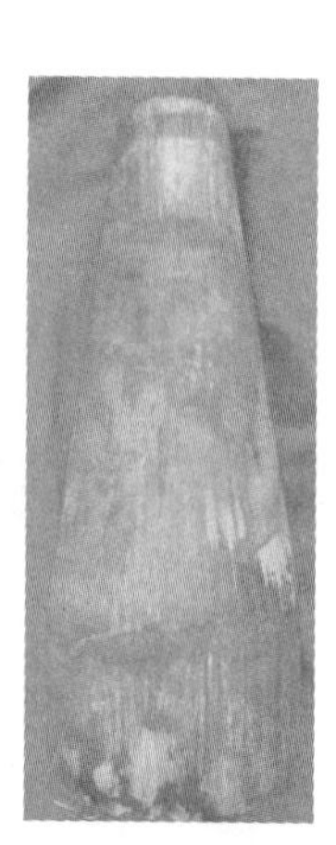
d）缺陷背面

图 6-51　带有折叠缺陷毛坯的外观形貌

润滑剂的使用量非常少，毛坯表面呈现灰白色；在 V 形折叠缺陷的背面，由于润滑剂使用的较多，毛坯表面呈现黑色。这一表象说明，在毛坯冲制成形过程中，润滑剂的涂敷十分不均匀，润滑剂的涂敷效果对毛坯成形效果的影响极大。

通过观察发现，在铝管的外表面由于有一层油脂存在，在铝管的运输及存储过程中很容易粘附上沙尘，且铝管表面粘附的沙呈现为分布极度不均的状态，由于铝管在运输及存储的过程中都是水平放置，铝管朝下的一面粘附的沙尘较少（见图 6-52 上），铝管朝上的一面粘附的沙尘则很多（见图 6-52 下），在对坯料进行锻造前，对铝管表面上的这些分布不均的粘附物质若不进行预处理，在挤压成形的过程中不仅会增大摩擦阻力，而且会因摩擦因数不均匀而导致产生金属流动不均匀的现象，进而影响铝管挤压成形的效果。

（2）坯料的加热温度。铝合金的热锻温度为 380～450℃。在试验初期，为了最大限度地降低铝合金成形过程中的变形应力，坯料加热温度为（450±10）℃。

图 6-52　未进行任何处理的铝管表面的自然形态

通过实际观察及取样分析发现，在开始形成 V 形折叠缺陷的坯料上有粘铝现象存在，图 6-53、图 6-54 所示是坯料上开始出现 V 形折叠现象初始阶段的内腔、外观形态。说明坯料在正常冲制过程中出现了局部温度过高的现象。根据这一情况，认为 V 形折叠现象的形成还与坯料的加热温度有关，坯料的加热温度应当在保证毛坯能够成形的条件下适当降低。

2. 毛坯内腔靠近小头端部位纵向折叠缺陷产生的原因

在初始试验时，对缩口压形坯内腔的成形尺寸进行了限制，其目的是为了保证坯料在缩口成形过程中能够达到理论设计的形状。但是，由于在试验过程中遇到成形阻力大的问题，曾一度取消了对缩口压形毛坯内腔成形尺寸采取的限制措施，因此，压形后坯料内腔形态由原设计的内外支承成形变为只有外支承成形（见图 6-55）。在后续的验证过程中发现，因模具的设计没有限位措施，设备的限位控制需要操作人员在试验过程中根据测量结果对设备进行调整，因此，设备的限位保证存在不准确、不及时和不到位的情况，这种情况很难保证坯料在无支承缩口过程中完全不出现失稳的情况，因此导致部分坯料在缩口过程中出现失稳现象，从而产生折叠。

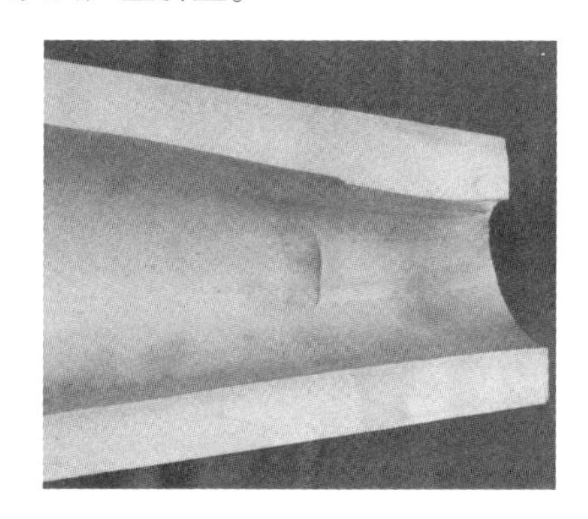

图 6-53 形成 V 形折叠的初始阶段毛坯的内腔形态

图 6-54 形成 V 形折叠的初始阶段毛坯的外观形态

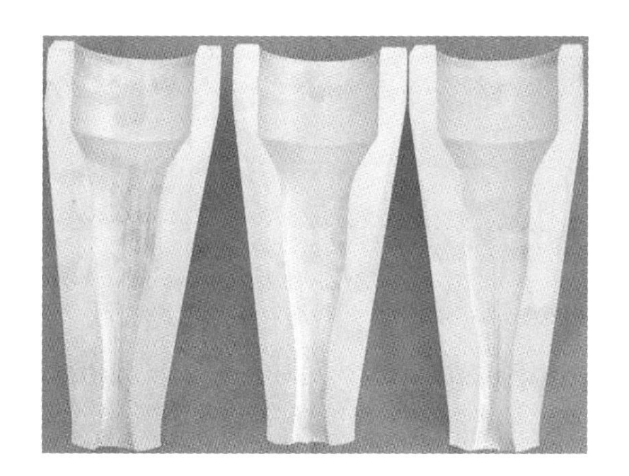

图 6-55 只有外支承的缩口压形坯料的内腔形态

3. 在毛坯小头端内部有纵向折叠及夹层缺陷的原因

根据测算，在缩口变形过程中，毛坯小头端的缩口系数超过了超硬铝合金材料平均缩口系数，在缩口成形过程中，该部位出现缩口失稳并形成折叠应当是正常现象，根据计算，出现折叠缺陷的部位应当处于工件的加工余量的范畴内，坯料经车削加工后，在该部位形成的折叠缺陷应当能够全部车削掉，不会保留在成品上。

通过解剖检查确认，导致缺陷部位超出加工余量范围的原因是冲孔模具设计不合理，坯料经缩口压形后，在后续的冲孔过程中，是冲头将带有缺陷的部位反挤压至超出加工余量的范围而形成了折叠缺陷（见图 6-56）。

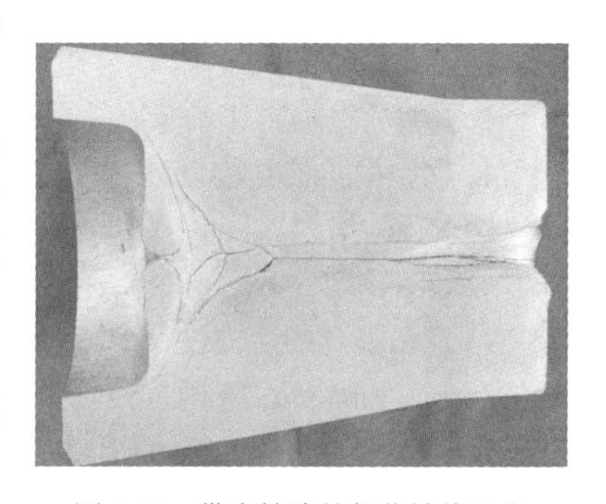

图 6-56 带有缺陷的部位被挤压出加工余量范围的标本

（三）解决办法

1. 改变模具的预热方法

设计专用的钢质预热体，将模具的预热方法由原工艺的坯料预热改为预热体预热。具体方法是：在冲制初始时，用专用的中频加热装置将钢质预热体加热到 800～900℃后，将预热体放入模具中保温 10min，重复预热操作两次，确保模具达到工艺规定的预热标准，并通过调整冲制节拍，将模具温度稳定控制在 300～400℃范围内。

2. 增加坯料预润滑处理工序

在毛坯冲制前对坯料进行预润滑处理，去除坯料表面存在的沙土、油渍等污染物（见图 6-57），并在坯料表面均匀牢固附着一层在 200～600℃条件下润滑效果比 MoS_2 还要好的固体润滑剂（见图 6-58），同时，在毛坯冲制过程中，继续采用人工涂敷润滑剂（石墨＋全损耗系统用油）进行辅助润滑，确保在毛坯冲制过程中润滑效果的提高，达到解决工艺过程中因坯料润滑效果差引起的金属流动不均匀而导致的毛坯小头端部外形充形不饱满及 V 形折叠缺陷的问题。

图 6-57　下料后未经处理的铝管表面存在油渍、灰尘等污染物

图 6-58　经过除油、预润滑处理的铝管外观

3. 适当降低坯料的加热温度

适当降低坯料的加热温度，解决毛坯冲制过程中存在的局部温度过高的问题。

验证试验结果表明，当坯料的加热温度由原工艺的（450±10）℃降低到（430±10）℃时，坯料的成形效果比调整温度前要好。

4. 调整模具的结构设计

经过持续研究、完善，先后在不同型号具有相似结构的部件生产中应用“铝管缩口、模锻成形”技术，并对整个工艺过程的模具设计进行了以下调整和完善。

（1）在模具的结构设计中增加限位功能。压套的功能由单一的压形、导正变更为压形、限位、导正和退料（见图 6-59），彻底消除因限位调整不及时造成的毛坯冲制过程中限位保证不及时、不到位而引起的毛坯内腔靠近小头端部位产生纵向折叠缺陷的问题。

（2）对压形头和冲孔头的结构进行调整。对压形冲孔头的结构设计进行微调，将缩口、压形过程中由“外支承缩口”调整为“内、外支承缩口”，加强缩口、压形工序中对毛坯内

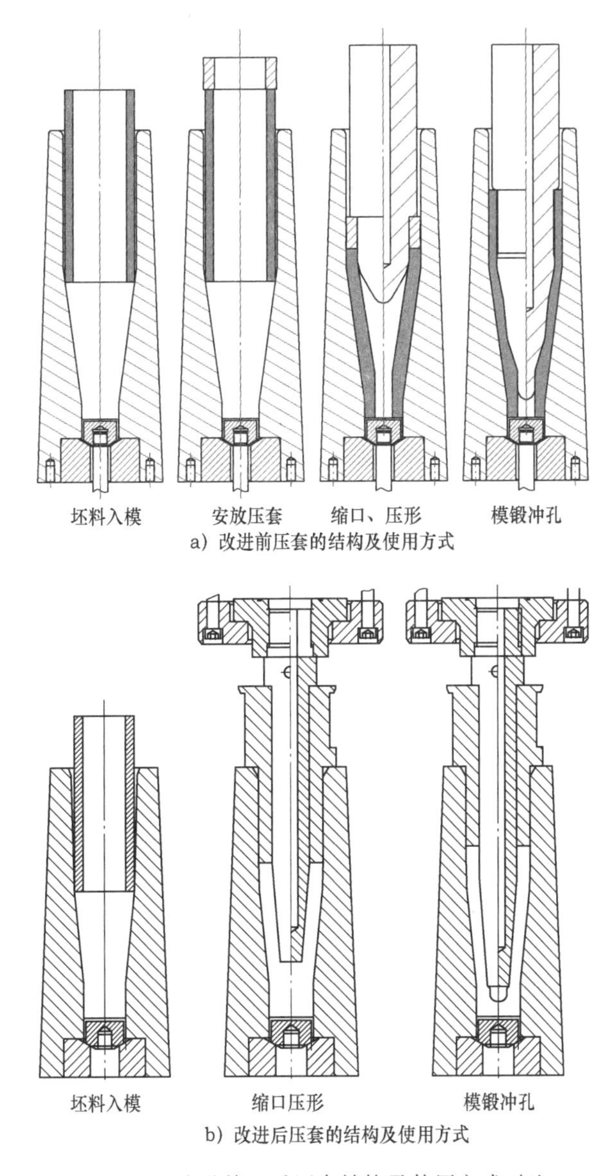

图 6-59 改进前、后压套结构及使用方式对比

腔的保护，防止管料在缩口、压形过程中因失稳而出现纵向折叠的现象，调整后缩口、压形后的坯料形貌如图 6-60 所示。

对冲孔头的结构设计进行微调。将冲孔头小端头的长度由原来占螺纹总长度的 80% 调整至占螺纹总长度的 40%，利用缩口、压形过程中，在压形毛坯上自然形成的倒锥形空间（见图 6-60 中的圆圈部位），在冲孔、模锻成形时，冲头将产生缩口失稳的部位向倒锥形空间内推移，避免冲头将缩口、压形过程中产生失稳变形的部位

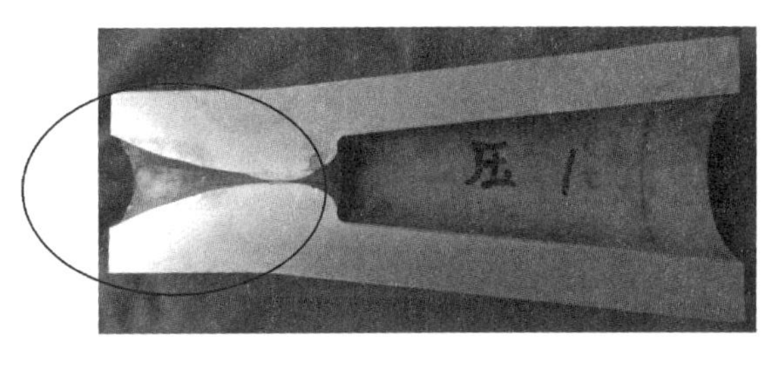

图 6-60 调整后空心锥体压形毛坯的半剖面全貌

在冲孔过程中挤压出毛坯加工余量的范围内，达到解决毛坯小头端内部有纵向折叠及夹层缺陷产生的问题。改进前后空心锥体冲制毛坯的形状对比如图 6-61 ~ 图 6-63 所示。

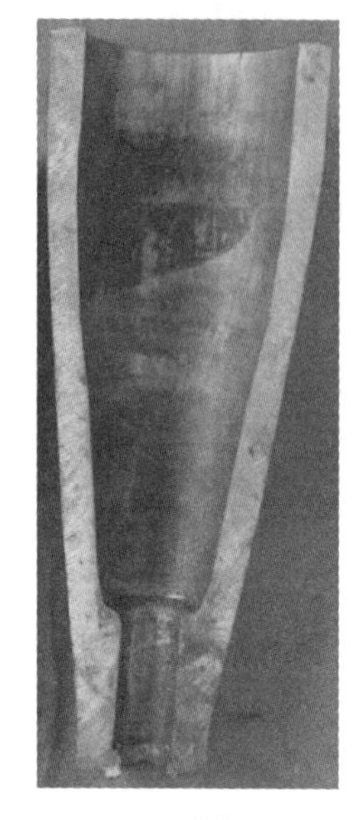

a）改进前

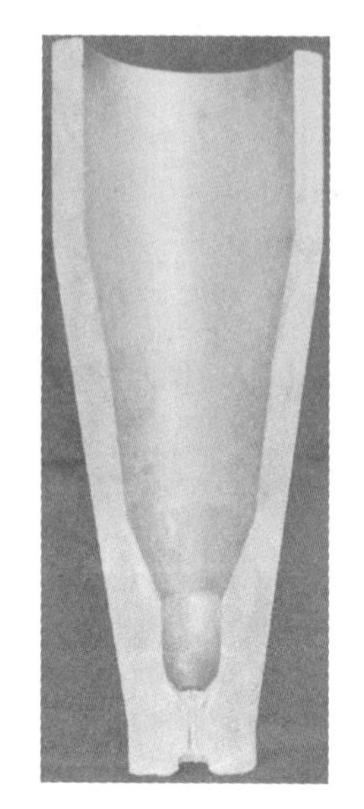

b）改进后

图 6-61　改进前后空心锥体冲制毛坯形状对比

图 6-62　改进后空心锥体冲制毛坯小头端（内孔中）外观形态

图 6-63　冲头将压形、缩口过程中产生失稳的部位向“倒锥形”空间内推移后的形态

（3）调整压套的使用方法。操作过程中，压套由人工随时安放改为悬挂式安放（见图6-64），达到减轻人员操作强度、减少不必要的工序，提高生产效率的目的。

（4）取消了原结构中的退料叉。模具的退料方式由退料叉退料改为机械方式退料，在减轻操作人员劳动强度的同时，极大地提高了生产效率。

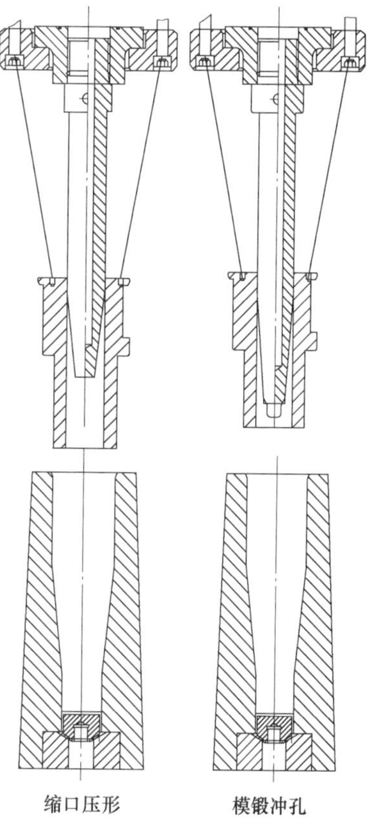

图6-64 改进后压套的使用方法

七、效果

经过连续几年在多个产品上的试验及不断的完善，采用管料缩口、模锻复合成形工艺冲制的、具有复杂结构的大锥体毛坯与原工艺冲制的空心锥体毛坯比较，管料缩口、模锻工艺能够确保毛坯稳定成形，在毛坯冲制良品率方面已经达到原工艺冲制小型空心锥体时的水平；在铝管本身带有1～3mm壁厚差的前提下，大锥体冲制毛坯的壁厚差范围由原工艺的0～16mm减小至0～3mm，同时完全消除了偏口现象（见图6-65、图6-66），其中图6-66左为第一代某型号空心锥体冲制毛坯的半剖面，中为经过几次改进后生产的某型号空心锥体冲制毛坯的半剖面，右为本次改进后生产的大锥体冲制毛坯的半剖面。大锥体毛坯冲制成形的精度得到显著的提高。

图6-65 采用管料模锻成形技术冲制的大锥体毛坯外观形态

图6-66 冲制毛坯半剖面

管料缩口、模锻复合成形工艺不仅解决了长径比较大的大锥体毛坯冲制成形困难的问题，确保坯料在冲制过程中能够稳定成形；在材料利用率方面，新工艺在冲制大型、复杂结构空心锥体毛坯时，与原工艺冲制的小型空心锥体毛坯比较，已经实现提高材料利用率10个百分点的目标。

八、结论

经后续较大批量及多个品种的空心锥体毛坯冲制试验及生产证明，采用管料缩口、模锻复合成形工艺冲制大锥体，能够彻底消除大锥体冲制毛坯的偏口现象（见图6-67、图6-68）；在铝管本身带有1～3mm壁厚差的前提下，冲制毛坯的壁厚差控制在3mm以内的能够达到92%以上，壁厚差控制在4mm以内能够达到99.5%以上；材料利用率比采用棒料的工艺提高了10%～15%；工装的使用寿命明显提高；生产效率与原工艺完全相同。

图6-67　在其他品种的大锥体毛坯冲制中应用的效果

图6-68　在中等型号空心锥体毛坯冲制中应用的效果

九、铝管缩口、模锻成形工艺的先进性

（1）解决了锥面变化大的大锥体成形难的问题，空心锥体毛坯冲制的成形精度高，壁厚差小，良品率高。

（2）在不同型号的空心锥体毛坯冲制过程中，材料利用率比用棒料冲制成形工艺至少提高5%～10%，单件空心锥体毛坯可节约铝合金0.7～1.5kg，单个毛坯可降低材料成本21～45元。

（3）因坯料加热温度的降低可降低毛坯冲制过程中的能源成本。

（4）生产效率与用棒料冲制成形工艺相同。

（5）对设备的要求与用棒料冲制成形工艺相同，现有生产条件就可满足工艺实现要求。

（6）工装的使用寿命比用棒料冲制成形工艺明显提高，极大降低了模具的投入费用。

（7）该工艺的试制成功为大型薄壁空心回转体结构件的成形提供了很好的工艺思路，具有很好的借鉴意义。

第五节　空心圆锥形铝合金锻件精密成形工艺应用

一、改进前的生产状况

某型号新产品中的空心圆锥形铝合金部件（以下简称锥体），在科研生产阶段，其毛坯是采用公司传统的成熟工艺冲制的，具体的简明工艺过程是采用铝合金棒料，经过镦粗、反挤压冲孔制成（见图6-69）。该零件在科研生产过程中存在的主要问题为：

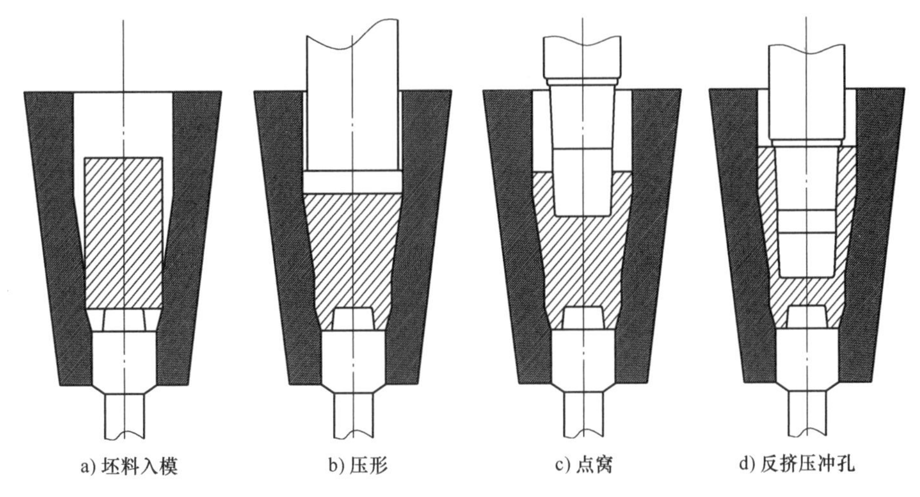

图6-69　原工艺毛坯冲制原理

（1）采用传统工艺冲制的锥体毛坯，有80%以上在其内腔有严重的粘铝、起皮现象（见图6-70），因为出现缺陷的部位恰好位于后续机械加工过程中最理想的定位面附近，因此严重影响到产品在后期机械加工过程中的加工精度及加工效率。

（2）采用传统工艺冲制的锥体毛坯，其毛坯冲制的材料利用率低，浪费现象严重。

图6-70　原工艺毛坯内腔存在的粘铝问题

二、改进目标

（1）消除锥体锻件毛坯内腔的粘铝缺陷。

（2）提高锥体锻件毛坯的材料利用率。

三、锥体锻件毛坯内腔缺陷及材料利用率低的原因分析

（一）锥体的结构特点

该锥体属于空心锥体结构，锥体的顶端为实心结构（见图6-71）。

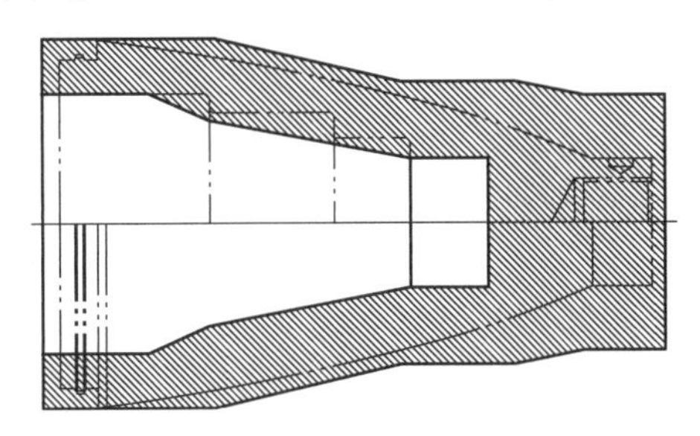

图6-71　锥体的成品结构与原工艺冲制毛坯间关系的等比例示意

（二）原工艺在冲制锥体时存在的不足

原有的成熟工艺在冲制锥体毛坯的过程中，因在毛坯内腔存在较大的截面变化的拐点，毛坯成形后，在毛坯内腔截面变化的拐点部位有严重的粘铝缺陷存在（见图6-70）。

（三）产生粘铝问题的原因分析

产生粘铝现象的根本原因是在坯成形过程中，在坯料截面变化较大的部位出现了温度过高的现象（见图6-72小圆处）。

（四）材料利用率低的原因分析

原工艺因坯料入模后坯料定位的需求，在坯料局部有加工余量过大的情况（见图6-72大圆处）。

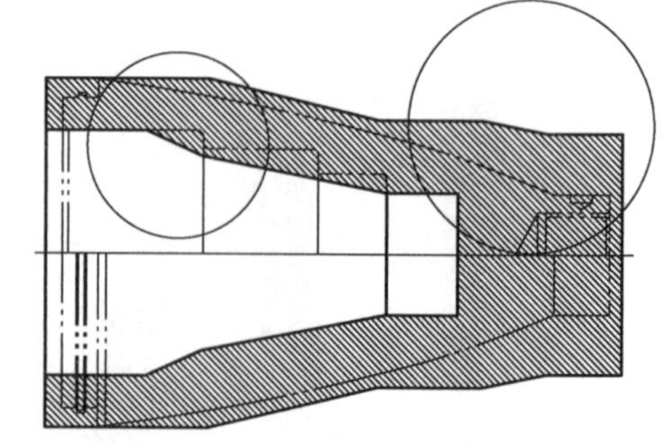

图6-72　原工艺毛坯设计图

四、解决办法

（1）根据产生粘铝现象的原因分析，决定采用改变锥体锻件的成形过程（新的毛坯冲制工艺），来达到降低坯料在反挤压成形过程中坯料的局部金属流动速度的办法，达到解决坯料内腔出现粘铝缺陷的目的，改变后的毛坯成形原理如图6-73所示。

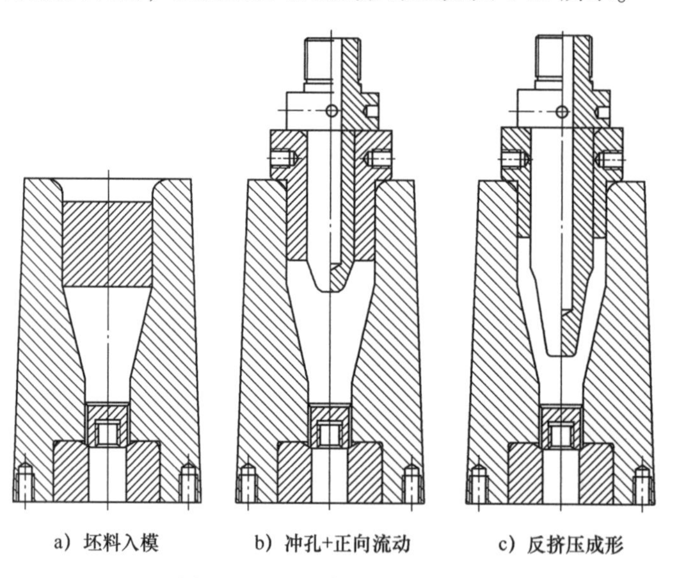

图6-73　毛坯冲制新工艺原理

（2）根据材料利用率低的原因分析，决定通过重新设计毛坯的结构，改变锥体成形过程中的坯料定位部位，并重新选择毛坯冲制的用料规格，达到精化毛坯的结构设计、解决坯料冲制过程中材料利用率低的问题的目的，改变前后的毛坯对比如图6-74所示。

五、可行性分析

（1）通过改变锥体锻件的成形过程，由原工艺的“镦粗变形→反挤压冲孔”改变为“冲孔+正向流动→反挤压冲孔”，由于在并没有增加成形工序的条件下，用两次冲孔代替原工艺的一次冲孔完成锥体的成形过程，因此可以极大地降低第二次冲孔过程中的金属流动

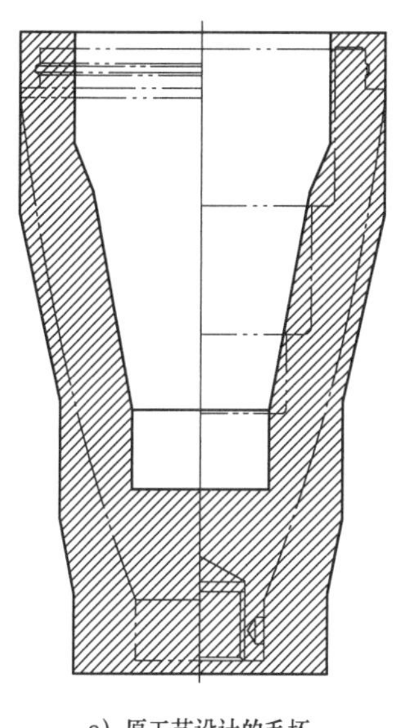

a）原工艺设计的毛坯

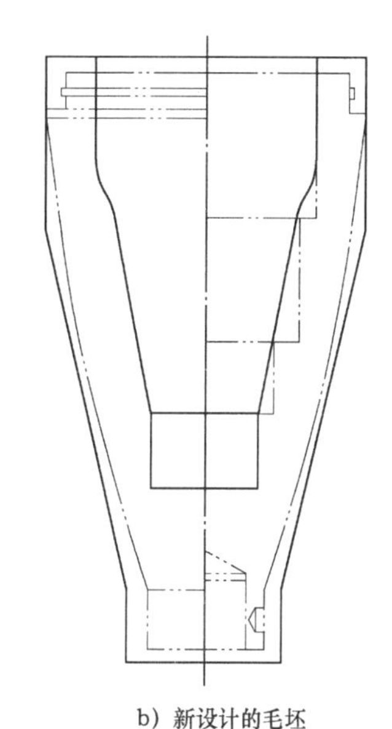

b）新设计的毛坯

图 6-74 原工艺与新工艺设计的毛坯比较

速率，达到消除坯料内腔因金属流动速率大所导致的粘铝缺陷的目的。

（2）通过改变锥体毛坯的结构设计，提高锥体毛坯冲制的材料利用率的设想是完全可行的。

六、新工艺的技术难点及解决办法

（一）技术难点

由于重新设计的锥体毛坯结构精度的提高，要求在毛坯冲制过程中的成形精度要相应提高。

（二）解决办法

（1）将原工艺控制坯料成形精度的“模口导向”技术变更为“凹模内腔导向”技术，缩短导向距离，以此达到提高毛坯轴向成形精度的目标。

（2）设置专用设施，控制毛坯的内孔深度趋于一致，同时控制毛坯的口部平整一致（见图 6-75），以此达到控制毛坯纵向长度趋于一致的目标。

图 6-75 原工艺毛坯口部不平整导致的加工余量过大现象

七、新工艺实施效果

通过摸底试验、工艺方案调整、立项验证等过程，新工艺最终在生产中得到确认和应用。

新工艺冲制的毛坯与原工艺冲制的毛坯外观比较如图 6-76 所示，随机抽取 2 件毛坯制作的解剖标本如图 6-77 所示，新工艺冲制的毛坯与原工艺冲制的毛坯内腔质量比较如图 6-78 所示。

图 6-76　精密锻造成形新工艺毛坯（左）与原工艺毛坯（右）外观比较

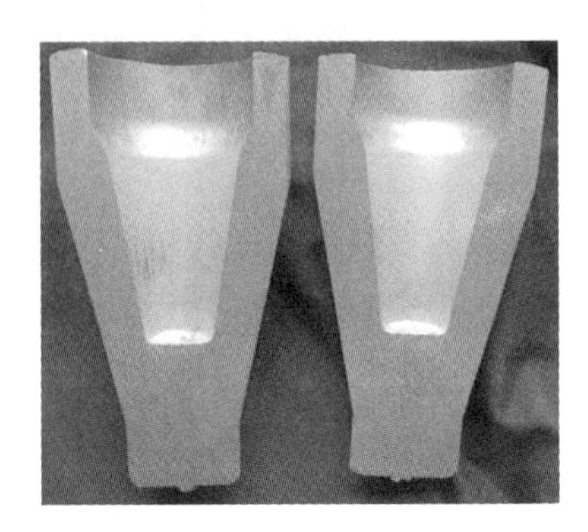

图 6-77　新工艺冲制的毛坯解剖标本

图 6-78　精密锻造成形新工艺内腔（左）与原工艺内腔（右）质量比较

八、结论

（1）采用新工艺方案冲制的锥体毛坯内腔质量问题得到了有效的解决。

（2）采用新工艺方案冲制的锥体毛坯，单件毛坯比原工艺节约铝合金 0.5kg，由于新旧工艺的操作步骤完全相同，因此，新工艺比原工艺可降低材料成本 15 元/件。在该系列两个型号产品的整个生产周期内，预计可以降低生产成本 300 万元。

第六节　使用 CAE 技术解决夹具中薄壁件夹瓦开裂现象

在实际生产中，经常遇到一些薄壁筒形件的加工，在对薄壁筒形件进行车削时，使用通用工装卡盘加工效果很不理想，工件在车削外形时，卡爪夹紧的内壁会发生变形，影响产品质量，因此我们设计了一种能够快速装夹、大批量加工这类薄壁筒形件外形，使得夹紧力均匀、夹持范围大，保证加工后的零件不变形，且有一定的通用性，能够适应一定范围内不同内径尺寸的专用夹具。

一、设计阶段

根据以上思路，设计出了该工装的具体样式，如图6-79所示。

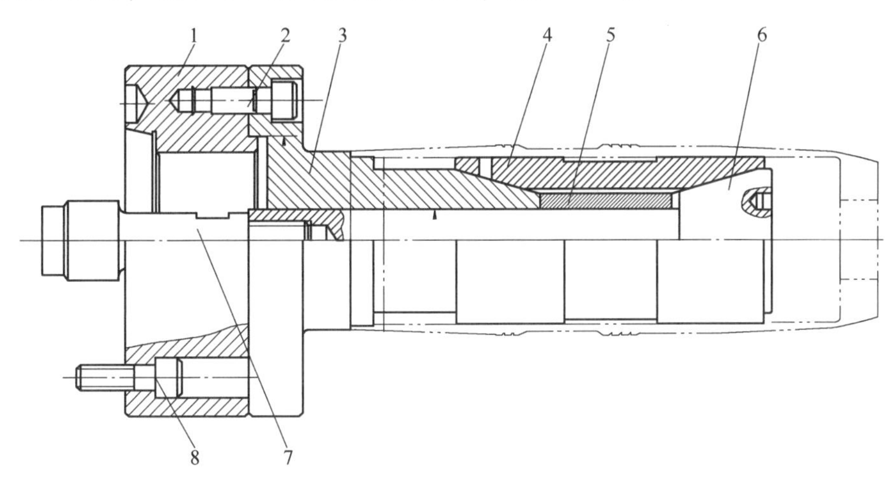

图6-79　夹具

1—法兰盘　2—螺钉　3—夹具体　4—夹瓦　5—防胀套　6—拉心　7—接杆　8—螺钉

该夹具的工作原理为：法兰盘1连接在使用机床上，夹具体3通过螺钉2与法兰盘1连接在一起，夹瓦4套在夹具体3上，拉心6与夹瓦4接触，安装在夹具体3的内孔中。加工时工件装夹在夹瓦4上，夹具体3端面定位，通过机床拉动拉心6，使得拉心6通过斜面带动夹瓦4夹紧工件。

从以上设计思路可以看出，夹瓦4作为该夹具最重要的一个零件，负责夹紧工件。该零件的设计尤为重要，图6-80所示为夹瓦零件。根据工件长度，尽可能使夹瓦长度接近工件内壁长度，根据材料手册，选择夹瓦材料为65Mn，两侧开槽增加夹瓦的弹性，热处理提高综合性能。

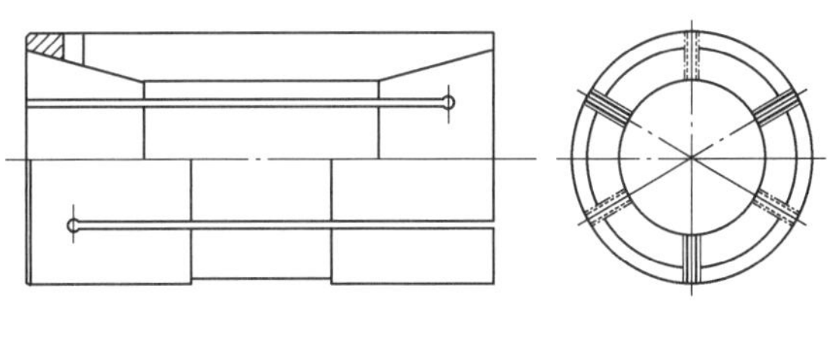

图6-80　夹瓦

二、使用阶段

该夹具加工完成后，在实际使用过程中发现，夹具夹紧时间较长，需要较大的夹紧力，否则工件在加工中出现相对夹具的旋转，加工后的工件内壁偶有夹瓦的夹紧痕迹，影响表面质量，测量工件的内壁发现变形仍然存在。在整体使用过程中，发现效果并不理想。分析认为，夹瓦的壁厚过大影响了夹瓦的胀开力，使得夹紧变慢，且夹紧面不均匀，夹紧应力集中，最终划伤了工件的内壁。

于是重新设计了新的夹瓦，通过减小壁厚来避免以上问题的产生。使用减小壁厚的新夹瓦虽然解决了以上问题，但是由于设计壁厚过小，导致夹瓦不能长时间使用，经过一段时间后，夹瓦就会开裂、报废，夹瓦的使用寿命、疲劳强度得不到保证。

三、采用 CAE 技术进行有限元分析

针对新问题，认为应给出合适的夹瓦壁厚尺寸，保证夹瓦能够在机床主轴拉力的作用下，将这个力均匀地传递给零件，同时保证夹瓦本身的结构尺寸能够适应大批量生产，具有较高的使用寿命。通过之前的加工试验得出结论，夹瓦的壁厚尺寸应该在两个尺寸之间，又由于该夹具具有通用性，在生产其他产品时可根据零件尺寸更换夹瓦，每个夹瓦的尺寸都有一定的变化，考虑到生产周期与成本控制，不可能通过更改夹瓦壁厚来检验设计尺寸是否满足生产要求，所以要在设计上解决这个问题。

基于以上要求，决定使用 CAE（Computer Aided Engineering）技术，对夹瓦零件结构进行有限元分析，分析其在真实工况下的结构性能，从而给出一个合理的尺寸。

（1）获取 CAD 模型。根据零件的图样尺寸，绘制夹瓦的三维立体模型（见图 6-81）。

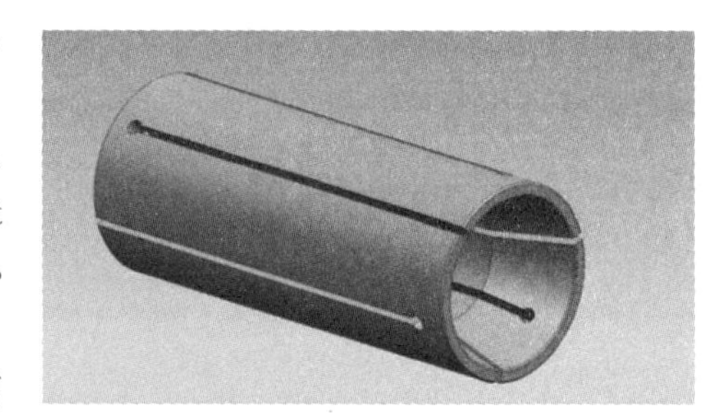

图 6-81　夹瓦的三维立体模型

（2）i. prt 文件。由于夹瓦上有一些工艺倒角、圆角，会影响网格的质量，因此要新建一个 i. prt 文件，在 i. prt 文件中将这些影响网格质量的细小特征删除，为后续工作做准备。

（3）fem 文件。在 fem 文件中对夹瓦进行了离散化处理，使用 3D 四面体网格进行划分，为了保证结果的准确性，使得结果能够指导生产，网格大小设置为 10，同时给出了材料属性 65Mn。图 6-82 所示为 fem 文件。fem 文件内容完成后，就可以进入到 SIM 进行工况的指派和求解。

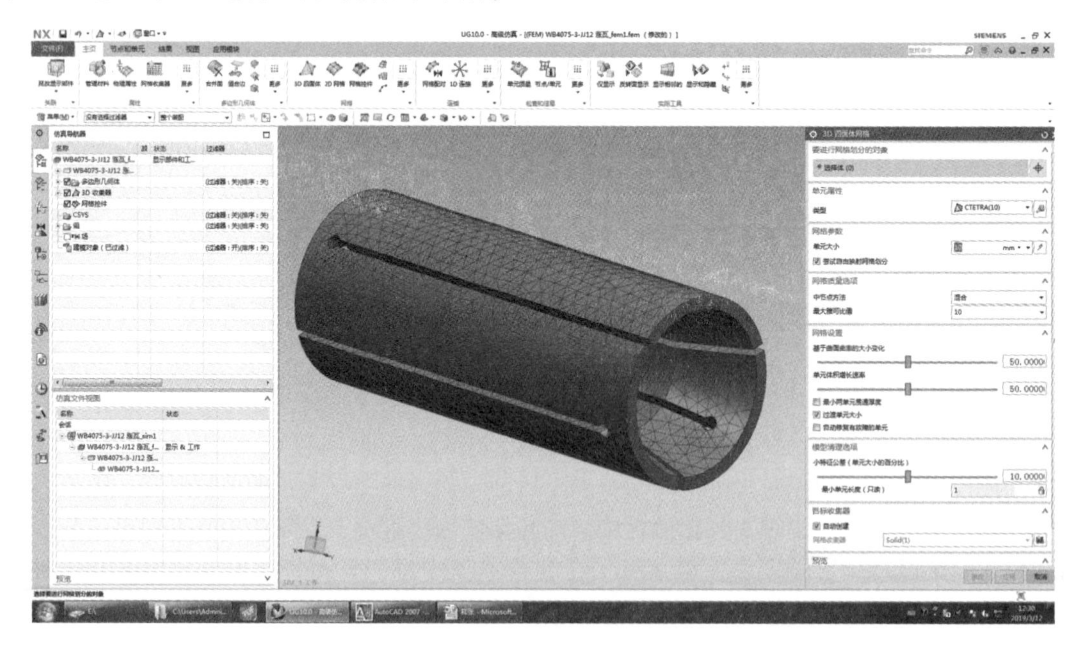

图 6-82　网格划分图

（4）sim 文件。在 sim 文件中，根据实际情况对夹瓦进行约束，给出夹瓦实际受力情况，进而求解出结果，图 6-83 所示为结果云图。该图为其中一次的结果展示，根据图示标明，该尺寸胀瓦的最大应力为 719.92MPa，已经不满足使用要求了，故该尺寸不合格。所以回到 i. prt 文件中，更改模型尺寸，然后继续求解，直至找出满意的结果，该结果的尺寸即为所需要的尺寸，在该尺寸下能够满足使用要求。

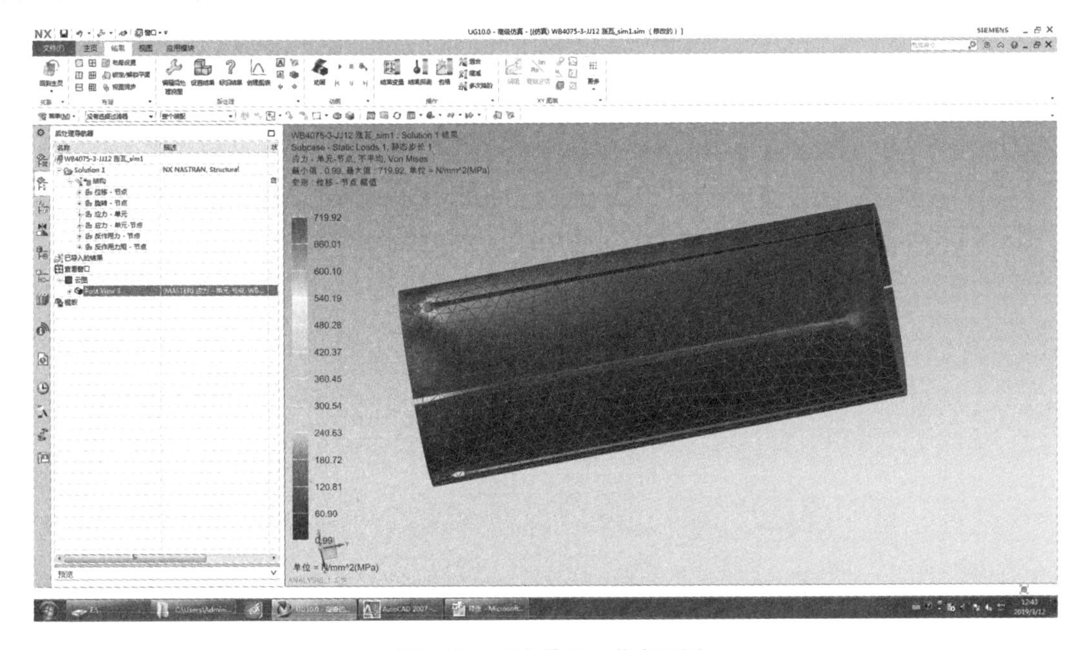

图 6-83　应力单元—节点云图

四、结论

通过以上有限元分析流程，得到了想要的结果，根据该尺寸设计的夹瓦，经过实际检验能够满足生产需求，同时也验证了有限元分析的结果能够辅助设计者设计产品。在零件尺寸更改后，就需要设计相应尺寸结构的夹瓦，这时可以再次利用有限元分析技术，一次性设计出符合生产要求的工具工装，缩短了生产周期，提高了效率。

第七节　一种凸凹组合冲模的分解加工案例

现有一种凸凹组合标识冲模，产品由凸模和凹模冲制而成，零件外形与标识特性一次冲压成形。

一、凹模的制造

其中凹模标识形状根据型号不同，其标识形状也不同，包括长方形、正方形、半球形、L 型和 S 型等多种类型。原有加工方式为一体式加工，如图 6-84 所示，型部因为尖角及异形的存在，无法使用传统机加工方式进行加工，只能采用电脉冲加工，但因为电脉冲电极材料贵（采用紫铜加工）、制作繁琐（需要线切割加工电极，且线切割加工紫铜难度大）、损耗快（几乎制造10个左右凹模就需要重新制作一组电极），导致凹模的制造成本很高。现进行工艺革新，分析凹模的特点，其型部形状多达十余种，而其余部分尺寸几乎一致，故将其分解成型部和本体两部分。

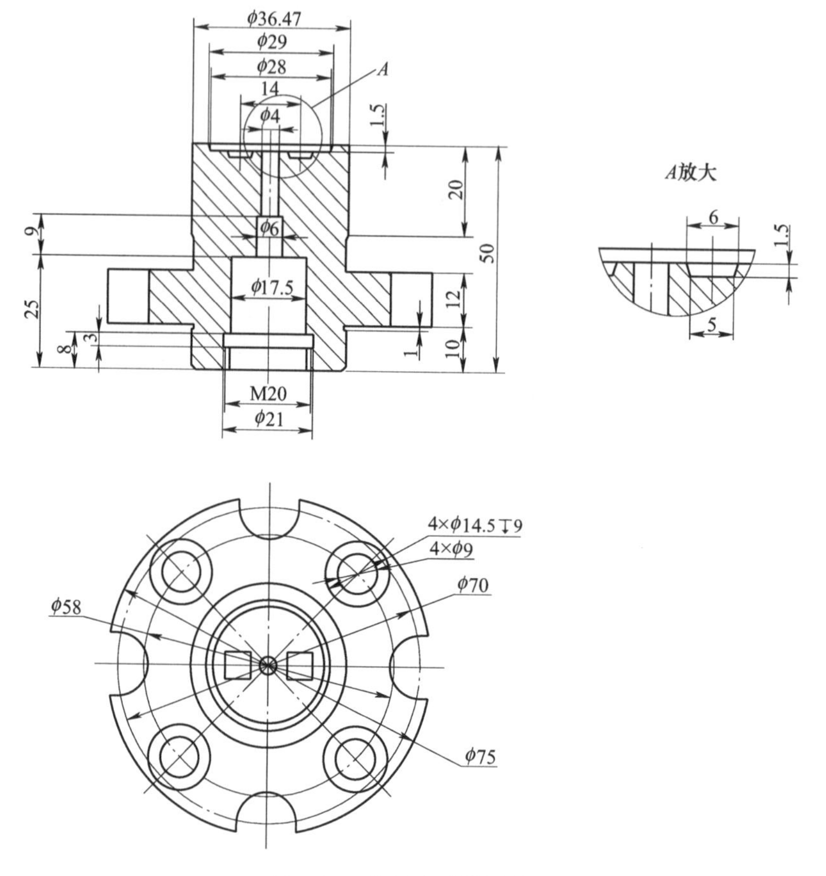

图6-84　整体式凹模零件

（1）型部加工工艺。如图6-85所示，型部加工工艺：下料（采用T10A圆钢）→粗车（各部分尺寸留调质量）→调质（加热温度800℃，保温时间10min，水冷，回火温度700℃，保温时间20min）→半精车（上端各径与外径一次装夹加工，保证同轴，内径ϕ30mm和外径ϕ36.47mm留磨量，内径根部加工成*R*5mm圆弧，防止淬火时开裂）→划线（按外径及端面找正，划双层锥面用线，线切割用穿丝孔线）→钳工（钻线切割用穿丝孔及合装固定孔）→线切割→（切型部尺寸）→立铣（加工型部60°角度）→钳工（研磨型部及60°角度）→淬火、回火（加热温度800℃，保温时间10min，水冷，回火温度240℃，保温时间20min）→清洗→外磨（以上端面锥径及内端面找正，将外径ϕ36.47mm加工好）→内磨（按外径找正，将上端面内型面ϕ28mm尺寸加工好，代上端面）→平磨（以上端面为基准平磨下端面）→内磨（按外径及下端面找正，内径ϕ30mm加工好，代内端面，控制好底厚）→钳工（研磨型部）。

（2）本体加工工艺。如图6-86所示，本体加工工艺：下料（采用45圆钢）→粗车（各部分尺寸留调质量）→调质（加热温度820℃，保温时间10min，水冷，回火温度600℃，保温时间20min）→半精车（配合面尺寸ϕ30mm与$\phi35_{-0.03}^{\ 0}$mm留磨量，其余部分加工好，

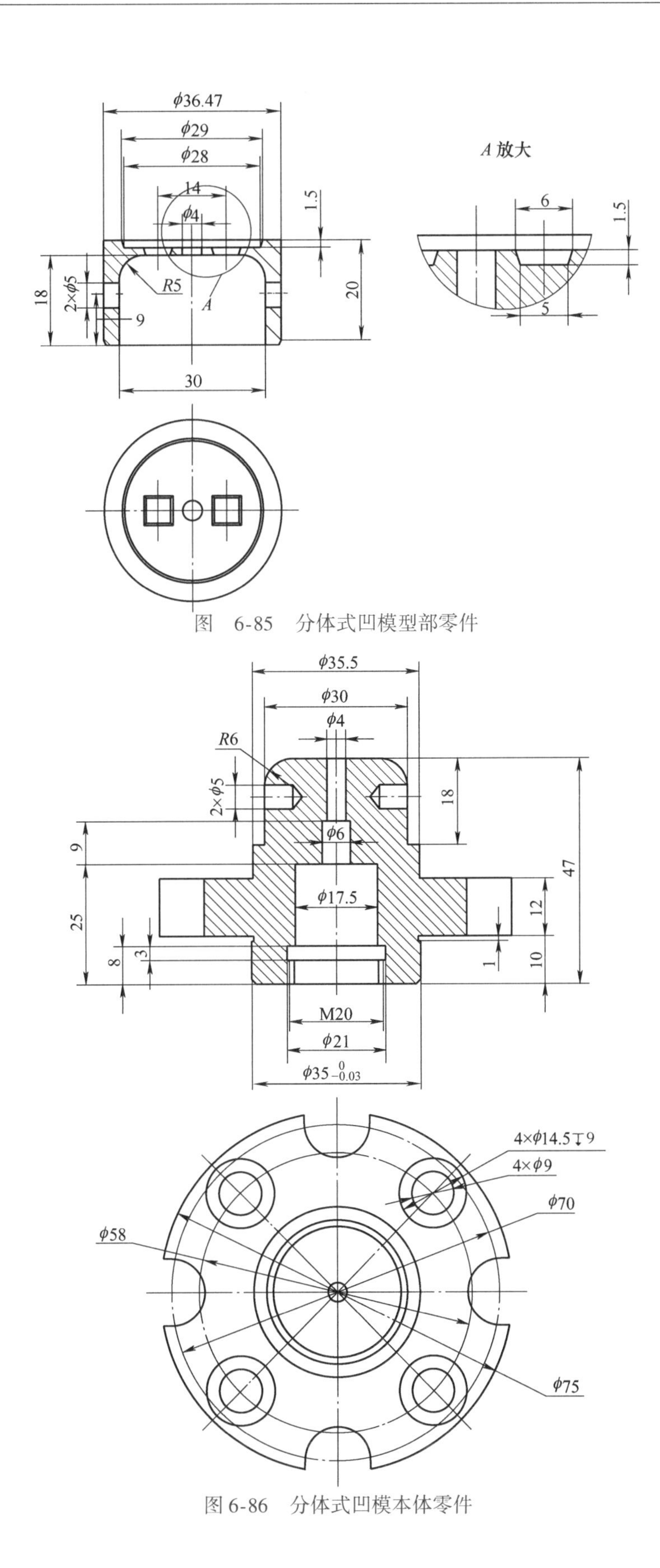

图 6-85 分体式凹模型部零件

图 6-86 分体式凹模本体零件

上端倒圆角 $R6$mm，中心孔与外径一次装夹加工)→划线（钳工用线和立铣用线)→立铣(各半圆豁口加工好)→钳工（各台阶孔加工好)→外磨（外径尺寸 $\phi30$mm 加工好，与型部内径配合间隙 0.02 ~0.05mm，带上端面)→平磨（以上端面为基准，平磨下端面，两端平行)→外磨（以下端面为基准找正加工外径 $\phi35_{-0.03}^{0}$mm)→钳工（与型部配钻合装固定孔)。

(3）组立后工艺。钳工（将型部与本体组装在一起，并配做销子固定)→研磨（上端 $\phi28$mm 和 $\phi29$mm 形成的锥面加工好)→钳工（研磨型部，表面粗糙度值达到 $Ra=0.4\mu m$)。

二、凸模的制造

凸模的制造与凹模的制造不同，原有加工方式为一体式加工，如图 6-87 所示，整体加工时无法采用电脉冲方式加工，型部可以通过数控铣来进行加工，但是凸模经过重复使用，型部磨损后就会导致整个冲头报废，无法维修，损耗量大，导致凸模的加工成本也很高。现进行工艺革新，根据型部形状种类多，而其余部分尺寸几乎一致的特点，将其分解成型部与本体两部分加工，并采用螺堵和顶丝对型部进行固定。

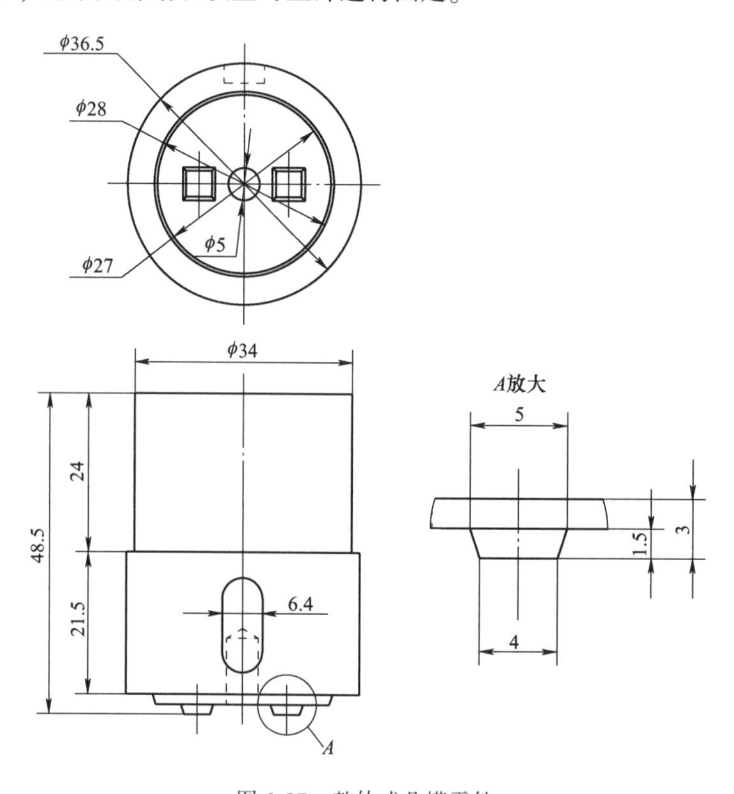

图 6-87　整体式凸模零件

(1）型部加工工艺。如图 6-88 所示，型部加工工艺为：下料（采用 T10A 圆钢下料，多个型部零件一体下料加工)→粗车（各部分尺寸留调质量)→调质（加热温度 800℃，保温时间 10min，水冷，回火温度 700℃，保温时间 20min)→半精车（两端面平行)→划线

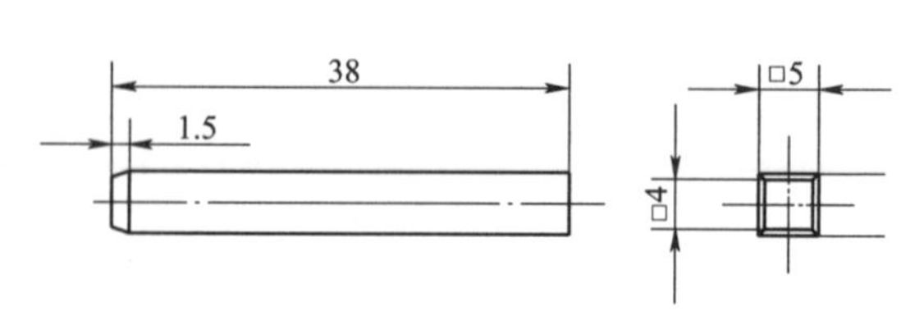

图 6-88　分体式凸模型部零件

(按外径及端面找正，划线切割用穿丝孔线)→淬火、回火（加热温度800℃，保温时间10min，水冷，回火温度240℃，保温时间20min)→清洗→线切割（型部配合尺寸加工好)→立铣（加工型部60°角度)→钳（研磨型部及角度)。

（2）本体加工工艺。如图6-89所示，本体加工工艺为：下料（采用45圆钢)→粗车(各部分尺寸留调质量)→调质（加热温度820℃，保温时间10min，水冷，回火温度600℃，保温时间20min)→半精车（配合面尺寸留磨量，其余部分加工好，中心孔与外径一次装夹加工)→划线（钳工用线和立铣用线)→立铣（键槽加工好)→钳工（线切割用穿丝孔线，并钻顶丝孔)→淬火、回火（加热温度820℃，保温时间10min，水冷，回火温度240℃，保温时间20min)→清洗→精车（螺纹加工好，并倒角作为外磨装夹面)→外磨（顶两端倒角及中心孔，各外径加工好，带上端面)→平磨（以上端面为基准，平磨下端面，两端平行)→线切割（按外径找正，并将与型部配合的尺寸2×□5mm方孔加工好)。

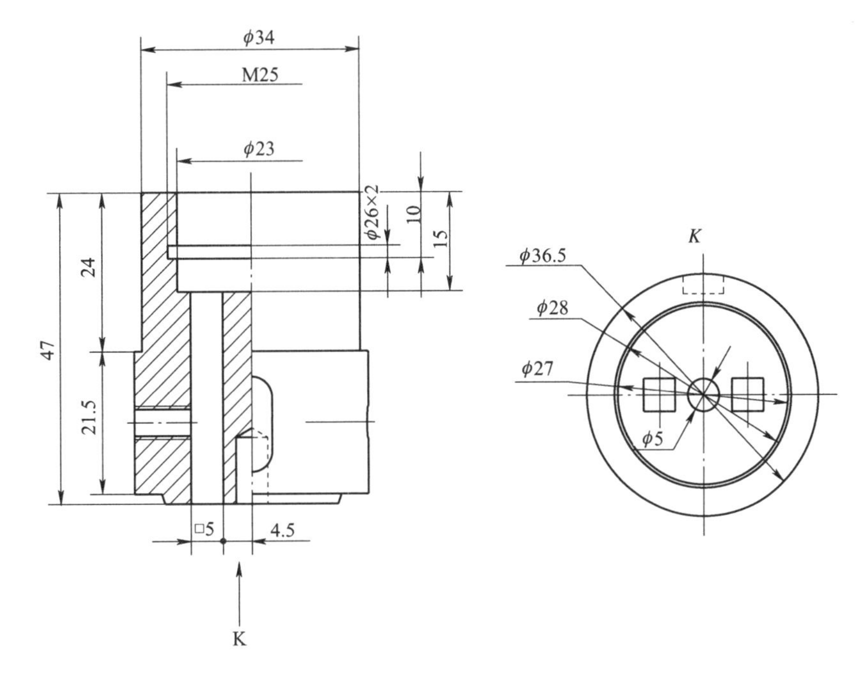

图6-89　分体式凸模本体零件

（3）组立后工艺。组立后工艺：钳工（将型部与本体组装在一起，用螺堵如图6-90所示定位好，并用顶丝固定)→研磨（锥面加工好)→钳工（研磨型部)。

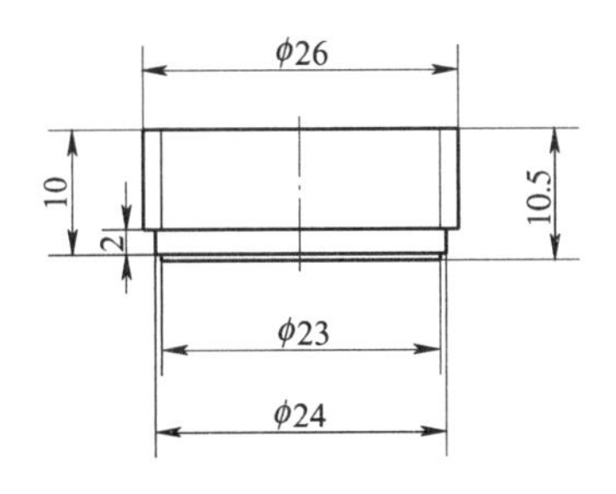

图6-90　分体式凸模螺堵零件

第八节　一种回转体零件壁厚差及几何公差检测装置设计案例

本案例属于测量领域，具体涉及一种回转体零件壁厚差及几何公差检测装置，该装置能够检测零件内腔及外形多处壁厚差、几何公差，能根据零件的口径大小、测量位置做出调整，以适应不同尺寸、位置。

一、检测装置结构

如图 6-91 所示，回转体零件壁厚差及几何公差检测装置包括工作台面 3、压板 4、16、29、立柱 6、后杆 7、加长杆 11、测量头 14、24、25、测量杆 17、26、轴 18、滑盖 22、支

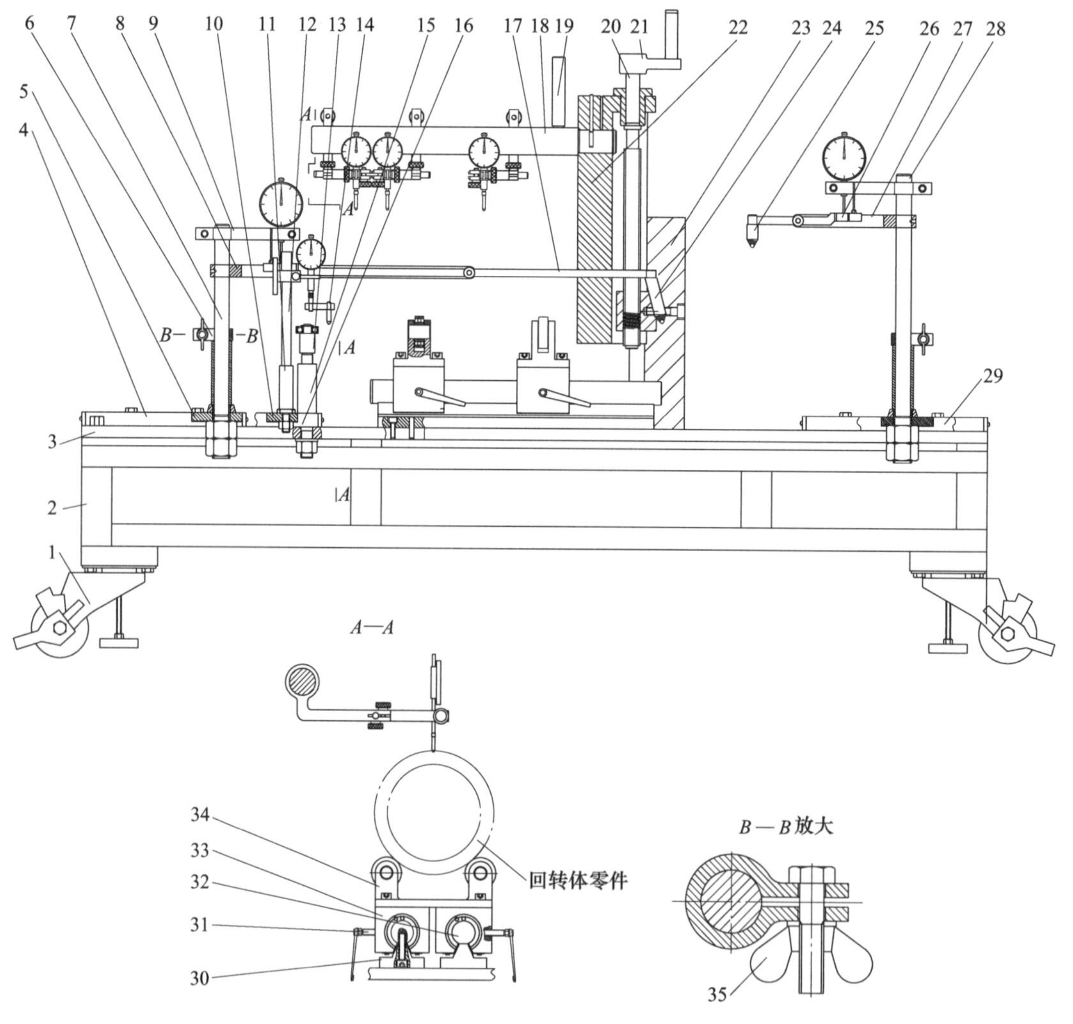

图 6-91　检测装置结构

1—侧面制动调节轮　2—架体　3—工作台面　4、16、29—压板　5、10—滑块　6—立柱　7—后杆　8、27—支杆架　9—支表架　11—加长杆　12—磁力百分表架　13—定位杆　14、24、25—测量头　15—定位座　17、26—测量杆　18—轴　19—手柄　20—丝杠轴　21—摇柄　22—滑盖　23—支座　26—测量杆　28—前杆　30—导轨轴承座　31—锁紧手柄　32—导轨轴　33—支承座　34—滚轮座　35—蝶形螺母

座23、前杆28、导轨轴承座30、定位杆13、定位座15；压板4、定位座15、导轨轴承座30、压板29从后向前依次设置在工作台面3的中心线上；压板4的一侧还设有压板16；支座23设置在工作台面3的一侧；立柱6通过滑块5与压板4连接，后杆7设置在立柱6内，测量杆17安装在后杆上，其前端设有测量头24，与零件内壁接触；加长杆通过滑块10在压板16内前后滑动，磁力百分表架12与加长杆11连接；测量头14与百分表设置在磁力百分表架12上；测量头14与零件直口内壁紧密接触；定位杆13设置在定位座15上；支承座33设置在导轨轴承座30上，能够前后滑行；前杆28通过滑块设置在压板29内，前杆28上安装有带有测量头25的测量杆26，测量头25与被测零件前部外缘最顶部相接触；滑盖22设置在支座23上，能够沿支座23上下滑动，轴18水平与滑盖22转动连接，轴18上设有多个百分表。

二、检测装置的特点

该装置具有良好的稳定性与互换性，能够一次性测量出零件内腔及外形多处壁厚差、几何公差，能根据零件的口径大小、测量位置做出调整，以适应不同尺寸、位置，且保证零件牢固稳定，测量结果精确可靠。

三、具体实施方式

工作台面3安装在架体2上，架体的底部安装四个侧面制动调节轮1；压板4、定位座15、导轨轴承座30、压板29从后向前依次设置在工作台面3的中心线上；压板4的一侧还设有压板16；支座23设置在导轨轴承座30的一侧；立柱6通过滑块5在压板4内前后滑动，后杆7通过蝶形螺母35设置在立柱6内，支杆架8、支表架9依次平行安装在后杆7上部，测量杆17采用杠杆原理，零件内腔的壁厚差进行测量；测量杆17后端通过拉簧与百分表连接，百分表设置在支表架9上，测量杆17中部与支杆架8端部铰接，测量杆17前端设有测量头24，由于弹簧力的作用，与百分表对应的测量头24与零件内壁接触，测量杆17后端在反作用力的作用下，旋转零件后测量杆17测量端的数值可在百分表上读出数值以得到测量结果。通过推动立柱6实现滑块5在压板4中滑行，进而可测得零件内腔不同位置的壁厚差。通过调节后杆7在立柱6中的高度，以适应不同孔径零件的检测要求，用以蝶形螺母锁紧。

加长杆11通过滑块10在压板16内前后滑动，磁力百分表架12与加长杆11螺纹连接，与工作台平行。测量头14与百分表设置在磁力百分表架12上；通过推动磁力百分表架12实现滑块10在压板16中滑行，测量头14与测量零件直口内壁紧密接触，且测量头14竖直放置，与测量零件直口内壁的切线相垂直，通过旋转零件就可以直接在百分表上读出数值以得到测量结果，用于测量零件直口同轴度公差。

定位杆13设置在定位座15上，定位杆13上安装深沟球轴承，深沟球轴承外圆作为零件的定位面，通过调节定位杆13在定位座15的高度，以适应不同孔径零件的检测要求。

导轨轴承座30上设有导轨轴32，支承座33通过直线运动球轴承在导轨轴32上前后滑行，滑到指定位置，用以锁紧手柄31将其锁紧；支承座33上设有滚轮座34，用于支承被测量零件。

前杆28通过滑块在压板29内前后滑动，其结构形式与后杆相同，能够相对立柱上下移动，前杆 28 上设有水平的支杆架 27 和支表架，测量杆 26 后端设有测量头 25，中部与支杆架 27 铰接，后部通过弹簧与设置在支表架上的百分表连接；采用杠杆原理用于测量零件小端面外形径向圆跳动公差。

支座 23 设置在被测零件的左前方，滑盖 22 通过螺母和丝杠轴 20 设置在支座 23 上，通过旋转摇柄 21，经丝杠轴 20 的运转，使滑盖 22 在支座 23 上上下滑动，调整测量位置的高度；轴 18 水平设置在滑盖 22 上，能够相对滑盖转动，轴 18 上设有多个百分表，用于测量零件大端外形径向圆跳动、同轴度公差，通过旋转零件就可以直接在百分表上读出数值以得到测量结果。手柄 19 固定在轴 18 上，为防止百分表测量头与零件干涉，转动手柄 19 使轴 18 旋转一定角度，检测时，再转动手柄 19 回位。

本案例能够测量零件内腔壁厚差，测量零件大端外形径向圆跳动、同轴度公差，测量零件小端面外形径向圆跳动公差，测量零件直口同轴度公差。如图 6-92 所示，为本案例各测量部件在工作台面的安装位置。以一回转体零件为例检测其壁厚差及几何公差。如图 6-91 所示，首先调整调节后杆 7、前杆 28 在立柱中的高度，使测量杆 17、测量杆 26 处在合适的高度范围内。旋转摇柄 21 使滑盖 22 在支座 23 上滑动，调整到测量位置的高度。调整磁力百分表架 12，将测量头 14 调整到测量位置的高度。调节定位杆 13 在定位座 15 的高度，使零件大端端面与深沟球轴承外圆接触实现定位。支承座 33 通过直线运动球轴承在导轨轴 32 上滑行，滑到指定位置，用以锁紧手柄 31 将其锁紧。将测量零件平稳地放在深沟球轴承上，使零件的大端与深沟球轴承外圆接触实现定位。推动两侧立柱 6，使杠杆深入到零件所需的测量点位置，使测量头 24 与零件内壁下母线紧密接触，测量头 25 测量零件的外壁上母线紧密接触。然后旋转手柄 19，使百分表测头与测量零件的外圆正上方紧密接触。推动磁力百分表架 12，实现百分表测量头 14 与测量零件直口内壁下母线紧密接触。最后旋转零件，观察 6 个百分表的指针变化情况。实现对零件壁厚差及几何公差的准确测量。该装置在大规模生产中测量稳定，取得了良好的效果。

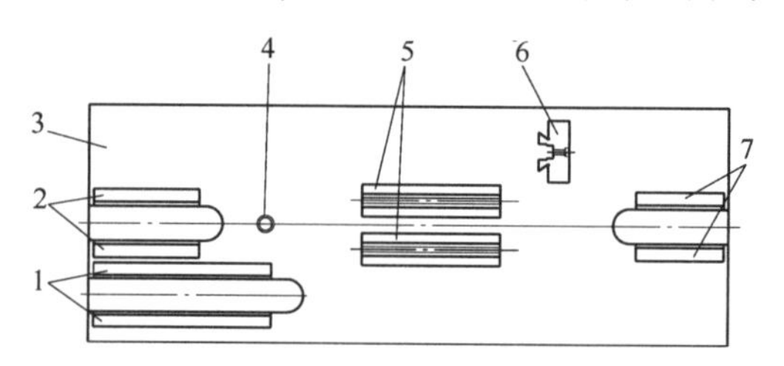

图 6-92　各测量部件在工作台面的安装位置

1—压板Ⅱ　2—压板Ⅰ　3—工作台面　4—定位座　5—导轨轴承座　6—支座　7—压板Ⅲ

以上所述仅是本案例的优选实施方式，应当指出，对于本技术领域的普通技术人员来说，在不脱离本案例技术原理的前提下，还可以做出若干改进和变化，这些改进和变化也应视为本案例的扩展应用。

参 考 文 献

[1] 吴拓．机床夹具设计［M］．北京：化学工业出版社，2014.

[2] 哈尔滨工业大学．机床夹具设计［M］．上海：上海科学技术出版社，1980.

[3] 李庆寿．机床夹具设计［M］．北京：机械工业出版社，1984.

[4] 刘品，李哲．机械精度设计与检测基础［M］．5版．哈尔滨：哈尔滨工业大学出版社，2007.

[5] 金福长．车刀绝技［M］．北京：中国工人出版社，1992.

[6] 太原市金属切削刀具协会．金属切削实用刀具技术［M］．2版．北京：机械工业出版社，2004.

[7] 上海第一毛麻纺织机械厂．车工实践［M］．上海：上海人民出版社，1971.

[8] 哈尔滨理工大学、金属加工杂志社．数控刀具选用指南［M］．北京：机械工业出版社，2014.

[9]《炮弹量具设计手册》编写组．炮弹量具设计手册［M］．北京：国防工业出版社，1982.

[10] 中国国家标准化管理委员会．产品几何技术规范（GPS）光滑工件尺寸检验：GB/T 3177—2009［S］．北京：中国标准出版社，2009.

[11] 全国量具量仪标准化技术协会．普通螺纹量规 技术条件：GB/T 3934—2003［S］．北京：中国标准出版社，2003.

[12] 中国国家标准化管理委员会．光滑极限量规 技术条件：GB/T 1957—2006［S］．北京：中国标准出版社，2006.

[13] 中国国家标准化管理委员会．产品几何技术规范（GPS）极限与配合 第1部分：公差、偏差和配合基础：GB/T 1800.1—2009［S］．北京：中国标准出版社，2009.

[14] 中国国家标准化管理委员会．产品几何技术规范（GPS）表面结构 轮廓法 表面粗糙度参数及其数值：GB/T 1031—2009［S］．北京：中国标准出版社，2009.

[15] 全国产品尺寸和几何技术规范标准化技术委员会．一般公差 未注公差的线性和角度尺寸的公差：GB/T 1804—2000［S］．北京：中国标准出版社，2009.

[16] 中国国家标准化管理委员会．硬质合金牌号 第3部分：耐磨零件用硬质合金牌号：GB/T 18376.3－2015［S］．北京：中国标准出版社，2015.

[17] 中国国家标准化管理委员会．工模具钢：GB/T 1299－2014［S］．北京：中国标准出版社，2014.

[18] 中国国家标准化管理委员会．碳素工具钢：GB/T 1298—2008［S］．北京：中国标准出版社，2008.

[19] 中国国家标准化管理委员会．优质碳素结构钢：GB/T 699－2015［S］．北京：中国标准出版社，2015.

[20] 中国国家标准化管理委员会．高碳铬轴承钢：GB/T 18254－2016［S］．北京：中国标准出版社，2015.

[21] 中国国家标准化管理委员会．数值修约规则与极限数值的表示和判定：GB/T 8170—2008［S］．北京：中国标准出版社，2008.

后　　记

本书是一本介绍机械加工知识方面的书籍，编者愿以此书与同行们切磋技艺、交流经验，并以此向广大读者献上基层工作者的一份心意。

作为一名生产一线工人，理论知识还存在一定不足，要想出版一本书籍困难很多。但我从未放弃，一直以来都是一边写、一边学、一边改，有时连零件加工时也在想着怎么写，有好的点子就立即记下来。同时工作室的核心成员也将一些优秀成果及宝贵经验进行总结，汇集成此书，这是集体智慧的结晶。

本书从修改、审定到出版，得到各级领导的关怀与指导。特别是中华全国总工会高凤林副主席为本书写序增色；中国国防邮电职工技术协会及中工云课堂的领导和工作人员为本书的出版做了大量工作，北京科技信息研究所赵欣从专业角度进行指导与完善。在此，我谨代表本书全体作者，向给予支持的各位领导、专家表示深深感谢！

本书的出版得到了机械工业出版社、金属加工杂志社的热心支持和鼓励，一遍遍修改、审定，使书稿的质量大大提高。

由于时间紧，掌握的材料不够全面，加之编者水平有限，书中难免会有疏漏和不足之处，敬请广大读者批评指正。

编　者

2019 年 8 月